ISBN 978-0-282-52084-7
PIBN 10484154

English
Français
Deutsche
Italiano
Español
Português

www.forgottenbooks.com

Mythology Photography **Fiction**
Fishing Christianity **Art** Cooking
Essays Buddhism Freemasonry
Medicine **Biology** Music **Ancient**
Egypt Evolution Carpentry Physics
Dance Geology **Mathematics** Fitness
Shakespeare **Folklore** Yoga Marketing
Confidence Immortality Biographies
Poetry **Psychology** Witchcraft
Electronics Chemistry History **Law**
Accounting **Philosophy** Anthropology
Alchemy Drama Quantum Mechanics
Atheism Sexual Health **Ancient History**
Entrepreneurship Languages Sport
Paleontology Needlework Islam
Metaphysics Investment Archaeology
Parenting Statistics Criminology
Motivational

COURS
DE CHIMIE

PAR

ARMAND GAUTIER

PROFESSEUR DE CHIMIE A LA FACULTÉ DE MÉDECINE DE PARIS

MEMBRE DE L'ACADÉMIE DE MÉDECINE

TOME PREMIER

CHIMIE MINÉRALE

AVEC 261 GRAVURES DANS LE TEXTE

PARIS

LIBRAIRIE F. SAVY

77, BOULEVARD SAINT-GERMAIN, 77

—

1887

PRÉFACE

————

Ces *Leçons* s'adressent aux étudiants inscrits dans nos Écoles, et à tous ceux qui, engagés déjà dans des carrières diverses, sont restés curieux de savoir et désireux de progrès. Mais je les écris surtout en vue de cette jeunesse d'élite qui sait recueillir et s'assimiler les paroles du professeur, le soutient de son ardeur toujours nouvelle, travaille à ses côtés et prépare avec lui l'avenir; elle vient depuis longtemps à la Faculté de médecine de Paris, dont les portes sont libéralement ouvertes à tous, rechercher cette tradition de haute science qu'y ont laissée les Fourcroy, les Vauquelin, les Orfila, les Dumas, les Wurtz, tradition dont les circonstances m'ont confié personnellement la garde, et dont ce livre est un écho.

Cet ouvrage se compose de *trois parties* qui forment le cycle entier de nos connaissances chimiques : *chimie minérale, chimie organique, chimie biologique*.

Il était, croyons-nous, nécessaire. Un traité moderne parcourant ces trois principaux domaines de la Chimie et tel que l'avaient autrefois conçu V. Regnault, Malagutti, Wurtz, n'existe pas en France. Nous avons des Dictionnaires, des Encyclopédies, ouvrages précieux, mais que le grand public scientifique consulte plutôt qu'il n'étudie. Nos *Manuels* sont forcément trop incomplets et généralement sans portée et sans influence sur les esprits. Ces *Leçons* se placent entre ces deux manières. Elles doivent non

A. Gautier. — Chimie minérale.

seulement compléter l'enseignement de ceux qui savent déjà penser et juger par eux-mêmes, mais aussi servir de guide à ces élèves non encore initiés qui sortent des collèges et lycées avec une instruction chimique toute superficielle. D'autre part, elles ne rempliraient pas leur but, si elles ne tenaient compte des nécessités de l'auditoire spécial de la Faculté de médecine et ne donnaient pas une large place aux applications de la chimie à l'hygiène, à la physiologie, à la thérapeutique et à la toxicologie.

Depuis l'excellent traité de *Chimie médicale* de Wurtz, publié en 1868, aucun ouvrage moyen n'avait paru en France, écrit dans les notations atomiques. Cette lacune était d'autant plus regrettable que dans ces vingt dernières années, les faits se sont accumulés, entassés, et qu'une théorie générale de l'action chimique, la *théorie thermodynamique*, s'est constituée. Il était donc doublement nécessaire de compléter nos anciens auteurs au point de vue des faits et des idées. En essayant de le faire dans ce livre, j'ai tâché d'éliminer tout ce qui m'a paru douteux, obscur, suranné, et tenté de montrer l'accord des théories thermiques avec les théories atomiques qui leur apportent à leur tour un appui et un complément.

Sous une forme élémentaire, je me suis efforcé d'intéresser le lecteur en allant le plus possible au fond des choses ; lui montrant l'évolution des idées naissant des faits, se modifiant avec eux et se transformant à leur lumière en lois générales.

Au point de vue historique, j'ai toujours donné un court résumé des principales découvertes, non tant pour célébrer ceux à qui nous devons le culte scientifique du souvenir, qu'en raison de l'importance que me paraît avoir l'exposition des idées et des méthodes mêmes des premiers inventeurs. Montrer comment ont vu, expérimenté et conclu ces esprits d'élite, et comment ils se sont passé de main en main le flambeau de la vérité, c'est contribuer, croyons-nous, à poursuivre leur œuvre et à préparer des découvertes nouvelles.

On abuse peut-être trop aujourd'hui, en chimie, des généralisations et l'on se laisse entraîner à les substituer à l'étude des choses concrètes. C'est une voie rapide et commode pour l'auteur, pleine d'illusions pour le lecteur : j'ai cherché à l'éviter dans ces *Leçons*. On y trouvera des faits, des chiffres, des tableaux, beaucoup de renseignements qui n'ont pas encore cours dans nos livres classiques sans que j'aie rien négligé, je crois, des points de vue théoriques. Pour être bref j'ai souvent sacrifié la description des appareils, jamais celle des substances et de leurs réactions lorsque cette description avait un intérêt pratique. Une bonne figure et deux lignes de légende font quelquefois suffisamment connaître un instrument, un dispositif, mais l'énoncé d'une généralisation plus ou moins adéquate aux faits ne tient pas lieu de renseignements précis et ne remplace pas les nombres qui seuls caractérisent exactement une propriété.

D'ailleurs, les caractères des corps les plus importants restent dans la mémoire du lecteur avec leurs applications : les formules s'envolent, les théories éphémères s'oublient.

Préoccupé de la majorité de mon auditoire spécial, je me suis étendu plus particulièrement sur les sujets tels que l'air, les eaux potables, les eaux minérales, les sels médicamenteux, les composés vénéneux et leur recherche toxicologique, les corps albuminoïdes servant aux mécanismes de la vie, les produits de l'économie animale qu'il nous importe de connaître. Les progrès de la médecine dus aux recherches chimiques ne se comptent plus. En ne mentionnant que ceux qui datent d'une centaine d'années : l'iode, les bromures, le chloroforme et le chloral, les phénols, les alcaloïdes naturels, la synthèse artificielle d'une multitude de corps qu'utilise la thérapeutique, etc...; en chimie physiologique, la production de la chaleur animale et de l'énergie, l'origine de l'urée, la fonction glycogénique, le rôle de l'hémoglobine, celui des diastases, celui des leucomaïnes et autres substances toxiques formées en pleine vie physiologique; en hygiène, le monde des ferments et des microbes de l'air et des eaux, l'origine des maladies infectieuses et la fabrication des vaccins, etc., tels sont les beaux fleurons qu'a fait épanouir pour le bien et les progrès de la médecine la puissante science que nous étudions. Nul ne me reprochera, je l'espère, de les avoir mis plus particulièrement en lumière dans ce livre.

En ce qui touche aux théories générales, ma *Première leçon* essaye de montrer comment les deux propriétés essentielles de

la matière, sa *masse* et son *inertie*, suffisent, avec les lois de la
mécanique rationnelle, à expliquer la nature des phénomènes
chimiques. Les principes de la thermochimie, à laquelle il faut
sans cesse revenir aujourd'hui, permettent généralement d'en
prévoir la direction et d'en donner la mesure. Je montrerai dans
mon troisième volume qu'il n'y a pas lieu d'invoquer d'autres
forces matérielles ni d'autres principes chez les êtres vivants.

Au point de vue de l'exposition didactique de cette immense
quantité de faits que nous constatons, il est vrai, mais que nous
n'expliquons que par des analogies, certes il faut se garder de
prendre des possibilités pour des preuves et des schémas pour
des réalités. Mais ces schémas ou *formules rationnelles* par lesquelles nous représentons aujourd'hui les liaisons moléculaires
et la façon dont chaque atome contribue, suivant les règles de
l'atomicité, aux fonctions des divers membres de la molécule,
n'en restent pas moins de puissants instruments de progrès qu'il
faut conserver précieusement. Ces formules atomiques ont fait
assez souvent leurs preuves et la font encore brillamment à cette
heure dans les découvertes toutes récentes relatives à la constitution et à la synthèse des alcaloïdes naturels. Elles sont aussi le
seul procédé commode que je connaisse, d'exprimer et de prévoir
toutes les isoméries; elles sont encore des instruments mnémo-
techniques, des aide-mémoire indispensables pour retenir, classer
et comparer le nombre immense de faits qu'elles englobent.

A propos des métaux, l'on verra que cet ouvrage revient, en
quelque mesure, à l'ancienne notation des sels. Les formules de
constitution d'un corps sont celles qui, tout en respectant les
valences atomiques, font le mieux ressortir les aptitudes, les
modes de formation et les dédoublements les plus généraux de
la molécule; la séparation de l'acide et de la base dans la formule
d'un sel exprime assurément ses aptitudes générales, et conduit à
sa formule de constitution la plus rationnelle. Cette séparation est
du reste chose logique, lorsqu'il s'agit de représenter des sels
à excès de base, ou des hydrates dans lesquels l'eau joue dans la
molécule le rôle que joue la base excédante dans un sel basique.
Les formules dites rationnelles des sulfates de cuivre $SO^4Cu,5H^2O$
et $SO^4Cu,3CuO, 3H^2O$ ne sont pas homogènes; les formules

$SO^3,CuO,5H^2O$ et $SO^3,4CuO,5H^2O$ le sont au contraire. Si nous écrivons le sulfate ferrique normal $(SO^4)^3Fe^2$ et non $(SO^3)^3,Fe^2O^3$, comment écrire d'une façon claire, homogène, exprimant bien les faits, les sulfates basiques SO^3,Fe^2O^3 ou $(SO^3)^4Fe^2O^3$ ou encore $(SO^3)^5,5Fe^2O^3$? Pense-t-on qu'il vaille mieux formuler $(SO^4)^3Fe^2$ et $(SO^4)''(Fe^2O^2)''$ plutôt que $(SO^3)^3,Fe^2O^3$ et SO^3,Fe^2O^3? Qui ne voit que ces deux dernières formules sont comparables entre elles, indiquent comment se forment ces deux sels, et comment ils se dissocient? J'en dirai autant des formules qui s'appliquent à la constitution des chromates, bichromates et trichromates, à celle des borates, des silicates, etc.

A ceux qui pourraient trouver mauvais cet esprit d'éclectisme qui prend à chaque époque, et adopte dans chaque système les explications et les formes didactiques qui lui paraissent le mieux s'adapter aux faits, je répondrai : La vérité n'appartient ni à un homme ni à une École; elle est partout et à tous. Le progrès consiste à savoir la reconnaître.

Sans m'éloigner trop de mon enseignement spécial, si je suis parvenu, en choisissant et groupant bien les faits particuliers, à dresser dans cet ouvrage un tableau d'ensemble où se dessinent les grandes lignes de nos théories modernes, et la direction vers laquelle tendent aujourd'hui nos efforts pour atteindre des vérités plus générales et plus précieuses encore, j'aurai complètement rempli mon but.

ARMAND GAUTIER.

TABLE ANALYTIQUE DES MATIÈRES

DU TOME PREMIER

CHIMIE MINÉRALE

TABLE ANALYTIQUE DES MATIÈRES.

FIN DE LA TABLE DU TOME PREMIER

COURS
DE CHIMIE

CHIMIE MINÉRALE

PREMIÈRE LEÇON

INTRODUCTION A L'ÉTUDE DE LA CHIMIE : LA MATIÈRE; LES FORCES;
L'AFFINITÉ; LA CHALEUR. — LES CORPS SIMPLES (¹).

LA MATIÈRE. — DÉFINITION DE LA FORCE ET DE LA MASSE

Les corps qui nous entourent frappent nos sens par un ensemble de propriétés qui nous les font connaître et distinguer les uns des autres : leur volume, leur forme, leur couleur, leur poids, leur position relative, etc.; mais, par une sorte de postulatum ou d'hypothèse tacite, nous admettons que tous ces corps ont ce caractère fondamental commun d'être formés de *matière* et, dans notre esprit, nous sous-entendons par ce mot deux qualités qui nous apparaissent comme leur étant propres à tous et par conséquent essentielles, l'*étendue* et l'*inertie*.

La notion de l'*étendue* résulte pour nous de cette observation journalière que chaque corps occupe dans l'espace un volume limité qu'aucun autre ne saurait occuper en même temps que lui. Toute claire qu'elle paraisse, cette conception doit être cependant précisée. Il est facile, en martelant un métal, de diminuer le volume qu'il occupe sans pour cela qu'il change de poids. Sous une forte pression l'on peut refouler, pour ainsi dire, les liquides en eux-mêmes : à 100 atmosphères, le litre d'eau à 4° n'occupera plus que 995 centimètres cubes au lieu de 1000. Pour

---

(¹) Cette Iʳᵉ leçon doit être considérée comme une *Introduction au Cours de chimie*. Quoique nous nous soyons efforcé d'y rendre accessibles à tous les esprits les notions de *masse*, de *force*, de *travail*, d'*énergie cynétique* et *potentielle*, d'*affinité*, elle pourra paraître un peu abstraite et difficile à quelques personnes; mais si l'on ne veut approfondir et aborder la mécanique proprement dite des actions chimiques, l'on pourra, sans inconvénient, commencer l'étude de la chimie par la deuxième leçon, p. 18.

A. Gautier. — Chimie minérale.

expliquer ces faits nous supposons que les corps contiennent des vides et des pleins, et que la pression a pour effet d'obliger les *pleins* à occuper les *vides*, à peu près comme sous le choc du marteau, le clou entre dans la planche en écartant et resserrant autour de lui les fibres du bois. Ces variations de volume nous contraignent donc à substituer, par la pensée, à l'étendue des corps eux-mêmes, l'étendue de ces particules pleines dont nous les supposons composés ; nous admettons implicitement que ces particules peuvent se rapprocher, mais non se *pénétrer* ou se confondre dans un même espace. Nous jugeons *impénétrables* ces seules particules qui représentent à notre esprit la partie vraiment matérielle des corps.

L'*inertie* est la seconde propriété essentielle de la matière.

Notre expérience de tous les jours nous apprend que les corps sont incapables de changer par eux-mêmes leur état de repos, leur mode de mouvement, *ni aucune de leurs propriétés*. Tout changement d'état ou de propriétés est attribué par nous à des *forces*.

Voici une bille de marbre lancée verticalement de bas en haut avec une certaine vitesse initiale. Cette vitesse décroît peu à peu et devient nulle ; le corps reste en repos un temps infiniment petit, puis reprend, lentement d'abord, rapidement ensuite, sa course verticale, mais cette fois en sens inverse. Nous admettons que la cause de ces divers changements de vitesse et de direction est une force que nous nommons *la pesanteur*. Prenons ces deux gaz et mélangeons-les à volumes égaux. L'un est léger, combustible, incolore et inodore : c'est de l'hydrogène ; l'autre, fort différent, le chlore, est lourd, jaunâtre, odorant. Il communique sa couleur au mélange. Mais peu à peu cette couleur disparaît, ainsi que toutes les propriétés caractéristiques des deux corps mélangés : à leur place, il s'est fait un volume égal d'un gaz fumant, acide, incolore, incombustible, fort soluble. Ce changement d'état du système initial est attribué par nous à une force : *l'affinité*.

Pour entrer plus profondément dans notre sujet, cette importante notion des forces a besoin d'être exactement définie.

Les forces ou causes qui modifient les propriétés visibles des corps sont d'essence inconnue et ne se manifestent à nous que par leurs effets. Seuls ces effets servent à les reconnaître, à les distinguer, classer, mesurer. Considérons la bille de marbre dont je parlais tout à l'heure. Abandonnée à elle-même elle tombe avec une vitesse croissante, et la cause qui la fait ainsi passer par ces divers états de vitesse et l'entraîne vers le sol est la force de *pesanteur*. La boule rebondit sur ce plan d'acier qu'elle rencontre sur sa route, reste un instant immobile, change le sens de son mouvement et remonte verticalement. La cause de ce changement de vitesse et de sens nous la nommons encore force : c'est *l'élasticité*. Je place maintenant cette boule au-dessus d'un bec de gaz, elle s'échauffe, se dilate, et la cause ou force qui produit ces effets nous l'appelons *le calorique*. Je la jette dans un verre plein d'eau acidulée d'acide chlorhydrique; elle s'y dissout peu à peu, émet un gaz et disparaît. La force qui la transforme ainsi profondément est l'*affinité* ou *force chimique*. Si, prenant enfin cette bille de marbre ou la poudre qui en provient par broiement, je la dissous dans l'eau acidulée d'un peu d'acide carbonique, et si dans cette eau j'ensemence des êtres vivants, par exemple des algues ou des mollusques aptes à former des carapaces ou des coquilles, la matière de cette bille prendra des formes régulières, entrera dans la constitution d'organes complexes, et la force qui vient ainsi organiser ces particules d'une façon invariable suivant l'espèce agissante, nous l'appelons *la vie* ou *force vitale*.

L'idée de *force* se confond donc avec celle de *cause* et n'est pas mieux définie qu'elle. La *pesanteur*, l'*élasticité*, la *chaleur*, l'*affinité*, la *vie* sont des mots qui nous servent non pas à définir et à faire connaître l'essence de ces causes, mais à les classer par catégories distinctes suivant la nature et l'ordre des phénomènes auxquels ces forces donnent naissance. Seuls les effets de ces forces nous sont connus et nous servent à les distinguer, à les mesurer, à les comparer.

Parmi ces forces, considérons un instant celles qui sont aptes à modifier l'état de mouvement ou de repos des corps, c'est-à-dire les *forces mécaniques*. On admet qu'une force de cette espèce, invariable d'intensité et constante d'action, modifie l'état de mouvement ou de repos d'un corps en lui imprimant à chaque instant un accroissement de vitesse proportionnel à son intensité. On représente par $\dfrac{\Delta v}{\Delta t}$ cette petite augmentation de vitesse Δv pour chaque fraction de temps Δt très court. Si l'on suppose décroître sans cesse la différence Δt, on pourra indiquer par $\dfrac{dv}{dt}$ cet infiniment petit accroissement de vitessse dv acquise durant le temps infiniment court dt. Si la force F est constante, le rapport $\dfrac{dv}{dt}$ restera constant pour chacun des instants. Dans ce cas, l'on nomme *accélération* l'augmentation de vitesse Σdv qui serait constatée au bout de l'unité de temps Σdt. Nous la représentons par W.

On écrit donc :

$$\textit{Force} \text{ ou } F = M \frac{dv}{dt},$$

pour la valeur, à chacun des instants dt, d'une force F, quelle que soit sa loi de variation,

Et dans le cas d'une force F toujours égale à elle-même et continue :

$$\textit{Force} \text{ ou } F = MW,$$

formule dans laquelle W représente *l'accélération* que nous venons de définir.

Dans ces deux équations nous exprimons la valeur de la force par deux facteurs : l'un $\dfrac{d\,v}{d\,t}$, ou bien W, fait entrer dans la définition de la force la variation de la vitesse du mobile à chaque instant $d\,t$, l'autre M permet de tenir compte d'une qualité fondamentale du corps particulier M mis en mouvement par la force F. Remarquons, en effet, qu'une même force n'imprimera pas à un grain de plomb ou à un boulet de canon la même accélération dans l'unité de temps. Pour un autre corps M′ soumis à la même force d'intensité constante F, nous aurons F = M′ W′, et en exprimant l'égalité des deux valeurs de F nous aurons :

$$M\,W \;=\; M'W' \qquad \text{ou} \qquad \frac{M}{M'} \;=\; \frac{W'}{W}\cdot$$

Ce qui veut dire que si une même force F agit sur deux corps différents M et M′, elle leur imprimera des *accélérations*, ou augmentations de vitesse au bout de l'unité de temps, inverses d'une qualité propre à chaque corps et qu'on a nommée la *masse*.

La *masse* est donc cette propriété de chaque corps en vertu de laquelle ils prennent, sous l'influence des forces mécaniques, une accélération finie et déterminée. C'est la *mesure de l'inertie de la matière*, inertie au mouvement ou aux modifications qui en sont les conséquences. C'est, comme disait Lamé, *le coefficient de résistance au mouvement ou aux modifications du mouvement*. Les masses sont donc entre elles comme l'inverse des accélérations que leur imprime une même force [1].

Tout corps est doué d'une masse propre. Il prend, sous l'influence de chaque force mécanique, une accélération déterminée inverse de sa masse.

INVARIABILITÉ DE LA MASSE. — RELATION DE LA MASSE AU POIDS

Des expériences innombrables et des observations déjà fort anciennes ont montré que la *masse* de chaque corps est invariable, quels que soient son état de repos ou de mouvement ainsi que ses transformations successives. La régularité et la constance des phases du mouvement des planètes et des comètes autour du Soleil montrent bien que ces astres passent, périodiquement, avec les mêmes vitesses, par les mêmes positions relatives dans l'espace sous l'influence des mêmes forces, en un mot que leur masse ne change pas. Les phénomènes chimiques intenses

---

[1] On peut remarquer ici, en passant, que cette résistance des corps au mouvement et à ses modifications, résistance qu'on nomme *masse*, peut être attribuée à la particule matérielle elle-même, aussi bien qu'au milieu de nature inconnue qui, intimement lié à cette particule, la maintient dans chacune de ses positions dans l'espace.

qui, depuis des milliers d'années, se produisent dans le Soleil, sont la preuve que ces changements ne modifient pas la masse de ce corps, car notre Terre varierait de vitesse de translation et le nombre des jours de l'année changerait si la masse du Soleil venait à varier. Or l'identité du nombre de jours et d'heures de la révolution de la Terre autour du Soleil est constatée depuis un temps immémorial.

D'autre part, les physiciens et surtout les chimistes ont établi, par un grand nombre d'expériences précises, que le poids des corps ou systèmes de corps, reste toujours constant quelle que soit la série de transformations qu'on leur fait subir. Voici une de ces expériences : prenons un pendule dit *spiral* (fig. 1), formé par un gros fil d'acier roulé en spires S et terminé par un plateau de balance P ; chargeons ce plateau d'un poids et laissons tout à coup agir la pesanteur. L'appareil se mettra à osciller régulièrement de haut en bas. Or l'on démontre par le calcul, et l'on observe, que le temps d'une oscillation est indépendant de l'amplitude des oscillations et proportionnel au poids tenseur. Sur le plateau du pendule *spiral*, remplaçons le poids par un ballon de verre scellé contenant les proportions voulues de mercure et de soufre, ballon vide d'air, que nous faisons osciller. Nous compterons par exemple 75 oscillations à la minute, 150 en deux minutes, 300 en quatre minutes, etc.; cette balance sera d'autant plus sensible que nous l'observerons durant un temps plus long. Reprenons maintenant ce ballon,

Fig. 1. — Balance spirale.

chauffons-le modérément, une vive réaction s'y produira bientôt; le mercure s'unira au soufre, il se dégagera une grande quantité de chaleur, et il se fera un corps nouveau, de couleur noire, qui n'a plus aucune des propriétés de ses deux générateurs. Le ballon refroidi, reportons-le sur le plateau de notre pendule spiral et faisons de nouveau osciller. Nous constaterons que nous obtenons encore 75 oscillations à la minute, etc., en un mot, que le poids du ballon n'a pas changé, quelque profonde que soit la transformation subie par la matière qu'il contenait. Nous en concluerons, généralisant cette expérience, que le poids des corps ou systèmes de corps reste invariable malgré leurs transformations physiques ou chimiques les plus profondes.

Or, entre le poids et la masse des corps, il est une relation très

simple. Le poids est la force qui entraîne tous les corps vers le centre
de la Terre. Cette force mécanique s'exprime, comme nous l'avons vu
tout à l'heure, par le produit de la masse M par l'accélération; et celle-
ci, lorsqu'il s'agit de la pesanteur, se représente par la lettre g.

Nous aurons donc, en exprimant le poids par P :

$$P = Mg,$$

et pour un autre corps de masse M′ :

$$P' = M'g,$$

d'où nous tirons :

$$\frac{P}{P'} = \frac{M}{M'}.$$

Or nous avons vu que les chimistes et les physiciens ont reconnu que
le poids des corps restait invariable quels que soient la nature et le
nombre des modifications physiques ou chimiques qu'on leur fait subir;
donc les masses, qui sont entre elles comme ces poids, restent aussi
invariables ([1]).

Ainsi, il existe dans les corps matériels une propriété qu'on ne saurait
trop bien comprendre et définir. Ils sont *inertes*, c'est-à-dire qu'ils
opposent à toute modification de leur état actuel une masse ou résistance
invariable pour chacun d'eux, quelle que soit la série des formes successives par lesquelles passe le système de particules dont ils sont formés.
La masse est donc leur caractéristique fondamentale et leur constante.
Tout peut varier en apparence dans les corps, leur masse seule ne change
point et par conséquent, comme le disait avec raison Newton, la masse
mesure la *quantité* de ce quelque chose qui semble indéfinissable et
insaisissable dans sa continuelle mobilité, la *matière*.

De ces considérations nous tirerons tout de suite la conclusion
générale suivante, qui est la loi fondamentale de la chimie, comme de la
mécanique rationnelle.

*La masse et le poids d'un corps ou d'un système de corps sont
invariables, quelsque soient les changements que ces corps subissent
dans leurs états mécaniques, physiques ou chimiques, en un mot
quelle que soit la nature de leurs transformations successives.*

L'AFFINITÉ. SES EFFETS ET SA MESURE

Les transformations que subissent les corps et qui nous permettent de

---

([1]) Si, pour deux lieux différents, l'attraction terrestre était différente, l'accélération passe-
rait de g à g'; la valeur des deux poids P et P′ deviendrait dans ce cas Mg' et $M'g'$, et l'on
aurait toujours :

$$\frac{P}{P'} = \frac{M}{M'}.$$

distinguer et classer les forces ou *causes des phénomènes*, sont de trois espèces : les *transformations mécaniques, physiques* et *chimiques*.

Les *transformations mécaniques* ont trait au mode de translation de l'ensemble des corps, aux mouvements relatifs de leurs parties, aux changements de forme géométrique, etc.; ces transformations sont du domaine de la mécanique et de l'astronomie.

Les *transformations physiques* sont celles que la chaleur, la lumière, l'électricité, le magnétisme, etc., opèrent dans les corps. Ces changements sont en général *réversibles*, c'est-à-dire que les corps reviennent à leur état antérieur dès que la cause qui a fait naître leur modification vient à disparaître. En général, les actions physiques se transmettent à distance, ou au contact apparent, sans que chacun des corps réagissants perde rien de son poids relatif et sans qu'il y ait confusion des corps mis en présence.

Les *actions chimiques* se passent le plus souvent entre des corps de nature différente dont ces actions confondent les masses et font disparaître la plupart des propriétés spécifiques sensibles, sans *réversion directe* possible au système antérieur, alors même que la cause qui a déterminé ces profondes transformations a cessé d'agir.

Éclairons par un rayon de soleil un mélange de deux volumes de *chlore* et de deux volumes d'*oxyde de carbone*. Les quatre volumes se contracteront de moitié ; il se fera deux volumes d'un gaz nouveau, le *gaz phosgène*, entièrement différent de chacun des deux composants, et désormais incapable de revenir au système primitif *chlore* et *oxyde de carbone*, sans qu'une nouvelle action chimique intervienne. — Chauffons de l'oxyde d'argent, il se décomposera un peu au-dessus de 100 degrés en argent et oxygène; désormais ces deux corps resteront en présence sans s'unir de nouveau. Voilà deux transformations chimiques ; toutes les propriétés des corps en présence ont changé dans ces deux cas sans retour direct possible vers l'état initial. Une seule chose est restée invariable, la masse : la somme des poids d'oxygène et d'argent est restée celle de l'oxyde d'argent d'où l'on est parti, et chacun des poids particuliers d'argent et d'oxygène qui ont pris naissance est celui qui avait disparu lors de la formation de l'oxyde d'argent. La confusion des masses et des propriétés physiques de l'argent et de l'oxygène dans l'oxyde d'argent n'avait donc pas entraîné la confusion définitive des espèces composantes ni même des poids relatifs de chacune d'elles.

Les causes qui unissent ainsi les espèces entre elles et les confondent en apparence, généralement sans réversion spontanée possible après que la cause transformatrice a cessé d'agir, ou bien qui dédoublent les substances actuelles en corps nouveaux, sont dites *forces d'affinité;* les phénomènes chimiques nous révèlent ces forces ; ils servent à les mesurer et à les comparer aux autres forces naturelles.

Or nous avons dit que ce mot de *force* a été substitué au mot de *cause* et lui équivaut. On a dit : force de gravitation, calorique, force électrique, etc., ou plus simplement *gravité, chaleur, électricité*, etc., pour exprimer les causes de nature inconnue des phènomènes correspondants. Mais si l'on ignore l'essence de ces causes, dans la connaissance des relations qui existent entre elles on a fait un grand pas. On a découvert que les effets des forces matérielles pouvaient se transformer les uns dans les autres et que chaque *unité de mesure* de l'une des forces produisait en disparaissant un nombre constant d'unités de forces d'une autre espèce ; l'on a remarqué qu'en définitive les effets de toutes ces forces pouvaient aboutir à une production de chaleur, et qu'à son tour une unité de chaleur ou *Calorie* pouvait se transformer en travail mécanique et produire, en disparaissant, 437 *kilogrammètres* ou *unités de travail*.

De ce que les effets des forces physiques peuvent ainsi se transformer les uns dans les autres et équivaloir à une certaine quantité de travail (¹) ou de force vive, on a conclu que, quelles que soient leurs apparences très diverses, toutes les forces physiques pouvant se résoudre en travail ou transport de masse, devaient résulter des mouvements des particules des corps, et ne différer entre elles que par le mode de ce mouvement particulaire ou par son aptitude à se transmettre au milieu éthéré au sein duquel on admet que se meuvent les particules matérielles.

Nous expliquons de même les phénomènes chimiques. Les causes qui changent d'une manière permanente les propriétés des corps ou des systèmes de corps, se révèlent et se mesurent par leurs effets sensibles, qui sont : d'une part, un dispositif différent dans l'association des particules matérielles qui ont réagi, changement que l'on conclut de la variation des volumes, des densités et de la plupart des propriétés initiales de chaque composant ; de l'autre, une certaine quantité de chaleur perdue ou gagnée en passant du système matériel initial au système final.

Lorsque, comme je le fais ici dans cet eudiomètre (fig. 2), j'unis deux volumes d'hydrogène à un volume d'oxygène, grâce à la quantité de chaleur insignifiante que je communique par l'étincelle à l'un des points du mélange, d'une part, les molécules d'oxygène et d'hydrogène s'associent sous une forme nouvelle, la vapeur d'eau ; de l'autre, le système perd une certaine quantité de chaleur qui est de 323 Calories (²) pour 100 grammes

---

(¹) On sait qu'on nomme *travail* T le produit de la force *f* par le chemin *l* parcouru dans la direction de la force ou projeté sur cette direction. On écrit T = *fl*. Le kilogrammètre est l'unité de travail ; c'est le travail nécessaire pour soulever 1 kilogramme à 1 mètre de hauteur.

(²) Nous appellerons toujours Calorie, dans cet ouvrage, la quantité de chaleur nécessaire pour élever le kilogramme d'eau de 1 degré, et nous écrirons ce mot avec un C majuscule pour la distinguer de la *petite calorie* ou quantité de chaleur nécessaire pour élever 1 gramme d'eau de 1 degré. La petite calorie est donc la millième partie de la grande.

d'eau formés par l'union de 11ᵍʳ,1, d'hydrogène à 88ᵍʳ,9 d'oxygène.

Le système nouveau qui s'est produit contient encore ces deux matières en présence, elles ne sont pas définitivement confondues. Je puis, en surchauffant ces 100 grammes de vapeur d'eau dans des conditions déterminées, reproduire de nouveau 11ᵍʳ,1 d'hydrogène et 88ᵍʳ,9 d'oxygène ; mais, chose très digne d'attention, ce retour au premier état où l'oxygène et l'hydrogène sont désunis et non plus combinés, fera de nouveau disparaître 323 Calories pour 100 grammes d'eau décomposée. Cette perte ou ce gain de 323 Calories représente donc l'*énergie* (¹) perdue ou acquise par le système *hydrogène + oxygène,* suivant qu'il passe à l'état d'*eau* ou revient à l'état de mélange des deux gaz *oxygène* et *hydrogène.* Ces 323 calories sont donc l'équivalent ou la *mesure* des forces d'affinité, travail *dépensé* ou négatif lorsqu'il sert à disjoindre les molécules de 100ᵍʳ d'eau pour en faire de l'hydrogène et de l'oxygène, travail *fourni* au contraire par ce dernier système ou travail positif lorsqu'il passe à l'état de vapeur d'eau.

La chaleur dégagée ou disparue lors des transformations chimiques est donc la mesure des travaux des forces d'affinité, ou de l'énergie totale perdue ou gagnée par tout système qui est le siège d'une action chimique.

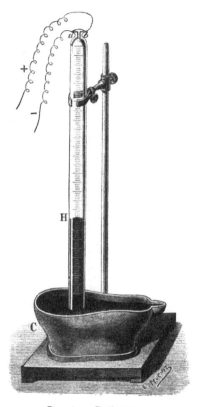

Fig. 2. — Eudiomètre.

Tel est le principe fécond mis surtout en lumière par les mémorables travaux de M. Berthelot. Nous avons établi plus haut que les masses des corps restaient invariables au cours de leurs transformations physiques ou chimiques. Ce second principe nous apprend que, quelles que soient ces transformations, les forces d'affinité se révèlent à nous par des variations d'énergie dans les systèmes successifs qui se transforment, et que

(¹) On donne le nom d'*énergie* à l'ensemble des causes qui, dans un système matériel, sont aptes à faire naître du travail mécanique, et l'on en mesure la grandeur par le travail qu'elles peuvent produire.

ces effets peuvent se mesurer sous forme de la commune mesure de toutes les forces jusqu'ici connues, savoir *l'unité de chaleur* ou *l'unité de travail mécanique.*

MÉCANISME DE LA VARIATION D'ÉNERGIE DES SYSTÈMES CHIMIQUES

Il nous est permis maintenant de rechercher de plus près, dans l'état de nos connaissances actuelles sur la constitution de la matière, quel est le mécanisme suivant lequel se produit cette variation d'énergie des systèmes de corps soumis aux transformations chimiques.

On suppose chaque matière formée de particules innombrables et fort petites, toutes semblables entre elles, pouvant être animées du mode de mouvement le plus général, c'est-à-dire à la fois de translation, si elles sont libres, d'oscillation autour d'une position moyenne, et de rotation ou libration autour de leur axe ou de leur centre de gravité.

En outre, l'analyse des phénomènes optiques a fait admettre à Cauchy et à Lamé, en particulier, que chacune de ces molécules est entourée d'un réseau d'éther qui augmente de densité à mesure qu'on s'approche de la molécule matérielle. Cet éther subit l'attraction directe de la molécule, ainsi que l'a d'ailleurs démontré Fizeau dans son expérience célèbre sur l'entraînement de la lumière par l'écoulement rapide des milieux transparents ([1]). Il participe donc aux divers mouvements de la molécule, réagit sur eux et est influencé par eux. L'étude des phénomènes électriques conduit aux mêmes conclusions.

Or, si les forces *mécaniques* produisent *le travail* par le transport de la masse totale des corps d'un point à l'autre, si les forces *physiques*, chaleur, lumière, etc., sont dues à des vibrations ou oscillations pendulaires du centre de gravité des particules matérielles entraînant leur éther avec elles, les phénomènes chimiques ne peuvent tenir à aucune de ces deux causes. Les actions chimiques ne transportent pas les corps. Elles n'ont pas davantage pour effet d'augmenter ou de diminuer leur énergie calorifique, c'est-à-dire l'amplitude des oscillations ou la rapidité des mouvements vibratoires des molécules, variations qui se traduiraient sous forme de chaleur et de dilatation. Dans l'expérience de la décomposition de l'eau à haute température, lorsque l'oxygène et l'hydrogène redeviennent libres, nous avons vu que 323 calories *disparaissent* par 100 grammes d'eau formée, sans que pour cette énorme transmission de chaleur il y ait le moindre échauffement des gaz produits. Ici la chaleur devient *latente*, comme on le dit quelquefois; le travail accompli est chimique et non calorifique, le système ne s'échauffant pas. Il faut donc, puisque cette énergie transmise et emmagasinée par la matière est essen-

---

([1]) *Séance de l'Acad. des sciences,* 29 sept. 1851. V. aussi *Compt. rend.,* t. 102, p. 1207.

tiellement un mode de mouvement de ses molécules qui ne peut être ni un mouvement de translation, mode qui produirait du travail mécanique, ni un mouvement d'oscillation, mode d'où résulterait de la chaleur, il faut que cette énergie transmise et transformée en action chimique consiste dans une modification des mouvements de rotation de la molécule autour de l'un de ses axes; cette modification comporte elle-même comme conséquence, ainsi qu'on va le voir, un dispositif différent dans la position relative des centres de gravité de chacune des particules matérielles, c'est-à-dire, en définitive, un emmagasinement ou une perte d'énergie dans le système matériel, variation d'énergie qui coïncide avec toute action chimique et qui lui sert de mesure. C'est ce que nous allons développer.

TRANSFORMATIONS DUES A L'ACTION DE LA CHALEUR : LIQUÉFACTION, VOLATILISATION, DISSOCIATION, DÉCOMPOSITION. CORPS SIMPLES

Avant d'analyser plus complètement les effets chimiques produits dans les corps par l'emmagasinement d'énergie latente, soit qu'on leur transmette directement de la chaleur, soit qu'il s'établisse dans les systèmes en présence un double échange de l'énergie de leurs diverses masses, essayons de déterminer, au milieu des multiples transformations que la chaleur fait subir aux corps ou systèmes de corps, à quels caractères nous reconnaîtrons celles qui sont de nature chimique.

On sait que la chaleur dilate les corps en même temps qu'elle les échauffe. Si nous considérons les corps solides, nous expliquerons aisément cette dilatation par l'augmentation d'amplitude des mouvements vibratoires de leurs particules constitutives. L'augmentation de température est en relation directe avec l'accroissement de vitesse des molécules sur leur trajectoire agrandie. Enlevons la source de chaleur, le corps se refroidira et, revenant peu à peu à son état initial, restituera au cours de ce refroidissement *toute* la chaleur qui lui avait été fournie. Mais, au contraire, si nous continuons à le chauffer il pourra se faire que le corps se liquéfie. Nous remarquerons à ce moment que l'augmentation de température provoquée jusque-là par l'action continue de la source calorifique ne se produira plus tant que le corps fondra, et réciproquement, si le corps fondu revient à l'état solide, il ne changera plus de température, tout en fournissant continuellement de la chaleur, tant qu'il ne sera pas solidifié tout entier.

Puisque cette chaleur communiquée au corps solide durant tout le temps de sa fusion n'a pas provoqué d'élévation de température, c'est-à-dire d'augmentation dans la force vive répondant aux mouvements

oscillatoires moléculaires auxquels sont dus les phénomènes d'échauffement et de dilatation, il faut que cette chaleur ait été employée à modifier la force vive de libration ou de rotation de la molécule et de l'atmosphère d'éther qui lui est intimement liée ; il faut aussi, comme conséquence des modifications de ces mouvements intestins, que le dispositif
des molécules matérielles les unes vis-à-vis des autres change en même
temps. On remarque, par exemple, que la glace en passant à l'état d'eau
à 0° s'est contractée, par le fait de sa simple fusion et sous l'influence
de la chaleur transmise, de l'énorme proportion des 80 millièmes de son
volume.

Il est assez aisé de comprendre le mécanisme par lequel se produit le
phénomène de la liquéfaction. Dans l'état solide toutes les particules
sont liées entre elles d'une façon presque invariable, liaison rendue
évidente par le fait de la cristallisation ou de la conservation de la
forme géométrique du solide. Cette cristallisation ou cette conservation
de la forme signifie que chaque molécule est, dans ses mouvements et son
orientation, sous l'influence directe des mouvements et de l'orientation
des molécules voisines. La liquéfaction arrive lorsque, par l'accroissement des distances particulaires et de la force vive oscillatoire correspondant à l'augmentation d'énergie transmise, cette influence d'orientation réciproque des particules disparaît en grande partie. A ce moment
l'augmentation de force vive que le flux calorifique apporte sans cesse
à la molécule s'emmagasine, non plus sous forme d'accroissement d'amplitude oscillatoire, puisque la température du corps que l'on échauffe
n'augmente plus, mais sous celle d'augmentation d'énergie rotatoire des
particules jusqu'à restitution de toute celle qui avait été perdue sous
forme de chaleur thermométrique lors du phénomène inverse de la solidification du corps. Le changement d'état appelé *fusion* des corps se
produit donc au moment où la portion de chaleur transmise à chaque
molécule, après avoir déterminé chez elles des oscillations ou librations
d'amplitude de plus en plus grande, arrive enfin à faire tourner la molécule sur elle-même et la soustrait ainsi à l'influence de l'orientation
des pôles des molécules voisines. L'énergie rotative arrive alors pour
chaque particule à un état de grandeur et de stabilité en rapport avec sa
masse, sa forme et la distance des autres molécules. Mais, en même
temps aussi, les *forces d'orientation moléculaire se faisant sentir*
également dans tous les sens autour de ces molécules qui tournent
sur elles-mêmes, un travail d'attraction suivant une loi différente
de celle du corps solide se produira entre les particules du corps
fondu, travail qui emmagasinera sous forme d'énergie potentielle
une nouvelle quantité de chaleur empruntée à la source extérieure.
C'est la somme de ces deux énergies, l'une transformée en force vive

rotatoire, l'autre disparue *grâce à la variation du potentiel du corps qui fond, variation qu'entraîne sa nouvelle agrégation moléculaire*, c'est cette somme que mesure la chaleur spécifique latente de fusion. 1 kilogramme de glace à 0 degré absorbera, par ce mécanisme, 79 Calories pour fondre sans changer de température.

Plaçons cette eau dans un espace vide de grandeur indéfinie et maintenons-la à 0°. Un phénomène, que nous aurions pu déjà voir avec la glace, apparaîtra dès lors avec plus d'évidence. L'eau se transformera en vapeur, et la force nécessaire pour contre-balancer cette tension de vapeur sera de 4 millimètres de mercure à 0 degré. Si j'agis en vase clos, je verrai qu'à mesure que je transmettrai à l'eau de nouvelles quantités de chaleur cette tension augmentera; mais ici, pour chaque Calorie transmise, la température augmente en même temps que la tension, et réciproquement la perte de tension au contact d'un corps froid s'accompagne d'une restitution de chaleur équivalente à l'abaissement de température.

Par conséquent, le gain d'énergie calorifique de l'eau liquide qui s'échauffe et tend à se vaporiser successivement se transforme entièrement (ou presque entièrement) en mouvements oscillatoires, d'où dérivent à la fois l'augmentation de température et l'augmentation de tension dues à cet ordre de mouvements particulaires.

Toutefois lorsqu'on examine attentivement le phénomène de la progression de la température avec l'augmentation d'énergie calorifique transmise aux liquides, à leurs vapeurs ou aux gaz, on voit que les choses ne sont pas tout à fait aussi simples que nous venons de le dire. On observe qu'à mesure que le corps s'échauffe, sa chaleur spécifique, c'est-à-dire la quantité de chaleur nécessaire pour élever son unité de poids de 1 degré, augmente aussi, insensiblement d'abord, puis rapidement. Cette remarque a été faite même pour les chaleurs spécifiques à *volume constant*, c'est-à-dire sans qu'on puisse attribuer l'excès d'énergie nécessaire pour un même échauffement à aucun travail extérieur. En particulier, les gaz formés avec condensation moléculaire, tels que l'eau et l'ammoniaque, ont une chaleur spécifique qui croît notablement avec la température ([1]). Les vapeurs des corps organiques, d'alcool, de chloroforme... subissent des augmentations de chaleur spécifique énormes lorsqu'on les échauffe. La chaleur spécifique de la vapeur d'alcool peut arriver jusqu'à se doubler à une température un peu élevée.

Une partie de la force vive transmise aux corps gazeux est donc utilisée à un *travail intérieur autre que l'élévation de température* ou la dilatation de la vapeur qui mesure cette augmentation de tempéra-

---

[1] Voy. Berthelot, *Essai de mécanique chimique*, t. Iᵉʳ, p. 440.

ture. En effet, nous allons voir apparaître de ce travail intérieur, d'abord insensible, puis croissant rapidement, les importants effets.

Cette vapeur d'eau qui, d'après mes observations, commence à se produire lentement vers 400° par l'union de l'hydrogène à l'oxygène, portons-la vivement à 1800° (fig. 3). Elle se décomposera rapidement, comme par une sorte d'explosion, et nous pourrons recueillir les produits de sa dissociation, savoir : l'hydrogène en N et l'oxygène en M.

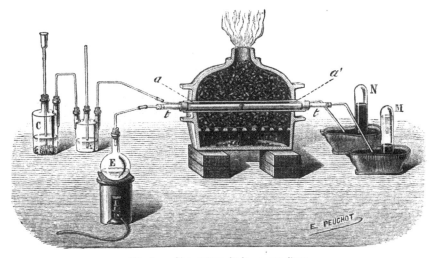

Fig. 3. — Dissociation de la vapeur d'eau.
tt, tube de porcelaine dégourdie contenu dans un tube plus grand **T** verni à l'intérieur
E, ballon fournissnt la vapeur d'eau.
C, flacon donnant de l'acide carbonique.
M, éprouvette à oxygène. — **N**, éprouvette à hydrogène.

Mais avant 1000°, température à laquelle ce phénomène de dissociation devient sensible aux mesures, même à l'état statique, *il avait été annoncé par une augmentation sans cesse croissante de la chaleur spécifique* de cette vapeur d'eau. Lorsque nous portons cette eau non plus à 1000°, mais à la température de 1500° où sa dissociation est énergique, un très rapide accroissement de chaleur spécifique. enfin vers 1800°, une disparition presque totale de l'énergie calorifique transmise se produit, et nous avons dit précédemment que, pour 100 grammes d'eau décomposée, 323 Calories s'évanouissent ainsi pour le thermomètre, emmagasinées qu'elles sont sous forme de mouvement rotatoire par les molécules d'oxygène et d'hydrogène qui se sont formées. L'augmentation du potentiel du nouveau système est la conséquence de cet emmagasinement d'énergie devenue insensible au thermomètre.

La température de 1800°. où l'eau se dissocie très rapidement, n'est donc qu'une condition expérimentale puissante, qui rend le phénomène de l'emmagasinement d'énergie rotatoire ou chimique très sensible et comme subit.Mais bien avant cette température, une partie de la chaleur transmise disparaissait, pour le thermomètre, sous forme d'augmentation de chaleur spécifique. C'est-à-dire qu'à mesure que s'élevait, avec la température, l'énergie du mouvement de translation des molécules et celui d'oscillation, conséquence des chocs réciproques dus à cette translation, une partie sans cesse croissante de la chaleur transmise passait à l'état d'énergie rotatoire.

Grâce à ce mécanisme, il s'établit entre les molécules, ainsi que nous l'avons montré, une différence de potentiel. A plus forte raison cette différencs se produit-elle dans l'intérieur de la molécule entre les parties qui la composent. En effet, *sous l'influence de la rotation de plus en plus vive de la molécule, les éléments qui la composent et que réunit la force d'affinité, quelle qu'elle soit, tendent à s'éloigner, grâce à leur inertie qui tend à leur faire suivre à chaque instant la tangente de la courbe qu'ils parcourent avec une vitesse croissante; de là cette variation de potentiel intramoléculaire que l'on peut se représenter comme une différence d'élasticité qui s'établit entre les divers membres de cette molécule de plus en plus tendus par cette force disruptive.* Mais il arrive un moment où la vitesse de rotation est suffisante pour que la force centrifuge qui en résulte égale ou dépasse la force d'attraction des éléments qui composent la molécule; *chacun d'eux se sépare alors avec la charge d'énergie qu'il possède à ce moment et redevient alors relativement libre dans ses mouvements personnels.*

Prenons un autre exemple : soumettons l'iodhydrate d'ammoniaque à la température de 450 à 500°, dans la cornue de grès C enveloppée de charbons au rouge (fig. 4), recueillons les produits dans lesquels la chaleur aura disloqué les molécules grâce au mécanisme que nous venons d'exposer. A cette température, une vapeur violette se forme et se condense en cristaux bruns dans l'allonge I : c'est de l'iode; un gaz se dégage en E : c'est de l'hydrogène; l'eau du flacon F où ce gaz a barboté avant d'être recueilli est fort alcaline : c'est de l'ammoniaque. L'action de la chaleur à 450° décompose donc cet édifice moléculaire, l'iodhydrate d'ammoniaque, stable à la température ordinaire, en iode, hydrogène et ammoniaque, et si nous avions pu mesurer la chaleur rendue insensible au thermomètre durant cette décomposition, nous l'aurions trouvée de 35 Calories pour 100 grammes d'iodhydrate d'ammoniaque décomposés.

Prenons à son tour l'ammoniaque qui provient de cette décomposition et faisons-la circuler à travers un tube de porcelaine porté à 1000 degrés. Dans ces nouvelles conditions, ce gaz se décomposera lui-même. Pour chaque volume disparu, il apparaîtra un demi-volume de gaz azote et un volume et demi d'hydrogène. Durant cette décomposition, il disparaîtra 157 Calories pour 100 grammes d'ammoniaque décomposés.

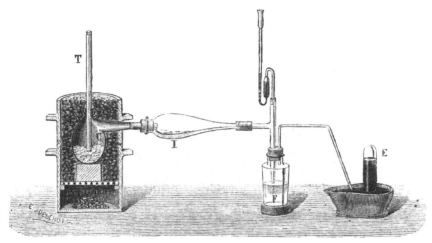

Fig. 4. — Décomposition de l'iodhydrate d'ammoniaque par la chaleur.

L'iodhydrate d'ammoniaque s'est donc décomposé en deux phases qui nous ont successivement fourni l'iode, l'hydrogène et l'azote. L'eau dédoublée en une seule phase nous a donné de l'oxygène et de l'hydrogène. En même temps que décomposition de ces deux corps, il y a eu dans les deux cas emmagasinement d'énergie calorifique rendue insensible au thermomètre déjà bien avant qu'apparussent les phénomèmes de dissociation ou de décomposition, phénomènes d'abord peu sensibles, puis croissant très rapidement en même temps que disparaissait une proportion considérable de l'énergie calorifique coïncidant avec la décomposition définitive des corps.

Mais que l'on porte maintenant les produits de la décomposition de l'eau ou de l'iodhydrate d'ammoniaque, savoir : l'*hydrogène*, l'*oxygène*, l'*azote*, l'*iode*, à une température infiniment plus élevée, celle par exemple que nous fournit le feu électrique, ou à la température du soleil qui n'est pas moindre de 20 000 degrés, l'hydrogène, l'oxygène, l'azote et l'iode ne subiront plus aucune décomposition nouvelle, ainsi que l'indiquent pour les trois premières substances les raies spectrales solaires qui prouvent l'existence de ces trois gaz dans la photosphère. La chaleur transmise pour les élever de 1000 à 20 000 degrés ne fera donc rien autre chose que d'augmenter leur température ([1]). Que l'on sou-

([1]) On doit dire cependant que M. Lechatelier et M. Vieille ont établi que la chaleur spécifique des éléments, même à volume constant, augmente aux très hautes températures, et cela dans des proportions notables (augmentation de 33 pour 100). On sait aussi que la densité de vapeur de l'iode diminue notablement au-dessus de 1200. (Crafts et V. Meyer.) Il suit de ces

mette de même ces quatre corps irréductibles par la chaleur à l'action des autres forces physiques : lumière, électricité, etc., ou bien à celle des forces chimiques développées dans les réactions innombrables et par les agents matériels fort divers dont nous disposons, *on ne les dédoublera pas en matières plus simples*, aptes à réformer par leur union l'oxygène, l'hydrogène, l'azote, l'iode dont elles proviendraient.

On nomme corps simples ou éléments les matières ainsi irréductibles par tous les agents physiques ou chimiques. De leur action réciproque résultent les corps composés et les phénomènes si variés de la chimie tout entière.

La conception moderne des éléments appartient à Lavoisier. Elle a été la conséquence de ses découvertes sur la composition de l'air réputé jusqu'à lui irréductible, malgré quelques importantes observations de Jean Rey et J. Mayow d'abord, et plus tard de Priestley. Lavoisier montra que cet air était formé de deux gaz indécomposables, l'oxygène et l'azote. Cette conception prit un important développement lorsqu'il établit que l'eau, elle aussi réputée simple jusqu'à lui, était formée de deux gaz irréductibles : l'hydrogène et l'oxygène. Enfin elle fut définitivement fondée par ses recherches *sur la combustion* et la nature *des chaux métalliques*, qu'il démontra résulter de l'union de ce même oxygène, qu'il avait extrait de l'air et de l'eau, aux *radicaux métalliques* indécomposables.

Nous avons exposé plus haut la conception de Cauchy, Lamé, Fizeau, sur l'état de l'éther condensé autour de chaque particule matérielle. Il est entraîné dans un sens et avec une vitesse déterminés par les mouvements de la molécule qu'il entoure, et autour de laquelle il tourbillonne en réagissant à son tour sur elle. D'autre part, H. Davy, Œrsted, Berzelius, Faraday, Helmholtz ont pensé que le fluide électrique circule autour de ces atomes, et que tel est le véritable mécanisme par lequel le potentiel s'accumule dans la molécule. Nous croyons, quant à nous, que ces deux hypothèses s'équivalent et qu'il faut revenir, sous l'une ou l'autre forme, à l'idée de Davy, d'Œrsted, de Berzelius et de Helmholtz (¹).

remarquables constatations que les éléments eux-mêmes tendent à se dissocier, ce qui s'explique très bien d'ailleurs, si l'on admet, et l'on y est conduit par une série d'autres considérations, que les molécules ou dernières particules physiques des éléments sont en général constituées par au moins deux atomes. Ces deux atomes tendent donc à s'éloigner ou à se dissocier sous l'effet de l'accélération rotative, qui peut bien dissocier la molécule du corps simple, mais non décomposer l'atome lui-même, dernière limite de division que nous puissions atteindre par la chaleur ou les actions chimiques.

(¹) H. Davy pensait que l'affinité n'est autre que le résultat des actions électriques agissant entre les dernières particules des corps. Il admettait que les corps doués d'affinité les uns pour les autres le doivent aux états électriques opposés qu'ils possèdent. C'est en vertu de ces tensions contraires qu'ils se combinent, et l'énergie de cette combinaison est la différence entre les produits des tensions avant et après l'action chimique. La théorie électro-chimique bipolaire de Berzelius ne diffère en rien d'essentiel de celle de Davy. Helmholtz est arrivé,

Mais c'est là un point de doctrine qu'il n'est pas possible de discuter et d'établir sans de longs développements, et nous remarquerons d'ailleurs que l'hypothèse de l'éther, ou du flux électrique, ne nous a pas été nécessaire pour expliquer la nature et le mécanisme intime des actions chimiques.

DEUXIÈME LEÇON

COMBINAISONS ET DÉCOMPOSITIONS. — ESPÈCES CHIMIQUES.
LOIS RELATIVES AUX MASSES : PROPORTIONS DÉFINIES ; PROPORTIONS MULTIPLES.
LOIS RELATIVES AUX TRAVAUX DUS A L'AFFINITÉ : CONDITIONS THERMIQUES

Combinaisons et décompositions chimiques. — Tous les corps que nous offre la nature, portés à une haute température ou soumis aux actions réciproques qu'ils exercent les uns sur les autres, se résolvent définitivement en *corps simples* ou *éléments*. Nous avons vu que ces éléments sont définis par des caractères communs, savoir : d'être indécomposables par les forces physiques ou chimiques ; de se charger d'énergie empruntée aux sources calorifiques sans rendre latente cette chaleur, même dans des limites fort étendues de température ; enfin de pouvoir passer par des cycles très divers de combinaisons, tout en conservant l'aptitude à revenir à leur état de corps élementaires, physiquement et chimiquement définis et invariables.

La chimie étudie les corps simples, leurs combinaisons réciproques et les lois qui président à la formation et à la dissociation de ces combinaisons.

La combinaison chimique, c'est-à-dire l'union intime de deux ou plusieurs corps composés ou élémentaires, est caractérisée par la disparition de la plupart des propriétés physiques et chimiques des composants, et par l'inaptitude du système nouveau à revenir à l'état initial lorsque a cessé la cause occasionnelle de cette combinaison.

Ce ballon d'un litre contient $3^{gr},17$ d'un gaz jaune, le chlore, qui le remplit complètement ; j'y jette $3^{gr},56$ d'antimoine en poudre fine. Une vive incandescence se produit, et si je bouche aussitôt hermétique-

---

sous une forme un peu différente, à une conception très analogue, il dit (*Chemical Transactions* 1884, p. 277) : « Je crois que les faits ne laissent pas de doute que les plus puissantes « parmi les forces chimiques sont d'origine électrique. Les atomes s'accrochent à leurs charges « électriques, et les charges électriques contraires s'accrochent les unes aux autres.... Je ne « pense pas que les autres forces moléculaires soient empêchées d'agir directement d'atome « à atome.» Si nous rapprochons ces idées de Davy et de Helmholtz des considérations ci-dessus, relatives au mécanisme des variations d'énergie des systèmes chimiques, nous voyons que la pensée moderne revient ainsi par la voie expérimentale à une conception qui rappelle l'ancienne hypothèse des tourbillons de Descartes.

ment, je constate que le gaz chlore et l'antimoine ont l'un et l'autre disparu, remplacés qu'ils sont par une matière blanche cristalline qui tapisse les parois du ballon où s'est fait le vide. Cette matière, fumante à l'air, décomposable par l'eau, transparente, solide, n'a plus aucun des caractères, ni du chlore, ni de l'antimoine métallique. C'est une *com- binaison chimique* de ces deux corps, un *chlorure d'antimoine*, blanc, cristallin, butyreux, où toutes les propriétés des composants ont disparu, remplacées par celles du composé nouveau.

Voici, d'autre part, une poudre rouge que je verse dans cette cornue de verre A (fig. 5) où je la chauffe fortement. Un gaz se dégage bientôt, je le recueille en E ; il rallume les corps qui présentent quelques points en ignition, c'est de l'*oxygène* ; en même temps des gouttelettes d'aspect métallique *m* viennent tapisser le dôme de la cornue : c'est du *vif-argent* ou mercure. Au fond de la cornue il ne reste bien- tôt plus rien. Cette pou- dre rouge, cet oxyde de mercure, s'est donc décomposé par la cha- leur en deux autres

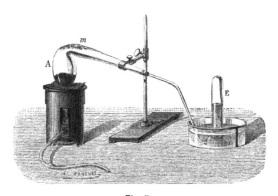

Fig. 5.
Décomposition de l'oxyde de mercure par la chaleur.

corps : l'oxygène et le mercure, qui peuvent maintenant rester en con- tact sans contracter de nouveau la combinaison d'où ils sont sortis. Ici, la chaleur a produit une action chimique contraire de la précédente, un corps composé s'est dédoublé dans ses deux éléments simples ; il s'est fait, en un mot, une *décomposition*.

Espèces chimiques; Corps définis. — Lorsque deux ou un plus grand nombre d'éléments simples s'unissent intimement de telle sorte que les propriétés des composants disparaissent sans retour, il résulte de cette union intime un composé nouveau caractérisé par des propriétés et une composition constantes; ce nouveau corps se sépare généralement de l'excès de l'un ou de l'autre de ses générateurs et constitue une *espèce chimique* ou *principe défini*.

Voici du soufre maintenu à l'ébullition dans ce matras ; j'y verse du fer très divisé ; il se combine avec dégagement sensible de chaleur au soufre maintenu bouillant. Au bout de quelque temps, si je chauffe vers 450 degrés, l'excès de soufre qui ne s'est pas uni au fer sera chassé par l'ébullition aidée d'un courant de gaz inerte et je trouverai au fond du matras de petits cristaux cubiques de pyrite de fer. Dans cette substance identique de composition et de forme à celle que nous offre si souvent la nature, je ne pourrais retrouver aucune parcelle libre de soufre ni de fer, formée qu'elle est jusque dans ses particules dernières d'une substance jaune et brillante comme du laiton, contenant intimement unis 53,34 de soufre et 46,66 de fer pour 100 de cette substance nouvelle.

Ici (fig. 6), je porte de l'iode à l'ébullition dans ce grand ballon P ; j'y fais tomber un fragment de phosphore; il s'échauffe et s'unit aussitôt avec flamme aux vapeurs d'iode. Si je chasse l'excès de ces vapeurs par un courant d'acide carboniques sec, il restera sur les parois du ballon une espèce chimique nouvelle, de l'*iodure de phosphore*, corps cristallisé, qui ne contient plus à l'état libre ni phosphore, ni iode. Quel que soit, au début, l'excès de l'un ou de l'autre, ces deux éléments se sont unis suivant les rapports qui leur conviennent dans les conditions expérimentales où ils ont réagi.

Voici enfin du zinc que je brûle dans un courant d'oxygène; il se consume en produisant une flamme verdâtre éclatante, et je recueille, sous forme d'une neige blanche et légère, un oxyde où n'existe plus ni métal, ni oxygène libres. Mais je puis obtenir aussi de l'oxyde de zinc en versant de l'ammoniaque dans du sulfate de zinc, lavant et calcinant le précipité qui se forme ; je puis l'obtenir encore en chauffant au rouge un sel organique, l'acétate de zinc, ou même minéral, le carbonate de zinc. *Dans tous ces cas, quelle que soit son origine, l'oxyde de zinc formé sera toujours doué de propriétés physiques et chimiques constantes et sa composition répondra invariablement à l'union intime de* 80^{gr},24 *de zinc à* 19^{gr},76 *d'oxygène.*

Des réactions réciproques que l'on vient de citer résultent donc trois *espèces chimiques* nouvelles : la *pyrite*, le *biiodure de phosphore*,

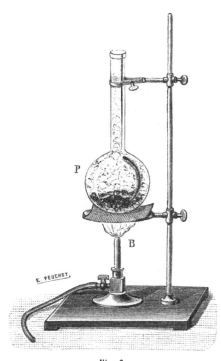

Fig. 6.
Combinaison chimique de l'iode et du phosphore.

l'*oxyde de zinc*, définies par leurs propriétés physiques et chimiques constantes.

En général les *combinaisons* se distinguent des *mélanges* par l'homogénéité absolue de leur composition dans chacune des parties de leur masse; par leurs caractères physiques et chimiques constants, quelle que soit leur origine, tels que : densité, point de fusion, point d'ébullition, forme cristalline, etc.; ainsi que par l'invariabilité de leurs propriétés d'ordre chimique révélée par l'ensemble des réactions auxquelles on peut les soumettre.

LOIS QUI RÉGISSENT LES COMBINAISONS

Les lois qui régissent les *combinaisons* sont comme le résumé de l'état de nos connaissances actuelles en chimie; elles constituent le fondement inébranlable sur lequel repose cette science.

Nous classerons ces lois sous deux rubriques :

1° *Lois relatives aux masses*, c'est-à-dire relatives aux poids et aux volumes sous lesquels se font les combinaisons;

2° *Lois relatives aux travaux des forces d'affinité*, c'est-à-dire qui définissent les conditions thermiques qui président aux combinaisons et mesurent les variations d'énergie des systèmes chimiques.

(A) LOIS RELATIVES AUX MASSES

I. Loi des proportions définies. — Cette loi, due à L. Proust ([1]), peut s'exprimer ainsi :

Toute espèce chimique résulte de l'union en proportions relatives invariables des éléments qui la composent.

Pour expliquer cette loi, revenons aux précédents exemples. Nous avons vu qu'en faisant bouillir du soufre avec du fer en poudre nous obtenions de la pyrite de fer contenant, pour 100 parties, 53,34 de soufre et 46,66 de fer; mais cette même pyrite peut être encore obtenue en faisant agir lentement l'hydrogène sulfuré sur le peroxyde de fer; on peut aussi la rencontrer à l'état natif dans divers terrains géologiques. Or, quel que soit son mode de formation ou son origine, l'espèce *pyrite de fer*, définie par ses formes cristallographiques et ses propriétés physiques et chimiques invariables, aura toujours la même composition.

On peut obtenir un autre sulfure de fer en chauffant *au rouge* le fer métallique avec du soufre en excès. Ce sulfure, différent du précédent par ses propriétés physiques, sa forme cristalline, la façon dont il se conduit avec les réactifs, est donc une autre espèce chimique. Chose

([1]) Il était né à Angers. Les travaux sur lesquels il fonda cette loi furent faits de 1801 à 1806.

remarquable, on a rencontré ce sulfure de fer particulier dans les météorites (*troïlite*). Mais, quelle que soit son origine, cette nouvelle espèce de sulfure de fer est toujours formée, pour 100 parties, de 63,63 de fer et de 36,37 de soufre. La *troïlite* correspond donc à d'autres proportions que la *pyrite* et se forme dans d'autres conditions qu'elle, mais sa composition reste à son tour *invariable*; de même que l'oxyde de zinc, quels que soient son origine et son mode de production, jouit toujours d'une composition définie ou constante.

La loi des proportions définies régit aussi les combinaisons des corps composés. 17 grammes d'ammoniaque s'unissent à 36^{gr},5 d'acide chlorhydrique pour former 53^{gr},5 de sel ammoniac ; 137 grammes de baryte se combinent à 80 grammes d'anhydride sulfurique pour donner 117 gr. de sulfate de baryte... Mais jamais 136 ou 138 grammes de baryte ne s'uniront à 80 grammes d'anhydride sulfurique, quelle que soit la diversité des conditions où peuvent se produire les réactions variées qui donnent naissance au sulfate de baryte.

II. Loi des proportions multiples. — Cette loi est due à Dalton ([1]). Elle peut s'énoncer ainsi :

Lorsque de l'union de deux corps simples peuvent résulter plusieurs espèces définies, pour un poids constant de l'un des éléments les quantités pondérales de l'autre élément sont entre elles dans des rapports très simples.

Revenons à l'exemple des combinaisons du fer et du soufre. Rapportons les diverses quantités pondérales de soufre qui s'unissent au fer à un même poids de métal. Nous aurons :

	Composition.	
	Fer.	Soufre.
Troïlite ou *protosulfure de fer*.	56	32
Pyrite ou *bisulfure de fer* . .	56	$64 = 32 \times 2$

Rapportons au contraire la composition de ces deux espèces au même poids de soufre, nous aurons :

	Composition.	
	Soufre.	Fer.
Troïlite	32	56
Pyrite.	32	$28 = 56 \times \frac{1}{2}$

Les quantités de soufre qui s'unissent au même poids de fer dans la *troïlite* et dans la *pyrite* sont entre elles comme 1 : 2. Les quantités de

---

[1] Le physicien et chimiste anglais Dalton a conclu la loi qui porte son nom, des recherches qu'il faisait, vers 1800, sur les combinaisons oxygénées de l'azote et sur les composés hydrogénés du carbone.

fer qui s'unissent à un même poids de soufre dans ces deux espèces sont comme $1 : \frac{1}{2}$.

De même, si nous considérons les oxydes divers que donne le plomb, nous aurons :

	Composition.	
	Plomb.	Oxygène.
Litharge	207	$16 = 16 \times 1$
Minium	207	$21,3 = 16 \times \frac{4}{3}$
Oxyde de plomb orange. .	207	$24 = 16 \times \frac{3}{2}$
Bioxyde de plomb	207	$32 = 16 \times 2$

Ici les rapports des différents poids d'oxygène qui s'unissent à 207 de plomb sont un peu plus compliqués que dans le cas précédent, ils sont entre eux comme :

$$1 : \frac{4}{3} : \frac{3}{2} : 2 \quad \text{ou comme les nombres} \quad 6 : 8 : 9 : 12$$

Ces nombres sont encore fort rapprochés et leurs rapports sont exprimés par des fractions très simples.

Le carbone en s'unissant à l'hydrogène donne les trois composés principaux : *gaz des marais, gaz oléfiant, acétylène.* Les compositions de ces trois corps sont les suivantes en les rapportant au même poids de carbone :

	Composition.	
	Carbone.	Hydrogène.
Acétylène.	12	1
Gaz oléfiant.	12	2
Gaz des marais	12	4

La loi de proportionnalité simple des quantités d'hydrogène qui s'unissent au même poids de carbone est ici très frappante.

Cette loi des proportions multiples s'applique aussi aux combinaisons des corps composés entre eux. Unissons l'hydrate de potasse à l'acide sulfurique ordinaire, nous obtiendrons les trois corps suivants :

	Composition.	
	Acide sulfurique.	Potasse.
Sulfate acide de potasse. .	98	$56 = 56 \times 1$
Sulfate neutre de potasse .	98	$112 = 56 \times 2$
Sesquisulfate de potasse. .	98	$84 = 56 \times \frac{3}{2}$

III. Loi des volumes ou loi de Gay-Lussac ([1]). — *Lorsque deux*

([1]) Joseph-Louis Gay-Lussac naquit à Saint-Léonard (Haute-Vienne) en 1778. C'est de 1805 *gaz ou deux vapeurs se combinent, ils s'unissent toujours suivant des rapports volumétriques simples.*

Les volumes des gaz ou vapeurs qui se combinent, ainsi que le volume gazeux de la combinaison produite, sont toujours dans des rapports simples.

Telle est la loi de Gay-Lussac; elle n'est toutefois parfaitement exacte que pour les gaz et vapeurs qui, à la température où on les considère, ont le même coefficient de compressibilité ou de dilatation par la chaleur.

On peut ajouter à ces lois les deux remarques suivantes :

Si deux gaz ou deux vapeurs s'unissent pour former plusieurs combinaisons définies, en vertu de la loi des *proportions multiples*, pour *un même volume* de l'un des gaz ou de l'une des vapeurs les volumes successifs de l'autre gaz ou de l'autre vapeur seront entre eux comme des nombres très simples.

Le volume du *gaz composé résultant* peut être *égal ou inférieur*, jamais *supérieur*, à la somme des volumes des gaz composants.

Les tableaux suivants fixeront complètement les idées sur l'importante loi qui précède :

Combinaisons de gaz à volumes égaux ou dans le rapport 1 : 1

1 vol. hydrogène s'unit à 1 vol. chlore pour donner 2 vol. acide chlorhydrique.
1 vol. — — 1 vol. iode — 2 vol. acide iodhydrique.
1 vol. azote — 1 vol. oxygène — 2 vol. oxyde azoteux

Combinaisons de gaz dans le rapport de 1 : 2

1 vol. oxygène s'unit à 2 vol. hydrogène pour donner 2 vol. vapeur d'eau.
1 vol. soufre — 2 vol. — — 2 vol. acide sulfhydrique.
1 vol. — — 2 vol. oxygène — 2 vol. acide sulfureux.
1 vol. oxygène — 2 vol. azote — 2 vol. protoxyde d'azote.
1 vol. azote — 2 vol. oxygène — 2 vol. oxyde azotique.

Combinaisons de gaz dans le rapport de 1 : 3

1 vol. azote s'unit à 3 vol. hydrogène pour donner 2 vol. ammoniaque.
1 vol. soufre — 3 vol. oxygène — 2 vol. anhydride sulfurique.
1 vol. arsenic — 3 vol. — — 1 vol. anhydride arsénieux.

Combinaisons de gaz dans le rapport de 2 : 3

2 vol. chlore s'unissent à 3 vol. oxygène pour donner x vol. anhydride chloreux.
2 vol. azote — 3 vol. — — 2 vol. anhydride azoteux.

à 1809 que datent ses mémorables travaux sur la loi des volumes qui porte son nom. (Voir *Mémoires de la Société d'Arcueil*, t. II.) Il fut l'élève et le collaborateur de Berthollet.

Autres rapports.

2 vol. azote s'unissent à 5 vol. oxygène pour donner x vol. anhydride azotique.

1 vol. vap. phosphore s'unit à 6 vol. hydrogène — 4 vol. hydrogène phosphoré.

1 vol. — — 6 vol. chlore — 4 vol. protochlorure de phosphore.

De ce tableau nous conclurons que les rapports les plus ordinaires, suivant lesquels les volumes des gaz s'unissent entre eux, sont :: 1 : 1; :: 1 : 2;... :: 1 : 3;... :: 2 : 3;... plus rarement :: 1 : 6;... :: 2 : 5;... :: 2 : 7;... jamais on ne rencontre de rapports plus compliqués.

Remarquons 1° qu'en général le volume gazeux résultant de la combinaison de deux gaz unis à volumes égaux ne subit pas de contraction;

2° Que si ce rapport est de 1 : 2, le gaz résultant se contracte le plus souvent du tiers du volume du mélange initial;

3° Que si ce rapport est de 1 : 3, il y a généralement contraction de moitié; quelquefois, comme dans le cas de l'anhydride arsénieux, contraction des trois quarts.

Les lois de Gay-Lussac s'appliquent aux volumes des *gaz composés* qui s'unissent entre eux aussi bien qu'aux combinaisons de ces gaz composés avec les corps simples. Ainsi :

2 vol. d'oxyde azoteux s'unissent à 1 vol. d'oxygène et donnent 2 vol. d'oxyde azotique,

1 vol. d'acide chlorhydrique s'unit à 1 vol. d'ammoniaque et donne 2 vol. de sel ammoniac.

(B) LOIS RELATIVES AUX TRAVAUX DES FORCES D'AFFINITÉ OU LOIS THERMIQUES

Nous nous bornerons à donner ici l'énoncé de ces lois fondamentales, renvoyant, en général, pour les développements qu'elles comportent, aux travaux de leur principal auteur, M. Berthelot ([1]), et à son important ouvrage : *Essai de mécanique chimique fondée sur la thermochimie, t. 1, p. 1 à 136).*

Les lois qui découlent de l'observation des phénomènes thermiques présidant aux diverses réactions chimiques peuvent se réduire à *trois*

([1]) Avant M. Berthelot quelques auteurs, en particulier M. Thomsen, avaient bien énoncé sous une autre forme quelques-uns des principes de la thermochimie moderne, mais c'est à M. Berthelot surtout que cette science doit d'être devenue à cette heure un corps de doctrine complet, cohérent et fondé sur un ensemble de données mathématiques et rationnelles considérable.

principes essentiels que nous transcrivons ici dans les termes mêmes adoptés par M. Berthelot.

I. Principe des travaux moléculaires. — *La quantité de chaleur dégagée dans une réaction quelconque mesure la somme des travaux chimiques et physiques accomplis dans cette réaction.*

Ainsi que nous l'avons exposé dans notre *Première leçon,* la chaleur dégagée dans une réaction représente la différence entre l'énergie totale (*cynétique et potentielle*) du système des corps en présence avant que la réaction ait eu lieu, et l'énergie totale du nouveau système après que la combinaison s'est produite. Il faut ajouter que si un travail extérieur, tel que dilatation, contraction, etc., s'est effectué, la chaleur dégagée sera diminuée ou augmentée en équivalence du travail positif ou négatif fourni ou emmagasiné par le second système.

II. Principe de l'équivalence calorifique des transformations chimiques, ou principe de l'état initial et de l'état final. — *Si un système de corps simples ou composés, pris dans des conditions déterminées, éprouve des changements physiques ou chimiques capables de l'amener à un nouvel état sans donner lieu à aucun effet mécanique extérieur au système, la quantité de chaleur dégagée ou absorbée par l'effet de ces changements dépend uniquement de l'état initial et de l'état final du système ; elle est la même quelles que soient la nature et la suite des états intermédiaires.*

Ce principe est une conséquence, ou si l'on veut une autre forme du *principe de la conservation de l'énergie* qui peut s'énoncer ainsi : *l'énergie d'un système matériel soumis uniquement à des actions intérieures reste constante.*

Pour démontrer ce deuxième principe, supposons qu'un système A arrive de l'état A à l'état B par deux voies ou séries de transformations différentes *m* et *n,* et revienne ensuite à l'état initial A par une même suite de réactions. Si en passant de A à B par la série des transformations *m,* le système considéré avait gagné ou perdu plus d'énergie qu'en passant de A en B par la série *n,* cette différence d'énergie Δ resterait la même lorsque le système reviendrait de B en A par une suite de réactions que nous supposons identiques. Le système revenu dans les deux cas à son état initial A aurait donc perdu ou gagné, suivant que l'on serait allé de A en B et de B en A par l'une ou l'autre voie, cette différence Δ sans avoir rien reçu ni rien consommé sous forme d'énergie extérieure. Il se serait donc produit de rien, ou perdu sans aucune transmission extérieure, l'énergie Δ dans le parcours complet du cycle de A en A, ce qui est impossible : l'énergie comme la matière pouvant se transformer, mais non se créer de rien ni se détruire.

L'expérience confirme du reste ce principe : **12 grammes de carbone** se transformant en 44 grammes d'acide carbonique par leur combustion directe dans l'oxygène en excès fournissent 94 Calories. Mais l'on peut combiner d'abord 12 grammes de carbone avec 16 grammes d'oxygène, ce qui donnera 28 grammes d'oxyde de carbone qui se formeront en dégageant $25^{Cal.},8$; puis l'on pourra combiner ces 28 grammes d'oxyde de carbone à 16 nouveaux grammes d'oxygène pour former 44 grammes d'acide carbonique et, dans cette seconde réaction, il se fera $68^{Cal.},2$. Dans ce second système de réactions, il s'est donc produit en deux fois $25^{Cal.},8 + 68^{Cal.},2$, soit en tout 94 Calories, nombre égal à la quantité de chaleur produite dans le premier cas où les 44 grammes d'acide carbonique s'étaient formés d'emblée sans production intermédiaire d'oxyde de carbone.

Ce *Deuxième Principe* est d'une importance extrême aussi bien en mécanique qu'en thermochimie et en physiologie. Seul il nous donne, chez les êtres vivants, le moyen de distinguer les quantités d'énergie ou de chaleur attribuables à chacune des transformations de nos tissus, et d'éliminer de nos équations l'inconnu qui résulte du mécanisme mystérieux que mettent en œuvre les cellules et les tissus organisés, en un mot les influences vitales. Lorsque j'oxyde le soufre par de l'acide azotique, et que j'en transforme un poids π en acide sulfurique, cette union de l'oxygène au soufre, abstraction faite des pertes d'énergie calorifique que représente la décomposition du corps qui cède l'oxygène, produit n Calories pour le poids π de soufre transformé en acide sulfurique anhydre. Si j'unis cet acide à π' de potasse anhydre, j'aurai n' Calories nouvelles. Donc : $n + n' = M$ Calories se dégageront ainsi lors de la synthèse du poids $P = \pi + \pi'$ de sulfate de potasse à partir du système : *soufre + oxygène + oxyde de potassium*. Cette quantité M sera la même que si j'avais d'abord et directement combiné le soufre à l'oxygène pour faire de l'acide sulfureux, puis cet acide sulfureux à l'oxygène, par exemple sous l'influence du noir de platine, pour faire de l'acide sulfurique anhydre, enfin cet acide anhydre à la potasse anhydre, de façon à obtenir le même poids P de sulfate de potasse. Mais si, d'autre part, j'introduis ce même poids π de soufre dans un organisme animal, il s'oxydera et se retrouvera dans les urines sous cette même forme de sulfate de potasse, mais cette fois il aura dans ces transformations *suivi une voie qui nous est tout à fait inconnue* ; mais toutefois, nous pouvons encore être ici bien certains que pour le poids P de sulfate de potasse formé dans les tissus de l'animal, il apparaîtra toujours M calories, ou leur équivalent sous forme de travail mécanique.

Du *deuxième principe* thermique il ressort encore que la chaleur dégagée ou absorbée lors de la décomposition d'un corps est exactement égale et de signe contraire à celle qui correspond à sa formation.

Une autre conséquence de ce deuxième principe, c'est qu'à partir d'un système initial déterminé, les quantités de chaleur dégagées par la formation d'une combinaison sont constantes, quelles que soient la température et la pression à laquelle cette combinaison s'opère, mais toujours à la condition qu'il n'y ait pas de travaux extérieurs accomplis.

Enfin, partant d'un même état initial, si l'on fait subir deux sortes de transformations B et C à un système A, la différence Δ dans les quantités de chaleur apparues suivant qu'on passe de A en B ou de A en C, sera précisément la quantité de chaleur qui est dégagée ou absorbée lorsqu'on passe de l'un des états B à l'autre état C.

III. Principe du travail maximum. — *Tout changement chimique accompli sans l'intervention d'une énergie étrangère tend vers la production des corps ou du système de corps qui dégage le plus de chaleur.*

Ce principe est fort important. Il signifie que de toutes les réactions chimiques *possibles* entre les éléments divers d'un système donné, celle-là s'accomplira qui dégagera le plus de chaleur dans les conditions où se fait la réaction. Ce *troisième principe* ramène donc *les prévisions des phénomènes chimiques* à la mesure des quantités de chaleur qui peuvent se produire grâce aux réactions mutuelles des divers corps en présence, *réactions elles-mêmes soumises à des équations de possibilité ou de condition* que nous indiquerons en partie dans la prochaine leçon.

TROISIÈME LEÇON

OBSERVATIONS DE RICHTER : LES ÉQUIVALENTS. — HYPOTHÈSE DE DALTON : LES ATOMES.
REMARQUES D'AVOGRADO ET D'AMPÈRE : LES MOLÉCULES.
POIDS ATOMIQUES ET POIDS MOLÉCULAIRES. — STRUCTURE DES MOLÉCULES.

Observations de Richter. Les équivalents. — Plusieurs années avant que Proust eût, à la suite des discussions mémorables qu'il soutint contre Berthollet, établi et fondé définitivement, vers 1806, la loi des proportions définies, un savant allemand, Richter, observait en 1792 que dans les sels alors réputés neutres, les poids de bases qui saturent un même poids de chacun des acides sont proportionnels entre eux :

> Si des poids A de potasse,
>   B de soude,
>   C de chaux, etc.

saturent le poids P d'acide sulfurique, les mêmes poids A, B, C de ces bases satureront le poids P′ d'acide nitrique, P″ d'acide chlorhydrique, etc.

Ainsi, les poids A, B, C de potasse, de soude ou de chaux se valent ou s'*équivalent* pour neutraliser les poids P d'acide sulfurique, P′ d'acide nitrique, P″ d'acide chlorhydrique. Telle fut la première notion de l'*équivalence*. Richter dressa des tables « *de séries de masses* », comme il s'exprime, c'est-à-dire des tables donnant les poids de bases s'équivalant entre elles et saturant un même poids de chacun des acides.

La remarque de Richter fut bientôt étendue aux combinaisons réciproques des corps simples. On observa que

Si les poids : a d'hydrogène,
  b d'argent,
  c de calcium,
  d de plomb, etc.

se saturent par un poids p d'oxygène, les mêmes poids a, b, c, d, etc., saturent un autre poids $p′$ de soufre, $p″$ de chlore, etc...; en un mot que les diverses combinaisons de l'hydrogène, de l'argent, du calcium, du plomb, etc., avec l'oxygène, le soufre et les autres corps simples, se font toujours suivant des proportions relatives constantes et qui s'équivalent. L'on nomma ces poids relatifs *nombres proportionnels* ou *équivalents*. Ce dernier terme fut créé par Wollaston.

On dressa d'abord une table de ces *équivalents*, table où l'on fit par définition l'oxygène égal à 100. Les équivalents de tous les autres corps étaient les poids suivant lesquels ils se combinent à 100 d'oxygène ou à la quantité d'un autre élément apte à s'unir à 100 d'oxygène. Si les deux corps considérés s'unissaient en plusieurs proportions, on établissait l'équivalent cherché d'après la proportion qui se saturait de 100 d'oxygène dans la combinaison la plus simple, la plus neutre, ou douée du maximum de stabilité. Voici quelques-uns des nombres de cette table des anciens équivalents :

	Équivalents.
Oxygène	100
Hydrogène	12,50
Chlore	443,2
Iode	1578,2
Azote	175
Phosphore	400
Carbone	75
Argent	1350
Etc.	etc.

Mais le chimiste anglais Prout, ayant remarqué que beaucoup de ces

poids équivalents étaient divisibles exactement par le plus petit d'entre
eux, celui de l'hydrogène $= 12,50$, il en conclut que les équivalents
non divisibles exactement par $12,5$ étaient entachés d'erreurs expérimentales. Quoi qu'il en soit de l'hypothèse de Prout, reconnue vraie
dans quelques cas et fausse dans beaucoup d'autres depuis les mémorables vérifications de Dumas et surtout de Stass, la table des équivalents en est restée simplifiée. Il fut convenu, depuis lors, qu'on rap-
porterait tous les nombres proportionnels au plus petit d'entre eux,
celui de l'hydrogène, qu'on prendrait pour unité. En divisant les nombres précédents par $12,50$, on obtint la table simplifiée :

	Équivalents.
Hydrogène.	1
Oxygène.	8
Chlore.	35,45
Iode.	124,33
Azote	14
Phosphore	32
Carbone.	6
Argent	108
Etc.	etc.

En continuant cette table, on aurait l'ensemble des poids les plus
simples suivant lesquels les divers éléments *s'équivalent*, c'est-à-dire
peuvent se remplacer réciproquement. Pour ce qui est de leurs combinaisons, elles se font suivant ces mêmes proportions, ou suivant des
multiples de ces proportions par des nombres simples ou des fractions
très simples, ainsi que le veut la loi des proportions multiples déjà
exposée.

Hypothèse de Dalton. Les atomes. — Vers 1802, John Dalton,
professeur à Manchester, à la suite de ses études sur les composés
oxygénés de l'azote, et plus tard sur les rapports suivant lesquels
le carbone s'unit à l'hydrogène dans le gaz des marais et l'éthylène([1]),
découvrait, comme on l'a dit, la *loi des proportions multiples*. Il en
donnait aussitôt l'explication en revenant à l'ancienne hypothèse d'Em-
pédocle, de Démocrite et d'Anaxagore, reprise par Van Helmont, Boerhaave et la plupart des philosophes du dix-septième siècle, hypothèse
suivant laquelle les corps seraient formés d'une innombrable quantité
de particules toutes semblables entre elles, indestructibles et indivisibles, *les atomes*. Un compatriote de Dalton, Higgins, venait de rajeu-
nir cette antique conception en admettant que les combinaisons des

---

(1) On a dans le gaz des marais $C = 12$ uni à $H = 4$
—   —   éthylène $C = 12$ uni à $H = 2$.

corps sont dues à la juxtaposition des atomes de diverses espèces. Mais à Dalton appartient certainement le mérite d'avoir fait le premier observer que cette hypothèse des atomes *suffisait pour expliquer les lois des combinaisons des corps connues à cette époque.* D'après Dalton, les corps composés résultent de l'union de 1, 2, 3.... *n* atomes de l'un avec 1, 2, 3.... *n'* atomes de l'autre; mais toujours ces nombres *n, n'* restent très petits. Si les choses se passent ainsi, les lois *des proportions définies* et *des proportions multiples* sont l'une et l'autre une conséquence nécessaire de l'existence des atomes.

Dès 1808 Dalton eut l'idée de dresser la table des *poids atomiques* ou liste *des plus petites quantités de matière capables de s'unir entre elles,* ou *de se transporter dune combinaison à l'autre.* Il fit plus, il *symbolisa* chaque corps par des groupements schématiques où chaque atome était représenté par de petits cercles portant un signe particulier caractéristique de chaque espèce de matière. Ce fut le premier pas qui fut fait vers le système de notation et de symbolisme actuel.

Remarques d'Avogrado et d'Ampère. — Les idées de Dalton sur la constitution atomique des corps et la loi des proportions définies étaient à peine énoncées, que Gay-Lussac faisait ses importantes observations, plus haut reproduites, sur les rapports simples qui existent entre les volumes des gaz qui s'unissent entre eux. Or du rapprochement des lois relatives aux *proportions définies et multiples* et de *la loi des volumes* de Gay-Lussac devait naître, comme conclusion logique, la remarque que dans les gaz il existe un rapport simple entre les nombres d'atomes ou de molécules qui les composent.

Avogrado, physicien italien, fit en effet cette remarque (*Journal de physique,* 1811, t. 33, p. 58) : « Gay-Lussac, dit-il, a fait voir que les « combinaisons des gaz entre eux se font toujours selon des rapports très simples en volume; mais les rapports des quantités de substance dans les combinaisons ne paraissent devoir dépendre que du nombre « relatif des molécules qui se combinent.... Il faut donc admettre qu'il y a aussi des rapports très simples entre les volumes de substances gazeuses et le nombre de molécules simples ou composées qui les forment. L'hypothèse qui se présente la première à cet égard, et qui paraît même la seule admissible, est de supposer que le nombre des *molécules intégrantes,* dans les gaz quelconques, est toujours le même à volume égal ou est toujours proportionnel aux volumes »....

En partant de cette hypothèse on voit qu'on a le moyen de déterminer très aisément les masses relatives des molécules des corps, et le « nombre relatif de ces molécules dans les combinaisons. »

Cette conception mémorable sur la constitution des corps gazeux, tout en étant l'explication la plus logique des lois de Gay-Lussac, n'en restait pas moins une hypothèse « qui paraissait la seule admissible », comme dit son auteur. Elle reçut bientôt une confirmation à peu près inébranlable des observations d'Ampère sur la constitution physique des gaz. Raisonnant d'après les lois qui président à leur dilatation par la chaleur et à leur transparence pour la lumière, Ampère fit observer en 1814 que dans les gaz les particules sont placées à des distances infiniment grandes relativement aux dimensions de leurs particules, distances telles que les forces d'affinité ou d'adhésion réciproques résultant de leur nature chimique n'ont plus d'action sensible,« en sorte, » ajoute « Ampère, que ces distances ne dépendent que de la température et « de la pression que supporte le gaz et qu'à des pressions et des tem- « pératures égales, les particules de tous les gaz, soit simples, soit « composées, sont placées à la même distance les unes des autres. Le « nombre des particules est, dans cette supposition, proportionnel au « volume des gaz. »

Ampère arrivait donc de son côté, sur la constitution des gaz, par la voie de considérations purement physiques, sans connaître jusque-là l'hypothèse d'Avogrado, ni s'appuyer sur les lois des proportions définies et les relations des volumes gazeux, à la même conséquence qu'Avogrado.

Les lois de Gay-Lussac s'expliquent donc avec un degré de probabilité qui approche, comme dit Ampère, de la *certitude*, en admettant que tous les gaz simples ou composés contiennent le même nombre de *particules dernières*, nous disons aujourd'hui de *molécules*, à la condition toutefois que ces gaz soient mesurés sous la même pression, et dans des conditions de température où ils suivent les mêmes lois de dilatation et de compressibilité, ainsi que le veut la remarque d'Ampère.

Poids moléculaires. Poids atomiques. — La conséquence la plus remarquable des lois de Gay-Lussac et des observations d'Avogrado et d'Ampère sur les combinaisons des gaz entre eux, et sur leur constitution, est la proportionnalité des poids *de leurs dernières particules physiques*, ou *molécules, avec les densités de ces mêmes gaz*. Puisqu'en effet, chaque gaz contient le même nombre de molécules, les poids de chacune de ces particules physiques dernières sont entre elles comme les poids relatifs des unités de volume, en un mot, comme les densités de ces gaz. Soient A et B les poids de l'unité de volume de deux gaz, m le nombre de molécules qu'ils contiennent tous les deux dans les mêmes conditions de pression et de compressibilité, $\dfrac{A}{m}$ et $\dfrac{B}{m}$ seront les poids d'*une* molécule de ces gaz. Or l'on a évidemment :

$$\frac{A}{m} \ : \ \frac{B}{m} \ :: \ A \ : \ B$$

Nous en conclurons que : *dans les gaz et les vapeurs, les poids des molécules sont entre eux comme les densités de ces gaz et de ces vapeurs.*

Mais ici nous devons présenter une considération fort délicate; elle va nous permettre de distinguer les MOLÉCULES, ou *particules les plus petites, indivisibles par les agents physiques, mais pouvant exister dans les gaz à l'état libre ou isolé,* des ATOMES ou *dernières unités de mesure des éléments qui entrent en réaction, unités indivisibles et indécomposables en parties plus petites par tous les agents physiques ou chimiques.*

Afin de bien faire saisir ces conceptions, appuyons-nous sur un exemple. L'eau se produit par l'union de deux volumes d'hydrogène à un volume d'oxygène, d'où résultent deux volumes de vapeur aqueuse. Puisque le même volume de chaque gaz, simple ou composé, contient le même nombre de particules physiques ou molécules, il y a donc dans un volume de vapeur d'eau autant de molécules d'eau qu'il y avait de molécules d'hydrogène et deux fois plus qu'il n'y avait de molécules d'oxygène avant la combinaison. Chaque molécule d'eau existant dans ce volume de vapeur s'est donc formée d'une molécule d'hydrogène et d'une demi-molécule d'oxygène. Il a donc fallu, pour donner deux volumes de vapeur d'eau, que chaque molécule d'oxygène se dédoublât en deux moitiés pour contribuer à former chacune des deux molécules d'eau. La particule physique dernière ou *molécule* d'oxygène était donc composée de deux atomes, car la définition même de l'atome s'oppose à ce qu'on admette qu'un atome se soit coupé en deux pour fournir à un nombre de molécules d'eau double du nombre primitif de molécules d'oxygène.

Il y a deux atomes d'oxygène, en effet, dans la molécule de ce gaz, car si nous comparons les densités gazeuses de l'eau (0,622) et de l'oxygène (1,1056) au poids moléculaire de l'eau (18) et au double poids atomique de l'oxygène (16×2), poids atomique obtenu lui-même par des considérations d'ordre purement chimique ([1]), nous aurons la proportion exacte :

$$0,622 \quad : \quad 1,056 \quad :: \quad 18 \quad : \quad 16 \times 2$$

| Densité de l'eau. | Densité de l'oxygène. | Poids moléculaire de l'eau. | Double poids atomique de l'oxygène. |

et non :

$$0,622 \quad : \quad 1,056 \quad :: \quad 18 \quad : \quad 16$$

Il faut en un mot supposer deux atomes dans la molécule d'oxygène

([1]) Les poids 18 de la molécule d'eau et 16 de l'atome d'oxygène sont ici rapportés au poids du plus petit atome connu, celui de l'hydrogène, pris pour unité. Ces poids 18 et 16 sont les plus petites quantités d'eau et d'oxygène qui puissent entrer ou sortir d'une combinaison. La plus petite quantité d'hydrogène concevable comme passant d'une combinaison à une autre étant égale à 1, par définition la plus petite quantité qui puisse en sortir pour devenir libre est égale à 2.

pour que la densité de ce gaz soit proportionnelle à celle de la vapeur d'eau, ainsi que le veut la loi de l'égalité du nombre de molécules dernières dans chaque gaz ou vapeur, conséquence elle-même des lois de Gay-Lussac et des propriétés physiques générales communes aux gaz simples ou composés.

La remarque que nous faisons ici pour l'oxygène s'applique à la plupart des corps simples pris à l'état gazeux. La particule physique dernière, ou *molécule*, d'hydrogène contient deux atomes. Si nous comparons la densité de l'eau (0,622) à celle de l'hydrogène (0,0692) nous n'avons pas :

$$0,622 \quad : \quad 0,0692 \quad :: \quad 18 \quad : \quad 1$$

| Densité de la vapeur d'eau. | Densité du gaz hydrogène. | Poids moléculaire de l'eau. | Poids de l'atome H. |

mais bien :

$$0,625 \quad : \quad 0,0692 \quad :: \quad 18 \quad : \quad 1 \times 2$$

Double du poids atomique de H.

Ainsi, pour satisfaire à la loi relative à l'égalité du nombre de molécules des gaz simples ou composés dans un même volume, il faut encore admettre pour l'hydrogène que sa dernière molécule physique contient 2 atomes.

Il en est de même de la plupart des autres corps simples. A l'état gazeux, ils contiennent, en général, deux atomes par molécule, c'est-à-dire que leurs densités sont proportionnelles non à leurs simples poids atomiques déterminés par les considérations chimiques, mais aux doubles de ces poids. Il est toutefois quelques exceptions : la vapeur de soufre à 500° contient 6 atomes par molécule ; le sélénium à 860° en contient 3 ; le tellure un peu au-dessus de son point de volatilisation est formé aussi de 3 atomes par molécule ; le phosphore et l'arsenic vaporisés en contiennent 4 ; le mercure, le cadmium et le zinc en vapeur n'en contiennent qu'un ; enfin, d'après sa densité variable de vapeur, l'iode, à 1200° déjà, est un mélange de molécules à un et à deux atomes. Cette observation faite par V. Meyer sur les molécules de la vapeur d'iode que la chaleur tend à dissocier en atomes, avait été signalée déjà par M. Lechatelier, et plus tard par M. Vieille, ainsi qu'on l'a déjà dit dans la *Première leçon*, pour les gaz oxygène, hydrogène et azote qui tendent à se dissocier en atomes simples aux très hautes températures de l'explosion de la poudre de guerre.

Nous voyons donc que la considération d'ordre purement physique des densités des gaz et des vapeurs, rapprochée de la loi des combinaisons des gaz due à Gay-Lussac, nous permet de calculer le poids relatif de ces dernières particules matérielles qui composent les corps gazeux. Ces considérations nous amènent à concevoir leurs molécules comme composées généralement de 2 atomes, rarement de 4, de 3 ou de 1 atome. Par conséquent, la densité des gaz nous suffirait pour établir et contrôler au besoin les poids relatifs des atomes eux-mêmes ; mais les nombreuses exceptions à cette loi approchée que chaque molécule d'un gaz ou d'une vapeur contient deux atomes, nous obligent à déterminer toujours définitivement par des considérations d'ordre chimique, les *poids des atomes, c'est-à-dire les poids relatifs des plus petites masses de matière qui puissent entrer dans une combinaison ou se transporter d'une combinaison à l'autre sans jamais subir ni dédoublement ni simplification.*

Atomicité des éléments. — Lorsqu'on essaye d'unir entre eux les divers corps simples, ils contractent des combinaisons plus ou moins complexes qui permettent de distinguer pour chaque espèce d'atomes une aptitude diverse *à se saturer par un nombre variable d'atomes d'une autre espèce.* C'est ainsi que dans sa molécule physique dernière

l'*acide chlorhydrique* contient *1 volume* ou *1 atome* de chlore pour
  1 volume ou *1 atome* d'hydrogène ;

l'*eau* contient *1 volume* ou *1 atome* d'oxygène pour *2 volumes* ou
  2 atomes d'hydrogène ;

l'*ammoniaque* contient *1 volume* ou *1 atome* d'azote pour *3 volumes*
  ou *3 atomes* d'hydrogène ;

le *gaz des marais* contient *1 atome* de carbone pour *4 volumes* ou
  4 atomes d'hydrogène.

Il suffit de décomposer par le même courant électrique, comme je le fais ici dans trois voltamètres successifs (fig. 7, p. 36), trois liqueurs contenant, la première A, une solution d'acide chlorhydrique mélangée de sel marin ; la seconde B, de l'eau rendue conductrice par un peu d'acide sulfurique ; la troisième C, une solution d'ammoniaque fortement salée ([1]), pour voir se dégager dans l'éprouvette positive du premier eudiomètre A un volume de chlore et dans l'éprouvette négative un volume d'hydrogène ; dans le second eudiomètre B, un volume d'oxygène et deux volumes d'hydrogène ; dans le troisième C, un volume d'azote et trois volumes d'hydrogène. Cette analyse électrolytique démontre déjà que la constitution de l'*acide chlorhydrique*, de l'*eau* et de l'*ammoniaque* est bien celle que nous indiquions ci-dessus.

Dans l'acide chlorhydrique, un atome d'hydrogène épuise donc en s'unissant au chlore toute la capacité de saturation de cet élément pour l'hydrogène. Non seulement l'analyse et la synthèse de l'acide chlorhy-

---

([1]) Ces solutions sont contenues dans trois eudiomètres successifs d'Hoffmann placés dans le même circuit. Le sel marin n'a d'autre but que de rendre les solutions d'acide chlorhydrique et d'ammoniaque conductrices ; de même, l'acide sulfurique permet de décomposer l'eau.

drique démontrent que dans la molécule de cet acide un seul atome de chlore s'est uni à un seul atome d'hydrogène et qu'il ne saurait s'en combiner davantage, mais encore si l'on décompose l'acide chlorhydrique

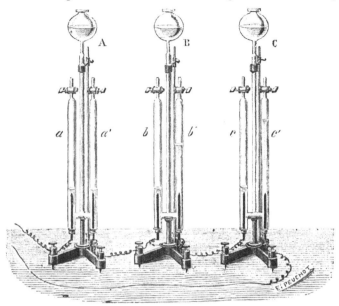

Fig. 7. — Analyse de l'acide chlorhydrique, de l'eau et de l'ammoniaque par la pile.
(Loi des volumes de Gay-Lussac.)

par les divers agents, tels que le sodium, le fer (fig. 8), aptes à rendre son hydrogène libre en se substituant à lui, cette substitution se fera toujours *en une seule fois et en totalité*; nouvelle preuve que cette molécule d'acide chlorhydrique ne contient qu'un seul atome d'hydrogène.

Fig. 8.
Décomposition de l'acide chlorhydrique
par le sodium.

Il n'en est plus de même de *l'eau*: elle résulte de l'union d'un volume d'oxygène à 2 volumes d'hydrogène, ainsi qu'on l'a déjà dit. Suivant la remarque d'Avogrado et d'Ampère sur la constitution des gaz et des vapeurs, cette eau doit donc contenir dans sa molécule un atome d'oxygène et deux d'hydrogène. Si telle est bien sa constitution, nous devons pouvoir remplacer *successivement* les deux atomes d'hydrogène de cette molécule par des quantités équivalentes d'un autre élément, d'un métal alcalin par exemple.

En voici la preuve. Dans cette éprouvette placée sur le mercure et contenant un peu d'eau (fig. 9), faisons arriver un globule de sodium S. Il
décomposera aussitôt ce dernier liquide
avec violence et je puis, connaissant le
poids de cette eau, recueillir et mesurer
le gaz hydrogène qui se dégagera. Pour
18 grammes d'eau décomposée, c'est-
à-dire pour son poids moléculaire, il se
fera $11^{lit.},1$ d'hydrogène. C'est ce volume qui contient un atome de ce gaz,
c'est-à-dire que le poids de ces $11^{lit.},1$
est au poids du volume de vapeur d'eau
dont ils proviennent :: 1 : 18. En
même temps que cet hydrogène il s'est
formé de la soude caustique, que nous

Fig. 9.
Décomposition de l'eau par le sodium.

pouvons recueillir en évaporant l'eau où s'est dissous le sodium, puis
fondant dans un petit creuset de fer. Quand toute l'eau excédente mélangée à la soude aura été chassée à température élevée, nous pourrons
nous assurer que cette soude contient encore de l'hydrogène en y projetant, pendant qu'elle est encore fondue, un globule de sodium de poids
égal à celui qui nous avait servi tout à l'heure à décomposer l'eau. Un
nouveau départ d'hydrogène *de volume égal au premier* va s'opérer et
cette fois nous obtiendrons un oxyde anhydre de sodium. L'eau s'est
donc décomposée en deux phases. Le métal alcalin a d'abord chassé la
moitié de l'hydrogène de la molécule d'eau et constitué ainsi la soude
caustique; celle-ci a perdu ensuite, par le même moyen, un second
atome d'hydrogène. La molécule d'eau, dont le poids 18 est déterminé
par sa densité de vapeur, a donc perdu *successivement* ses 2 atomes
d'hydrogène chacun d'un poids égal à 1.

On a vu plus haut que le courant électrique décompose la molécule
d'ammoniaque (ou 2 vol. de ce gaz) en 1 volume d'azote et 3 volumes
d'hydrogène. Cette démonstration suffirait pour indiquer que l'azote ne
se sature que par trois atomes d'hydrogène. La confirmation en est
donnée par ce fait que dans 17 grammes d'ammoniaque, poids moléculaire résultant de sa densité, on peut successivement déplacer l'hydrogène par tiers : 1 et 2 de ses atomes d'hydrogène peuvent être remplacés par 1 et 2 atomes d'iode, ou de potassium, etc.

Pour ce qui est du carbone, on peut l'unir directement à l'hydrogène
et en faire de l'acétylène, puis de cet hydrocarbure passer au gaz des
marais. Ce dernier est saturé d'hydrogène; l'on ne peut plus l'unir ni
à de l'hydrogène nouveau, ni à aucun autre corps jouant le rôle électro-
positif de l'hydrogène. Mais dans l'unité moléculaire de ce gaz, dont le

poids 16 établi par sa densité résulte de l'union des poids 12 de carbone
et 4 d'hydrogène, nous pouvons remplacer successivement 1, 2, 3, 4 d'hydrogène par une fois, deux fois, trois fois, quatre fois 35,5 de chlore.
Lorsque 12 de carbone se seront unis à 4 d'hydrogène ou à quatre fois
35,5 de chlore, le gaz des marais ou le chlorure de carbone correspondants seront *saturés* d'hydrogène ou de chlore et ne subiront plus d'addition directe d'aucun autre corps. Mais l'on pourra, dans la molécule
de ce perchlorure de carbone, remplacer une, deux, trois, quatre fois
35,5 de chlore par 1, 2, 3, 4 d'hydrogène ou par 23; 2 fois 23; 3 fois 23;
4 fois 23 de sodium, comme on avait remplacé l'hydrogène par quarts
dans le gaz des marais d'où dérive ce perchlorure de carbone. En un
mot, dans le gaz des marais, comme dans le perchlorure de carbone,
l'atome de carbone unique (car il se déplace en totalité dans toutes les
réactions auxquelles on soumet ce corps) est saturé par quatre atomes
d'hydrogène ou de chlore.

On peut donc dire que :

l'atome *chlore* se sature d'*un atome*   H pour former l'*acide chlorhydrique.*
— *oxygène* — de *deux atomes* H —   l'*eau.*
— *azote* — de *trois atomes* H —   l'*ammoniaque.*
— *carbone* — de *quatre atomes* H —   le *gaz des marais.*

Si donc l'on prend pour mesurer cette aptitude à se combiner à l'hydrogène, le nombre d'atomes de ce métalloïde qui s'unissent à un élément pour le saturer, en appelant du nom d'*atomicité*, comme on a
l'habitude de le faire, la mesure de cette aptitude, nous dirons :

L'*atome de chlore est monatomique*, c'est-à-dire qu'il n'est apte à
contracter d'union qu'avec 1 atome d'hydrogène;

L'*atome d'oxygène est diatomique*, c'est-à-dire qu'il se réunit à
2 atomes d'hydrogène qui le saturent complètement;

L'*atome d'azote est triatomique* ou capable de s'unir à 3 atomes
d'hydrogène seulement;

L'*atome de carbone est tétratomique* ([1]).

L'atomicité d'un élément est donc la propriété que possède chacun de
ses atomes de s'unir à 1, 2, 3... *n* atomes d'hydrogène, ou d'un élément de même atomicité que l'hydrogène.

L'expérience a montré que si l'atome d'un élément n'épuise sa capacité de saturation que par 1, 2, 3... *n* atomes d'hydrogène ou de
chlore, cet atome équivaut, dans les diverses combinaisons qu'il peut
contracter, à 1, 2, 3... *n* atomes monatomiques. L'*atomicité* des éléments donne donc la véritable mesure de l'*équivalence des atomes,*

([1]) On représente par des virgules placées à côté du symbole ou sur le symbole l'atomicité
de chaque élément; ainsi l'on écrit H', Cl', O'', Az''', C'''' ou quelquefois C'ᵛ.

c'est-à-dire de leur capacité à se remplacer dans les combinaisons suivant la mesure de leur atomicité, tout en *conservant aux molécules leur degré-de saturation actuel*, c'est-à-dire leur aptitude à se saturer, après comme avant ce remplacement, par le même nombre d'autres éléments.

Atomicité variable. Combinaisons de divers ordres. — On peut remarquer que, dans certains corps simples, l'atomicité paraît variable; ainsi les corps de la famille de l'azote donnent les combinaisons suivantes, dans lesquelles ils jouent le rôle triatomique :

$$Az\,H^3 \quad ; \quad P\,Cl^3 \quad ; \quad Sb\,Cl^3 \quad ; \quad As\,Cl^3$$

ainsi que les combinaisons qui suivent, où ils semblent être pentatomiques :

$$Az\,H^4\,Cl \quad ; \quad P\,Cl^5 \quad ; \quad Sb\,Cl^5 \quad ; \quad As\,Cl^5$$

Mais il convient de distinguer ici et de classer les combinaisons suivant les quantités de chaleur qui mesurent les degrés d'affinités mutuelles des éléments, et suivant aussi leur difficile ou facile dissociation.

Si nous soumettons à la chaleur rouge le sel ammoniac $Az\,H^4\,Cl$, ou bien si nous chauffons seulement à $200°$ le pentachlorure de phosphore $P\,Cl^5$, ils se dédoubleront, le premier en $Az\,H^3$ et HCl, le second en $P\,Cl^3$ et Cl^2. Si d'autre part nous comparons la quantité de chaleur qui apparaît lorsqu'un atome de chlore s'unit à un atome de phosphore quand il se fait $P\,Cl^3$ à celle qui se produit lorsque se combinent les deux derniers atomes de chlore pour donner $P\,Cl^5$, nous verrons que, dans le premier cas, il se fait $25^{Cal}.,3$; dans le second cas, 16 Cal. pour l'union de chaque atome de chlore. A proprement parler, ce n'est pas à l'azote que s'unit HCl dans $Az\,H^4\,Cl$, mais bien à la combinaison préexistante $Az\,H^3$. Ce n'est pas à l'atome de phosphore que s'unit le chlore dans $P\,Cl^5$, mais bien au protochlorure $P\,Cl^3$. Le sel ammoniac, le sulfhydrate d'ammoniaque, comme les perchlorures de phosphore, d'antimoine, etc., sont des combinaisons *indirectes* de l'azote, ou de phosphore, des combinaisons *de second ordre*.

A leur tour les combinaisons de *second ordre* peuvent s'unir à d'autres corps, simples ou composés, et former des combinaisons de *troisième ordre*; on connaît par exemple les édifices moléculaires :

$$(Az\,H^3,\,HCl)^2\cdot Pt\,Cl^4 \quad \text{ou} \quad P\,Cl^5,\,Cl^2,\,ICl \quad \text{ou} \quad P\,Cl^5,\,Sn\,Cl^4\ldots$$

Chloroplatinate   Chloroiodure   Chlorostannate
de chlorhydrate d'ammoniaque.   de perchlorure de phosphore.   de perchlorure de phosphore.

Il est enfin des combinaisons d'ordre encore plus indirect. *Les eaux de cristallisation* des divers sels donnent de nombreux exemples de ces combinaisons d'ordre élevé, combinaisons dont l'instabilité croît en général à mesure que s'élève le rang d'ordre de la combinaison que l'on a considérée.

L'*atomicité* d'un élément n'a qu'une valeur relative et non absolue Elle varie suivant la nature des atomes avec lesquels on met cet élément en conflit. On connaît PI^2 et PI^3, mais non PI^5; tandis qu'on ne connaît point PCl^2, et que PCl^5 se produit avec une élévation de température notable; on connaît $AzCl^3$, mais on ne connaît pas $AzCl^5$.

Cette atomicité relative varie, surtout pour les combinaisons d'un ordre élevé, avec les différences, même assez faibles, *de pression, de température, de dilution*, et *change avec elles*; c'est là une démonstration décisive de la valeur toute *relative* de l'atomicité. On ne connaît PH^3,HCl et PH^3,HBr que sous pression. $Az(ClF^3)^3HCl$ ne peut se dissoudre sans se décomposer; $AzIF^3,H^2S$ n'existe que sous la pression d'une atmosphère. Le pentosulfure d'arsenic AsS^5 peut donner des sels bien définis; mais, à l'état libre, il se décompose en AsS^3 et S^2 dès qu'on vient à le chauffer.

Structure des molécules. — La structure des molécules a pour but de représenter par leur formule schématique la *valence* ou *valeur actuelle* de l'atomicité de chacun des atomes qui les composent et, comme conséquence, d'exprimer les fonctions de ces édifices moléculaires et de leurs diverses parties. Cette représentation structurale dérive immédiatement des conceptions qui précèdent. On conçoit fort bien, d'après les considérations ci-dessus, la structure des composés suivants :

PCl^3, Cl^2 PCl^3, O'' PH^3, HI

Perchlorure   Oxychlorure   Iodhydrate
de phosphore.   de phosphore.   d'hydrogène phosphoré.

dans lesquels l'atome de phosphore trivalent, ou pentavalent dans ses combinaisons de second ordre, est uni à $3 + 2$ *valences* de chlore; 3 *valences* de chlore $+ 2$ *valences* d'oxygène; 3 *valences* d'hydrogène $+ 2$ *valences* d'hydrogène et d'iode.

On comprend de même la structure et la signification des formules

$$\overset{\text{IV}}{C}O^2 \text{ ou } \overset{\prime}{O}{=}\overset{\text{IV}}{C}{=}\overset{\prime\prime}{O} \;;\; \overset{\text{IV}}{C}OS \text{ ou } \overset{\prime}{S}{=}\overset{\text{IV}}{C}{=}\overset{\prime\prime}{S} \;;\; \overset{\prime}{C}\overset{\text{IV}}{O}Cl^2 \;;\; \overset{\text{IV}}{C}H^2\overset{\prime\prime}{O} \;;\; \overset{\text{IV}}{C}HCl^3 \;;\; \overset{\text{IV}}{C}H^4$$

formules où le carbone est tétravalent, l'hydrogène et le chlore monovalents, l'oxygène et le soufre bivalents.

Les formules de structure doivent toujours exprimer la *valence actuelle* de chaque atome et, autant que possible, leur mode de saturation réciproque dans la molécule que l'on représente. Nous reviendrons sur l'importance de ces considérations de structure en chimie organique (voir t. II, p. 50). Ce mode de symbolisme a pour raison d'être la facilité qu'il donne de rappeler par le schéma un grand nombre des propriétés des molécules que l'on représente et, au besoin, de faire prévoir ces propriétés comme conséquences du mode de structure adopté.

QUATRIÈME LEÇON

DIVISION DES CORPS SIMPLES EN MÉTALLOÏDES ET MÉTAUX. — POIDS ATOMIQUES. LOI DE DULONG ET PETIT. — NOMENCLATURE ET NOTATIONS CHIMIQUES. CLASSIFICATION DES MÉTALLOÏDES

Les *corps simples* ou *éléments* caractérisés, comme nous l'avons vu, à la fois par l'impossibilité où l'on est de les décomposer, par leur homologie indiquée par l'analogie même de leurs fonctions et leur aptitude aux remplacements réciproques, enfin par la constance de leur chaleur spécifique dans des limites de température très étendues, sont, à cette heure, au nombre de *soixante-six*. Du conflit de ces éléments naissent les combinaisons assujetties aux lois générales que nous avons précédemment exposées. Quelques considérations nouvelles vont nous permettre de faire entre ces corps simples un premier classement en deux groupes fondamentaux distincts : celui des MÉTALLOÏDES et celui des MÉTAUX.

Voici du soufre que je brûle dans un ballon plein d'oxygène (fig. 10). L'eau restée dans le ballon dissout le produit de cette combustion ; nous obtenons ainsi une liqueur aigre au goût, d'odeur à la fois suffocante et acide, et qui rougit la teinture de tournesol. Le soufre produit donc en brûlant une substance analogue au vinaigre.

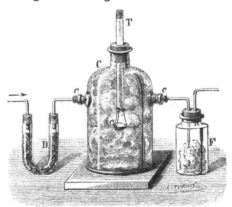

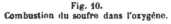

Fig. 10.
Combustion du soufre dans l'oxygène.

Fig. 11.
Combustion du phosphore dans l'oxygène.

D'autre part, je prends du phosphore que j'enflamme sous cette cloche (fig. 11) où circule un courant d'air qui se sèche à travers le tube D. Le phosphore se transforme en une poudre blanche, hygroscopique, qui tombe comme une neige sur les parois du récipient. Le produit de l'oxydation du phosphore, comme celui du soufre, est soluble dans l'eau, à laquelle il communique un goût fortement acide.

Voici maintenant un globule de sodium que je fonds dans cette cuiller de fer, en même temps que sur la masse enflammée je fais arriver un courant d'air continu. Le métal se transforme peu à peu en un produit grisâtre, soluble dans l'eau qui prend à la fois l'odeur et le goût de lessive ; la solution ainsi formée jouit de la propriété de bleuir le tournesol. Loin d'être acide, le produit de la combustion du sodium, lorsque l'on vient à le mélanger aux composés acides obtenus par la combustion du soufre ou du phosphore, fait disparaître cette acidité, la *neutralise* comme disent les chimistes. On nomme *bases* les corps doués de ces propriétés opposées à celles des acides.

Si je brûlais dans l'air du ballon B (fig. 12) ce fil de magnésium, ou si je grillais ce cuivre à l'air, il se ferait aussi des bases, c'est-à-dire des oxydes qui, pour être insolubles, ne s'en uniraient pas moins aux acides en les neutralisant totalement ou partiellement, avec l'élévation de température qui est le signe d'une combinaison.

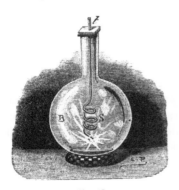

Fig. 12.
Combustion du magnésium dans l'air.

Les corps simples qui, en s'unissant à l'oxygène en proportions diverses, donnent des acides et jamais de bases ont été nommés *métalloïdes* ; ceux qui donnent des bases sont appelés *métaux*.

La tendance des métalloïdes à produire des acides en s'unissant à l'oxygène se retrouve dans les combinaisons qu'ils forment avec les autres éléments métalloïdiques. En s'unissant au chlore, au soufre, etc., l'hydrogène donne les *acides chlorhydrique, sulfhydrique*, etc. ; l'hydrogène est donc un métalloïde. En s'unissant aux mêmes corps le calcium donne le chlorure, le sulfure de calcium, aptes à s'unir à certaines combinaisons acides des métalloïdes ; le calcium est donc un métal.

La division des éléments en *métalloïdes* et *métaux* date de 1810. Elle est due à Berzelius. Elle fut en partie fondée par lui sur des considérations d'ordre électrique. Si l'on soumet à l'électrolyse une combinaison formée d'un métalloïde et d'un métal, en général le métal se rendra au pôle électro-négatif, c'est donc un *élément électro-positif* ; le métalloïde se rendra au pôle électro-positif, on doit donc le considérer comme un *élément électro-négatif*. Mais ces termes *positif* et *négatif* ne doivent pas être pris dans un sens absolu.

Nous avons dit (Leçon 1re, p. 10 et 17), ce que nous pensions de l'état de l'éther autour de chaque molécule matérielle; il est entraîné dans un sens et avec une vitesse déterminée par les mouvements de la molécule qu'il entoure et sur laquelle il réagit à son tour. H. Davy, Berzelius, Faraday, Helmholtz ont supposé que le fluide électrique circule autour de ces atomes et qu'il est la cause véritable de l'affinité. Nous pensons, quant à nous, que ces deux hypothèses s'équivalent, et qu'il faut revenir à l'idée de Davy et de Berzelius; les tourbillons de l'éther autour des molécules métalloïdiques seraient de sens contraire à ceux qui se produisent autour des molécules des métaux.

La classification des corps en *métalloïdes* et *métaux* n'est que relative. Elle s'applique bien aux termes éminemment *électro-négatifs* ou *électro-positifs* des deux séries. Mais un certain nombre de corps simples peuvent être placés sur la limite et participent des propriétés physiques et chimiques des deux classes : l'antimoine, l'osmium, le tungstène, le molybdène, l'étain, le bismuth, le vanadium, etc., pourraient être rangés presque indifféremment parmi les métalloïdes et parmi les métaux.

Symboles et poids atomiques. — Avant de donner ici la liste des 66 corps simples connus, disons que depuis Berzelius on est convenu de représenter chaque espèce de matière par la première lettre, ou les deux premières lettres, de son nom usuel ou latin :

O signifie *oxygène* — Os, *osmium*.

C signifie *carbone* — Cl, *chlore* — Ca, *calcium* — Cr, *chrome* — Co, *cobalt* — Cu, *cuivre*.

S signifie *soufre* — Si, *silicium* — Sb, *antimoine* (du mot latin *stibium*) — Sr, *strontium*.

Hg signifie *mercure* (du mot d'origine gréco-latine *Hydrargyrum*).

Mais l'ingéniosité de la notation de Berzelius va beaucoup plus loin. Il eut la pensée de représenter par ces symboles en même temps que la nature spécifique des éléments, leurs *poids atomiques relatifs*.

Si	H	signifie	1	d'*hydrogène*
	O	signifiera	16	d'*oxygène*
	S	—	32	de *soufre*
	C	—	12	de *carbone*
	Cu	—	63,5	de *cuivre*... etc.

Nous avons brièvement exposé d'après quels principes et quelles considérations on a fixé ces poids atomiques. Il nous reste maintenant à donner le tableau complet des corps simples, de leurs symboles et de leurs poids atomiques relatifs, rapportés à celui de l'hydrogène pris pour unité [1].

---

[1] L'on peut, d'après Mendeleef, faire dériver les principales propriétés de chaque corps de la considération de son poids atomique. Ne semble-t-il pas que Pythagore eût eu comme un vague pressentiment de la vérité, lorsqu'il a dit : « *Les nombres constituent le principe de toute chose.* » L'univers était désigné par lui sous le nom de κοσμος, *harmonie de rapports.*

(A) TABLEAU DES SYMBOLES ET POIDS ATOMIQUES

DES CORPS SIMPLES MÉTALLOÏDIQUES

NOMS	SYMBOLES	POIDS ATOMIQUES	NOMS	SYMBOLES	POIDS ATOMIQUES
Antimoine . . .	Sb	120	Molybdène . . .	Mo	96
Arsenic	As	75	Osmium	Os	200
Azote	Az	14,04	Oxygène	O	16
Bore.	Bo	11	Phosphore . . .	P ou Ph	31
Brome.	Br	79,95	Sélénium. . . .	Se	79
Carbone	C	12	Silicium	Si	28
Chlore.	Cl	35,46	Soufre.	S	32,07
Fluor	Fl	19	Tellure.	Te	128
Hydrogène . . .	H	1	Tungstène . . .	Tu ou W	184
Iode.	I	126,85	Vanadium . . .	Va ou V	51,3

(B) TABLEAU DES SYMBOLES ET POIDS ATOMIQUES

DES CORPS SIMPLES MÉTALLIQUES

NOMS	SYMBOLES	POIDS ATOMIQUES	NOMS	SYMBOLES	POIDS ATOMIQUES
Aluminium. . .	Al	27,5	Manganèse . . .	Mn	55,2
Argent.	Ag	107,93	Mercure	Hg	200
Baryum	Ba	137,2	Nickel.	Ni	59
Bismuth	Bi	210	Niobium. . . .	Nb	94
Cadmium. . . .	Cd	112	Or	Au	197
Calcium	Ca	40	Palladium . . .	Pd	106
Cérium	Ce	92	Platine.	Pt	198
Césium	Cs	132,6	Plomb.	Pb	206,92
Chrome	Cr	52,4	Potassium . . .	K	39,14
Cobalt	Co	59	Rhodium. . . .	Rh	104
Cuivre.	Cu	63,5	Rubidium . . .	Rb	85,4
Décipium. . . .	De	—	Ruthénium . . .	Ru	104
Didyme, dédoublé en Praséodyme et Néodyme.			Sodium	Na	23,04
Erbium	Er	—	Strontium . . .	Sr	87,5
Étain	Sn	118	Tantale	Ta	137,6
Fer.	Fe	56	Terbium. . . .	Te	—
Gallium	Ga	69	Thallium. . . .	Tl	204
Glucinium . . .	Gl	14	Thorium. . . .	Th	—
Indium	In	113,4	Titane.	Ti	50
Iridium	Ir	197,2	Uranium. . . .	U	120
Lanthane. . . .	La	92	Yttrium	Y	—
Lithium	Li	7	Zinc.	Zn	65
Magnésium. . .	Mg	24	Zirconium . . .	Zr	89,6

Rapports des poids moléculaires avec la chaleur spécifique des éléments. — Nous avons exposé plus haut les considérations qui ont permis de conclure que tous les gaz simples ou composés contiennent le même nombre de molécules. Or l'on a remarqué que si, pour chaque gaz, l'on multiplie le poids de l'unité de volume par la chaleur spécifique du gaz, on obtient un produit à peu près constant :

NOMS DES GAZ	DENSITÉ d	CHALEUR SPÉCIFIQUE c (à vol. constant)	PRODUIT $d \times c$
Oxygène.	1,106	0,217	0,240
Hydrogène.	0,0692	3,410	0,250
Azote.	0,9714	0,260	0,257
Chlore	2,440	0,121	0,295
Etc.	etc.	etc.	etc.

Mais puisque tous les gaz ont le même nombre de molécules, leurs densités étant proportionnelles aux poids de chacune d'elles, le produit des poids moléculaires par les chaleurs spécifiques des gaz doit être constant. C'est ce que vérifie à peu près l'expérience ; on trouve en effet :

NOMS DES GAZ	POIDS MOLÉCULAIRE p	CHALEUR SPÉCIFIQUE c (à vol. constant)	PRODUIT $p \times c$
Oxygène.	32	0,2171	6,95
Hydrogène.	2	3,410	6,82
Azote.	28	0,2604	6,83
Chlore	71	0,121	8,59
Etc.	etc.	etc.	etc.

Parmi les métaux, le zinc, le mercure et le cadmium seuls ont pu être volatilisés et leurs densités de vapeur mesurées. Elles ont démontré que chacune de leurs molécules se compose d'un seul atome. Si pour ces trois métaux l'on multiplie les poids atomiques ou moléculaires, qui coïncident dans ce cas, par leur chaleur spécifique, on trouve encore des nombres peu différents des produits précédents :

NOMS DES MÉTAUX	POIDS MOLÉCULAIRE ET ATOMIQUE p	CHALEUR SPÉCIFIQUE c	PRODUIT $p \times c$
Zinc	65	0,0996	6,57
Cadmium	112	0,0567	6,35
Mercure.	200	0,0319	7,58

Remarquons que malgré les variations des poids moléculaires qui, pour les métaux, vont de 2 à 207, le produit $c \times p$ du poids atomique par la chaleur spécifique varie seulement de 6,5 à 8,5, comme si leur molécule à l'état de vapeur était toujours formée d'un seul atome à la façon des molécules des trois métaux vaporisables ci-dessus cités.

Il est donc très remarquable que pour *tous les corps simples* le produit de leur poids atomique par leur chaleur spécifique varie seulement dans les limites de ces nombres fort rapprochés.

Ces observations faites par Dulong et Petit peuvent être condensées sous la forme d'une proposition qui porte aujourd'hui leur nom. La *loi de Dulong et Petit* s'exprime ainsi : *Le produit du poids moléculaire par la chaleur spécifique des éléments est à peu près constant.*

Cette loi signifie que pour élever d'un même nombre de degrés le *poids p de la molécule* d'un corps il faudra toujours à peu près la même quantité de chaleur; d'où $p \times c = constante$. Or, nous avons vu à propos des gaz ou des vapeurs que dire même nombre de molécules, c'est dire volume égal. La loi de Dulong et Petit revient donc à dire qu'il faut une même quantité de chaleur pour dilater de la même quantité des volumes égaux de tous les gaz et vapeurs des corps simples, et réciproquement que le même travail les comprimerait de la même fraction de leur volume. C'est donc, sous une autre forme, la loi de Mariotte, qui contient en principe, comme je viens de le démontrer, celle de Dulong et Petit. Cette remarque très simple n'a pas été faite jusqu'ici.

La loi de Dulong et Petit donne un moyen de fixer approximativement les poids moléculaires, ou poids des dernières particules physiques des corps. Il suffit d'appliquer l'équation $p = \dfrac{const.}{c}$.

Le tableau suivant indique les variations de la loi de Dulong et Petit.

NOMS DES CORPS SIMPLES	CHALEUR SPÉ- CIFIQUE c	POIDS ATO- MIQUE a	PRODUIT $a \times c$	NOMS DES CORPS SIMPLES	CHALEUR SPÉ- CIFIQUE c	POIDS ATO- MIQUE a	PRODUIT $a \times c$
Aluminium	0,2143	27,5	5,5	Mercure (solide) . .	0,0319	200	6,4
Antimoine.	0,0523	122	6,4	Nickel	0,107	58,6	6,3
Argent.	0,0570	108	6,1	Or.	0,0324	196,2	6,4
Bismuth	0,0305	210	6,5	Phosphore ordinaire.	0,189	31	5,9
Carbone (diamant).	9,459	12	5,5	Platine.	0,0324	196,7	6,4
Cuivre.	0,0952	63,3	6,1	Plomb	0,0314	206,4	6,5
Étain.	0,0548	118	6,5	Potassium.	0,1655	39,137	6,5
Fer	0,1138	55,9	6,4	Silicium	0,202	28	5,7
Iode	0,0541	126,85	6,8	Sodium.	0,2934	23,04	6,7
Lithium.	0,9408	7	6,6	Soufre	0,1776	32,075	5,8
Magnésium	0,2499	24	5,9	Zinc	0,0955	64,9	6,2

NOMENCLATURE ET NOTATIONS CHIMIQUES

La langue chimique est l'une des créations les plus heureuses de l'esprit humain. Préparée, discutée et arrêtée de l'année 1782 à 1787 par Guyton de Morveau, Lavoisier, Fourcroy et Berthollet, elle a été adoptée dans ses principes par tous les peuples. Quoique lentement transformée et de jour en jour complétée, malgré les changements profonds qui se sont produits dans nos systèmes et nos théories, elle permet encore à cette heure à tous les chimistes de s'entendre, d'exposer et de discuter leurs idées. La notation symbolique proposée en 1815 par Berzelius, et depuis adoptée partout, est venue la compléter très heureusement ([1]).

La pensée dominante d'où est issu cet instrument destiné à l'exposition d'une science alors nouvelle et dont les conceptions reposent sur une multitude de phénomènes et d'observations d'une infinie délicatesse, cette pensée est indiquée dans ces quelques mots par lesquels Lavoisier inaugure son mémoire sur la *nomenclature chimique* : « Toute science physique est formée de trois choses: les faits qui constituent la science, les idées qui les rappellent, les mots qui les expriment. Le mot doit faire naître l'idée, l'idée peindre le fait. »

La conception pratique de la nomenclature de Lavoisier et Guyton de Morveau fut d'indiquer par le nom à la fois la *composition* et l'*aptitude dominante* qui caractérisent et classent chaque corps. Plus tard, lorsque Berzelius créa ses symboles, il leur fit exprimer à la fois la composition qualitative et quantitative et jusqu'à un certain point la structure et par elle les principales fonctions de la molécule.

A la fin du XVIIIe siècle on connaissait des *corps simples*, des *acides*, des *alcalis* ou *chaux*, des *sels* et des *corps indifférents*.

On aurait pu convenir qu'on formerait le nom des acides de celui des éléments qui les composent; mais comme Lavoisier pensait que tout acide est oxygéné, on simplifia et il fut entendu qu'on ne ferait entrer dans le nom que celui de l'élément qui s'unit à l'oxygène. Le soufre donne avec l'oxygène deux acides principaux : l'un, SO^2, provient de l'union d'un atome de soufre à deux d'oxygène; l'autre, SO^3, résulte de l'association d'un atome de soufre à trois d'oxygène. Le premier fut appelé acide *sulfureux*, et la terminaison *eux* fut réservée aux acides moins oxygénés; l'autre fut nommé *acide sulfurique*, et l'on convint que la terminaison *ique* s'appliquerait aux acides plus riches en oxygène.

Nous disons aujourd'hui *acide sulfureux anhydre* ou *anhydride sulfureux*, SO^2, et *acide sulfurique anhydre* ou *anhydride sulfurique*, SO^3, parce que nous avons, depuis Lavoisier, distingué les acides proprement dits, toujours hydrogénés, $SO^2.H^2O$ et $SO^3.H^2O$, de leurs dérivés anhydres SO^2 et SO^3 qui représentent une fonction différente de la fonction acide.

Un acide plus riche en oxygène que l'acide en *ique* prendra le préfixe *per* ou *hyper*, ainsi l'on dira :

([1]) On a déjà dit que Dalton avait tenté un essai de représentation des corps par leurs symboles atomiques.

$SO^3 . H^2O$ *acide sulfurique,*
$SO^4 . H^2O$ *acide persulfurique.*

Veut-on nommer un acide moins riche en oxygène que l'acide en *eux*, on fera précéder le nom du préfixe *hypo*. Ainsi l'on devrait appeler l'acide $SO.H^2O$ *acide hyposulfureux*. Mais ce dernier nom, qui eût été en accord avec les règles primitives de la nomenclature, ayant été déjà utilisé avant que ne fût découvert l'acide $SO.H^2O$ et appliqué à tort à un autre acide, l'*acide thiosulfurique* $S^2O^2.H^2O$, on convint de nommer l'acide $SO.H^2O$ *acide hydro-sulfureux*, nom dérivé du mode de synthèse de cet acide.

C'est ainsi que se sont peu à peu introduits dans une langue fort bien conçue les irrégularités et singularités qui tendent à l'obscurcir aujourd'hui, surtout en Allemagne, où l'on perd trop de vue le principe même de la nomenclature, savoir : l'expression formelle des éléments composants et des aptitudes fondamentales du corps, et non sa constitution plus ou moins hypothétique et variable suivant le point de vue.

Après Lavoisier, on découvrit des acides sans oxygène. On les nomma d'après les règles précédentes, mais on fut cette fois obligé d'exprimer dans le nom chacun des composants, en terminant toujours par *ique* le le nom de l'élément *électro-positif*. Ainsi l'on dit :

HCl *acide chlorhydrique,*
H^2S *acide sulfhydrique,*
$BoCl^3$ *acide chloroborique,*
CS^2 *acide sulfocarbonique...*

On a dit plus haut que de l'union de chaque métal à l'oxygène résultaient toujours une ou plusieurs bases. On est convenu de les nommer *oxydes basiques*, ou simplement *oxydes*, en faisant encore suivre des suffixes *eux* ou *ique* le nom du métal ; la terminaison *eux* indiquant toujours la richesse moindre en oxygène. Ainsi l'on dit :

Cu^2O *oxyde cuivreux,*
CuO *oxyde cuivrique.*

On se sert quelquefois aussi, dans ces cas, des mots *protoxyde* et *deutoxyde*, celui-ci indiquant toujours un corps plus oxygéné que le *protoxyde*. On dit encore *oxydule* et *oxyde*. Ainsi l'on dira :

Hg^2O *oxyde mercureux, oxydule de mercure* ou *protoxyde de mercure,*
HgO *oxyde mercurique,* ou *deutoxyde de mercure.*

Certains métaux donnent des oxydes dans lesquels deux atomes de métal sont unis à trois d'oxygène. On nomme ces bases des *sesqui-oxydes*. Ainsi pour le fer on a les deux oxydes :

FeO   *protoxyde de fer* ou *oxyde ferreux*,
Fe²O³   *sesquioxyde de fer* ou *oxyde ferrique*.

Les combinaisons des métaux avec l'oxygène incapables de s'unir aux acides, prennent le nom d'oxydes indifférents ou bien portent des noms spéciaux. Par exemple les oxydes divers que forme le plomb ont reçu les noms suivants :

Pb²O   *oxydule* ou *sous-oxyde de plomb*,
PbO   *oxyde de plomb* ou *litharge*,
Pb³O⁴   *minium*,
Pb²O³   *sesquioxyde de plomb* ou *oxyde salin*,
PbO²   *bioxyde* ou *peroxyde de plomb*.

Les combinaisons que forment les métaux avec d'autres éléments que l'oxygène, et celles des éléments métalloïdiques entre eux, lorsqu'elles ne jouissent pas d'une fonction franchement acide ou basique, prennent la terminaison *ure*. Ainsi l'on dit :

Sulfure
Chlorure   *de cuivre, de palladium, de bore, de car-*
Hydrure   *bone, de phosphore,* etc....

Les composés qui résultent de l'union des métaux entre eux s'appellent des *alliages*.

Un ordre de composés plus complexes peut s'obtenir lorsque l'on combine un acide à une base. Déjà bien avant Lavoisier, le produit de cette union, qui se fait avec ou sans élimination d'eau, portait le nom de *sel*. Réciproquement un sel peut généralement se dédoubler, avec ou sans assimilation d'eau, en un acide et une base. C'est en vertu de ces remarques que les premiers auteurs de la nomenclature chimique convinrent de nommer chaque sel par une périphrase qui rappelât à la fois les noms de l'acide et de la base ayant servi à le former par leur union. Le nom des sels se forme de celui de l'acide, en remplaçant par *ite* la terminaison des acides en *eux* et par *ate* celle des acides en *ique*. Ainsi :

SO².CuO, qui résulte de l'union de SO² l'*acide sulfureux* à CuO l'*oxyde cuivrique*, sera le *sulfite cuivrique*;
et SO².Cu²O sera le *sulfite cuivreux*.

On aura de même : SO³.CuO le *sulfate cuivrique*, pouvant résulter de l'union de l'acide sulfurique à l'oxyde cuivrique, et SO³.Cu²O le *sulfate cuivreux*.

Si l'acide ou la base contiennent, comme élément électro-négatif, tout autre corps que l'oxygène, le nom du sel doit exprimer cette particularité. L'on dira :

SnCl². 2KCl	*chlorostannate de chlorure de potassium,*
PtCl⁴. 2KCl	*chloroplatinate de chlorure de potassium,*
CS². K²S	*sulfocarbonate de sulfure de potassium,*
H²S. Na²S	*sulfhydrate de sulfure de sodium.*

Nous donnerons dans le *Second Volume* de ce Cours les règles de la nomenclature des corps organiques ; elles sont fondées sur les mêmes principes que la nomenclature des corps minéraux.

CLASSIFICATION DES MÉTALLOÏDES

Après avoir exposé le mécanisme général des actions chimiques et les lois qui président aux combinaisons, nous pouvons aborder maintenant l'étude de chacun des divers éléments. Nous avons vu pour quelles raisons Berzelius les avait divisés en *métalloïdes* et *métaux*.

Nous commencerons par les métalloïdes.

Il y a cinquante-huit ans aujourd'hui (1886) que Dumas posait les règles de la classification des corps simples fondée sur la comparaison de leurs propriétés générales et sur les analogies des combinaisons chimiques qu'ils forment lorsqu'ils s'unissent à l'oxygène, au chlore, à l'hydrogène. En 1827 il classait les métalloïdes en quatre familles si naturelles, que sauf une exception, celle du bore, ces groupes sont restés tels que Dumas les avait créés, entrevoyant dès cette époque, avec une surprenante intuition, la découverte toute moderne de l'atomicité des éléments.

En 1859 Dumas s'exprimait ainsi :

« La classification naturelle des corps non métalliques est fondée
« sur les caractères des composés qu'ils forment avec l'hydrogène, sur
« les *rapports en volume des deux éléments qui se combinent* et sur
« leur mode de condensation. La classification naturelle des métaux, et
« en général celle des corps qui ne s'unissent pas à l'hydrogène, doit
« être fondée sur les caractères des composés qu'ils forment avec le
« chlore, et autant que possible sur les rapports en volume des deux
« éléments qui se combinent et sur leur mode de condensation. » (Dumas,
Ann. Chim. Phys., 3ᵉ série, t. LV, p. 199.)

C'est en nous fondant sur ces mêmes considérations et en tenant compte des découvertes modernes que nous diviserons les métalloïdes en huit groupes, suivant l'ordre croissant de leur atomicité, c'est-à-dire suivant les rapports de leurs combinaisons en volumes avec l'hydrogène et le chlore et suivant aussi les caractères d'analogie de leurs combinaisons. Ces huit familles sont les suivantes :

1ʳᵉ FAMILLE	2ᵉ FAMILLE	3ᵉ FAMILLE	4ᵉ FAMILLE	5ᵉ FAMILLE	6ᵉ FAMILLE	7ᵉ et 8ᵉ FAMILLES
Métalloïde monatomique électro-positif	Métalloïdes monatomiques généralement électro-négatifs	Métalloïdes diatomiques	Métalloïde triatomique	Métalloïdes triatomiques et pentatomiques	Métalloïdes tétratomiques	Métalloïdes hexatomiques et octatomiques
Hydrogène	Fluor Chlore Brome Iode	Oxygène Soufre Sélénium Tellure	Bore	Azote Phosphore Arsenic Antimoine	Carbone Silicium	Tungstène Molybdène — Osmium

Dans chacun de ces groupes, les corps sont rangés par ordre de poids atomiques croissants.

Les formules suivantes, qui sont celles de leurs plus importantes combinaisons, donnent suffisamment la raison d'être de cette classification :

TYPES DES COMBINAISONS DES MÉTALLOÏDES

MÉTALLOÏDES :	monatomiques	diatomiques	triatomiques	tri et pentatomiques	tétratomiques	hexatomiques et octatomiques
Hydrures. . .	ClH ; BrH	OH^2 ; SH^2	. . .	AzH^3 ; PH^5	CH^4 ; SiH^4	. . .
Chlorures . .	HCl ; ICl	OCl^2 ; SCl^2	$BoCl^3$	$AzCl^3$, PBr^5 / PCl^5	CCl^4 ; $SiCl^4$	WCl^6 ; $OsCl^6$
Oxydes . . .	Cl^2O	. . .	Bo^2O^3	Az^2O^5	CO^2 ; SiO^2	WO^3 ; OsO^4
Etc...	etc...	etc...	etc...	etc...	etc...	etc...

CINQUIÈME LEÇON

L'HYDROGÈNE. — L'OXYGÈNE

Nous étudierons d'abord, et successivement, les deux métalloïdes principaux, l'*hydrogène* et l'*oxygène,* non seulement parce que doués de propriétés à peu près opposées, leur histoire ainsi présentée parallèlement permettra de faire mieux saillir leur contraste et de parcourir, à propos de ces deux types contraires, une grande partie du champ des combinaisons métalloïdiques, mais aussi parce qu'en s'unissant l'un à l'autre ils forment l'*eau* dont l'étude, faite tout au commencement du *Cours de Chimie,* éclairera dès le début les multiples réactions où cette eau intervient, soit comme dissolvant, soit comme agent chimique.

HYDROGÈNE

Historique. — Cette sorte de *fermentation*, ce dégagement tumultueux de gaz qui se produit quand on traite certains métaux par les acides, était connu des alchimistes ; mais le célèbre médecin-chimiste et charlatan de Bâle, *Paracelse*, fut l'un des premiers à préciser, vers le milieu du seizième siècle, et à remarquer qu'il se dégage un *air pareil au vent* lorsqu'on met en contact l'eau, le fer et l'huile de vitriol. Turquet de Mayerne et Lemery reconnurent vers 1660 que ce gaz s'enflammait. Cent ans après il fut étudié de plus près par Cavendish, qui établit que lorsqu'on le brûle il se forme de l'eau, observation déjà faite par Macquer quelques années avant. Cavendish lui donna le nom d'*air inflammable*. Mais c'est Lavoisier qui démontra que l'eau est le produit *unique* de la combustion de l'*air inflammable* (hydrogène) par l'*air vital* (oxygène).

Préparation : 1° *Par les métaux, les acides et l'eau à froid.* On peut préparer l'hydrogène par l'action de certains métaux : *fer, zinc, aluminium, magnésium*, etc., sur l'eau acidulée.

On se sert généralement, dans les laboratoires, de zinc et d'acide sulfurique étendu de 10 à 12 fois son poids d'eau. On recueille l'hydrogène sur une cuve à eau (fig. 13). L'hydrogène produit par le fer est très impur, il contient des hydrogènes sulfuré et phosphoré, et des hydrocarbures odorants (*Cloëz*). On peut le purifier en le faisant barboter dans deux flacons contenant, l'un du bichromate de potasse acidulé d'acide sulfurique, l'autre de la soude caustique ; on sèche finalement le gaz sur de la chaux. Sa purification est souvent nécessaire, par exemple lorsqu'il s'agit de préparer le *fer* pur très divisé dit *fer réduit* des pharmacies.

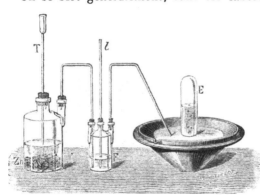

Fig. 13. — Préparation de l'hydrogène.
Zn, Zinc et eau acidulée. — F, laveur. — E, gaz dégagé.

Dans cette préparation par les métaux et les acides, l'hydrogène qui se dégage est celui qui entre dans la constitution de l'acide employé. Il se produit d'après l'équation :

$$SO^4H^2 \quad + \quad Zn \quad = \quad SO^4Zn \quad + \quad H^2$$

Acide sulfurique.　　Zinc.　　Sulfate de zinc.　　Hydrogène.

ou bien :

$$2\,HCl \quad + \quad Fe \quad = \quad FeCl^2 \quad + \quad H^2$$

Acide chlorhydrique.　　Fer.　　Chlorure ferreux.　Hydrogène.

L'eau n'a d'autre action que de dissoudre les sels de zinc ou de fer à mesure qu'ils se forment : on les retrouve dans la liqueur.

2° *Par les métaux au rouge et la vapeur d'eau* (fig. 14). Lavoisier

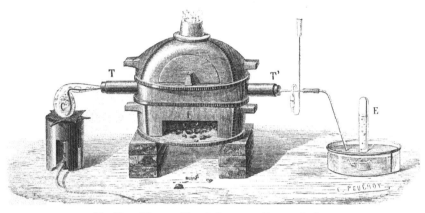

Fig. 14. — Décomposition de la vapeur d'eau par le fer.
C, Eau en ébullition. — T T', Tube plein de copeaux de fer. — E, Éprouvette à gaz.

prépara le premier l'hydrogène, en faisant passer la vapeur d'eau dans un tube de fer porté au rouge (1783). Il remarqua que tous les métaux, le cuivre en particulier, ne décomposent pas l'eau à haute température. Nous reviendrons sur ce point important. Seuls les métaux alcalins (*potassium, sodium, lithium*) décomposent l'eau à froid. La figure 14 et sa légende renseignent suffisamment sur cette préparation.

Propriétés physiques. — L'hydrogène est incolore, sans odeur ni saveur. C'est de tous les gaz le plus léger : sa densité est de 0,06926, la densité de l'air étant prise pour unité. Un litre d'hydrogène à 0° et 760ᵐᵐ pèse donc 0ᵍʳ,089. Ce gaz est donc 14,5 fois plus léger que l'air atmosphérique. Voici une vessie pleine d'hydrogène ; j'en gonfle des bulles de savon, elles s'élèvent dans l'air vu leur faible densité. Sa légèreté est telle, que je puis le faire passer d'une éprouvette inférieure à une éprouvette pleine d'air placée au-dessus ; ainsi transvasé de bas en haut le gaz s'enflamme dès que j'approche une allumette de l'éprouvette où je l'ai transvasé.

L'hydrogène a pu être liquéfié, et même solidifié, en 1877 (*Cailletet et R. Pictet*). Lorsqu'à la température de — 140° on le comprime vers 650 atmosphères, il produit, en sortant du tube qui le contenait, un jet liquide opaque, bleu d'acier, qui se solidifie en se vaporisant et tombe sur le sol avec un bruit de grenaille (*R. Pictet*). A l'état liquide, sa densité limite (compression maximum) est de 0,12 (*Amagat*).

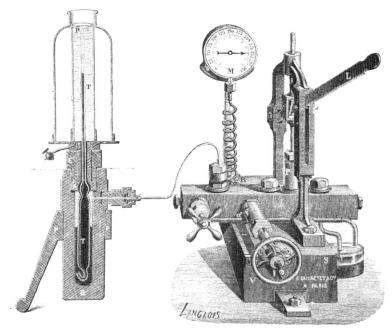

Fig. 15. — Appareil Cailletet, pour liquéfier les gaz.

L P, pompe permettant de comprimer de l'eau dans le réservoir AB au-dessus du mercure.
T, réservoir à mercure terminé par un tube semi-capillaire très résistant TP.
T P, réservoir à gaz Contenu d'abord en T, le gaz vient se condenser grâce à la pression, dans
la partie étroite P de ce tube placée dans une cloche entourée d'un mélange réfrigérant.
M, manomètre indiquant les pressions. — V, roue à détente.

Introduit, puis raréfié, dans un tube de Geissler où l'on fait passer l'étincelle d'induction, l'hydrogène fournit, sous 7^{mm} de pression, un filet lumineux qu'attire la main, puis à une pression moindre, une lumière mauve qui présente 4 raies caractéristiques dont voici les longueurs d'onde en $\mu\mu$ (*millionièmes de millimètre*).

$$\alpha = 656^{\mu\mu},2 \quad ; \quad \beta = 486^{\mu\mu},1 \quad ; \quad \gamma = 434\,\mu\mu \quad ; \quad \delta = 410^{\mu\mu},1$$

| Dans le rouge. | Dans le bleu. | Dans l'indigo. | Dans le violet. |
| *Très brillante.* | *Tres vive.* | *Faible.* | *Faible et diffuse.* |

Ces raies ont permis de démontrer l'existence de l'hydrogène dans le Soleil, à la surface duquel il forme ces protubérances qui s'élèvent à plusieurs milliers de lieues au-dessus de la photosphère. On l'a signalé aussi dans beaucoup d'étoiles rouges. D'immenses nébuleuses, celle d'Orion, entre autres, qui à une distance qui se compte par milliards de fois celle de la Terre au Soleil, sous-tend encore un angle de plusieurs degrés, en sont à peu près uniquement formées. Si, dans sa course à travers l'espace, la Terre rencontrait l'une de ces agglomérations d'hydrogène, la quantité de chaleur produite par sa combustion avec l'oxygène atmosphérique serait bien plus que suffisante pour porter au rouge et fondre de nouveau le globe terrestre ([1]).

Un litre d'eau à 0° dissout 19 centimètres cubes d'hydrogène.

Chose remarquable, ce gaz est absorbé par les métaux. 500 grammes de fer ou d'acier (soit 64 centimètres cubes) dissolvent à froid 44 centimètres cubes d'hydrogène; 100 centimètres cubes de platine en dissolvent 145 centimètres cubes; 80 centimètres cubes d'aluminium dissolvent 88 centimètres cubes de gaz hydrogène.

L'hydrogène diffuse à travers le fer et le platine portés au rouge.

Il passe avec une grande rapidité, à froid, à travers les diaphragmes poreux. Graham a démontré que la vitesse de diffusion des gaz à travers les parois douées de porosité était en raison inverse de la racine carrée de la densité de ces gaz. En représentant par V et V' les *volumes* des gaz qui traversent ces parois, par .d et d' leurs *densités*, l'on a, d'après cet auteur :

$$\frac{V}{V'} = \frac{\sqrt{d'}}{\sqrt{d}}.$$

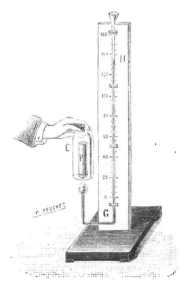

Grâce à sa densité, l'hydrogène doit donc traverser les parois poreuses avec une vitesse quatre fois plus grande que ne le fait l'air. C'est ce que l'on montre par la petite expérience ici représentée (fig. 16). Que l'on coiffe le vase poreux P plein d'air par la cloche C remplie d'hydrogène, ce gaz se précipitera dans le vase poreux P quatre fois plus vite que l'air n'en sortira, et la liqueur servant d'index montera dans le tube GH, indiquant l'augmentation de pression intérieure due à cette rapide diffusion de l'hydrogène à travers la paroi poreuse.

Fig. 16.
Diffusion de l'hydrogène à travers les parois poreuses.

L'hydrogène conduit sensiblement la chaleur (*Magnus*); cette propriété et, à quelques égards, ses affinités chimiques, le rapprochent des métaux.

([1]) Il semble que cette hypothèse se réalise dans les étoiles qui apparaissent tout à coup, jettent un très vif éclat et s'éteignent ensuite assez rapidement.

Propriétés chimiques. — La propriété fondamentale de l'hydrogène est de brûler en formant de l'eau. Cavendish avait remarqué l'importance de ce fait dès 1781. Mais ce n'est que le 24 juin 1783 que Lavoisier, assisté de Laplace, démontra définitivement, après bien des tâtonnements préalables, que l'eau pure est le *seul* produit de la combustion de l'hydrogène par l'oxygène, qu'elle est la *chaux*, ou l'oxyde, de l'hydrogène.

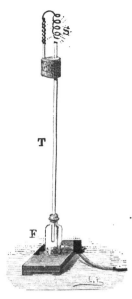

Fig. 17.
Incandescence du platine
dans l'oxygène.
T, tube par lequel arrive le
gaz hydrogène.
S, Spirale de platine qui devient incandescente.

La combustion de l'hydrogène à l'air donne une flamme à peine lumineuse, mais d'une excessive température. On peut y fondre aisément un fil de platine. Alimenté par l'oxygène, l'éclat de cette flamme augmente et atteint une température de 1700 à 1800 degrés. Cette température n'est que de 1254 degrés lorsque l'hydrogène brûle simplement à l'air. Cette flamme d'hydrogène et d'oxygène dite *oxyhydrique* permet de fondre les corps les plus réfractaires, tels que le platine, l'alumine, la silice. L'argent s'y volatilise en donnant une vapeur épaisse, l'alumine elle-même y disparaît lentement. On peut se servir pour ces expériences de petites cupules de chaux ou de charbon de cornue.

1 gramme d'hydrogène s'unit, en brûlant, à 8 grammes d'oxygène, et produit ainsi $29^{Cal},5$. En volumes, 2 vol. d'hydrogène se combinent à 1 vol. d'oxygène pour former 2 volumes de vapeur d'eau. Nous reviendrons sur ces points lorsque nous étudierons l'*eau* elle-même.

Le mélange des deux gaz oxygène et hydrogène fait dans ces proportions détone vers 550. Voici un petit flacon plein de ce mélange, nous approchons du goulot un corps enflammé : il se produit aussitôt une violente explosion. Toutefois à des températures voisines de 400°, cette combinaison peut se faire très lentement et sans flamme (*A. Gautier*).

Le mélange d'hydrogène et d'air s'enflamme au contact du platine divisé. Cette propriété a été utilisée dans le *briquet à hydrogène*, appareil représenté *figure* 18. L'hydrogène se produit *dans* la cloche centrale, grâce à l'action sur le cylindre de zinc Z de l'acide sulfurique étendu contenu dans le récipient A. Le gaz qui se forme s'accumulant en A, abaisse au-dessous du métal le niveau du liquide qui dès lors n'attaque plus le zinc. La cloche A contient donc toujours de l'hydrogène sous faible pression. Il suffit d'ouvrir en pressant sur la pédale *l*, pour que le gaz, se précipitant sur la mousse de platine placée en P, s'enflamme aussitôt et allume la petite lampe L.

L'hydrogène ne s'unit pas seulement à l'oxygène libre; il l'emprunte, à des températures variables, aux corps qui en sont chargés; il les *réduit* ainsi, c'est-à-dire les désoxyde.

C'est Priestley qui observa le premier ce fait important que les *chaux métalliques*, les oxydes, dirions-nous aujourd'hui, sont *revivifiés* par l'oxygène. Il s'aperçut que l'*air inflammable* disparaissait dans la *revivification du minium* (Pb^3O^4), qui se changeait ainsi en plomb. Priestley

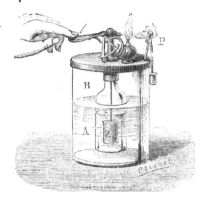

Fig. 18. — Briquet à hydrogène.

en conclut que ce gaz *phlogistiquait* cette *chaux de plomb*, et que l'air inflammable n'était autre que le *phlogistique* lui-même (1). Mais Lavoisier, qui connaissait cette expérience, observa qu'en se revivifiant le minium, *loin d'augmenter de poids, diminuait au contraire de près d'un douzième, et que la disparition de l'hydrogène était corrélative de la formation de l'eau dont l'oxygène était emprunté à la chaux métallique.*

Un très grand nombre d'oxydes métalliques sont ainsi *réduits* par l'hydrogène. Cette réduction a lieu, d'après le *principe du travail maximum*, à la condition que l'on tienne compte de l'état thermique du système soumis à une température qui peut commencer à dissocier certains des composés qui entrent en réaction.

Prenons un long tube de verre vert. Plaçons-y du peróxyde de fer Fe^2O^3. Si nous le chauffons d'abord faiblement dans l'hydrogène, il se transformera fort aisément en oxyde magnétique Fe^3O^4 :

$$3\,Fe^2O^3 + 2H = 2\,Fe^3O^4 + H^2O$$

Chauffons davantage, le peroxyde Fe^2O^3 se changera en protoxyde FeO :

$$Fe^2O^3 + 2H = 2FeO + H^2O$$

160 gr. (Poids mol.) absorbent, en se décomposant, 191 Cal.,2.	114 gr. (Poids mol.) dégagent, en se produisant, 276 Cal.	18 gr. (Poids mol) produisent, en se formant, 59 Cal.

D'après les données thermiques, ici indiquées, l'énergie calorifique résultant de cette réaction sera positive. En effet :

(1) On dira plus loin que le *phlogistique* de Stahl était, pour les chimistes de cette époque, la matière même du feu. Un corps *phlogistiqué* était un corps rendu apte à s'enflammer, à donner du feu.

$$276 \text{ Cal.} + 59 \text{ Cal.} - 191^{Cal},2 = 143^{Cal},8 \; (^2)$$

Que l'on chauffe fortement, longtemps, et dans un grand excès d'hydrogène le protoxyde de fer lui-même, l'expérience démontre qu'il sera réduit à l'état métallique. L'on aura dans ce cas :

$$FeO + 2H = Fe + H^2O$$

72 gr. absorbent,   18 gr. dégagent,
en se décomposant,   en se formant,
69 Cal.   59 Cal.

L'énergie calorifique résultant de cette dernière réaction est *négative*, car :

$$59 \text{ Cal.} - 69 \text{ Cal.} = - 10 \text{ Cal.}$$

Il faut donc que la chaleur extérieure ait fourni 10 Calories au système $FeO + 2H$ pour que la réduction se soit produite. Cette réaction ne saurait, au point de vue du *principe du travail maximum*, se comprendre qu'à la condition d'admettre que la chaleur fait subir un commencement de dissociation à l'oxyde FeO. L'hydrogène agit alors, non plus sur cet oxyde seul, mais sur le système :

$$FeO + xFe + xO;$$

d'où la réduction, à la condition que cette dépense d'énergie de 10 Calories soit fournie au système pour chaque 72 grammes de FeO décomposés. On sait du reste que, contrairement à cette réduction du protoxyde par l'hydrogène aidé d'une chaleur soutenue et d'un incessant courant de gaz entraînant la vapeur d'eau formée, le fer décompose l'eau pour donner FeO, et cette réaction exothermique, *inverse de la précédente*, est bien celle que prévoit le principe du travail maximum.

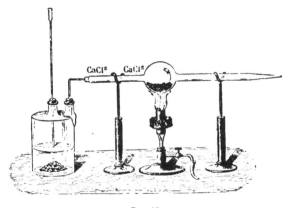

Fig. 19.
Réduction de l'oxyde de cuivre par l'hydrogène.

Faisons, d'autre part, agir l'hydrogène sur l'oxyde de cuivre CuO. Les considérations thermo-chimiques nous montrent *a priori* que cet oxyde sera réduit. En effet, la réaction suivante est exothermique :

$$CuO \quad + \quad H^2 \quad = \quad Cu \quad + \quad H^2O$$

79$^{gr.}$,5 (Poids mol.)   18 gr. (Poids mol.)
absorbent,   dégagent,
en se décomposant,   en se formant,
38 Cal.,4   59 Cal.

De cette décomposition résultent donc 20$^{Cal.}$,6.

Au contraire, l'oxyde de zinc ne sera pas réduit par l'hydrogène. En effet, si l'on pouvait avoir la réaction :

$$ZnO \quad + \quad H^2 \quad = \quad Zn \quad + \quad H^2O$$

65 gr. absorbent,   18 gr. dégagent,
en se décomposant,   en se formant,
87 Cal.,5.   59 Cal.

on aurait comme résultat une différence négative, c'est-à-dire une dis-parition de 87$^{Cal.}$,5 — 59 Cal. = 28$^{Cal.}$,4. C'est donc la réaction inverse, c'est-à-dire la décomposition de l'eau par le zinc, qui tend à se produire.

Nous avons voulu montrer ici, à propos de l'action réductrice de l'hy-drogène, quelques-unes des applications des principes de thermochimie exposés dans une précédente leçon. On voit que, quoique très simples, les divers cas de réduction des oxydes par l'hydrogène méritent une sérieuse discussion lorsque des principes on veut passer aux faits.

L'hydrogène s'unit directement à une foule de corps, même à froid. Il se combine au *chlore* lentement à la lumière diffuse ; avec explo-sion au soleil. Il contracte combinaison avec le *charbon*, à la haute température de l'étincelle électrique, et forme ainsi de l'acétylène C^2H^2 (*Berthelot*). Il est absorbé par quelques métaux avec lesquels il produit de véritables alliages : le palladium se charge de 982 fois son volume de gaz hydrogène lorsque l'on forme avec ce métal le pôle négatif d'un voltamètre (*Graham*). On connaît les hydrures K^2H ; Na^2H ; Cu^2H^2, etc.

Applications de l'hydrogène. — *Le chalumeau oxhydrique* (fig. 20)

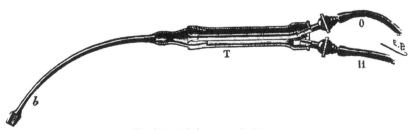

Fig. 20. — Chalumeau oxhydrique.
O, tube à oxygène. — H, tube à hydrogène. — b, ajutage en platine.

dont nous avons parlé plus haut, lorsqu'on l'entretient avec l'hydrogène et l'air ou l'oxygène, permet d'obtenir les plus hautes températures. Sainte-Claire Deville l'a utilisé pour la fusion et la fabrication des lin-gots de platine. Il sert aussi à faire les soudures autogènes, c'est-à-dire de métal contre métal sans interposition d'aucun alliage étranger.

On emploie souvent dans ce chalumeau non de l'hydrogène même, mais du *gaz ordinaire*.

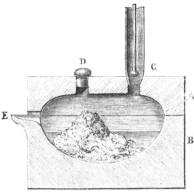

Fig. 21. — Four de Deville et Debray pour la fusion du platine.
A, B, bloc de chaux servant de four.
C, tubulure pour l'introduction du chalumeau oxhydrique.

La *lumière de Drummond*, d'une blancheur et d'un éclat éblouissants, s'obtient en dirigeant le dard du chalumeau oxhydrique sur un cylindre de chaux ou de magnésie.

On a essayé d'appliquer l'hydrogène à l'éclairage des villes. Passy, Narbonne, ont été éclairés par de l'hydrogène mêlé d'oxyde de carbone (20 à 30 %). On l'obtenait en décomposant l'eau par le charbon incandescent et on le rendait éclairant en suspendant dans le trajet du gaz enflammé un panier de toile de platine. Ce gaz, dit *gaz à l'eau*, même lorsqu'il a été en partie purifié de son oxyde de carbone (¹), présente divers inconvénients pratiques. Il est dangereux parce qu'il est à la fois vénéneux, dénué d'odeur et très diffusible.

Le *gonflement des aérostats* constitue encore l'une des applications de l'hydrogène :

100 mètres cubes d'air pèsent	130 kilogrammes.	
100 — d'hydrogène pèsent . .	9 —	
Différence	121 kilogrammes.	

Donc un aérostat de 100 mètres cubes peut enlever 121 kilos. Si le poids de son enveloppe et de ses accessoires est de 31 kilos, il lui reste encore une force ascensionnelle disponible de 90 kilos. L'hydrogène pour aérostats se fabrique, en général, par l'action des acides étendus sur de la vieille ferraille.

OXYGÈNE

Historique. — Priestley découvrit ce gaz important en 1771. Il le retira d'abord de la calcination du nitre (²). Le 1ᵉʳ août 1774, il obtint l'oxygène pur en chauffant l'oxyde rouge de mercure. « Ce qui me surprit, dit-il, plus que je ne puis l'exprimer, c'est qu'une chandelle brûla dans cet air avec une flamme d'une vigueur remarquable. » Ce fut le

---

(¹) Mélangé d'un excès d'eau, on le porte à une haute température pour obtenir de l'acide carbonique et de l'hydrogène, et l'on enlève ensuite l'acide carbonique par les alcalis ou la chaux.

(²) Cette expérience avait été déjà faite par J. Mayow juste un siècle avant.

8 mars 1775 qu'il le fit respirer à une souris, et qu'il remarqua que « *cet air est au moins aussi bon à respirer, sinon meilleur, que l'air commun* ». Il le nomma *air déphlogistiqué*. En 1775 Scheele obtint aussi l'oxygène, qu'il appela *air du feu*, en chauffant le bioxyde de manganèse avec de l'acide sulfurique.

C'est aussi de 1772 à 1774 que Lavoisier, recherchant la cause de la transformation des métaux en *chaux* et de leur *augmentation de poids* lorsqu'on les calcine, découvrit la composition de l'air et répéta quelques-unes des expériences de Priestley qui lui fournirent le nouveau gaz. Il l'étudia définitivement et montra que les métaux l'empruntent à l'air lors de leur calcification. Lavoisier n'a donc pas découvert l'oxygène ; mais il l'a retiré le premier de l'air ; il a montré clairement son rôle dans la calcination et la respiration. « Si l'on me reproche, dit-il, d'avoir emprunté des preuves aux ouvrages de ce célèbre physicien (*Priestley*), on ne me contestera pas du moins la propriété des conséquences. » Ces conséquences étaient :

L'explication définitive de la calcification des métaux, de la combustion des corps et de la production du feu ;

La découverte de la composition de l'air et de l'eau ;

La mise à néant de la théorie du phlogistique ;

La conception et la caractérisation des *éléments* ou *corps simples* ;

L'explication de la respiration et de la chaleur animales ;

L'introduction en chimie de la méthode des pesées comme contrôle *rigoureux* des déductions obtenues par les observations analytiques ou synthétiques ;

L'affirmation de la conservation du poids et de la masse des corps matériels, quelles que fussent leurs transformations successives.

Préparation. — L'oxygène se rencontre presque partout : dans l'air, l'eau, les roches terrestres. On a calculé qu'il forme, en poids, la moitié de la croûte du globe. On a constaté sa présence dans le Soleil et dans beaucoup d'étoiles.

1° *Extraction de l'air*. — On a tenté par

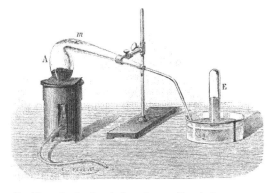

Fig. 22. — Production de l'oxygène par l'oxyde de mercure.
A, oxyde de mercure. — E, oxygène dégagé.

diverses méthodes d'extraire l'oxygène de l'air atmosphérique. La solution de Lavoisier est l'une des plus élégantes. On chauffe du mercure à l'air, il s'oxyde en lui empruntant son oxygène. Il suffit alors de chauffer un peu plus fortement l'oxyde mercurique formé pour dégager l'oxygène qui vient d'être absorbé et reproduire le mercure (fig. 22).

La baryte calcinée à l'air se transforme en bioxyde :

$$BaO + O = BaO^2$$

et ce bioxyde à une plus haute température cède son oxygène pour redonner de la baryte. Cette réaction est à cette heure industriellement appliquée à Paris pour la préparation de l'oxygène pur.

. A la température ordinaire, le protochlorure de cuivre s'oxyde à l'air pour donner de l'oxychlorure, lequel, calciné à 400°, cède son oxygène et repasse à l'état de protochlorure.

Un mélange de bioxyde de manganèse et de soude se transforme, lorsqu'on le chauffe à l'air, en manganate qui cède son oxygène quand on le soumet à l'action de la vapeur d'eau surchauffée. Revenus au point de départ, on peut recommencer la même réaction (*Tessier du Motay*).

Ce sont là des procédés industriels; voici ceux du laboratoire.

2° *Calcination des oxydes.* — Les oxydes des métaux nobles (mercure, argent, etc.) cèdent aisément leur oxygène lorsqu'on les chauffe (fig. 22). Mais on recourt le plus souvent à la calcination du bioxyde de manganèse, minéral assez abondant dans la nature. Il se décompose comme suit :

$$3\,MnO^2 = Mn^3O^4 + 2\,O$$
Bioxyde   Oxyde brun
de manganèse.   de manganèse.

On opère dans une cornue de grès (fig. 23) chauffée dans un bon

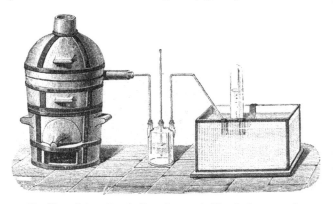

Fig. 23. — Préparation de l'oxygène par le bioxyde de manganèse.

fourneau. On lave le gaz à la potasse et on le recueille sur l'eau.

3° *Calcination des sels oxygénés.* — La calcination des nitrates fournit, ainsi qu'on l'a dit, de l'oxygène. Pour l'obtenir plus aisément on se sert de préférence du chlorate de potasse. Il suffit de chauffer ce sel dans une bonne cornue de verre ou dans un ballon (fig. 24). Il se transforme au rouge naissant en chlorure de potassium qui fond, et en oxygène qui se dégage :

$$ClO^3K = ClK + O^3$$

On remarque dans cette expérience que le tiers seulement de l'oxygène se dégage d'abord, et que les deux autres tiers n'apparaissent ensuite qu'à une température plus élevée. C'est que la transformation du

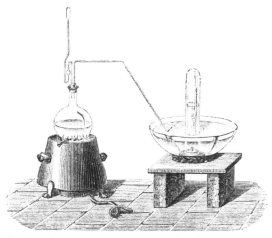

Fig. 24. — Préparation de l'oxygène par le chlorate de potasse.

chlorate de potassium en chlorure passe, en effet, par une phase intermédiaire. Lorsque la chaleur n'est pas encore trop élevée, il se produit un autre sel, le perchlorate de potassium ClO^4K, qui ne se décompose ensuite qu'à une température plus haute :

$$\text{1}^{re} \text{ phase : . . .} \quad 2\,ClO^3K = KCl + ClO^4K + O^2$$
$$\text{2}^{e} \text{ phase : . . .} \quad ClO^4K = KCl + O^4$$

4° Préparation de l'oxygène par le bioxyde de manganèse et l'acide sulfurique. — C'est le procédé de Scheele (fig. 25, p. 64). Il se fait dans cette réaction du sulfate manganeux et de l'oxygène :

$$MnO^2 + SO^4H^2 = SO^4Mn + H^2O + O$$

Ce procédé est peu avantageux, seul le *bioxyde hydraté* contenu dans le bioxyde naturel est attaqué par l'acide sulfurique.

Propriétés physiques. — L'oxygène est un gaz sans couleur, odeur, ni saveur. Sa densité est de 1,1056. Un litre pèse à 0 degré 1^{gr},430. Un décimètre cube d'eau en dissout, à la température de la glace fondante, 41 centimètres cubes sous la pression de 760 millimètres.

Ce gaz, regardé jusqu'à notre époque comme permanent, a été liquéfié en 1877 par M. Cailletet et par M. R. Pictet ; sous la pression de 22^{atm},5 et à la température de — 136°, il forme un liquide incolore. La densité de ce liquide est voisine de 1,23 aux plus basses températures.

L'oxygène se dissout à froid, et mieux encore à chaud dans plusieurs oxydes et dans quelques métaux : dans la litharge, l'or, l'argent. Ce dernier métal, fondu et solidifié dans l'air, cède ensuite à chaud, dans le vide, 22 fois son volume d'oxygène (*Dumas*).

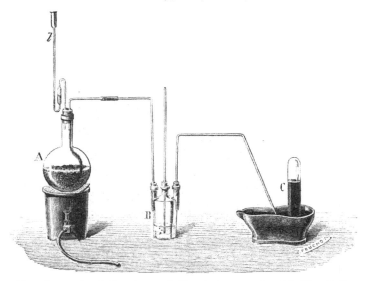

Fig. 25. — Préparation de l'oxygène par le bioxyde de manganèse et l'acide sulfurique.

Propriétés chimiques. — L'oxygène est éminemment comburant : une allumette encore rouge de feu se réenflamme dans ce gaz.

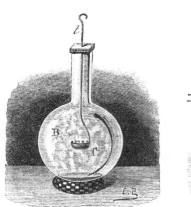

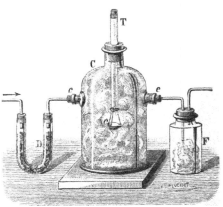

Fig. 26.
Combustion du soufre dans l'oxygène.

Fig. 27.
Combustion du phosphore dans l'oxygène.

Le soufre, le phosphore, le charbon brûlent dans l'oxygène, comme vous le voyez, avec un très vif éclat (fig. 26 et 27).

Les métaux, s'ils ont encore un de leurs points incandescent, continuent à brûler dans ce gaz en projetant autour d'eux des étincelles brillantes, en un mot *le feu* résulte de leur vive oxydation. Le fer s'y transforme en oxyde magnétique Fe^3O^4, qui fond grâce à la haute température atteinte, et qui de toute part est projeté en gouttelettes fondues, comme un feu d'artifice.

L'union de l'oxygène aux métalloïdes combustibles et aux métaux dégage en général une grande quantité de chaleur. Voici quelques nombres. Ils sont tous rapportés au poids moléculaire du corps qui se forme et dans l'état liquide, solide ou gazeux où il existe ordinairement :

CORPS PRODUITS	POIDS MOLÉCULAIRE	CALORIES DÉGAGÉES	CORPS PRODUITS	POIDS MOLÉCULAIRE	CALORIES DÉGAGÉES
H^2O . . .	18	59	MgO. . . .	40	147
P^2O^5 . . .	142	363,8	ZnO. . . .	82	86,4
SO^2. . . .	64	69	PbO . . .	225	51
CO^2. . . .	44	97	CuO. . . .	79,4	38,4
SiO^2 . . .	60	215	Ag^2O . . .	252	7

L'oxygène peut s'unir aux corps oxydables sans émettre de lumière ni de chaleur apparentes. Ainsi la *rouille* du fer, le *vert-de-gris* du cuivre, la *crasse* du plomb se produisent par une lente oxydation. Le phosphore et certaines espèces de charbons, laissés à l'air, peuvent s'oxyder et disparaître peu à peu. Beaucoup de matières organiques s'oxydent ainsi lentement. Le vin qui s'aigrit absorbe peu à peu l'oxygène; les tannins, les essences, le bois lui-même, s'oxydent petit à petit. Mais que l'oxydation se produise avec lenteur ou rapidement, pour une même quantité d'oxygène absorbée par une substance, il apparaîtra toujours la même quantité de chaleur. Entre une combustion vive ou lente il n'y a de différence que le *mode* suivant lequel se produit le phénomène de l'oxydation et corrélativement la chaleur qui l'accompagne; la *mesure* de cette quantité de chaleur reste la même, que le feu apparaisse ou non, que la combustion soit rapide ou ralentie.

Découverte de la théorie de la combustion et de la cause de la chaleur animale. — La production du feu et de la flamme a toujours attiré l'attention des hommes ; depuis les époques les plus lointaines ils ont cherché l'explication d'un phénomène à la fois si ordinaire, si brillant et si mystérieux. Les anciens avaient déjà compris que dans l'apparition et l'entretien du feu l'air joue un rôle nécessaire. Au XVIe siècle, au seuil de la Renaissance, Cardan et Césalpin mentionnent les premiers l'augmentation de poids de certains métaux lorsqu'on les transforme en *chaux* par la calcination, mais ils croient que cette augmentation n'est pas constante et qu'elle est généralement due à la fixation de la *suie* ou de la *fumée des fourneaux*! C'est Jean Rey, médecin du Périgord, qui en 1630, étudiant la balance à la main la calcination du plomb et de l'étain, donna le premier l'explication de cette augmentation de poids et montra que « ce surcroît de poids vient de l'air qui dans le vase a été espaissi, appesanti et rendu aucunement adhésif au métal ». Ces observations avaient été suivies peu d'années après des remarques d'une surprenante lucidité faites par l'Anglais J. Mayow à propos de la combustion du soufre par le nitre et de la calcination de l'antimoine à l'air. Après avoir montré que ce dernier métal augmente de poids dans l'air confiné où on le chauffe, il ajoute : « Il est à peine concevable que cette augmentation de poids puisse provenir d'autre chose que des particules igno-aériennes ([1]) fixées pendant la calcination (1669) ».

Malheureusement, vers la fin du xvIIe siècle un médecin chimiste de Halle, Stahl, adoptant la théorie de son compatriote Becher qui supposait que les métaux contiennent *une terre inflammable*, émit une hypothèse dont l'apparente simplicité captiva tous les suffrages. Tous les corps minéraux combustibles résultent, pensait-il, de la *combinaison du feu avec des chaux* ou *cendres métalliques*, et celles-ci ne sont autres que les métaux dénués de feu. Ce feu latent, cette terre inflammable de Becher, il l'appela le *phlogistique*. La combustion a pour résultat, suivant Stahl, de faire passer le *feu combiné* ou *phlogistique* à l'état de *feu libre*. Le charbon, le soufre, le phosphore, étant les corps les plus inflammables, sont aussi les plus riches en phlogistique et par conséquent les plus aptes à le transmettre aux chaux métalliques quand on les chauffe avec elles. De là cette transformation des *chaux de métaux* en *chaux phlogistiquées*, c'est-à-dire en *corps métalliques* lorsqu'on communique à ces chaux le phlogistique contenu dans les corps très inflammables, et par conséquent chargés de feu combiné.

Mais bien avant Becher et Stahl, avons-nous déjà dit, Rey, Mayow et d'autres, avaient signalé l'augmentation de poids des métaux pendant leur calcination. Il fallait une explication à ce fait important. Robert Boyle, puis Lemery, constatèrent de nouveau la réalité de cette augmentation de poids, mais, remarquant qu'elle est toujours à peu près la même que les creusets soient ouverts ou fermés, ils furent conduits à supposer qu'elle est due à la fixation des molécules du feu qui passent au métal à travers les pores du creuset. C'était, on le voit, l'inverse de la théorie du phlogistique. Guyton de Morveau, au contraire, acceptant les idées de Stahl, supposait que le phlogistique, *plus léger que l'air*,

---

([1]) Il entend par ce mot les particules qui sont fixées dans le nitre, et qui passent du nitre au soufre lorsqu'on fait déflagrer le mélange de ces deux corps.

allégeait les chaux en s'unissant à elles et réciproquement, qu'en disparaissant, il les appesantissait. C'est ainsi que les esprits les plus éminents restaient indécis et comme inquiets entre ces théories contradictoires.

Mais Lavoisier allait paraître, et sur ce problème séculaire, tour à tour éclairé, puis obscurci de tant de fausses clartés, jeter l'illumination de sa merveilleuse logique.

En 1772, dans un pli cacheté déposé à l'Académie des sciences, il traite de l'augmentation du poids des métaux, et il observe qu'en brûlant, le soufre et le phosphore augmentent de poids et absorbent « *une quantité prodigieuse d'air* ». En 1774, il calcine de l'étain dans un ballon de verre scellé, et, comme Black l'avait déjà fait, il constate une diminution du volume de l'air du ballon, mais il remarque aussitôt que l'augmentation du poids de l'étain est *précisément égale à celle de l'air consommé ou de celui qui, lorsqu'on ouvre, rentre dans le vaisseau*. Il remarque en outre que la portion d'air qui reste après cette calcination n'est plus susceptible de s'unir aux métaux. « C'est, dit-il, une espèce de mofette, incapable d'entretenir la respiration des animaux et l'inflammation des corps. » En un mot, l'air est un corps complexe composé d'une *portion salubre* et d'une *mofette irrespirable*. Ce n'est qu'en 1775 que Lavoisier parvint enfin à isoler de l'air la portion salubre, l'oxygène, que Priestley avait obtenu un an auparavant en calcinant le nitre et la *chaux de mercure*.

Stahl avait dit avec raison que les *chaux* et rouilles métalliques étaient dues à une véritable combustion, une *déphlogistication* dans sa singulière théorie. Lavoisier montra que ces *chaux* résultent de l'union de *corps indécomposables, élémentaires*, les métaux, avec l'oxygène qu'il venait d'extraire de l'air, et après avoir fait cette importante remarque, il conclut ainsi en 1777 : « Il est à présumer que les *terres* (*chaux*, « *magnésie, alumine*) cesseront bientôt d'être comptées au nombre « des substances simples. Elles sont les seules de cette classe qui n'aient « point de tendance à s'unir à l'oxygène, et je suis bien porté à croire « que cette indifférence pour l'oxygène tient à ce qu'elles en sont satu- « rées. Les *terres*, dans cette manière de voir, seraient peut-être des « oxydes métalliques. »

La même année Lavoisier couronna ces merveilleuses recherches par la découverte de la cause de la *chaleur animale*. On savait que le charbon en brûlant donne de l'acide carbonique ; Lavoisier montra que les animaux qui exhalent ce gaz par les poumons, produisent corrélativement une quantité de chaleur presque égale à celle de la combustion du charbon contenue dans l'acide carbonique qu'ils excrètent, en un mot, « que la respiration est une combustion lente d'une partie du « carbone contenu dans le sang et que la chaleur animale est entre-

« tenue par la portion de calorique qui se dégage au moment de la
« conversion de l'oxygène en acide carbonique comme il arrive dans
« toute combustion de charbon. »

C'était dévoiler l'un des plus profonds mystères de la nature, et rien
n'a été fait de plus grand en physiologie.

Applications de l'oxygène. — La *lumière Drummond* et les hautes
températures qu'on obtient avec le *chalumeau oxhydrique*, entretenu
par l'hydrogène ou le gaz d'éclairage et l'oxygène, ont été signalées à
propos de l'hydrogène.

L'oxygène est emprunté à l'air dans une foule d'industries : il permet
le grillage des minerais, la préparation de l'acide sulfurique, de l'acide
sulfureux, de la litharge, du blanc de zinc, de la céruse, etc. En médecine l'oxygène pur est devenu d'un usage journalier. On le donne à
respirer aux anémiques, chez lesquels il excite l'appétit et dont il
arrête les vomissements. On sait combien ce dernier symptôme s'ag-
grave quelquefois dans la grossesse ; les inhalations d'oxygène font
disparaître généralement les nausées et les vomissements incoercibles.
Il en est de même de ceux qui suivent très souvent l'emploi des anes-
thésiques. Enfin, d'après Ozanam, l'oxygène serait l'un des meilleurs
antidotes de l'empoisonnement par l'acide cyanhydrique.

Quant à nous, nous pensons qu'on peut considérer les inhalations
d'oxygène comme l'un des puissants adjuvants de la médicamentation
ordinaire dans les maladies fébriles, et comme l'un des reconstituants
les plus énergiques durant la période de convalescence.

Un industriel français fabrique de l'eau chargée d'oxygène sous pression, comme on charge les eaux gazeuses d'acide carbonique. Suivant
M. Dujardin-Beaumetz, cette eau jouirait de la propriété d'exciter l'estomac et la digestion et de combattre la polydypsie. Elle paraît avoir été
dans, quelques cas employée utilement contre les nausées, les embarras
gastriques, les troubles dyspeptiques.

Enfin, l'on fait respirer avec avantage les anémiques et les phtisiques
dans l'air comprimé où l'oxygène se trouve non plus à $\frac{1}{5}$, mais à $\frac{1}{4}$ ou
$\frac{1}{3}$ d'atmosphère. Je pense que l'on pourrait plus facilement atteindre
le même résultat en faisant séjourner les malades dans de l'air artificiellement mélangé d'un quart ou d'un cinquième d'oxygène pur qu'on
expédie aujourd'hui dans des vases de tôle résistants.

L'oxygène sous haute pression se comporte comme un poison tétanique pour les animaux supérieurs. Un moineau meurt avec des accidents convulsifs et un abaissement de température notable dans l'oxygène comprimé à 4 ou 5 atmosphères (*P. Bert*).

SIXIÈME LEÇON

L'EAU. — LA FLAMME

—

L'EAU

Historique. — Depuis l'observation rapportée par Paracelse, vers 1626, et certainement antérieure à lui, du dégagement d'un corps aériforme par le mélange d'huile de vitriol, d'eau et de fer, Boyle et Mayow avaient répété et varié cette expérience, mais il faut, pour apprendre quelque chose de plus au sujet de cet *air* singulier, arriver à l'année 1700 où Nicolas Lemery observa que la *vapeur* qui s'élève d'un tel mélange lorsqu'on l'enflamme *se tient allumée comme un flambeau au haut du cou du matras*. Après lui, divers savants, entre autres Cavendish, étudièrent l'*air inflammable*. Mais c'est Macquer et de La Mettrie d'abord (1776), Priestley ensuite (1777), qui observèrent les premiers la *production de l'eau* lorsque brûle ce gaz. Consulté par Priestley sur l'explication de ce fait, Watt répondit que l'eau devait être une combinaison d'*air vital* (oxygène) et de *phlogistique*. Cavendish, qui depuis 1766 s'occupait de cette question et qui avait déterminé exactement le volume d'air nécessaire pour la combustion de l'hydrogène, finit par adopter l'opinion de Watt.

Tel était l'état de la question lorsque, à la suite de ces expériences sur la composition de l'air et la réduction par l'hydrogène des oxydes métalliques, Lavoisier démontra que l'eau est le seul et unique produit de l'union de l'hydrogène, qu'il considérait déjà comme un élément, avec l'oxygène qu'il avait extrait de l'air en 1777. Le 24 juin 1783, avec l'aide de Laplace, il enflamma et entretint la combustion d'un jet d'hydrogène sec dans une cloche placée sur le mercure et contenant de l'oxygène pur continuellement renouvelé. Il obtint un peu moins de 5 gros (20 grammes) d'eau pure. « De ce que nous n'avions obtenu « dans cette expérience *que de l'eau pure sans aucun autre résidu*, « nous nous somme crus en droit d'en conclure, dit Lavoisier, que le « poids de cette eau était égal à celui des deux airs qui avaient servi à « la former. »

C'est dans les premiers mois de l'an 1784 que Lavoisier et Meusnier refirent cette expérience et sa contre-épreuve. Ils montrèrent que réciproquement l'eau se décompose, en présence du fer chauffé au rouge, en *hydrogène* qui se dégage et en *oxygène* qui se combine au fer pour former de l'oxyde magnétique. La somme des poids d'hydrogène et d'oxygène réunis était environ égale au poids de l'eau disparue. Cette expérience permettait en outre de déterminer dans quels rapports en poids s'unissaient les deux gaz. Ils trouvèrent 86^{gr},9 d'oxygène et 13^{gr},1 d'hydrogène. Lavoisier venait donc de fixer définitivement par la synthèse et par l'analyse la nature de l'eau. Il la déclara formée de deux corps élémentaires : l'*air inflammable* (hydrogène) et l'*air vital* (oxygène) unis avec perte de calorique.

Ces idées sur la composition de l'eau et sur la cause de la combustion et du feu soulevèrent la plus vive opposition. Guyton de Morveau, Berthollet, Fourcroy, et parmi les savants étrangers Priestley, Cavendish, Scheele lui-même, ne se décidèrent pas ou que bien lentement à sacrifier la vieille doctrine du phlogistique. En se déclarant contre Lavoisier, « c'était, dit Fourcroy, résister non aux découvertes, c'est-« à-dire au progrès, mais au renversement total de l'ancien ordre « d'idées ([1]) ».

Composition exacte de l'eau. — Aujourd'hui nous savons par une série de recherches très exactes que l'eau est composée de 2 volumes d'hydrogène unis à 1 volume d'oxygène ; et qu'en poids, 1 partie d'hydrogène se combine à 8 parties d'oxygène. Cette composition a été démontrée par un ensemble de méthodes *synthétiques* et *analytiques*.

Méthodes synthétiques. — (*a*) *Composition en volumes.* — La composition exacte de l'eau, en volumes, fut définitivement établie en 1805, par Gay-Lussac et de Humboldt, qui prouvèrent définitivement, au moyen de l'*eudiomètre*, qu'elle contient exactement 2 volumes d'hydrogène unis à 1 volume d'oxygène.

On sait que l'eudiomètre (fig. 28 et 29) est un tube de verre résistant traversé par deux boutons ou par deux fils métalliques qui permettent de faire éclater une étincelle électrique à l'intérieur de l'instrument. Dans ce tube plaçons 100 volumes d'hydrogène et 100 d'oxygène, et faisons passer l'étincelle. L'hydrogène s'unira à l'oxygène, il se fera de l'eau et l'expérience montrera qu'il reste 50 volumes d'un résidu uniquement formé d'oxygène. L'eau s'est donc produite par l'union de 100 volumes d'hydrogène à 50 volumes d'oxygène ou de 2 volumes du premier à 1 volume du second. La formule H^{2}O est la traduction en symboles chimiques de cette remarquable relation.

(*b*) *Composition en poids.* — Les expérience de Priestley, et surtout celles de Lavoisier, avaient montré que les *chaux* ou oxydes métal-

([1]) On voit comment Fourcroy entendait le *progrès*. Ce fut quelques années après ce même Fourcroy qui laissa, sans une parole de défense ou de protestation, tomber la tête du grand homme sur l'échafaud dressé par Dupin et Fouquier-Tainville.

liques se réduisent facilement en métaux au contact de l'hydrogène qui leur emprunte leur oxygène pour former de l'eau. De cette observation

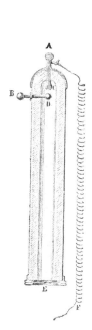

Fig. 28.
Eudiomètre ordinaire.
Détermination, par synthèse, de la composition quantitative de l'eau.

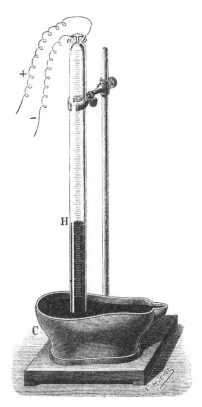

Fig. 29. — Eudiomètre de M. Riban.
Les deux fils métalliques a et b traversent la masse de verre du haut de l'eudiomètre et viennent affleurer à l'intérieur très près l'un de l'autre. L'étincelle éclate entre les deux extrémités métalliques intérieures.

Berzelius déduisit le principe d'une méthode que J.-B. Dumas appliqua en 1843 à l'étude très précise de la composition de l'eau.

Dans un ballon de verre à deux tubulures C (fig. 30) Dumas introduit un poids exactement connu d'oxyde de cuivre sec, qu'il chauffe au rouge obscur. Sur cet oxyde il fait passer un courant d'hydrogène préalablement purifié dans une série de tubes t, t', t'' contenant successivement de la ponce imprégnée d'azotate de plomb, de sulfate d'argent et de potasse caustique, pour enlever les hydrogènes sulfuré, phosphoré, arsénié et silicié que peut contenir l'hydrogène préparé avec le zinc et l'acide sulfurique dans le flacon Z. Un dernier tube T entouré de glace contient de l'anhydride phosphorique et permet de sécher exactement ce gaz. Celui-ci enlève l'oxygène à l'oxyde de cuivre que l'on chauffe grâce à la lampe L et forme ainsi de l'eau qui vient se condenser en partie dans un second ballon E pesé d'avance, et dans une série de tubes

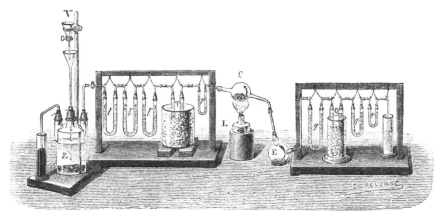

Fig. 30. — Analyse de l'eau par synthèse.

q, q', Q, de poids connus, remplis de ponce sulfurique. L'augmentation de poids de ces tubes et du ballon E donne celui de l'eau qui s'est formée. La diminution de poids du ballon C donne le poids d'oxygène perdu par l'oxyde de cuivre. La différence entre le poids de l'*eau* et de l'*oxygène* donne le poids de l'hydrogène correspondant.

A l'aide de cette méthode, Dumas put établir définitivement que l'eau renferme exactement en poids :

	Pour 100 partics.	Pour 18 p. = Poids moléculaire de l'eau.
Oxygène.	88.89	16
Hydrogène.	11.11	2
	100.00	18

Méthodes analytiques. — (*a*) *Composition en volumes*. — On peut, dans le voltamètre, décomposer l'eau par la pile. Si l'on évite la polarisation des électrodes, dès que les liqueurs sont exactement saturées des gaz qui se produisent, il se dégage au pôle négatif exactement un volume d'hydrogène double de celui de l'oxygène mis en liberté au pôle positif.

(*b*) *Composition en poids*. — La méthode de Lavoisier et Meusnier citée (p. 69) comporte une très grande précision.

On peut placer dans une nacelle, ou dans un tube de porcelaine, un poids connu de fer; faire passer au rouge un courant de vapeur d'eau; recueillir et mesurer l'hydrogène formé; peser de nouveau le fer, dont l'augmentation de poids donnera la quantité d'oxygène fixée. L'on obtiendra, par cette méthode, à la fois le poids des deux éléments. On retrouve ainsi les nombres de l'expérience de Dumas.

Propriétés physiques de l'eau. — L'eau pure est dénuée d'odeur et de goût, ou plutôt son goût devient inappréciable par la continuité et la répétition de son impression. Vue en masse, elle est colorée d'une teinte bleue légèrement verdâtre ; c'est la couleur des mers, des lacs, des glaciers.

Suivant la température, elle se présente à l'état solide, liquide ou gazeux. La glace, la neige, le givre sont les diverses formes naturelles de l'eau solidifiée par le froid. Mais quelle que soit cette apparence extérieure, l'eau solide se liquéfie à une température constante qu'on a choisie pour zéro du thermomètre.

L'eau cristallise en prismes hexagonaux étoilés, très élégants, dont quelques formes sont ici représentées (figure 31).

Le point de congélation de l'eau s'abaisse par l'augmentation de pression. Chaque atmosphère le fait tomber de $\frac{1}{113}$ de degré. La glace doit donc se fondre lorsqu'on la comprime et se recongeler ensuite. De là sa propriété de se

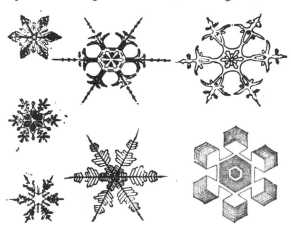

Fig. 31. — Cristaux de neige et de givre.

mouler sur les obstacles sur lesquels elle pèse fortement et se comprime par son propre poids.

La glace, en passant de 0 degré *glace* à 0 degré *eau liquide*, se contracte des 80 millièmes de son volume. La densité de la glace à 0° est de 0,918 ; celle de l'eau à 0° est de 0,99987. Elle continue à se contracter ainsi jusqu'à + 4°, température où elle possède son maximum de densité. On a pris cette densité pour unité. Un décimètre cube d'eau à + 4° pèse 1 kilogramme. A partir de + 4°, l'eau se dilate à mesure qu'elle se réchauffe. Ces faits expliquent pourquoi la glace nage dans son eau de fusion et pourquoi dans les fleuves et les lacs la congélation se produit à la surface, alors que la profondeur reste liquide et à une température supportable pour les êtres qui l'habitent. Dans l'eau salée, dans l'eau de mer, les choses se passent un peu différemment. Les son-

dages de l'Atlantique ont donné les températures suivantes, variables
avec l'approfondissement :

$$
\begin{array}{llll}
\text{à} & 585 & \text{mètres} \ldots\ldots\ldots & 5^0 \\
\text{à} & 800 & - \ldots\ldots\ldots & 4^0 \\
\text{à} & 3300 & - \ldots\ldots\ldots & 2^0
\end{array}
$$

et 0 degré dans les grands fonds, même sous l'équateur.

L'eau de mer ne jouit donc pas d'un maximum de densité à $+4^0$.
Elle est plus pesante à -2^0 qu'à 0^0 et surtout qu'à $+4^0$.

La glace, comme l'eau liquide, tend à se volatiliser à toute température. Voici quelques chiffres relatifs aux tensions de vapeur de la glace
et de l'eau liquide à diverses températures :

TEMPÉRATURES	TENSION EN MILLIMÈTRES DE MERCURE	TEMPÉRATURES	TENSION EN MILLIMÈTRES DE MERCURE	TEMPÉRATURES	TENSION EN MILLIMÈTRES DE MERCURE
-20^0	0,841	30^0	31,55	90^0	525,45
0	4,600	50	91,98	95	633,78
		70	235,09		
10	9,165	80	354,60	100	760

Les nombres suivants indiquent la force élastique de la vapeur d'eau
à des températures supérieures à 100^0. Ils sont exprimés en atmosphères :

TEMPÉRATURES	TENSION EN ATMOSPHÈRES	TEMPÉRATURES	TENSION EN ATMOSPHÈRES	TEMPÉRATURES	TENSION EN ATMOSPHÈRES
120^0	2	171^0	8	205	17,5
131	3	176	9	211	19
144	4	180	10	216	21
152	5	185	11	220	23
159	6	195	14	225	25
165	7	200	15,5	230	27,5

La chaleur spécifique de l'eau a été prise pour unité. Elle est supérieure à celle de tous les autres corps; elle est 30 fois aussi grande que
celle du mercure. La chaleur latente de fusion de la glace est de 79 Calories par kilogramme.

La chaleur latente de vaporisation de l'eau est aussi très élevée, elle
est de 537 Calories par kilogramme.

Ces chaleurs *spécifique* et *latente* considérables ont pour résultat,
entre autres conséquences, les lentes variations de la température de

l'air à la surface du globe. Les expériences de Tyndall ont démontré de plus que la vapeur d'eau est très difficilement perméable à la chaleur diffuse. Par sa présence dans l'atmosphère, cette vapeur, même dissoute dans l'air en faible quantité, empêche les refroidissements brusques de la surface du sol.

La température invariable d'ébullition de l'eau, sous la pression de 760 millimètres de mercure, a été choisie comme 100° degré du thermomètre centigrade.

La densité de la vapeur d'eau sous cette pression est de 0,623, celle de l'air étant 1.

L'eau est fort peu conductrice de la chaleur et presque pas de l'électricité lorsqu'elle est *parfaitement* pure.

Propriétés chimiques. — La chaleur décompose déjà sensiblement l'eau vers 1000° (*Deville*). Mais il n'est pas douteux, d'après les variations de la chaleur spécifique de la vapeur d'eau, que cette décomposition ne commence avant 1000 degrés. Cette tension de décomposition augmente avec la température; vers 1800 à 1900 degrés elle est de 0,5, c'est-à-dire que la moitié de la vapeur d'eau est dissociée en hydrogène et oxygène. La figure 32 ci-jointe indique le dispositif et donne les renseignements sur la célèbre expérience de H. Sainte-Claire Deville.

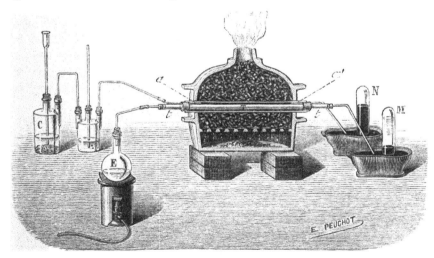

Fig. 32. — Dissociation de la vapeur d'eau.

H, tube de porcelaine dégourdie contenu dans un tube plus grand **T** verni à l'intérieur.
E, ballon fournissant la vapeur d'eau.
C, flacon donnant un rapide courant d'acide carbonique dans l'espace annulaire des deux tubes.
M, éprouvette à oxygène. — **N**, éprouvette à hydrogène.

Certains métalloïdes décomposent l'eau à froid, d'autres à chaud.
Le chlore et le brome s'emparent de l'hydrogène de l'eau à froid sous

l'influence de la lumière solaire : il se dégage de l'oxygène et il se fait des acides chlorhydrique et bromhydrique. Le soufre la décompose lentement à 100°. Le carbone au rouge s'empare de son oxygène :

$$H^2O + C = CO + H^2$$

Cette réaction, en apparence contraire au principe du *travail maximum*, ne peut s'expliquer que par un commencement de dissociation de la vapeur d'eau à des températures peu supérieures à 600 ou 700°.

Nous avons vu que certains métaux décomposaient l'eau à froid (*potassium, sodium*), d'autres au rouge (*fer, manganèse*), d'autres ne la décomposent pas sensiblement ou n'agissent que par l'intermédiaire de leur haute température (*aluminium, cuivre, platine*).

Tantôt l'eau s'unit directement aux corps composés en conservant, pour ainsi dire, sa constitution propre et son entité ; tantôt ses éléments se disjoignent au sein de la molécule ; tantôt, enfin, elle réagit en se décomposant entièrement et perdant tout ou partie de son oxygène ou de son hydrogène.

L'eau qui s'unit à certains sels anhydres, et en général l'*eau de cristallisation*, est un exemple du premier mode de combinaison. L'union de l'eau ou d'une partie de l'eau de cristallisation dans le sulfate de soude hydraté $SO^4Na^2.10H^2O$ ou dans le phosphate de soude hydraté $PO^4Na^2H.12H^2O$ est si faible que le premier de ces sels perd une partie de son eau de cristallisation dès qu'on le comprime, et que la totalité s'en dissipe à l'état de vapeur à la température ambiante. Quant au phosphate sodique, il perd à l'air 5 molécules d'eau pour donner le sel $PO^4Na^2H,7H^2O$, qui se déshydrate ensuite complètement dans le vide sec.

Prenons, d'autre part, du sulfate de cuivre hydraté $CuSO^4.5H^2O$. Celui-ci perd 4 de ses molécules d'eau dans le vide, mais la cinquième molécule résiste et ne se dégage que vers 240 degrés. Le *sulfate de cuivre anhydre* SO^4Cu qui se forme ainsi peut s'unir de nouveau à cette molécule d'eau avec élévation de température notable. Il faut donc admettre que dans ce sel, et dans beaucoup d'autres hydrates analogues, l'eau est combinée, sous forme d'eau de cristallisation, à *des degrés divers*.

L'eau peut entrer en combinaison sous des formes plus stables encore.

Voici de la baryte anhydre BaO et de l'acide sulfurique anhydre SO^3. Je puis combiner à l'un et à l'autre une molécule d'eau et former de la baryte hydratée $BaO.H^2O$, et de l'acide sulfurique hydraté $SO^3.H^2O$. L'union se fait dans les deux cas, vous le voyez, avec haute élévation de température, et réciproquement, je devrai porter au rouge la baryte hydratée ou l'acide sulfurique $SO^3.H^2O$ pour en chasser l'eau dite *de constitution.* Mais on voit qu'entre ces diverses associations de l'eau dans la molécule : eau dite *de cristallisation*, combinée à des degrés divers dans les deux sulfates, $SO^4Cu,5H^2O$ et SO^4Cu,H^2O, et eau dite *de constitution* de l'hydrate de baryte BaO,H^2O, ou de l'acide sulfurique SO^3,H^2O, il n'y a aucune différence clairement définissable autre que le degré de stabilité de ces combinaisons, état de stabilité que les quantités de chaleur produites lors de l'hydratation permettent de mesurer.

L'eau est le dissolvant d'un très grand nombre de corps gazeux, liquides ou solides.

Elle dissout de chaque gaz un volume qui diminue avec la température. Pour un degré thermométrique déterminé, ce volume est proportionnel à la pression que la partie non dissoute du gaz exerce sur la solution. En présence d'une atmosphère illimitée formée de plusieurs gaz mélangés, l'eau dissout chacun d'eux proportionnellement à la pression que ces gaz possèdent dans le mélange. En voici une preuve. On démontrera plus loin que l'air est un mélange d'oxygène et d'azote : or; l'azote existe dans l'air sous une pression de $\frac{4}{5}$ d'atmosphère environ, l'oxygène sous une pression de $\frac{1}{5}$ d'atmosphère. Le coefficient de solubilité ([1]) de l'azote dans l'eau est $0,02035$, celui de l'oxygène $0,04114$. On aura donc pour le rapport qui mesure la solubilité relative de ces gaz dans l'eau exposée à l'air :

$$0,02035 \times \frac{4}{5} : 0,04114 \times \frac{1}{5} \qquad \text{ou} \qquad 0,0163 : 0,0082$$

100 volumes de gaz dissous seront donc composés de :

Azote.	66.4
Oxygène.	33.6
	100.0

C'est bien, en effet, ce que démontre l'expérience.

Il est inutile de dire que nous ne parlons ici que des lois de la solubilité des gaz qui ne se combinent pas à l'eau, seuls cas dans lesquels la solubilité augmente comme la pression. Il n'en serait pas de même, par exemple, de la solubilité des gaz chlorhydrique ou sulfureux : la partie de ces gaz qui se combine à l'eau reste indépendante de la pression.

Les solubilités dans l'eau des solides et des liquides sont régies par des lois mal connues. Cette solubilité augmente le plus souvent avec la température. En général les corps très riches en oxygène, tels que les

([1]) Les coefficients de solubilité des gaz sont toujours rapportés aux volumes. Ce coefficient de solubilité de l'azote 0,020 signifie qu'un litre d'eau en dissout 20 millièmes de son volume ou 20 centimètres cubes par litre à 0° et sous la pression de 1 atmosphère d'azote.

acides, sont solubles dans l'eau ; les corps qui en sont relativement pauvres, tels que les bases, sont insolubles ou peu solubles : la *potasse*, la *soude*, la *lithine*, la *chaux*, la *baryte* font seules exception. La solubilité des sels est régie par des lois que nous donnerons plus loin.

Phénomènes qui accompagnent la dissolution des corps et leur cristallisation dans l'eau. — Abstraction faite de toute action chimique, un corps solide qui se dissout dans l'eau absorbe *de l'énergie* qu'il emprunte au milieu ambiant dont la température s'abaisse par conséquent.

Les variations de température qui se produisent lors de la solution des sels dans l'eau sont dues à une série de phénomènes successifs ou concomitants. Une partie du sel se dissocie dans l'eau à peu près comme si on le soumettait à l'action de la chaleur, et de cette dissociation résulte un abaissement de température. Si elle a lieu sur un sel qui contient de *l'eau de cristallisation*, la dissociation aura tout particulièrement pour effet de détacher tout ou partie de cette partie de l'édifice moléculaire. Or l'on a démontré que la chaleur spécifique de l'eau de cristallisation est de 0,5 seulement ; pour se liquéfier, l'eau de cristallisation empruntera donc de la chaleur au milieu ambiant et deviendra de ce chef une nouvelle cause de refroidissement. Aussi la solution des sels riches en eau de cristallisation est-elle généralement accompagnée d'un abaissement notable de température. La fusion de la glace obtenue par l'addition du sel marin ou d'autres sels minéraux coïncide aussi avec un abaissement de température. Sa capacité spécifique pour la chaleur double lorsque la glace se change en eau et par conséquent le mélange se refroidit malgré l'action chimique qui peut résulter du mélange.

Voici quelques formules de mélanges refrigérants souvent usités, avec l'indication du nombre de degrés dont la température s'abaisse au-dessous de celle du milieu ambiant :

Nature des mélanges réfrigérants.	Parties.	Abaissement de température.
Neige ou glace pilée.	2)	15°
Sel marin.	1)	
Neige ou glace pilée.	3)	30°
Acide sulfurique affaibli de 1,2 vol. d'eau.	2)	
Sulfate de soude cristallisé	8)	17°
Acide chlorhydrique.	5)	
Azotate d'ammoniaque.	4)	25°
Eau	3)	

Dans l'industrie ou dans les laboratoires on se sert souvent de ces divers mélanges pour produire des froids artificiels.

Réciproquement lorsque les sels anhydres ou hydratés cristallisent ou se solidifient, ils dégagent de la chaleur. Cette observation a été utilisée pour emmagasiner de la chaleur et la laisser lentement se dissiper au fur et à mesure de la cristallisation du sel (*chaufferettes à l'acétate de soude*).

Il nous resterait à parler des usages de l'eau comme boisson. Mais nous renvoyons cet important sujet à la VIIe Leçon, spécialement consacrée aux *eaux potables*.

LE FEU ET LA FLAMME

Le feu ou l'état d'incandescence des corps est corrélatif du mouvement vibratoire rapide de leurs molécules, occasionné lui-même par des causes mécaniques, physiques ou chimiques.

Un aérolithe pierreux rencontre notre atmosphère ; il devient incandescent parce qu'une partie de son énergie de translation est transformée en mouvements vibratoires moléculaires sous l'influence du choc du mobile contre les particules de l'air. L'incandescence d'un fil de platine que traverse le courant électrique est un exemple du feu résultant immédiatement d'actions physiques. Mais le plus souvent nous nous procurons le feu par la combustion d'une substance oxydable : huiles grasses ou minérales, bois, charbon, etc. L'analyse a montré que toutes ces substances combustibles contiennent du carbone, de l'hydrogène et souvent aussi de l'oxygène. Si l'on admet que ce dernier élément emprunte au combustible, dès que la réaction commence, l'hydrogène qui lui est nécessaire pour former de l'eau, et si par le calcul l'on soustrait de la substance que l'on considère autant de doubles atomes d'hydrogène qu'elle a d'atomes d'oxygène, ou en poids, une fraction de son hydrogène égale au huitième du poids de l'oxygène total, on peut supposer que le reste ainsi calculé produira, en brûlant dans l'oxygène extérieur, une quantité de chaleur presque égale à celle de la combustion d'un même poids de chacun des éléments combustibles qui le constituent. Exemple : 100 grammes d'acide stéarique contiennent

Carbone = 76,06 ; *Hydrogène* = 12,68 ; *Oxygène* = 11,26

Si l'on enlève la huitième partie de 11^{gr},26 d'hydrogène, soit 1,41, il en restera 11,27. Or l'on sait que :

76 grammes de carbone donnent en brûlant.	614	Calories
11^{gr},27 d'hydrogène — — .	322	»
Total	956	Calories

Telle sera *environ* la quantité de chaleur dégagée par 100 grammes d'acide stéarique lorsqu'ils se transforment en brûlant en acide carbonique et en eau. Cette quantité de chaleur, divisée par la chaleur spécifique moyenne des produits de la combustion ($CO^2 + H^2O$) donnera la *température maximum* qui puisse être atteinte dans la combustion de l'acide stéarique ([1]).

Généralement la lumière est due à la haute température à laquelle sont portés les produits de la combustion.

Elle est rarement obtenue en chauffant directement des corps solides. Toutefois la lumière de Drummond, l'éclairage à l'hydrogène échauffant le platine, et l'éclairage électrique moderne par *incandescence* produisent l'éclat lumineux par l'échauffement direct de corps solides.

La flamme est une matière gazeuse incandescente résultant de la décomposition des graisses, des huiles, des bois, des hydrocarbures. Sa température et ses propriétés sont fort variables suivant les conditions où elle se produit et les zones que l'on considère.

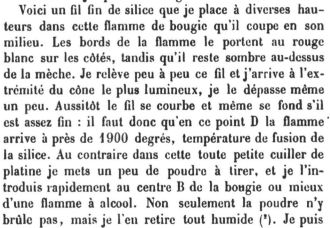

Fig. 33. — Flamme d'une bougie.

Pour nous en rendre compte, étudions la flamme d'une chandelle ou d'une bougie (fig. 33). Il est facile de montrer d'abord que la température de ses diverses parties est fort dissemblable et varie depuis 100 degrés et au-dessous jusqu'à 2000 degrés.

Voici un fil fin de silice que je place à diverses hauteurs dans cette flamme de bougie qu'il coupe en son milieu. Les bords de la flamme le portent au rouge blanc sur les côtés, tandis qu'il reste sombre au-dessus de la mèche. Je relève peu à peu ce fil et j'arrive à l'extrémité du cône le plus lumineux, je le dépasse même un peu. Aussitôt le fil se courbe et même se fond s'il est assez fin : il faut donc qu'en ce point D la flamme arrive à près de 1900 degrés, température de fusion de la silice. Au contraire dans cette toute petite cuiller de platine je mets un peu de poudre à tirer, et je l'introduis rapidement au centre B de la bougie ou mieux d'une flamme à alcool. Non seulement la poudre n'y brûle pas, mais je l'en retire tout humide ([2]). Je puis rendre le phénomène plus frappant, peut-être, en plaçant au travers de cette flamme une allumette de bois blanc. Elle roussit et se carbonise sur les bords, tandis que le milieu reste inaltéré.

([1]) Le chiffre réel des Calories dégagées par la combustion de 100 grammes d'acide stéarique est 971, d'après Favre et Silbermann. Le calcul des températures d'après la règle ci-dessus donne toujours des nombres trop élevés : 1° parce qu'on ne tient pas compte de la chaleur de formation de l'acide gras ; 2° parce qu'il y a dissociation partielle des produits formés ; 3° parce qu'une partie du combustible échappe à la combustion.

([2]) Même expérience avec une allumette, qu'on peut rapidement introduire dans la flamme de la lampe à alcool sans qu'elle s'allume ; ou même avec une amorce fulminante, qui n'explosionne pas.

Il y a donc dans la flamme des régions à température et à éclat très variable.

En effet, si l'on examine attentivement la flamme d'une chandelle ou d'une bougie (fig. 33), on y distingue facilement trois parties : l'une centrale, obscure B, où se dégagent abondamment les gaz combustibles et l'eau dus à la décomposition des corps gras. Cette partie est relativement froide et obscure, car les gaz n'y sont pas encore brûlés. Autour de ce cône obscur est un cône très lumineux C, celui qui donne à la flamme ses propriétés éclairantes. Là, les gaz combustibles, mélangés à l'air en quantité suffisante, sont portés à une haute température qui les polymérise d'abord, puis les détruit en mettant en liberté leur hydrogène et leur carbone ; le premier se brûle totalement, le second partiellement, mais non sans être porté au préalable à une très haute température. C'est ce carbone infiniment divisé et très chaud qui donne à la flamme son principal éclat.

La partie D, qui entoure le cône intérieur lumineux C, est peu éclairante, mais très chaude. Le carbone porté dans le cône C à une température suffisante pour se vaporiser, se mélange en D avec un excès d'air déjà chauffé par son contact avec les parties basses de la flamme, de sorte que c'est à l'extrémité de ce cône que la température est la plus élevée, comme je vous l'ai montré tout à l'heure par l'expérience du fil de silice. Mais il faut bien savoir qu'autour de ce cône externe D, et en particulier de son extrémité s'élancent des filets de gaz ou d'air très chauds, qui vont souvent à une grande distance, allumer les matières combustibles placées en apparence fort loin. A la distance de 50 centimètres de ce large bec, ma main placée au-dessus supporte facilement la température des gaz chauds qui s'en dégagent, mais par l'obstacle même qu'elle forme, elle mélange les veines gazeuses qui font remous contre elle, et ne perçoit en définitive que la moyenne des températures. Certains des filets qu'elle reçoit sont pourtant si chauds qu'ils enflamment, comme vous le voyez, à cette longue distance cette floche de coton-poudre ; ils enflammeraient de même la vapeur d'éther, d'essence de pétrole ou de sulfure de carbone, etc. C'est ainsi que s'expliquent les incendies si souvent signalés, qui se propagent, par exemple, dans les théâtres, grâce aux feux de la rampe, à des distances où les gaz de la combustion paraissent jouir d'une température moyenne très supportable.

La base du cône lumineux de la flamme de la bougie forme une sorte de cupule bleuâtre A, peu éclairante, mais très chaude, où un excès d'air brûle l'oxyde de carbone et le gaz des marais produits par la décomposition du corps gras.

J'ai dit qu'au centre de la flamme de cette bougie allumée se dégageaient sans cesse des gaz *combustibles relativement froids*. Je puis

vous le montrer par une jolie expérience que l'on doit à Nicklès (fig. 34).
Elle consiste à aspirer dans le cône obscur intérieur les gaz qui s'é-
chappent de la mèche. Au moyen d'un petit siphon de verre, je

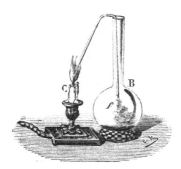

soustrais et décante dans ce petit ballon
les gaz de la flamme. Lorsque je juge que
le ballon en est suffisamment plein, je
présente son ouverture à une bougie qui
enflamme les vapeurs combustibles que
j'avais ainsi siphonées. Du reste, qui n'a
fait cette vieille expérience de la chandelle
rallumée de Boerhaave? J'éteins cette
chandelle; les gaz qu'elle émettait en brûlant montent maintenant en un long filet
de fumée : j'en approche tout en haut une
allumette et la flamme, se transmettant de
haut en bas, rallume la chandelle à distance.

Fig. 34. — Décantation des gaz
de la flamme.

J'ai dit aussi que l'éclat de la flamme était surtout dû aux particules
de charbon qui se trouvent dispersées dans le cône C moyen. Ces particules, je puis vous les montrer. Il suffira de refroidir suffisamment
cette partie de la flamme pour empêcher leur combustion et les isoler.
J'obtiens ce résultat au moyen de cette toile métallique (fig. 35, A) avec

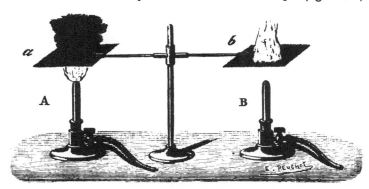

Fig. 35. — Action des toiles métalliques sur les flammes.

laquelle j'écrase à moitié la flamme; la toile *a* laisse bien passer les gaz,
mais elle les refroidit assez par sa conductibilité pour qu'ils ne s'enflamment plus. Voyez dès lors le charbon produire au-dessus de la toile
métallique cette traînée noire fuligineuse que je puis recueillir et fixer
sur une plaque de verre ou de porcelaine blanche. Du côté B, au contraire, j'enflamme les gaz *au-dessus* de la toile ; elle les refroidit assez
pour que la flamme ne se rallume pas au-dessous, et ne se communique
pas jusqu'au bec d'où ces gaz proviennent.

Que ce soit du charbon, ou tout autre corps solide, l'éclat résulte de l'incandescence d'un corps non gazeux. Toute flamme qui ne contient que des gaz peut être très chaude, mais n'éclaire pas ([1]). Toute flamme qui contient des corps solides, même incombustibles, est très éclairante.

Voici une flamme d'hydrogène pur ; elle est à peine visible. J'y introduis un fil de platine (fig. 36). La température est telle que le fil fond en boule à son extrémité, mais en même temps se produisent l'éclat et la lumière. Un fil d'amiante produirait le même effet. Faisons maintenant passer cet hydrogène à travers de la benzine ou du pétrole qui vont lui céder leurs vapeurs carburées, puis allumons-le ; son éclat devient alors intense parce qu'il contient, cette fois, des parcelles de charbon.

La *couleur* des flammes est due, comme on le sait depuis Wollaston et Frauenhoffer, aux vibrations spécifiques des diverses molécules qui s'y trouvent volatilisées. Introduisons dans cette flamme un fil de platine imprégné de sodium, elle prendra aussitôt la couleur jaune caractéristique de ce corps ; elle deviendra violacée avec le chlorure de potassium, verdâtre

Fig. 36. — Influence du platine sur l'éclat des flammes.

avec celui de baryum, etc... Ces couleurs analysées elles-mêmes au spectroscope nous permettraient de reconnaître la nature de l'élément métallique qui vibre dans la flamme. Nous y reviendrons avec détail. (Voir *Leçon XXXII.*)

L'éclat d'une flamme et sa température n'ont que des rapports éloignés. Ce récipient de caoutchouc contient de l'oxygène qui peut s'en échapper sous pression ; nous faisons arriver ce gaz dans le chalumeau de Deville, dont le bec en platine correspond à deux tubulures indépendantes : par l'une nous lançons de l'oxygène, par l'autre de l'hydrogène ou du gaz d'éclairage. Le mélange de gaz combustible et de gaz comburant se fait de cette sorte un peu avant la sortie du chalumeau. Nous allumons et réglons les pressions de façon que la combustion se produise presque sans bruit. A ce moment la température du dard est d'environ 1900 degrés. Un bâton de craie ou de magnésie porté dans cette flamme y devient

---

([1]) Il faut observer cependant que, si les gaz sont comprimés et très chauds, leur température peut être telle qu'ils prennent aussi de l'éclat. Ainsi Frankland a montré que la flamme de l'hydrogène brûlé par de l'oxygène sous la pression de 10 atmosphères produit un grand éclat.

éblouissant (*lumière de Drummond*), la porcelaine, l'alumine s'y ramollissent, la silice s'y étire comme du verre, le platine y fond aisément (fig. 37).

Nous avons vu plus haut que dans une flamme partiellement écrasée par une toile métallique les gaz combustibles sont assez refroidis par la conductibilité du métal pour qu'ils ne s'enflamment plus au delà de la toile. Telle est l'observation que H. Davy sut utiliser et appliquer à la construction de sa *lampe de sûreté* (fig. 39), employée aujourd'hui dans les mines de charbon du monde entier.

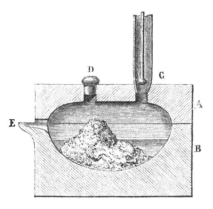

Fig. 37. — Creuset de chaux pour fondre le platine au moyen du chalumeau oxhydrique.

La lampe de Davy a subi des modifications et des perfectionnements nombreux ; mais, vous le voyez, c'est toujours une lampe à huile qui brûle dans un milieu séparé de l'air extérieur par une toile métallique (fig. 39). Que le milieu où travaille le mineur vienne à

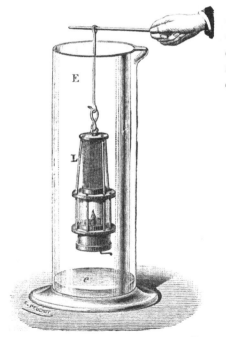

Fig. 38. — Lampe de Davy plongée dans un mélange tonnant de vapeurs d'éther et d'air.

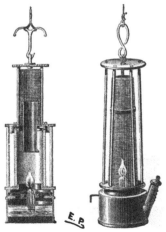

Fig. 39.
Lampe de mineur avec et sans verre.

contenir du grisou combustible, le gaz pénétrera par les mailles de la toile jusqu'à la flamme de la lampe et s'y allumera. Mais sa combustion ne pourra se transmettre au dehors; un feu bleuâtre, vacillant dans l'enveloppe métallique, une flamme de forme spéciale avertira le mineur de l'abondance du gaz dangereux qui l'enveloppe; bien mieux, les gaz qui brûlent à l'intérieur s'éteindront bientôt et la lampe avec eux. Un perfectionnement spécial consistant en une spirale de fil de platine suspendue sur la mèche et qu'entretient à l'état incandescent l'arrivée incessante du grisou à travers les mailles de la toile, permet au mineur de se guider à travers les galeries dangereuses après l'extinction de sa lampe de sûreté.

La lampe de Davy fut une heureuse et bienfaisante invention. Et cependant, grâce aux imprudences et aux hasards malheureux, les relevés statistiques de la Grande-Bretagne établissent que, de 1850 à 1880, il y a eu dans les seules mines de charbon de l'Angleterre 8466 individus tués et plus de 30000 blessés par les coups de grisou! On peut juger par ces chiffres de ce qu'il adviendrait sans l'ingénieuse invention de l'illustre chimiste anglais.

SEPTIÈME LEÇON

LES EAUX POTABLES

Les eaux potables servent à l'alimentation de l'homme et des animaux domestiques.

Tous les peuples, même les plus primitifs, se sont préoccupés, avec raison, de la nature des eaux qu'ils destinaient à leur boisson. Le choix de l'emplacement de bien des villes et villages n'a souvent pas eu d'autre cause que l'existence en ce lieu d'une rivière ou d'une source pouvant fournir une eau agréable, saine et abondante.

CARACTÈRES DES EAUX POTABLES

Qu'elles proviennent de sources, de rivières, de puits, de lacs, de pluie, etc., les eaux destinées à la boisson et aux besoins de l'homme doivent présenter un ensemble de qualités qui seules les font considérer comme saines et agréables à boire.

Ces qualités se résument comme suit : *Une eau potable doit être fraîche, limpide, sans odeur, agréable au goût, aérée, légère à l'estomac, imputrescible, apte aux principaux usages domestiques.*

Revenons sur chacun de ces caractères pour les bien définir et expliquer leur signification et leur valeur.

L'eau doit être fraîche. — Entre les limites de température de 8 à 13 ou 14 degrés, l'eau est fraîche, agréable à boire et désaltérante. A 20 ou 25 degrés, elle est fade, désagréable et ne désaltère plus.

Les eaux sont fraîches si leur température est inférieure à celle de l'air ambiant durant les saisons moyennes de l'année : printemps et automne. A Paris, la moyenne des mois d'avril, mai, juin est de 14°, la moyenne d'août, septembre et octobre est de 15°. L'eau à 15° au printemps et à 16° en automne n'est plus, à proprement parler, suffisamment fraîche.

La température de l'eau est généralement celle du sol ou de l'air où elle circule. Une eau de fleuve ne peut être fraîche en été, et c'est là une condition doublement défavorable, une eau tiède étant le milieu le plus apte au développement des organismes aquatiques. Les eaux de source possèdent la température du sol d'où elles émergent, température qui, dans nos climats, oscille entre 8 et 10 degrés. A Paris, la température du terrain à 10 mètres de profondeur est constante et égale à 10°,8. Il en résulte que tout tuyau placé à 6 ou 7 mètres de profondeur au-dessous de la surface amènera de l'eau suffisamment fraîche.

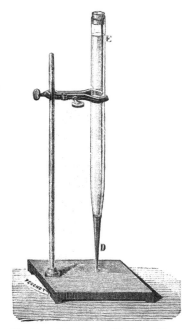

Fig. 40. — Tube à recueillir les matières en suspension dans l'eau.

L'eau doit être limpide. — Toute eau qui n'est pas limpide doit être rejetée; elle contient des matières terreuses et organiques. Elle exige, dans tous les cas, une filtration ou une purification ; nous reviendrons plus loin sur ce point.

Vue en grande masse, une eau limpide est incolore ou bleue verdâtre. Elle permet de distinguer les détails et les arêtes vives des objets à une grande profondeur (10 à 15 mètres).

Toute eau qui est vert jaunâtre ou jaunâtre n'est pas limpide. On peut s'en assurer en la laissant séjourner quelque temps à la cave dans un long tube effilé par le fond où vont se réunir les matières en suspension que l'on peut alors étudier (fig. 40).

L'eau doit être sans odeur. — L'odeur des eaux suspectes se développe surtout quand on les refroidit à 0°, ou lorsqu'on les chauffe vers 40 à 50° dans un vase de terre ou mieux de porcelaine. Une eau excellente est celle qui ne prend pas d'odeur, même au bout de 10 à 15 jours, lorsqu'on la conserve dans un vase fermé. Il est fort peu d'eaux qui, gardées à l'obscurité après avoir subi le contact de la lumière, ne prennent, au bout de quelque temps, une légère odeur de marée ou de croupi. Cette odeur est due à la décomposition des petits organismes que ces eaux contenaient.

L'eau doit être agréable au goût. — L'eau potable possède, en général, une faible saveur que reconnaissent bien les personnes qui ne boivent pas de vin et ne font excès ni de tabac, ni d'épices. Cette saveur doit être légère, agréable, sans fadeur ni goût douceâtre ou saumâtre. On peut se rendre compte de cette fadeur en buvant de l'eau récemment distillée. Dans une eau, la sensation de légèreté, et la saveur qui plaît à la bouche dépendent de l'*aération* et des *matières minérales* dissoutes.

L'eau doit être aérée, légère à l'estomac. — L'aération de l'eau provient de la dissolution d'une certaine quantité d'air.

L'eau potable doit contenir, par litre, de 20 à 55 centimètres cubes de gaz, formés de 50 pour 100 environ d'acide carbonique, le reste étant un mélange d'oxygène et d'azote dans la proportion de 30 à 33 du premier pour 70 à 67 du second. Ces quantités, celles de l'oxygène surtout, sont plus faibles dans les eaux de source, du moins au moment de leur émergence.

Les eaux aérées sont *légères*, elles plaisent à l'estomac ; les eaux privées des gaz de l'air sont *lourdes* et indigestes ; elles reprennent de la légèreté lorsqu'on les bat ou qu'on les laisse séjourner à l'air.

Une eau non aérée contient généralement des matières organiques, et doit être suspectée.

L'eau doit être imputrescible. — La putrescibilité de l'eau provient des matières organiques et organisées qu'elle tient en suspension. L'odeur de putridité ou de marécage est un signe que l'eau est mauvaise à consommer. Toutefois on a remarqué, en particulier sur les navires qui conservent leur eau à bord dans des bacs métalliques ou des tonneaux, qu'après avoir été quelquefois détestable, une eau peut redevenir peu à peu bonne à boire. C'est qu'avec le temps, et par l'aération, les microbes et bactéries qui l'habitaient meurent et se déposent définitivement au fond des réservoirs.

Les eaux peuvent d'ailleurs contenir deux catégories de matières organiques. Les unes, solubles ou insolubles, sont inertes ; les autres sont insolubles et *organisées*. De ces substances, les premières n'offrent généralement pas grands inconvénients par elles-mêmes ; elles contribuent seulement à désaérer les eaux, à les colorer, à les affadir. Les eaux potables d'Arcachon sont jaunâtres, et quoique colorées par de l'humus, sont assez bien supportées. Mais celles qui contiennent des matières *organisées*, celles qui se troublent d'abord, puis donnent un dépôt notable lorsqu'on les conserve quelque temps en vase clos, doivent être tenues pour suspectes. Nous reviendrons sur ce point important.

Une eau putrescible, ou contenant des matières organiques, est en général un peu *mousseuse* quand on l'agite dans une bouteille de verre fermée.

L'eau doit être propre aux principaux usages domestiques. — En dehors de leur emploi comme boisson, les usages domestiques des eaux potables sont relatifs à la *préparation des aliments* et au *savonnage*.

Une eau qui ne conviendrait point à ces deux usages ne pourrait être considérée comme suffisante : elle aurait, en effet, encore d'autres inconvénients au point de vue de son emploi comme eau de boisson, inconvénients dont l'incapacité de l'eau soit à cuire convenablement les légumes, soit à servir au savonnage, est le signe et comme la mesure.

Il existe dans les légumes (pois, haricots, etc.) une sorte d'albumine ou de caséine végétale qui, en s'unissant aux sels calcaires, forme avec eux une combinaison insoluble. Les eaux qui durcissent les légumes lors de leur cuisson sont donc trop chargées de sels calcaires. Ce sont, en général, des eaux *séléniteuses* ou trop riches en sulfates; quelquefois des eaux *nitratées*, comme il arrive dans quelques eaux de puits.

L'eau qui, versée dans une solution de savon, la précipite en grumeaux insolubles, et qui par conséquent est impropre au savonnage, contient un excès de sels, généralement de sels calcaires ou magnésiens, mais une eau saumâtre ou salée aurait le même défaut. Toute eau qui précipite le savon est le plus souvent impotable parce qu'elle contient un excès de sels qui peuvent être de nature très variable. On ne peut faire d'exception au point de vue de la potabilité que pour quelques eaux minérales bicarbonatées calciques riches en acide carbonique.

Ces deux constatations relatives aux usages domestiques les plus usuels de l'eau potable, sont d'autant plus précieuses qu'elles peuvent être faites par tout le monde.

Sels dissous dans les eaux potables. — Les matières minérales que l'on trouve dans la plupart des eaux terrestres peuvent tantôt communiquer à ces eaux des caractères malfaisants, tantôt des propriétés thérapeutiques, tantôt enfin en faire d'excellentes eaux potables. Il est bon d'observer que parmi ces dernières, celles qui ont toujours été reconnues les meilleures contiennent d'une manière constante un certain nombre de sels minéraux réunis dans des proportions peu variables. Il y a déjà dans cette constatation une prévention en faveur de l'utilité de ces substances salines. De plus, ainsi que l'a démontré Chossat par ses expériences sur les pigeons, et Boussingault par ses études sur l'ossification des jeunes porcs, les matières minérales des eaux potables sont réellement assimilées par l'animal et servent utilement à son alimentation. Leur utilisation étant incontestable, du moins pour quelques-unes d'entre elles, il s'agit de déterminer quelles sont celles de ces substances salines qui sont favorables et dans quelles proportions.

En nous fondant sur la composition des eaux réputées les meilleures à boire, nous pouvons admettre que toute eau potable doit contenir de $0^{gr},015$ à $0^{gr},60$ de matières minérales par litre. Ces matières doivent être composées de $0^{gr},05$ à $0^{gr},30$ de carbonate de chaux à l'état de bicarbonate; de $0^{gr},005$ à $0^{gr},015$ de chlorures alcalins; de $0^{gr},003$ à $0^{gr},028$ de sulfates alcalins ou terreux; de $0^{gr},015$ à $0^{gr},050$ de silice ou de silicates; d'une trace d'alumine, de fer et de fluor.

Toutes les fois que les eaux contiennent trop de carbonate de chaux, elles sont dites *calcaires, incrustantes, crues;* ces eaux ne sont bien supportées par l'estomac que lorsqu'elle sont sursaturées d'acide carbonique. Si les sulfates dominent, elles sont *lourdes, séléniteuses, douceâtres ou amères;* si ce sont les chlorures, elles sont *saumâtres* ou *salées;* si ce sont les sels d'alumine, elles ont une *saveur terreuse* ou *styptique.* Elles sont *minérales* si l'ensemble ou quelques-uns de leurs sels minéraux dépassent notablement les nombres ci-dessus.

L'acide carbonique des eaux potables maintient en dissolution le carbonate de chaux, sel insoluble sous forme de carbonate neutre, mais qui peut se dissoudre dans l'acide carbonique en excès. Il suffit de chasser par l'ébullition non seulement le gaz carbonique dissous, mais celui de ce bicarbonate virtuel que la chaleur dissocie peu à peu, pour que le calcaire se précipite et forme dépôt. Ce même dépôt d'acide carbonique en se produisant dans les tuyaux de conduite des eaux potables amène ces incrustations calcaires qui les envahissent fort souvent.

L'acide carbonique contenu abondamment dans certaines eaux de table, telles que celles de *Saint-Galmier,* est, en général, accompagné d'un petit excès de carbonate de chaux, quelquefois d'un peu de carbonate de soude. Grâce à l'excès d'acide carbonique, ces sels n'offrent pas d'inconvénients. L'eau de Saint-Galmier peut être bue à table presque indéfiniment, quoiqu'elle contienne par litre plus d'un gramme de bicarbonates de chaux et de magnésie, et $0^{gr},2$ à $0^{gr},07$ de bicarbonate de soude. En revanche elle dissout plus de 2 grammes d'acide carbonique au litre.

On a signalé quelquefois des traces de phosphate de chaux dans les eaux; ce sel est aussi dissous par l'acide carbonique. Il ne peut qu'augmenter les qualités utiles des eaux potables.

Les chlorures et sulfates de potasse ou de soude se rencontrent en faible proportion dans les eaux potables et contribuent à leur saveur agréable. Passé la dose de $0^{gr},4$ à $0^{gr},5$ par litre, cette saveur devient légèrement saumâtre. Ces sels sont quelquefois accompagnés de carbonates alcalins (*eaux de Condillac*, du *puits de Grenelle*) ou de silicates (*eaux de la Loire*) qui leur impriment, sans aucun inconvénient, une très légère réaction alcaline. Ces alcalis proviennent de la désagrégation par l'eau et l'acide carbonique des matériaux feldspathiques.

Les sulfates et chlorures de calcium ou de magnésium se rencontrent dans la plupart des eaux potables. Celles qui en contiennent plus de $0^{gr},25$ au litre doivent être absolument rejetées. Les sulfates ont ce double inconvénient non seulement d'être lourds à l'estomac et d'un goût déplaisant, mais encore de se réduire sous l'influence des matières organiques et de donner ainsi des sulfures et de l'hydrogène sulfuré.

Les eaux qui contiennent plus de $0^{gr},10$ par litre de sels de magnésie ne doivent pas être employées comme boisson ; à dose même plus faible on leur a reproché de causer le goître et le crétinisme. Les terrains magnésiens où elles ont coulé paraissent être, en effet, ceux où se développe le mieux l'organisme auquel il est raisonnable d'attribuer l'origine de ces maladies, mais les sels de magnésie eux-mêmes ne sauraient en être considérés comme la cause déterminante.

Les *azotates terreux* se rencontrent, quelquefois abondamment, dans les eaux stagnantes rapprochées des habitations, les eaux de puits par exemple ; mais on peut les trouver dans les meilleures eaux de sources ou de fleuves. À la dose de $0^{gr},020$ ils ne présentent nul inconvénient. Ils proviennent de l'oxydation des matières organiques azotées sous l'action de ferments spéciaux contenus dans se sel. Lorsqu'ils sont abondants, ils indiquent la souillure initiale habituelle de ces eaux par les déjections organiques. Il faut repousser les eaux qui contiennent une dose un peu élevée de nitrates.

Le fluor, les iodures et bromures à l'état de *traces*, existent dans la plupart des eaux potables. Nous ne pensons pas qu'à ces doses leurs effets sur l'organisme soient sensibles.

Les sels de fer, bicarbonate ferreux ou crénate, existent dans beaucoup d'eaux potables ; leur quantité ne dépasse guère $0^{gr},001$ par litre, du moins dans les eaux de fleuve où le bicarbonate de fer dissous est sans cesse en train de se transformer à l'air en peroxyde de fer insoluble qui se dépose.

Même à dose très faible, la présence dans les eaux de l'ammoniaque ou de son carbonate, des sels de plomb, de l'acide arsénieux, doit être réputée dangereuse. Des *traces* de cuivre présentent bien moins d'inconvénients.

EAUX POTABLES DE DIVERSES ORIGINES

(a) **Eau de pluie**. — Cette eau ne constitue pas à proprement parler une bonne eau potable. Recueillie directement, elle ne contient pas de sels, sauf un peu d'azotate et de carbonate d'ammoniaque, une trace de sulfate de soude qu'elle a dissous dans l'atmosphère à laquelle elle emprunte aussi un soupçon d'iode, en même temps qu'un peu d'acide carbonique, d'oxygène et d'azote. Mais la pluie entraîne encore avec elle les poussières de l'air, ses bactéries, et ses innombrables germes de moisissures. Recueillie en citerne, après avoir passé sur le sol ou les toits toujours couverts de poussières contenant des millions de microbes par gramme, elle fermente et doit être conservée plusieurs semaines à l'abri de la lumière avant de devenir potable. L'on doit surtout se garder de boire des eaux de pluies recueillies après être tombées sur des toits recouverts de plomb, ou même de zinc soudé à la soudure des plombiers, ou encore des eaux ayant séjourné dans des tuyaux de plomb ou des citernes contenant du plomb sous forme de soudures, scellements, etc. : ces eaux sont toujours dangereuses à courte ou longue échéance.

L'azote combiné que contiennent les pluies est à l'état d'acide nitrique nitreux ou bien sous forme d'ammoniaque. Cette dernière augmente à mesure qu'on se rapproche du sol. Voici quelques chiffres :

Azote ammoniacal et nitrique des eaux de pluie
(exprimé en milligrammes par litre d'eau)

	AZOTE AMMONIACAL	AZOTE NITRIQUE	DATES	AUTEURS
Liebfrauenberg (moyenne de 75 pluies).	0,4	»	1853	Boussingault.
Fort la Motte (Lyon)	0,9	1,3	id.	Bineau.
Observatoire (Lyon)	3,6	0,3	id.	Id.
Toulouse (campagne).	0,5	0,5	1855	Filhol.
Toulouse (ville)	3,8	»	id.	Id.
Montsouris (moyenne de 8 ans).	1,8	0,7	1876–84	A. Lévy.

D'après F. Marchand, l'eau de pluie recueillie à Fécamp en mars et avril 1852 contenait par litre :

Bicarbonate d'ammoniaque.	0gr00174
Azotate —	0,00189
Sulfate de soude.	0,01007
— de chaux.	0,00087
Matière organique	0,02486

Au parc de Montsouris, à Paris, les pluies apportent, par hectare et par an, $3^{kgr},86$ d'azote nitrique et $9^{kgr},30$ d'azote ammoniacal (A. Lévy).

(b) **Eau distillée.** — L'eau distillée est aujourd'hui d'un usage fort répandu, surtout à bord des bâtiments au long cours.

L'eau de mer puisée au large et purifiée par l'alambic peut être bue sans inconvénients, à la condition d'être aérée et conservée dans des vases de bois ou de métal *exempts de plomb*. On peut la rendre plus agréable au goût en l'additionnant par mètre cube d'eau distillée de 2 à 300 grammes de craie dissoute à la faveur d'acide carbonique et de 1 litre d'eau de mer bouillie puisée loin des côtes.

Il faut surtout que toutes les parties de l'appareil distillatoire soient en cuivre, ou en cuivre étamé à l'*étain fin*, et que les caisses où l'on conserve l'eau soient, elles aussi, exemptes de plomb ou de peinture plombifère. Les empoisonnements saturnins ont été autrefois très fréquents à bord, et j'en ai relaté encore moi-même deux cas mortels arrivés sur le navire norwégien le *Douna-Zogla* en 1885.

(c) **Eaux de source.** — La nature de ces eaux varie beaucoup avec la composition des terrains d'où elles émergent. Celles des sols granitiques laissent un faible résidu de 0,015 à 0,030 par litre ; elles contiennent quelques silicates, des traces de chlorures alcalins, de carbonates alcalins, calcaires, magnésiens et ferreux, un peu de fluor. Celles qui sortent des terrains jurassique, crétacé, et en général des calcaires stratifiés sont les meilleures. Elles laissent de $0^{gr},200$ à $0^{gr},600$ de résidu fixe formé, pour moitié environ, de bicarbonate de chaux. Elles empruntent leur acide carbonique en partie au sol, en partie aux exhalations souterraines ; leurs éléments minéraux sont généralement en bonnes proportions. Les sources des terrains gypseux, salés, anthraciteux, pyriteux, ne donnent pas de bonnes eaux potables.

Les eaux de source ont, sur toutes les autres, les avantages d'une température et d'une composition à peu près constantes. Cette température est de 8 à 12° dans nos plaines ou sur nos coteaux. Elles peuvent contenir des azotates lorsqu'elles proviennent de l'infiltration de pluies tombées sur des sols gazonnés riches en matières organiques ; ces sels ne peuvent être regardés comme dangereux dans ce cas, surtout si leur poids ne dépasse pas $0^{gr},025$ à $0^{gr},030$ par litre.

Les eaux de puits artésiens sont des eaux de sources artificielles.

(d) **Eaux de rivières et de fleuves.** — Elles ont pour origine, d'une part les eaux de source, de l'autre les eaux de pluie et celles de la fonte des glaces et des neiges. Leur composition varie donc aux diverses saisons, surtout après les grandes pluies qui fondent les neiges et augmentent le débit des sources, ainsi qu'après les sécheresses prolongées.

Cette composition varie aussi au fur et à mesure du trajet parcouru par le cours d'eau à la surface du sol. Les eaux des fleuves ont donc une composition assez variable. On a constaté pour les eaux du Rhône que lors de la fonte des neiges son résidu fixe tombe de $0^{gr},18$ à $0^{gr},10$ par litre.

L'élévation de température active le pouvoir dissolvant de ces eaux. Le glacement des rivières augmente aussi légèrement la quantité de sels qu'elles dissolvent. Mais ce qui agit le plus profondément sur leur composition, c'est leur trajet à travers les villes ou les campagnes populeuses et cultivées. Là elles se chargent de matières organiques qui servent au développement de germes innombrables. Elles s'enrichissent en même temps en azotates, sulfates et chlorures; elles perdent en grande partie leur oxygène, gagnent de l'acide carbonique et deviennent par conséquent aptes à dissoudre de nouveaux sels. Si l'on joint à toutes ces causes de variations et d'infériorité sur les eaux de source, les débordements auxquels peuvent être sujets les fleuves; l'état bourbeux de leurs eaux dès les moindres pluies; leurs variations énormes de température de l'été à l'hiver; leur long trajet à l'air dont elles entraînent les impuretés, etc., on voit qu'on ne doit, presque en aucun cas, conseiller à une grande cité l'usage, comme boisson, des eaux du fleuve ou de la rivière qui la traverse.

(*e*) **Eaux de la fonte des neiges, eaux des lacs.** — Ces eaux sont, en général, peu aérées, surtout aux grandes altitudes. Elles ne sont exemptes ni de quelques sels minéraux, ni de matières organiques.

(*f*) **Eaux de puits.** — Il faut prohiber l'eau de tout puits creusé près des habitations : tôt ou tard elles deviennent dangereuses. L'altération constante du sol autour des lieux où vit l'homme a pour conséquence l'altération du sous-sol et des puits. Ces eaux sont à craindre surtout en automne, lorsque les premières pluies relevant le niveau de la nappe souterraine, les matières organiques croupies, et les organismes qui avaient pullulé dans le sous-sol à moitié desséché, sont abondamment entraînés par les eaux qui refluent dans les puits (*Pettenkoffer*). De là souvent des épidémies locales d'origine méconnue.

(*g*) **Eaux stagnantes d'étangs ou de marais.** — Les eaux formées par la réunion des pluies amassées sur les parties déclives des grands plateaux, les eaux de marais, et en général les eaux stagnantes, sont de mauvaises eaux potables, surtout en été. Qu'elles baignent ou non des végétaux, elles deviennent un terrain favorable au développement des germes ou des animaux les plus divers et souvent le plus nuisibles. Tout au plus, en cas de besoin, peut-on les boire après les avoir soigneusement filtrées ou soumises à l'ébullition.

(*h*) **Eaux artificiellement chargées d'acide carbonique.** — Ces eaux, dites quelquefois *eaux de Seltz*, ont deux inconvénients ; d'une part elles sont rarement bien filtrées et épurées ; de l'autre, elles peuvent contenir du plomb emprunté à l'étamage de l'appareil où elles ont été chargées d'acide carbonique. On peut s'en assurer en faisant passer dans ces eaux portées à l'ébullition un courant d'hydrogène sulfuré qui précipite des flocons bruns ou noirs de sulfure de plomb. Voici un tableau de la composition de diverses eaux potables :

Analyses de diverses eaux potables

(Tous les nombres sont exprimés en

NATURE DES EAUX	RÉSIDU FIXE	GAZ OXYGÈNE	GAZ AZOTE	GAZ ACIDE CARBONIQUE	Ca	Mg	Na
Eau de torrent des montagnes (fonte des neiges)	gr. 0,019	c. c. ?	c. c. ?	c. c ?	gr. 0,007	gr. ?	gr. ?
Source de la Moulière, près Besançon (Eau potable type) . .	0,3085	?	?	?	0,1046	0,0008	0,003
Source de Fontfroide (Duc), près Narbonne. Très bonne eau. .	0,3438	6,20	15,4	2,02	0,1005	0,0062	0,020
Rhin, à Strasbourg.	0,2317	7,4	15,9	7,6	0,0586	0,0014	0,005
Rhône, à Genève.	0,182	8,0	18,4	8,4	0,0455	0,0027	0,003
Loire, à Orléans.	0,1346	7,0	13,2	1,8	0,0192	0,0017	0,009
Garonne, à Toulouse	0,1367	7,9	15,7	17,0	0,0258	0,0009	0,0058
Seine, en amont de Paris . . .	0,2544	3,9	12,0	16,2	0,0739	0,0048	0,0074
Danube, près Vienne	0,1414	»	»	»	0,0343	0,007	»
Puits artésien de Grenelle . . .	0,143	5,6	13,0	1,5	0,0272	0,004	»
— — de Russel-Square.	0,682	»	»	82,3	0,0128	0,0028	0,1762

(1) Niepce : Vallée de l'Isère : Chalet du Compas, au pied du *Grand-Charnier*. — (2) H. Deville : Terrain jurassique

Conservation et filtration des eaux. — On peut sans inconvénients conserver les eaux dans des vases de fer galvanisé ; ils sont préférables aux vases étamés dont l'étain contient généralement du plomb. Ce dernier métal, même en minime proportion dans l'alliage ou les soudures, est dangereux.

Au besoin, on peut aussi conserver les eaux dans des vases de bois bien tenus, et mieux encore dans des tonneaux carbonisés à l'intérieur. Mais les meilleurs réservoirs sont ceux d'argile cuite, de grès ou de calcaire.

Les citernes en ciment romain, en argile battue, recouvertes d'une couche de sable et mises à l'abri de la lumière, constituent aussi un bon moyen de conservation des eaux.

La filtration en grand des eaux pour l'usage des villes réussit bien à travers des sols caillouteux ou sablonneux où l'on pratique des tranchées qui laissent de l'une à l'autre de véritables murailles filtrantes. En petit, la filtration à travers les pierres poreuses, ou les parois des filtres en biscuit de porcelaine non vernie fournit aussi une eau bien filtrée, mais non exempte absolument de tout germe.

Un bon filtre pratique qu'on peut faire extemporanément, consiste

de sources, fleuves, puits, etc.
grammes et rapportés au litre.)

K	Al^2O^3	Fe^2O^3	CO^3	SO^4	Cl	SiO^3	AzO^3	PO^4	MATIÈRES ORGANIQUES	N⁰⁵ d'ordre
gr.	gr.	gr.	gr.	gr.	gr.	gr.	gr.	gr.	gr.	
»	»	»	0,0072	»	0,005	trace	»	»	»	(1)
0,0011	0,0043	»	0,154	0,0036	0,0016	0,025	0,0103	»	»	(2)
»	0,0007	0,0016	0,2875	0,0458	0,0102	0,006	faible quant.	0,0004	faible quant.	(3)
»	0,0025	0,0058	0,0849	0,0195	0,0012	0,049	0,0038	»	»	(4)
»	0,0039	»	0,0508	0,043	0,001	0,024	0,0085	»	»	(5)
»	0,0071	0,0055	0,0415	0,0023	0,003	0,041	»	»	»	(6)
0,0034	»	0,0031	0,045	0,0078	0,0019	0,0401	»	»	»	(7)
0,0022	0,00028	0,0017	0,1018	0,0219	0,0074	0,0244	»	»	?	(8)
»	»	0,002	0,0609	0,0131	0,002	0,0049	»	»	»	(9)
0,0258	»	»	0,0605	0,0066	0,0052	0,006	»	»	0,002	(10)
0,0747	0,0038		0,319	0,1825	0,1111	0,0115	»	trace	0,011	(11)

du Doubs. — (3) A. GAUTIER. — (4), (5), (6), (7), (8) H. DEVILLE. — (9) BISCHOFF. — (10) PAYEN. — (11) CLARK et MED'OCK.

en une éponge ordinaire qu'on serre plus ou moins au fond d'un entonnoir et que l'eau traverse avec une lenteur inversement proportionnelle à la compression de l'éponge; ce filtre peut être fabriqué partout. Le lavage de l'éponge et son ébullition dans de l'eau légèrement chlorhydrique suffisent pour remettre ce petit appareil en bon état.

Si l'eau ne peut être filtrée, si elle est soupçonnée d'être impure, elle doit être bouillie ou distillée, puis aérée avant d'en faire usage. Le repos dans de grands réservoirs, l'agitation avec le charbon, l'addition d'un peu d'alun, de chaux, etc., sont des moyens insuffisants.

HUITIÈME LEÇON

Nous ne saurions avoir la prétention de donner ici, même sommairement, les méthodes d'analyse des eaux potables, méthodes que l'on trouvera dans tous les traités d'analyse spéciaux; nous nous bornerons dans cette leçon à indiquer les essais propres à *renseigner rapidement* sur la nature et jusqu'à un certain point, sur la quantité des principales matières minérales, organiques ou organisées des eaux potables.

Analyse approximative rapide d'une eau potable ou minérale. — 1° On évapore successivement au bain-marie dans une petite capsule de porcelaine, ou mieux de platine, un litre d'eau potable (moins d'un litre dans le cas d'une eau minérale) avec addition de $0^{gr},05$ de carbonate de soude pur et calciné. L'augmentation de poids de la capsule, abstraction faite du carbonate ajouté, donne le poids du résidu sec de l'eau à 100°.

2° Un ou deux nouveaux litres d'eau sont mis à bouillir dans une fiole de verre, en remplaçant de temps en temps par de l'eau distillée celle qui s'évapore. Il se forme peu à peu, par dissociation des bicarbonates terreux, un précipité qu'on recueille, qu'on sèche et qu'on pèse. Ce précipité est presque uniquement formé de carbonate de chaux. Il correspond au bicarbonate calcaire primitivement dissous dans l'eau (¹). On sèche ce précipité à 120° et on le pèse. C'est la partie *incrustante* de l'eau, celle qui tend à se déposer dans les tuyaux de conduite, les chaudières à vapeur, les bassins, etc.

3° On réduit au dixième du volume primitif l'eau dont on a séparé le bicarbonate de chaux, et l'on additionne la liqueur et le précipité nouveau qui a pu s'y former, de son volume d'alcool à 80° centésimaux. On obtient ainsi un résidu constitué par du sulfate de chaux et de magnésie qu'on lave à l'alcool et sèche à 160°. En le lavant de nouveau rapidement avec un peu d'eau, il ne reste plus sur le filtre que du sulfate de chaux. On le dessèche, et en soustrayant son poids de celui des deux sulfates réunis on a le poids du sulfate de magnésie.

4° La liqueur d'où l'on a extrait les carbonates et les sulfates de calcium et de magnésium ne contient donc plus que les chlorures et azotates terreux, s'il en existait dans l'eau, ainsi que les sels alcalins. On peut alors, si l'on reconnait dans ce résidu la présence d'une dose notable

_____

(¹) On observe que, dans ces conditions, *toute* la magnésie reste dans la liqueur.

de sels calcaires ou magnésiens, l'additionner de carbonate d'ammoniaque ammoniacal, évaporer à sec, chasser au rouge naissant l'excès
de carbonate ammoniacal ajouté, et reprendre le résidu par de l'eau
distillée qui laisse les carbonates de chaux et de magnésie correspondants aux chlorures ou azotates terreux, tandis que la liqueur filtrée
donne par évaporation les chlorures et sulfates alcalins. Grâce à l'azotate
d'argent et au chlorure de baryum titrés, on pourra déterminer ensuite
à quel état se trouve la majeure partie de ce résidu formé de sels alcalins.

Cette méthode d'essai est très rapide. En la suivant, une eau potable ou
minérale peut être classée et suffisamment connue en quelques heures.

On verra plus loin comment on détermine la nature des matières
organiques qu'une eau potable peut contenir.

Essai de la dureté des eaux. Hydrotimétrie. — On a vu que *la
dureté* des eaux, c'est-à-dire leur propriété de précipiter le savon et de
durcir les légumes, dépend en grande partie de leurs sels calcaires et magnésiens. Une méthode d'appréciation rapide des eaux, à laquelle on a
donné le nom d'*hydrotimétrie*, a été fondée sur cette propriété qu'une
eau additionnée d'une solution de savon ne mousse, par agitation, que
lorsque tous ces sels calcaires ou magnésiens sont
préalablement précipités par le savon à l'état de stéa-
rates de calcium ou de magnésium.

C'est Clark qui le premier employa la solution de
savon pour classer les eaux potables. Boutron et Bou-
det, en France, ont beaucoup perfectionné la méthode
de Clark.

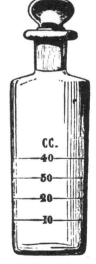

Voici comment ils procèdent : on pèse d'une part
$0^{gr},25$ de chlorure de calcium pur et sec et on le dissout dans de l'eau distillée de façon à en faire 1 litre. On
prépare, d'autre part, une liqueur dite hydrotimétrique
en dissolvant 100 grammes de savon blanc de Mar-
seille parfaitement desséché à 100°, dans 1600 grammes d'alcool à 90° centésimaux, filtrant et ajoutant un
litre d'eau distillée. Cette liqueur, approximativement
dosée, doit être définitivement titrée comme il suit :

D'une part on prend un flacon de verre (fig. 41), nommé
hydrotimètre, de 60 centimètres cubes de capacité, portant quatre traits de jauge qui marquent 10, 20, 30 et
40 centimètres cubes. De l'autre, pour verser la solu-

Fig. 41. — Flacon
hydrotimétrique.

tion savonneuse, on se sert d'une petite *burette hydrotimétrique* (fig. 42),
à tube étroit, de 7 à 8 centimètres cubes de capacité. Elle porte en haut
un trait circulaire ; son zéro est marqué un peu au-dessous de ce trait.
Le volume compris entre ce zéro et le trait circulaire correspond à la

quantité d'eau de savon nécessaire pour former une mousse persistante avec 40 centimètres cubes d'eau distillée. Pour la graduer, on mesure sur la burette 2 centimètres cubes et 4 dixièmes au-dessous du zéro, et l'on divise ce volume en 23 parties égales; ces divisions sont prolongées jusqu'au bas de la burette.

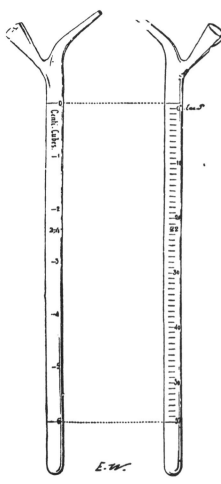

D'autre part, on verse dans le flacon hydrotimétrique 40 centimètres cubes de la liqueur normale de chlorure de calcium, puis on ajoute avec la burette la liqueur de savon préparée. Si celle-ci a été bien faite, 22 divisions (non compris le volume entre le trait circulaire et le zéro) produiront une mousse persistante. S'il fallait moins ou plus de liqueur savonneuse, on l'étendrait d'eau ou on la concentrerait jusqu'à ce qu'elle fût exacte. La liqueur au savon ainsi titrée correspond par degré hydrotimétrique à $0^{gr},0114$ de chlorure de calcium par litre (¹) et à $0^{gr},1$ de savon dissous.

Que l'on verse maintenant 40 centimètres cubes d'une eau de source ou de rivière dans le flacon hydrotimétrique et que l'on agisse comme il vient d'être dit avec la liqueur d'épreuve, on aura, par le nombre des divisions de la burette qui seront nécessaires pour obtenir par

Fig. 42. — Burette hydrotimétrique.

l'agitation une mousse persistante, le degré hydrotimétrique de l'eau examinée, c'est-à-dire le nombre de décigrammes de savon qu'un litre de cette eau sature par litre; ou le nombre de fois que le litre de cette

---

(¹) La liqueur normale contenant $0^{gr},25$ de chlorure de calcium au litre, 40 centimètres cubes, ou la 25ᵉ partie du litre, en contiennent 1 centigramme. 22 degrés de la burette précipitent donc 1 centigramme de chlorure dans les 40 centimètres cubes et correspondent, dans ces conditions, à $\dfrac{0^{gr},25}{22} = 0,0114$ de chlorure de calcium par degré et par litre.

eau contient $0^{gr},0114$ de chlorure de calcium ou la proportion correspondante d'un sel calcaire quelconque, à la condition de prendre pour chacun de ces sels un multiplicateur convenable, différent de $0^{gr},0114$. Un tableau spécial que nous donnons ci-dessous indique la valeur du degré de l'hydrotimètre pour chaque espèce de composé salin.

Si l'eau dépassait 25 à 30 degrés, on en prendrait 20, ou même 10 centimètres cubes, jaugés au flacon hydrotimétrique, on compléterait avec de l'eau distillée le volume de 40 centimètres cubes et l'on ferait le dosage comme il vient d'être dit; on tiendrait compte ensuite de la dilution.

Si l'on fait bouillir l'eau durant une heure de façon à décomposer son bicarbonate de chaux, et qu'après avoir rétabli le volume primitif, on filtre et prenne le titre hydrotimétrique de la liqueur, ce titre devra correspondre à la totalité des sels autres que le carbonate calcaire qui s'est précipité. Soit une eau marquant primitivement 24 degrés hydrotimétriques, on la fait bouillir et l'on n'obtient plus que 14 degrés; ce second titre devrait théoriquement correspondre aux chlorures et sulfates de chaux et de magnésie. Mais comme l'expérience a montré que l'eau reste chargée d'une quantité de carbonate de chaux non dissociée par l'ébullition correspondant à 3 degrés de l'hydrotimètre, on devra réduire le nouveau titre trouvé de 3 degrés. On a donc $14 - 3 = 11$ degrés pour les chlorures et sulfates alcalino-terreux, et $24 - 11 = 13$ degrés correspondant à l'acide carbonique et aux carbonates de chaux et de magnésie primitifs.

L'on peut aussi éliminer de l'eau la chaux par l'oxalate d'ammoniaque, filtrer, calciner, redissoudre dans l'eau le résidu et prendre le degré hydrotimétrique qui correspondra presque entièrement aux sels de magnésie. Quant aux sels alcalins, ils sont généralement en trop minime quantité dans les eaux potables pour qu'il y ait lieu d'en tenir compte.

Mais à chacun de ces titrages il faudra appliquer le coefficient correspondant à la matière qne l'on titre. Voici quelques nombres qui donnent en poids, *par litre d'eau* et pour chaque cas, la valeur d'un degré hydrotimétrique ([1]).

1 *degré à l'hydrotimètre correspond par litre à :*

CaO (calculé *d'après le degré total des sels de chaux*) .	$0^{gr}0057$
Chlorure de calcium.	$0,0114$
Sulfate de calcium	$0,0140$
Carbonate de calcium	$0,0103$
Magnésie (*d'après le degré total des sels de* Mg) . . .	$0,0042$
Chlorure de magnésium	$0,0090$
— de sodium	$0,0120$
Acide carbonique.	5 c. cubes
Savon à 30 pour 100 d'eau	$0^{gr}1061$

([1]) La valeur de ce degré doit être prise par rapport à chacune des matières à doser et ne doit pas être confondue avec le degré hydrotimétrique total de l'eau considérée.

Dans les cas les plus habituels, le degré hydrotimétrique total d'une eau représente approximativement le nombre de centigrammes de sels terreux contenus dans un litre de cette eau.

De 10 à 30 degrés hydrotimétriques les eaux sont propres à la boisson et à tous les usages domestiques. De 30 à 60 degrés, elles sont à la fois impropres au savonnage et à la cuisson des légumes, et peu favorables comme eaux de boisson, à moins qu'elles ne soient très riches en acide carbonique et en bicarbonate calcaire.

Gaz dissous dans les eaux. — On peut déterminer la totalité des gaz dissous dans l'eau, ou doser simplement l'oxygène.

Pour extraire tous les gaz dissous dans l'eau je prends un ballon A (fig. 43) de 2 litres environ, portant un bouchon de caoutchouc à deux trous qui reçoivent chacun un tube. L'un D, très large, permettra aux gaz qui se dégageront de se rendre sous la cloche à mercure C ; l'autre p B sert à puiser l'eau dans la bouteille B. On introduit d'abord en A, et sans les mesurer, 20 à 30 centimètres cubes d'eau, on ouvre les pinces p et q, l'extrémité du tube B trempant d'abord dans un verre plein d'eau bouillie. On porte alors l'eau du ballon A à l'ébullition. Sa vapeur chasse bientôt tout l'air de l'appareil. En laissant légèrement refroidir, et

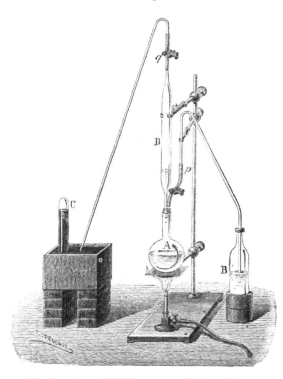

Fig. 43. — Appareil de l'auteur pour le dosage des gaz dissous dans l'eau.

fermant en q, l'air du tube p B est balayé et ce tube se remplit d'eau dès qu'on ferme p. La vapeur qui s'échappe alors par D q chasse rapidement tout l'air de l'appareil. On place à ce moment en B la bouteille préalablement tarée qui contient l'eau à examiner. En ouvrant la pince p on introduit 500 à 600 centimètres cubes de cette eau dans le ballon A.

On enlève la bouteille et on la repèse. On a donc le poids et, par la densité, le volume de l'eau introduite. En rouvrant la pince p, l'extrémité B plongeant cette fois dans de l'eau bouillie, on aspire encore en A l'eau restée dans le tube étroit p B, et la totalité de l'eau à examiner est ainsi introduite dans le ballon A. On ferme p, on ouvre q; il suffit dès lors d'une ébullition de quelques instants pour que les gaz dissous, chassés par la vapeur, soient entraînés en C. Le large tube D a pour but de condenser la majeure partie de la vapeur d'eau et de recevoir ses gaz. Ils se séparent de l'eau qu'on examine dès leur arrivée dans le ballon vide et chaud A, montent en D quand l'ébullition commence, et sont bientôt recueillis en C, sans entraîner avec eux une quantité sensible d'eau.

On analyse alors ces gaz par les méthodes ordinaires. L'acide carbonique est absorbé par la potasse ; l'oxygène l'est ensuite par le phosphore, ou par un mélange de potasse et de pyrogallol ; l'azote reste pour résidu.

Lorsque je veux simplement doser l'oxygène de l'eau, je me sers aussi de l'ébullition pour chasser complètement l'air du ballon. Il ne porte dans ce cas que le tube p B et la pince p. La partie DqC est alors remplacée par une burette de Mohr contenant de l'hydrosulfite de zinc neutre et titré. On chasse d'abord l'air du ballon, comme ci-dessus, par l'ébullition d'un peu d'eau dans laquelle on a introduit une solution connue de carmin d'indigo ; on décolore alors cette solution en y faisant couler l'hydrosulfite de la burette jusqu'à coloration jaune. Ouvrant la pince p, on aspire enfin et mesure l'eau à examiner, ainsi qu'il a été dit ci-dessus. L'oxygène recolore le carmin d'indigo ; il ne reste plus qu'à verser goutte à goutte l'hydrosulfite jusqu'à décoloration nouvelle. La quantité d'hydrosulfite titré employée fait connaître celle de l'oxygène [1].

Dosage de l'ammoniaque. — Voici le procédé de l'Observatoire de Montsouris : Un litre d'eau additionné d'un centimètre cube d'acide sulfurique au 10° est évaporé dans un petit ballon jusqu'à réduction à 30 centimètres cubes. Le résidu et 5 à 10 centimètres cubes de l'eau primitive réservés pour le lavage sont introduits dans une petite cornue avec un peu de magnésie calcinée pure et en excès. Les deux premiers cinquièmes de cette liqueur sont distillés dans une fiole contenant 2 à 5 centimètres cubes d'acide sulfurique mesuré et titré, préalablement coloré par trois gouttes d'une solution alcoolique de cochenille. Le titrage de cet acide par une liqueur alcaline connue, avant et après la distillation, indique par différence le poids de l'ammoniaque de l'eau.

Dosage des acides nitrique et nitreux. — On évapore l'eau au tiers de son volume, après l'avoir légèrement alcalinisée par de la potasse, puis, entourant de glace le ballon qui contient l'eau concentrée, on l'al-

---

[1] Pour les détails de ce dosage, voir *Bull. Soc. chim.*, t. XX, p. 147 et suivantes. Voyez aussi un autre procédé dans l'*Annuaire de l'observ. de Montsouris*, 1885, p. 410.

calinise avec 5 grammes de potasse caustique bien *exempte de nitrate*
et l'on ajoute 2 grammes d'aluminium en copeaux par litre d'eau primitive. Au bout de 24 à 36 heures l'azote des nitrates et nitrites est
complètement transformé en ammoniaque. On distille le tiers de la
liqueur en évitant, grâce à l'interposition d'un long et large tube plein
de tessons de verre, les projections
d'*alcali fixe*, et l'on dose l'ammoniaque dans le liquide distillé. Sachant
que 17 grammes de gaz ammoniac correspondent à 63 grammes d'acide nitrique pur, AzO⁵H, on en conclut, par le
calcul, l'acide nitrique correspondant.

S'il s'agit simplement de rechercher
qualitativement les nitrates et nitrites
d'une eau potable ou minérale, on l'é-
vapore en présence d'une trace de carbonate de soude, et l'on ajoute aux
dernières eaux mères un peu d'acide
sulfurique et une parcelle de plomb.
La liqueur bleuit dès qu'on l'additionne
d'une goutte d'iodure de potassium
mêlé d'empois. Pour caractériser les
nitrites, la parcelle de plomb serait
inutile.

Fig. 44. — Petit appareil pour
recueillir les matières en suspension
dans les eaux.

**Dosage des matières en suspen-
sion.** — Dans un long tube effilé par le
bas et à large diamètre (fig. 44), on
verse le résidu qui s'est déposé au fond
d'un certain nombre de bouteilles lais-
sées quelque temps en repos, ainsi que l'eau qui surnage immédiatement
ce résidu. Il ne tarde pas à tomber au fond de l'effilure : bien mieux
que par la filtration sur le papier, on peut ainsi recueillir et doser les
matières en suspension dans les eaux potables ou minérales.

MATIÈRES ORGANIQUES ET ORGANISÉES DES EAUX POTABLES

Les matières organiques et les êtres vivants qui existent dans les eaux
méritent la plus grande attention. Les premières, parce qu'elles proviennent des êtres doués de vie, qu'elles les accompagnent généralement
et qu'elles favorisent leur pullulation ; les matières organisées et vivantes,
parce qu'on sait aujourd'hui qu'elles sont la cause immédiate de beaucoup de maladies infectieuses et épidémiques.

Nous allons nous occuper successivement des matières organiques *en suspension* et *en solution*, puis *des êtres vivants* des eaux potables.

Matières organiques en suspension. — On les recueille, comme je viens de le dire, au fond d'un tube effilé. Mais pour bien réussir à les séparer, l'on doit au préalable porter, durant 15 minutes, l'eau à examiner à 80° (*température intérieure*); cette pratique arrête l'évolution des êtres vivants. Après ce chauffage, on laisse séjourner l'eau 48 à 60 heures à la cave, dans les bouteilles; on en décante avec précaution les neuf dixièmes supérieurs, et l'on place le dernier dixième dans le long et large tube effilé par le bas (fig. 44). Toutes les matières en suspension se réunissent bientôt dans l'effilure, et l'on peut les séparer, les examiner au microscope, ou doser la matière organique totale en jetant ce résidu sur un tout petit filtre sans plis et d'un poids connu, que l'on pèse après dessiccation à 120°. On connaît ainsi, par la différence des pesées, le poids total des matières minérales et organiques en suspension dans l'eau qu'on étudie. On peut alors calciner le filtre, peser, déduire le poids, préalablement connu, des cendres de son papier de celui des cendres qui restent et obtenir enfin les poids des substances organiques et minérales qui composaient ces matières.

Matières organiques en dissolution. — La liqueur filtrée séparée des substances en suspension contient la *matière organique dissoute*. On peut *apprécier* ses variations : 1° en dosant la quantité d'oxygène qu'elle emprunte au permanganate de potasse qui est nécessaire pour l'oxyder; 2° en dosant l'azote qu'elle contient.

Voici la marche suivie à l'Observatoire de Montsouris :

On introduit dans un ballon 100 centimètres cubes de l'eau à analyser, 2 centimètres cubes d'une solution de bicarbonate de soude au 10° et 5 à 10 centimètres cubes d'une solution de permanganate de potasse titrée, de façon à avoir un grand excès de ce réactif; on fait bouillir durant 10 minutes. Après refroidissement, on ajoute 2 centimètres cubes d'acide sulfurique pur pour redissoudre les flocons d'oxyde de manganèse qui se sont formés, et l'on dose le permanganate de potasse qui reste, en ajoutant un excès de sulfate de fer ammoniacal titré, puis déterminant par la solution titrée de permanganate la quantité de sel ferreux que le permanganate n'a pas peroxydé ([1]). L'équation suivante :

$$2\,MnO^4K + H^2O = 50 + 2\,MnO + 2\,KHO$$

montre que le poids 158 de permanganate fournira 40 d'oxygène; si donc l'on a une liqueur titrée contenant $0^{gr},395$ de permanganate par litre, chaque centimètre cube de cette liqueur, réduit par la matière

([1]) *Annuaire de l'observ. de Montsouris*, 1885, p. 406.

organique de 100 centimètres cubes d'eau, correspondra à $0^{gr},001$ d'o-
xygène, ou à 1 milligramme d'oxygène par litre. On pourra donc ainsi
comparer les diverses eaux potables.

Nous avons déjà vu comment on déterminait dans les eaux l'ammoniaque et l'acide nitrique. L'azote qui correspond à chacun de ces
dosages est appelé *azote ammoniacal* et *azote nitrique*. L'azote ammoniacal mesure principalement l'impureté des eaux due aux sels ammoniacaux qui ont, en général, l'urée pour origine ; l'azote nitrique est proportionnel au poids de l'acide nitreux ou nitrique qui dérive des matières
ammoniacales et amidées transformées par les ferments nitriques.

Il existe une troisième source d'azote. C'est l'*azote albuminoïde*. Il
provient à la fois d'amides complexes, tels que les acides amidés, la
tyrosine, etc., et des substances protéiques non encore transformées. Si,
après avoir évaporé l'eau en présence d'un peu de chaux ou de magnésie,
on dose dans le résidu l'azote total par la méthode de la chaux sodée
(calcination avec la chaux mêlée de soude caustique et recueil dans
l'acide sulfurique titré de l'ammoniaque ainsi produite), on aura l'*azote*
dit *albuminoïde*. Dans ces conditions, en effet, l'azote ammoniacal a été
préalablement chassé, et l'azote nitrique n'est pas transformé en ammoniaque.

Le *poids d'oxygène* emprunté par les matières organiques au permanganate en excès, et les *poids d'azote ammoniacal, nitrique* et
albuminoïde permettent de caractériser suffisamment le degré de pol-
lution des eaux par les matières organiques.

Organismes des eaux potables.

Il n'est pas suffisant, lorsqu'il s'agit des eaux potables, d'apprécier ou
même de caractériser leurs diverses matières organiques ; il faut aller
plus loin, apprendre à recueillir, classer, compter les organismes
qu'elles contiennent et qui les infectent d'une manière bien autrement
certaine et dangereuse. Lorsque c'est nécessaire, il faut que le médecin
sache déterminer leurs effets sur les grands animaux et sur l'homme.

Observation microscopique des organismes des eaux. — J'emprunte la plupart des détails qui suivent à l'intéressant et consciencieux
travail de M. Certes sur l'*Analyse micrographique des eaux* (Paris,
1883).

A l'eau que l'on veut examiner on ajoute $0^{gr},1$ à $0^{gr},05$ de bichlorure
de mercure par litre, l'on porte cette eau 10 minutes à une température
de 70° qu'il ne faut pas dépasser, et on laisse déposer au fond du vase.
Le lendemain l'on décante avec soin les 9 dixièmes de la liqueur ; on
recueille le dernier dixième dans le tube infundibuliforme (fig. 44), que

j'ai déjà décrit. Tous les organismes microscopiques sont bientôt réunis au fond. On peut les examiner alors sous le microscope ; on rendra sensibles par la méthode des colorations plusieurs détails de leur organisation. Les microbes absorbent bien le bleu de méthylène, la chrysoïdine, la safranine, le magenta, le vert à l'iode ou vert Hofmann. Pour les infusoires ciliés et flagellés, le picrocarminate et le vert de méthyle acétifié sont les meilleurs colorants. Ces derniers réactifs laissent incolores la plupart des microbes.

Une fois colorés, les organismes à étudier sont montés dans le liquide conservateur qui a servi de véhicule à la matière colorante. Voici la composition de l'un de ces liquides : *glycérine*, 10 parties ; *glucose*, 40 parties ; *solution d'hydrate de chloral* à 2 pour 100, 50 parties.

On peut aussi fixer les organismes et les précipiter au moyen d'une solution d'acide osmique. Un centimètre cube d'une solution au 100ᵉ suffit pour tuer et fixer en 8 à 10 minutes les organismes de 30 à 40 centimètres cubes d'eau. Au bout de ce temps on ajoute de l'eau distillée pour entraver l'effet du réactif qui, sans cette précaution, noircirait les préparations. Les microbes les plus ténus se précipitent alors au fond des vases ; leur étude devient ainsi possible et relativement facile ; leur numération même peut être directement tentée dans ces conditions.

Parmi les organismes microscopiques observés dans les eaux, nous signalerons :

Dans les infusoires : les *monobia*, de l'ordre des monères, armés de pseudopodes rectilignes deux ou trois fois aussi longs que leurs corps ;

Les *amibes*, différant des monères par la présence d'un noyau et d'un nucléole, mais formés aussi par une masse de protoplasma diffluent et contractile ;

Les *rhizopodes, vorticelles, strombidium*, etc.

Parmi les *microbes* les plus répandus, nous citerons :

Les *zoogléa* (fig. 45), sortes d'amas muqueux qui donnent naissance à des cellules bactériennes variées dont ces colonies de zooglées sont comme la gangue ;

Les *micrococcus* ; parmi ceux-ci l'on a signalé dans les eaux les coccus les plus simples (fig. 45ᵇⁱˢ) et des *diplococcus* (fig. 46) étranglés en leur milieu ; le *micrococcus ureæ* de M. Van Tieghem ; le *micrococcus prodigiosus*, reconnaissable à sa teinte rouge intense ; le *micrococcus rosaceus*, de ton rose blafard ; les *sarcines* blanches et jaunes et les *sarcines* en cubes (fig. 47) ; les *streptococcus* à chapelets (fig. 48) ;

Des *bacilles droits* et *en virgule* (fig. 49 et 50) ; ces bacilles en virgule ont été observés pour la première fois en 1880, par M. Certes, dans l'eau d'un bassin du *Muséum*, à Paris. Parmi ces *bacilles* on peut citer les *bacillus subtilis*; *b. ulna*; *b. fluoresceus*; *b. cyanogenus*, signalés dans l'eau de la Seine;

Des *bactéries* (fig. 51), dont les plus répandues sont : le *bacterium termo*; le *b. lineola*; *b. fœtidum*; *b. æruginosum*;

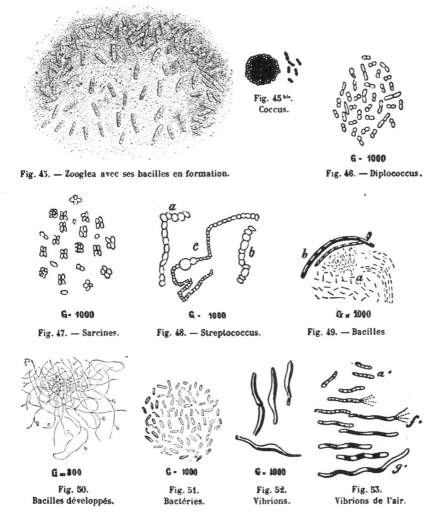

Fig. 45. — Zooglea avec ses bacilles en formation.

Fig. 45 ᵇⁱˢ. Coccus.

G - 1000
Fig. 46. — Diplococcus.

G - 1000
Fig. 47. — Sarcines.

G - 1000
Fig. 48. — Streptococcus.

G - 1000
Fig. 49. — Bacilles

G - 800
Fig. 50.
Bacilles développés.

G - 1000
Fig. 51.
Bactéries.

G - 1000
Fig. 52.
Vibrions.

Fig. 53.
Vibrions de l'air.

Des *vibrions*, des *spirilles* (fig. 52 et 53).

Il faut ajouter à cette énumération les spores, algues, levures, moisissures, etc., les plus diverses.

Les microbes jouissent de la propriété d'être toujours colorés *en entier* par les réactifs colorants (violet dahlia, bleu de méthylène, vert à l'iode) qui, maniés avec soin, ne colorent que le *noyau* des infusoires vivants, comme si, chez les premiers, le protoplasme et le noyau étaient confondus en une substance commune non encore physiologiquement différenciée.

Culture et numération des microbes des eaux. — Un problème encore plus délicat et plus important consiste dans la numération et la culture des microbes ou bactéries qui vivent dans les eaux. On peut arriver à les compter et à les séparer par diverses méthodes. Voici celle qui nous paraît la meilleure ([1]).

On fait digérer dans 10 litres d'eau à 100 degrés, 300 à 400 grammes de *lichen caraghuen* ou *fucus crispus*. Au bout de quelques heures on passe au tamis à larges mailles pour séparer les frondes, on porte à l'ébullition et l'on filtre à l'étamine dans un entonnoir à filtration entouré de glycérine chaude. La liqueur épaisse qui a filtré est évaporée sur de larges assiettes à 45 ou 50° dans une étuve fermée; on obtient par dessiccation des feuilles ressemblant à de la gélatine sèche. Un pour cent de cette gélatine de lichen ajouté à un liquide nutritif lui donne la propriété de gélatiniser par le refroidissement.

D'autre part, on prépare un bouillon de culture de la façon suivante : l'on dissout 50 grammes d'extrait de viande Liebig dans un litre d'eau, et l'on neutralise exactement à chaud la solution par de la soude caustique. A un litre de cette liqueur on ajoute 15 grammes de la gélatine de lichen ci-dessus dite, 10 grammes de *gélose* (*matière gélatinisante végétale d'origine japonaise*), et un quart de blanc d'œuf. On porte le tout à l'ébullition; on filtre bouillant et l'on introduit ce bouillon dans de petit matras de 200 à 250 centimètres cubes qu'on porte à 105°-110° durant une heure pour stériliser. Au bout de ce temps, on filtre de nouveau la liqueur bouillante au papier et on la fait couler dans une série de tubes stérilisés d'avance à 120°, tubes qui reçoivent chacun 10 centimètres cubes du liquide chaud et que l'on ferme par un tampon de coton stérilisé. On se procure ainsi un grand nombre de ces tubes. Avant de s'en servir, on les porte à l'étuve, à 35° ou 40°, durant 3 semaines, et l'on rejette tous ceux qui se troublent. Ainsi prêts et vérifiés. ces tubes sont alors ensemencés avec une quantité connue de l'eau à examiner, soit pure, soit bien plus souvent diluée à un titre connu avec de l'eau stérilisée. Pour cet ensemencement, l'on se sert d'une pipette flambée donnant, suivant les cas, de 20 à 80 gouttes de liquide au centimètre cube. On aspire avec elle l'eau à examiner et l'on en ajoute dans chaque tube un nombre connu de gouttes. On agite le mélange avec une baguette de verre flambée, et l'on remet le tube à l'étuve. Au bout

([1]) Recommandée par M. le Dr Miquel, chargé du service bactériologique de l'observatoire de Montsouris; le bouillon de culture que l'on va décrire est du même auteur.

de 2 à 8 ou 10 jours, suivant l'impureté des eaux, une colonie de microbes
se développe dans les divers tubes partout où existait un germe. On peut,
si elles ne sont pas trop nombreuses, compter ces colonies. L'on peut
même saisir séparément, au moyen d'une pipette effilée, un échantillon
de chacune des espèces de colonies qui paraissent dissemblables, pour
les cultiver ensuite séparément. Au bout de trois ou quatre sélections et
cultures successives, les espèces ainsi séparées sont généralement pures
et aptes à être inoculées aux animaux.

Si l'on veut, non pas *séparer*, mais *compter* exactement le nombre de
microbes, on dilue l'eau à étudier avec une quantité connue d'eau stérilisée, que l'on distribue dans une série de flacons spéciaux (fig. 54)

Fig. 54. — Flacons de culture avec leur
bouchon à l'émeri terminé par un tube
à coton stérilisé.

contenant un bouillon de culture
stérilisé, apte à développer les germes ou les moisissures. Par un
tâtonnement préalable et une dilution de l'eau suffisante, on s'arrange
de façon que le tiers ou la moitié
de ces flacons reçoivent des germes
et prospèrent ; les autres restent sté-
riles, faute de semences. Il a donc fallu qu'il y ait dans la quantité d'eau
d'ensemencement primitive autant de germes au moins que de flacons
contaminés.

On doit ajouter seulement que, suivant que l'on voudra compter les
bactéries ou les moisissures, on devra se servir de milieux de cultures
neutres ou légèrement alcalins dans le premier cas, acidules dans le
second.

Voici un exemple des calculs à faire :

Dans 100 centimètres cubes d'eau l'on a versé un dixième de centimètre cube de l'eau polluée à examiner (soit 5 gouttes mesurées à la
pipette spéciale flambée). Chaque centimètre cube de ce mélange contient donc $\frac{1}{1000}$ de centimètre cube de l'eau dont on veut compter les
microbes. On verse dans chacun des 10 flacons à culture tels que ceux de
la figure 54, pleins de bouillon stérilisé $\frac{1}{10}$ de centimètre cube de ce
mélange. Les 10 flacons ont donc reçu ensemble un centimètre cube du
mélange, ou $\frac{1}{100000}$ de centimètre cube d'eau primitive. Trois de ces flacons sur dix laissent développer des microbes et des moisissures. Il
existait donc 3 germes dans un cent-millième de centimètre cube d'eau
et par conséquent 300 000 germes par centimètre cube d'eau primitive.

Citons ici quelques chiffres dus à M. Miquel et à MM. Proust et
Fauvel ; ils sont relatifs aux eaux de Paris :

ORIGINE DE L'EAU	NOMBRE DE MICROBES PAR CENT. CUBE D'EAU	AUTEURS ET DATES
Eau de la Vanne	11 000	Proust et Fauvel. (Automne 1884.)
Eau du canal de l'Ourq	8 000	
Eau de la Seine à St-Ouen (amont de Paris).	20 000	
— à Choisy	300	Miquel. (Juillet 1885.)
— au bassin de Villejuif . . .	5 000	
— à Neuilly (après la traversée de Paris)	180 000	
— à Clichy (en amont du grand collecteur).	116 000	Proust et Fauvel. (Automne 1884)
— à Clichy (en aval du grand collecteur).	244 000	
— à St-Denis.	200 000	Miquel. (Juillet 1885.)
— au Pecq.	180 000	

Ainsi un habitant de Clichy absorbe par verre de 250 centimètres cubes d'eau de Seine, puisée *en amont* du grand collecteur, près de *30 millions de microbes*. Il est temps de mettre un terme à cet état de choses déplorable.

NEUVIÈME LEÇON

LES EAUX MINÉRALES

Les eaux minérales sortent du sein de la terre chargées des principes qu'elles ont empruntés au milieu d'où elles proviennent, principes auxquels elles doivent leurs propriétés médicamenteuses.

Ces eaux ont été de tout temps employées dans un but thérapeutique. Leur nombre va croissant tous les jours; leur constitution, leurs propriétés, leur composition, leur origine méritent une attention spéciale.

Elles émergent à la surface du sol tantôt *froides*, tantôt *chaudes*, c'est-à-dire à une température, généralement constante, supérieure à 25 ou 30 degrés : ce sont alors des eaux *thermominérales*. Cette classification préliminaire des eaux minérales en *froides* et en *thermales* nous amène à dire quelques mots de leur origine.

Origine des eaux minérales [1]. — On sait que le globe terrestre

[1] Voir pour plus de détails mon article sur l'*origine des eaux minérales* publié dans la *Revue scientifique* du 23 mai 1885.

est formé par un noyau central fondu et en grande partie métallique, si l'on en juge par la densité moyenne de la terre égale à 5,5, densité fort supérieure à celle des roches connues, qui n'est que de 2,5, et si l'on tient aussi compte de la nature des coulées qui se sont fait jour à travers les fentes ou failles de l'écorce terrestre, coulées le plus souvent très riches en métaux lourds et spécialement en fer. Autour de ce noyau terrestre fondu existe une gangue que le feu central tient en demi-fusion ou liquéfie suivant les points. Cette gangue est venue remplir un certain nombre de fentes ou failles de l'écorce du globe et s'est quelquefois épanchée en nappes à sa surface. La nature des déjections qui ont été rejetées jusqu'au jour aux diverses époques géologiques, montre que cette gangue est formée surtout de silicates basiques où dominent le fer et la chaux. Au-dessus de cette région pâteuse ou liquide se trouvent les couches cristallines les plus légères et les moins fusibles, constituées par des silicates doubles ou triples d'alumine, de potasse ou de chaux qui, en s'agrégeant entre elles et avec le quartz, ont formé les granits, les gneiss, les micaschistes, etc., des terrains primitifs.

Ce n'est qu'après un refroidissement suffisant de ces terrains cristalliniens les plus anciens que les eaux sont venues déposer au-dessus successivement la série de couches sédimentaires, en grande partie calcaires, quelquefois magnésiennes, dont le Tableau ci-contre, p. 111, indique à la fois les rapports d'ensemble, la succession et la composition chimique.

A mesure que se déposaient les couches terrestres les terrains déjà solidifiés se refroidissaient peu à peu et subissaient la pression des assises qui se formaient lentement au-dessus d'elles. Sous l'influence de la contraction due à ce refroidissement inégal et particulièrement plus rapide au-dessous des mers, grâce aussi à l'agrégation moléculaire des roches devenant avec le temps de plus en plus parfaite et aux différences d'élasticité qui en sont la conséquence, à certaines périodes éloignées entre elles de milliers d'années, le sol a subi des changements de forme violents. Il s'est effondré sur certains points, s'est élevé sur d'autres, s'est craquelé, ou profondément fissuré dans toute l'épaisseur des couches solidifiées. De là les systèmes de montagnes, et les fentes ou failles à travers lesquelles se sont écoulés, aux époques les plus anciennes, les métaux fondus, les combinaisons fusibles des métaux lourds du noyau central, et ces eaux minérales d'une puissance incomparable qui ont déposé les assises épaisses des dolomies du lias ([1]) ou bien ont réuni les amas de minerais de fer de l'oolithe, par exemple. Ces dernières forment,

_____

([1]) La source de Saint-Allyre (Puy-de-Dôme) est un exemple moderne, mais très réduit, de ces sources qui déposaient la dolomie des terrains paléozoïques permiens et jurassiques. Elle incruste aussi d'un carbonate double de chaux et de magnésie les objets qu'on y plonge.

TABLEAU D'ENSEMBLE DES TERRAINS GÉOLOGIQUES
et de la composition et apparition de leurs principales roches (¹

ÈRE QUATERNAIRE *Mélange de toutes les roches empruntées aux terrains inférieurs.* *Animaux et plantes modernes.*	PÉRIODE RÉCENTE OU ACTUELLE	Formation des alluvions modernes.
	PÉRIODE ANCIENNE	Grands glaciers. Volcans d'Auvergne et d'Italie.
ÈRE TERTIAIRE *Craie en couches épaisses.* *Faune et Flore presque modernes.* *Apparition de l'homme.*	PLIOCÈNE	Quelques *roches éruptives* : Basaltes, trachytes, andésites. Soulèvement des Andes.
	MIOCÈNE	*Roches éruptives* : Basaltes, andésites. Filons et minerais de cuivre et plomb. Soulèvement des Alpes.
	ÉOCÈNE	*Roches éruptives* : Ophites, serpentines; filons de cuivre et plomb. Soulèvement des Pyrénées.
ÈRE SECONDAIRE *Calcaires et dolomies sédimentaires.* *Grès.* *Ébauche des types modernes d'animaux et de plantes.*	CRÉTACÉ	Gypse.
	OOLITHE	Fer à l'état de puissants dépôts alumino-ferrugineux d'eaux minérales.
	LIAS	Filons de quartz, baryte, plomb. Dolomies.
	TRIAS	Gypse et anhydrite — Sel — Bitume — Cuivre en gîtes. *Roches éruptives* : Mélaphyres et Ophites.
ÈRE PRIMAIRE *Calcaires cristallins et grès sédimentaires.* *Êtres vivants de types tout différents des nôtres. —* *Apparition des poissons à l'époque permienne.*	PERMO-CARBONIFÈRE	Grès — Houille — Fer — Porphyres et mélaphyres — Sel et gypse.
	DÉVONIEN	Étain — Roches éruptives granitoïdes.
	SILURIEN	Granits, diorites, pétroles.
	CAMBRIEN	Roches éruptives cristallines.
ÈRE AZOÏQUE ou PRIMITIVE *Pas d'êtres vivants.*		Gneiss; micaschistes, granits (feldspaths, micas, quartz, péridot, pyroxène....) contenant surtout Al, K, Na, Li, Ca, Mg, Fe. Oxygène. Filons métalliques de métaux divers et précieux.

Noyau central : *au-dessus*, pâteux et riche en silicates basiques ; *au-dessous*, fondu et composé de métaux, en particulier de fonte de fer à sa partie supérieure et des principaux éléments suivants : O ; S ; C ; As ; Pb ; Az ; Ti ; Bo ; Fl ; Cl ; Métaux.

(¹) Les documents de ce tableau sont en grande partie empruntés à l'excellent TRAITÉ I GÉOLOGIE de M. *de Lapparent*. (F. SAVY, éditeur.)

dans la Meuse et les Ardennes, des couches de plusieurs centaines de
mètres d'épaisseur d'un silico-aluminate ferreux apporté à l'*époque*
secondaire par des sources thermales ferrugineuses sous-marines.
Ailleurs ces eaux chaudes ont laissé cristalliser, dans les filons, le sulfate de baryte, les fluorures, l'apatite, l'acide silicique, les silicates, etc.,
et les combinaisons métalliques qui les accompagnent.

La puissance de ces failles ou fentes principales est si grande, qu'on
peut, à la surface de la Terre, en poursuivre quelques-unes, presque en
ligne droite, sur des milliers de kilomètres. Celle qui suit à peu près la
direction de la crête des Andes et que jalonnent sur tout son parcours
de nombreux volcans, présente des entailles de plus de 10 000 mètres de
profondeur : 4 à 5000 mètres de murailles au-dessus du sol et 5 à
6000 mètres de profondeur presque à pic sous la mer, non loin du
rivage du Pacifique.

On ne peut donc s'empêcher de penser que la force qui a produit de
telles coupures et qui a pu soulever d'un coup ces immenses masses de
montagnes, a été assez puissante aussi pour déchirer la Terre dans toute
l'épaisseur de ses roches solides. Par les grandes failles qui s'ouvraient
ainsi, se sont écoulés autrefois les basaltes, les trachytes, les trapps,
les ophites. Les fractures secondaires, ou les fractures primitives devenues
plus étroites grâce à ces coulées mêmes, ont servi d'évents aux émanations volatiles de chlorures métalliques, ou bien ont laissé s'écouler
les gaz et vapeurs provenant du noyau central. Ces gaz, nous le savons
par la nature de ceux que fournissent les sondages les plus profonds, et
par celle des eaux les plus chaudes, sont formées d'acide carbonique et
d'azote. Le gaz carbonique s'exhale de tous les volcans et de toutes les
roches et assises anciennes ; l'azote s'échappe des eaux minérales qui
sortent du granit. Quant aux vapeurs, elles sont en grande partie composées d'eau. La puissance et la profondeur même de ces immenses
failles que nous avons montrées parcourant la terre et le fond des mers
sur des milliers de lieues, nous porte à penser que cette eau est empruntée directement au bassin même des océans. Vaporisées par le feu
central, les eaux marines se sont condensées en eaux minérales dans
les parties plus froides des couches terrestres dont elles suivent les
failles secondaires et les filons.

Telle est l'origine des eaux thermales profondes. Entraînées par la
pression interne qui résulte de leur température élevée, elles parcourent
les fissures qui coupent les granits dans toute leur épaisseur ; déjà
chargées d'acide carbonique et peut-être de sel marin, elles empruntent
aux roches qu'elles traversent la soude, les sulfures, les silicates, l'arsenic, etc., qui les caractérisent, et arrivent jusqu'au sol plus ou moins
différenciées de composition et de température suivant la nature et les

sinuosités de leur trajet souterrain (¹). Quant aux eaux minérales froides
ou tièdes, la plupart d'entre elles paraissent avoir pour origine les eaux
météoriques qui, versées à la surface du sol, pénètrent par capillarité ou
par fissures jusque dans les
profondeurs des terrains
(fig. 55) et, suivant les hasards du trajet qu'elles suivent, se chargent à la fois
de l'acide carbonique am-
biant qui imprègne ces terrains, de leurs sels calcaires
et magnésiens qu'elles dissolvent, des chlorures, des
iodures et bromures alca-

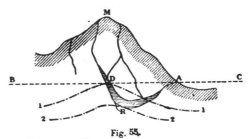

Fig. 55.
Diagramme d'une source thermale jaillissante
d'origine superficielle.

lins, des carbonates de fer, etc., qu'elles rencontrent dans le sol.

Essayons maintenant d'expliquer l'origine particulière ou la synthèse
des divers matériaux qui composent les eaux minérales.

Matériaux des eaux minérales. —A proprement parler, il n'est pas
de substances contenues dans les roches géologiques qui ne puissent se
rencontrer dans les eaux minérales, parce qu'il n'en est pas d'absolument
insolubles. Mais les principales substances dissoutes par les eaux sont
les suivantes :

1° *Gaz.* L'*azote,* qui est abondant dans beaucoup d'eaux minérales
chaudes, peut provenir soit de l'air atmosphérique ayant pénétré sous
pression, dissous dans l'eau de mer, jusqu'au noyau central, soit peut-
être de la décomposition d'azotures contenus dans les couches profondes. Ce gaz est simplement dissous en minime proportion dans les
eaux froides. L'*oxygène* ne se rencontre pas dans les eaux thermales,
ni dans beaucoup d'eaux froides; les matériaux des couches profondes
en sont trop avides pour ne pas l'arrêter au passage. Lorsqu'il existe
dans les eaux, il provient de l'air. L'*acide carbonique* a pour principale origine l'exhalation continue de ce gaz par le noyau central incandescent. Il paraît provenir surtout de la réaction des oxydes de fer ou
des silicates basiques sur les carbures de fer fondus :

$$2 Fe^2 O^3 + 3 FeC = 7 Fe + 3 CO^2$$

L'acide carbonique des eaux froides est emprunté en partie au sol.

(¹) Rien n'empêche de croire qu'une partie de ces eaux ait pénétré dans les profondeurs
des terrains en partant de la surface du sol. Mais l'étude des températures des couches profondes démontre que pour accéder jusqu'aux couches qui ont une centaine de degrés, il faudrait
que les eaux tombées sur le sol arrivent à 3500 ou 4000 mètres de profondeur ; or l'eau de
geysers est à plus de 100 degrés et l'eau qui s'échappe des volcans a dû arriver *au rouge*
car elle est en partie dissociée.

A. Gautier. — Chimie minérale.

L'*acide sulfhydrique* et l'*oxysulfure de carbone* signalés dans quelques eaux minérales, paraissent dus à la réaction réciproque des sulfures, oxydes et carbures de fer au rouge. L'oxysulfure de carbone qui se forme tend à se décomposer ensuite par l'eau :

$$3\,FeS + Fe^2O^3 + FeC = 8\,Fe + 3\,COS$$

et

$$3\,COS + 3\,H^2O = 3\,H^2S + 3\,CO^2$$

Enfin, signalons le *gaz des marais* et autres hydrocarbures qui se dégagent de certaines eaux (eaux sulfureuses, eaux bromiodurées), gaz sur lesquels nous reviendrons.

2° *Substances fixes.* Les plus importantes sont :

Les *sels alcalins :* ils sont presque exclusivement sodiques ou accompagnés d'une minime proportion de sels de potassium.

Le bicarbonate sodique provient de l'action de l'eau chargée d'acide carbonique, et peut-être de sel marin, sur les silicates alcalins des feldspaths :

$$SiO^2,Na^2O + CO^2 = SiO^2 + CO^3Na^2$$

Le sulfure sodique résulte de l'action toute semblable de l'acide sulfhydrique sur les mêmes feldspaths, ou peut-être sur le carbonate de soude formé ainsi qu'il vient d'être dit :

$$CO^3Na^2 + 2\,H^2S = CO^2 + 2\,NaHS + H^2O$$

Struve a montré depuis longtemps qu'en chauffant sous pression la phonolite de Bilin (Bohême) avec de l'eau chargée d'acide carbonique, on obtient une eau gazeuse alcaline artificielle renfermant les matériaux de l'eau de cette localité.

Le *silicate de sodium* que l'on rencontre dans quelques eaux (*Plombières, Molitg*) a la même origine.

Le *chlorure de sodium*, accompagné quelquefois de bromure et d'iodure sodiques, rarement des sels correspondants de potassium, peut provenir directement des eaux de mer, s'il s'agit des eaux thermales, ou bien s'être formé aux dépens des silicates de soude des granits attaqués par l'acide chlohydrique qui s'échappe du noyau central et qui a pour origine l'action que l'eau à haute température exerce sur les chlorures alcalins, terreux ou métalliques proprement dits :

$$Fe^2Cl^6 + 3\,H^2O = Fe^2O^3 + 6\,HCl$$

Le sel marin des eaux minérales franchement salées est généralement emprunté aux terrains du trias et aux terrains permiens qui en contiennent des couches puissantes.

Les *chlorures et sulfates terreux*, de chaux, de magnésie, quelquefois d'alumine, sont généralement fournis par les matériaux des couches terrestres stratifiées du permien, du trias ou du crétacé.

Les *sels ferreux*, en particulier le bicarbonate de fer, sont dissous par les eaux chargées d'acide carbonique, aux dépens des sulfures et sels ferreux qui imprègnent ou forment les puissants dépôts dévoniens, siluriens, permo-carbonifères, oolithiques, etc... A l'air, le bicarbonate ferreux perd son acide carbonique et se transforme en peroxyde de fer; celui-ci se dépose en entraînant l'arsenic qui accompagne souvent le fer. Il en est de même du *sulfate ferreux* qui dérive de l'oxydation des roches ferrugineuses, *marcassite* FeS^2 ou *mispickel* $FeS^2,FeAs^2$. Ce sel s'oxyde à l'air et dépose du peroxyde de fer arsenical.

On peut aussi signaler les *crénates* et *apocrénates de fer* qui paraissent dus à des acides produits aux dépens de matières ulmiques provenant de la décomposition des substances végétales sous l'influence de certains ferments.

Les *sels de cuivre* se rencontrent dans beaucoup d'eaux (*Balaruc*. *Rippoldsau*). Ils proviennent en général des pyrites cuivreuses.

Les acides qui se rencontrent le plus généralement dans les eaux minérales à l'état de sels sont : l'*acide sulfurique* et l'*acide chlorhydrique* qui peuvent exister même à l'état libre dans quelques terrains volcaniques. La seule petite rivière du *Rio Vinagre*, originaire d'un volcan des Andes, débite par jour 38000 kilogrammes d'acide chlorhydrique et 39000 d'acide sulfurique; les flancs de presque tous les volcans de cette région sont parcourus par des eaux acides semblables; l'on sait depuis longtemps que le sel marin, l'eau et la silice donnent à haute température du silicate de soude et de l'acide chlorhydrique.

L'*acide silicique* est le plus souvent uni à la soude dans les eaux minérales; quelquefois il est libre comme dans celles des geysers. On a dit plus haut comment il se produisait aux dépens des feldspaths.

L'*acide borique* proviendrait, d'après Dumas, de la décomposition par l'eau d'azotures et sulfures de bore existant dans les couches profondes du sol :

$$Bo^2S^3 + 3H^2O = Bo^2O^3 + 3H^2S.$$

Suivant une opinion plus récente, il serait emprunté aux borates des couches salines permiennes et triasiques déposées par les anciennes mers.

Parmi les éléments que l'on trouve plus rarement dans les eaux minérales, nous citerons :

Le *lithium*, le *cæsium*, le *rubidium* dont les silicates se trouvent dans les granits à côté de celui du potassium. Les sels de *lithium* sont particulièrement importants, vu leur action dissolvante pour les urates et l'acide urique. Les eaux qui en contiennent le plus sont celles de Bourbonne, $0^{gr},088$ de chlorure LiCl par litre; celles de Royat, $0^{gr},050$ de carbonate; de Vichy, $0^{gr},030$; de la Bourboule, $0^{gr},024$ de chlorure par litre ;

Les *sels ammoniacaux* signalés dans quelques eaux sulfureuses et bromurées peuvent avoir diverses origines ;

Les *sels d'alumine* que presque tous les terrains peuvent fournir et qui se trouvent quelquefois dans les eaux à l'état de sulfates (*Auteuil, Passy*) ;

Le *carbonate de baryte* (*Luxeuil*), le *carbonate de strontiane* (*Vichy, Sedlitz, Carlsbab*), le *sels de zinc* (*Ronneby; Rippoldsau*) et dans cette dernière eau acidulée et ferrugineuse, des traces d'étain, de cuivre, de plomb, d'antimoine.

Il faut ajouter à ces divers sels, dont beaucoup sont empruntés directement aux terrains ou aux filons métalliques qui les traversent, un certain nombre de matières organiques que l'on peut rencontrer aussi dans ces eaux. Les principales sont le *gaz des marais*, déjà cité, et une série d'hydrocarbures saturés en C^nH^{2n+2} et C^nH^{2n} qui forment les pétroles d'Amérique et ceux du Caucase et de Pensylvanie : ces hydrocarbures qui émergent souvent des plus anciens terrains, ne peuvent avoir d'autre origine que l'action de l'eau sur les carbures de fer du noyau central :

$$n\,CFe + n\,H^2O = n\,FeO + C^nH^{2n}$$

Citons enfin les *acides crénique* et *apocrénique* déjà nommés, acides de nature ulmique non azotés, et les acides *butyrique* et *propionique* comme à *Brückenau* en Bavière, acides qui sont dus comme les précédents à des fermentations produites non loin de la surface, aux dépens des matières organiques du sol.

Classification des eaux minérales. — Nous diviserons les eaux minérales en huit classes, savoir :

(A) *Eaux acidules :* Elles contiennent un excès d'acide carbonique, avec une petite quantité de carbonates de sodium, de calcium ou de fer.

(B) *Eaux alcalines :* Elles sont alcalines au papier ; les eaux précédentes ne le sont pas ou ne le sont qu'après ébullition. Elles sont minéralisées par une notable proportion de sels de soude alcalins.

(C) *Eaux sulfureuses :* Ces eaux contiennent comme éléments caractéristiques des sulfhydrates alcalins ou de l'hydrogène sulfuré.

(D) *Eaux chlorurées :* Elles sont caractérisées par la présence du chlorure de sodium en quantité suffisante pour leur donner un goût franchement salé.

(E) *Eaux bromurées et iodurées :* Elles contiennent une importante proportion de bromures et iodures alcalins.

(F) *Eaux sulfatées* : Ces eaux sont minéralisées, suivant les cas, par du sulfate de soude, de magnésie ou de chaux qui s'y trouvent généralement en quantité suffisante pour les rendre purgatives ou laxatives.

(G) *Eaux ferrugineuses* : Ces eaux contiennent plus de 50 milligrammes de bicarbonate, sulfate ou crénate de fer par litre.

(H) *Eaux arsenicales* : Elles sont riches en arsenic, 2 à 3 milligrammes par litre au minimum.

(A) EAUX ACIDULES

Ces eaux sont caractérisées par une quantité notable d'acide carbonique libre, 300 à 1000 centimètres cubes et plus par litre, toujours accompagné d'une faible proportion de carbonates alcalins ou alcalinoterreux. Ces eaux sont froides, piquent la langue, font effervescence à l'air, rougissent généralement, mais très faiblement, le papier de tournesol et quelquefois le bleuissent après ébullition.

Leurs principaux sels sont les bicarbonates sodique, calcique ou magnésique, quelquefois des borates, des chlorures ou sulfates alcalins et terreux, le tout en petites proportions.

On subdivise ces eaux en : (*a*) Eaux acidules alcalines; (*b*) Eaux acidules calcaires; (*c*) Eaux acidules ferrugineuses.

(*a*) *Eaux acidules alcalines.* — Ex. : Pougues; Seltz ou Selten (*Nassau*) ([1]); Chateldon; Soultzmatt (*Alsace*); Saint-Allyre. Ces eaux peuvent contenir jusqu'à un gramme de bicarbonate sodique et, quoique acidules au goût, bleuir très légèrement le tournesol. Quelques-unes, comme celle de Saint-Allyre, sont en même temps chargées de bicarbonates calcaires et magnésiens; elles incrustent rapidement d'une dolomie à pâte très fine les objets qu'on y laisse séjourner.

(*b*) *Eaux acidules calcaires.* — Ex. : Condillac, Saint-Pardoux, Pyrmont (*Westphalie*), Saint-Galmier, etc. Cette dernière est très légèrement alcaline. Toutes ces eaux précipitent abondamment du carbonate de chaux presque pur lorsqu'on les soumet à l'ébullition.

(*c*) *Eaux acidules ferrugineuses.* — Bussang, Spa (*Belgique*).

Voici des analyses de chacune de ces variétés. Tous les chiffres sont rapportés au litre ; même remarque pour tous les tableaux des analyses d'eaux minérales qui suivent. (Voir le tableau p. 118.)

A ces eaux on pourrait ajouter les *eaux acidules siliciques* dans lesquelles la silice est libre et se dépose lentement : celles des geysers de l'Islande et celles de *Mont-Dore* en Auvergne sont dans ce cas. Celles-ci contiennent par litre $0^{gr},210$ de silice qu'elles abandonnent peu à peu à l'air à l'état gélatineux; l'acide carbonique y est en grand

---

([1]) Toutes les eaux dont on n'indique pas ici le pays d'origine sont françaises.

excès. Ces eaux siliciques diffèrent des eaux acidules proprement dites par leur température élevée.

COMPOSITION	EAU ACIDULE ALCALINE	EAU ACIDULE CALCAIRE	EAU ACIDULE FERRUGINEUSE
	Soultzmatt	**Saint-Galmier** (Fontforte)	**Bussang** (Salmade)
	(*A. Béchamp*)	(*O. Henry*)	(*Willm*)
	T = 10 à 11°,5	Temp. froide	Froide
Acide carbonique libre.	1ᵍʳ946	2ᵍʳ082	1ᵍʳ788
Bicarbonate de sodium.	0,957	0,238	0,628
— de potassium	»	»	0,061
— de lithium	0,020	nul	0,006
— de calcium.	0,431	1,037 (¹)	0,380
— de magnesium	0,313		0,177
— de fer, de manganèse. . .	nul	0,009	0,008 (²)
Sulfate de potassium	0,148	»	»
— de sodium	0,023	0,079	0,134
Chlorure de sodium.	0,071	0,216	0,083
Borate de sodium.	0,065	nul	nul
Sulfate de calcium	nul	0,180	»
Silice.	0,063	0,036	0,064
Acide phosphorique.	»	»	»
Alumine.	»	»	»
Peroxyde de fer.	»	»	0,0012
Arséniate de fer	»	»	0,0012
Matière organique non azotée . . .	»	0,024	»
Total des matériaux fixes par litre.	2,091	1,886	1,573

(¹) Le carbonate de chaux prédomine dans cette eau; il faut ajouter aux matières minérales de l'eau de Saint-Galmier 0ᵍʳ,007 de bicarbonate de strontiane et 0,060 de nitrate de magnésie avec une trace de phosphate soluble.

(²) Il faut ajouter 0ᵍʳ,0029 de carbonate manganeux.

(B) EAUX ALCALINES

Les eaux alcalines sont généralement chaudes. Presque toujours l'acide carbonique s'en dégage abondamment. Elles doivent surtout leur alcalinité au bicarbonate de soude mélangé d'un peu de bicarbonate de potasse, rarement au ses·quicarbonate de soude (*natron*) qui minéralise cependant quelques eaux de Hongrie, d'Égypte ou du Mexique; dans quelques cas la substance alcaline est le silicate sodique, comme dans les eaux de Plombières. La lithine se rencontre dans plusieurs de ces eaux, principalement dans celles du plateau central de la France, d'après M. Truchot. On l'a signalée dans les eaux de Marienbad, Soultzmatt, Plombières, Vichy.

Les eaux alcalines contiennent le plus souvent, et quelquefois assez abondamment, du bicarbonate de chaux; un peu de chlorure de sodium, de minimes proportions de fer, d'iode, d'arsenic, de silice, de borates, etc.

La France est particulièrement favorisée au point de vue des eaux minérales alcalines. Parmi elles, celles de Vichy et de Vals sont les plus importantes par leur débit et leur riche minéralisation. Les eaux du Boulou, dans les *Pyrénées-Orientales* sur la frontière d'Espagne, sont aussi fort célèbres par leur efficacité. Comme eaux de grande consommation, les plus précieuses sont celles que leur faible thermalité, leur inaltérabilité et l'échelle variable de leur alcalinité permettent de conserver sans altération sensible et d'adapter aux divers besoins de la thérapeutique. Telles sont les eaux de Vals.

Ces eaux se divisent en :

(*a*). *Eaux alcalines fortes* contenant de 4 à 8 et 10^{gr} de bicarbonate de soude par litre. Ex. : Vichy, Cusset, Vals, Ems (*Nassau*), etc.

(*b*) *Eaux alcalines faibles* contenant moins de 4 grammes de bicarbonate de soude par litre. Ex. : Neris, Royat, Vals, Tœplitz (*Bohême*), etc.

(*c*) *Eaux silicatées sodiques*. Ex. : Plombières, et nous pourrions ajouter Mont-Dore. Ces dernières, à côté de 0^{gr},693 de bicarbonate de soude par litre contiennent 0^{gr},210 de silice. Barèges, dans les Hautes-Pyrénées, Molitg et Vernet, dans les Pyrénées-Orientales, sont aussi des eaux riches en silicates alcalins, mais sulfureuses.

(*d*) *Eaux chlorosodiques alcalines*. Ex. : Saint-Nectaire, Châtel-Guyon, etc. Cette dernière est légèrement laxative grâce à son chlorure de magnésium.

Nous donnons ici la composition des divers types d'eaux acalines. Celles de Vichy, de Royat et de Plombières, d'après les savantes et consciencieuses recherches de M. Willm sur les *Eaux minérales françaises*, diffèrent très sensiblement des analyses publiées avant lui par MM. Bouquet et O. Henry. (Voyez le tableau p. 120.)

COMPOSITION	Vicby [1] (Hôpital) (Willm)	Vals [2] (Désirée) (O. Henry)	Royat (la Commune) [3] (Willm)	Vals (Saint-Jean) (O. Henry)	Plombières (Danes) (Willm)	Saint-Nectaire (Gubler) (Truchot)
Acide carbonique total. . . .	$4^{gr}708$	$2^{gr}145$	$1^{gr}595$	$2^{gr}425$	$0^{gr}061$	$1^{gr}108$
— — libre	1,177	»	»	»	0,0207	»
Bicarb. de sodium ($C^2O^5Na^2$) . .	4,987	6,040	1,169	1,480	0,051	3,287
— de potassium ($C^2O^5K^2$). .	0,401	0,263	0,207	$0^{gr}4\,0$	»	0,351
— de lithium ($C^2O^5Li^2$) . .	0,56	trace	0,059	trace	trace	»
— de calcium (C^2O^5Ca) . .	0,544	0,571	1,118	0,310	0,0318	0,416
— de magnésium (C^2O^3Mg) . .	0,079	0,900	0,500	0,120	0,0059	0,293
— ferreux (C^2O^3Fe) . . .	0,004	0,010 [4]	0,074	$0^{g}6$	0,001	0,020
Sulfate de sodium	0,267	0,200 [5]	1,164	$0^{g}1$;	0,090 [8]	0,151
Chlorure de sodium	0,567	1,100	1,672	0,060 [7]	0,0099	2,645
— de lithium. . . .	—	»	»	»	»	0,055
Phosphate de sodium. . . .	»	»	»	»	»	trace
Arséniate disodique. . . .	0,0012	trace	»	»	0,00025	0,0025
— de fer. . . .	trace	»	0,008	»	»	»
Silice	0,062	»	0,105	0,080	0,0518	0,120
Silicate de soude ($Si^2O^3Na^2$) .	»	0,058	»	»	0,0309	»
Alumine	»	»	»	»	»	»
Iodure et bromure de sodium. .	trace	trace	»	trace	»	»
Borate de soude. . . .	»	»	»	»	0,008	0,008
Matière organique	»	»	»	»	»	traces
Total des matières fixes par litre [9].	5,185 [2]	9,142	4,030	2,150	0,2741	7,240

[1] Température en 1881 : 31°. — [2] Trace de rubidium et de strontium. — [3] Thermalité des eaux de Vals = 15°. — [4] Avec un peu de manganèse. — [2] Indiqué comme sulfate double de soude et de chaux. — [3] La composition des diverses sources de Royat est très variée; ainsi, d'après M. Willm, la source César ne contient que $0^{gr}554$ de bicarbonate sodique et $0^{gr}554$ de bicarbonate calcique. La température de la source de la Commune est de 34°.2; celle de la source César de 28°.5. — [5] Avec un peu de sulfate de chaux. — [6] Il faut signaler aussi dans cette eau $0^{gr}0096$ de sulfate de potassium par litre et $0^{gr}0056$ d'azotate de sodium. — [9] Matières desséchées à 100 degrés.

Elles sont faciles à reconnaître à leur odeur d'hydrogène sulfuré et à leur saveur hépatique.

Elles se distinguent et se classent d'après leurs principes sulfureux et les sels qui les accompagnent. Dans les unes, et ce sont les plus importantes, on trouve du sulfure de sodium Na^2S, mêlé de sulfhydrate NaHS qui en dérive par dissociation. Elles ne contiennent pas d'hydrogène sulfuré libre. En effet : 1° mises à digérer avec du carbonate de plomb, elles ne dégagent point d'acide carbonique et leur principe sulfureux persiste. Ce carbonate leur enlèverait tout leur soufre à l'état de sulfure de plomb s'il était à l'état de gaz sulfhydrique :

$$H^2S + CO^3Pb = PbS + H^2O + CO^2$$

2° Une lame d'argent ne noircit pas, ou ne noircit que très faiblement, au contact de ces eaux, tandis qu'elle brunit aussitôt dans une solution, même étendue, d'hydrogène sulfuré.

On peut aller plus loin, et démontrer que le principe sulfureux est un mélange de sulfure et de sulfhydrate sodique. Lorsqu'on verse du nitro-prussiate de soude dans un sulfure, il se fait une belle coloration pourpre; si l'on ajoute de l'acide sulfhydrique à ce sulfure, ou si l'on agit du sulfhydrate de sulfure, la coloration et le précipité deviennent bleus. Or, lorsqu'on verse dans les eaux de Barèges, Cauterets, etc. du nitro-prussiate de soude, on voit d'abord apparaître le beau précipité bleu des sulfhydrates, qui devient ensuite pourpre, accusant ainsi la présence simultanée d'un peu de sulfure Na^2S (*A. Gautier*).

Dans d'autres eaux sulfureuses, au contraire, l'hydrogène sulfuré libre se dégage notoirement. Elles sont *sulfhydriquées* et le plus souvent siliceuses (*Uriage, Aix en Savoie*).

Dans d'autres, enfin, le principe sulfureux est accidentel et provient de la réduction, par les matières organiques du sol, des sulfates dont ces eaux sont abondamment chargées.

On classera donc les eaux sulfureuses en : (*a*) *Eaux sulfureuses proprement dites*; (*b*) *Eaux sulfhydriquées*; (*c*) *Eaux sulfhydriquées chlorosulfatées*; (*d*) *Eaux sulfureuses sulfatées* ou *accidentelles*.

(*a*) *Eaux sulfureuses proprement dites*. — Elles contiennent de 2 à 10 centigrammes de sulfure de sodium par litre. Ces eaux sortent des terrains azoïques et sont toujours chaudes. Leurs sulfures alcalins sont généralement accompagnés d'un peu de chlorure de sodium, de carbonate, et, dans quelques cas, de silicate de soude, de carbonate de magnésie, quelquefois d'un peu de silice libre et d'une trace d'hydrogène sulfuré. Elles dégagent de l'azote gazeux, mais pas d'acide carbonique. Exposées à l'air, elles s'altèrent en s'oxydant avec la plus grande facilité.

L'acide carbonique atmosphérique, et la silice qu'elles contiennent, déplacent de leur sulfure l'hydrogène sulfuré, qui en s'oxydant à l'air donne du soufre libre. Certaines eaux sulfureuses blanchissent dans les baignoires (*Barèges*, *Luchon*, *Molitg*). Il est possible que leur principe sulfureux s'oxyde à l'air et donne un hyposulfite, ou même que le soufre soit directement déplacé :

$$Na^2S + CO^2 + O = CO^3Na^2 + S$$

On peut admettre aussi que ce dépôt de soufre se produise sous l'influence de l'air et de l'acide silicique qui se rencontre toujours dans ces eaux :

$$Na^2S + SiO^2 + O = SiO^3Na^2 + S$$

Dès leur émergence, ou peu de temps après, on rencontre dans les eaux sulfureuses deux substances organiques : l'une soluble, la *barégine* ; l'autre, la *glairine*, qui est insoluble et organisée et paraît avoir besoin de l'air pour se développer. Dans certaines sources on trouve enfin une conferve filamenteuse, la *sulfuraire*, de même composition que la glairine. Elle contient : silice = 30 à 40 ; C = 44 à 45 ; H = 6,5 à 8 ; Az = 5,5 à 8,1).

On peut enfin rencontrer dans ces eaux une trace d'iode, d'acide borique et d'ammoniaque.

(b) *Eaux sulfhydriquées.* — Leur principe sulfureux n'est autre que l'acide sulfhydrique libre ou très faiblement combiné. Exemples : Aix en Savoie ; Bagnolles ; Vernet et Molitg, dans les Pyrénées-Orientales. Ces dernières eaux sont remarquables par leur richesse en silicates.

(c) *Eaux sulfhydriquées chlorosulfatées.* — Ces eaux, généralement chaudes, contiennent à côté de leur principe sulfureux une certaine dose de chlorures et de sulfates. Ex. : Uriage ; Aix-la-Chapelle.

(d) *Eaux sulfureuses accidentelles ou sulfatées.* — Elles contiennent tantôt du sulfure de sodium ou de calcium, tantôt de l'hydrogène sulfuré, mais avec prédominance des sulfates calcaires et magnésiens. On a constaté que ces eaux ne deviennent sulfureuses que grâce à la réduction de leurs sulfates par les matières organiques des terrains stratifiés qu'elles traversent. Ce ne sont donc pas des eaux sulfureuses primitives, mais bien des *eaux sulfatées accidentellement sulfureuses.* Elles sont toutes froides. Parmi les eaux sulfureuses accidentelles on citera celles d'Enghien, de Cauvallat, de Saint-Amand.

Nous donnons dans le tableau ci-contre (p. 123) quelques analyses de ces quatre espèces d'eaux sulfureuses.

COMPOSITION	EAUX SULFUREUSES PROPREMENT DITES		EAU SULPHYDRIQUE	EAU SULFUREUSE CHLOROSULFATÉE	EAU SULFUREUSE ACCIDENTELLE
	Bagnères-de-Luchon (Bain de la Reine) (Willm) [1]	Barèges (Tambour) (Willm)	Aix en Savoie [3] (Bonjean)	Uriage (J. Lefort)	Enghien (Roi) (De Puysaye et Lecomte)
Hydrogène sulfuré	»	»	0gr0414	0gr0113	0gr025
Azote	»	»	0,0320	0,0245	0,019
Acide carbonique libre	»	»	0,0258	0,0062	0,119
Sulfure de sodium (Na²S)	0gr0544	0gr0392	»	»	»
Hyposulfite de sodium	0,0057	0,0107	0,008	trace	»
Chlorure de sodium	0,0772	0,0418	0,017 (4)	6,0569	0,039
— de potassium	»	»	0,016	0,4008	»
Sulfate de calcium	0,0565	0,0173	0,096	1,5205	0,319
— de sodium	0,0071	0,0065	»	1,1875	»
— de potassium	0,0079	»	0,055	»	0,009
— de magnésium	»	0,0580	»	0,6048	0,090
Silicate de sodium (Si²O⁵Na²) . .	0,0360	0,0108	»	»	0,050
— de calcium (Si²O⁵Ca) . .	»	0,0013	»	»	»
— de magnésium (Si²O⁵Mg). .	0,0064	»	0,174 (5)	»	»
Carbonates de chaux et de magnésie .	»	0,0598	»	»	»
Silice en excès	0,0436	0,0011	0,009	0,0790	0,258
Oxyde de fer (avec manganèse) . .	0,0031	»	0,055 (6)	trace	0,029
Alumine	»	trace	»	0,0078 (7)	»
Sels de lithium et d'ammonium . .	trace	trace	»	traces	0,039 (9)
Borates, phosphates, iodures, cuivre .	trace	0,0308	glairine	traces	»
Matière organique (environ) . . .	0,0385				indéterminé
Résidu fixe par litre à 180° . . .	0,3164	0,2705 (2)	0,450	10,2760 (8)	1,491

(D) EAUX CHLORURÉES

Les eaux chlorurées sont celles où prédomine le chlorure de sodium ; il est généralement accompagné d'un peu de chlorures de potassium, calcium et magnésium, ainsi que d'une quantité variable des sulfates de ces mêmes bases. Ces eaux, salées au goût, proviennent le plus souvent du lavage des dépôts de sel gemme laissés par l'évaporation des mers géologiques, dépôts qui se rencontrent en masses souvent énormes dans le permien et le trias, et dans lesquels le sel marin est accompagné de tous les sels de l'eau des mers primitives. On peut y trouver des bromures et iodures, comme à Kreuznach ; des sulfures, comme dans celles d'Aix-la-Chapelle ; des carbonates alcalins, comme à Bourbon-l'Archambault ; du fer, comme à Hombourg ; du cuivre, comme à Balaruc ; des sulfates, comme à Bourbonne ; de l'acide carbonique libre, comme à Nauheim et à Kissingen.

Quelques-unes de ces sources sont tellement salées qu'on les exploite industriellement pour en retirer le sel marin, comme à Dieuze, à Salies de Béarn ; cette dernière contient 216 grammes de sel par litre.

Leurs eaux mères sont chargées de bromures et d'iodures qu'on exploite quelquefois ou que l'on utilise dans le traitement de la scrofulose.

Nous divisons les eaux chlorurées en *chlorurées chaudes, chlorurées froides* et *chlorosulfatées*.

(A) *Eaux chlorurées chaudes*. — Ex. : Baden, Balaruc, Bourbonne, Bourbon-Lancy, Bourbon-l'Archambault, Kreuznach (*Prusse*), Wiesbaden (*Nassau*), Kissingen (*Bavière*), Luxeuil, etc.

Ces eaux sont souvent chargées d'acide carbonique, comme à *Nauheim* et à *Kissingen* ; elles peuvent contenir des carbonates ou des sulfates alcalins et terreux.

(B) *Eaux chlorurées froides*. — La principale est l'*eau de mer*, sur laquelle nous reviendrons tout à l'heure. Hombourg (*Hesse*), Salies de Béarn, Niederbronn (*Alsace*), Dieuze, etc., sont des eaux salées froides.

Elles peuvent contenir, à côté des chlorures alcalins et terreux, des bicarbonates terreux, du fer, comme à Hombourg où l'on trouve $0^{gr},050$ à $0^{gr},122$, par litre, de carbonate ferreux.

(C) *Eaux chlorosulfatées*. — Ces eaux contiennent les sulfates associés aux chlorures, et quelquefois, comme celles de Carlsbad ou de Bourbon l'Archambault, à une faible quantité de carbonates alcalins. Canstadt (*Prusse*), Carlsbad (*Bohême*), Marienbad (*id*), Cheltenham (*Angleterre*), Friederichshall (*Allemagne*), appartiennent à cette variété. Dans plusieurs de ces eaux prédominent les sulfates ; elles pourraient se classer indifféremment parmi les *eaux sulfatées* ou parmi les chlorurées.

Les eaux sulfatées peuvent, grâce à la réduction de leurs sulfates, devenir sulfureuses lorsqu'elles traversent des terrains chargés de matières organiques. Telles sont celles d'Aix-la-Chapelle, dans la Prusse rhénane.

Voici une analyse de chacune de ces eaux :

COMPOSITION	EAUX CHLORURÉES CHAUDES		EAU CHLORURÉE FROIDE	EAU CHLORO-SULFATÉE
	Balaruc t = 48°	Bourbonne t = 57°	Hombourg (Élisabeth) t=10°	Friederich-shall
	(*Béchamp et A. Gautier*)	(*Willm*)	(*Liebig*)	(*Liebig*)
Acide carbonique libre. . .	0ᵍʳ0984	»	2ᵍʳ81	0ᵍʳ420
Azote et oxygène	13ᶜᶜ42	»	»	»
Chlorure de sodium. . . .	7ᵍʳ045 (¹)	5ᵍʳ202	10,306	7,956
— de lithium	0,007	0,0887	»	»
— de potassium . . .	»	0,1992	»	»
— de magnesium. . .	0,889	0,0538	1,015	3,939
— de calcium	»	0,0785	1,010	»
Sulfate de potasse.	0,146	»	»	0,198
— de soude.	»	»	0,050	6,056
— de chaux.	0,996	1,398	»	1,346
— de magnésie . . .	»	»	»	5,180
Bicarbonate de chaux . . .	0,836	0,0990	1,431	0,147
— de magnésie . . .	0,217	0,042	0,262	0,519
— de fer.	»	»	0,060	»
Acide silicique.	0,023	0,0748 (²)	0,041	trace
— borique	0,008	»	»	»
Oxyde ferrique.	0,001	0,0016	»	»
Bromures	trace	0,0644	trace iodure et bromʳᵉ	0,114
Nitrates.	trace	»	»	»
Alumine. . . . .⎫				
Acide phosphorique. . . .⎬	0,001	»	»	trace
Manganèse. . . . .⎭				
Matériaux fixes par litre.	10,1695	7,236	14,175	25,294

(¹) L'eau de Balaruc contient en plus, par litre, 0,0007 de chlorure de cuivre.
(²) Avec une trace de fluorures.

Eau de mer. — Même lorsqu'on la puise loin des côtes, la composition de l'eau de mer est variable suivant le point d'où elle provient ; mais toujours le sel marin y prédomine.

On a signalé en outre dans ces eaux la silice, l'acide phosphorique, le fer, le cuivre, l'argent, le plomb, l'arsenic, l'iode, le fluor, à l'état de traces. Forchammer y a rencontré encore des indices de zinc, de cobalt, de nickel ; enfin on y a trouvé le rubidium, le césium et le lithium.

Les analyses suivantes sont dues à Forchammer. (Voyez le tableau p. 126.)

COMPOSITION	OCÉAN ATLANTIQUE	MER MÉDITERRANÉE
Chlorure de sodium.	25,10	27,22
— de potassium.	0,50	0,70
— de magnésium	3,50	6,14
Sulfate de magnésie	5,78	7,02
— de chaux	0,13	0,15
Carbonate de magnésie	0,18	0,19
— de chaux	0,02	0,01
— de potasse.	0,23	0,21
Iodures, bromures	trace	trace
Matière organique	trace	trace
Résidu fixe par litre	35,44	41,64

Les mers rapprochées des pôles, ou les petites mers intérieures qui reçoivent de grands fleuves, sont généralement les moins minéralisées. La *mer Noire* contient 18 grammes, la *Baltique* 5 à 18 grammes, la *Caspienne* 6 grammes, environ, de sel par litre.

(E) EAUX BROMURÉES ET IODURÉES

On ne peut considérer comme bromurées ou iodurées que les eaux qui, tout en contenant une certaine dose de chlorures, sont assez riches en bromures ou iodures pour se distinguer d'une foule d'autres eaux où ces sels existent à l'état de minime quantité ou de traces. Une eau bromurée ou iodurée proprement dite tient en dissolution, par litre, plusieurs centigrammes de bromures ou d'iodures alcalins.

Les eaux mères de ces eaux minérales s'administrent aussi aux malades, et leur grande richesse en bromures et iodures alcalins les rendent très actives. On utilise ainsi celles de Salies, Salins, Nauheim, Kreuznach, etc., dont les eaux ne sont que faiblement bromurées.

A côté de ces eaux minérales il faut citer celles du *lac Asphaltite* ou *mer Morte*, qui contiennent, à 20 mètres de la surface, 117 grammes de chlorure de magnésium, 70 grammes de chlorure de sodium, 32 grammes de chlorure de calcium, 16 grammes de chlorure de potassium, 2 grammes de chlorure de manganèse, et 4^{gr},39 de chlorure de magnésium par litre. Dans les parties profondes de cette singulière mer, les eaux sont si concentrées en sel qu'elles en sont saturées et paraissent en train de cristalliser (*Terreil*).

Pour rechercher dans ces eaux le brome, en présence des iodures, on commence par chasser l'iode en faisant bouillir la liqueur, après concentration, avec du perchlorure de fer qu'on ajoute tant que ce réactif se décolore; on enlève ensuite le fer par un peu de sulfure d'ammonium, l'on filtre et l'on recherche le brome en agitant la liqueur avec un peu de chlore et d'éther; celui-ci vient surnager et se colorer en brun grâce au brome mis en liberté qu'il dissout.

Dans les *eaux de source bromurées*, nous citerons Kreuznach, Nauheim (*Prusse*), Kissingen (*Bavière*), Salins, Montmorot.

Parmi les *eaux iodurées* : Heilbronn (*Bavière*), Tœplitz (*Bohême*), Challes (eau bromoiodurée *sulfhydriquée*), Saxon, Heilbronn et Tœplitz contiennent de 60 à 98 milligrammes d'iode par litre.

Voici quelques analyses de ces diverses eaux :

COMPOSITION	EAUX BROMURÉES		EAUX BROMOIODURÉES	
	Salies de Béarn — (*Willm*)	**Kreuznach** (Oranienquelle) — (*Liebig*)	**Heilbronn** — (*Vogel*)	**Challes** — (*Willm*)
Hydrogène carboné	»	»	0^{lll}025	(⁴)
Acide carbonique.	0^{gr}326 (¹)	»	0,005	
Chlorure de sodium. . . .	245,449	13^{gr}044	3^{gr}928	0^{gr}1554
— de calcium	»	2,739	»	»
— de magnésium. . .	»	»	»	»
— de potassium . . .	2,304	0,055	»	»
— de lithium	0,017 (²)	»	»	»
Sulfhydrate de sodium. . .	»	»	»	0,359
Bromure de magnésium . .	»	0,213	»	»
— de sodium	0,162	»	0,032	0,0038
Iodure de magnésium . . .	»	0,001	»	»
— de sodium	»	»	0,098	0,01235
Carbonate de chaux	0,2699	0,030	0,054	0,0772
— de soude.	»	»	0,506	0,5952
— de magnésie . . .	0,0302	0,015	0,025	0,0496
— de protoxyde de fer.	0,0420 (³)	0,042	0,006	»
Sulfate de soude	0,667	»	0,048	0,0638
Silice.	0,184	0,119	0,013	0,0227
Sulfate de calcium	2,740	»	»	»
— de magnésium. . .	3,577	»	»	»
Phosphate d'alumine. . . .	»	0,011	»	0,0059
Résidu fixe.	256,204	16,269	4,710	1,345

(¹) Acide carbonique total. — (²) Traces de chlorure de rubidium. — (³) Un peu de manganèse. — (⁴) Cette eau donne : 0,213 de soufre au sulfhydromètre, 0^{gr},067 d'acide carbonique libre, et 24^{cc},3 d'azote.

Les eaux qui contiennent des sulfates alcalins ou alcalino-terreux en quantité suffisante pour être laxatives ou purgatives sont le plus souvent froides, quelques-unes chaudes, encore celles-ci sont-elles généralement un peu alcalines.

On peut, suivant la nature du sel prédominant, diviser les eaux sulfatées en trois classes : (*a*) *Eaux sulfatées sodiques;* (*b*) *sulfatées magnésiennes;* (*c*) *sulfatées calciques.*

(A) *Eaux sulfatées sodiques*. — Elles contiennent du sulfate de soude en quantité notable (*Carlsbad* et *Marienbad*, en Bohême). Le plus souvent ces eaux sont légèrement alcalines, et dissolvent un peu de chlorure de sodium qui ajoute considérablement à leurs effets purgatifs.

(B) *Eaux sulfatées magnésiennes*. — Ces eaux sont les plus importantes. Les meilleures sont celles qui contiennent le sulfate de magnésie associé à un peu de sulfate de soude, et où l'on ne rencontre pas, ou fort peu, de chlorure de sodium. Ce sel lorsqu'il y existe peut causer des coliques douloureuses. Parmi ces eaux nous citerons : Epsom en Angleterre; Sedlitz, Saidschutz, Pulna, en Bohême; Cruzy, en France.

(C) *Eaux sulfatées calciques*. — Ce sont certainement les eaux purgatives les moins favorables, le sulfate de chaux fatiguant à la fois l'estomac et les reins, et n'ayant qu'un effet purgatif peu sensible. Contrexéville, Louesche (*Suisse*), Aulus, etc., sont sulfatées calciques.

Nous donnons dans le tableau (p. 129) des analyses de chacune de ces espèces d'eaux sulfatées.

Les sels de fer, lorsqu'ils s'élèvent à la dose de $0^{gr},050$ au moins par litre, communiquent aux eaux minérales des qualités spéciales qui font admettre qu'elles doivent principalement au fer leur activité thérapeutique. Le fer peut être accompagné de manganèse (*Cransac*). Ces eaux sont en général froides. On les distingue en : (*a*) *Eaux ferrugineuses carbonatées;* (*b*) *Eaux ferrugineuses crénatées*, et (*c*) *Eaux ferrugineuses sulfatées*. On a signalé aussi des eaux ferrugineuses contenant un peu d'acide sulfhydrique (eaux de Sylvanès, dans l'Aveyron).

(A) *Eaux carbonatées*. — Parmi elles, nous citerons : Spa (*Belgique*); la Malou, Renlaigue, Rennes, Orezza; Pyrmont (*Angleterre*); Soultzbach (*Haut-Rhin*), et Schwalbach (*Nassau*). Ces eaux sont d'une conservation difficile. La dose de fer s'y élevant à peine de 4 à 12 centigrammes par litre, leur bicarbonate ferreux se décompose et le fer disparaît, entraîné au fond de la bouteille à l'état de peroxyde insoluble.

COMPOSITION	EAU SULFAT SODIQUE Carlsbad t = 73° (Berzelius)	EAU SULFATÉE MAGNÉSIENNE Cruzy t = 15° (A. Gautier)	SIENNE SODIQUE Pulna t = 8,2 (Struve)	EAUX SULFATÉES CALCIQUES Contrexéville (O. Henry)	EAUX SULFATÉES CALCIQUES Aulus (Darnagnac) (Willm)
Oxygène	»	0gr0007	»	»	»
Azote	»	0,018	»	»	»
Acide carbonique dissous	0gr788	0,140	0gr807 (3)	0gr190	0gr045
Sulfate de soude	2,587	»	16,120 (4)	0,130	0,025
— de magnésie sec	»	24,720	12,120	0,190	0,197
— de chaux sec	»	»	0,558 (5)	1,150	1,815
Carbonate de soude	1,262	0,231	»	0,197	»
— de magnésie	0,373	0,170	0,854	0,220	0,0112
— de chaux	0,309 (1)	0,650	0,100	0,675	0,101
Chlorure de sodium	1,039	1,461	»	»	0,005
— de potassium	»	0,050	»	0,180	»
— de magnésium	»	»	2,261	»	0,003
Silicate de soude	»	0,021	»	»	»
Carbonate ferreux	»	0,210	»	0,009	0,005
Silice	0,075	»	0,025	alumine 0,120	0,024
Peroxyde de fer	0,004 (2)	»	»	»	»
Fluorure de calcium	0,003	»	»	»	»
Phosphates de chaux et d'alumine	0,0005	»	0,013 (6)	0,070	»
Total du résidu sec à 160°	5,459	27,519	52,440	2,941	2,186 (7)

(1) Il y existe en plus 0gr,00096 d'oxyde de strontium. — (2) Il y a aussi 0,0008 d'oxyde de manganèse. — (3) Sans doute l'acide carbonique libre et combiné. — (4) Il faut à ces 16gr,120 de sulfate de soude ajouter 0gr,624 de sulfate de potasse et 0,001 de sulfate de lithine non indiqués au tableau. — (5) En plus 0,005 de sulfate de strontiane et 0,0001 de baryte. — (6) Ce nombre se rapporte à du phosphate de potasse. — (7) L'eau d'Aulus contient une trace de phosphates, d'arséniates et de lithine.

(B) *Eaux crénatées*. — Le fer y est uni à *un acide ulmique* spécial ; il a pour origine les matières organiques de l'humus, substances qui réduisent les sels ferriques à l'état ferreux. Parmi ces eaux, citons : Forges, Bussang, Provins, en France ; Porla en Suède. L'azotate d'argent y produit un précipité ou tout au moins une coloration pourpre.

Ces deux premières espèces d'eaux ferrugineuses contiennent le plus généralement de l'arsenic et du manganèse.

(C) *Eaux ferrugineuses sulfatées*. — Elles peuvent être si chargées de fer que l'on doit les couper avec de l'eau avant d'en faire usage. L'eau de Passy près Paris contient $1^{gr},11$ de sulfate de fer par litre associé à $2^{gr},34$ de sulfate de chaux. Celles de Cransac dissolvent, suivant la source et le moment, jusqu'à 9 grammes de sulfate ferreux au litre et $1^{gr},5$ de sulfate de manganèse ; mais les eaux de cette localité sont de composition très variable, elles sourdent d'une montagne fumante qui est le siège d'un perpétuel incendie.

Nous donnons ici le tableau de quelques analyses d'eaux ferrugineuses :

COMPOSITION	EAU FERRUGINEUSE BICARBONATÉE — Oressa — (*Poggiale*)	EAU FERRUGINEUSE CRÉNATÉE — Forges (Cardinale) — (*O. Henry*)	EAU FERRUGINEUSE SULFATÉE ALUMINO-MANGANÉSIFÈRE — Cransac — (*Willm*)
Acide carbonique libre et à l'état de bicarbonate	$1^{lit}248$	$0^{lit}225$	$0^{lit}01795$
Air.	0,011	»	»
Carbonate ferreux.	$0^{gr}128$	»	»
— de manganèse.	trace	»	»
— de chaux.	0,602		»
— de magnésie	0,074	$C^{gr}076$ (¹)	»
— de lithine.	indéterminé	»	»
Crenate de fer	»	0,098 (²)	»
Sulfate de chaux	0,021	0,040	$1^{gr}564$
— de soude et de magnésie.	»	0,006	0,233
— de fer.	»	»	»
Chlorures alcalins.	0,006	0,012	0,0151
Sulfate de magnésie.	»	»	1,792
Chlorure de magnésium	»	0,003	»
Sulfate de manganèse	»	»	0,158
— d'alumine			0,280 (³)
Acide arsénique	traces	0,033	»
Fluorure de calcium.			»
Silice.	»	»	0,079
Matière organique.	indéterminé	sensible	trace
Résidu sec total	0,849	0,270	3,982

(¹) Calculés à l'état de bicarbonates. — (²) Avec trace de manganèse. — (³) Pommarède et Henry y ont trouvé jusqu'à 1,5 de sulfate de manganèse par litre. M. Willm a signalé dans cette eau $0^{gr},0007$ de nickel, des traces de rubidium et de zinc, d'acide phosphorique et borique ; il n'y a pas trouvé de fer, alors que les auteurs ci-dessus ont dosé, par litre, 1,25 de sulfate ferreux. L'on a dit les causes de ces variations dans le texte.

(II) EAUX ARSENICALES

Presque toutes les eaux minérales ferrugineuses contiennent de l'arsenic qu'elles paraissent emprunter aux minerais ferrugineux arsénifères qu'elles rencontrent, tels que le mispickel; mais celles-là seulement sont dites *eaux arsenicales* qui contiennent l'arsenic à la dose de plusieurs milligrammes par litre. On pense que le fer y existe à l'état d'acide arsénieux ou d'arsénite. La plupart des eaux ferrugineuses sont bicarbonatées ou crénatées en même temps qu'arsenicales. D'autres, comme celles de la Bourboule en Auvergne, sont salées. Nous verrons plus loin comment on reconnaît et dose l'arsenic.

Voici une analyse des eaux arsenicales de la Bourboule (source Perrière). Elle est due à M. Willm et rapportée au litre :

Acide carbonique libre			$0^{gr}7555$
Silice			0,1128
Bicarbonate de calcium	(C^2O^5Ca)		0,1529
— de magnésium	(C^2O^5Mg)		0,0651
— de fer			0,0054
— de sodium	$(C^2O^5Na^2)$		1,8642
— de potassium	$(C^2O^5K^2)$		0,2365
— de lithium	$(C^2O^5Li^2)$		0,0379
Chlorure de sodium			3,1501
Sulfate de sodium			0,2058
Arséniate de sodium	(AsO^4Na^3)		0,0155
Acide borique, iode ⎱			Traces.
Matières organiques ⎰			
Poids du résidu fixe par litre			5,0005

M. Truchot n'a trouvé dans les eaux du *Puits central* de la Bourboule que $0^m,0035$ d'arséniate de soude (AsO^4Na^2H) par litre. Ces eaux contenaient en même temps 0,847 de bicarbonate de soude, 0,062 de bicarbonate de fer et 1,236 de chlorure de sodium. Elles proviennent d'un puits foré jusqu'à une profondeur de 136 mètres; comme l'indique l'analyse de M. Truchot, elles sont sensiblement différentes de celles qu'a étudiées M. Willm.

L'arsenic se retrouve toujours abondamment dans les dépôts formés par les eaux minérales même très faiblement arsenicales. C'est ainsi qu'il s'accumule dans les boues et dépôts des eaux ferrugineuses de Lamalou, qui ne contiennent que $0^{gr},0003$ à $0^{gr},001$ d'arséniate de soude par litre.

DIXIÈME LEÇON

POLYMORPHISME. — ALLOTROPISME

L'observation démontre que beaucoup de corps peuvent se présenter sous plusieurs états physiques distincts sans changer de composition, ni jouir de propriétés chimiques essentiellement différentes. Ainsi le sulfure de mercure naturel se rencontre en masses cristallines tantôt rouges et d'une densité de 8,2, tantôt noires avec la densité de 7,7, mais il répond toujours à la formule HgS. L'acide arsénieux est amorphe et vitreux lorsqu'il a été récemment sublimé; peu à peu il devient opaque et cristallise en octaèdres; il peut enfin, dans certains cas, affecter la forme orthorhombique. L'acide vitreux est, il est vrai, trois fois plus soluble dans l'eau que l'acide opaque, mais l'un et l'autre donnent les mêmes sels et ont la même composition. Le soufre natif est formé d'octaèdres droits à base rhombe. Lorsqu'on le fond, il cristallise par refroidissement, mais cette fois en aiguilles clinorhombiques. L'on peut encore l'obtenir à l'état tout à fait amorphe, pulvérulent, ou même sous forme d'une substance jaune-brun élastique comme du caoutchouc. Toutes ces variétés de soufre donnent, lorsqu'on les oxyde, les mêmes poids d'acides sulfureux et sulfurique.

Le carbonate de chaux CO^3Ca se rencontre dans la nature, tantôt cristallisé en rhomboèdres (*spath d'Islande; calcite*), tantôt en prismes hexagonaux orthorhombiques (*aragonite*). Ce sont là deux formes, cristallographiquement incompatibles, d'une même substance.

Les corps composés qui affectent ainsi deux ou plusieurs formes physiques ou cristallographiques distinctes sont dits *dimorphes* ou *polymorphes*.

Ces changements extérieurs de forme ou de propriétés apparentes ont du reste pour conséquence des changements corrélatifs dans les propriétés physiques et même chimiques de ces corps.

L'on a remarqué que lorsque ces variations de forme ou d'état se produisent chez les corps simples, elles peuvent s'accompagner de modifications souvent profondes dans leurs propriétés physiques et chimiques, et l'on a nommé *allotropiques* les corps élémentaires ainsi modifiés.

Nous citions tout à l'heure les divers états du soufre; octaédrique, clinorhombique, amorphe et solide, ou bien amorphe mou et élastique. Ce sont là les formes allotropiques sous lesquelles le soufre revêt diverses propriétés : par exemple, il est tantôt soluble, tantôt insoluble dans le sulfure de carbone, etc. Voici du phosphore ordinaire. Il est blanc, transparent, fusible à $44°,3$, soluble dans le sulfure de carbone, inflammable à l'air sitôt qu'il est fondu, très vénéneux. Mais on le connaît sous deux autres états : rouge pulvérulent et amorphe, ou bien cristallisé et comme d'aspect métallique. Il est alors infusible, insoluble dans le sulfure de carbone ; il ne s'enflamme plus à l'air que vers 250 degrés; il reste inerte et sans action sur l'économie animale.

Le phosphore blanc et le phosphore rouge amorphe ou cristallisé sont allotropiques et, quoique fort différents, sont formés d'une seule et même matière, car on peut aisément passer de l'un à l'autre sans perte de poids et produire par leur oxydation les mêmes poids des mêmes acides phosphoreux et phosphorique.

Le carbone amorphe, le noir de fumée, le graphite hexagonal, le diamant cubique sont encore des états allotropiques d'un même corps : le carbone.

Le plomb peut être transformé en une modification allotropique très combustible se transformant tout à coup à l'air en lamelles cristallines de litharge PbO.

Le passage d'un corps simple ou composé d'un état à un autre état allotropique ou hétéromorphe est toujours accompagné d'une variation de densité et de chaleur spécifique et d'un dégagement ou d'une absorption de chaleur latente (*Variation de potentiel*, voir 1re Leçon); d'où, comme conséquence, une variation dans les quantités de chaleur qui se produisent lorsque ces corps, pris sous différents états, entrent en combinaison avec les divers éléments. C'est ainsi que la combustion de 12 grammes de carbone avec 32 grammes d'oxygène, d'où résulte 44 grammes d'acide carbonique gazeux, produit 94 Calories si le carbone que l'on brûle est à l'état de *diamant*, tandis qu'il apparaît 97 Calories si les 12 grammes de carbone sont amorphes.

Les divers états allotropiques des corps doivent être regardés comme résultant du mode différent d'agrégation et de saturation réciproque des atomes constitutifs de la molécule du corps simple. Cette agrégation se produit suivant les lois qui régissent les combinaisons ordinaires. Si l'on enveloppe de soufre mou la boule d'un thermomètre et qu'on place ce soufre dans une étuve à 95 degrés, on voit bientôt la température du thermomètre atteindre 114 degrés, sous l'influence de la chaleur dégagée par le soufre mou qui passe tout à coup à l'état octaédrique. Il y a là une véritable combinaison des atomes de soufre à eux-mêmes.

L'OZONE

On connaît un état allotropique de l'oxygène : c'est l'*ozone*. Ce corps fut découvert en 1840 par Schœnbein.

L'ozone se produit lorsque l'oxygène est soumis à l'étincelle, ou mieux, à l'effluve électrique. Il apparaît aussi dans certaines combustions lentes, par exemple lorsqu'on laisse le phosphore s'oxyder à l'air sans combustion vive. Il se dégage de quelques combinaisons, telles que le bioxyde de baryum, le bioxyde d'argent, le permanganate de potassium, lorsqu'on les décompose à froid. On peut obtenir aussi l'ozone par l'électrolyse de l'eau.

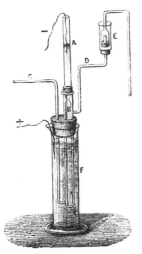

Fig. 56.
Préparation de l'ozone
par l'effluve.

Préparation. — Le moyen le plus avantageux pour faire de l'ozone consiste à soumettre l'oxygène à l'action de l'effluve ou décharge électrique froide.

On y arrive à l'aide de divers dispositifs. L'un des meilleurs est celui de M. Berthelot. Deux tubes cylindriques en verre mince A et B (fig. 56) entrent l'un dans l'autre en ne laissant entre eux deux qu'un espace annulaire fort étroit. Le tube A est rodé sur le tube B et le ferme à sa partie supérieure. Le gaz oxygène pénètre par la tubulure latérale C dans l'espace annulaire, et en sort par B. Le tube central A est rempli d'acide sulfurique étendu de quatre fois son poids d'eau, et tout l'appareil plonge dans l'éprouvette F remplie du même liquide conducteur. On fait arriver les deux pôles de la pile en A et en F (¹). Les deux lames de verre comprenant l'espace annulaire où circule l'oxygène sont ainsi électrisées ; elles électrisent au contact le gaz qui passe très lentement de C en D. Cet oxygène sort donc en E partiellement transformé en ozone.

Fig. 57. — Tube à effluve de M. Houzeau pour la préparation de l'ozone.

Le tube de M. Houzeau, dont nous donnons ici le dessin (fig. 57),

(¹) On [peut employer dix à douze éléments Bunsen, ou deux éléments seulement si l'on fait passer au préalable le courant dans une bobine d'induction.

met aussi l'oxygène en présence de la décharge électrique obscure qui se produit entre le fil extérieur et l'armature intérieure du tube. L'oxygène pénètre par la partie large, et sort ozoné par la partie étroite du tube.

L'effluve bien manié donne de l'oxygène contenant de 8 à 10 pour 100 d'ozone à + 20 degrés ; 21 pour 100 à — 23 degrés ; et 50 pour 100 environ à — 88 degrés. Ces proportions sont presque indépendantes de la pression et ne peuvent dépasser ces limites, l'ozone se dissociant en même temps.

La formation de l'ozone, en très faibles proportions, s'observe lors de la lente oxydation de beaucoup de substances. Dans un ballon où l'on a suspendu quelques fragments de phosphore trempant à moitié dans l'eau, on fait circuler un faible courant d'air ; il en sort partiellement ozoné au contact du phosphore qui s'oxyde en même temps.

Propriétés physiques. — L'ozone est un gaz doué, même lorsqu'il est très dilué, d'une odeur pénétrante et suffocante rappelant celle du phosphore qu'on abandonne à l'air ou de la marée ; un millionième de ce gaz dans l'atmosphère que l'on respire est encore sensible à l'odorat. A la dose de quelques centièmes il irrite fortement les muqueuses.

Le gaz ozone n'est pas incolore : même étendu d'air ou d'oxygène il présente, sous l'épaisseur de 2 à 3 mètres, une couleur bleu de ciel, caractérisée par onze bandes obscures situées dans la partie visible du spectre. Si l'on vient à le comprimer lentement dans l'appareil Caillctet, cette coloration s'accentue. L'ozone devient bleu indigo et peut même donner par détente un liquide bleu (*Hautefeuille et Chapuis*).

L'ozone est assez soluble dans l'eau.

La densité de l'ozone gazeux a été déduite par M. Soret de sa vitesse de diffusion. (Voir p. 65.) Cette densité est de 1,66 ; les poids moléculaires étant en raison des densités, si nous représentons par x le poids moléculaire de l'ozone, nous aurons, sachant que 32 est le poids moléculaire de l'oxygène :

$$\frac{x}{32} = \frac{1.66}{1.100} \quad \text{d'où} \quad x = 32 \times \frac{1.66}{1.100} = 32 \times 1.5$$

Le poids moléculaire de l'ozone est donc une fois et demie celui de l'oxygène. Le nombre 32 étant la somme des poids des deux atomes d'oxygène, l'ozone contient donc 3 atomes dans sa molécule et répond à la formule O^3.

Propriétés chimiques. — L'ozone se produit avec absorption de chaleur. En se transformant en oxygène une molécule d'ozone, ou 48 grammes, fournit $29^{Cal},6$. (*Berthelot*.)

Ce corps paraît se comporter comme un acide faible. Il s'unit à la potasse pour donner un ozonite jaune orangé dissociable. L'ozone O^3 est comparable à SO^2 dans lequel S serait remplacé par O, et cet atome particulier joue dans la molécule le rôle électro-positif.

L'ozone s'unit directement à froid au soufre, à l'arsenic, au phosphore, à l'iode, à l'argent, au mercure. D'une façon générale il oxyde tous les corps oxydables à froid ou à chaud : acides sulfureux, phosphoreux, arsénieux, sulfure de plomb, cyanure jaune, etc. Il peroxyde plusieurs protoxydes : l'oxyde de thallium en solution dans l'eau donne immédiatement avec lui un dépôt brun de peroxyde.

Il se combine à la plupart des hydrocarbures, oxyde un grand nombre de matières organiques, attaque le caoutchouc, et se comporte, en général, comme le ferait le chlore. A la façon de ce dernier élément, il déplace l'iode des iodures.

Une température de 250 degrés, et l'influence à froid de certains oxydes tels que les oxydes de cuivre, le peroxyde de manganèse, le bioxyde de plomb, décomposent totalement l'ozone.

Recherche de l'ozone. — Pour reconnaître l'ozone on se sert soit d'un papier humide imprégné d'oxyde de thallium qu'il brunit, soit d'une solution d'iodure de potassium mêlée d'un peu d'empois frais, qu'il colore en bleu, soit de la teinture de gaïac qu'il bleuit.

On le dose en l'absorbant par une solution titrée d'acide arsénieux qui se transforme en acide arsénique. On retire ensuite l'acide arsénieux restant avec une solution d'iode d'un titre connu ([1]).

Usages. — L'ozone existe en petite quantité dans l'air des campagnes. A Montsouris, où son dosage se fait tous les jours, on ne trouve que 9 milligrammes d'ozone, en moyenne, dans 100 mètres cubes d'air. Mais il augmente hors des villes, surtout dans les bois, en pleine montagne et sur mer. Toutefois, il ne semble pas dépasser jamais la dose de 250 milligrammes par 100 mètres cubes d'air.

Il ne paraît pas varier régulièrement, ainsi qu'on le verra en étudiant l'*air atmosphérique*. On a prétendu qu'il disparaissait durant les épidémies; en tout cas il détruit les miasmes putrides et n'existe plus dans l'air des grandes villes. Existerait-il en abondance dans les bois de pins, de sapins, etc., où il se formerait sous l'influence de l'oxydation lente de leurs essences? C'est ce qui a été avancé sans preuves suffisantes. M. Berthelot a démontré que l'oxydation de l'essence de térébenthine ne donne pas d'ozone mais communique à l'oxygène des propriétés oxydantes particulières.

On a cherché, sans réussir pratiquement, à employer l'ozone comme désinfectant dans les hôpitaux, pour le blanchiment des étoffes, ainsi que pour la purification des alcools mauvais goût.

[1] Voir pour ce dosage l'*Annuaire de l'observatoire de Montsouris*, 1885, p. 444.

EAU OXYGÉNÉE

H^2O^2

Thénard découvrit et étudia très complètement ce corps singulier en 1818.

Préparation. — Dans un gobelet de verre de Bohême, entouré de glace, on met à refroidir un mélange de 20 grammes d'acide chlorhydrique pur et concentré et de 200 centimètres cubes d'eau. D'autre part, 12 grammes de bioxyde de baryum aussi pur que possible sont broyés avec de l'eau dans un mortier de verre jusqu'à en faire une pâte fluide que l'on verse par petites portions dans la liqueur acide refroidie. En agissant sur le bioxyde de baryum l'acide chlorhydrique produit de l'eau oxygénée suivant l'équation :

$$BaO^2 \quad + \quad 2\,HCl \quad = \quad BaCl^2 \quad + \quad H^2O^2$$

Bioxyde de baryum.   Chlorure de Ba.   Eau oxygénée.

Mais la liqueur aqueuse ne contient encore que quelques centièmes d'eau oxygénée mêlée au chlorure de baryum qui s'est formé en même temps. Pour séparer d'abord ce sel, on revivifie l'acide chlorhydrique primitif en ajoutant goutte à goutte de l'acide sulfurique dans le mélange ci-dessus. Cet acide précipite la baryte et reproduit l'acide chlorhydrique :

$$BaCl^2 \quad + \quad SO^4H^2 \quad = \quad 2\,HCl \quad + \quad BaSO^4$$

On filtre sur un linge fin de coton ou d'amiante et l'on procède à une seconde addition de bioxyde de baryum qui donne une nouvelle dose d'eau oxygénée; on ajoute alors de nouveau de l'acide sulfurique pour enlever $BaCl^2$ et régénérer l'acide chlorhydrique, etc... On répète cette opération jusqu'à huit ou neuf fois. On ne pourrait continuer à concentrer ainsi la liqueur sans la priver de la silice et du peroxyde de fer ou de manganèse qu'apporte le bioxyde, ces substances tendant à décomposer l'eau oxygénée qui se forme. Dans ce but, on ajoute à froid à la liqueur déjà chargée d'eau oxygénée un peu d'eau de baryte jusqu'à obtenir l'alcalinité; on filtre rapidement; on neutralise par quelques gouttes d'acide sulfurique et l'on recommence dès lors les additions de bioxyde en pâte fluide qui reproduisent de l'eau oxygénée nouvelle et augmentent la concentration. A la fin, l'on enlève à la fois tout le chlore et tout le baryum qui restent dans la liqueur en ajoutant un peu de sulfate d'argent qui les précipite à l'état de sulfate de baryte et de chlorure d'argent; on filtre encore une fois et l'on concentre enfin le liquide à froid dans le vide en présence d'acide sulfurique.

On peut obtenir aussi de l'eau oxygénée faible, mais pure, en distillant dans le vide, après addition d'un peu de baryte et filtration pour séparer les impuretés, enfin acidulation par l'acide sulfurique, celle qui est à un titre tel qu'elle dégage en se décomposant huit à dix fois son volume de gaz oxygène ; l'eau oxygénée entraînée par la vapeur d'eau passe alors exempte de sels. Il suffit de la concentrer par une nouvelle distillation dans le vide qui permet d'obtenir comme résidu une eau oxygénée apte à donner, en se décomposant, cinquante fois son volume d'oxygène (*Hanriot*).

On peut enfin, lorsqu'on n'a pas besoin d'eau oxygénée trop pure ni trop concentrée, se borner à faire réagir l'acide fluosilicique ou l'acide phosphorique sur le bioxyde de baryum. Une filtration suffit pour l'obtenir telle que la livre aujourd'hui l'industrie.

On a constaté qu'il se fait un peu d'eau oxygénée dans la décomposition de l'eau par la pile, dans la plupart des combustions vives et surtout lentes, par exemple dans l'oxydation de l'amalgame de zinc ou de la grenaille de plomb à l'air.

Propriétés. — L'eau oxygénée *au maximum de concentration* est un liquide qui répond à la formule H^2O^2. Elle dégage, lorsqu'on la décompose par le bioxyde de manganèse, 475 fois son volume d'oxygène. Elle est incolore, sirupeuse, d'une densité de 1,452. Elle ne se congèle pas à — 30°. L'eau oxygénée possède une saveur métallique analogue à celle de l'émétique ; elle est douée d'une odeur nitreuse. Elle blanchit la langue, et corrode l'épiderme. Elle paraît être très légèrement acide.

A la température de 14° à 15°, elle se conserve quelque temps à l'abri de la lumière. La température de 50 degrés suffit à la décomposer. Mais l'eau oxygénée chargée à 50 ou 60 volumes d'oxygène se conserve assez bien, au moins tant que sa décomposition n'a pas commencé et qu'on la met à l'abri du jour et des poussières. Les acides lui donnent de la stabilité.

La molécule $H^2O^2(= 34^{gr})$ dégage $21^{Cal},58$ en se décomposant.

Les métaux nobles en poudre fine, le charbon de bois, le peroxyde de manganèse, l'oxyde ferrique, le massicot, décomposent l'eau oxygénée *sans s'altérer eux-mêmes*. On pense que cet effet de contact est dû à l'atmosphère d'oxygène condensée dans leurs pores.

Le bioxyde de plomb, les acides manganique et permanganique et les oxydes des métaux nobles décomposent l'eau oxygénée *en se décomposant eux-mêmes*. Avec l'oxyde d'argent et l'eau oxygénée concentrée, il se produit une véritable explosion.

L'arsenic, le sélénium, le molybdène, le tungstène, les protoxydes de potassium, sodium, thallium, baryum, calcium, se peroxydent en présence de l'eau oxygénée. On obtient avec la baryte l'hydrate de bioxyde $BaO^2,10H^2O$ et avec l'eau de chaux l'hydrate $CaO^2,8H^2O$, l'un et l'autre bien cristallisés ([1]).

La fibrine et la musculine déterminent par leur simple contact la décomposition de l'eau oxygénée. L'albumine, la caséine, les peptones, les graisses, l'albumine, les diastases ne la décomposent pas.

Recherche. — Lorsque dans de l'eau oxygénée, même très étendue, l'on verse quelques gouttes d'une solution d'acide chromique au 100e, il se produit une coloration bleue; si l'on agite ce mélange avec de l'éther, celui-ci prend une belle coloration indigo en se chargeant de la combinaison CrO^5,H^2O^2 qui s'est formée.

A une solution d'eau oxygénée très faible si l'on ajoute une ou deux gouttes de sulfate ferreux, puis un peu de teinture de gaïac, il se produit une coloration bleue foncée.

Au contact d'une dissolution très affaiblie d'eau oxygénée, une solution d'iodure de potassium additionnée d'empois d'amidon et d'un peu de sulfate de protoxyde de fer se colore en bleu par suite de la formation d'iodure d'amidon.

Dosage de l'eau oxygénée. — On la dose, en général, d'après le volume d'oxygène qu'elle fournit sous l'influence des oxydes qui la décomposent. On se sert le plus souvent de bioxyde de manganèse. Dans un petit ballon, on introduit un volume connu d'eau oxygénée, on y fait tomber un peu de bioxyde, on chauffe légèrement, et l'on mesure le volume d'oxygène qui se dégage.

Usages. — Depuis quelques années l'on a grandement utilisé l'eau oxygénée. On la préfère au chlore pour blanchir les fibres textiles délicates, les plumes, la soie grège, et rendre aux vieux tableaux leurs teintes premières. Elle agit, dans ce dernier cas, en faisant passer le sulfure de plomb noir à l'état de sulfate plombique ayant le ton de la céruse blanche employée par l'artiste dans la couleur primitive.

Mise au contact des cheveux bruns, elle les décolore peu à peu en leur laissant un ton blond ardent.

L'eau oxygénée est un antiseptique très puissant. A la dose de $0^{gr},05$ par litre, elle arrête les fermentations tout aussi bien qu'une dose double de sublimé corrosif (*Miquel*). Il n'est pas douteux qu'à ce point de vue cette substance n'ait un grand avenir en thérapeutique. Pulvé-

---

([1]) On peut comparer les trois substances :

O,O^2	SO^2	H^2,O^2
Ozone.	Acide sulfureux.	Eau oxygénée.

L'eau oxygénée serait analogue à l'acide sulfureux dans lequel S est remplacé par H^2. Ses combinaisons avec la baryte et la chaux seraient H^2O^2,BaO; $9H^2O$ et $H^2O^2,CaO,7H^2O$ que la chaleur dissocie en BaO^2 ou CaO^2 et eau.

risée dans la gorge, dans les cas de diphtérie, ou bien à la surface des plaies de mauvaise nature, l'eau oxygénée faible peut arrêter l'évolution des ferments morbides. Elle est malheureusement un peu caustique.

ONZIÈME LEÇON

FAMILLE DES MÉTALLOÏDES MONATOMIQUES ÉLECTRO-NÉGATIFS.

LE CHLORE. — LE BROME. — L'IODE. — LE FLUOR

Après l'histoire que nous venons de faire des principales combinaisons de l'hydrogène et de l'oxygène, et particulièrement l'étude de l'*eau*, dont la connaissance nous était indispensable pour l'explication d'un grand nombre de phénomènes chimiques, revenons maintenant à la classification rationnelle des métalloïdes, que nous avons exposée page 63.

L'*hydrogène* que nous avons d'abord étudié forme seul la Première famille. La Deuxième famille comprend les métalloïdes monatomiques électro-négatifs. Elle est composée des quatre éléments :

Fluor ; Chlore ; Brome ; Iode

famille essentiellement naturelle, si l'on tient compte non seulement de l'atomicité équivalente de ces divers éléments, mais de l'ensemble de leurs propriétés générales et de leurs combinaisons principales ainsi que le montre le petit tableau suivant :

Combinaisons hydrogénées.

FlH ; ClH ; BrH ; IH

Combinaisons oxygénées.

ClO^2H . . .	BrO^2H . . .	IO^2H
ClO^3H . . .	BrO^3H . . .	IO^3H
ClO^4H . . .	BrO^4H . . .	IO^4H

Toutefois, à beaucoup d'égards, le fluor se sépare des autres corps simples de la seconde famille ; on ne lui connaît pas de composés oxygénés.

Des quatre éléments qui composent cette famille, le plus connu et le plus important est le chlore, par lequel nous commencerons.

LE CHLORE

Historique et origine. — C'est en 1774 que Scheele publiait à l'Académie royale de Suède son célèbre mémoire *De Magnesia nigra*. Cette *magnésie noire* c'était le bioxyde de manganèse naturel, et en l'étudiant le grand chimiste découvrait à la fois l'*oxygène* que Priestley venait d'obtenir cette même année par une autre voie, le *manganèse* et le *baryum* lui-même que cette *magnésie noire* contenait sous forme d'impureté, enfin le *chlore* que Scheele obtint en faisant agir l'acide muriatique sur ce bioxyde. Il remarquait aussitôt que ce gaz jaune ressemble singulièrement à la vapeur qui sort de l'eau régale lorsqu'on la chauffe, et supposant qu'il provient de l'*esprit de sel* (acide chlorhydrique) avec perte de phlogistique, il lui donna le nom d'*acide muriatique déphlogistiqué* (¹).

Reprenant ces recherches, Lavoisier et Berthollet supposèrent que l'oxygène du bioxyde de manganèse oxydait l'acide chlorhydrique. Ils donnèrent au gaz jaune qui se forme dans l'expérience de Scheele le nom d'*acide muriatique oxygéné*. Ce n'est qu'en 1809 que Gay-Lussac et Thénard en France, H. Davy en Angleterre, montrèrent que ce gaz se conduit comme un corps simple et ne cède d'oxygène ni au carbone ni aux métaux. Davy lui donna le nom de *chlorine;* celui de *chlore* (de χλωρός, couleur des jeunes pousses végétales) prévalut en France.

La principale source du chlore est le sel marin ; on a dit que les eaux de mer contiennent par litre 26 à 28 grammes de ce sel mélangé à d'autres chlorures et sulfates de potassium, de magnésium, etc. Les dépôts de sel gemme en sont une source à peu près inépuisable. L'acide chlorhydrique est rejeté en abondance par les volcans ; les chlorures de plomb ou d'argent et autres chlorures métalliques proprement dits sont relativement rares.

Préparation. — 1° *Dans les laboratoires.* On recourt encore aujourd'hui à la préparation du chlore indiquée par Scheele. Le bioxyde de manganèse naturel MnO^2 est introduit dans un ballon ou mieux dans une bonbonne de grès placée au bain-marie (fig. 58), on y verse assez d'acide chlorhydrique pour baigner largement le bioxyde, et l'on chauffe doucement. Il se fait du chlorure de manganèse, de l'eau, et du chlore qui se dégage :

$$MnO^2 + 4\,HCl = MnCl^2 + 2\,H^2O + 2\,Cl$$

(¹) Le mot *muriatique* vient du latin *muria*, saumure. Le vieux terme français *muire* signifiait eau salée extraite des puits et sources salés.

On lave le gaz à l'eau dans le laveur F, on le sèche en le forçant à traverser une colonne de chlorure de calcium solide D, et on le reçoit dans un flacon vide M. Grâce à sa forte densité, le chlore déplace l'air peu à peu. On peut aussi le recevoir dans de l'eau distillée si l'on veut en obtenir une solution. On ne saurait recueillir le chlore sur le mercure, qui se combinerait immédiatement à lui.

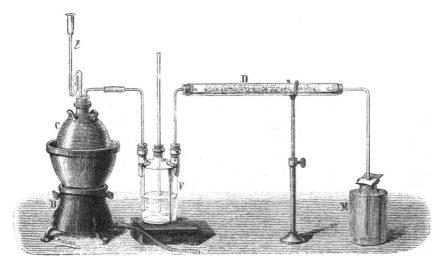

Fig. 58. — Préparation du chlore sec.

Berthollet a substitué à cette préparation celle qui consiste à attaquer le bioxyde de manganèse par un mélange d'acide sulfurique et de sel marin, mélange propre à donner de l'acide chlorhydrique naissant. Ce mode de préparation est moins usité dans les laboratoires.

2° *Dans l'industrie.* — La figure 59 et sa légende donnent le dispositif souvent employé dans l'industrie pour préparer le chlore en grand.

Les usages très variés du chlore ont fait rechercher un procédé qui permît de se servir indéfiniment du même bioxyde de manganèse. Ce problème a été résolu par M. Weldon, dont les procédés sont aujourd'hui adoptés partout.

La solution de chlorure de manganèse provenant d'une première fabrication de chlore est additionnée de craie qui précipite la silice, l'alumine et le fer à l'état de sesquioxydes. La liqueur claire est mélangée de 1,5 molécule de chaux pour 1 molécule de chlorure manganeux et versée en cascade de haut en bas dans de grands cylindres appelés *oxydeurs*, à travers lesquels on force de l'air bien divisé à circuler de bas en haut. Dans ces conditions, l'oxyde de manganèse formé par l'action de la chaux sur le chlorure manganeux s'oxyde; il se fait du bimanganite de chaux peu soluble $(MnO^2)^2CaO,H^2O$, qui, traité par de l'acide chlorhydrique, redonne du chlore et du chlorure manganeux qu'on réoxyde comme il vient d'être dit, et cela indéfiniment.

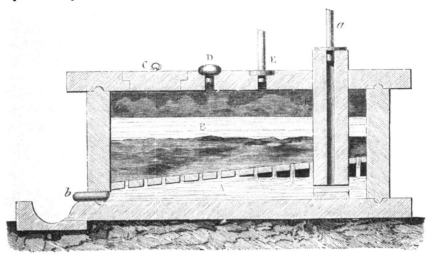

Fig. 59. — Appareil industriel en pierre siliceuse pour la préparation du chlore avec le peroxyde de manganèse et l'acide chlorhydrique.

B-A, oxyde de manganèse couvert d'acide chlorhydrique et maintenu par une grille de grès inclinée. — C, ouverture de remplissage. — D, ouverture pour introduire l'acide. — E, tube à dégagement du chlore. — a, introduction de la vapeur pour chauffer le mélange. — b, bouchon pour la vidange du chlorure de manganèse formé.

En définitive on ne dépense dans le procédé Weldon que l'oxygène de l'air, l'acide chlorhydrique et la chaux. Celle-ci passe à l'état de chlorure de calcium facile à séparer du manganite peu soluble. A chaque opération on rejette le chlorure de calcium formé.

Propriétés physiques. — Le chlore est un gaz jaune verdâtre, d'une odeur spéciale, suffocante, douceâtre et irritante à la fois. Sa densité est de 2,45. Un litre de chlore pèse $3^{gr},17$. Sous la pression ordinaire il se liquéfie à — 50°; sous 4 atmosphères de pression il se liquéfie à + 15°. On peut l'obtenir sous cet état par une méthode due à Faraday : on prend l'hydrate cristallisé instable $Cl,5H^2O$ que le chlore forme à froid avec l'eau. On en introduit une certaine quantité dans un tube en V que l'on ferme à la lampe, puis on plonge dans l'eau à 35° l'une des branches, l'autre étant placée dans un mélange réfrigérant. L'hydrate se décompose et le chlore liquéfié passe dans la branche refroidie sous forme d'un liquide jaune brun. Ce chlore liquide possède une densité de 1,33.

On peut, dans cette expérience remplacer l'hydrate de chlore par du charbon saturé de ce gaz (*Melsens*).

Le chlore est soluble dans l'eau : à 0° elle en dissout $1^{vol.},44$; à 8°

elle dissout 3 fois son volume de chlore, puis la solubilité diminue : elle est de $2^{vol.}, 37$ à $17°$. Lorsqu'on expose la solution de chlore à $0°$, l'hydrate de chlore $Cl.5H^2O$ cristallise.

Propriétés chimiques. — Le chlore est l'élément électro-négatif par excellence, tantôt il déplace l'oxygène, tantôt il est déplacé par lui de ses combinaisons, suivant la quantité de chaleur qu'il donne en s'unissant aux divers corps simples ou radicaux électro-positifs. Cette chaleur est toujours considérable.

Il se combine directement à l'hydrogène à froid sous l'influence de la lumière diffuse ; il fait explosion avec lui au soleil ou à la lumière du magnésium, ou bien s'il a été insolé d'avance, ou même si le lieu où l'on place ce mélange a subi depuis peu l'action des rayons solaires.

L'équation suivante tient compte des Calories ainsi dégagées :

$$H + Cl \text{ gaz} = HCl \text{ gaz} + 22 \text{ Cal.}$$

Le chlore se combine directement, à froid, au soufre et aux corps de la famille du soufre, sauf l'oxygène. Il s'unit à l'arsenic, à l'antimoine, au phosphore avec émission de lumière et violente réaction :

$$Ph + Cl^5 = \underset{\substack{\text{Perchlorure} \\ \text{de phosphore.}}}{PhCl^5} \text{ solide} + 107^{Cal.}, 8$$

Il se combine au bore, au silicium, mais non au carbone.

Le chlore s'unit à tous les métaux quelquefois avec incandescence. Vous voyez ici le cuivre brûler dans le chlore à peu près comme le fer brûle dans l'oxygène, et dans ce verre plein d'eau de chlore disparaître aussitôt cette lame d'or que j'y plonge.

L'affinité du chlore pour les éléments électro-positifs est si grande qu'il les enlève même à leurs combinaisons les plus stables. Voici une dissolution aqueuse de chlore : plaçons-la au soleil, nous verrons un gaz se dégager peu à peu : c'est de l'oxygène. Le chlore s'est substitué à lui pour former avec l'hydrogène de l'acide chlorhydrique :

$$H^2O + Cl^2 = O + 2HCl \text{ dissous} + 4^{Cal}, 80$$

Si la lumière est moins intense, la solution de chlore ne s'en acidifiera pas moins, et il apparaîtra dans la liqueur les acides oxygénés du chlore, $ClOH$ ou ClO^3H, acides formés avec absorption de chaleur.

Le chlore devient, en présence de l'eau, un oxydant indirect; c'est ainsi qu'il fait passer l'acide sulfureux à l'état d'acide sulfurique, aux dépens de l'oxygène de l'eau :

$$SO^2 + 2H^2O + 2Cl = SO^3 \cdot H^2O + 2HCl$$

On comprend aisément aussi que le chlore décompose la vapeur d'eau au rouge ;

$$H^2O + Cl^2 = 2HCl + O$$

Il suffit de fournir au système H^2O+Cl la petite quantité de chaleur (15 calories), qu'absorbe le nouveau système $2HCl+O$ pour que la réaction se produise.

L'action du chlore sur les corps hydrogénés est si puissante que ce gaz les attaque tous, à l'exception de l'acide fluorhydrique, pour former avec leur hydrogène de l'acide chlorhydrique et se substituer à l'hydrogène ainsi enlevé. Ainsi s'explique l'action du chlore comme décolorant et désinfectant. Il détruit instantanément par ce mécanisme la couleur de tournesol, l'indigo, l'encre, etc..., et beaucoup d'autres matières colorantes végétales ou animales.

C'est un désinfectant énergique. Il détruit profondément la matière organique, et s'unit directement aux diverses substances non saturées que produit la fermentation bactérienne. Il décompose d'ailleurs directement l'hydrogène sulfuré ($H^2S + Cl^2 = 2HCl + S$) et l'ammoniaque ($AzH^3 + 3Cl = 3HCl + Az$); et l'acide chlorhydrique qui résulte de ces réactions enraye lui-même à son tour les fermentations putrides.

Applications et usages du chlore. — C'est en 1785 que Berthollet proposa le premier l'emploi du chlore pour le blanchiment des toiles. Nous venons de donner l'explication théorique de cette action. Cette méthode de blanchiment a été depuis perfectionnée ; elle est rapide, praticable partout et en toute saison ; elle a rendu à l'agriculture de grandes surfaces occupées autrefois par l'exposition des toiles *sur pré*, où elles s'oxydaient lentement et blanchissaient grâce à la pluie et à la rosée.

Aujourd'hui on ne recourt plus au chlore, mais aux chlorures décolorants, combinaisons instables et complexes que le chlore forme avec les alcalis et sur lesquelles nous reviendrons.

Le chlore, l'eau de chlore, les chlorures de soude et de chaux sont employés comme décolorants dans une foule de cas ; ils servent à revivifier les papiers, à blanchir les étoffes, ils permettent de faire disparaître les taches d'encre, etc. ; quelquefois on les emploie dans un but frauduleux, pour faire, par exemple, disparaître les écritures. Dans ce cas, il suffit, lorsque les caractères n'ont pas été parfaitement lavés, d'humecter légèrement à l'envers la feuille de papier suspecte et de la mouiller avec une solution étendue de cyanure jaune ou d'un sulfure alcalin pour que l'écriture reparaisse en bleu ou en noir.

Les mêmes produits, chlore et chlorures alcalins, peuvent être aussi employés dans les cas d'asphyxie pour exciter le bulbe, plus particulièrement dans cette intoxication subite qu'on nomme *le plomb* et qui frappe les ouvriers vidangeurs. Il suffit d'en imprégner légèrement une serviette qu'on asperge de vinaigre et qu'on donne à respirer au patient ; si on le peut, il faut recourir en même temps à la respiration artificielle en insufflant dans les poumons de l'air qui a barboté dans un flacon

contenant une solution très affaiblie de chlorure de chaux mêlé d'un peu
de vinaigre ou qui a passé sur une serviette imbibée d'eau de chlore.

Le chlore répond à une foule d'usages industriels. Il sert avant tout
à la fabrication des chlorures décolorants (eau de Javel, chlorure de
chaux, etc.). Il est employé dans la préparation et le blanchiment de la
pâte à papier, dans la fabrication des indiennes, dans la préparation de
quelques chlorures, en particulier du *sublimé corrosif* et du chlorure
d'aluminium, qui permet lui-même d'obtenir ce dernier métal.

Le chlore est fort irritant pour les bronches et les poumons. Il détermine rapidement une toux opiniâtre, de la dyspnée, des crachements de
sang, une angoisse très pénible. Dans les suffocations qu'occasionne la
respiration d'un air trop chargé de chlore, l'usage du lait pris à petits
coups et à doses répétées est excellent.

Il nous resterait maintenant à faire, suivant la méthode généralement
adoptée, l'histoire des combinaisons du chlore avec les éléments déjà
décrits dans ce livre, l'hydrogène et l'oxygène. Nous ne suivrons pas
cette marche. De l'étude du chlore libre ou élémentaire, nous allons
rapprocher immédiatement celle du brome, de l'iode et du fluor. Nous
étudierons à la suite et successivement les *combinaisons hydrogénées*
de ces quatre éléments pour passer ensuite à leurs *combinaisons oxygénées*. Une telle marche fera mieux valoir les analogies des corps doués
de fonctions semblables, permettra les généralisations et raccourcira
l'exposé des faits.

LE BROME

Historique. — Le brome a été découvert en 1826, par Balard, alors
préparateur d'Anglada, professeur à Montpellier, dans les *eaux mères*
des marais salants des environs de cette ville. Il l'entrevit d'abord en
traitant ces eaux mères par le chlore. En distillant ce mélange, il obtint
un corps brunâtre, liquide, d'une odeur âcre et suffocante ; il observa
que cette substance « présente dans ses aptitudes chimiques les plus
« grands traits de ressemblance avec le chore et l'iode, et se prête à
« faire partie des combinaisons analogues ». Il chercha vainement le
chlore et l'iode dans ce liquide et conclut que ce corps était simple au
même titre que ces deux derniers éléments. Il le nomma *brome*, du
grec βρῶμος (*fætor* ou fétidité).

Préparations. — Dans les laboratoires on extrait le brome des bromures alcalins. Il suffit de les distiller avec un mélange de bioxyde de
manganèse et d'acide sulfurique étendu de son volume d'eau (fig. 60).

La réaction se passe en deux phases; il se fait d'abord de l'acide bromhydrique, que le bioxyde de manganèse oxyde ensuite. L'on a :

1° $2\,BrK + SO^4H^2 = K^2SO^4 + 2\,HBr$

et 2° $2\,HBr + MnO^2 + SO^4H^2 = MnSO^4 + 2\,H^2O + 2\,Br$

Pour extraire industriellement le brome des eaux mères des marais
salants, comme on le fait à l'usine de Salindres d'après les indications
de Balard, on concentre ces eaux jusqu'à ce qu'elles marquent 40° B°.
et on les introduit dans un vase de pierre siliceuse fermé par un obtu-

Fig. 60. — Préparation du brome dans les laboratoires.

rateur percé de deux trous : un tube en porcelaine par lequel on verse
le bioxyde de manganèse et l'acide sulfurique passe par le premier; au
second est adapté un tube à dégagement qui se rend à un serpentin
entouré d'eau froide. On chauffe ce mélange en y faisant arriver un jet
de vapeur : le brome volatilisé se condense sous l'eau dans des récipients
de verre ou de grès. On le rectifie ensuite à la cornue, en faisant rentrer
dans la fabrication les premières portions chargées de chlore.

Les eaux mères des salines de Stassfurth et les lessives des cendres de
varech d'où l'on a préalablement extrait l'iode par le chlore, s'exploitent
pour l'extraction du brome d'une façon analogue aux eaux mères des
marais salants.

Propriétés physiques. — Le brome est un liquide rouge brun foncé,
de couleur hyacinthe en couches minces, d'odeur forte, piquante, suffocante, de saveur âcre et brûlante. Il irrite et caustifie violemment les
voies respiratoires. Ses brûlures sont dangereuses, fort douloureuses et
difficiles à cicatriser.

La densité du brome à 0° est de 3,187. Il se solidifie à 24°,5 en une masse cristalline rouge brun. Il bout à 63°, mais à la température ordinaire sa tension de vapeur est très sensible. La densité de vapeur du brome est de 5,54.

Il se dissout dans l'eau; à 5 degrés 100 parties d'eau dissolvent 3,6 parties de brome, et à 25 degrés 3,17 parties. Il se dissout mieux dans l'alcool et l'éther, mais il attaque rapidement ces dissolvants.

Propriétés chimiques. — L'histoire chimique du brome est presque entièrement calquée sur celle du chlore. Il est seulement moins électronégatif que lui.

Il s'unit directement à l'hydrogène à chaud, mais non sous l'influence de la lumière :

$$H + Br = HBr \text{ gaz} + 9^{\text{cal}},5$$

Il se combine directement et à froid à l'iode, au soufre, à l'arsenic, à l'antimoine, au phosphore, au bore, au silicium, aux métaux. Il ne s'unit point au carbone ni à l'oxygène.

Au rouge, il s'empare de l'hydrogène de l'eau. A froid, il lui enlève aussi son hydrogène en présence de corps tels que les acides sulfureux, arsénieux, etc., aptes à s'oxyder en même temps en empruntant à l'eau son oxygène.

Le brome décompose l'acide sulfhydrique avec dépôt de soufre et formation d'acide sulfurique. Il détruit les matières organiques en se substituant à leur hydrogène et les oxydant profondément dans quelques cas; aussi est-il décolorant et désinfectant au même titre que le chlore.

Usages du brome. — Le brome sert surtout à préparer les bromures que la médecine emploie comme sédatifs puissants du système nerveux. Il est fort utilisé en photographie; c'est grâce au *gélatino-bromure* d'argent, d'une sensibilité exquise à la lumière, qu'on obtient ces épreuves dites *instantanées* qui reproduisent l'homme et les animaux dans leurs états passionnels variés, et qui permettent l'analyse cinématique de leurs mouvements successifs les plus rapides.

Dans les laboratoires le brome sert comme oxydant; on l'emploie pour obtenir des produits de substitution bromés.

Dans l'industrie, il entre dans la composition de belles couleurs nouvelles; l'*éosine* est de la *fluorescéine tétrabromée* $C^{20}H^8Br^4O^5$.

L'IODE

L'iode fut observé d'abord par Courtois, salpêtrier à Paris, qui l'isola en 1811 des eaux mères des soudes de varechs. Il communiqua sa découverte à Clément; ce savant étudia ce corps et fit connaître, en 1813, le résultat de ses premières recherches. En 1814. Gay-Lussac publia un remarquable mémoire sur le nouvel élément et sur ses combinaisons. A peu près en même temps, en Angleterre, H. Davy arrivait aux mêmes conclusions que le célèbre chimiste français.

L'iode accompagne généralement le chlore et le brome. L'eau de mer n'en contient que des traces, mais certaines espèces de fucus et d'algues marines, les éponges, divers mollusques et polypiers, etc., s'en emparent et l'accumulent dans leurs tissus. Aussi est-il plus pratique de retirer l'iode, non des eaux de mer directement, mais des cendres de fucus. La soude produite par la calcination des varechs de Bretagne contient environ 5 kilogrammes d'iode par tonne.

On trouve assez abondamment l'iode dans quelques eaux minérales : Saxon, Challes, Tœplitz, Heilbronn en particulier.

On le rencontre en notable quantité, sous forme d'iodate de soude, dans les nitres naturels du Chili et du Pérou. Dans certaines parties du désert d'Atacama, où il ne pleut jamais, il suffit de gratter le sol pour recueillir du nitrate et de l'iodate sodiques.

Enfin, certains phosphates naturels, tels que ceux du Lot, contiennent de 5 à 7 millièmes de ce précieux élément.

Préparation. — Les eaux mères des cendres de varechs sont d'abord acidulées et bouillies avec de l'acide sulfurique pour transformer tous leurs sels en sulfate. Le mélange étendu d'eau est traité par le chlore tant qu'il se précipite de l'iode. Celui-ci est lavé, séché sur des aires poreuses, puis soumis à la distillation au bain de sable dans des cornues de grès (fig. 61) ; on le sublime enfin dans de grandes bassines couvertes ou des vases aplatis de même substance.

Propriétés physiques. — L'iode est un corps solide, gris de fer, doué d'un éclat semi-métallique, d'une odeur désagréable, safranée, très spéciale. Il cristallise par sublimation en lames cassantes et

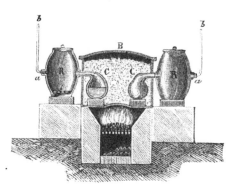

Fig. 61. — Appareil pour la sublimation de l'iode.

opaques, dérivées d'octaèdres rhomboïdaux. Sa densité à + 17° est de 4,498. Il fond à 115 degrés et bout au-dessus de 200°, en donnant de belles vapeurs violettes. La densité de vapeur de l'iode est de 8,716, mais elle diminue quand la température s'élève et, vers 1400°, elle n'est plus que de 5,30 (*V. Meyer*). La molécule d'iode I² tend donc à se dissocier à cette température dans les deux atomes qui la composent.

L'eau dissout à peine 1/7000 d'iode qui la colore en jaune. Dans l'alcool et l'éther l'iode donne une solution de couleur brune; elle est violette avec le chloroforme et le sulfure de carbone. L'iode se dissout aussi dans l'eau chargée d'iodures alcalins ou d'acide iodhydrique.

Il est mauvais conducteur de l'électricité et de la chaleur.

Propriétés chimiques. — Les allures générales de l'iode diffèrent peu de celles du chlore ou du brome, mais ses affinités sont moins puissantes.

L'iode ne s'unit pas directement à froid à l'hydrogène; la production de l'acide iodhydrique gazeux HI absorbe $6^{Cal},040$. Toutefois l'union directe de H à I a lieu en tube scellé à 440°. L'acide iodhydrique dissous se produit au contraire en portant des éléments avec dégagement de $19^{Cal},2$.

L'iode s'unit directement au chlore, au brome, au sélénium, au phosphore, à l'arsenic, à l'antimoine, au bore, au silicium, à la plupart des métaux; mais non à l'oxygène, à l'azote et au carbone.

Il ne décompose pas la vapeur d'eau, même sous l'influence de la chaleur, mais cette décomposition se fait à froid en présence des corps oxydables tels que les acides phosphoreux, arsénieux, sulfureux, etc.

$$As^2O^5 \quad + \quad 2H^2O \quad + \quad 4I \quad = \quad As^2O^5 \quad + \quad 4HI$$

| Acide arsenieux. | Eau. | Iode. | Acide arsénique. | Acide iodhydrique. |

L'iode décompose l'ammoniaque et forme avec elle un corps explosif ainsi que l'avait déjà observé Courtois.

Il se substitue difficilement à l'hydrogène dans les corps organiques; il n'en est pas moins décolorant et surtout antiseptique.

L'iode jouit de la propriété de colorer en bleu l'empois d'amidon. Cette coloration se produit lorsqu'on verse dans la solution d'un iodure alcalin, d'abord un peu d'empois frais, ensuite une goutte de chlore qui met l'iode de l'iodure en liberté. Mais un excès de chlore intervenant peut oxyder indirectement l'iode formé et décolorer l'empois. Il vaut mieux pour caractériser un iodure déplacer l'iode par l'acide azoteux. Dans ce but, on verse une solution d'azotite de potasse et un peu d'empois dans la liqueur que l'on suppose contenir de l'iode; que l'on vienne alors à l'aciduler, la coloration bleue caractéristique apparaîtra s'il y a un iodure en présence. Cette coloration bleue de l'empois iodé disparaît à chaud, vers 50 degrés, et reparaît à froid.

Usages. — L'iode a reçu d'importantes applications en médecine. Il fut introduit dans la thérapeutique par Coindet (de Genève), qui le substitua à l'éponge calcinée, employée contre la scrofulose déjà par les Chinois et les Arabes depuis un temps immémorial. C'est un excitant de la nutrition, un résolutif des plus puissants, un antiseptique de premier ordre. On le prescrit en nature dans le rachitisme, le goître, la syphilis, etc., sous forme de teinture, ou en combinaison avec les alcalis à l'état d'iodure. On l'emploie encore comme excitant et vésicant de la peau et des muqueuses en solution alcoolique, ou teinture d'iode. On se sert de ces mêmes teintures comme antiseptiques en injections sous-cutanées, surtout dans le cas d'anthrax charbonneux, pour détruire les kystes et foyers purulents, guérir l'hydrocèle, etc. L'eau iodée peut être conseillée pour laver les plaies et désinfecter la gorge dans les cas de diphtérie.

A petite dose, l'iode colore la peau en jaune ; à dose répétée il corrode l'épiderme qui se desquame lentement, ou bien il désorganise les tissus sous-jacents et cause alors d'assez vives douleurs. Absorbé à haute dose, l'iode produit des accidents toxiques ; administré en quantités petites mais répétées, l'amaigrissement devient rapide, il apparaît des palpitations, une grande instabilité nerveuse, etc. Un véritable empoisonnement chronique se déclare si les iodures employés contiennent des iodates même à l'état de traces.

L'iode est encore utilisé dans la photographie. L'industrie en consomme quelque peu pour la fabrication des couleurs artificielles d'aniline.

LE FLUOR

Le fluor ou *phtore*, dont le nom est tiré du grec φθορὰ qui signifie fluidificateur ou destructeur, existe dans la nature à l'état de fluorures, surtout de *fluorure de calcium* ou *spath fluor*, belle substance cubique que l'on rencontre souvent dans les filons métalliques, et sous forme de fluorure double (*cryolithe*), de fluophosphates (*apatites*) ou de fluo-silicate d'alumine (*topaze*). On en trouve une minime quantité dans le mica, l'amphibole, etc. On le rencontre dans beaucoup d'eaux potables ou minérales. Enfin Berzelius l'a signalé dans les os des animaux et dans l'émail des dents.

Préparation. — Le fluor paraît avoir été déjà isolé avant notre époque ; mais grâce à ses propriétés puissamment électro-négatives, il attaque la matière des vases où l'on tente de le recueillir et l'on n'a pu facilement l'étudier. H. Davy tenta le premier de l'obtenir en le déplaçant du fluorure d'argent au moyen du chlore. Il opéra dans un vase de verre, puis de platine ; mais le gaz produit déplaçait l'oxygène du verre en s'unissant à la silice et à la soude, et se combinait au platine. Davy pensa qu'on pourrait obtenir le fluor en employant des vases en *spath fluor ;* c'est dans des récipients de cette nature qu'opéra Louyet. En faisant agir sur les fluorures d'argent ou de mercure du chlore ou de l'iode sec, il obtint un gaz incolore, décomposant facilement l'eau, attaquant tous les métaux sauf le platine et l'or, mais n'ayant pas les propriétés décolorantes du chlore. En opérant dans le platine avec des

substances *parfaitement desséchées*, Kaemmerer obtint un gaz qui
n'attaquait point le verre, que la potasse absorbait complètement avec
production de fluorure, d'eau oxygénée et de peroxyde de potassium.

M. Fremy paraît avoir obtenu le fluor par l'électrolyse des fluorures
anhydres alcalins fondus. Le gaz qui se dégageait à l'électrode positive
était odorant, déplaçait l'iode des iodures et décomposait l'eau en donnant de l'acide fluorhydrique.

Enfin M. Moissan vient d'obtenir, en décomposant l'acide fluorhydrique
anhydre refroidi à — 40° par une pile de 50 éléments, un gaz qui se
dégage au pôle positif, gaz qui décompose l'eau avec production d'ozone,
enflamme le phosphore en donnant du fluorure de phosphore, met en
liberté le chlore du chlorure de potassium fondu, et attaque directement
le silicium qui s'enflamme à son contact en produisant du fluorure de
potassium. (*Compt. rend. Acad. Sciences*, t. CII, p. 1543.) On ne saurait douter que ce corps, exempt d'ailleurs d'oxygène, ne soit le fluor
lui-même.

D'après toutes ces expériences, en tenant compte de l'isomorphisme
des fluorures avec les chlorures, bromures et iodures métalliques correspondants, en raison enfin des propriétés connues de l'acide fluorhydrique si semblables à celles des acides chlorhydrique et bromhydrique, on pense que le fluor est un élément analogue au chlore et
au brome, doué d'affinités électro-négatives très puissantes.

DOUZIÈME LEÇON

ACIDES CHLORHYDRIQUE, BROMHYDRIQUE, IODHYDRIQUE, FLUORHYDRIQUE

Ces quatre acides, fort analogues de propriétés, sont formés par
l'union d'un volume de chlore, de brome, d'iode ou de fluor à un volume
égal d'hydrogène. Contrairement à ce que croyait Lavoisier, ils ne contiennent pas d'oxygène, ainsi que l'ont démontré H. Davy et Gay-Lussac.
Leur formation est accompagnée des quantités de chaleur suivantes :

COMPOSÉS	COMPOSANTS	ÉTAT	
		GAZEUX	DISSOUS
Acide chlorhydrique HCl . .	H + Cl	+ 22^{Cal}.0	+ 39^{Cal}.3
— bromhydrique HBr .	H + Br	+ 9,5	+ 29,5
— iodhydrique HI . .	H + I	— 6,2	+ 13,2

ACIDE CHLORHYDRIQUE
H Cl

Historique. — Les anciens n'ont pas connu cet important acide. D'après quelques documents tirés de Pline, ils le remplaçaient dans l'attaque des métaux par un mélange de sel marin, de pyrites et de schistes argileux; ce mélange fournissait peu à peu à l'air du sulfate ferreux, peut-être du sulfate de fer et d'alumine, sels qui par calcination donnaient de l'acide sulfurique naissant, dont la réaction sur le sel marin produisait de l'acide chlorhydrique. Plus tard on régularisa cette action et on obtint cet acide en calcinant un mélange de sel marin et de vitriol vert ou sulfate de fer. Glauber, au dix-septième siècle, remplaça le vitriol par l'*huile de vitriol* ou acide sulfurique. Il obtint ainsi l'*esprit de sel*, nom sous lequel on désigne encore quelquefois l'acide chlorhydrique ([1]).

Préparation. — On prépare encore aujourd'hui l'acide chlorhydrique par la méthode de Glauber, c'est-à-dire en faisant agir l'acide sulfurique sur le sel marin. Même à froid, l'attaque est violente. Il en résulte d'abord de l'acide chlorhydrique et du bisulfate de sodium :

$$\underset{\text{Sel marin.}}{\text{NaCl}} + \underset{\substack{\text{Acide} \\ \text{sulfurique.}}}{\text{SO}^4\text{H}^2} = \underset{\substack{\text{Sulfate acide} \\ \text{de Na.}}}{\text{SO}^4\text{NaH}} + \underset{\substack{\text{Acide} \\ \text{chlorhydrique.}}}{\text{HCl}}$$

Si le sel marin est en quantité surabondante et si l'on chauffe, une nouvelle proportion d'acide chlorhydrique se forme dans une seconde phase de la réaction :

$$\underset{\text{Sel marin.}}{\text{NaCl}} + \underset{\substack{\text{Acide} \\ \text{sulfurique.}}}{\text{SO}^4\text{NaH}} = \underset{\substack{\text{Sulfate neutre} \\ \text{de Na.}}}{\text{SO}^4\text{Na}^2} + \underset{\substack{\text{Acide} \\ \text{chlorhydrique.}}}{\text{HCl}}$$

Au laboratoire, l'opération se fait dans un grand ballon de verre A (fig. 62). On y place le sel marin, que l'on arrose d'une quantité notable d'acide chlorhydrique commercial si l'on veut empêcher une attaque trop violente. On verse l'acide sulfurique au moyen d'un tube de sûreté et par petites quantités à la fois. Le gaz chlorhydrique se dégage; on le lave dans l'eau, on le sèche en le faisant circuler à travers un long tube rempli de ponce sulfurique ou dans un laveur B contenant cet acide, et on le recueille sur la cuve à mercure.

Si l'on veut l'obtenir en dissolution, on le fait circuler dans une

([1]) Voir *Compt. rend. Acad. Sciences*, t. CII, p. 1164, l'étude moderne d'un procédé analogue. La calcination de l'argile ordinaire avec sel marin donne, au rouge sombre, de l'acide chlorhydrique et même du chlore. C'est une expérience classique.

série de flacons à trois tubulures L, F, G (fig. 63). Le premier L contient un peu d'acide chlorhydrique commercial et sert de laveur, les autres F, G

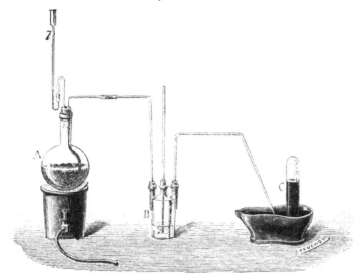

Fig. 62. — Préparation du gaz chlorhydrique sec.

sont à moitié remplis d'eau distillée et munis de tubes de sûreté. Le gaz chlorhydrique se dissout dans l'eau en l'échauffant. Sa solution, plus

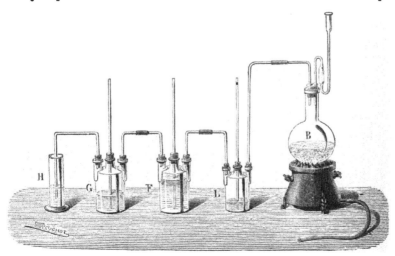

Fig. 63. — Préparation de l'acide chlorhydrique.

dense que le dissolvant, tombe sous forme de stries au fond du flacon où arrive le gaz.

L'acide chlorhydrique industriel est un des produits secondaires de la fabrication de la soude. Dans des cylindres horizontaux en fonte A B (fig. 64) accouplés dans des fours, on introduit du sel marin, puis de l'acide sulfurique. Il se produit du sulfate de soude ; il est destiné à être

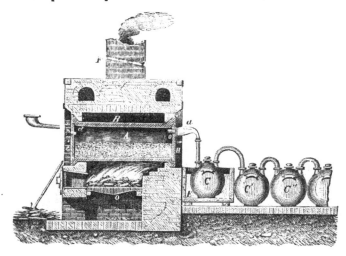

Fig. 64. — Appareil pour la fabrication de l'acide chlorhydrique.

transformé plus tard en carbonate. L'acide chlorhydrique qui se forme en même temps se dégage et se dissout dans l'eau contenue dans une série de bonbonnes de grès C C′ C″ immergées dans de l'eau froide. De ces touries, les gaz non condensés passent dans des tours en poteries remplies de coke mouillé où ils abandonnent définitivement le restant de leur acide.

L'acide commercial est impur et de couleur jaunâtre. Il contient du chlorure de fer formé aux dépens des cylindres de fonte où il a été fabriqué. On y trouve aussi un peu d'acide sulfurique, tous les sels de l'eau qui a servi à le dissoudre ; enfin du chlorure arsénieux $AsCl^3$ provenant de l'acide sulfurique employé, acide que l'on fabrique généralement avec des pyrites arsenicales. L'acide chlorhydrique du commerce contient $0^{gr},1$ de chlorure d'arsenic par kilogramme et au-dessus ; d'après Filhol la proportion d'arsenic peut dépasser 2 grammes par kilog.

Pour les usages de la médecine et de la toxicologie il faut savoir préparer avec l'acide commercial de l'acide chlorhydrique exempt d'arsenic. On y arrive par divers moyens. Hager a proposé de l'étendre d'eau jusqu'à la densité 1,13, d'ajouter un peu de bioxyde de manganèse pour oxyder l'acide sulfureux qu'il contient et d'immerger ensuite dans la liqueur des lames de cuivre décapées : au bout de 30 heures on retire ces lames et on les remplace par des lames fraîches. Tout l'arsenic ainsi que le thallium se déposent, en même temps que le perchlorure de fer est ramené à l'état de protochlorure non volatil; il suffit alors, pour avoir de l'acide pur, de le distiller sur de la tournure de cuivre. On peut aussi, dans l'acide étendu d'eau, précipiter l'arsenic par un courant d'hydrogène sulfuré, filtrer après 24 heures sur du papier d'amiante, faire bouillir un instant pour chasser le gaz sulfhydrique, distiller et rejeter les dernières portions qui sont ferrugineuses.

Propriétés physiques. — Le gaz chlorhydrique est incolore, très acide au goût, piquant au nez, fumant à l'air grâce à son extrême avidité pour l'eau qu'il condense. Sa densité est de 1,247. Un litre de ce gaz pèse $1^{gr},614$.

Faraday l'a liquéfié à — 80 degrés sous la pression ordinaire; à 0° sous une pression de 26 atmosphères, il forme un liquide incolore, mobile, de densité égale à 1,27. On n'a pu le solidifier.

L'eau dissout environ 500 fois son volume de gaz chlorhydrique à 0°. Les dissolutions ordinaires fumant à l'air, contiennent environ 35 pour 100 de gaz HCl. L'acide de commerce doit marquer 22 degrés Baumé.

On connaît les trois hydrates définis : $HCl,2H^2O$ qui fond à — 18 degrés, $HCl,6H^2O$ et $HCl,8H^2O$. C'est ce dernier hydrate qu'on obtient lorsqu'on distille l'acide chlorhydrique ordinaire. Il bout à 110°; il a pour densité 1,10.

Propriétés chimiques — L'acide chlorhydrique est un acide puissant, corrosif, rougissant, même en solution fort étendue, le papier de tournesol, attaquant l'émail des dents. Il est d'une grande stabilité; toutefois l'étincelle électrique le décompose; par la chaleur, il commence à se dissocier vers 1300° comme l'a montré H. Deville.

La plupart des métalloïdes sont sans action sur l'acide chlorhydrique. Au rouge ses vapeurs mélangées d'oxygène donnent du chlore et de l'eau.

Le phospore, sous ses deux états, le décompose vers 200 degrés pour former de l'hydrogène phosphoré et du protochlorure phosphoré.

Les solutions d'acide chlorhydrique concentrées attaquent la plupart des métaux et spécialement ceux qui décomposent l'eau, auxquels il faut joindre l'aluminium : l'hydrogène est mis en liberté en même temps qu'il se fait un chlorure métallique :

$$Fe + 2HCl = FeCl^2 + H^2$$

Le mercure et l'argent ne décomposent le gaz chlorhydrique qu'au rouge; l'or et le platine sont sans action sur lui.

L'acide chlorhydrique réagit sur les oxydes métalliques basiques pour donner des chlorures et de l'eau :

$$ZnO + 2HCl = ZnCl^2 + 2H^2O$$

ou bien :

$$Fe^2O^3 + 6\,HCl = Fe^2Cl^6 + 3\,H^2O$$

Les suroxydes métalliques, tels que le bioxyde de manganèse et celui de plomb (oxydes qui jouissent en général de propriétés faiblement acides) et les acides oxygénés proprement dits, mettent en liberté le chlore de l'acide chlorhydrique :

$$2\,CrO^3 + 12\,HCl = Cr^2Cl^6 + 6\,H^2O + Cl^6$$
Acide chromique.   Sesquichlorure de chrome.

ou :

$$PbO^2 + 4\,HCl = PbCl^2 + 2\,H^2O + Cl^2$$

Avec les sulfures de métaux qui décomposent l'eau acidulée, l'acide chlorhydrique donne de l'hydrogène sulfuré et des chlorures.

La composition du gaz chlorhydrique se déduit de son analyse. Dans une cloche courbe (fig. 65) on introduit 100 volumes de ce gaz bien sec, puis un fragment de sodium fraîchement coupé tenu au bout d'un fil de platine, et l'on chauffe. La réaction se produit bientôt, il se fait du chlorure de sodium et il reste 50 volumes de gaz hydrogène. Ces 50 volumes étaient primitivement répandus dans les 100 volumes du gaz HCl, par

Fig. 65.
Analyse de l'acide chlorhydrique
par le sodium.

conséquent cet hydrogène avait dans le gaz HCl la demi-densité du gaz hydrogène, soit : 0,0346.

Si de la densité de HCl = ... 0,2470
on retire la demi-densité de H = ... 0,0346
il reste la *demi-densité du chlore* = ... 1,2124

Donc 1 volume d'acide chlorhydrique est formé de l'union de demi-volume de chlore à demi-volume d'hydrogène. Une molécule HCl, ou 2 volumes, résulte de l'union de 1 volume de chlore (1 atome Cl) à 1 volume d'hydrogène (1 atome H).

Caractères de l'acide chlorhydrique. — Recherche toxicologique.
— Comme tous les chlorures solubles, l'acide chlorhydrique précipite le nitrate d'argent; ce précipité blanc, caillebotté, bleuissant puis noircissant à la lumière, soluble dans l'ammoniaque, insoluble dans l'acide nitrique, caractérise les chlorures. Mais lorsque, en chimie physiologique et surtout en toxicologie, il s'agit de retrouver l'acide chlorhydrique

libre alors qu'il est mélangé de chlorures minéraux et de matières organiques, la question devient fort délicate à résoudre. M. Bouis conseille de distiller dans un petit ballon avec de l'oxyde de plomb ou de manganèse la liqueur suspecte de contenir de l'acide chlorhydrique. En présence de l'acide chlorhydrique libre, il se dégage ainsi du chlore que l'on reçoit dans un peu d'iodure de potassium. Si l'on agite alors la liqueur avec du chloroforme, celui-ci devient violet en s'emparant de l'iode mis en liberté. Cette réaction n'a pas lieu s'il n'existe dans la liqueur qu'un chlorure métallique. L'équation pui suit en rend compte :

$$4\,HCl + PbO^2 = PbCl^2 + 2\,H^2O + 2\,Cl$$

L'on peut aussi ajouter aux matières suspectes de l'acide chlorhydrique un peu de chlorate de potasse et une feuille d'or, et l'on chauffe au bain-marie : pour peu qu'il y ait de l'acide libre la feuille d'or se dissout.

Ces deux procédés nous paraissent insuffisants ; les matières organiques, s'il y en a, peuvent absorber le chlore qui se forme dans le premier cas ; en présence des chlorures, une liqueur acide peut, lorsqu'on la chauffe avec les bioxydes, donner un peu de chlore. D'autre part, le chlorate de potasse peut toujours être attaqué par d'autres acides (même organiques) que l'acide chlorhydrique. Il est enfin malaisé de retrouver dans les solutions de matières organiques le chlorure d'or qui s'est produit.

Voici comment on peut opérer : aux matières suspectes ajouter de l'acétate mercurique jusqu'à très léger excès et évaporer à sec dans le vide. L'acide chlorhydrique libre forme du chlorure de mercure. En reprenant alors par de l'éther, on dissout le chlorure de mercure qui s'est formé ; il ne reste plus qu'à démontrer la présence du chlore et du mercure (¹) dans le produit de l'évaporation de la solution éthérée.

Applications. — L'acide chlorhydrique est à chaque instant employé dans les laboratoires et dans l'industrie. Dans les laboratoires, il permet d'attaquer et de dissoudre un grand nombre de corps, il sert à préparer l'hydrogène sulfuré, l'acide carbonique, le chlore, etc... Dans l'industrie, il est en majeure partie utilisé pour la fabrication du chlore et des chlorures décolorants, ainsi que pour produire le chlorure de zinc, désinfectant énergique et conservateur des bois. On emploie le même acide pour obtenir diverses préparations fort usitées dans les arts : eau régale, sel d'étain (SnCl², HCl + Aq), sel ammoniac, etc. ; on l'utilise pour attaquer les os et en retirer la gélatine ; il sert au décapage des métaux, à la soudure, etc.

(¹) Il faut démontrer la présence du mercure en même temps que celle du chlore, car l'éther alcoolique ou aqueux dissout toujours une trace de chlorures dans ces conditions.

ACIDE BROMHYDRIQUE
Br H

La composition et la plupart des réactions de l'acide bromhydrique sont analogues de celles de l'acide chlorhydrique.

Préparation. — On obtient l'acide bromhydrique en décomposant par l'eau le bromure de phosphore.

Dans une large éprouvette E (fig. 66) on introduit un tube vide *t* autour duquel on tasse de la ponce imprégnée d'un mélange de phosphore rouge en poudre et d'eau ou mieux d'acide bromhydrique aqueux.

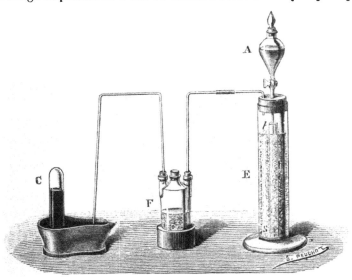

Fig. 66. — Préparation de l'acide bromhydrique.

L'éprouvette est fermée d'un bouchon à deux trous : par l'un passe un entonnoir à robinet dont la tubulure plonge dans le tube *t*; l'autre donne issue aux gaz par le tube à dégagement *nm*. L'entonnoir à robinet permet de faire couler le brome goutte à goutte. Il rencontre le phosphore dans l'éprouvette et forme d'abord du bromure de phosphore PBr^3; mais celui-ci se décompose aussitôt au contact de l'eau en donnant du gaz bromhydrique qui se dégage et de l'acide phosphoreux PH^3O^3 qui reste :

$$PBr^3 + 3H^2O = PH^3O^3 + 3HBr$$

Vers la fin de l'opération, on peut plonger le pied de l'éprouvette dans un bain d'eau tiède pour volatiliser le brome en excès et reproduire un nouveau dégagement d'acide bromhydrique.

On peut obtenir aussi cet acide en décomposant le bromure de potassium par l'acide phosphorique. L'acide sulfurique concentré ne saurait être ici employé : il se ferait en présence de BrH une réaction secondaire d'où résulterait du brome libre et de l'acide sulfureux.

Propriétés. — L'acide bromhydrique est un gaz incolore, fumant, de saveur et d'odeur fort acides. Sa densité est de 2,798. Il se liquéfie à — 69° et se solidifie à — 73°.

L'eau peut en dissoudre 600 volumes à 0°. Cette solution est incolore, sirupeuse, fumante. Elle donne à — 11° un hydrate cristallisé IIBr,2II²O. Quand on la chauffe, elle perd de l'acide bromhydrique et laisse passer à 126° un produit défini qui correspond à l'hydrate IIBr,5II²O. Au contact de l'air et de la lumière les solutions d'acide bromhydrique brunissent un peu par suite de la mise en liberté de brome :

$$2\,\mathrm{IIBr} + O \;=\; \mathrm{II^2O} + \mathrm{Br}$$

Cette décomposition est complète à la température de 500°.

Les métalloïdes et les métaux se conduisent avec l'acide bromhydrique comme avec l'acide chlorhydrique.

Le chlore décompose l'acide bromhydrique et les bromures dont il déplace le brome. Au contraire l'acide bromhydrique décompose les chlorures avec dégagement de chaleur :

$$2\,\mathrm{BrH} + \mathrm{SrCl^2} \;=\; 2\,\mathrm{HCl} + \mathrm{SrBr^2}$$

ACIDE IODHYDRIQUE
III

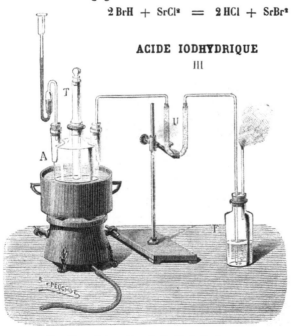

Il a été découvert par Gay-Lussac en 1814.

Préparation. — Dans une cornue tubulée ou dans un flacon à trois larges tubulures bouchées à l'émeri (fig. 67) on introduit 1 partie de phosphore rouge, 95 p. d'eau et 20 p. d'iode, puis on chauffe doucement. L'eau décompose l'iodure

Fig. 67. — Préparation de l'acide iodhydrique.

de phosphore à mesure qu'il se forme et donne des acides phosphoreux PH^2O^3 et iodhydrique :

$$PI^3 + 3H^2O = PH^3O^3 + 3HI$$

Si l'on veut obtenir le gaz iodhydrique sec et pur d'iode on le fait circuler à travers un tube U (fig. 67) contenant de la ponce imprégnée d'un mélange d'acide iodhydrique, d'acide phosphorique anhydre et de phosphore rouge. On reçoit ce gaz dans des flacons vides et secs.

On peut préparer aisément l'acide iodhydrique aqueux en décomposant par un courant de gaz sulfhydrique l'iode mis en suspension dans l'eau. Il se sépare du soufre, et la liqueur filtrée contient de l'acide iodhydrique. L'on a :

$$H^2S + 2I = 2HI + S$$

Propriétés. — L'acide iodhydrique est un gaz acide, incolore, répandant à l'air d'épaisses fumées. Il ne peut être recueilli sur le mercure qui le décompose. Sa densité est de 4,443. Il se solidifie à — 55° après s'être liquéfié.

L'eau en dissout à +10 degrés 425 fois son volume. Si l'on chauffe ses solutions, elles perdent du gaz iodhydrique ou de l'eau, suivant qu'elles sont plus ou moins concentrées ; à 128° il distille d'une façon régulière un liquide dont la composition répond à la formule $2HI,11H^2O$; cet acide à point d'ébullition fixe, contient 57 % d'acide iodhydrique ; il a pour densité 1,70.

Le gaz iodhydrique mêlé d'oxygène sec brûle au contact d'une flamme. Les solutions d'acide iodhydrique sont lentement décomposées par l'oxygène de l'air ; il se forme de l'eau et de l'iode :

$$2HI + O = I^2 + H^2O$$

L'iode ainsi déplacé se dissout dans l'acide qui reste, mais à mesure que ce dernier continue à s'oxyder, l'iode se dépose peu à peu en très beaux cristaux.

Le chlore et le brome décomposent l'acide iodhydrique et les iodures ; ils brunissent aussitôt l'iodure de potassium ou d'argent. Inversement l'acide iodhydrique décompose les chlorures et bromures métalliques. Le chlorure de plomb donne de l'iodure jaune, et le trichlorure de mercure de l'iodure rouge, dans le gaz acide iodhydrique sec.

Lorsqu'on chauffe l'acide iodhydrique au delà de 200°, il se dissocie partiellement ; réciproquement, si l'on chauffe à 200° un mélange d'iode et d'hydrogène, les deux éléments s'unissent en partie. Dans les deux cas, un équilibre s'établit *lentement* entre les produits résultant de ces deux réactions inverses qui se limitent l'une l'autre (*J. Lemoine*).

Le gaz iodhydrique se décompose lentement et probablement totalement sous l'influence de la lumière. Ses solutions aqueuses sont au contraire indécomposables par cet agent (*J. Lemoine*).

Le soufre, le sélénium, le phosphore, détruisent à chaud l'acide iodhydrique aqueux et concentré. Les métaux se comportent avec cet acide comme avec les acides chlorhydrique et bromhydrique.

ACIDE FLUORHYDRIQUE

FlH

Historique. — L'acide fluorhydrique fut découvert par Scheele, qui démontra en 1771 que le *spath fluor*, ou fluorure de calcium, lorsqu'on le traite par de l'acide sulfurique, dégage un gaz fumant différent des autres acides et qu'il nomma *acide fluorique*. Plus tard Wiegleb s'aperçut que ce gaz attaquait le verre : dès lors on se servit pour sa préparation d'une cornue de platine ou de plomb. C'est H. Davy qui le premier fit remarquer les analogies du gaz acide de Scheele et de Wiegleb avec l'acide chlorhydrique ; avec Gay-Lussac il supposa qu'il résulte de l'union de l'hydrogène à un élément spécial, le *fluor :* de là son nom d'*acide fluorhydrique*.

Préparation. — Dans une cornue de platine ou de plomb (fig. 68)

Fig. 68. — Préparation de l'acide fluorhydrique.

formée de deux pièces qui peuvent se raccorder au besoin avec un peu de plâtre, on introduit 1 partie de spath fluor en poudre et 3 d'acide sulfurique monohydraté. On laisse d'abord réagir à froid s'il se dégage un gaz fumant ; c'est du fluorure de silicium dû à un peu de silice contenue dans le fluorure naturel ; puis, sans dépasser 300° l'on chauffe la cornue, après en avoir introduit le bec dans un gros tube en U de plomb ou de platine, contenant un peu d'eau, et entouré de glace pour condenser les vapeurs acides qui se forment. Quand il ne se dégage plus d'acide fluorhydrique, on verse la dissolution dans des flacons en *gutta-percha* où on la conserve.

L'acide fluorhydrique fumant du commerce est très impur. Il contient environ 18 à 20 % d'acide réel. Mais l'on peut s'en servir pour préparer un acide pur. Dans ce but, on sature le quart environ de cet acide brut par de la potasse à l'alcool ou du carbonate de potasse pur, on ajoute les trois autres quarts de l'acide, et sans filtrer, l'on distille le tout dans le plomb ou mieux dans le platine. Le récipient doit être entouré d'un mélange de glace et de sel. Il passe une liqueur exempte de matières minérales et en particulier de silice, qui répond à la composition $FlH, 2H^2O$.

Si l'on veut préparer l'acide anhydre, on suit la méthode de M. Fremy : on divise l'acide du commerce en deux parts; on neutralise la première par du carbonate de potasse et l'on ajoute la seconde. Il cristallise presque immédiatement du fluorhydrate de fluorure de potassium peu soluble; ce sel est exprimé, essoré, séché dans le vide, puis à l'étuve, enfin chauffé fortement dans une cornue de platine munie d'un récipient bien refroidi fait de même métal. La décomposition du fluorhydrate de fluorure de potassium a lieu suivant l'équation :

$$FlH, FlK = FlK + FlH$$

Propriétés. — D'après Gore, l'acide fluorhydrique anhydre et pur est un liquide qui bout à $+ 19°,4$. Sa densité à $12°,5$ est de 0,9879. Il est bien fluide. Il répand à l'air des fumées blanches épaisses dues à sa grande avidité pour l'eau; son odeur est forte et piquante; sa saveur brûlante, insupportable. Il n'attaque le verre qu'en présence d'un peu d'eau. Une forte pile le décompose à froid en hydrogène et fluor qui se dégagent (*Moissan*).

Sa solution aqueuse, chauffée à l'air, perd de l'eau ou de l'acide suivant sa concentration; il distille à $120°$ un hydrate défini $FlH, 2H^2O$ contenant 36 % d'acide FlH réel.

Les métalloïdes, sauf le silicium et le bore, sont sans action sur l'acide fluorhydrique; au contraire tous les métaux, à l'exception de l'argent, du mercure, de l'or et du platine, le décomposent en donnant des fluorures. Le plomb ne l'attaque que lentement.

Le caractère dominant de l'acide fluorhydrique est son action sur la silice et les silicates. Avec la silice il forme l'acide hydrofluosilicique $SiFl^4, 2FlH$:

$$SiO^2 + 6 FlH = SiFl^4, 2 FlH + 2 H^2O$$

Aussi se sert-on de cet acide, en analyse, pour volatiliser et chasser la silice des minéraux siliceux. Sur cette réaction est encore fondé son emploi dans la gravure sur verre, comme on le verra plus loin.

L'acide fluorhydrique anhydre ou très concentré attaque et charbonne un grand nombre de matières organiques. On le conserve dans des flacons en gutta-percha, ou en verre paraffiné.

Lorsqu'il est concentré, ses brûlures sont dangereuses : une goutte produit sur la main une ampoule fort douloureuse.

Applications. — La principale application de l'acide fluorhydrique est la gravure sur verre. On la produit de différentes façons. L'on peut recouvrir d'un vernis (*cire*, 4 parties ; *térébenthine*, 1 partie) le verre à graver, et enlever à la pointe d'acier toutes les parties où l'on veut que l'acide morde, puis soumettre la plaque ainsi préparée aux vapeurs d'acide fluorhydrique : on obtient par ce procédé une gravure mate. Ou bien l'on imprime le verre à graver avec une *encre réserve* composée de bitume, essence et stéarine, et l'on trempe la pièce de verre ou de cristal ainsi préparée dans une solution d'acide fluorhydrique : Dans ce cas la gravure est polie. Ce second mode opératoire peut donner les effets de la gravure mécanique profonde ordinaire, faite à la meule d'émeri. Ou bien l'on trempe les pièces à graver, couvertes de leurs réserves, dans du fluorhydrate de fluorure d'ammonium acidulé d'un acide minéral, procédé qui donne de très belles gravures mates. Enfin l'on peut écrire directement sur verre avec une encre formée d'un mélange de fluorhydrate d'ammoniaque, d'acide fluorhydrique, d'acide acétique et de sulfate de baryte. Ce dernier corps n'a d'autre but que de rendre l'encre bien visible (*Kessler*).

Pendant ces diverses opérations les ouvriers respirent, dans quelques cas à pleins poumons, les vapeurs d'acide fluorhydrique, et l'on ne sera pas peu surpris d'apprendre qu'ils ne paraissent en subir aucun désavantage ([1]). L'acide ne devient dangereux à respirer que lorsqu'il est souillé d'acide sulfureux et sulfhydrique. Sur ce point tous les fabricants et médecins qui ont vécu avec les ouvriers graveurs sont unanimes. MM. les docteurs Bergeron et Chevy ont soumis ces observations au contrôle du laboratoire et fait les mêmes remarques sur les animaux. Bien plus, l'on a cru voir dans la respiration de l'acide fluorhydrique par les malades atteints de tuberculose un excellent moyen d'arrêter le cours de cette terrible maladie.

D'autre part, M. le Dr Chevy a démontré que l'acide fluorhydrique était un antiseptique très puissant. Le lait, la viande, le bouillon, l'urine, additionnés de 1 millième et même de 1 dix-millième d'acide fluorhydrique, ne se putréfient plus ; si la putréfaction a commencé, l'odeur elle-même disparaît rapidement.

A la suite de ces expériences, des pansements antiseptiques avec l'acide

---

([1]) Les détails suivants sont empruntés au travail de M. le Dr Chevy, *De l'acide fluorhydrique et de son emploi en thérapeutique*. Paris, 1885.

fluorhydrique au millième et au cinq-centième ont été tentés avec succès et la cicatrisation des plaies a marché rapidement vers la guérison. D'autre part, MM. les docteurs H. Bergeron et Chaupy ont administré l'acide fluorhydrique gazeux à des malades atteints de diphtérie. A son contact les fausses membranes disparaissent rapidement « comme la neige au soleil », suivant l'expression de M. Chaupy.

L'acide fluorhydrique, qu'on a trop longtemps tenu en suspicion, paraît devoir rendre un jour de véritables services à la thérapeutique.

TREIZIÈME LEÇON

COMPOSÉS OXYGÉNÉS DU CHLORE, DU BROME ET DE L'IODE

Nous avons donné le tableau des principaux composés oxygénés du chlore, du brome et de l'iode au commencement de notre *Douzième leçon*. Parmi ces corps, beaucoup ne présentant qu'un intérêt purement théorique, nous nous bornerons à les signaler. Nous décrirons ici seulement ceux qui nous intéressent plus spécialement par leur importance ou leurs applications, savoir :

POUR LE CHLORE :		POUR LE BROME :		POUR L'IODE :	
l'acide hypochloreux	ClOH	l'acide hypobromeux	BrOH		
l'acide chlorique . .	ClO^{s}H	l'acide bromique . .	BrO^{s}H	l'acide iodique	IO^{s}H
l'acide perchlorique.	ClO^{4}H				

COMPOSÉS OXYGÉNÉS DU CHLORE

Les composés oxygénés du chlore actuellement connus sont les suivants :

ANHYDRIDES.			ACIDES.	
L'anhydride hypochloreux	Cl^{2}O	qui répond à	l'acide hypochloreux	ClOH
L'anhydride chloreux	Cl^{2}O^x	. . . . .	l'acide chloreux	ClO^{2}H
L'anhydride hypochlorique	ClO^2			
(Anhydride inconnu)	—	. . . . .	l'acide chlorique	ClO^{s}H
(Anhydride inconnu)	—	. . . . .	l'acide perchlorique	ClO^{4}H

Tous ces corps sont instables, et formés avec absorption de chaleur :

$$Cl^s + O = Cl^2O \text{ gaz} - 18^{Cal.},04$$
$$Cl^s + O + aq = Cl^2O \text{ dissous} - 8^{Cal.},60$$
$$Cl + O^s + H + aq = ClO^sH \text{ dissous} - 25^{Cal.},0$$

ANHYDRIDE ET ACIDE HYPOCHLOREUX
Cl²O et ClOH

Berthollet découvrit que les alcalis étendus absorbent le chlore et donnent ainsi une liqueur douée d'un pouvoir décolorant égal à celui du chlore disparu. Il supposait que dans cette réaction la base employée s'unissait au chlore, et que les acides le mettaient ensuite en liberté. C'est Balard qui en 1834 démontra que les chlorures décolorants contiennent un acide spécial, l'acide hypochloreux, qui s'unit à la moitié de la base, tandis que l'autre moitié de l'alcali passe à l'état de chlorure.

Préparation de l'acide hypochloreux. — Pour l'obtenir à l'état hydraté on verse de l'oxyde de mercure précipité, puis séché à 300° et porphyrisé, dans des flacons pleins de chlore et contenant un peu d'eau de chlore; on refroidit en même temps pour empêcher l'échauffement de la liqueur. Le chlore est promptement absorbé, il se fait de l'oxychlorure de mercure peu soluble et de l'acide hypochloreux; on filtre et l'acide, à l'état hydraté, reste dissous dans la liqueur. L'on a :

$$2\,HgO + 2\,Cl^{2} + H^{2}O = HgO,HgCl^{2} + 2\,ClHO$$

$$\underset{\text{de mercure.}}{\text{Oxyde}} \qquad \underset{\substack{\text{de mercure.}}}{\text{Oxychlorure}} \quad \underset{\text{hypochloreux.}}{\text{Acide}}$$

Pour obtenir l'acide anhydre on emploie le procédé de Pelouze (fig. 69). L'oxyde rouge de mercure *précipité et calciné vers* 300°, est

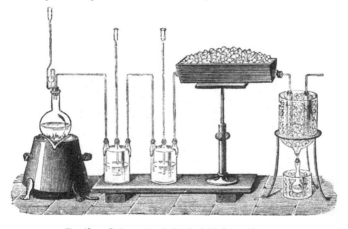

Fig. 69. — Préparation de l'anhydride hypochloreux.

placé dans un tube entouré de glace dans lequel on fait circuler un courant de chlore sec; l'acide hypochloreux se forme et distille; on le recueille dans un matras bien refroidi. La réaction qui prend naissance est la suivante :

$$2\,HgO + 2\,Cl^{2} = HgO,HgCl^{2} + Cl^{2}O$$

Propriétés. — L'anhydride hypochloreux Cl^2O est un liquide rouge, d'une odeur pénétrante rappelant celle du chlore. Il bout à $+ 20°$. Sa vapeur est jaune rougeâtre; la densité de cette vapeur est de 2,977. Liquide ou vaporisé, il peut détoner violemment sous la moindre influence. La lumière le dissocie lentement en chlore et en oxygène.

L'eau dissout environ 200 fois son volume de gaz Cl^2O. Cette solution constitue un oxydant très énergique : à son contact, le brome et l'iode passent à l'état d'acides bromique et iodique ; le soufre, le phosphore, l'arsenic, le bore, le silicium donnent des acides sulfurique, phosphorique, arsénique, borique, silicique ; le sulfure de plomb est transformé en sulfate. Les peroxydes de manganèse ou de plomb se précipitent lorsqu'on ajoute de l'acide hypochloreux aux sels de ces métaux; à son contact, l'argent se transforme en chlorure et dégage de l'oxygène.

C'est un acide faible qui forme avec les bases alcalines et alcalinoterreuses des sels fort instables et presque tous solubles : ce sont les *hypochlorites*. Les acides les moins énergiques les décomposent; l'acide hypochloreux qu'ils mettent en liberté agit alors comme un mélange de chlore et d'oxygène naissants. C'est à cette instabilité et aux produits de leur décomposition que ces sels doivent leurs propriétés décolorantes et désinfectantes.

Les chlorures décolorants de l'industrie, *chlorures de potasse, de soude, de chaux*, sont des mélanges d'hypochlorites et de chlorures de potassium, calcium, sodium. On obtient ces préparations en faisant agir du chlore sur ces diverses bases étendues, ou sur la chaux simplement humectée d'eau. L'on doit empêcher un trop grand échauffement si l'on ne veut qu'une partie du chlore passe à l'état de chlorate. L'on a :

$$NaOH \ + \ Cl^2 \ = \ \underbrace{NaOCl \ + \ NaCl}_{\text{Chlorure de soude.}}$$

ou bien :

$$2\,CaO \ + \ 2\,Cl^2 \ = \ \underbrace{CaO^2Cl^2 \ + \ CaCl^2}_{\text{Chlorure de chaux.}}$$

Il est facile de montrer que ces chlorures de soude ou de chaux ont le même pouvoir décolorant ou oxydant que le chlore qui a servi à les former. En effet, quand on les traite par un acide, le chlorure de sodium ou de calcium $NaCl$ ou $CaCl^2$ qu'ils contiennent reste inattaqué, mais l'hypochlorite qui accompagne ce chlorure se décompose comme il suit :

$$NaOCl \ + \ 2\,HCl \ = \ NaCl \ + \ H^2O \ + \ Cl^2$$

Sous l'influence de l'acide chlorhydrique, 2 atomes de chlore, c'est-à-dire le nombre même d'atomes de cet élément qui avaient servi à produire le chlorure décolorant, sont donc remis en liberté.

Si pour décomposer un chlorure de soude ou de chaux l'on emploie non plus l'acide chlorhydrique, mais un acide oxygéné, minéral ou organique, l'on aura :

$$NaOCl \; + \; C^2H^4O^2 \; = \; NaC^2H^3O^2 \; + \; HOCl$$

Hypochlorite   Acide acétique.   Acétate de sodium.   Acide
de sodium.   hypochloreux.

Or la molécule très instable HOCl est apte, de la même façon que les deux atomes de chlore primitivement employés à former le chlorure décolorant, à s'unir à deux atomes d'hydrogène pour donner :

$$HOCl + H^2 \; = \; H^2O + HCl$$

Sa valeur, ou valence électro-négative, équivaut donc encore à deux atomes de chlore.

L'eau de Javelle et le chlorure de chaux constituent des agents chimiques précieux sans cesse appliqués pour le blanchiment des étoffes, des papiers, etc., et pour la désinfection. Nous y reviendrons plus loin à propos des combinaisons métalliques.

ANHYDRIDE CHLOREUX
Cl^2O^5

C'est un gaz jaune orangé, détonant, liquéfiable par le froid, qu'on obtient en désoxydant l'acide chlorique ClO^5H. On se sert généralement dans ce but de l'acide arsénieux. On peut aussi chauffer avec précaution le chlorate de potasse avec un mélange d'acide nitrique et d'acide tartrique (*Millon*).

ANHYDRIDE HYPOCHLORIQUE
ClO^2

Il se forme dans l'action de l'acide sulfurique sur le chlorate de potasse. On verse au fond d'une petite cornue en verre soufflé (fig. 70) 2 ou 3 grammes *au plus* de chlorate de potasse fondu sur lequel on fait couler un petit excès d'acide sulfurique bien refroidi, on laisse réchauffer ce mélange et on le distille avec précaution au bain-marie sans dépasser 20 à 22°. On condense les vapeurs dans un tube refroidi mis à l'abri de la lumière. L'anhydride ClO^2 se produit d'après l'équation :

$$3\,ClO^5K \; + \; 2\,SO^4H^2 \; = \; 2\,SO^4KH \; + \; ClO^4K \; + \; H^2O \; + \; 2\,ClO^2$$

Chlorate   Acide   Sulfate acide   Perchlorate   Eau.   Anhydride
de K.   sulfurique.   de K.   de K   hypochlorique.

C'est un liquide rouge orangé, bouillant à 20° (à 9° d'après *Pebal*). Ses vapeurs sont vert fauve ; son odeur est suffocante et aromatique. Il détone violemment à 63°. Il fait aussi explosion au contact de beaucoup de matières organiques. L'eau à 4° en dissout vingt fois son volume,

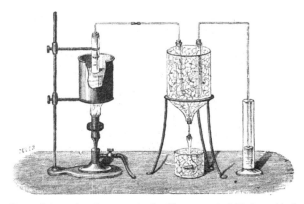

Fig. 70. — Préparation du peroxyde de chlore ou anhydride hypochlorique.

les bases alcalines le transforment en un mélange de chlorate et de chlorite.

ACIDE CHLORIQUE
$$ClO^5H$$

On l'obtient, depuis Gay-Lussac, en décomposant avec précaution le chlorate de baryte par l'acide sulfurique étendu, filtrant et concentrant le produit dans le vide. Il se fait en même temps un peu d'acide perchlorique.

La préparation du chlorate de baryte qui sert dans cette préparation est un peu compliquée. L'on fait passer d'abord un courant de chlore dans de la potasse concentrée chaude ; on obtient ainsi un mélange de chlorure et de chlorate de potassium :

$$6\,KOH + 6\,Cl = 5\,KCl + ClO^5K + 3\,H^2O$$

le chlorate de potassium peu soluble cristallise et peut être purifié. Ce sel, mis en solution dans l'eau et traité par un excès d'acide hydrofluosilicique $SiFl^4,2FlH$, donne de l'hydrofluosilicate de potasse $SiFl^4,2FlK$, composé insoluble, et de l'acide chlorique ; on filtre et l'on sature la liqueur par de la baryte. Après nouvelle filtration qui sépare un peu de fluosilicate de baryte, on obtient une solution de chlorate de baryte qu'on laisse cristalliser. C'est avec ce chlorate qu'on prépare l'acide chlorique comme il a été dit plus haut.

L'acide chlorique concentré forme un liquide huileux, décomposable à 40° en oxygène, chlore et acide perchlorique.

C'est un oxydant énergique. Il fait passer les acides du minimum au maximum ; transforme l'iode en acide iodique ; rougit, puis décolore la teinture de tournesol ; oxyde vivement beaucoup de matières organiques, etc.

ACIDE PERCHLORIQUE

$$ClO^4H$$

Lorsqu'on chauffe le chlorate de potasse, ce sel fond d'abord et perd le tiers de son oxygène. Si on laisse refroidir alors la cornue, on trouve à ce moment que le chlorate primitif est remplacé par un mélange de chlorure et de perchlorate de potasse :

$$2\,ClO^5K \quad = \quad ClO^4K \quad + \quad KCl \quad + \quad O^2$$

Chlorate de K.　　Perchlorate　Chlorure
　　　　　　　　de K.　　　de K.

Le perchlorate reste sous forme d'une poudre blanche cristalline peu soluble lorsqu'on traite le résidu de la calcination ménagée du chlorate de potassium par l'eau bouillante qui ne dissout aisément que le chlorure. '

Le perchlorure de potassium distillé dans une petite cornue avec quatre fois son poids d'acide sulfurique concentré donne l'acide perchlorique qui cristallise dans le récipient. On le rectifie dans une petite cornue sur un peu de perchlorate de baryte pour enlever une trace d'acide sulfurique entraîné. L'acide perchlorique pur distille à 110° sous la forme d'un liquide mobile, jaunâtre, incolore, d'odeur chlorée, répandant d'épaisses fumées blanches. Sa densité est de 1,78 à 15°.

L'acide concentré ClO^4H se décompose spontanément avec détonation au bout de quelques jours. Il est très avide d'eau : une molécule d'eau en se dissolvant dans cet acide produit $29^{Cal.}$, 3.

On en connaît deux hydrates : l'un huileux qui bout à 203° et répond à la formule $ClO^4H,2H^2O$, un autre cristallisé : ClO^4H,H^2O.

L'acide monohydraté ClO^4H se décompose avec une violente explosion lumineuse au contact du papier et surtout du charbon pulvérisé et de quelques autres corps. Il enflamme l'acide iodhydrique.

L'acide étendu est très stable et n'est réduit ni par l'acide sulfureux, ni par l'hydrogène sulfuré, ni par le zinc.

L'acide perchlorique sert à doser la potasse. Dans ce but, l'on enlève d'abord, grâce à un peu de chlorure de baryum, l'acide sulfurique que peut contenir la liqueur ; on ajoute un excès d'acide perchlorique et l'on évapore au bain-marie. En reprenant par de l'eau légèrement alcoolisée, le perchlorate de potassium reste seul et peut être pesé (*Schlœsing*).

COMPOSÉS OXYGÉNÉS DU BROME

Acide hypobromeux. — Cet acide s'obtient, d'après Balard, suivant la méthode qui sert à préparer l'acide hypochloreux, auquel il ressemble de tous points.

Acide bromique. — Le bromate de potasse se produit comme le chlorate. Dissous et mélangé d'acétate de baryte, il donne le bromate de baryte qui, délayé dans l'eau et traité par la quantité d'acide sulfurique nécessaire (200 de *bromate* broyé et 50 d'*acide sulfurique*), laisse l'acide bromique. Il ne reste plus qu'à le concentrer dans le vide.

Ce corps est incolore, fort acide, et se décompose avant 100° en oxygène et brome.

Acide perbromique : — Il se produit, suivant Kœmmerer, en traitant l'acide perchlorique par le brome qui se substitue au chlore. On concentre l'acide perbromique au bain-marie.

COMPOSÉS OXYGÉNÉS DE L'IODE

La série des produits d'oxydation de l'iode est parallèle à celle du chlore. Toutefois l'*acide iodeux* est un corps tellement instable qu'il a été à peine entrevu.

L'*anhydride hypoiodeux* I²O³ paraît avoir été obtenu par M. Ogier en dirigeant un courant d'ozone sur de l'iode sec. Il constitue de légers flocons jaunes que l'eau décompose.

L'*anhydride hypoiodique* IO² est une poudre jaune amorphe, non hygrométrique, qui résulte de l'action de l'acide sulfurique sur l'acide iodique. Seuls les *acides iodique* et *hyperiodique* présentent quelque intérêt pour nous.

ANHYDRIDE IODIQUE ET ACIDE IODIQUE
I²O⁵ et IO⁵H

L'acide iodique a été découvert à la fois par Gay-Lussac et par H. Davy.

Préparation. — Les iodates se produisent par l'action de l'iode sur les alcalis dans les mêmes conditions que les chlorates.

L'on peut obtenir directement l'acide iodique en oxydant l'iode par l'acide nitrique; mais au lieu de ce procédé long et pénible, il vaut mieux suivre celui de Millon, qui consiste à traiter l'iode par l'acide chlorique naissant. A une solution concentrée de chlorate de potasse on ajoute l'iode équivalent et quelques gouttes d'acide nitrique : on porte à l'ébullition et l'on retire la capsule du feu. La petite quantité d'acide

chlorique mis en liberté par l'acide nitrique oxyde d'abord l'iode et
forme de l'acide iodique qui, réagissant à son tour sur le chlorate, redonne de l'acide chlorique ; celui-ci réoxyde l'iode, et ainsi de suite.
Quand tout l'iode a disparu, on neutralise la liqueur par de l'eau de baryte,
et on la précipite par un excès de nitrate de baryte; l'iodate de baryte
peu soluble se sépare, on le lave par décantation, on le décompose en
ajoutant de l'acide sulfurique moyennement étendu, on filtre bouillant
et on laisse l'acide iodique cristalliser.

L'acide ainsi obtenu forme des croûtes cristallines ou des tables hexagonales. Il répond à la formule IO^3H. Chauffé vers 170-200° il se transforme en *anhydride iodique*, poudre blanche, très soluble dans l'eau,
répondant à la formule I^2O^5; elle se décompose vers 300° en iode et
oxygène.

L'*acide iodique* IO^3H forme des prismes transparents, solubles dans
l'eau, peu solubles dans l'alcool, d'une densité de 4,87.

Sa solution est fort acide; elle décolore le tournesol.

Le phosphore, l'arsenic, le charbon ordinaire, le bore, le silicium, le
soufre sont oxydés vivement par l'acide iodique anhydre ou en solution.

Chose remarquable, l'hydrogène qui ne réduit pas à 250° l'acide
anhydre le réduit à cette température sous la pression de 2 atmosphères.

L'acide sulfureux, l'oxyde de carbone, l'hydrogène sulfuré sont oxydés
par l'acide iodique.

Nous avons dit plus haut qu'en faisant réagir l'acide sulfurique concentré sur l'acide iodique, Millon avait obtenu l'anhydride hypoiodique IO^2.

Les iodates sont très vénéneux. Mélangés aux iodures médicinaux,
ils sont la principale cause de cet empoisonnement chronique appelé
l'*iodisme* (*Melsens*). Pour expliquer cette action délétère, l'on a dit
que les iodates, mêlés d'iodures, rencontrant dans l'estomac de l'acide
chlorhydrique, donnent à son contact de l'iode libre. Cette réaction peut
en effet se produire, mais elle n'est certainement pas la cause réelle
des accidents de l'iodisme.

ACIDE HYPERIODIQUE
IO^4H

Lorsqu'on fait passer un courant de chlore dans une solution très
alcaline d'iodate de soude, on obtient un précipité fort peu soluble de
périodate de soude IO^4Na :

$$IO^3Na + 2NaHO + 2Cl = 2NaCl + IO^4Na + H^2O$$

Ce périodate redissous dans un peu d'acide azotique et traité par de
l'azotate de plomb donne un précipité de **périodate triplombique** qui

fournit l'acide hyperiodique lorsqu'on le décompose par l'acide sulfurique étendu.

L'acide hyperiodique cristallise en prismes rhomboïdaux, et répond à la formule $I^2O^7,5H^2O$. Il est déliquescent, mais peu soluble dans l'alcool concentré. Il fond à $130°$, puis se décompose en oxygène et acide iodique.

C'est un oxydant très énergique.

Il jouit de la propriété remarquable de donner avec les sels de soude un précipité cristallin très peu soluble.

QUATORZIÈME LEÇON

SOUFRE. — SÉLÉNIUM. — TELLURE.
ACIDES SULFHYDRIQUE, SÉLÉNHYDRIQUE, TELLURHYDRIQUE.

L'on a vu que la *troisième famille* naturelle des métalloïdes comprend les quatre éléments diatomiques :

Oxygène, Soufre, Sélénium, Tellure.

Pour des raisons exposées plus haut, nous avons déjà étudié l'oxygène. Il nous reste à parler des trois autres éléments.

LE SOUFRE

Le soufre a été connu de tout temps. Les anciens le recueillaient autour des volcans et utilisaient le produit gazeux de sa combustion soit pour le blanchiment des laines, soit comme antiseptique. On l'enflammait dans les cérémonies religieuses et c'était là une sorte d'affirmation religieuse et publique de ses propriétés purificatrices.

En Sicile, en Italie et dans quelques îles de la Méditerranée on trouve le soufre à l'état natif dans les terrains crétacés et tertiaires qui forment les flancs des montagnes volcaniques. Il s'y rencontre à côté du gypse. de la *célestine* (sulfate de strontiane), du sel marin et du bitume. On l'a signalé assez souvent aussi, à l'état natif, dans les terrains du trias. accompagné des mêmes minéraux, à côté des roches éruptives et souvent du pétrole.

Le soufre des volcans paraît dû à l'oxydation lente de l'hydrogène sulfuré qui peu à peu arrive à l'air par les failles et fissures de ces terrains tourmentés :

$$H^2S + O = H^2O + S$$

Dans les terrains triasiques il peut avoir été produit, en partie du moins, par la réduction des sulfates des anciennes mers, soit par les *sulfuraires* qui d'après M. Planchud réduisent ces sels en donnant de l'hydrogène sulfuré et du soufre, soit par les matières organiques, les algues et les infusoires de ces mêmes eaux.

Le soufre existe aussi combiné dans un très grand nombre d'espèces minérales : les sulfures de fer, de cuivre, de plomb, etc., les arséniosulfures, les sulfates, etc.

On peut le retirer à l'état natif soit des terrains volcaniques ou triasiques, soit des sulfures où il est combiné aux métaux.

Extraction du soufre natif. — En Italie, on suit divers procédés pour extraire le soufre des terres volcaniques.

Le minerai de soufre est mis en tas de 200 à 500 mètres cubes sur des aires entourées d'un petit mur (*calceroni*) ; on a le soin de ménager des cheminées de tirage à travers les blocs ; on recouvre de terre la meule tout entière et l'on y met le feu avec quelque menu bois. Le minerai sulfureux s'enflamme : la chaleur de la combustion d'une portion du combustible fond le reste du soufre qui s'écoule par un caniveau ménagé dans le sol et vient s'éteindre à l'extérieur dans un peu d'eau. Cette opération un peu primitive dure de 15 à 30 jours. Elle a sa raison d'être surtout dans les régions déboisées.

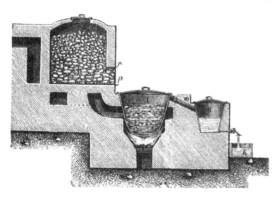

Fig. 71. — Extraction du soufre par distillation.
A, chaudière de fonte où s'écoule le soufre fondu provenant de la chambre supérieure chauffée par la chaleur perdue du foyer.
Le soufre directement chauffé en A distille en B, d'où il s'écoule au-dessous en K par le robinet.

A Pouzzolles on procède par distillation directe. Des pots d'argile munis d'une tubulure latérale sont remplis du sable sulfurifère et chauffés au bois ou à la houille dans un four où ils sont disposés en double rangée. Le soufre distille par la tubulure latérale dans des pots semblables placés à l'extérieur. Il contient encore après cette distillation de 3 à 8 % de matières étrangères. La figure 71 présente un autre dispositif plus moderne, analogue à celui de Pouzzoles, employé quelquefois aussi en Italie.

On a essayé de séparer le soufre en fondant son minerai dans la vapeur d'eau surchauffée, ou en le traitant par le sulfure de carbone.

Extraction du soufre des pyrites. — Le soufre est rarement extrait *en nature* de la pyrite de fer FeS^2, substance fort répandue surtout dans les terrains anciens; cette substance sert généralement par son grillage à obtenir de l'acide sulfureux. Mais on peut aussi en extraire le soufre lui-même; à la chaleur rouge la pyrite se transforme, en effet, en soufre et sulfure de fer :

$$3\,FeS^2 \;=\; S^2 + Fe^3S^4$$

Cette distillation se fait dans de larges tubes en tronc de cône A (fig. 72) traversant de part en part, sous une légère inclinaison, le fourneau où on les chauffe. Le soufre qui distille est reçu dans de l'eau en *c*. L'on peut par l'extrémité A décharger et recharger du dehors ces tubes distillatoires.

Raffinage. — On purifie le soufre en le distillant dans des chaudières de fonte et recevant ses vapeurs dans de grandes chambres en maçonnerie (fig. 73, p. 176). Tant que la chambre de condensation est relativement froide, les vapeurs s'y déposent sous forme de globules ou utricules très divisés qui constituent la *fleur de soufre*; mais dès que les parois de la chambre s'échauffent au-dessus de 110°, le soufre fond, et s'écoule par le

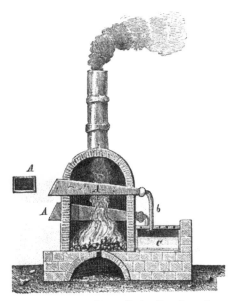

Fig. 72. — Appareil pour l'extraction du soufre par la distillation des pyrites.

bas dans un canal qui le conduit jusqu'à des moules de bois légèrement coniques où il se solidifie. On obtient ainsi le *soufre en canons* commercial.

États allotropiques du soufre. — Le soufre solide peut exister sous divers états allotropiques : cristallisé ou amorphe.

Cristallisé, il revêt deux formes principales : dans l'une, il se présente en octaèdres appartenant au système du *prisme droit à base rectangle*. Le *soufre octaédrique* (fig. 74) est de couleur jaune clair très légèrement verdâtre, transparent, inaltérable à l'air; sa densité est de 2,07. Il fond à 114°,5 ; il est soluble dans le sulfure de carbone, il conserve indéfiniment cette forme cristalline à la température ordinaire; il dégage en brûlant moins de chaleur que la variété prismatique suivante.

Le soufre natif, et celui que l'on fait cristalliser dans le sulfure de carbone, présentent la forme octaédrique.

L'autre forme dite *prismatique* (fig. 75) peut s'obtenir en fondant le

Fig. 73. — Raffinage du soufre.

D, chaudière à soufre. — B, cylindre de fonte surchauffé directement par le foyer.
G, grande chambre de condensation. — H, clef pour l'écoulement en L du soufre fondu.

soufre à chaud et le laissant cristalliser. Nous décantons ici le soufre

Fig. 74.
Cristal de soufre octaédrique.

Fig. 75.
Cristal de soufre prismatique.

resté liquide en choisissant le moment où les cristaux qui se forment ont atteint une grande longueur sous la croûte superficielle que nous enlevons pour bien mettre ces cristaux à nu. Ces aiguilles appartiennent au *prisme oblique à base rectangle*, elles sont de couleur jaune brun, transparentes, d'une densité égale à 1,97. Elles ne fondent qu'à 117°,4. Le soufre prismatique dégage en brûlant un peu plus de chaleur que l'octaédrique. Il se dissout dans le sulfure de carbone.

Cette variété de soufre ne constitue pas un édifice cristallin stable à la température ordinaire. Abandonné à lui-même, il perd peu à peu sa transparence, devient jaune opaque, friable, et se transforme en soufre octaédrique. Il dégage, pendant cette transformation, $0^{Cal.},040$ par 32 grammes ([1]).

Réciproquement, maintenus un peu au-dessus de 100°, les cristaux octaédriques perdent leur transparence, absorbent de la chaleur et se transforment en cristaux prismatiques.

Le soufre se présente aussi sous deux états amorphes. Lorsqu'il a subi la fusion, surtout s'il a été chauffé jusqu'à 170°, il laisse toujours un résidu solide, pulvérulent et *amorphe* quand on le reprend par le sulfure de carbone. Ce résidu est très abondant dans la fleur de soufre.

Les solutions de soufre dans le sulfure de carbone donnent aussi du soufre amorphe qui se précipite lentement lorsqu'on les expose à la lumière. La densité de ce soufre amorphe, de couleur blanchâtre, est de 2.046. Maintenu quelque temps à 100°, il devient prismatique et soluble dans le sulfure de carbone.

Il semble même exister diverses variétés de soufre amorphe pulvérulent; on les obtient en précipitant le soufre de combinaisons diverses telles que l'acide sulfureux ou l'hydrogène sulfuré dans lesquelles cet élément joue tantôt le rôle électro-positif, tantôt le rôle électro-négatif.

D'autre part le soufre fondu porté à 250° et brusquement refroidi en le versant dans l'eau froide, devient mou, élastique et transparent. Conservé à la température ambiante ce soufre amorphe mou redevient peu à peu dur, cassant, jaunâtre, et repasse à l'état octaédrique. Durant ce retour il dégage environ $0^{Cal.},8$ pour le poids moléculaire de 64 grammes.

Propriétés physiques du soufre ordinaire. — Le soufre ordinaire du commerce, ou soufre en canons, est solide, jaune citron, sans odeur ni saveur. Il est mauvais conducteur de la chaleur et de l'électricité. Il s'électrise négativement par le frottement en développant une odeur

---

[1] Il existerait, suivant M. Gernez, un troisième état cristallin du soufre, le *soufre nacré*, qu'il décrit comme formé de baguettes prismatiques aplaties, jaune pâle, d'un éclat nacré passant aisément à la modification octaédrique (*C. rend. Acad. des sciences*, t. 97, p. 1478). Pour l'obtenir on dissout à refus le soufre pur dans de la benzine ou du toluène et l'on en remplit presque un tube assez étroit qu'on ferme à la lampe en pleine ébullition du dissolvant. On redissout le soufre en chauffant ce petit appareil dans l'eau chaude; en refroidissant alors une portion du tube, le soufre nacré apparaît et envahit toute la liqueur.

spéciale. Il casse lorsqu'on le chauffe un peu brusquement. Vers 200°
il devient phosphorescent. Ce soufre est insoluble dans l'eau, soluble
dans la benzine, le toluène, le sulfure de carbone, sauf un faible résidu
de soufre amorphe qui reste insoluble. A 50° le sulfure de carbone dissout une fois et demie son poids de soufre ordinaire. Les huiles grasses,
les essences, l'alcool, le dissolvent mal.

On a vu plus haut quels sont les densités et les points de fusion des
diverses variétés de soufre.

Le soufre fond à 114-117 degrés ; il constitue alors un liquide mobile,
jaune clair, qui, vers 150° commence à s'épaissir et à prendre une couleur
rouge brun ; de 180 à 200°, il devient presque noir et si visqueux qu'il
peut à peine couler. Si l'on continue à chauffer, il conserve sa coloration
foncée, mais redevient peu à peu fluide ; enfin à 447°,5, sous 760 millimètres de pression, le soufre entre en ébullition et peut être distillé.

Si on laisse refroidir lentement le soufre fondu, il repasse en sens
inverse par les divers états que l'on vient de signaler. En même temps
un thermomètre plongé dans le liquide indique un dégagement de chaleur très sensible vers 230 degrés, 170 degrés et 140 degrés, températures où se forment certainement des agrégations atomiques spéciales
qui constituent différents états moléculaires du soufre liquide.

On a dit que le soufre se transforme en vapeur à 447°,5. Vers 500° la
densité de cette vapeur est de 6,654. D'après la formule $P = 28,88\ D$,
où D représente la densité, son poids moléculaire P est, à cette température, égal à 192, c'est-à-dire à 6 fois son poids atomique 32. A
500 degrés la molécule de vapeur contient donc 6 atomes. Cette densité
de vapeur s'abaisse ensuite assez rapidement et n'est plus que de 2,93 à
633° (*Troost*). Enfin à 860° elle est égale à 2,2 et devient invariable.
La molécule de vapeur de soufre ne contient donc plus à cette température que 2 atomes de soufre.

C'est là un des exemples les plus propres à mettre en évidence la com-
plexité des édifices moléculaires. Ils sont, il est vrai, généralement
formés de deux atomes seulement dans les vapeurs ou gaz métalloïdiques
élémentaires, mais ils peuvent aussi contenir 3 atomes par molécule,
comme l'ozone, 4 comme le phosphore ou l'arsenic en vapeur, 6 comme
le soufre à 500 degrés.

Propriétés chimiques. — Le soufre est un corps électro-positif vis-
à-vis de l'oxygène, du chlore, du brome, de l'iode ; il est électro-négatif
vis-à-vis des autres corps.

Voici deux expériences bien faites pour montrer ces deux aptitudes
contraires. Dans ces deux ballons j'ai fondu du soufre que je fais bouillir.
A l'aide d'un tube de verre, je dégage bulle à bulle de l'oxygène dans la
vapeur de soufre du premier ; la combustion a lieu avec éclat, il se fait

un acide à odeur suffocante, l'acide sulfureux SO^2, qu'accompagne un peu d'acide sulfurique anhydride SO^3. Le soufre joue dans ces deux corps acides le rôle positif par rapport à l'oxygène. Dans le second ballon je fais passer un courant d'hydrogène; la combinaison se produit aussi avec élévation de température. Il se fait encore un acide, mais un acide faible qui répond à la constitution H^2S que nous pourrions comparer à celle de l'eau H^2O. Le gaz qui s'échappe de ce second ballon brunit l'acétate de plomb, caractère de l'hydrogène sulfuré qui se produit. Dans ce dernier gaz le soufre joue par rapport à l'hydrogène le rôle négatif que joue l'oxygène dans la molécule de l'eau H^2O.

A froid ou à chaud tous les métalloïdes, l'azote excepté, s'unissent au soufre. L'oxygène l'enflamme vers 250. A l'air il brûle avec une flamme bleue en donnant le gaz suffocant, très acide, l'acide sulfureux SO^2, dont nous parlions tout à l'heure et qui se dégage d'une allumette soufrée qu'on enflamme. Tous les métaux, à l'exception de l'or, du platine, de l'iridium et du glucinium, donnent directement avec le soufre un ou plusieurs sulfures comparables aux oxydes. Le fer et le cuivre préalablement échauffés brûlent avec incandescence dans sa vapeur.

Usages du soufre. — La production de l'acide sulfureux pour le blanchiment et la désinfection, la fabrication de l'acide sulfurique, celle de la poudre de guerre, du sulfure de carbone, des sulfocarbonates, enfin le soufrage de la vigne pratiqué pour combattre l'oïdium..., emploient des quantités énormes de soufre qui dépassent annuellement, en France seulement, 50 millions de kilogrammes.

Il est quelques autres applications de moindre importance. Les modeleurs et graveurs se servent du soufre pour prendre des empreintes ou faire des médailles qu'ils colorent en rouge ou en noir avec le minium ou la plombagine. On en fabrique des luts excellents; voici un de ces mastics au soufre pour les joints des chaudières et tuyaux de fonte : *Limaille de fer*, 100 parties, — *fleur de soufre*, de 5 à 20 parties. — *sel ammoniac*, 3 à 5, — *eau*, quantité suffisante pour empâter.

En médecine, le soufre a été préconisé dès la plus haute antiquité. A petite dose ($0^{gr},5$) il excite les fonctions digestives et peut être considéré comme un parasiticide. Employé pour l'usage externe, c'est un excellent antipsorique : on fait avec l'axonge, l'huile d'amandes, etc., quelquefois mélangées de carbonate de potasse ou de savon, d'excellentes pommades contre la gale et les dartres.

Les sulfites, les hyposulfites et les sulfures, qui dérivent tous du soufre, sont fort employés en médecine; nous y reviendrons.

SÉLÉNIUM

Le *sélénium* fut découvert en 1817 par Berzelius dans les pyrites de Fahlun ; il existe souvent dans ce bisulfure naturel. Le soufre des îles Lipari est sélénifère. On connaît divers séléniures de plomb, de cuivre, d'argent, etc.

Pour extraire ce métalloïde, on calcine les séléniures avec un mélange de charbon et de carbonate de potasse. Le séléniure de potassium qui se forme laisse déposer par oxydation, lorsqu'on l'abandonne à l'air, du sélénium métallique. L'on peut aussi le retirer des boues rougeâtres des chambres de plomb où l'on a grillé des pyrites sélénifères. Ces boues sont calcinées avec un peu de nitre et de carbonate de potasse ; puis le séléniate formé est traité par de l'eau chargée d'acide chlorhydrique, enfin le sélénium est réduit par l'acide sulfureux ou le bisulfite de soude qui le précipitent.

Le sélénium est un corps solide et vitreux lorsqu'il vient d'être fondu ; mais il cristallise peu à peu en une masse grenue d'un gris métallique, fusible vers 217°. Il est donc dimorphe : tantôt vitreux et amorphe, tantôt cristallisé.

Sa densité de vapeur, qui est de 7,67 à 860° et de 5,7 au-dessus de 1400°, montre que sa molécule, d'abord composée de 3 atomes, se réduit à 2 atomes à une température suffisamment élevée. (*H. Deville et Troost.*)

Il brûle à l'air en répandant une odeur fort désagréable et produisant de l'acide sélénieux SeO^2 qui répond à l'acide sulfureux SO^2. On connaît aussi l'acide sélénique SeO^4H^2 correspondant à l'acide sulfurique SO^4H^2.

L'acide sélénhydrique SeH^2, qui s'obtient en décomposant le séléniure de fer par l'acide chlorhydrique, se prépare comme l'acide sulfhydrique SH^2 dont il a le type moléculaire et dont il reproduit beaucoup de propriétés. Il possède une odeur de choux pourris.

TELLURE

Les tellurures se rencontrent quelquefois dans la nature. On connaît les tellurures de bismuth, d'or, de plomb. Ils sont isomorphes avec les sulfures et les séléniures.

Müller von Reichenstein y découvrit le tellure en 1782, Berzelius fit l'étude complète de ce métalloïde. Le tellure se sépare peu à peu à l'état pulvérulent en calcinant le tellurure de bismuth avec du charbon et du carbonate de potasse, reprenant par l'eau et exposant à l'air la solution de tellurure de potassium qui s'est formée.

C'est beau un corps d'aspect métallique, ressemblant à de l'étain, mais d'un éclat gris d'acier; il cristallise en rhomboèdres. Le tellure est peu conducteur de la chaleur et de l'électricité. Sa densité est de 6,25; il fond à 400°.

Il s'enflamme et brûle à l'air avec une flamme bleue; il donne ainsi de l'acide tellureux TeO^2 que les acides sulfureux et sulfhydrique décomposent en solution acide, en précipitant le tellure.

L'acide tellurique cristallisé à froid répond à la formule $TeO'H^2, 2H^2O$. Les tellurates sont isomorphes des sulfates et des séléniates.

L'acide tellurhydrique TeH^2 s'obtient en décomposant le tellurure de fer par les acides forts. C'est un gaz combustible, d'une densité de 4,40. La chaleur le dédouble au rouge naissant en tellure et hydrogène.

Après avoir fait l'étude du soufre, du sélénium et du tellure à l'état élémentaire, nous devons étudier leurs combinaisons avec l'hydrogène.

En s'unissant à cet élément ils donnent les acides *sulfhydrique* SH^2; *sélénhydrique* SeH^2; *tellurhydrique* TeH^2. Nous venons de dire quelques mots des deux derniers; ils nous paraissent suffisants. Il ne nous reste qu'à faire connaître le plus important de ces trois acides, l'acide sulfhydrique.

ACIDE SULFHYDRIQUE

L'*acide sulfhydrique* ou *hydrogène sulfuré* avait été entrevu avant les recherches de Scheele; mais c'est cet illustre chimiste qui fit connaître sa composition en 1777, et qui en étudia soigneusement les propriétés.

On rencontre l'hydrogène sulfuré dans les émanations volcaniques, on l'a signalé quelquefois dans les sondages profonds. On a dit à propos des eaux minérales quelle était l'origine de ce gaz que l'on trouve à l'état libre ou combiné dans beaucoup d'eaux sulfureuses jaillissant des terrains granitiques où n'existent pas de matières organiques proprement dites. L'acide sulfhydrique se produit aussi fort abondamment par la décomposition des tourbes, des houilles, ainsi que dans la putréfaction; il s'exhale des marais et des estuaires des fleuves, là surtout où les eaux douces se mélangent aux eaux salées. Il se dégage des matières protéiques végétales ou animales en décomposition, et presque partout où les sulfates sont en contact intime avec des substances organiques d'origine animale ou végétale.

Un courant de vapeur d'eau dirigé dans du soufre bouillant donne de l'hydrogène sulfuré. Enfin, je vous ai montré le soufre en vapeur s'unissant directement à l'hydrogène pour donner de l'acide sulfhydrique :

$$H^2 + S = H^2S \text{ gazeux} + 4^{Cal.},600$$

et

$$H^2 + S = H^2S \text{ dissous} + 8^{Cal},800$$

Préparation. — On prépare habituellement le gaz sulfhydrique en décomposant par les acides sulfurique ou chlorhydrique le protosulfure de fer FéS que l'on obtient lui-même en unissant au rouge le fer et le soufre dans la proportion de leurs poids atomiques. L'attaque par l'eau acidulée du sulfure de fer se fait à froid dans un flacon à deux tubulures (fig. 76) par l'une desquelles passe un tube à entonnoir destiné à verser l'acide. On peut laver le gaz dans de l'eau et le sécher sur du chlorure

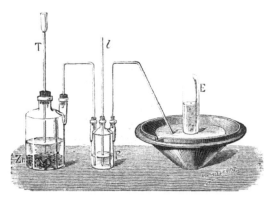

Fig. 76. — Préparation du gaz sulfhydrique.
Zn, zinc et eau acidulée. — F, laveur. — E, gaz dégagé.

de **calcium** ou le recueillir sur l'eau, qui le dissout toutefois notablement. La réaction qui lui donne naissance est la suivante :

$$FeS + 2HCl = FeCl^2 + H^2S$$

Le gaz sulfhydrique ainsi préparé contient toujours un peu d'hydrogène libre. Pour l'obtenir pur, on peut décomposer par les acides étendus un sulfure alcalin ou alcalino-terreux, tel que celui de calcium ou de baryum ; ou bien attaquer à chaud, par l'acide chlorhydrique, la *stibine* ou sulfure naturel d'antimoine. Il se produit dans ce cas du chlorure d'antimoine SbCl³ :

$$Sb^2S^3 + 6HCl = 2SbCl^3 + 3H^2S$$

Propriétés physiques. — L'*hydrogène sulfuré* ou *acide sulfhydrique* est un gaz incolore, d'une odeur d'œufs pourris. Sa densité est de 1,912 ; un litre pèse donc 1^{gr},540.

Il se liquéfie sous une pression de 10 atmosphères à 0°, et se solidifie à — 85° en cristaux incolores.

Un litre d'eau saturé de ce gaz à 0° en contient 4^{lit},37 et à 15 degrés 3 litres environ. L'alcool le dissout beaucoup mieux.

Il forme avec l'eau un hydrate cristallin H²S,6H²O aisément dissociable.

Propriétés chimiques. — Le gaz sulfhydrique se décompose facilement un peu au-dessus du rouge.

Il est combustible, et brûle avec une flamme bleue; dans une éprouvette où l'air arrive difficilement, l'hydrogène brûle seul tandis que le soufre se dépose. Un morceau de ponce chauffée au rouge et portée rapidement dans un mélange d'hydrogène sulfuré et d'air produit de l'eau et des fumées de soufre.

L'oxygène de l'air déplace lentement des solutions aqueuses d'acide sulfhydrique le soufre qui se précipite; en même temps il se fait de l'acide sulfurique. Aussi voit-on le linge se corroder peu à peu dans les cabinets de bains sulfureux où se dégage le gaz sulfhydrique. Pour que la solution d'hydrogène sulfuré, sans cesse employée dans les laboratoires, se conserve bien, il convient de n'employer que de l'eau bouillie et d'éviter l'accès de l'air.

Le chlore et le brome décomposent le gaz sulfhydrique; ils en précipitent le soufre. S'ils sont en excès, ils s'unissent à lui :

$$H^2S \;+\; Cl^2 \;=\; 2\,HCl \;+\; S$$

L'iode n'attaque le gaz sulfhydrique que si celui-ci est dissous dans l'eau; il se fait de l'acide iodhydrique et du soufre.

La plupart des métaux décomposent l'hydrogène sulfuré en s'emparant de son soufre. L'argent, le cuivre, le plomb agissent lentement sur ses solutions : mais en présence de l'air cette décomposition s'accélère. Le fer, le zinc s'emparent rapidement du soufre. Les métaux alcalins donnent seulement des sulfhydrates.

Le gaz sulfureux sec ne réagit pas sur l'hydrogène sulfuré. Mais si l'eau intervient, la décomposition est immédiate. Il se fait en proportions relatives, variables suivant les conditions de l'expérience, un dépôt de soufre, en partie soluble, en partie insoluble dans le sulfure de carbone, en même temps que prend naissance un acide complexe, l'*acide pentathionique* $S^5O^6H^2$:

$$5\,SH^2 \;+\; 5\,SO^2 \;=\; 5\,S \;+\; S^5O^6H^2 \;+\; 4\,H^2O$$

L'acide sulfurique, s'il est concentré ou chaud, décompose aussi le gaz sulfhydrique avec dépôt de soufre.

L'acide azotique fumant, versé dans une éprouvette pleine de gaz sulfhydrique, en détermine l'inflammation.

L'hydrogène sulfuré agit sur un grand nombre d'oxydes et de sels métalliques, surtout en présence de l'eau, pour donner les sulfures correspondants. Dans le cas des sels, l'acide est en même temps mis en liberté.

Il est facile de démontrer, par l'analyse, la composition de l'hydro-

gène sulfuré. Dans une cloche courbe (fig. 77) on fait passer 100 volumes de ce gaz et un morceau
d'étain que l'on chauffe quelque temps. Le soufre s'unit
peu à peu au métal; et l'on
constate qu'il reste exactement 100 vol. d'hydrogène.
Or :

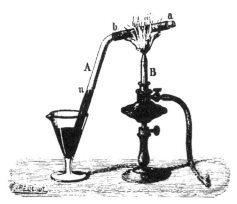

Fig. 77. — Analyse de l'acide sulfhydrique par l'étain.

Si de la densité de l'acide sulfhydrique gazeux $= 1,1912$
on retranche celle
de l'hydrogène. . $= 0,0692$

il reste la demi-den-
sité de la vapeur
de soufre. . . . $= 1,1220$

Donc 2 vol. de gaz sulfhydrique contiennent 2 vol. d'hydrogène et
1 vol. de soufre en vapeur, soit 2 atomes d'hydrogène et 1 atome de
soufre.

Usages de l'acide sulfhydrique. — L'emploi de l'hydrogène sulfuré
dans les laboratoires est constant en analyse; nous y reviendrons.

Les eaux minérales sulfhydriques sont utilisées contre les maladies
de la peau et des muqueuses, dans les affections de la gorge, le
rhumatisme, etc.... Sous forme de douches, elles tonifient l'organisme
et excitent l'appétit.

Le gaz sulfhydrique est employé pour détruire les animaux malfaisants : taupes, rats, fouines, guêpes, etc.

Action de l'hydrogène sulfuré sur l'économie animale. — Le gaz
sulfhydrique est vénéneux; il est d'autant plus à craindre qu'après
avoir signalé sa présence par son odeur désagréable, il paralyse le
nerf olfactif et passe ensuite inaperçu jusqu'à ce qu'éclatent les accidents les plus redoutables. La mort peut alors arriver presque subitement. Qui ne connaît le *plomb* des vidangeurs? Ils tombent tout à
coup asphyxiés dans les fosses d'aisances, sans avoir été pour ainsi dire
avertis du danger, si ce n'est quelquefois par des vertiges, quelques
convulsions et une défaillance ; quand se manifestent ces symptômes, il
est déjà trop tard le plus souvent pour porter remède. Il n'est point
certain que dans ces cas foudroyants d'autres gaz des fermentations
putrides, aussi dangereux ou plus dangereux encore que l'acide sulfhydrique, tels que l'acide carbonique en particulier et divers gaz phosphorés que j'ai toujours observés dans les putréfactions, ne contribuent
pour une grande partie à déterminer ces accidents redoutables.

Après l'inhalation de l'hydrogène sulfuré, le sang des animaux devient noir et incapable de fixer l'oxygène.

D'après Thénard et Dupuytren, de l'air qui contient un 1500ᵉ de son volume de ce gaz suffit à tuer un oiseau; un 800ᵉ empoisonne un chien et un 250ᵉ un cheval. Mais, même à doses plus faibles, l'air ainsi intoxiqué ne pourrait être respiré longtemps impunément. Ajoutons qu'il suffit qu'une partie un peu considérable du corps des animaux soit plongée dans le gaz sulfhydrique pour qu'il y ait empoisonnement. A l'autopsie le sang et les parenchymes sont noirs; les muscles sont bruns et flasques. La putréfaction se déclare rapidement.

Le dégagement de chlore dans les lieux infectés d'hydrogène sulfuré peut être utile en décomposant ce gaz; on en peut mêler quelques bulles à l'air que l'on fera respirer au patient menacé d'asphyxie par ce dangereux poison. Le chlore agit dans ce cas bien plus en excitant les centres respiratoires qu'en détruisant le gaz délétère absorbé. Ce qu'il faudra donc surtout pratiquer chez les malheureux asphyxiés par le gaz sulfhydrique, c'est la respiration artificielle d'un air pur légèrement chloré ou mieux d'oxygène lorsqu'il sera possible.

QUINZIÈME LEÇON

ACIDES OXYGÉNÉS DU SOUFRE. — CHLORURES ET OXYCHLORURES DE SOUFRE

Le soufre s'unit à l'oxygène pour former de nombreux acides. Trois seulement sont connus à l'état anhydride. Ce sont :

$$L'anhydride\ sulfureux. \ . \ . \ . \ . \quad SO^2$$
$$—\quad sulfurique\ . \ . \ . \ . \quad SO^5$$
$$—\quad persulfurique\ . \ . \ . \quad S^2O^7$$

Les hydrates des deux premiers anhydrides constituent les acides bibasiques énergiques suivants :

SO^2, H^2O ou SO^3H^2 répondant aux sulfites SO^3R^2
L'acide sulfureux normal.

SO^4, H^2O ou SO^4H^2 répondant aux sulfates SO^4R^2
L'acide sulfurique normal.

On connaît encore un acide bibasique, moins oxygéné que l'acide sulfureux, qui porte le nom impropre d'*acide hydrosulfureux*; il répond à la formule $SO.H^2O$ ou SO^2H^2.... Les hydrosulfites neutres ont le type général SO^2R^2.

Il existe en outre une série d'acides dérivés des précédents, acides bibasiques contenant tous 6 atomes d'oxygène, mais où le soufre varie de 2 à 5 atomes. Ce sont les acides de la série dite *thionique*, dont voici les noms et les symboles :

Acide dithionique ou *hyposulfurique*. . . . . . $S^2O^6H^2$
— *trithionique*. . . . . $S^3O^6H^2$
— *tétrathionique*. . . . . $S^4O^6H^2$
— *pentathionique* . . . . $S^5O^6H^2$

Ces quatre acides sont liquides, incolores, très instables ainsi que leurs sels ; ils se décomposent en soufre, acide sulfureux et acide sulfurique. Ils peuvent tous être regardés comme dérivant de l'acide dithionique par addition successive de soufre. D'après ses réactions, cet acide dithionique peut être lui-même considéré comme résultant de l'union de l'acide sulfureux anhydre à l'acide sulfurique ordinaire SO^2,SO^4H^2.

Enfin à cette longue liste d'acides oxygénés du soufre il faut encore ajouter les deux composés suivants :

L'*acide hyposulfureux* $S^2O^3H^2$ ou *thiosulfurique*, dont on ne connaît, il est vrai, que les dérivés salins, acide que l'on peut regarder comme de l'acide sulfurique SO^4H^2 dans lequel un atome de soufre remplace un atome d'oxygène ; et l'*acide pyrosulfurique* $S^2O^7H^2$ qui résulte de l'union de l'anhydride sulfurique à l'acide sulfurique SO^3,SO^4H^2.

De tous ces corps, les *acides sulfureux* et *sulfurique* sont de beaucoup les plus importants. Nous dirons toutefois quelques mots des *hydrosulfites*, des *hyposulfites* et de l'*acide pyrosulfurique*.

ACIDE HYDROSULFUREUX
$$SO^2H^2$$

Cet acide fut découvert par M. Schutzenberger en 1869. On ne le connaît qu'à l'état de sels.

Pour le préparer, on remplit un flacon de copeaux de zinc non tassés, sur lesquels on verse une solution concentrée de bisulfite de soude, puis on laisse réagir 15 à 20 minutes en refroidissant dans l'eau. L'acide sulfureux, libre ou à l'état de bisulfite, tend à donner naissance à de l'hydrogène en agissant sur le zinc, mais ce gaz, au lieu de se dégager, se porte sur une portion du sulfite de soude et le réduit. L'équation suivante rend compte de cette remarquable réaction :

$$5 (SO^3NaH) \;+\; Zn \;=\; SO^3Zn \;+\; SO^3Na^2 \;+\; SO^2NaH \;+\; H^2O$$
Bisulfite de sodium.   Sulfite de zinc. Sulfite neutre   Hydrosulfite
de sodium.   acide de sodium.

Il se fait donc à la fois des sulfites de zinc et de soude, et de l'hydro sulfite acide de sodium. Les sulfites ne tardent pas à se déposer à l'état de sulfite double de zinc et de soude peu soluble. On verse rapidement les eaux mères de ce sel dans de l'alcool refroidi qui le précipite immédiatement et complètement. On se hâte de décanter de nouveau la partie claire dans des flacons que l'on remplit entièrement. La liqueur ne tarde pas à se prendre en longues aiguilles feutrées que l'on essore dans du papier et qu'on sèche immédiatement dans le vide. Ce corps fort altérable constitue l'hydrosulfite acide de sodium SO^2NaH.

Sa solution jouit d'un pouvoir réducteur des plus énergiques. L'indigo bleu est immédiatement transformé en indigo blanc; les sels de cuivre, de plomb, d'argent, de mercure, de cadmium... sont décomposés avec précipitation du métal. L'hydrosulfite passe dans tous ces cas à l'état de sulfite.

Quant à l'acide hydrosulfureux libre, il est trop instable pour exister en liberté.

Sous l'influence des acides organiques, les solutions d'hydrosulfites deviennent d'abord jaune orange, puis se dédoublent en eau, soufre et acide sulfureux :

$$2\,SO^2H^2 = SO^2 + S + 2\,H^2O$$

Les hydrosulfites servent à doser l'oxygène de l'air, des eaux potables, du sang, à préparer la cuve d'indigo, etc.

ACIDE SULFUREUX
Anhydride SO^2 — *Acide hydraté* SO^3H^2

De tout temps on a connu et employé le gaz qui provient de la combustion du soufre : les anciens s'en servaient pour blanchir la laine de leurs vêtements. Le gaz sulfureux se dégage en abondance des volcans en activité. Mais il faut arriver jusqu'à Lavoisier pour connaître ses deux éléments constitutifs et sa vraie nature, et à Gay-Lussac pour avoir sa composition exacte.

Préparation. — On prépare l'anhydride sulfureux par divers procédés. La combustion directe du soufre ou des pyrites à l'air est le plus simple et le plus économique lorsqu'on n'a pas besoin de gaz pur. Lorsqu'on veut obtenir au contraire l'acide sulfureux exempt d'azote ou d'autres composés, il faut recourir à la désoxydation de l'acide sulfurique par le cuivre, le mercure, le soufre, le charbon, etc.

Dans le ballon A (fig. 78), rempli de copeaux de cuivre, on verse de l'acide sulfurique concentré, et l'on chauffe. *Dès que la réaction commence*, on retire le ballon du feu, puis, après que la mousse produite est tombée, l'on peut chauffer de nouveau et obtenir un dégagement régulier d'acide sulfureux : On lave ce gaz en B, on le dessèche dans le

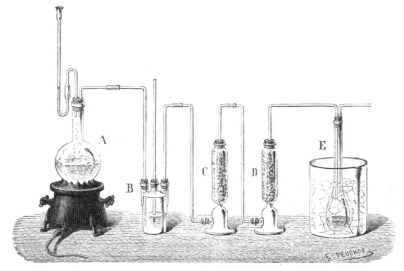

Fig. 78. — Préparation de l'acide sulfureux liquide avec le cuivre et l'acide sulfurique.

chlorure de calcium ou la ponce sulfurique en C et D et on le reçoit enfin, à l'état gazeux, sur la cuve à mercure, ou bien on le condense par le froid dans un matras entouré de glace et de sel E.

La réaction qui lui donne naissance est la suivante :

$$2\,SO^4H^2 \;+\; Cu \;=\; SO^4Cu \;+\; SO^2 \;+\; 2\,H^2O$$

L'industrie obtient le gaz sulfureux en faisant arriver un filet régulier et lent d'acide sulfurique sur du soufre préalablement fondu dans une cornue de fonte. La réaction est la suivante :

$$2\,SO^4H^2 \;+\; S \;=\; 3\,SO^2 \;+\; 2\,H^2O$$

Dans les laboratoires, on prépare souvent l'acide sulfureux avec l'acide sulfurique et le charbon. Ce gaz est alors mélangé d'acide carbonique qui ne gêne pas, généralement, pour la production des bisulfites, par exemple. La réaction est dans ce cas exprimée par l'équation :

$$2\,SO^4H^2 \;+\; C \;=\; CO^2 \;+\; 2\,SO^2 \;+\; 2\,H^2O$$

Propriétés physiques. — L'acide sulfureux est un gaz incolore, d'une odeur irritante provoquant la toux et l'éternuement. Sa densité est de 2,234. Un litre de ce gaz pèse 2^{gr},889.

L'eau dissout à 0 degré 70 fois, et à 15 degrés 40 fois, son volume de gaz sulfureux. Cette solution se fait avec élévation de température.

On peut liquéfier le gaz sulfureux dans un mélange de glace et de sel : il forme alors un liquide incolore, transparent, mobile, d'une densité de 1,451, bouillant à 8°, solidifiable à — 75°. Ce liquide dissout sensiblement le phosphore, le soufre, la colophane, et se mélange à la benzine, au chloroforme, au sulfure de carbone, etc.

Propriétés chimiques. — Le gaz sulfureux, ou plutôt ses dissolutions, rougissent fortement le tournesol. Quoique stable, une chaleur de 1200°, et mieux encore l'étincelle électrique, le décomposent en soufre et oxygène avec formation secondaire d'un peu d'anhydride sulfurique. Toutefois cette dissociation par la chaleur est si faible que l'anhydride sulfureux n'éprouve pas de variation de densité jusqu'à la température de 1600 degrés (*V. Meyer*).

Les solutions d'acide sulfureux longtemps chauffées à 200°, ou exposées à la lumière, déposent un peu de soufre.

L'acide sulfureux s'unit à l'eau pour donner : 1° l'hydrate normal SO^2,H^2O, véritable acide bibasique répondant aux sulfites ; 2° l'hydrate $SO^2,9H^2O$, composé dissociable au-dessus de + 4° et cristallisable.

L'hydrogène réduit l'acide sulfureux en rouge : il se fait de l'eau et du soufre ; mais si l'on introduit de l'acide sulfureux dans un appareil qui donne de l'hydrogène naissant, il se produit de l'acide sulfhydrique :

$$SO^2 + 6H = SH^2 + 2H^2O$$

En même temps il se fait des acides pentathionique et hydrosulfureux, corps qui résultent de l'action secondaire de l'hydrogène sulfuré sur l'acide sulfureux. La même réaction a lieu, à chaud, en présence de l'eau et du phosphore, qui passe lui-même à l'état d'acide phosphoreux.

Le zinc agit sur la solution d'acide sulfureux pour donner de l'hydrosulfite de zinc, ainsi qu'on l'a dit plus haut.

L'étain réduit le gaz sulfureux avec incandescence, en donnant de l'oxyde et du sulfure d'étain.

Toutes les réactions que l'on vient de signaler enlèvent à l'acide sulfureux tout ou partie de son oxygène ; voici au contraire des réactions qui l'enrichissent en éléments électro-négatifs.

En présence de l'éponge de platine légèrement chauffée, l'acide sulfureux s'unit à l'oxygène et donne de l'acide sulfurique anhydre SO^3. L'oxygène sec n'agit pas sur l'anhydride SO^2 ; mais, vient-on à dissoudre les deux gaz dans l'eau, l'union se fait rapidement et l'acide sulfureux passe à l'état d'acide sulfurique. Aussi l'air des villes où l'on brûle le gaz ordinaire et la houille, l'atmosphère des usines à acide sulfurique, de celles surtout où l'on grille les minerais sulfurés, l'air des mines où s'oxydent lentement les sulfures, contiennent toujours de l'acide sulfurique dont les vapeurs sont fort préjudiciables.

Dans les laboratoires, la solution d'acide sulfureux doit se faire dans de l'eau bouillie. Petit à petit elle s'oxyde à l'air et contient de l'acide sulfurique.

Le gaz sulfureux s'unit quelquefois avec incandescence, aux corps riches en oxygène : les *bioxydes de plomb*, de *manganèse*, etc., passent sous son influence à l'état de *sulfates*.

Il absorbe directement, à la lumière solaire, son volume de chlore et forme ainsi l'acide chlorosulfurique SO^2Cl^2. La braise de boulanger suffit à provoquer, même dans l'obscurité, l'union de ces deux gaz (*Melsens*).

Si l'on fait réagir l'acide sulfureux sur une dissolution aqueuse de chlore, l'eau est décomposée. Il se fait simultanément de l'acide sulfurique et de l'acide chlorhydrique :

$$SO^2 \;+\; 2\,H^2O \;+\; 2\,Cl \;=\; 2\,HCl \;+\; SO^4H^2$$

L'acide sulfureux réduit aisément les acides arsénique, manganique, permanganique, azotique et azoteux. C'est sur ces deux dernières réactions qu'est fondée la préparation industrielle de l'acide sulfurique. On peut faire l'expérience suivante : Dans un flacon plein d'acide sulfureux qu'on laisse tomber quelques gouttes d'acide nitrique concentré, on verra aussitôt apparaître des vapeurs rutilantes ; en même temps, l'acide sulfureux se changeant en acide sulfurique, il se produira et se déposera sur les parois du récipient les cristaux dits *des chambres de plomb* $(SO^3)^2, Az^2O^3$. Ces réactions sont exprimées par les deux équations :

$$SO^2 \;+\; 2\,AzO^3H \;=\; SO^4H^2 \;+\; 2\,AzO^2$$
Acide   Acide   Acide   Vapeurs
sulfureux.   nitrique   sulfurique.   nitreuses.

et

$$2\,AzO^2 \;+\; 2\,SO^2 \;+\; O \;=\; (SO^3)^2, Az^2O^3$$
Vapeurs   Acide   Cristaux des chambres
nitreuses.   sulfureux.   de plomb.

L'anhydride sulfureux, gazeux ou dissous, réduit et décolore une grande quantité de matières colorantes naturelles : un bouquet de violettes blanchit rapidement à son contact. C'est une jolie expérience de cours.

Applications. — Les principales applications de l'acide sulfureux sont la fabrication de l'acide sulfurique, le blanchiment de la laine et de la soie, substances que le chlore et les chlorures alcalins attaqueraient profondément, la désinfection des chambres et hôpitaux habités par des malades atteints d'affections contagieuses ; l'assainissement des casernes, maisons, navires, envahis par les rongeurs ou les parasites.

Nous nous occuperons plus loin du rôle de l'acide sulfureux dans la fabrication de l'acide sulfurique.

Pour la désinfection des locaux habités, on place du soufre sur une feuille de tôle à bords relevés, ou dans une terrine peu profonde ; on pose ces récipients sur un tas de sable ou de cendres, et l'on allume le soufre après avoir eu le soin, au préalable, de calfeutrer exactement et coller du papier sur toutes les ouvertures. On laisse le gaz résultant de la combustion séjourner 24 à 48 heures dans le local à désinfecter tenu parfaitement clos ; 20 grammes de soufre sont la dose à brûler par mètre cube d'air. La désinfection des chambres, casernes, hôpitaux, etc., est ainsi très pratique. A ces doses les objets de laine ou de coton ne sont pas altérés sensiblement par l'acide sulfureux : ce gaz chasse ou tue tous les animaux rongeurs ou parasites, pénètre à travers les matelas, les couvertures, les tentures, qui doivent être laissés en place. Tous les contages à peu près sont stérilisés.

Pour décolorer les laines, la soie, les plumes, etc., on fait brûler du soufre, dans le soufroir où l'on enferme les tissus, après les avoir légèrement humectés d'eau. L'exposition à l'air et les lavages font disparaître ensuite l'acide.

On utilise aussi, en médecine, les fumigations d'acide sulfureux contre la gale et autres maladies de la peau (*Darcet*). On a même essayé de pulvériser ses solutions autour des malades dans les affections parasitaires ou non des voies respiratoires. Je me suis assuré que ces pulvérisations sont fort bien supportées et n'amènent ni suffocation, ni toux.

Tout le monde connaît l'usage que l'on fait des vapeurs provenant de la combustion du soufre pour *préparer* ou *soufrer* les fûts et tonneaux, c'est-à-dire pour enlever tous les parasites et moisissures qui peuvent avoir envahi le bois des vases où l'on doit conserver le vin, la bière, etc.

On se sert aussi de l'acide sulfureux dans le *muttage des vins*, opération qui a pour but d'enrayer la fermentation des liqueurs sucrées, des vins blancs en particulier, et de leur conserver une certaine quantité de saccharose et par conséquent la douceur. Dans ce but, l'on fait tomber en cascade le vin à demi fermenté, ou le moût à mutter, du haut de tonneaux défoncés, au bas desquels brûle du soufre.

Enfin, M. R. Pictet est parvenu, dans ces dernières années, à utiliser industriellement l'acide sulfureux à produire le froid grâce à sa volatilisation dans des appareils compliqués ; ils lui permettent d'obtenir de la glace dont le prix de revient ne dépasse pas 1 centime par kilogramme. C'est grâce à cette méthode et avec l'aide de la pression, qu'il est parvenu à liquéfier les gaz réputés permanents.

ACIDE SULFURIQUE

Anhydride SO^3 — *Acide hydraté* SO^{4}H^2 ou SO^3,H^{2}O

Historique. — L'acide sulfurique ordinaire est le plus important de tous les acides minéraux. C'est avec le charbon, le fer et la soude, l'un des outils principaux de l'activité moderne. On pourrait dire, comme J.-B. Dumas, que sa consommation mesure l'état du progrès industriel de chaque nation.

Il est fait allusion pour la première fois à l'*huile* provenant de la distillation de l'*atrament* ou vitriol de fer, dans un ouvrage de l'alchimiste persan Al-Rhasès, mort en 900. Dans ses œuvvres, Albert le Grand désigne clairement cet acide sous le nom d'*huile de vitriol romain*; on obtint ainsi longtemps par simple décomposition ignée du vitriol un acide analogue à celui de Nordhausen. Quant au vitriol lui-même, il résultait du grillage à l'air, puis de la lixivation, des pyrites de fer. Cette origine faisait donner encore un autre nom à cet acide, celui d'*esprit de Mars*. Ce n'est qu'au commencement du dix-septième siècle que l'italien Angelo Sala, après avoir démontré l'identité de l'*esprit de Mars* et de l'*esprit de Vénus*, obtenu par la distillation du *vitriol bleu* ou sulfate de cuivre, observa que le soufre, lorsqu'il brûle dans une enceinte humide, donne un peu d'*huile de vitriol, laquelle n'est autre*. dit-il, *qu'une vapeur sulfureuse fixée par quelque chose extrait de l'air ambiant.*

A partir de cette remarquable observation, l'acide d'Angelo Sala se fabriqua longtemps, dans les pharmacies, en faisant brûler le soufre sous des cloches humides. Aussi le nommait-on *esprit de soufre à la cloche*. Plus tard, Nicolas Lefèvre eut l'idée d'accélérer la combustion du soufre en l'additionnant d'un peu de nitre (fig. 79). On s'aperçut alors que l'acide fixe qui se formait était beaucoup plus abondant que lorsque le soufre brûle seul, et l'on établit sur ce principe une première fabrique en Angleterre. En 1745, on remplaça les grands ballons de verre dont on se servait d'abord dans cette fabrique, par des chambres de plomb au centre desquelles on roulait, sur un wagonnet, une large capsule de

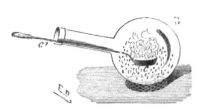

Fig. 79. — Préparation primitive de l'acide sulfurique par le nitre et le soufre, suivant le procédé de Nicolas Lefèvre.

tôle où brûlait le soufre mêlé de nitre (*Roebuck* et *Garbett*). En 1766, fut établie à Rouen la première usine française à chambre de plomb. De La Folie ajouta bientôt un perfectionnement remarquable : celui de l'injection de vapeur d'eau pendant la combustion; enfin Jean Holker, petit-fils de l'importateur des chambres de plomb en France, imagina en 1810 le système de combustion continue du soufre, à l'*intérieur* de ces chambres. Ses procédés n'ont fait depuis que se perfectionner.

On évalue aujourd'hui la production annuelle de l'acide sulfurique, en Europe seulement, à 800 000 tonnes.

Lavoisier fit le premier connaître la composition exacte de l'acide sulfurique.

Cet acide existe à l'état libre dans les gaz volcaniques et dans quelques sources qui s'écoulent non loin des cratères éteints ou en activité, en particulier dans les Andes. La seule petite rivière du *Rio-Vinagre* en débite 35 000 kilogrammes par 24 heures. Les eaux du *Ruiz* en fournissent encore plus (*Boussingault*).

Théorie de la préparation industrielle de l'acide sulfurique. — Nous venons de voir les perfectionnements lents et successifs par lesquels est passée la méthode qui permet d'obtenir en définitive l'acide sulfurique en faisant réagir, en espace clos, de l'acide sulfureux provenant de la combustion continue du soufre, de l'eau, de l'air et des corps nitrés qu'on remplace aujourd'hui par une petite quantité d'acide azotique.

L'on a vu plus haut que, sous l'influence de cet acide, le gaz sulfureux passe à l'état d'acide sulfurique, en même temps qu'il se fait de la vapeur nitreuse :

$$SO^2 \quad + \quad 2\,AzO^3H \quad = \quad SO^4H^2 \quad + \quad 2\,AzO^2$$

| Anhydride sulfureux. | 2 molécules d'acide nitrique. | Acide sulfurique. | Vapeur nitreuse. |

Or, sous l'influence de l'eau, la vapeur nitreuse ainsi produite se transforme, comme on le verra plus loin, en acides nitreux et nitrique :

$$2\,AzO^2 \quad + \quad H^2O \quad = \quad AzO^2H \quad + \quad AzO^3H$$

| Vapeur nitreuse. | Eau. | Acide azoteux. | Une molécule d'acide azotique. |

Tel est le premier résultat de la rencontre de ces trois corps : acide sulfureux, eau et acide azotique. Mais si l'acide sulfureux continue à affluer, les deux acides nitreux et nitrique seront décomposés à leur tour : l'acide nitrique, en partie reproduit sous l'influence de la vapeur nitreuse et de l'eau, donnera de nouveau de l'acide sulfurique, comme il vient d'être dit, tandis que l'acide nitreux, oxydant l'anhydride sulfureux, le transformera en acide sulfurique en passant lui-même à l'état de deutoxyde d'azote :

$$2\,AzO^2H \quad + \quad SO^2 \quad = \quad SO^4H^2 \quad + \quad 2\,AzO$$

| Acide azoteux. | Anhydride sulfureux. | Acide sulfurique. | Deutoxyde d'azote. |

C'est ici qu'intervient le rôle oxydant de l'air. A son contact le deutoxyde d'azote formé passe aussitôt à l'état de peroxyde AzO² :

$$AzO + O = AzO^2$$

et ce peroxyde d'azote AzO² se transforme à son tour, sous l'influence de l'eau, en acides azoteux et azotique. Le cycle des réactions ci-dessus recommence donc tant qu'on les entretient en fournissant de l'acide sulfureux, de l'air et de l'eau, et sans que l'on ait besoin de faire intervenir de nouvelles quantités de composés nitrés.

En résumé le mécanisme essentiel de cette oxydation continue du soufre par l'oxygène de l'air repose sur le rôle des acides nitrique et nitreux. Ils passent leur excès d'oxygène à l'acide sulfureux et se transforment en un composé très oxydable, le bioxyde d'azote : celui-ci reprenant à l'air l'oxygène dont il est avide, se suroxyde et repasse cet oxygène qu'il vient d'absorber à l'acide sulfureux qu'il transforme ainsi, en présence de l'eau, en acide sulfurique hydraté; et ainsi de suite.

Il me sera facile de vous rendre témoins des réactions successives qui donnent définitivement de l'acide sulfurique par le mécanisme que viens d'indiquer.

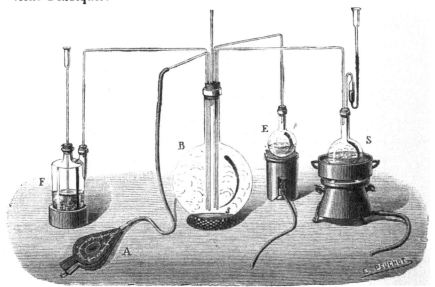

Fig. 80. — Préparation de l'acide sulfurique par l'acide sulfureux, l'air et les vapeurs nitreuses.
(Démonstration de laboratoire.)

Ce grand ballon B (fig. 80) peut recevoir à volonté, par trois tubes adducteurs, du bioxyde d'azote produit en E, de l'acide sulfureux formé en S, et de la vapeur d'eau venant de E; deux autres tubes permettent d'injecter de l'air dans ce récipient au moyen d'un soufflet et de laisser échapper les gaz en excès.

Si je fais d'abord arriver du bioxyde d'azote, il apparaît aussitôt dans le ballon des vapeurs rutilantes. Celles-ci s'évanouissent au contact de l'eau et de l'acide sulfureux que je fais ensuite arriver simultanément dans le ballon; que j'insuffle de l'air, les vapeurs rouges reparaissent bientôt et celles-ci recommencent à oxyder l'acide sulfureux.

Si dans ce ballon, qui grâce à sa transparence nous permet de suivre ainsi de l'œil les diverses réactions, on n'introduisait pas de vapeur d'eau, on le verrait se couvrir lentement de ces cristaux blancs jaunâtres dits *cristaux des chambres de plomb*. Comme on l'a dit plus haut, ils se forment suivant la réaction :

$$2\,AzO^2 \; + \; 2\,SO^2 \; + \; O \; = \; (SO^5)^2 Az^2 O^5$$

mais au contact de l'eau ces cristaux disparaissent en donnant de l'acide sulfureux et de l'acide nitreux.

Préparation industrielle de l'acide sulfurique. — La théorie de la transformation du soufre en acide sulfurique étant exposée, il ne nous reste qu'à décrire très rapidement la préparation industrielle de l'acide sulfurique.

L'acide sulfureux destiné à être transformé en acide sulfurique s'obtient généralement par la combustion du soufre dans un four spécial F (fig. 81), dans lequel on peut activer ou modérer la combustion en augmentant ou diminuant l'entrée de l'air au moyen de registres. — Dans ce four on introduit en même temps une chaudière de fonte contenant le nitre et l'acide sulfurique dont le mélange va donner l'acide nitrique nécessaire à la fabrication de l'acide sulfurique. Souvent aussi l'on produit l'acide sulfureux par la combustion de pyrites de fer, minéral assez répandu, que l'on brûle dans des fours particuliers. Dans les deux

Fig. 81. — Four pour la combustion du soufre destiné à la fabrication de l'acide sulfurique. On voit par la cassure la marmite à nitre.

cas, le mélange d'acide sulfureux, d'air et de vapeurs nitreuses pénètre par un large tuyau T dans les chambres de plomb A, A', A" (fig. 82).

Celles-ci se composent d'une charpente en bois, sur laquelle sont fixées des feuilles de plomb soudées avec soin l'une à l'autre à la soudure autogène, c'est-à-dire plomb contre plomb. Le fond de la chambre

forme cuvette; les bords en sont relevés de 20 centimètres. La chambre de plomb repose sur ce fond comme une cloche de verre reposerait
sur une assiette. La fermeture étanche de l'appareil est obtenue par un
peu d'acide sulfurique que l'on verse, avant la mise en marche, dans
les cuvettes formant le plancher des chambres.

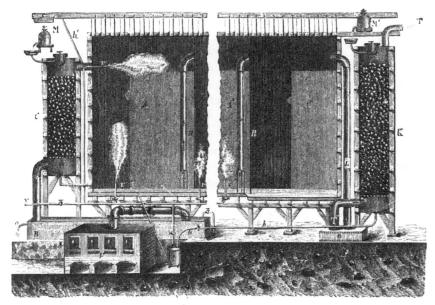

Fig. 82. — Chambre de plomb pour la fabrication de l'acide sulfurique.

A l'issue des foyers A, à combustion de pyrites ou de soufre, les gaz
produits passent soit dans une chambre dite *à poussières* B, destinée à
laisser déposer les poussières ferrugineuses provenant des pyrites, soit
dans un dénitrificateur ou une tour, de Glower C ([1]), dans lesquels
arrivent à la fois par le haut l'acide sulfurique brut produit dans les
chambres de plomb successives, acide *chargé de composés nitriques;*
par en bas, le gaz sulfureux, mêlé de beaucoup d'air, arrivant directement des foyers à combustion. Grâce à leur nature et à leur haute température, ces derniers gaz réduisent complètement ou volatilisent les
composés nitrés dissous dans l'acide sulfurique brut et contribuent
même à le concentrer notablement.

C'est au sortir de ces dénitrificateurs ou de cette tour de Glower que
les gaz des foyers, à la fois riches en acides sulfureux et en air mêlé

([1]) C'est une tour en maçonnerie, remplie de cailloux de silex. En haut vient se déverser
l'acide sulfurique nitreux provenant de la fabrication en cours dans les chambres de plomb; en
bas pénètrent les gaz des foyers à combustion de soufre.

d'un peu de vapeur nitreuse, pénètrent par *m* dans les grandes chambres de plomb A,A',A''; ces chambres peuvent avoir jusqu'à 3000 mètres cubes de capacité. Là, ce mélange gazeux complexe rencontre de la vapeur d'eau injectée en divers points *v*, *v'*, *v''*; les réactions théoriques ci-dessus indiquées s'effectuent, et l'acide sulfurique, incessamment formé et condensé sur les parois refroidies, coule sur le sol en cuvette qui le conduit soit aux dénitrificateurs ou à la tour de Glower, soit aux appareils de condensation. Quelquefois l'on introduit dans ces chambres mêmes l'acide nitrique destiné à exciter et à entretenir l'oxydation de l'acide sulfureux; on fait dans ce cas couler l'acide nitrique sur les larges surfaces ou cuvettes de verre ou de plomb; il se volatilise grâce aux réactions mêmes qu'il excite, se réduit et passe, comme nous l'avons dit, à l'état de bioxyde d'azote que l'air transforme à son tour en vapeurs nitreuses, et cela indéfiniment, tant que de l'acide sulfureux, sans cesse introduit, se transforme lui-même en acide sulfurique en empruntant à ces vapeurs nitreuses l'excédent de leur oxygène.

Les résidus gazeux de ces multiples réactions : azote, excès d'air et autres gaz non condensés, peuvent se dégager librement dans l'air, par une cheminée d'appel où débouchent les vapeurs arrivant des chambres; mais dans ce cas, ils enlèvent avec eux une certaine quantité de composés nitreux, dangereux pour le voisinage de l'usine, et dont la perte se chiffre d'ailleurs pour le fabricant par une dépense inutile et notable.

Afin d'éviter cet inconvénient, on oblige généralement les gaz résiduaires des chambres de plomb à traverser, avant d'être rejetés dans l'atmosphère, une sorte de tour K, dite *tour de Gay-Lussac*, du nom de son inventeur. Elle est revêtue de plomb à l'intérieur et remplie de morceaux de coke à travers lesquels coule, en minces nappes, de l'acide sulfurique à 62° B⁴. Cet acide se charge des produits nitreux des gaz résiduaires et va se rendre ensuite par le tuyau *h* au dénitrificateur ou à la tour de Glower dont nous avons parlé plus haut.

Grâce à des analyses successives et nombreuses des gaz pris dans les diverses parties de l'appareil, on règle sans cesse l'admission de l'air et de l'acide sulfureux dans les chambres, de façon à obtenir le plus haut rendement dans le moindre temps et avec la plus faible dépense possible. Dans une chambre de plomb de 1000 mètres cubes on peut brûler en 24 heures environ 1000 kilogrammes de soufre brut et produire 2900 à 3000 kilogrammes d'acide sulfurique monohydraté : c'est presque le rendement théorique. Pour arriver à ce résultat il a fallu faire passer de 6500 à 7000 mètres cubes d'air et dépenser environ 45 kilogrammes d'acide nitrique, quoique théoriquement le même acide nitrique puisse indéfiniment servir ; mais une partie reste dissoute dans l'acide sulfurique produit, et une autre est entraînée dans

la cheminée d'appel et perdue dans l'atmosphère à l'état de protoxyde
d'azote.

Au sortir des chambres de plomb, l'acide sulfurique marque environ 50° Bé; il contient 64 % d'acide monohydraté. A l'issue de la tour
de Glower, il peut monter à 60° Bé; il contient alors 77 % d'acide. L'on
peut le concentrer jusqu'à ce titre, mais non au delà, dans les bassines de plomb, m, n (fig. 85), généralement placées sur les fours à

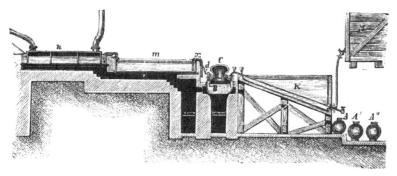

Fig. 85. — Concentration de l'acide sulfurique.

$n\,m$, chaudière en plomb. — BC, alambic en platine. — x, siphon spécial qui conduit l'acide
des chaudières à l'alambic. — K, réfrigérant. — A A' A", bonbonnes pour recevoir l'acide distillé.

combustion de soufre dont elles utilisent la chaleur perdue. On termine enfin la concentration de l'acide dans une cornue de platine BC
que l'on chauffe d'abord pour dégager l'eau en excès jusqu'à ce que
l'acide marque 66° Bé. On peut alors le distiller ou le soutirer dans
les touries de grès A, A', A", dans lesquelles on l'expédie. Il est alors
monohydraté et répond à peu près à la formule SO^4H^2. Il ne contient
en plus sur la théorie que 1,5 % d'eau ; on ne peut le concentrer
davantage.

Purification de l'acide sulfurique. — L'acide commercial est toujours impur. Il contient le plus souvent du plomb, de l'arsenic, des
produits nitrés, de l'acide sélénieux.

Dans les laboratoires, pour le purifier on l'étend de son poids d'eau
et on le traite d'abord par un courant d'hydrogène sulfuré qui en précipite le plomb et la majeure partie de l'arsenic. On le débarrasse
ensuite des produits nitreux en le chauffant avec un peu de sulfate
d'ammoniaque ; il se dégage de l'azote et du protoxyde d'azote. Pour
achever sa purification, on le distille enfin dans une cornue de verre,
elle-même placée sur un large cône de tôle destiné à empêcher l'échauffement du fond de la cornue ; sans cette précaution, on aurait des
soubresauts qui la casseraient infailliblement. On ajoute quelquefois,
dans l'appareil distillatoire, un peu de platine qui régularise l'ébul-

lition. Il faut se garder de refroidir le récipient, en l'immergeant dans
l'eau.

Pour obtenir de l'acide sulfurique tout à fait exempt d'arsenic et
propre aux recherches toxicologiques, il faut, après la purification
approximative dont nous venons de parler, le chauffer jusqu'à ce qu'il
commence à émettre des vapeurs blanches, le distiller alors, rejeter le
premier quart qui contient de *l'acide arsénieux*, laisser dans la cornue
le dernier quart qui contient de *l'acide arsénique et du plomb*, et ne
recueillir, comme acide pur, que les deux quarts intermédiaires.

Propriétés physiques. — L'acide sulfurique est un liquide incolore,
inodore, sirupeux, d'une densité de 1,84 à 15 degrés. Il cristallise
à 0° et bout à 338° ([1]). Il contient environ un douzième de molécule
d'eau de plus que l'acide monohydraté et répond à la formule : SO^4H^2
$+ \frac{1}{12} H^2O$. La densité de vapeur de cet acide est, à 440°, de 1,74.

Propriétés chimiques. — C'est un acide extrêmement énergique ; à
la température ordinaire il déplace de leurs sels la plupart des autres
acides.

Il est très avide d'eau : exposé à l'air humide, il en absorbe jusqu'à
15 fois son poids. On connaît le bihydrate SO^3, $2H^2O$ cristallisable à
$+ 7°5$. Il paraît même exister un trihydrate SO^3, $3H^2O$ correspondant au maximum de contraction du mélange d'eau et d'acide monohydraté.

La solution de l'acide sulfurique dans l'eau élève notablement la température du mélange. Une molécule d'acide monohydraté ($= 98^{gr}$), produit en se dissolvant dans un excès d'eau $17^{Cal}.8$. L'on doit verser avec
précaution l'acide dans l'eau et non l'eau dans l'acide. Si on le mélange
à la glace ou à la neige, il se fait à la fois une production de chaleur due
à l'action chimique et un refroidissement correspondant à la liquéfaction ; la différence de ces deux effets produit soit l'élévation, soit
l'abaissement de la température. Ainsi, 1 kilogramme de neige et
1 kilogramme d'acide donnent, en se mélangeant, une élévation de température de près de 100° ; on obtient, au contraire, un abaissement de
— 25° en mélangeant d'abord à l'acide sulfurique le cinquième de son
poids d'eau, laissant refroidir, puis versant 1 kilogramme de cet acide
étendu sur 3^{kil},600 de neige.

L'acide sulfurique se détruit au rouge ; il se transforme en eau, oxygène et acide sulfureux. H. Deville et Debray ont fondé sur cette propriété
une méthode de préparation industrielle de l'oxygène.

([1]) Lorsqu'on l'additionne de la quantité d'acide sulfurique anhydre nécessaire pour obtenir
exactement SO^4H^2, il n'est plus fusible qu'à $+ 10°,5$. Il forme alors des cristaux répondant à
la formule SO^4H^2, aptes à subir la surfusion. Cet acide cristallisable commence à bouillir à
290° en abandonnant d'abord un peu d'acide anhydre, la température monte jusqu'à ce
qu'elle atteigne 325°, et l'acide distille alors avec la composition constante $SO^4H^2 + \frac{1}{12} H^2O$.

Au rouge naissant l'hydrogène réduit les vapeurs d'acide sulfurique et donne de l'eau, de l'acide sulfureux et du soufre. A plus basse température on peut même obtenir de l'hydrogène sulfuré :

$$SO^4H^2 \; + \; 4H^2 \; = \; 4H^2O \; + \; H^2S$$

On a vu plus haut que le carbone et le soufre décomposent à l'ébullition l'acide sulfurique pour donner de l'acide sulfureux.

Le fer, le zinc, et tous les métaux qui décomposent l'eau à froid, forment avec l'acide sulfurique étendu des sulfates et de l'hydrogène :

$$SO^4H^2 \; + \; Fe \; = \; SO^4Fe \; + \; H^2$$

L'argent, le cuivre, le mercure donnent avec lui des sulfates et de l'acide sulfureux :

$$2\,SO^4H^2 \; + \; Ag \; = \; SO^4Ag \; + \; SO^2 \; + \; 2H^2O$$

L'or et le platine restent sans action sur l'acide sulfurique.

Cet acide et les sulfates qui en dérivent se reconnaissent aisément au précipité qu'ils forment avec les sels de baryte, précipité insoluble dans l'acide nitrique.

Usages. — Les usages de l'acide sulfurique sont trop nombreux pour que nous les énumérions tous. Dans les laboratoires il sert à produire les acides carbonique, chlorhydrique, azotique, sulfureux, l'oxyde de carbone, l'hydrogène. L'industrie l'emploie dans la fabrication des acides phosphoriques, et du phosphore ; des acides tartrique, citrique, stéarique ; des superphosphates et des sulfates d'ammoniaque qui entrent dans les engrais ; des sulfates de fer, de cuivre, des aluns, du sulfate de soude par lequel on passe pour fabriquer le carbonate de soude dans le procédé Le Blanc. Il sert aussi dans la préparation du sucre de fécule, de l'éther, de composés sulfoconjugués nombreux tels que la sulfofuchsine, et ceux qui permettent de préparer l'alizarine, etc.

Enfin il est utilisé au décapage des métaux, à la galvanoplastie, à la dorure, à la production du froid (*machine Carré*), de l'acide sulfureux et de l'acide carbonique qui tendent à se répandre comme réfrigérants et moteurs.

Action de l'acide sulfurique sur l'économie. — L'acide sulfurique concentré corrode la peau et surtout les muqueuses. Elles s'échauffent et deviennent bientôt le siège d'une chaleur intense ; elles s'enflamment, suppurent et se percent. Moyennement étendu, l'acide sulfurique provoque une vive inflammation des tissus.

Une chaleur brûlante dans la bouche, l'œsophage, l'estomac ; des vomissements de matières grisâtres ou sanguinolentes faisant effervescence sur le calcaire et le marbre ; la soif, l'haleine fétide ; plus tard tous les symptômes d'une péritonite aiguë, avec conservation complète de l'intelligence, enfin la mort... tels sont les phénomènes de l'intoxication rapide par l'acide sulfurique.

Ce n'est presque jamais dans un but criminel qu'il est absorbé; sa saveur violente préviendrait aussitôt du danger; mais l'on a vu, par mégarde ou gloutonnerie, des individus absorber une gorgée de cet acide; le plus souvent il est avalé sciemment dans un but de suicide.

Son action corrosive toute locale peut être utilement combattue. Il convient de faire prendre, au plus tôt, au malade de la magnésie ou de la craie délayées dans de l'eau tiède; il est bon d'ajouter quelques centigrammes d'émétique pour hâter les vomissements.

Recherche toxicologique. — Dans la recherche toxicologique de l'acide sulfurique on peut agir comme il suit :

Les produits vomis, les viscères ou leur contenu, sont délayés dans l'eau, et la liqueur filtrée est évaporée au bain-marie. Lorsque la concentration n'avance plus, on reprend le résidu refroidi par 4 à 5 volumes d'alcool absolu; on jette sur un filtre, on chasse l'alcool et on divise la liqueur qui reste en trois parts A, B, C.

Partie A. — On la traite par l'azotate de baryte. Il se fait un précipité que l'on recueille, et lave; l'on s'assure s'il est insoluble dans un excès d'acide nitrique. Ce précipité séché, calciné avec du noir de fumée et de l'huile d'olive dans un petit creuset brasqué, doit laisser un résidu qui noircit l'argent et dégage par les acides l'odeur sulfhydrique.

Partie B. — On place la portion B dans un petit tube, on chasse l'eau jusqu'à apparition de vapeurs blanches et l'on ajoute alors un peu de mercure; l'on s'assure qu'il se dégage de l'acide sulfureux, reconnaissable à son odeur et à ce qu'il bleuit le papier d'iodate de potasse amidonné.

Une allumette de bois ou du papier ordinaire, imprégnés de la liqueur acide primitive et portés à l'étuve, noircissent vers 100°.

Les essais sur la partie B sont caractéristiques de la présence de l'acide libre, et ne réussiraient pas avec des sulfates, même si l'alcool en avait dissous quelques traces.

Partie C. — On reprend la partie C par de la baryte caustique ajoutée jusqu'à saturation et l'on filtre. L'alcool qui, au début, a servi à extraire l'acide aurait pu le faire passer à l'état d'acide éthylsulfurique. Dans ce cas la baryte qu'on ajoute donnerait de l'*éthylsulfate de baryte* soluble. La liqueur étant évaporée, son résidu est calciné modérément, puis repris par de l'acide nitrique faible. Le sulfate de baryte reste alors comme résidu. On le transforme en sulfure que l'on caractérise comme il est dit en A.

ANHYDRIDE SULFURIQUE

SO^3

L'anhydride sulfurique SO^3 s'obtient généralement en distillant *l'acide sulfurique fumant*, dit *acide de Nordhausen*, dont nous allons bientôt parler. Cet acide fumant se dissocie au-dessous de 100° en acide sulfurique et anhydride SO^3. L'hydrate $SO^4 H^2$ reste dans la cornue.

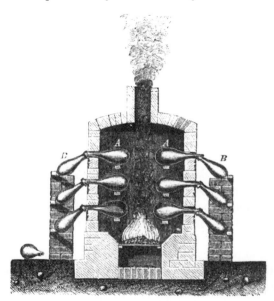

Fig. 84. — Fourneau de galère pour la préparation de l'acide sulfurique fumant.

On a vu plus haut qu'il suffit de faire passer à 250 ou 300° sur de la mousse de platine un mélange de 2 vol. d'anhydride sulfureux SO^2 et de 1 vol. d'oxygène pour qu'il se forme de l'anhydride sulfurique.

Ce corps est en masses solides, blanches, formées de longues aiguilles soyeuses se vaporisant à l'air dont il condense l'humidité sous forme de fumées épaisses.

On en connaît deux modifications : l'une, fusible à + 18°, bout à 46 degrés ; l'autre, plus stable, fond vers 100 degrés seulement. La première de ces modifications se transforme lentement dans la seconde.

L'acide anhydre bien pur ne rougit pas la teinture de tournesol, mais il se combine directement à la baryte et à la chaux anhydres légèrement chauffées ; il donne ainsi naissance aux sulfates de ces bases (*Thénard*). Il se dissout dans l'eau en produisant le bruit du fer rouge. Il s'unit au gaz ammoniac pour former le composé $2SO^3, 6AzH^3$.

L'anhydride sulfurique s'unit d'abord au soufre qui le réduit ensuite en donnant de l'acide sulfureux. Avec l'iode il forme le corps SO^3I^2.

En présence de l'oxygène, et sous l'influence de l'effluve, il fournit l'acide persulfurique S^2O^7 (*Berthelot*) :

$$2SO^3 + O = S^2O^7$$

Chauffé avec du sel marin, il donne le chlorure $S^2 O^5 Cl^2$ mêlé de bisulfate de soude (*Rosenstiehl*) :

$$4 SO^3 + 2 NaCl = S^2 O^5 Cl^2 + S^2 O^6, Na^2 O$$

L'acide sulfurique anhydre s'unit directement, et molécule à molécule, avec l'acide sulfurique monohydraté, le sulfate de potasse neutre ou acide, le sulfate d'argent et celui de baryte. Tous ces corps sont cristallisés.

ACIDE PYROSULFURIQUE OU DISULFURIQUE
$$S^2 O^7 H^2$$
(*Acide sulfurique fumant ou de Nordhausen*)

C'est un liquide oléagineux, fumant, un peu brunâtre, qui nous vient généralement de la Bohème ou du Harz où on le prépare en distillant le sulfate de fer, ou vitriol vert, dans des cornues de grès. Le produit qui passe à la distillation est reçu dans de l'acide sulfurique. L'on a :

1°
$$2 (SO^3, FeO, H^2O) = 2 H^2O + SO^2 + SO^3, Fe^2 O^3$$

Sulfate ferreux sec   Sous-sulfate
ou monohydraté.   ferrique.

et 2°
$$SO^3, Fe^2 O^3 = SO^3 + Fe^2 O^3$$

Sous-sulfate   Acide   Peroxyde
ferrique   anhydre.   de fer.

L'acide pyrosulfurique commercial se congèle vers 0°; il entre en ébullition, ou plutôt en dissociation rapide, au-dessous de 100°; il dégage alors l'acide anhydre SO^3, qu'on peut recueillir et condenser aisément.

Le véritable acide disulfurique :

$$S^2 O^7 H^2 \qquad \text{ou} \qquad O \underset{SO^2 - OH}{\overset{SO^2 - OH}{<}}$$

ne fond qu'à + 35°.

Les composés $S^2 O^7 K^2$ ou $S^2 O^7 Ba$, que nous signalions tout à l'heure et qu'on obtient par l'action de l'anhydride sulfurique SO^3 sur les sulfates neutres, sont les véritables sels de cet acide pyrosulfurique ou disulfurique.

L'acide de Nordhausen est employé, dans les arts, à dissoudre l'indigo avec lequel il forme l'acide sulfindigotique. Il sert aussi à fabriquer les dérivés sulfoconjugués des carbures aromatiques destinés à être transformés en matières colorantes.

ACIDE THIOSULFURIQUE OU HYPOSULFUREUX

On ne le connait pas à l'état libre. A peine isolé de ses sels, cet acide se décompose en soufre et en acide sulfureux. Les hyposulfites, principalement les sels alcalins et alcalino-terreux, s'obtiennent soit en faisant bouillir les sulfites avec de la fleur de soufre :

$$SO^2Na^2 + S = SO^2SNa^2$$

soit en laissant les sulfures alcalins ou terreux s'oxyder lentement à l'air :

$$3\,S\,Ba + 6\,O + CO^2 = SO^3Ba + SO^2S\,Ba + CO^3Ba$$
$$\text{Sulfate.}\qquad\text{Hyposulfite.}\qquad\text{Carbonate.}$$

Nous reviendrons sur cette réaction.

Les hyposulfites sont très employés en photographie; ils jouissent de la propriété de dissoudre les chlorures, bromures, iodures d'argent. On a tenté de les utiliser en thérapeutique dans les maladies zymotiques (*Polli*).

CHLORURES ET OXYCHLORURES DE SOUFRE
BROMURES ET IODURES DE SOUFRE

Chlorures, bromures, iodures de soufre. — On ne connaît avec certitude que le protochlorure de soufre S^2Cl^2. On l'obtient en faisant arriver du chlore sec sur du soufre, puis distillant avant que tout le soufre ait disparu.

C'est un liquide jaune-rougeâtre, fumant, d'odeur nauséabonde, d'une densité de 1,69. Il bout à 136°. Le protochlorure de soufre peut dissoudre plus de la moitié de son poids de soufre. Aussi l'emploie-t-on, mêlé d'un peu de sulfure de carbone, pour la vulcanisation du caoutchouc.

L'eau le décompose peu à peu en acide chlorhydrique, soufre et acide sulfureux.

L'arsenic, le phosphore, l'antimoine, l'étain le détruisent en donnant des chlorures et des chlorosulfures.

Le protochlorure de soufre S^2Cl^2 maintenu à — 22° se sature de chlore jusqu'à arriver à la formule SCl^4 (*Perchlorure de soufre* de quelques auteurs); mais si l'on réchauffe la liqueur elle perd deux atomes de chlore. On peut, dans un courant de chlore, distiller cette sorte de combinaison et obtenir un chlorure de soufre qui passe à 64° et répond à la formule SCl^2. C'est le bichlorure de soufre, liquide rouge que l'eau décompose en acide chlorhydrique et acide pentathionique $S^5O^6H^2$, suivant l'équation :

$$5\,SCl^2 + 6\,H^2O = 10\,HCl + S^5O^6H^2$$

Ce bichlorure s'unit à l'ammoniaque, à l'éthylène C^2H^4, et à d'autres hydrocarbures organiques. On connaît les composés :

$$(AzH^3)^2 SCl^2 \quad \ldots \quad (AzH^3)^4 SCl^2 \quad \ldots \quad C^2H^4.SCl^2. \quad \ldots \quad \text{etc.}$$

Il existe un protobromure de soufre, S^2Br^2, ainsi qu'un protoiodure et un hexaiodure cristallisés.

OXYCHLORURE DE SOUFRE

On en connaît trois, qui correspondent à trois acides oxygénés du soufre, les acides sulfureux, sulfurique et pyrosulfurique, par substitution de Cl^2 à $2(OH)$. L'on a les correspondances suivantes :

$$SO \underset{\displaystyle OH}{\overset{\displaystyle OH}{<}} \qquad SO^2 \underset{\displaystyle OH}{\overset{\displaystyle OH}{<}} \qquad S^2O^5 \underset{\displaystyle OH}{\overset{\displaystyle OH}{<}}$$

Acide sulfureux.   Acide sulfurique.   Acide disulfurique.

$$SO \underset{\displaystyle Cl}{\overset{\displaystyle Cl}{<}} \qquad SO^2 \underset{\displaystyle Cl}{\overset{\displaystyle Cl}{<}} \qquad S^2O^3 \underset{\displaystyle Cl}{\overset{\displaystyle Cl}{<}}$$

Anhydride chlorosulfureux.   Anhydride chlorosulfurique.   Anhydride chlorodisulfurique.

L'*anhydride chlorosulfureux*, ou *chlorure de thionyle* $SOCl^2$, s'obtient en faisant agir l'acide sulfureux anhydre sur le perchlorure de phosphore. Le même corps prend aussi naissance par l'action directe du soufre sur l'acide hypochloreux anhydre (*Wurtz*) :

$$S + Cl^2O = SOCl^2$$

C'est un liquide incolore, bouillant à 78°, que l'eau décompose en acides sulfureux et chlorhydrique :

$$SOCl^2 + H^2O = SO^2 + 2HCl$$

L'*anhydride chlorosulfurique* ou chlorure de sulfuryle SO^2Cl^2 résulte de l'union, sous l'influence directe de la lumière ou de la braise de boulanger, de volumes égaux de chlore et d'acide sulfureux.

C'est un liquide incolore, fumant, bouillant à 77°. L'eau le décompose peu à peu en acide chlorhydrique et sulfureux :

$$SO^2Cl^2 + H^2O = 2HCl + SO^2(OH)^2$$

En ajoutant très peu d'eau à l'anhydride chlorosulfurique on obtient la combinaison intermédiaire SO^3ClH.

L'*anhydride chlorodisulfurique* $S^2O^5Cl^2$ est un liquide incolore bouillant à 146°, qu'on obtient par l'action de l'acide sulfurique anhydre sur plusieurs perchlorures métalloïdiques.

SEIZIÈME LEÇON

Le bore, dont le nom vient du mot hébreu *Borith* qui signifie *fondant*, est le seul métalloïde triatomique connu ([1]). Il se sature de trois atomes de chlore pour former le chlorure $BoCl^3$; l'acide borique anhydre répond à la formule Bo^2O^3. L'étude du bore doit donc suivre celle des métalloïdes diatomiques.

Le bore ne s'unit pas à l'hydrogène. Cette inaptitude l'éloigne à la fois de l'azote, du phosphore, du carbone et du silicium.

LE BORE

Les principales origines naturelles du bore sont : le *biborate de soude* ou *borax*, qu'on importait jadis de l'Inde sous le nom de *Tinkal;* il provenait de l'évaporation de l'eau de certains lacs de pays volcaniques. On peut même, comme en Californie, trouver le borax accumulé en cristaux au fond de bassins naturels. Ce même sel existe dans l'eau de mer, à *proximité de quelques côtes*, en particulier sur la côte orientale du Pacifique, non loin de la grande faille des Andes ; sans doute doit-on le rencontrer sur les points où se dégagent les gaz des suffioni sous-marins. — Les divers borates, savoir : la *boracite* (borate de magnésie uni au chlorure de magnésium) que l'on trouve dans les terrains du trias, à côté du sel gemme ; la *boronatrocalcite* ou *rhodizite* (borate de chaux et de soude), la *datholite* (borosilicate de chaux hydraté), existent souvent en bancs épais sur les bords du Pacifique, dans l'Amérique du Sud et du Nord, en Perse, etc.

Enfin, l'acide borique libre peut être lui-même entraîné, dans les contrées volcaniques, jusqu'à la surface du sol où il est amené par la vapeur d'eau et divers autres gaz d'origine volcanique.

Le *bore* fut retiré de l'acide borique, presque simultanément, par Gay-Lussac et Thénard en France, et par H. Davy en Angleterre. Ces savants l'obtinrent en réduisant l'acide borique par le potassium. Le bore de cette origine est amorphe. Deville et Wœhler ont obtenu les premiers une substance qu'ils nommèrent *bore adamantin* ou *cristallisé*, mais qui est un mélange de divers borures, ainsi qu'on le verra plus loin.

([1]) On peut rapprocher du bore l'aluminium, qui donne le chlorure Al^2Cl^6 ou $2(AlCl^3)$, véritable chlorure acide apte, comme celui de bore, à s'unir aux chlorures métalliques : on connaît $Al^2Cl^6,2NaCl$ et $Al^2Cl^6,2KCl$... on connaît aussi $Al^2Cl^6,2AzH^3$ et $Al^2Cl^6,6AzH^3$. Le chlorure de bore donne des combinaisons toutes semblables.

Préparation du bore. — On fait un mélange de 10 parties d'acide borique sec et pulvérisé avec 6 p. de sodium en morceaux et on le projette dans un creuset de fer porté au rouge; on verse aussitôt sur la masse ainsi chauffée 5 parties de sel marin pulvérisé, et l'on donne un bon coup de feu. Quand le tout est fondu, on coule la matière dans une grande terrine d'eau aiguisée d'un peu d'acide chlorhydrique. On lave le dépôt indissous, d'abord à l'eau acidulée, puis à l'eau pure bouillie et froide. Le bore reste inattaqué. On le jette sur un filtre, on l'arrose d'eau bouillie, puis on le place sur des briques poreuses et on le sèche dans le vide; sous la forme amorphe qu'il prend dans ces conditions, il s'oxyderait très vite à l'air sans ces précautions. Il émet dans ce cas une odeur qui rappelle celle du phosphore.

Ainsi obtenu, le bore est une poudre amorphe, vert foncé, très ténue, insoluble dans l'eau acidulée, un peu soluble dans l'eau pure. Il ne faut donc laver le bore amorphe que tant qu'il ne passe pas à travers les filtres. A l'état sec, il s'enflamme spontanément au contact du chlore et quelquefois même à l'air. Chauffé au préalable dans un gaz inerte, il brunit et résiste mieux aux réactifs.

La réduction de l'acide borique par l'aluminium à haute température fournit, non pas du bore pur et cristallisé comme l'avaient cru d'abord Deville et Wœhler, mais : 1° des lamelles hexagonales jaune d'or répondant à la formule Bo^2Al; 2° des cristaux lamellaires noirs, de formule Bo^5Al; 5° des cristaux jaunes ou noirs, quelquefois translucides, à l'éclat adamantin, formés par un carbure de bore ou un borure $AlBo^{12}$. Ces cristaux rayent le corindon très facilement et polissent même le diamant.

De même que le bore amorphe, mais à une température très élevée, ces combinaisons s'unissent directement au chlore et à l'oxygène.

Propriétés du bore. — On a déjà dit que le bore absorbe l'oxygène pour donner de l'acide borique Bo^2O^3, et le chlore, pour former le chlorure $BoCl^3$. Il brûle dans la vapeur de soufre et donne ainsi le sulfure Bo^2S^3.

Le bore absorbe directement l'azote à haute température et se transforme en azoture de bore, $BoAz$. Son affinité pour ce dernier élément est telle que le bore amorphe, chauffé dans un courant d'ammoniaque, en dégage l'hydrogène et produit l'azoture $BoAz$.

Au rouge, le bore décompose l'eau, donne de l'acide borique et dégage de l'hydrogène.

Il détruit le bioxyde d'azote, à une température peu élevée, et forme ainsi, avec émission d'une vive lumière, de l'acide borique et de l'azoture de bore :

$$5\,Bo \ + \ 5\,AzO \ = \ Bo^2O^3 \ + \ 3\,BoAz$$

ACIDE BORIQUE

Anhydride borique Bo²O³ . . . *Acide borique hydraté* Bo²O³,5 H²O

On a dit plus haut que cet acide s'échappe, avec la vapeur d'eau, des fissures de certains terrains volcaniques en Sicile, Toscane, Indes, Californie, etc. Dumas pensait qu'il provient de la décomposition au contact de l'eau de grandes masses de sulfure de bore qui existeraient dans les profondeurs du sol. Deville croyait que cet acide dérive plutôt de l'action de l'eau sur des couches d'azoture de bore cachées sous les granits. D'autres ont pensé qu'il provenait de la décomposition par l'eau des borates originairement déposés par l'évaporation des anciennes mers. En fait, par ces fissures volcaniques ou *suffioni* il se dégage des acides borique, sulfhydrique, carbonique, un peu d'azote, d'hydrogène, de formène CH⁴ et d'ammoniaque.

Dans les districts montagneux d'où s'échappent ces émanations boraciques, on entoure de maçonnerie les fumerolles ou suffioni, et l'on forme ainsi de distance en distance de petits bassins superposés ou *lagoni* qui comprennent chacun un ou plusieurs évents à fumerolles (fig. 85).

Fig. 85. — Extraction de l'acide borique des *lagoni* de Toscane.

Dans le plus élevé de ces lagoni on amène de l'eau qui, s'écoulant de bassin en bassin, se charge de plus en plus des émanations des suffioni, c'est-à-dire de l'acide borique et des gaz qui l'accompagnent. Il ne reste plus alors qu'à évaporer l'eau du dernier de ces bassins. On y parvient en la faisant couler en nappes très minces sur des planchers de plomb cannelés qui reçoivent par dessous les émanations chaudes des suffioni voisins. Arrivé à 10° B⁴, on laisse refroidir les liqueurs; l'acide borique brut jusque-là tenu en dissolution, cristallise.

La *boronatrocalcite* et la *boracite* sont aussi exploitées, pour en extraire l'acide borique. On les soumet d'abord à l'action de l'acide sulfurique, puis sur le mélange au rouge on fait passer un courant de vapeur d'eau qui entraîne l'acide borique.

L'acide brut se purifie par cristallisations répétées, mais le plus sou-vent on préfère le transformer en borax ou biborate de soude en le sa-turant de carbonate sodique; on fait cristalliser ce sel pour le séparer des impuretés, enfin l'on décompose sa solution concentrée et chaude par de l'acide chlorhydrique. L'acide borique qui cristallise par refroi-dissement, est égoutté, lavé à l'eau froide et séché.

Propriétés de l'acide borique. — Préparé comme il vient d'être dit, l'acide borique cristallise en paillettes nacrées, douces au toucher, d'une densité de 1,54 et répondant à la formule : BoH^3O^3 ou $Bo^2O^3, 3H^2O$.

La chaleur décompose peu à peu l'acide borique hydraté et le trans-forme, au rouge, en acide anhydre Bo^2O^3; mais avant de passer à cet état, il perd de l'eau et donne à 100° l'hydrate Bo^2O^3, H^2O, puis il se boursoufle en perdant sa dernière molécule d'eau, fond et peut alors s'étirer en longs fils cassants. Il se fendille en se refroidissant, en même temps qu'il fait entendre des craquements et dégage de la lumière. Dans cet état d'anhydride il n'est plus volatilisable que fort lentement et à une température supérieure à 1000 degrés.

Un litre d'eau dissout à 0 degrés $19^{gr},4$; à 20 degrés, 40 grammes; à 102 degrés, 291 grammes... d'acide borique hydraté BoH^3O^3.

Les solutions aqueuses d'acide borique laissent toujours se volati-liser, lorsqu'on les évapore, une notable quantité d'acide borique.

Elles ont une saveur à peine acidule; elles colorent la teinture de tournesol à froid en rouge vineux; à chaud, en rouge pelure d'oignon.

La plupart des acides chassent l'acide borique de ses solutions; mais au rouge, par fusion ignée, c'est l'acide borique qui déplace au contraire ces mêmes acides de leurs sels.

Les métalloïdes n'agissent pas sur l'acide borique; mais s'il est in-timement mélangé de charbon, il est attaqué par le chlore, le soufre, l'azote, et donne ainsi des chlorure, sulfure, azoture de bore ainsi que de l'oxyde de carbone. Exemples :

$$Bo^2O^3 \ + \ 3C \ + \ 6Cl \ = \ 3CO \ + \ 2BoCl^3$$

ou

$$Bo^2O^3 \ + \ 3C \ + \ 2Az \ = \ 3CO \ + \ 2BoAz$$

On a vu plus haut que les métaux alcalins et l'aluminium réduisent l'acide borique et en dégagent le bore.

L'acide borique cristallisé se dissout dans l'alcool : il se forme ainsi un *éther borique* qui se volatilise si l'on chauffe, et qui brûle avec une flamme verte caractéristique. Il suffit d'ajouter à un borate de l'acide sulfurique, puis de l'alcool, et d'enflammer, pour reconnaître l'acide borique. La présence de l'acide phosphorique ou de l'acide tartrique empêche la couleur verte d'apparaître.

Lorsqu'à un borate on ajoute un petit excès d'acide chlorhydrique, et que dans ce mélange on trempe un papier de curcuma, celui-ci se teint, dès qu'on le dessèche à l'étuve, d'une coloration rouge brun qui passe au bleu noirâtre par l'ammoniaque.

Ces deux réactions caractérisent suffisamment l'acide borique.

Usages. — L'acide borique est surtout employé à la fabrication du borax. Il entre dans la composition de fondants divers, d'émaux, de verres. Le borosilicate de plomb forme la couverte de beaucoup de faïences. L'acide borique sert à imprégner les mèches de coton des bougies stéariques dont les cendres, transformées en borates, fondent, coulent et disparaissent. L'acide borique est utilisé comme antiseptique et conservateur des aliments. C'est un antifermentescible puissant. Il sert enfin à la fabrication de la *crème de tartre soluble* ou *émétique de bore*, préparation légèrement purgative. Nous reviendrons sur ses applications médicales à propos du borax.

SULFURE DE BORE

On peut l'obtenir par l'action du soufre ou du gaz sulfhydrique sec sur le bore amorphe chauffé au rouge vif.

C'est un corps blanc cristallin, légèrement volatil, que l'eau décompose en acide borique et hydrogène sulfuré.

FLUORURE DE BORE

Il se prépare, soit en calcinant dans une cornue de grès un mélange de 1 partie d'acide borique fondu et de 2 parties de fluorure de calcium :

$$4\,Bo^2O^3 + 3\,CaFl^2 = 2\,BoFl^3 + 3\,(Bo^2O^3 \cdot CaO)$$

soit en chauffant dans un ballon de verre un mélange d'acide borique fondu et pulvérisé (1 partie), avec du fluorure de calcium (2 parties) et un grand excès d'acide sulfurique concentré (12 parties). On recueille le fluorure de bore sur le mercure.

C'est un gaz incolore. Sa densité est de 2,31. Il est fort avide d'eau, qui en dissout 700 fois son volume; il répand à l'air d'épaisses fumées.

Il s'empare même des éléments de l'eau aux dépens des corps organiques qu'il charbone : le papier, le bois, etc., noircissent aussitôt dans le fluorure de bore. Il jouit de la propriété de polymériser plusieurs hydrocarbures organiques, en particulier l'*essence de térébenthine*.

Une quantité d'eau insuffisante forme avec le fluorure de bore de l'acide hydrofluoborique, BoFl⁵, HFl, suivant l'équation :

$$8\,BoFl^3 \;+\; 5\,H^2O \;=\; 6\,(BoFl^3,HFl) \;+\; Bo^2O^3$$

CHLORURE DE BORE

Le chlorure de bore fut obtenu d'abord par Dumas en faisant passer un courant de chlore sec sur un mélange intime, préalablement séché au rouge, de charbon et d'acide borique. Lorsqu'on le prépare par

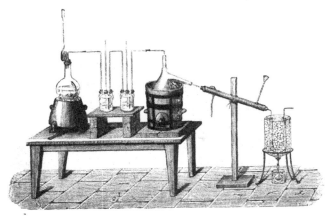

Fig. 86. — Préparation du chlorure de bore.
Le chlore se forme dans le ballon de droite ; il est séché dans les deux flacons laveurs et passe dans la cornue de grès, chauffée au rouge, contenant le bore amorphe ; le chlorure de bore formé distillé dans le tube en U entouré de glace.

cette méthode, il contient de l'oxyde de carbone et ne peut être liquéfié.

Mais on l'obtient à l'état liquide en attaquant au rouge naissant le bore amorphe par du chlore sec (fig. 86). Il faut seulement avoir soin que l'oxygène n'intervienne point, sinon il se ferait autour du bore une couche d'acide borique qui le protégerait contre l'action du chlore.

Le chlorure de bore est un liquide incolore, mobile, d'une densité de 1,39 à 0°. Il bout à 17 degrés.

Il s'unit au gaz ammoniac, aux amines, à l'acide cyanhydrique.

L'eau le décompose aussitôt en acides borique et chlorhydrique.

AZOTURE DE BORE

Nous avons vu que ce corps prend directement naissance au rouge par l'union directe du bore à l'azote.

On l'obtient généralement en chauffant au rouge vif, dans un creuset de platine, 1 partie de borax sec et 2 parties de sel ammoniac :

$$Bo^2O^3 \cdot Na^2O \; + \; 2\,AzH^4Cl \; = \; 2\,BoAz \; + \; 2\,NaCl \; + \; 4\,H^2O$$

L'azoture reste comme résidu lorsqu'on lave à l'eau bouillante acidulée d'acide chlorhydrique le produit de cette réaction.

C'est une substance blanche, amorphe ou confusément cristalline. infusible et indécomposable par la chaleur. L'azoture de bore n'est attaqué ni par les acides ni par les solutions alcalines caustiques. L'eau le transforme vers 300 degrés en acide borique et ammoniaque.

DIX-SEPTIÈME LEÇON

L'AZOTE. — L'AIR ATMOSPHÉRIQUE

L'*azote*, le *phosphore*, l'*arsenic* et l'*antimoine* composent la cinquième famille des métalloïdes formée des quatre éléments qui peuvent jouer à la fois le rôle *tri* ou *pentatomique*. Suivant les corps qu'on leur présente et les conditions où on les place, ces quatre métalloïdes se montrent, en effet, doués de l'aptitude à s'unir à 3 ou à 5 atomes de divers éléments monoatomiques. Ainsi l'on connaît

à température ordinaire : $AzCl^3$ ... PCl^3 et PCl^5 ... $SbCl$ et $SbCl^5$

à température élevée :   — ... PCl^3 ... $SbCl^3$

Remarquons que l'azote ne s'unit plus au chlore, à l'iode, etc., à la température de 100 degrés; que le phosphore à 300° n'est plus apte à se combiner qu'à 3 atomes de chlore; que l'azote et le phosphore donnent au contraire, *à froid*, les composés :

$$AzH^3 \text{ et } AzH^4Cl \quad \ldots \quad PH^3 \text{ et } PH^4I$$

enfin que sous pression l'on connaît le composé PH^4Br qui n'existe pas à la pression ordinaire.

L'atomicité de ces métalloïdes est donc essentiellement variable avec la température, la pression et surtout les éléments qu'on leur présente.

Mais en général les corps de cette famille sont *triatomiques*, tout en possédant deux points d'attraction surnuméraires qui en font, dans certains cas, des éléments *pentatomiques*. Cette atomicité de *second ordre* répond à la fois à une moindre chaleur lors de la production de ces combinaisons secondaires et à une grande instabilité sous l'influence des actions dissociantes. L'on peut dire que dans leurs combinaisons *directes* les éléments de cette famille sont tous triatomiques.

L'AZOTE

Le gaz azote forme environ les quatre cinquièmes de l'air atmosphérique. Il se rencontre combiné à l'oxygène sous forme de nitrates accumulés dans quelques terrains. L'air et les eaux contiennent aussi une faible proportion d'ammoniaque ou trihydrure d'azote. Enfin l'azote fait partie des tissus essentiels des êtres vivants : les matières albuminoïdes en contiennent de 14 à 18 pour 100 de leur poids.

Historique de la découverte de l'azote. — Déjà vers 1668 J. Mayow avait remarqué qu'en faisant brûler des corps gras sous une cloche posée sur l'eau, il restait un *air vicié* impropre à entretenir la combustion et différent de l'*air sylvestre* (l'acide carbonique moderne) par son insolubilité dans l'eau. Cette observation resta trop longtemps inaperçue.

Il faut arriver jusqu'en 1772, aux travaux de Rutherford, pour voir l'azote nettement distingué des autres gaz.

Préparation. — On peut le préparer au moyen de l'air dont on absorbe l'oxygène par des réactifs appropriés. Généralement l'on bourre de tournure de cuivre un long tube de porcelaine ou de métal que l'on porte au rouge naissant, et à travers

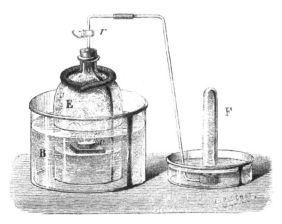

Fig. 87. — Préparation de l'azote par la combustion du phosphore.

lequel on fait passer un lent courant d'air. Le cuivre en s'oxydant arrête tout l'oxygène et l'azote se dégage seul.

On peut absorber aussi l'oxygène de l'air en faisant brûler du phosphore dans un espace clos. Le plus souvent on le place (fig. 87) dans une capsule C portée sur une lame de liège nageant sur l'eau, on allume et l'on recouvre aussitôt d'une cloche de verre. L'acide phosphorique formé se dissout dans l'eau et l'azote reste sous la cloche.

On peut enfin se procurer le gaz azote, en distillant dans une petite cornue une solution moyennement concentrée d'azotite d'ammoniaque, ou un mélange d'azotite de potassium et de sel ammoniac. L'équation de cette décomposition est la suivante :

$$AzO^2 AzH^4 = 2 Az + 2 H^2 O$$

Azotite d'ammoniaque.　　　Azote.　　　Eau.

Propriétés physiques. — L'azote est un gaz incolore, inodore, sans saveur. Longtemps considéré comme permanent, il a été liquéfié en 1878 : à 150 atmosphères et à — 136 degrés il se résout en un liquide incolore lorsqu'on diminue tout à coup la pression. A $0°$ et 760^{mm}, la densité du gaz azote est de 0,972. Un litre pèse 1,265. Sa chaleur spécifique est de 0,237. Il est peu soluble dans l'eau et dans l'alcool.

Propriétés chimiques. — L'azote n'est apte à entretenir ni la combustion, ni la respiration des animaux. A cet égard il ressemble à l'acide carbonique, dont il diffère en ce qu'il ne trouble pas l'eau de chaux. Une bougie s'y éteint comme si on la plongeait dans l'eau ; mais une souris peut y vivre quelques minutes.

A la température du rouge l'azote s'unit directement au bore, au titane, au tungstène, au magnésium et même à l'aluminium et au fer.

Sous l'influence de l'étincelle électrique, ou même à une très haute température qui semble dissocier sa molécule, l'azote s'unit directement à l'oxygène pour donner des composés nitreux ou nitriques. Dans ce ballon rempli d'air nous faisons arriver de l'hydrogène préalablement enflammé à l'extrémité du tube adducteur, puis peu à peu nous remplaçons l'air du ballon par un courant d'oxygène : la flamme de l'hydrogène devient de plus en plus chaude et nous voyons apparaître des vapeurs nitreuses.

De même la haute température de l'étincelle combine partiellement l'azote et l'hydrogène pour former de l'ammoniaque qui se détruit à son tour dès que la proportion de ce gaz dans le mélange est relativement grande.

Lorsque la foudre éclate dans l'air, il se fait sur le trajet de l'étincelle de l'azotate d'ammoniaque qu'on retrouve dans les pluies d'orages.

En présence des carbonates alcalins l'azote et le carbone peuvent s'unir au rouge pour former des cyanures.

Sous l'influence prolongée de l'effluve électrique même à faible tension, l'azote est absorbé par une foule de matières organiques ; papier, glucose, benzine, gaz de marais, acétylène, etc. Il se forme ainsi directement de petites quantités de composés ammoniacaux ou amidés (*Berthelot*).

Applications. — L'azote n'a pas à proprement parler d'applications directes. Par sa présence dans l'air il modère les combustions organiques et animales. Il sert de matière première aux composés nitriques et à l'ammoniaque qui tombent sur le sol avec les pluies et sont plus tard transformés par les végétaux en matières organiques azotées. M. Berthelot a montré que certains terrains, et en particulier les sols argileux, s'enrichissent lentement, aux dépens de l'air, en azote combiné et le transmettent ensuite aux plantes qui croissent sur ces terres que fertilise incessamment l'azote atmosphérique.

L'AIR ATMOSPHÉRIQUE

L'air au sein duquel nous vivons a de tout temps attiré l'attention des hommes. Il entretient et excite le feu, il est indispensable aux animaux et aux plantes, car tout ce qui vit respire. Aristote avait fait de l'air l'un de ses quatre éléments, c'est-à-dire l'une des quatre formes sous lesquelles il concevait la matière ([1]) ; mais c'est à peine si les anciens philosophes avaient osé se prononcer sur la nature matérielle de l'air, dont ils ne savaient pas même constater le poids.

Il faut abandonner l'antiquité, traverser la barbarie du Moyen âge, arriver jusqu'au grand mouvement d'idées qui caractérise la Renaissance, pour conquérir la preuve de la matérialité de l'air et de son rôle comme excitateur du feu et de la vie. Au seizième siècle déjà Léonard de Vinci prononce ces paroles mémorables : « Le feu consume sans cesse l'air, et aucun animal terrestre ou aérien *ne peut vivre dans de l'air qui n'est pas propre à entretenir la flamme.* »

Nous avons dit (Voir *Historique de la découverte de la combustion,* p. 66) comment Jean Rey démontra, vers 1630, l'augmentation de poids des métaux pendant qu'ils se transforment *en chaux* quand on les calcine à l'air. Peu de temps auparavant il avait prouvé la matérialité et le poids de l'air par une expérience frappante dans sa simplicité. Ayant équilibré sur une balance un ballon à robinet, il y comprima de l'air au moyen d'un soufflet et observa que le ballon, accroché de nouveau au fléau de la balance, pesait plus qu'auparavant.

Jean Rey pensait que l'air tout entier *s'espaissit* et devient *adhésif* aux métaux lorsqu'ils se changent en *chaux* ; mais peu d'années après un médecin et chimiste anglais, J. Mayow, observait que l'air paraît formé

([1]) Le feu, l'air, l'eau et la terre étaient dans l'esprit des anciens philosophes les *formes,* pour ainsi dire, sous lesquelles la matière conçue comme *une essence*, mais indéfiniment transformable, se présente à nous, et par des associations variables de ces quatre états, donne naissance aux divers corps. C'est en ce sens que beaucoup de penseurs ont cru à la transformation ou transmutation indéfinie de la matière.

de deux parties distinctes ; l'une inerte, l'autre propre à entretenir le feu et la respiration des animaux.

A la suite de ses expériences sur la calcination du soufre et du nitre, Mayow écrit ces paroles mémorables : « Il est manifeste que l'air qui « nous environne de toute part est imprégné d'un certain *sel universel*, « participant de la nature du nitre, c'est-à-dire d'un *esprit vital ou esprit* « *de feu....* ». « On m'accordera », continue-t-il, « qu'il existe quelque « chose d'aérien nécessaire à l'alimentation de la flamme, car l'expé- « rience démontre qu'une flamme exactement emprisonnée dans une « cloche ne tarde pas à s'éteindre, non par l'action de la suie produite, « comme on le croit généralement, mais par privation d'un aliment « aérien.... Il ne faut pas imaginer que l'élément nitro-aérien soit l'air « lui-même; *il n'en constitue qu'une partie, mais la partie la plus* *active* .... » Ce puissant penseur remplace alors le corps combustible par un animal qui respire ; il constate la diminution du volume de l'air et conclut ainsi : « Il résulte de là que l'air perd, par la respiration des « animaux, comme par la combustion, de la force élastique. Il faut « croire que les animaux, tout comme le feu, enlèvent à l'air des « particules de même genre [1]. »

Comment ces observations si profondes et si exactes furent-elles oubliées? Nous l'avons dit ailleurs : la théorie du phlogistique de Becker et de Stahl vint hanter les meilleurs esprits durant cent années. En 1774 et 1775, Scheele et Priestley, chacun de leur côté, refont, sans les connaître, les expériences de J. Mayow sur la combustion et la respiration en vase clos. Priestley fait successivement vivre une souris et brûler une chandelle sous une cloche pleine d'air : il constate que la proportion *d'air fixe* (acide carbonique) qui se forme est égale environ au cinquième du volume d'air employé ; que le résidu n'est propre à entretenir ni la combustion ni la vie ; quant à la partie consommée, il l'appelle *air déphlogistiqué*, et ce n'est qu'après bien des tâtonne- ments, après sa découverte de l'oxygène, qu'il conclut que le gaz qu'il vient de retirer de la calcination de l'oxyde rouge de mercure est bien le même que cette partie respirable et comburante de l'air.

Mais Lavoisier va paraître et éclairer de la lumière de son génie cette question toujours obscure de la constitution de l'air et des éléments eux- mêmes. En 1772 il observe que le soufre et le phosphore augmentent de poids en brûlant, et que cette augmentation provient de la *fixation* *d'une quantité prodigieuse* d'air. Il refait l'expérience de J. Rey, mais

[1] Voir au sujet de John Mayow, *Histoire de la chimie*, t. II, p. 252 et suivantes, par HOEFFER. Il faut toutefois ajouter ici que Mayow pensait que la partie irrespirable de l'air se transformait peu à peu en air respirable en s'imprégnant de l'*esprit de feu* que lui communiquaient la lu- mière et la chaleur solaires

il constate en outre que les chaux métalliques calcinées avec du charbon fournissent un gaz de volume comparable à celui qu'elles avaient absorbé pour se former. En 1774, quelques mois après les premières recherches de Priestley sur la combustion et la respiration, Lavoisier calcine de l'étain dans un ballon clos et remarque qu'il augmente de poids « d'une quantité représentant exactement le poids de l'air qui rentre dans le vaisseau au moment de son ouverture ». De 1774 à 1777 il refait à son tour, sans les connaître, les expériences de Mayow et de Priestley. C'est en 1777 enfin, que mettant à profit ces observations successives, il fait l'analyse complète de l'air, analyse si lucide, si magistrale, que nous ne saurions mieux faire que de la rapporter ici textuellement([1]).

« J'ai pris, » dit Lavoisier, « un matras « A (fig. 88) de 36 pou- « ces cubiques environ « de capacité dont le « col BCDE était très « long. Je l'ai courbé « comme on le voit « représenté, de ma- « nière qu'il pût être « placé dans un four- « neau MMNN tandis « que l'extrémité de « son col irait s'en-

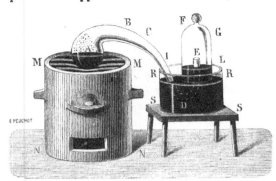

Fig. 88. — Analyse de l'air par Lavoisier.
La figure est historique; elle est tirée du *Traité de chimie* qu'il publia durant sa vie.

« gager sous la cloche FG, placée dans un bain de mercure RRSS. « J'ai introduit dans ce matras 4 onces de mercure très pur; puis, « en suçant avec un siphon que j'ai introduit sous la cloche FG, j'ai « élevé le mercure jusqu'en LL, j'ai marqué soigneusement cette hau- « teur avec une bande de papier collé, et j'ai observé exactement le « baromètre et le thermomètre.

« Les choses ainsi préparées, j'ai allumé le feu dans le fourneau « MMNN et je l'ai entretenu presque continuellement pendant douze « jours, de manière que le mercure fût échauffé jusqu'au degré néces- « saire pour le faire bouillir.

« Il ne s'est rien passé de remarquable pendant tout le premier « jour : le mercure, quoique non bouillant, était dans un état d'évapo- « ration continuelle. Il tapissait l'intérieur des vaisseaux de gouttelettes, « d'abord très fines, qui allaient ensuite en augmentant, et qui, « lorsqu'elles avaient acquis un certain volume, retombaient d'elles- « mêmes au fond du vase et se réunissaient au reste du mercure. Le

([1]) Extrait des *Œuvres de Lavoisier*, édition définitive publiée à Paris, 1864, t. I. p. 56.

« second jour, j'ai commencé à voir nager sur la surface du mercure
« de petites parcelles rouges, qui pendant quatre ou cinq jours ont
« augmenté en nombre et en volume, après quoi elles ont cessé de
« grossir, et sont restées absolument dans le même état. Au bout de
« douze jours, voyant que la calcination du mercure ne faisait plus
« aucun progrès, j'ai éteint le feu et j'ai laissé refroidir les vaisseaux.
« Le volume de l'air contenu tant dans le matras que dans son col et
« sous la partie vide de la cloche, réduit à une pression de 28 pouces
« et à 10 degrés du thermomètre, était, avant l'opération, de 50 pouces
« cubiques environ. Lorsque l'opération a été finie ce même volume,
« à pression et à températures égales, ne s'est plus trouvé que de
« 42 à 43 pouces; il y avait eu par conséquent une diminution de
« volume d'un sixième environ.   .

« D'un autre côté, ayant rassemblé les parcelles rouges qui s'étaient
« formées, et les ayant séparées, autant qu'il était possible, du mer-
« cure coulant dont elles étaient baignées, leur poids s'est trouvé de
« 45 grains.

« L'air qui restait après cette opération, et qui avait été réduit aux
« cinq sixièmes de son volume par la calcination du mercure, n'était
« plus propre à la respiration ni à la combustion, car les animaux
« qu'on y introduisait y périssaient en peu d'instants, et les lumières s'y
« éteignaient sur-le-champ comme si on les eût plongées dans l'eau.

« D'un autre côté, j'ai pris les 45 grains de matière rouge qui s'était
« formée pendant l'opération, je les ai introduits dans une très petite
« cornue de verre à laquelle était adapté un appareil propre à recevoir
« les produits liquides et aériformes qui pourraient se séparer; ayant
« allumé le feu dans le fourneau, j'ai observé qu'à mesure que la
« matière rouge était échauffée, sa couleur augmentait d'intensité.
« Lorsque ensuite la cornue a approché de l'incandescence, la matière
« rouge a commencé à perdre peu à peu de son volume et en quelques
« minutes elle a entièrement disparu; en même temps il s'est condensé
« dans le petit récipient 41 grains 1/2 de mercure coulant, et il a passé
« sous la cloche 7 à 8 pouces cubiques d'un fluide élastique beaucoup
« plus propre que l'air de l'atmosphère à entretenir la combustion et la
« respiration des animaux » . . . .

« En réfléchissant sur les circonstances de cette expérience, on voit
« que le mercure, en se calcinant, absorbe la partie salubre et respirable
« de l'air ou, pour parler d'une manière plus rigoureuse, la base de cette
« partie respirable ([1]); que la portion d'air qui reste est une espèce

---

([1]) Lavoisier veut, par ces mots, désigner l'oxygène ayant perdu l'*énergie calorifique* qui
se dégage au moment de la calcination du mercure. Cette profonde et juste conception de la
constitution des éléments à l'état libre le préoccupa plus tard beaucoup ainsi que Laplace.

« de mofette incapable d'entretenir la combustion et la respiration.

« L'air de l'atmosphère est donc composé de deux fluides élastiques
« de nature différente et pour ainsi dire opposée.

« Une preuve de cette importante vérité c'est qu'en recombinant les
« deux fluides élastiques qu'on a ainsi obtenus séparément, c'est-à-dire
« les 42 pouces cubiques de mofette, ou air non respirable, avec les
« 8 pouces cubiques d'air respirable, on reforme de l'air en tout sem-
« blable à celui de l'atmosphère, et qui est propre, à peu près au
« même degré, à la combustion, à la calcination et à la respiration des
« animaux. »

L'expérience de Lavoisier était parfaite : le volume de l'*air vital*,
qu'il appela plus tard l'*oxygène*, retiré de la chaux de mercure qui
s'était formée, était égal à celui dont avait diminué le volume d'air
primitif. En mélangeant cet *air*, éminemment respirable et propre à la
combustion, à la *mofette* incapable d'entretenir la combustion et la vie,
qu'il nomma plus tard *azote*, Lavoisier refaisait l'air atmosphérique
d'où il était parti ; il reproduisait son volume et ses propriétés premières.
Tout était clair, définitif, doublement contrôlé par l'analyse et la synthèse dans cette admirable expérience.

Telle qu'elle est, elle ne suffisait pourtant, comme le fait observer
Lavoisier lui-même, qu'à donner une première approximation sur les
volumes réels d'oxygène et d'azote qui composent l'air que nous res-
pirons. Elle laissait d'ailleurs de côté la mesure de l'acide carbonique
qu'on savait être versé dans l'atmosphère par la combustion, les fermentations, la respiration des animaux, ainsi que celle de la vapeur d'eau
que Lavoisier n'ignorait pas exister à l'état de dissolution dans l'air ambiant. Il fut réservé aux continuateurs de ce grand homme de créer ou
d'appliquer les méthodes propres à déterminer exactement la composition de l'air. Nous allons les exposer rapidement.

Analyse de l'air en volumes. — La méthode
d'analyse de l'air en volumes consiste toujours
à absorber tout l'oxygène par un corps qui
en soit avide, et à mesurer ensuite exactement
le volume du gaz azote qui reste. On peut
se servir comme corps essentiellement oxydables : 1° du phosphore, qui absorbe l'oxygène lentement, à froid (fig. 89), rapidement
avec incandescence si l'on chauffe ; 2° d'une
solution de pyrogallol dans la potasse qui
s'oxyde rapidement, brunit, et ne laisse à peu
près que l'azote comme résidu ; 3° de l'hydro-
gène, qui s'unit à l'oxygène, sous l'influence de l'étincelle électrique.

Fig. 89. — Analyse de l'air
par le phosphore à froid.

pour former de l'eau. Ce dernier procédé étant le plus exact, nous nous bornerons à le décrire, renvoyant pour les autres aux ouvrages ordinaires.

L'analyse de l'air par cette méthode se fait dans l'*eudiomètre*. C'est un tube de verre gradué C*h* (fig. 90), épais et très résistant, traversé à sa partie supérieure par deux fils de platine très rapprochés, terminés extérieurement par deux boutons métalliques. Dans cet instrument on introduit, sur la cuve à mercure BB, 100 volumes d'air sec et 100 volumes d'hydrogène pur produit par la décomposition voltaïque de l'eau. Au moyen d'un électrophore ou d'une bouteille de Leyde, on fait éclater

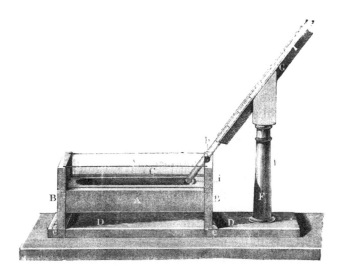

Fig. 90. — Cuve pneumatique et eudiomètre à mercure de Bunsen.

l'étincelle dans ce mélange gazeux. L'hydrogène s'empare de tout l'oxygène, avec haute élévation de température. Le volume de l'instrument doit être tel qu'il ne soit rempli qu'environ à moitié, si l'on ne veut s'exposer à ce que les gaz fortement dilatés au moment de l'explosion ne soient en partie projetés au dehors et perdus. Un obturateur à soupape placé à la partie inférieure remédie d'ailleurs à cet inconvénient. Après l'explosion, on absorbe la vapeur d'eau produite en laissant séjourner dans le gaz résiduel une boule de ponce imprégnée d'acide sulfurique, et on lit le volume du gaz restant. Supposons-le de 137 volumes. 63 volumes sur 200 ont donc disparu pour former de l'eau qui résulte elle-même, nous l'avons vu, de l'union de 2 volumes d'hydrogène à 1 volume d'oxygène. Ces 63 volumes de gaz disparus contiennent donc le tiers de leur volume d'oxygène, c'est-à-dire 21 volumes sur 100 d'air introduits dans l'eudiomètre. L'analyse donne donc en volumes

100 — 21 = 79 volumes de gaz azote et 21 volumes d'oxygène.

Analyse de l'air en poids. — La méthode d'analyse de l'air en volumes comporte différentes causes d'incertitude : les volumes analysés ne pouvant jamais être très grands, les moindres causes d'erreur dans les mesures sont relativement considérables ; il est difficile de ramener les gaz avant et après l'expérience à la même température et au même état hygrométrique ; on ne tient pas compte du petit volume d'acide carbonique et d'eau que contient l'air analysé, etc. Aussi de nouvelles expériences furent-elles entreprises en 1840 par MM. Dumas et Boussingault pour déterminer la composition exacte de l'air. Ces chimistes recoururent à la méthode des pesées, qui seule donne des résultats rigoureux. La méthode repose elle-même sur l'absorption totale de l'oxygène par le cuivre chauffé au rouge.

Un grand ballon A (fig. 91), muni d'une armature en cuivre à robinet R, est lié à un tube C mis en communication par des tubes à robinets R'R" d'un côté avec le ballon A, de l'autre avec un système de tubes en U indiqués en DD'FGHHI contenant successivement de la potasse et de la ponce sulfurique, substances destinées à priver complètement l'air de son acide carbonique et de son eau. Le tube C étant préalablement rempli de cuivre métallique, on fait le vide dans le ballon A et dans le tube C et l'on pèse séparément les deux. On relie par des caoutchoucs le ballon A au tube C que l'on place sur une grille à analyse ; on met enfin en communication ce tube C

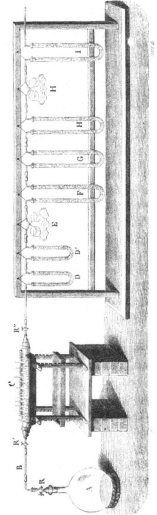

Fig. 91. — Analyse de l'air (procédé de MM. Dumas et Boussingault).

avec les tubes à potasse DD'E et à ponce sulfurique GHH, et l'on porte au rouge le tube C contenant le cuivre. On ouvre alors les robinets RR'R" de façon que l'air circule lentement à travers tout l'appareil. Le ballon vide A se remplit peu à peu d'azote, l'oxygène est tout entier absorbé dans le tube C par le cuivre qui s'oxyde. Lorsque le ballon A est plein, l'air ne pénétrant plus dans l'appareil, on constate d'une part l'augmentation de poids P du ballon A, de l'autre, celle du tube BB, augmentation que nous représenterons par p. Cette augmentation de poids p est due au poids de l'oxygène absorbé par le cuivre accru de celui de l'azote qui est resté dans le tube C. On fait alors le vide dans ce dernier tube : il perd une partie π de son poids ; c'est celui de l'azote enlevé. Le poids réel d'oxygène fixé par le cuivre est donc $p - \pi$ et celui de l'azote $P + \pi$. Il ne reste plus qu'à multiplier ces deux poids par les densités respectives des deux gaz pour connaître les volumes relatifs d'oxygène et d'azote contenus dans l'air. Les expérimentateurs précités avaient déterminé au préalable avec la plus grande précision les densités de l'oxygène et de l'azote nécessaires à leurs calculs.

Grâce à cette méthode, MM. Dumas et Boussingault ont trouvé que 100 parties d'air contenaient :

	En poids.	En volume.
Oxygène	23.13	20.8
Azote	76.87	79.2
	100.00	100.0

La composition de l'air est constante. — Quelles que soient les méthodes employées, les chimistes se sont assurés que la composition de l'air en azote et oxygène est constante, l'air puisé en ballon par Gay-Lussac à 7000 mètres d'altitude, celui qui fut recueilli par Brünner au sommet du Faulhorn, celui que Frankland rapporta des environs de Chamounix, comme celui des plaines et des régions de la Terre les plus éloignées, a toujours donné à l'analyse la même composition : 20.802 pour 100 d'oxygène aux environs de Marburg dans les plaines de la Prusse (*Bunsen*), 20,975 à Chamounix (*Frankland*), 20,8 pour 100 à Paris. Seul l'air puisé près de la surface des mers a présenté un léger déficit en oxygène, déficit qui s'explique par la solubilité de ce gaz dans l'eau, plus grande que celle de l'azote.

Acide carbonique et vapeur d'eau. — M. Boussingault a dosé très exactement l'acide carbonique et la vapeur d'eau de l'air atmosphérique. Au moyen de l'écoulement de l'eau contenue dans un réservoir R de 50 à 60 litres de capacité (fig. 92), l'air circule bulle à bulle dans une série de tubes reliés à la partie supérieure de l'appareil. Il passe d'abord dans le tube à boule A contenant de l'acide sulfurique, puis dans deux autres tubes en U remplis de ponce mouillée du même acide, B et C; de là, il circule à travers un tube à ponce imprégnée de potasse D et un autre rempli de potasse caustique fondue E; enfin, avant d'être reçu dans l'aspirateur R, il passe à travers un tube en U à ponce sulfurique F, destiné à empêcher le reflux de la vapeur d'eau de l'aspirateur dans les tubes à potasse. Les tubes à acide sulfurique à boules et en U sont pesés ensemble avant et après l'expérience : l'augmentation de leur poids donne celui de l'eau qu'ils ont condensée. L'augmentation de poids

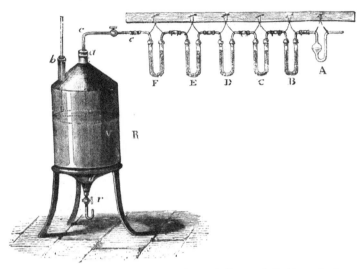

Fig. 92. — Appareil de M. Boussingault pour le dosage de l'eau et de l'acide carbonique de l'air.

des deux tubes à potasse D et E donne celui de l'acide carbonique. On détermine le poids de l'air *sec* introduit dans l'aspirateur en ramenant le volume V de cet air au volume $V_{0.760}$ à 0 degré et 760^{mm}, d'après la formule suivante qui tient compte de la tension f de la vapeur d'eau à t^o, de la température t de l'air donnée par le thermomètre b, et de la pression atmosphérique H durant l'expérience :

$$V_{0.760} = V \times \frac{H - f}{1 + 0,00367\ t)\ 760}$$

Il ne reste plus qu'à multiplier la valeur de $V_{0.760}$ ainsi calculée par la densité de l'air égale à 1,293 pour avoir son poids.

Soient P ce poids d'air sec, p celui de l'acide carbonique, π celui de la vapeur d'eau (p et π sont directement donnés par l'augmentation de poids des tubes ABC et DE) : le poids total de l'air initial était $P + p + \pi$ et les rapports de poids de l'air total à son acide carbonique et à sa vapeur d'eau, sont :

pour *l'acide carbonique* $\dfrac{p}{P + p + \pi}$

et *pour la vapeur d'eau* $\dfrac{\pi}{P + p + \pi}$.

Par cette méthode on a constaté que la quantité de vapeur d'eau contenue dans l'air est très variable, mais que les proportions d'acide carbonique oscillent constamment entre 3 et 4 dix-millièmes en volumes : généralement cette proportion dépasse peu 3 dix-millièmes.

Voici quelques nombres relatifs à cet important objet :

Volumes d'acide carbonique contenus dans 100 000 volumes d'air.

Paris (ville)	31,19	(Boussingault et Lewy).
Paris–Montsouris (hiver).	29,7	(Albert Lévy).
Id. (été).	29,9	(Id.).
Montmorency (campagne)	29,89	(Boussingault et Lewy).
Autriche (moyenne).	34,3	(Farsky).
Station du cap Horn (jour moyen). . .	25,65	(Müntz et Aubin).
Id. Id. (nuit moyenne . .	25,56	(Id.).

Malgré cette presque invariabilité de volume de l'acide carbonique de l'air, la quantité de ce gaz qui, à chaque instant, est versée dans l'atmosphère est énorme. En parlant des eaux minérales, nous avons montré qu'à travers toutes les fissures du sol, à travers tous les terrains perméables, grès, calcaires, sables, etc., se fait une perpétuelle exhalation d'acide carbonique provenant des réactions du noyau central. A côté de certains volcans ces dégagements d'acide carbonique sont énormes. Les phénomènes de fermentation anaérobie, de putréfaction, d'oxydation, etc. qui se passent à la surface du globe sont aussi une source continue et considérable d'acide carbonique. La respiration des hommes et des animaux en produit encore beaucoup : un homme expire par jour environ 1 kilog. d'acide carbonique ; il s'ensuit que tous les hommes qui vivent sur la Terre, et qu'on peut évaluer à 1 milliard au moins, produisent en 24 heures 1 million de tonnes d'acide carbonique, quantité qu'il faut doubler certainement pour tenir compte de la respiration des animaux.

Enfin l'acide carbonique résulte des combustions de nos usines, de nos fourneaux, de nos lampes, etc...; l'on a calculé que l'Europe seule retire du sein de la Terre 150 millions de tonnes de charbon par an, qui en brûlant donnent 550 millions de tonnes d'acide carbonique, et il faut bien doubler ou tripler ce chiffre pour la terre entière si l'on veut tenir compte des combustions autres que celle de la houille.

Il semble donc que l'acide carbonique envahirait bientôt notre atmosphère, si deux grands phénomènes naturels ne le faisaient sans cesse disparaître. Les plantes empruntent l'acide carbonique à l'air ambiant et exhalent à sa place un volume d'oxygène presque égal. D'autre part, le sol humide, les eaux douces et salées, dissolvent l'acide carbonique de l'air, en quantité proportionnelle à sa pression. Cet acide concourt à la vie des plantes terrestres ou marines. Dans le vaste bassin des mers, grâce à l'acide carbonique, les sels de chaux dissous, et spécialement le carbonate calcique, servent à former les coquilles, coraux, madrépores, diatomées, etc. (fig. 93, 94), qui tombant sans cesse au fond des eaux, fixent l'acide carbonique sous forme de roches et de terrains nouveaux dont l'épaisseur augmente sans discontinuité jusques au jour où la pression toujours croissante qu'ils exercent sur les couches profondes devient la cause de plissements, de cassures, d'effondrements ou de soulèvements qui font sur quelques points émerger ces terrains nouveaux à l'état de chaînes de montagnes et qui sur d'autres les abîment au fond des mers.

Fig. 93. — Porites mordax.

Ainsi paraît se maintenir à peu près constant le taux de l'acide carbonique de l'atmosphère. D'ailleurs, que cette quantité vienne à augmenter, la solubilité du gaz dans les eaux de la mer augmentera proportionnellement en même temps qu'augmentera l'activité de la végétation terrestre ou marine qui le fixe, jusques au jour où sa proportion dans l'air deviendra de nouveau constante.

Fig. 94. — Madrépore.

Cette proposition est sujette à quelques légères variations. De toutes les analyses qui ont été publiées, on peut conclure que la quantité d'acide carbonique est plus grande dans la ville qu'à la campagne ; qu'elle est un peu plus forte l'été que l'hiver ; à peu près la même la nuit et le jour ; qu'elle diminue un peu après les pluies ; qu'elle est sensiblement plus faible sur le littoral et à la surface des mers. L'influence de la solubilité de l'acide carbonique dans l'eau terrestre ou marine est très nettement démontrée par les analyses. L'acide carbonique doit donc légèrement décroître avec la pression. Il paraît diminuer très légèrement quand on s'élève dans l'atmosphère.

Autres matériaux inorganisés de l'air. — L'air contient encore une faible quantité de matières minérales ou organiques. Les principales sont l'ozone, l'ammoniaque, le nitrite d'ammoniaque, le sulfate de soude, le sel marin, des traces de quelques autres sels et poussières minérales, enfin une minime proportion d'hydrocarbures.

Nous avons dit, en parlant de l'*ozone* (p. 156), comment ce corps variait dans l'air atmosphérique qui à Montsouris en contient seulement 2 milligrammes par 100 mètres cubes d'air, soit environ un soixante-cinq-millième de son poids. Mais l'ozone augmente beaucoup à la campagne, sans jamais dépasser un cinq-cent-millième du poids de l'air ou 250 milligrammes par 100 000 litres d'air. Il paraît passer par un maximum le soir dans les mois de mai, juin, juillet, août et septembre; il augmente, au contraire, le matin dans les autres mois.

A propos des eaux de pluie, nous avons indiqué les doses d'azote ammoniacal et nitrique qu'elles apportent jusques au sol et dont elles se chargent d'autant mieux que l'air en est plus riche (voir p. 96). L'azote ammoniacal augmente beaucoup dans les villes et diminue à la campagne; l'azote nitrique l'emporte, au contraire, à la campagne et peut disparaître dans les villes. La proportion d'ammoniaque paraît augmenter aussi quand on s'élève dans l'atmosphère : elle est de 1 à 2 milligrammes par mètre cube d'air à la surface du sol; de 3 milligrammes au sommet du Puy de Dôme et de 5 milligrammes sur le pic de Sancy. (*Alluard.*)

Les acides azoteux et azotique se forment par divers mécanismes, en particulier au cours de l'oxydation vive ou lente des matières organiques azotées; il se produit des azotates sous l'influence de ferments spéciaux contenus dans le sol. Mais l'origine principale des composés nitriques de l'air est l'électrité atmosphérique. Cavendish a montré, par une expérience restée célèbre, qu'il se produit des vapeurs nitreuses et du

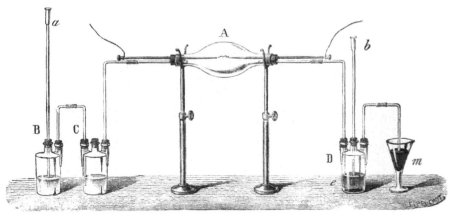

Fig. 95. — Production de vapeurs nitreuses dans l'air de l'ampoule A, où éclate l'étincelle
électrique. (Expérience de Cavendish modifiée.)
B et C, flacons pour déplacer l'air en versant de l'eau en *a*. — D, solution de sulfate ferreux.
ff, conducteurs à l'extrémité desquels éclate l'étincelle.

nitrate d'ammoniaque dans l'air où l'on fait éclater l'étincelle électrique à forte tension (fig. 95).

Le sulfate de soude se trouve toujours à l'état de cristaux en suspension dans l'air (*Marchand, Gernez*). C'est à lui que les dissolutions de soude sursaturées doivent de cristalliser lorsqu'on les expose à l'air. M. Marchand a dosé 0,010 de sulfate de soude par litre d'eau de pluie à Fécamp. A côté de ce sel, signalons encore le sulfate de chaux et le chlorure de sodium, qui abondent surtout dans l'air de la mer et près des côtes ; enfin une foule de poussières minérales tenues en suspension, et variables en chaque lieu suivant la nature géologique du sol. Parmi ces poussières on peut citer les globules et parcelles ferrugineuses d'origine météorique recueillies dans l'air par M. G. Tissandier.

Enfin M. Boussingault a démontré que l'air contenait toujours une certaine quantité d'hydrocarbures, très probablement du gaz des marais et des gaz analogues. Si l'on filtre, en effet, de l'air sur du coton ou de l'amiante, si on le dessèche et, ensuite, le prive complètement d'acide carbonique par la potasse, et si on le fait passer enfin sur de l'oxyde de cuivre pur porté au rouge, il se formera toujours un peu d'acide carbonique et de vapeur d'eau. Ces gaz hydrogénés de l'air, contenant ou non du carbone, ne doivent pas être confondus avec les *miasmes*, mot impropre et mal défini, qui implique une sorte de demi-organisation et une action spécifique sur les êtres vivants. Nous reviendrons sur ce point important dans la prochaine leçon.

L'air est un mélange de gaz et non une combinaison. — Quelque constant que soit le rapport de l'azote à l'oxygène dans l'air atmosphérique, celui-ci est constitué par un *mélange* de ces deux gaz et non par une *combinaison*. On peut en donner diverses preuves :

1° Le rapport des volumes d'oxygène et d'azote qui composent l'air n'est pas simple, ainsi que le voudrait la loi de Gay-Lussac si l'air était une combinaison. Le rapport en volume de l'azote à l'oxygène atmosphérique est :: 79.2 : 20.8, rapport essentiellement compliqué.

2° L'air se dissout au contact de l'eau non pas comme le ferait une combinaison proprement dite, c'est-à-dire dans les proportions mêmes qui le constituent, mais dans des proportions fort différentes, à savoir 67 d'azote pour 33 d'oxygène environ. Ces quantités sont proportionnelles au produit de la solubilité spéciale de chacun des gaz de l'air par sa force élastique, ainsi que le veut la loi qui régit les solubilités des gaz simplement mélangés.

3° Le mélange des gaz azote et oxygène dans les proportions qui composent l'air jouit de toutes les propriétés de l'air atmosphérique ; or il ne se produit, durant ce mélange, ni échauffement, ni contraction qui indiquent une réaction quelconque entre les deux gaz ci-dessus.

Propriétés de l'air. — L'air est incolore, bleuâtre sous une grande épaisseur et par réflexion diffuse, inodore, sans saveur sensible. Il pèse 773 fois moins qu'un même volume d'"eau. Un litre d'air sec pèse 1^{gr},293 à 0 degré et sous la pression normale de 760 millimètres.

Les propriétés chimiques de l'air sont celles des corps qui le composent, c'est-à-dire celles de l'oxygène affaiblies par les propriétés négatives de l'azote. Il est toutefois très probable que ce dernier élément joue un rôle important dans les phénomènes naturels de combustions lentes, de respiration animale et végétale et de formation des corps organiques azotés.

DIX-HUITIÈME LEÇON

LES ORGANISMES DE L'AIR

Nous allons dans cette leçon donner des détails un peu complets non sur la forme et les fonctions des organismes de l'air, dont la description sort de notre sujet et de notre compétence, mais sur la technique de leur séparation, de leur numération et de leur culture. L'importance de ce sujet, sa nouveauté, la délicatesse des procédés qui l'éclairent, ses nombreuses applications, etc., sont des motifs suffisants pour que nous ne craignions pas de consacrer quelques pages à ces études qui intéressent aujourd'hui l'homme du monde aussi bien que le médecin.

Qui n'a vu un rayon de soleil pénétrant dans une chambre fermée à travers la fente étroite d'un volet, éclairer sur son trajet des milliers de particules qui dansent dans la lumière qu'elles jalonnent, et que la moindre agitation fait tourbillonner en tous sens? Ce sont ces poussières minérales et organiques les plus fines de nos habitations que l'air tient en suspension grâce à leur extrême ténuité. De ces particules, les unes sont inertes et nous venons de nous expliquer à leur égard; les autres sont organisées et vivantes. C'est surtout aux travaux de M. Pasteur qu'on doit de connaître aujourd'hui toute l'importance du rôle que ces poussières animées jouent dans la nature; nouveau monde microscopique, semences partout répandues, auxquelles on a donné le nom de *microbes*.

Historique de la découverte des organismes de l'air.

L'antiquité tout entière et le moyen âge ont cru à la génération spontanée. Il suffisait, pensait-on, de la fermentation qui s'établit entre un corps sec imprégné d'air et d'eau qu'on échauffe, pour faire naître des plantes et des animaux. Beaucoup d'auteurs indiquaient encore au dix-septième siècle le moyen de faire produire des grenouilles au limon des marais et des anguilles à l'eau des rivières [1].

De semblables préjugés avaient cependant reçu une rude atteinte lors-

---

[1] Leeuwenhoeck, *Epistola*, LXXV, 1692. Je prends une partie de cet historique dans le beau mémoire de M. Pasteur : *Annales de chimie et de phys.*, 3ᵉ série, t. LXXV, p. 5 (1862).

que vers le milieu du seizième siècle l'étude de l'astronomie amena les observateurs à découvrir les propriétés des verres courbes, et à inventer les lunettes et le microscope. On vit alors les infusions se peupler d'animaux aux formes variées et fantasques. Mais, tandis que pour les uns, ces petits êtres se reproduisaient par ovulation ou scissiparité ; pour les autres, ces *êtres rudimentaires* étaient formés par la réunion, *la rencontre de molécules organiques*, provenant des êtres vivants antérieurs à eux et dont la substance conservait après la mort une vitalité propre, une *force végétative* qui tendait sans cesse à les réunir en êtres nouveaux. Telle fut l'opinion du célèbre abbé de Needham et de Buffon.

Redi d'abord, Spallanzani ensuite, montrèrent qu'il suffit d'entourer d'une gaze de la viande fraîche, de couvrir une infusion bouillie, pour les préserver des larves et des infusoires. L'air et les insectes apportaient donc avec eux la cause de la vie nouvelle et sans doute aussi de la décomposition en apparence spontanée des tissus et liquides qui avaient vécu.

Peu après la mort de Spallanzani, Priestley et Lavoisier appliquèrent les procédés de la chimie pneumatique naissante à l'étude des phénomènes de la fermentation, mais négligèrent d'en déterminer les causes réelles. Après eux Gay-Lussac, à la suite de quelques expériences incomplètes sur la fermentation du jus de raisin, attribua les fermentations et putréfactions à l'action de l'oxygène de l'air qui venait détruire les substances végétales ou animales essentiellement instables de leur nature. Mais Cagnard de Latour, en 1837, Turpin, Schwann, Mitscherlich ensuite, démontrèrent que la levure de bière est un être organisé qui se reproduit par bourgeonnement, et que la fermentation est réellement un acte physiologique et vital qui se passe dans la cellule du ferment. Toutefois dans la fermentation du moût de raisin, dans la putréfaction du jus de viande, il restait à découvrir quels étaient et d'où provenaient ces ferments organisés.

Les anciennes hypothèses du P. Kircher sur les animalcules de l'air, les observations de Leewenhoeck, et, bien plus tard, celles d'Ehrenberg, de Thomson, etc., sur les organismes des eaux de pluie, celles de Robin et Pouchet sur les poussières de l'air des salles d'hôpitaux (¹), avaient donné une demi-solution à ces questions : l'air paraissait contenir les germes des ferments. En 1832, Gaultier de Claubry montra qu'il contient, en effet, des spores aptes à provoquer des fermentations, spores qu'on peut lui enlever en le faisant circuler dans des tubes portés au rouge. En 1837 Schwann refit à peu près les mêmes expériences, et conclut que pour la fermentation alcoolique comme pour la putréfaction, ce n'est pas l'oxygène qui est nécessaire, mais *un principe* con-

---

(¹) Voir à ce sujet le mémoire de M. Miquel que nous aurons souvent l'occasion de citer ici : *Les Organismes vivants de l'atmosphère*, p. 3, Paris, 1883.

tenu dans l'air ordinaire et que la chaleur détruit. Schrœder en 1859 observait enfin que l'air filtré sur du coton est incapable de déterminer la putréfaction ou la fermentation des substances fermentescibles, préalablement bouillies, à travers lesquelles on le fait circuler. Mais Schrœder pas plus que Schwann ne définirent la nature de ce *principe* que l'air contient et qui est la cause des fermentations.

Depuis des siècles ces deux importants problèmes de l'origine de la vie dans les infusions, et de la cause des fermentations, marchaient ainsi parallèlement vers leur solution sans qu'aucun expérimentateur pût trouver de preuves suffisantes pour entraîner dans tous les esprits la certitude que les organismes de l'atmosphère étaient bien les agents nécessaires de ces transformations de toute sorte qui se passent dans les substances putrescibles ou fermentescibles qui restent exposées à l'air.

C'est de 1859 à 1862 que parurent, sur ce sujet, les recherches mémorables de M. Pasteur, recherches que depuis vingt-six années il n'a point discontinuées et qui sont venues jeter une vive lumière sur les causes de la *génération* dite *spontanée*, l'existence des organismes de l'air, les phénomènes de fermentation, l'origine des épidémies, la nature des miasmes et des virus des maladies infectieuses et contagieuses.

Dans son mémoire fondamental, M. Pasteur établit ([1]) :

1° Que l'air transporte avec lui une foule de corpuscules, les uns minéraux, les autres organiques et organisés. A ces derniers sont dus les phénomènes de fermentation, de putréfaction et de moisissure. Il suffit de faire circuler l'air à travers un tube porté au rouge, ou de le filtrer sur un tampon de coton ordinaire, pour qu'il perde la propriété de communiquer aux liquides putrescibles ou fermentescibles, préalablement stérilisés par la chaleur, la propriété de se putréfier ou de fermenter.

2° Ces organismes de l'atmosphère peuvent être recueillis, observés, ensemencés et cultivés. A cet effet, M. Pasteur fait passer sur une bourre de coton-poudre stérilisée une certaine quantité d'air ambiant,

([1]) Avant M. Pasteur, on l'a vu, d'autres philosophes et expérimentateurs avaient supposé, ou directement observé, quelques-uns des organismes de l'air, indiqué la vraie cause des fermentations et générations dites spontanées, et même inventé plusieurs des méthodes modernes. Mais, seul, M. Pasteur a su manier ces méthodes avec assez d'habileté, ou les perfectionner si profondément, qu'aujourd'hui ses résultats laissent à l'esprit toute satisfaction et toute assurance sur l'un des sujets les plus délicats qu'ait osé aborder jusqu'ici l'expérimentation. S'il est vrai que le Père Kircher, au dix-septième siècle, après lui Linné, et presque à notre époque, Raspail, ont supposé que les maladies épidémiques reconnaissaient pour cause de petits êtres invisibles qui flottent dans l'atmosphère, dira-t-on que cette hypothèse, d'ailleurs renouvelée de Lucrèce et d'Anaxagore, enlève quoi que ce soit à la grandeur des découvertes de M. Pasteur? Pour établir définitivement et utilement une vérité, *il ne faut pas affirmer*, *il faut prouver*, *il faut montrer;* seule la preuve simple, expérimentale, accessible à tous, et la conception des multiples conséquences et applications qui viennent l'appuyer, la confirmer et l'étendre, constituent la découverte et la conquête définitive.

puis il reprend la bourre par de l'alcool éthéré. Celui-ci dissout le fulmicoton, tandis que les organismes tombent au fond de la liqueur. On peut les isoler, les recueillir sur une lame de microscope, les examiner et les compter. Pour les cultiver M. Pasteur lave avec de l'eau stérilisée la bourre de coton-poudre qui a servi à filtrer l'air; les petits organismes qu'elle avait arrêtés au passage s'en détachent et ensemencent cette eau. Portés dans des *bouillons de culture* stérilisés à chaud, et propres à revivifier les microbes ou les moisissures, ces germes se développent bientôt et deviennent apparents, comme lorsque, la main du semeur ayant jeté la semence dans le champ, chaque grain germe, lève et fructifie. Ce n'était donc pas à la destruction par la chaleur des *molécules organiques* de Buffon ou bien à la disparition de la *force végétative* de Needham que ces liquides putrescibles ou fermentescibles devaient de ne fermenter point; la présence ou l'absence de l'oxygène de l'air était même indifférente. Une seule chose manquait à ces milieux stériles, la graine, la spore, la bactérie, mécaniquement arrêtées dans le filtre de coton.

3° L'illustre chimiste démontre enfin que l'air des lieux élevés, des pics montagneux, des caves profondes, des chambres closes où l'air n'a pas été agité depuis longtemps, est généralement impropre à faire fermenter par son contact ou à ensemencer les liquides les plus fermentescibles et les plus altérables; en un mot, que les microbes qui pullulent dans les couches inférieures de l'atmosphère tombent ou disparaissent peu à peu comme le font les poussières minérales. Nouvelle preuve que ce n'est ni la prétendue altérabilité spontanée des liqueurs, ni la présence de l'oxygène de l'air, ni l'hypothèse de miasmes gazeux, qui peuvent expliquer la putrescibilité, les fermentations, encore moins la génération spontanée des êtres vivants.

Par ces expériences M. Pasteur démontre ainsi de la manière la plus concluante l'inanité des hypothèses de Berzelius et de Liebig sur les causes des fermentations. A la *rêverie de l'organisation de la levure de bière*, comme s'exprime Berzelius, le savant suédois avait voulu substituer l'hypothèse de la *force de contact* ou *force catalytique*, et, rajeunissant sous une autre forme la pensée de Stahl, de Gay-Lussac et de Berzelius lui-même, Liebig et Gerhardt après lui avaient admis qu'on doit regarder comme ferment tout corps protéique apte à transmettre son mouvement de décomposition aux milieux sucrés ou albuminoïdes essentiellement altérables, pensaient-ils. On vient de voir comment M. Pasteur a démontré l'erreur de ces deux célèbres théories.

Telle est cette première série de découvertes et de démonstrations fondamentales dont nous sommes redevables à M. Pasteur. Mais depuis 1862, ses méthodes, celles de ses élèves, et quelquefois de ses émules,

pour recueillir, compter, séparer et cultiver les organismes de l'atmosphère, ont fait de grands progrès. C'est l'état de nos connaissances à
ce sujet que je vais exposer maintenant.

Méthodes pour recueillir les organismes aériens.

Aéroscopes. — On a tenté de recueillir directement les germes atmosphériques en projetant un mince filet d'air sur des substances visqueuses
ou gélatineuses qui les happent au passage. Réveil, Gaultier de Claubry,
Pouchet, Cuningham, et surtout le Dr Madox, ont imaginé des *aéroscopes*
ou *pulviscopes*. Je me bornerai à citer ici le plus perfectionné (fig. 96),
celui de M. le Dr Miquel, chef du service bactérimétrique à l'observatoire de Montsouris. Une lame de
verre ou de papier quadrillée,
enduite de vaseline, est enfermée dans une boîte métallique
AB percée d'une fente F, à travers laquelle l'air est aspiré par
la tubulure C. Cette lame de
verre est entraînée par un mouvement d'horlogerie, de telle
façon que dans les douze heures
ses douze divisions passent successivement devant la fente d'aspiration. L'air qui traverse ainsi
l'instrument est mesuré à sa
sortie. Il se précipite sur la lame
qui, grâce à sa viscosité, arrête
au passage toutes les particules
qu'il tient en suspension. Il ne

Fig. 96. — Aéroscope enregistreur à mouvement
d'horlogerie de M. J. Miquel.

reste plus alors qu'à dénombrer sous le microscope les poussières
minérales et les organismes qui sont venus s'engluer sur la lame.

On a pu faire ainsi des observations comparatives et s'assurer que le
nombre de ces organismes aériens passe par deux *maximums*, à Paris,
de 6 heures à 8 heures du matin et de 6 heures à 8 heures du soir, avec
deux *minimums* à 2 heures du matin et 2 heures du soir.

Cet instrument et les aéroscopes analogues des Drs *Madox, Cuningham*, etc., sont des appareils *qualitatifs*. Ils ne permettent pas de
mesurer exactement l'air d'où proviennent les organismes; s'ils sont
munis d'un compteur d'air, ils ne sont pas portatifs; dans aucun cas ils
n'arrêtent la totalité des germes qui glissent et échappent latéralement.
A un grossissement de 200 à 500 diamètres, les spores de moisissures

sont généralement bien visibles, mais les corpuscules-germes et les bactéries elles-mêmes échappent au regard, grâce à leur petitesse extrême et à leur réfringence. Pour les recueillir tous il faut recourir à la méthode des *filtrations méthodiques*.

Filtration de l'air. — Lorsque l'on veut recueillir tous les germes, on s'adresse généralement à des barboteurs à liquides dans lesquels l'air, dont on mesure exactement le volume, abandonne au passage les corpuscules qu'il tient en suspension ; on ensemence ensuite cette liqueur dans des flacons de cultures appropriées. Les ballons ou flacons ainsi ensemencés (fig. 97) avec les précautions que nous allons indiquer, suivant qu'ils contiennent des substances acidules ou bien neutres ou alcalines, développent, dans le premier cas surtout les moisissures, dans le second cas, les bactéries.

Fig. 97.
Flacons à ensemencements de Montsouris.

En admettant qu'on puisse arrêter tous les germes atmosphériques dans les liqueurs où l'on fait barboter rapidement l'air, on peut faire quelques réserves sur l'application pratique de cette méthode. Dans beaucoup de circonstances il est malaisé de recueillir dans des liquides les germes atmosphériques : par exemple, dans les longs voyages, sur les montagnes, dans les localités éloignées où l'on manque à la fois de liqueurs appropriées, difficiles à transporter ou à préparer,

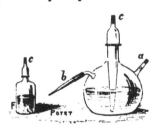

Fig. 98. — Ballon de M. Miquel pour recueillir les germes atmosphériques par circulation d'air, grâce à une inspiration pratiquée en *a*. On peut ensuite transvaser par *b* une quantité connue de cette eau dans les flacons à culture *c* (fig. 97).

Fig. 99. — Filtre de l'auteur (grandeur naturelle).
f, ampoule. — *s*, sulfate de soude. — *c*, laine de verre.
(L'extrémité inférieure du tube est ici cassée.)

de laboratoire, de temps et de moyens pour cultiver les germes qu'on a reçus dans des liquides qui les altèrent, ou même sur des bourres toujours un peu humides. Comment surtout les conserver longtemps intacts et les transporter sans qu'ils périssent, ou bien au contraire sans qu'ils pullulent, là où l'observateur est outillé pour en faire l'étude ? Je crois avoir résolu toutes ces difficultés par la méthode des *tubes filtres au sulfate de soude* que je vais exposer maintenant.

La partie essentielle de mon *tube-filtre* conservateur des germes se compose d'un tube de verre étroit (fig. 99) ouvert aux deux extrémités et portant une ampoule conique dont le gros bout est en bas; à 1 centimètre au-dessous de cette ampoule, le tube se rétrécit en un étranglement presque capillaire. Dans la partie du tube immédiatement au-dessous de cet étranglement, on place d'avance un peu de laine de verre. On verse alors dans l'ampoule 1 décigramme environ de sulfate de soude pur *préalablement déshydraté*, en poudre assez fine; ce sel doit couvrir toute la partie inférieure élargie du cône de verre. Tel est le filtre.

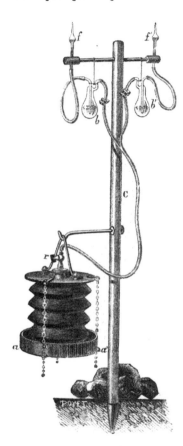

Fig. 100. — Appareil de l'auteur pour recueillir les germes atmosphériques. — *ff*, *tubes-filtres* à sulfate de soude. — *aa'*, aspirateur aux trois quarts détendu. — *bb'*, barboteurs pour régler le courant d'air. — C, bâton de montagne planté dans le sol.

Quant à l'aspirateur destiné à faire circuler l'air dans ce tube-filtre, j'ai dû renoncer à ceux qui exigent l'emploi de l'eau, vu la difficulté de s'en procurer toujours sur les hautes montagnes, de la transporter ou de la conserver liquide la nuit. Mon aspirateur (fig. 100, *raa'*) est une sorte de soufflet de caoutchouc. Il suffit de le suspendre à un bâton ferré de montagne C et d'ouvrir le robinet *r* pour qu'en se détendant il aspire aussi lentement que l'on veut environ 6 litres d'air. La mesure du volume aspiré est facile si l'on tient compte de la pression, et du nombre de coups de soufflet.

Au moment de l'expérience et avant de fixer chaque caoutchouc au tube filtre, on stérilise celui-ci en le flambant à la lampe à alcool, opération d'autant plus sûre et facile que le filtre est complètement minéral. Après que l'air est passé à travers la poudre de sulfate de soude, il suffit, pour conserver les germes, de fermer à la cire rouge les deux extrémités du *tube-filtre*. Les germes s'y conservent à peu près indéfiniment, grâce à la siccité et à la neutralité absolues du milieu.

Veut-on observer ces germes, on fait avec des précautions trop longues à indiquer ici, d'une ampoule *a* (fig. 101), qu'on fixe à la cire rouge sur le tube-filtre *f*, couler un mince filet d'eau stérilisée qui dissout le sulfate de soude et entraîne tous les germes. Cette solution est reçue dans un flacon conique F où l'on a placé au préalable, suivant l'excellente méthode de M. Certes, quatre à cinq gouttes d'une solution d'acide osmique au trentième. Au bout de quelques heures tous les microbes sont rassemblés au fond du flacon. Il ne reste plus qu'à les examiner au microscope et à les compter, comme on compte les globules de sang dans la cellule de M. Hayem.

Veut-on au contraire régénérer ces germes et les cultiver? on les reçoit dans le

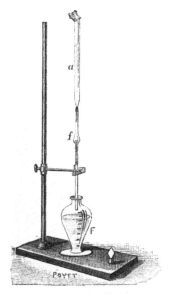

Fig. 101.— Solution du filtre à germes. Recueil des germes dans l'acide osmique.

Fig. 102. — Solution du filtre et recueil de ses organismes dans une éprouvette graduée. Dilution titrée pour l'ensemencement et la numération des microbes.

même flacon, mais sans acide osmique ou dans une éprouvette graduée (fig. 102), et l'on ensemence ensuite cette liqueur, par quantités connues, dans les milieux à cultures variées, préalablement stérilisés, contenus dans les flacons à culture dont nous avons parlé plus haut (fig. 97).

Méthodes pour cultiver les germes atmosphériques.

Les moisissures, algues, lichens, levures, pénicillium, etc., et en général les êtres aérobies, doivent être cultivés dans des milieux acidules;

les bactéries, micrococcus, vibrions, etc... et en général les êtres anaérobies doivent l'être dans des milieux neutres ou légèrement alcalins.

Les liqueurs de culture peuvent être stérilisées à froid ou à chaud.

Pour les moisissures, algues et végétaux analogues, l'on a besoin d'un
milieu acide. J'ai préparé pour les cultiver une liqueur contenant à la fois
du sucre, du citrate de chaux, du phosphate de potasse, avec un peu de
sulfate de magnésie, de sel marin, de nitrate d'ammoniaque, le tout dans
les proportions des cendres de la levure de bière.
Cette liqueur peu colorée, peut être stérilisée
soit à chaud, soit à froid, par filtration à travers le
biscuit de porcelaine, ainsi qu'on le dira plus loin.

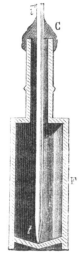

Fig. 103.
Coupe du filtre en biscuit de
porcelaine ou en faïence
de l'auteur. Agencement
du tube de verre *tt'* intérieur par où se fait l'as-
cension du liquide filtré.

Le jus de raisin stérilisé à chaud ou à froid
est aussi pour les moisissures et les levures un
excellent terrain de culture.

On emploie quelquefois l'urine stérilisée à
chaud.

Pour les milieux de culture neutres ou légèrement alcalins, on peut adopter le bouillon de
culture du Dr Miquel. On fait cuire durant quatre
heures 1 kilogr. de chair de bœuf avec 4 litres
d'eau et 40 grammes de sel marin ; on enlève les
écumes au début, puis on laisse reposer au frais,
jusqu'au lendemain. On dégraisse alors soigneusement et on alcalinise très légèrement cette
liqueur avec la soude. Cela fait, on la porte dix
minutes à l'ébullition, on la ramène à 4 litres, et
on la distribue dans les ballons forts qu'on scelle
à la lampe et qu'on chauffe ensuite à 110° durant
deux heures pour la stériliser. Ce bouillon, d'une
densité de 1009 environ, est clair et ne dépose jamais ; il est très apte
à développer les bactéries de l'air.

On peut employer aussi des bouillons de peptone neutralisés, des
urines légèrement alcalisées à la soude, etc., ou même la *liqueur de
Cohn* (eau distillée, 200 : tartrate d'ammoniaque, 20 ; phosphate de potasse, 20 ; sulfate de magnésie, 10 ; phosphate tribasique de chaux, 0,1).

Je me procure un milieu de culture très propre au développement
de certains microbes, par exemple de la bactéridie charbonneuse, avec
le sérum de sang de bœuf que je filtre de dehors en dedans à travers
des cylindres de porcelaine où je fais le vide ([1]). Pour cela je prends

([1]) J'ai fait faire à Sèvres en 1881 des filtres en porcelaine, et à Creil des filtres en faïence
non vernissée. Les uns et les autres laissent passer assez rapidement certaines bactéries si les
liqueurs sont alcalines ou neutres. Mais ces bactéries ne sont pas celles de la putréfaction. Voir,
relativement à ces filtres, *Bulletin de la Société chimique* de Paris, 1884.

du sérum de bœuf frais, je l'étends de 4 volumes d'eau et je le porte à 55 degrés, température où il commence à subir une légère coagulation. Après avoir laissé tomber le premier dépôt, je filtre sur du papier, puis à travers mes filtres de porcelaine ([1]). J'ai décrit ailleurs ces filtres (fig. 103) et les ballons (fig. 102, 103, 104) propres à conserver et

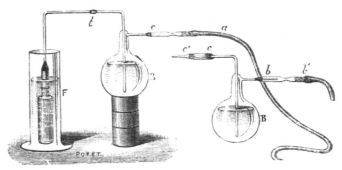

Fig. 104. — Filtration d'une liqueur putrescible, placée en F, au moyen du filtre de porcelaine de l'auteur. On aspire par le tube *a* au moyen du vide ou d'un siphon. A droite, détails du ballon récepteur B et de son mode de fermeture pour la conservation et le transvasement du liquide. — *c, c', b',* coton ou amiante stérilisés.

distribuer le bouillon, les solutions de peptone, le sérum de sang, le jus de raisin, etc. ([2]). Toutes ces solutions peuvent être stérilisées à froid par leur simple passage à travers le biscuit ou la faïence.

Numération et séparation des microbes. — Supposons que nous ayons suspendu les germes ou moisissures de 1 litre d'air, recueillis par filtration sur le sulfate de soude, dans 100 centimètres cubes d'eau stérilisée, et que nous ayons distribué 1 centimètre cube de cette eau dans 100 ballons de culture. Si sur ces 100 ballons il y en a 50 qui fermentent, c'est qu'il y avait 50 microbes au minimum dans le centimètre cube d'eau qui a servi à leur ensemencement ; par conséquent il y avait $50 \times 100 = 5000$ microbes dans le litre d'air primitif. Si 20 ballons seulement fructifient, c'est qu'il n'y avait que 2000 microbes dans le même volume d'air. On voit que la méthode des ensemencements en milieux liquides ne donne qu'un minimum et ne peut renseigner que par la simultanéité d'un très grand nombre d'expériences.

Koch a eu la pensée d'appliquer à l'étude des moisissures et des bactéries la méthode, déjà employée par les micologues, des cultures sur milieux solides ou demi-solides, tels que les liquides gélatinisables.

([1]) On peut aussi filtrer le sérum sans aucun échauffement préalable, mais alors il se conserve mal ; toutefois il ne se putréfie point.

([2]) Mémoire présenté à la *Société chimique* le 27 juin 1884 et inséré au *Bulletin de la Société*, t. XLVII, p. 146. On remarquera que le filtre en biscuit, dit *filtre Chamberland*, à peu près identique au mien, n'a été *présenté à l'Académie des sciences* que le 4 août 1884. Comme mes filtres, la bougie Chamberland filtre à travers la porcelaine du dehors au dedans. J'ai l'avantage de me passer de pression : elle est remplacée par le vide ou par un tube-siphon.

Chaque bactérie introduite dans un milieu apte à se prendre en gelée y fait naître une colonie, et celles-ci permettent de compter, et même de séparer, les spores qu'on veut étudier. Mais les gélatines de culture de Koch, outre qu'elles constituent un terrain défavorable au développement de beaucoup de microbes, même lorsqu'on les peptonise, ne peuvent être stérilisées sans se modifier moléculairement et perdre, du moins en partie. leur faculté de gélatiniser de nouveau lorsqu'on les refroidit. M. Miquel a remplacé fort heureusement la gélatine par la substance gélatinisante du *Lichen Caraghuen* qu'on étend à chaud sur des papiers et qu'on peut stériliser ensuite à 110°. Voici comment il opère :

On fait une infusion épaisse de *Lichen Caraghuen* dont on sépare d'abord à chaud les frondes au tamis à larges mailles métalliques; on filtre alors cette infusion à 105° dans un double entonnoir chauffé à la glycérine à travers un fort papier joseph. On dessèche rapidement à l'étuve à 35 ou 40°, sur des assiettes, la gelée qui s'écoule. On obtient ainsi de minces membranes translucides, analogues à des feuilles de gélatine et faciles à conserver. Il suffit d'ajouter 15 grammes de cette gélatine de lichen et 10 grammes de *gélose* à un litre de bouillon de bœuf neutralisé à la soude et non salé pour obtenir une excellente gelée nutritive; on l'introduit dans de petits matras résistants que l'on scelle et chauffe à 110° pour la stériliser. Par le refroidissement cette infusion devient semi-solide.

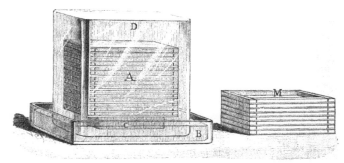

Fig. 105. — Cloche à cultures de l'auteur avec sa pile d'augettes contenant les papiers au lichen de M. Miquel. — On voit en M le détail de la pile d'augettes.

On prend, d'autre part. une large feuille de papier bristol qu'on vernit à la gomme laque; lorsqu'elle est sèche, on en relève les bords et l'on verse à sa surface une mince couche de la gelée précédente préalablement liquéfiée par la chaleur. Elle ne tarde pas à se prendre à froid à la surface du papier. On peut alors soit dessécher ce papier et le conserver à l'abri des germes, soit le stériliser à nouveau à 110° avant de s'en servir, soit l'utiliser immédiatement.

Lorsqu'on veut cultiver ou dénombrer les microbes de l'air ou des eaux, le papier à culture sec de M. Miquel, gélatinisé sur ses deux surfaces, est mis à gonfler un instant dans de l'eau stérilisée : on le place alors dans une augette de verre flambée à bords très bas (fig. 105 à droite), et l'on verse sur ce papier avec la burette graduée (fig. 101) l'eau ensemencée de microbes dont on a parlé page 255. L'on place cette succession de cuvettes de verre et de lames de papier ensemencé sous une cloche de verre (fig. 105), elle-même posée sur une cuvette remplie d'eau destinée à entretenir toujours humide l'atmosphère intérieure, et l'on met à l'étuve, à 35 ou 40°, la cage à cultures avec sa pile de cuvettes et de papiers ensemencés.

Les microbes ne tardent pas à germer sur la matière nutritive qui revêt ces papiers ; au bout de quatre à cinq jours, chaque spore ou microbe a formé autour de lui une colonie ; l'on peut alors séparer chacun de ces îlots des îlots voisins, et, si l'on veut, en enlever une portion minuscule pour la cultiver à part.

Si l'on doit simplement compter ces colonies, voici comment on opère : le papier, couvert de ses taches de bactéries ou de moisissures plus ou moins développées et souvent indistinctes, est d'abord plongé dans une solution d'alun qui insolubilise légèrement la gelée de lichen et mordance les surfaces. Il est alors lavé à l'eau bouillie et immergé trente secondes dans une dissolution d'acide sulfo-indigotique titrant 2 grammes d'indigotine par litre. La feuille de papier est ensuite lavée à l'eau et trempée dans un bain à un pour mille de permanganate de potasse jusqu'à ce que le fond de la feuille, qu'avait bleui l'acide sulfo-indigotique, soit redevenu blanc. Il ne reste plus qu'à laver définitivement le papier et à le sécher. Les bactéries et les moisissures retiennent la couleur bleue avec une grande intensité ; après ces diverses préparations elles sont fixées et apparaissent en beau bleu verdâtre, sur fond blanc. Leur numération est donc très commode (*Miquel*).

Veut-on séparer chaque espèce ? On examine à la loupe celles qui semblent différer les unes des autres, on en charge l'extrémité d'une aiguille et on les ensemence séparément dans un nouveau milieu stérilisé. Chaque espèce se développe alors à l'abri des autres et peut, s'il est nécessaire, être une fois encore cultivée dans de nouveaux milieux liquides ou gélatinisants et soumise à une seconde et troisième sélection. On parvient ainsi à séparer à peu près complètement chaque espèce de ses voisines.

Corpuscules et microbes observés dans l'air. — Les corpuscules de l'air se composent : 1° de *corps minéraux ou organiques inertes et non vivants ;* 2° de *spores et moisissures ;* 3° de *bactéries.*

Les *corps minéraux* ou *organiques non vivants* sont (fig. 106 à 109) : des *grains d'amidon,* des *pollens* gorgés de sucs et de granulations, des *zoospores* d'algues ; des poils, plumes, cellules épidermiques, bractées végétales, débris de diatomées ; d'innombrables poussières minérales, des globules de fer météorique, etc. On en a déjà parlé page 237.

Parmi les *corps aérobies*, capables de se reproduire, appartenant à la *classe des moisissures ou analogues*, citons : les *zygospores*, aptes à germer en donnant des moisissures, les algues, les lichens ; des *végétaux complets*, généralement unicellulaires : algues vertes, conidies, levures, débris de confervoïdes, diatomées, etc. (fig. 109, 110).

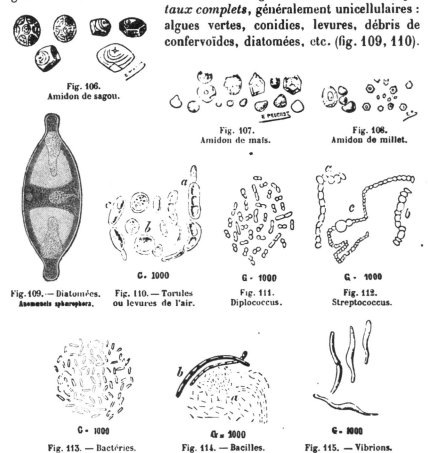

Fig. 106.
Amidon de sagou.

Fig. 107.
Amidon de maïs.

Fig. 108.
Amidon de millet.

G. 1000

G - 1000

G - 1000

Fig. 109. — Diatomées.
Anomœnis sphœrophora.

Fig. 110. — Torules
ou levures de l'air.

Fig. 111.
Diplococcus.

Fig. 112.
Streptococcus.

G - 1000

G = 1000

G - 1000

Fig. 113. — Bactéries.

Fig. 114. — Bacilles.

Fig. 115. — Vibrions.

Parmi les corps anaérobies appartenant à la *classe des bactéries ou schyzophytes*, il faut distinguer : 1° les *micrococcus* ou *sphérobactéries*, cellules globuleuses privées de mouvements spontanés, ayant de 5 à 30 dix-millièmes de millimètre de diamètre ; les *sarcines* ou micrococcus en agrégations cubiques ; les *diplococcus* (fig. 111) en forme de 8 ; les *streptococcus* ou coccus en chapelets (fig. 112) ; 2° les *bactériums*, bâtonnets courts, mobiles, isolés ou réunis par deux, trois, rarement par quatre, et dépourvus de noyaux (fig. 113). Leurs mouvements lents ou vifs ont lieu en lignes droites, courbes, brisées, ondulantes, hélicoïdales, etc.; 3° les *bacilles* ou *bactéridies*, filaments rigides, mobiles ou immobiles, d'une largeur de 2 à 3 millièmes de millimètre de diamètre; ils sont quelquefois rameux et formés d'articles, et contiennent généralement des noyaux; quelques-uns ont la forme de bacilles en virgule gros et courts, à colonies blanches ou jaunes; 4° enfin les *vibrions* et les *microbes spiralés;* les premiers progressent dans les infusions à la manière des anguilles; les *microbes spiralés* ou *spirilles* sont formés de filaments non extensibles contournés en hélices de longueurs variables.

Statistique du nombre de microbes aériens.

(A). **Moisissures.** — A l'observatoire de Montsouris on a observé les nombres suivants de spores de moisissures, algues, cryptogames monocellulaires, etc., par litre d'air moyen :

En 1879.	14,9	
1880.	15,6	Moyenne générale
1881.	12,3	pour une année.
1882.	14,0	

Si l'on cherche comment les germes végétaux aériens appartenant à cette classe varient avec les saisons, on trouve, par litre d'air, pour les mêmes années 1879-1882 :

	Moyenne par litre.
Hiver	6,6
Printemps	16,7
Été	22,8
Automne	10,8

Ainsi les températures élevées favorisent l'éclosion des spores.

Il en est de même des pluies. Elles sont nécessaires à leur développement; elles les rajeunissent et les font fructifier. Les moisissures augmentent beaucoup dans l'air à la suite des temps humides.

Dans nos habitations le nombre de spores, en l'absence de toute agitation, est variable. Il est de 2,7 par litre d'air à Montsouris et de 4,8 à l'Hôtel-Dieu de Paris. Il a été trouvé de 17 dans l'air des égouts. Ces spores suspendues dans l'atmosphère tombent et se fixent plus tard sur tous les objets qui nous entourent. Elles constituent une partie notable de ces poussières banales qui sont sans cesse en contact avec nous.

(B). **Bactéries** ([1]). — Au parc de Montsouris la moyenne annuelle des bactéries recueillies par *mètre cube* d'air a été de :

[1] Voir l'*Annuaire de Montsouris*, 1886, p. 472.

A. Gautier. — Chimie minérale. 16

En 1880.	862
1881.	908
1882.	492
1883.	676

Moyenne générale, 758 bactéries par mètre cube d'air ou 2 bactéries environ par 3 litres.

Les moyennes par saison pour les quatre années 1880-1883 ont été de :

	Bactéries par mètre cube d'air.
Automne.	651
Hiver	433
Printemps	825
Été	1083

Durant les périodes pluvieuses le chiffre des bactéries devient très faible ; il repasse par des maxima pendant les sécheresses.

Si l'on se rapproche des rues centrales, le nombre des bactéries augmente beaucoup. Il est à Paris, dans l'intérieur de la ville, 10 fois au moins aussi élevé qu'au parc de Montsouris.

Au sommet des grands édifices, au haut du Panthéon par exemple, le chiffre des bactéries est près de deux fois moindre que sur la lisière de la ville.

Dans les maisons de nos cités, l'air est très riche en microbes. Ils sont 10 et 20 fois plus nombreux qu'à la campagne. Ainsi :

			Bactéries par mètre cube.
Hiver	1882. Chambre rue Monge, à Paris. . .		6500
Printemps	—	Id. . . .	3850

Dans les hôpitaux les mieux tenus, le nombre de bactéries est aussi fort élevé. En 1880 on a compté à l'Hôtel-Dieu de Paris :

	Bactéries par mètre cube d'air.
Juin	5850
Juillet.	6640
Août	5200
Septembre.	7510

L'air de l'Hôtel-Dieu était, en septembre 1880, six fois plus chargé de bactéries que celui des égouts et soixante-dix fois plus que celui de Montsouris.

Voici quelques chiffres encore qui fixeront les idées sur la pureté ou l'impureté relative de l'air où nous vivons :

	Bactéries par mètre cube d'air.
Air de la mer Atlantique pris à plus de 100 kilomètres des côtes (*Miquel* et *Moreau*).	0,6
Air de la mer pris à moins de 100 kilomètres des côtes.	1,8
Air des hautes montagnes (*de Freudenreich, A. Gautier*).	1 à 3
Air de Paris au sommet du Panthéon	200
Air du parc de Montsouris (moyenne de cinq ans) . . .	480
Air de la rue de Rivoli (moyenne de quatre ans). . . .	3 480
Air des maisons neuves à Paris (1883).	4 500
Air des égouts de Paris (1880).	6 000
Air des vieilles maisons à Paris.	36 000
Air du nouvel Hôtel-Dieu de Paris (1880).	40 000
Air de l'hôpital de la Pitié (intérieur)	79 000

De ce petit tableau, que nous empruntons à l'*Annuaire de Mont-souris* pour 1885 (p. 503), on tirerait bien des conclusions sur l'hygiène et le choix de nos habitations : je me bornerai à en signaler trois. La première, c'est que la mer est le grand désinfectant du Globe : elle absorbe les microbes et ne les rend plus. La seconde, c'est qu'au point de vue du moins de la santé, de la lumière et de la pureté de l'air, habiter les étages élevés de nos maisons revient à habiter la campagne. La troisième, c'est qu'il faudrait, dans une certaine mesure, ainsi que le faisaient avec raison les anciens, renoncer à nos tentures fixes, surtout à nos tapisseries de papier, et laver de temps en temps à grande eau l'intérieur de nos maisons, en ne les ornant, comme autrefois, que de tapisseries mobiles ou de fresques murales lisses et inaltérables à l'eau.

Inutile d'ajouter combien ces conclusions sont encore plus applicables à nos hôpitaux et à nos écoles.

Les poussières de l'air déposées et recueillies en divers lieux présentent aussi de grandes variations dans leur richesse en bactéries. Voici, d'après M. Miquel, le nombre de ces organismes par gramme de dépôt :

A l'observatoire de Montsouris . . .	750 000
Rue de Rennes	1 300 000
Rue Monge.	2 100 000

Ces organismes étaient formés pour 100 individus :

	Micrococcus.	Bacilles.	Bactéries.
A Montsouris	75	70	5
Rue de Rennes	60	34	6
Rue Monge	75	18	7

Relation des bactéries avec les épidémies. — Jusqu'ici les divers organismes bactériens cultivés dans le bouillon, le lait, l'urine. l'albumine de sang, le jus de viande, cultivés puis injectés à divers animaux, *se sont toujours trouvés inoffensifs.*

Il est certain cependant que la diphtérie, l'érysipèle, les fièvres éruptives se transmettent à distance. Le choléra, nous le savons aujourd'hui, se propage par les déjections des malades, que leur élément spécifique soit ou non le microbe en virgule ou en spires de Koch. Le charbon se

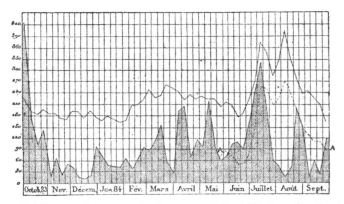

Fig. 116. — Relation entre les courbes des décès par maladies épidémiques (courbe ombrée) et la courbe des bactéries (trait noir). Paris, 1883 à 1884.

reproduit par la bactéridie charbonneuse de Davainne. La fièvre typhoïde se communique surtout par les matières fécales et, après leur dessiccation, par les poussières sèches qui en proviennent. Il semble enfin que la fièvre paludéenne doive être attribuée à un spirile, et qu'à la fièvre jaune répond son microbe spécifique, etc. Aussi, quoique l'on n'ait jamais pu transmettre ces maladies par les cultures directes des microbes de l'air, M. Miquel n'en a pas moins fait cette importante remarque que la courbe des décès par maladies épidémiques suit, à Paris, la même marche et présente des maximum et minimum correspondants à peu près à ceux de la courbe des bactéries atmosphériques (fig. 116).

Origine des moisissures et des bactéries. — Les moisissures pullulent à la surface du sol; leurs spores sont emportées par les vents qui les disséminent.

Les bactéries se reproduisent avec une merveilleuse rapidité dans les infusions neutres ou alcalines. Les déjections animales, les urines, les milieux putrescibles fournissent les conditions favorables à leur rapide développement. Dans les temps secs, elles sont transportées par les vents à l'état de poussières; elles semblent disparaître avec les pluies et retourner au sol. MM. Miquel et Schützenberger ont établi que les terres mouillées ou humides les plus riches èn bactéries, telles que celles des cimetières, fournissent toujours, lorsque la pression barométrique baisse, des gaz et émanations qui sont absolument privés de germes.

A ces bactéries du sol est dévolue une perpétuelle activité. Elles oxydent, nitrifient, dissolvent, détruisent, putréfient, disséminent et transforment en matières minérales et en gaz les substances organiques qui sans elles finiraient par encombrer la terre où nous vivons.

L'action absorbante de la mer qui engloutit tous les microbes, et des vents des hautes régions qui nous apportent un air purifié et riche en ozone, sont les deux grands mécanismes de l'incessante purification de l'atmosphère terrestre.

DIX-NEUVIÈME LEÇON

LE PHOSPHORE, L'ARSENIC, L'ANTIMOINE

Il nous reste, pour terminer l'histoire des métalloïdes de la famille de l'azote, à étuder le phosphore, l'arsenic et l'antimoine.

LE PHOSPHORE

Historique. — Brand (¹), négociant véreux de Hambourg, en cherchant la *pierre philosophale* qui devait rétablir sa fortune compromise, paraît avoir, le premier, vers 1668, trouvé le phosphore au fond de sa cornue. Il cacha son secret; mais Kunckel en Allemagne, et Boyle en Angleterre, ayant appris que Brand avait retiré de l'urine un corps « qui attirait la lumière », se mirent à l'œuvre et parvinrent à préparer, chacun séparément le phosphore, en distillant de l'urine putréfiée, parfaitement desséchée, avec le double de son poids de sable. C'est à Scheele que nous sommes redevables du procédé industriel qui permet de l'extraire aujourd'hui des os où Gahn avait déjà signalé l'acide phosphorique.

Sources naturelles du phosphore. — Les phosphates de chaux naturels généralement amorphes, quelquefois cristallisés, se rencontrent surtout dans les terrains du lias et de la craie. Ces sels paraissent provenir des ossements des mammifères, des oiseaux et des reptiles que l'acide carbonique du sol et des eaux a lentement dissous pour les déposer ensuite au contact des calcaires et les accumuler en divers points. Les animaux du lias et de la craie empruntaient eux-mêmes le phosphore aux plantes qui contenaient les phosphates, surtout dans leurs graines,

(¹) *Brand* et non *Brandt*. Georges Brandt fut un célèbre ingénieur des mines de la Suède Il nous a fait connaître l'arsenic et le cobalt.

leurs fruits et leurs jeunes cellules, phosphates que ces végétaux extrayaient du sol. On trouve toujours, en effet, ainsi que je m'en suis assuré, de petites quantités de phosphates disséminés dans les couches du trias et des terrains plus anciens. Les *coprolithes* sont des excréments très phosphatiques, de sauriens et d'ophidiens du lias et de la craie. Les *apatites* ou fluophosphates et chlorophosphates de chaux cristallisés, se rencontrent généralement en filons dans les terrains primitifs. Ils ont été déposés par d'anciennes eaux minérales. On connaît aussi des phosphates de magnésie, de potasse et de soude naturels.

Préparation du phosphore. — Les phosphates naturels et les os sont surtout utilisés dans la préparation du phosphore.

La poudre d'os calcinés contient 80 à 81 % de phosphate de chaux, avec un peu de phosphate de magnésie et 20 % environ de carbonate de chaux et autres sels. Pour préparer le phosphore, on mélange petit à petit cette poudre dans un cuvier de plomb, avec son poids environ d'acide sulfurique à 50° Baumé et cinq fois autant d'eau. La chaux des os se transforme ainsi tout entière en sulfate et phosphate acide :

$$P^2O^5 \cdot 3\,CaO \;+\; 2\,SO^3 \cdot H^2O \;=\; 2\,SO^3 \cdot CaO \;+\; P^2O^5 \cdot CaO \cdot 2\,H^2O$$

Le phosphate tribasique de chaux.	Acide sulfurique.	Sulfate de chaux.	Phosphate acide de chaux.

Dès que l'effervescence due à la décomposition du carbonate calcaire s'est calmée, on filtre dans des cuviers à fond de sable ou formé de

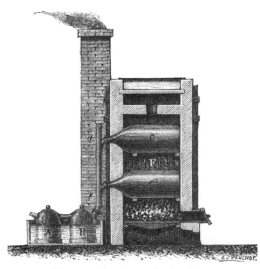

Fig. 117. — Production du phosphore.

tresses de paille, et l'on évapore la liqueur dans des chaudières en plomb, en séparant le sulfate de chaux tant qu'il se précipite. La solution acide sirupeuse est mélangée de 25 pour 100 de son poids de charbon et évaporée à sec dans des chaudières de fonte. Ce mélange est alors introduit dans des cornues CC (fig. 117), dont le col peut s'emmancher dans des récipients *ttBA* presque pleins d'eau et refroidis. Ces cornues en terre réfractaire sont accouplées sur deux rangs dans un fourneau en maçonnerie et chauffées au rouge vif. Le phosphore distille, en même temps qu'il se dégage de l'hydrogène phosphoré provenant d'une réaction secondaire du phosphore sur l'eau qui reste toujours en petite quantité dans le mélange qu'on distille ; cette eau est nécessaire à la bonne marche de l'opération.

Voici les deux réactions qui se produisent dans cette opération : la calcination du phosphate acide de chaux transforme d'abord ce sel en métaphosphate de chaux :

$$P^2O^5.CaO.2H^2O \;=\; P^2O^5.CaO + 2H^2O$$
Phosphate acide.   Métaphosphate.

puis la moitié de l'acide phosphorique de ce métaphosphate est réduite au rouge par le charbon qui met le phosphore en liberté, tandis que l'autre moitié passe à l'état de pyrophosphate :

$$2\,P^2O^5.CaO + 5C \;=\; P^2O^5.2CaO + 5CO + P^2$$
Métaphosphate.   Pyrophosphate.

Quelquefois l'on ajoute au mélange de la silice. Dans ce cas, si l'on chauffe au rouge vif, une grande partie du pyrophosphate est réduite à son tour et peut donner le reste du phosphore.

Le phosphore brut ainsi produit industriellement coule au fond des récipients B. On le purifie par distillation ou par filtration sur du noir animal, ou bien en le faisant passer sous pression à travers une pierre poreuse. On le coule ensuite en bâtons, en le fondant sous l'eau dans une chaudière dont le fond est muni d'un tube horizontal à robinet qui traverse un cuvier plein d'eau froide. En ouvrant ce robinet le phosphore fondu s'écoule et se fige dans ce tube dont on le retire aisément, car il se contracte en se refroidissant. On le divise en bâtons de 10 à 15 centimètres de long que l'on conserve dans des flacons pleins d'eau.

Propriétés physiques. — Le phosphore ordinaire est une substance blanc jaunâtre, translucide, cassante vers 7 à 8°, mais se laissant, à 20 degrés, tordre, couper au couteau et rayer à l'ongle. Son goût est âcre et repoussant. Sa densité à 10° est de 1,83. Il fond à 44°,3 en se dilatant des 3 centièmes de son volume. Il subit facilement la surfusion. Il bout à 290°.

Sa densité de vapeur est de 4,55. Cette densité est la même à la température de 1000° ; or, d'après la loi : $P = 28,88\,D$ (P poids atomique ; D densité), l'on trouve, en tenant compte de sa densité de vapeur, le poids moléculaire $P = 125$. Le poids atomique du phosphore étant 31, on voit que sa molécule de vapeur contient 4 atomes.

Le phosphore cristallise par fusion en dodécaèdres réguliers. Il se dissout dans le sulfure de carbone, le chlorure de soufre, la benzine, le pétrole, les huiles fixes et volatiles. Il est insoluble dans l'eau et dans l'alcool.

Propriétés chimiques. — A l'air et dans l'obscurité le phosphore est lumineux; mais en l'absence *complète* d'oxygène il perd cette propriété. Sous la pression d'une atmosphère au-dessous de 20°, l'oxygène ne se combine plus au phosphore qui perd alors toute phosphorescence. En même temps qu'il luit à l'air, il s'oxyde et émet cette odeur spéciale qui le caractérise et qui s'accompagne toujours de la formation d'ozone et d'un peu d'azotite d'ammoniaque; le phosphore passe lui-même à l'état d'acides phosphoreux et hypophosphorique $P^2O^4, 2H^2O$ (*Dulong, Salzer*).

Dès qu'il est fondu le phosphore prend feu à l'air, et se transforme, avec flamme, en acide phosphorique anhydre P^2O^5, mêlé d'acide phosphoreux P^2O^3. L'on a :

$$2P + 5O = P^2O^5 + 181^{Cal.}, 9$$

Il est toujours dangereux de manier le phosphore. Il s'enflamme aisément entre les doigts; ses brûlures sont fort douloureuses et difficiles à cicatriser (¹).

Le soufre s'unit au phosphore, avec explosion si l'on mélange les deux corps sans précaution. Le chlore, le brome, l'iode se combinent à lui avec chaleur et lumière.

Seuls l'azote, le carbone et l'hydrogène ne s'unissent pas directement à cet élément.

La plupart des métaux forment avec le phosphore des phosphures cristallisés et fusibles. Le platine lui-même est aisément attaqué.

Dans l'eau, le phosphore se recouvre à la lumière d'une pellicule blanche opaque, qui par fusion régénère le phosphore sans perdre sensiblement de poids.

Le phosphore décompose l'eau au-dessus de 250°, et même à 100° en présence des alcalis. Il se produit ainsi de l'hydrogène phosphoré et des hypophosphites :

$$8Ph + 6NaHO + 9H^2O = 6(PO^2H^2Na) + 2PhH^3 + 3H^2O$$
Hypophosphite de soude.

Le phosphore réagit violemment sur les corps riches en oxygène, tels que l'acide azotique et le chlorate de potasse; il s'oxyde ainsi, et donne de l'acide phosphorique. Son mélange avec le chlorate produit par le choc ou la simple friction des explosions très dangereuses.

Usages du phosphore. — L'emploi principal du phosphore est la fabrication des allumettes; mais dans cette industrie le phosphore ordinaire tend-il à être remplacé de plus en plus par le phosphore rouge dont nous allons parler. 36 000 kilogrammes de phosphore sont encore

(¹) Il faut les traiter aussitôt avec le liniment oléocalcaire ou oléobarytique (huile 2 parties, eau de baryte 12 p.; bien agiter); on place ce liniment sur la brûlure, puis on enveloppe d'ouate et on laisse cicatriser sans autre pansement.

ainsi utilisés en France. La pâte de ces allumettes est faite d'un mélange de : *phosphore*, 3 parties — *gomme*, 3 parties — *bioxyde de plomb*, 2 parties — *sable*, 2 parties. On ajoute quelquefois un peu de chlorate de potasse; l'allumette s'enflamme alors plus aisément, mais elle donne des éclats et des explosions désagréables.

La pâte phosphorée, ou *mort aux rats*, est un mélange de phosphore émulsionné, de farine et de corps gras; elle est très vénéneuse.

Allotropie du phosphore. — *Phosphore rouge.*

Le phosphore peut se présenter sous trois états allotropiques : blanc ou ordinaire, noir et rouge.

Lorsqu'on refroidit brusquement dans de l'eau ayant séjourné sur du cuivre ou du mercure le phosphore préalablement chauffé à 70°, il devient noir. Cette modification repasse à l'état de phosphore ordinaire lorsqu'on la chauffe.

Préparation du phosphore rouge. — Le phosphore rouge est au contraire une modification très stable du phosphore. Elle se produit chaque fois que le phosphore atteint la température de 250°; elle naît aussi sous l'influence de la lumière, ou d'une trace d'iode, de sélénium, etc.

Pour obtenir le phosphore rouge on chauffe le phosphore ordinaire d'abord à 240° durant trois jours, puis à 270° dans une forte chaudière de fonte, munie d'une soupape et d'un tube à gaz étroit. On laisse refroidir, on broie la masse sous l'eau, et on expose à l'air la poudre humide pour en attirer l'oxygène et oxyder ainsi le phosphore ordinaire qui peut rester encore non transformé; on lave de nouveau, et l'on sèche enfin la substance.

Une minime quantité d'iode transforme très rapidement à 100 degrés le phosphore ordinaire en phosphore rouge.

Le phosphore rouge, qu'on nomme quelquefois à tort phosphore amorphe, peut être obtenu

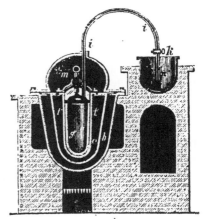

Fig. 118. — Appareil pour la préparation du phosphore amorphe.

cristallisé; il suffit de le chauffer à 530° dans un tube purgé d'air. Il dépose ainsi dans les parties relativement froides, des cristaux noir-violacés.

Propriétés du phosphore rouge. — Si l'on chauffe le phosphore rouge au-dessus de 250° sous la pression d'une atmosphère, il repasse lentement à l'état de phosphore ordinaire. Cette transformation est d'ailleurs d'autant plus rapide que la température est plus élevée et que par un moyen quelconque, par la distillation par exemple, on soustrait sans cesse le phosphore blanc qui se forme.

Ce retour du phosphore rouge à la modification ordinaire s'accompagne d'une absorption de 19$^{Cal.}$,2 pour 31 grammes de phosphore blanc produit.

La densité du phosphore rouge varie de 1,93 à 2,34. Elle est d'autant plus forte qu'il a été obtenu à une température plus élevée.

Le phosphore rouge est infusible, quelquefois cristallisé, plus souvent amorphe, insoluble dans le sulfure de carbone et la benzine.

Il n'est pas phosphorescent à l'obscurité et ne s'enflamme pas avant 260°. L'air humide détermine lentement son oxydation, mais sans produire de lueurs.

Il n'attaque pas les solutions alcalines faibles. Il n'est pas vénéneux.

Le soufre, même en fusion, reste sans action sur lui. L'union des deux corps n'a lieu que vers 230°. Il se combine directement au chlore et au brome, mais sans incandescence.

Usages du phosphore rouge. — On fabrique aujourd'hui des allumettes dites *suédoises*, qui ne contiennent pas de phosphore, mais dont l'extrémité a été trempée dans un mélange de : *chlorate de potasse*, 100 p. ; *sulfure d'antimoine*, 40 p.; *colle forte*, 20 p.; on les frotte sur une surface enduite de : *phosphore rouge*, 100 p.; *sulfure d'antimoine*, 80 p.; *colle forte*, 50 p. On emploie, en France, seulement près de 2000 kilogr. de phosphore amorphe pour cette fabrication. Ces allumettes à phosphore amorphe sont, avec raison, les seules autorisées dans l'Allemagne du Nord.

ARSENIC [1]

L'*arsenic blanc*, l'acide arsénieux moderne, et ses principaux sulfures l'*orpiment* et le *réalgar*, étaient connus des anciens; ils existent, en effet, à l'état natif, et il suffit de les calciner à l'air pour obtenir l'acide arsénieux. Geber et Albert le Grand semblent avoir obtenu l'arsenic lui-même, mais ce métalloïde n'a été bien étudié qu'en 1735 par Brandt, célèbre ingénieur des mines de Suède. Brandt observe *que l'arsenic blanc est une chaux*, un oxyde, et qu'en le chauffant avec de l'huile et du charbon on obtient son *régule*, c'est-à-dire l'arsenic métalloïdique. Berzelius étudia ses principales combinaisons et distingua ses aptitudes chimiques générales.

Origine. — L'arsenic se rencontre assez rarement à l'état natif. Il

[1] Des mots grecs ἄῤῥην et ἄρσην, *mâle, fort, vigoureux.*

forme, dans ce cas, de petites masses mamelonnées, fibreuses, qu'accompagnent souvent des sulfures d'argent et d'étain comme à *Sainte-Marie aux Mines*. Plus communément l'arsenic se rencontre à l'état de sulfures (*réalgar, orpiment*); plus souvent encore à l'état d'arséniures ou d'arséniosulfures de fer, de cobalt ou de nickel. Les combinaisons arsenicales ont été signalées dans beaucoup d'eaux minérales (*Bourboule, Plombières, Lamalou*), en particulier dans les eaux ferrugineuses.

Préparation. — On prépare généralement l'arsenic métalloïdique en calcinant le mispickel $FeSAs$. On chauffe ce minerai dans des cylindres de terre horizontaux placés dans des fours, et qui s'abouchent dans des tubes de tôle refroidis où l'arsenic vient se sublimer; il reste du sulfure de fer dans l'appareil distillatoire.

Propriétés. — C'est un corps solide, d'aspect métallique, de couleur blanc grisâtre. Il cristallise confusément en rhomboèdres aigus. Sa densité est de 5,76. Il se volatilise sans fondre à 180°; mais sous pression, il se transforme en un liquide transparent. Sa vapeur est jaune-citron; elle émet une forte odeur d'ail grâce à un commencement d'oxydation. La densité de vapeur de l'arsenic est de 10,6. Sa molécule contient donc, comme celle du phosphore, 4 atomes en 2 volumes.

L'arsenic se conserve dans l'air sec; mais à l'air humide il s'oxyde superficiellement (As^2O^3?). Au-dessous du rouge sombre il s'enflamme dans l'air ou dans l'oxygène et brûle avec une lueur livide, fleur de lin, en donnant de l'acide arsénieux As^2O^3, et dégageant une forte odeur alliacée.

L'arsenic s'unit directement au soufre, au sélénium, au chlore, au brome et à l'iode. Il ne se combine qu'indirectement à l'hydrogène.

Il donne aisément des arséniures avec la plupart des métaux.

L'acide nitrique l'oxyde vivement et le transforme en acide arsénique $As^2O^5,3H^2O$.

Usages. — L'arsenic et les arséniures pulvérisés et humectés d'eau, servent à fabriquer les poudres et papiers *tue-mouches ;* leur lente transformation en acide arsénieux à l'air humide explique leurs effets vénéneux.

ANTIMOINE

L'antimoine pourrait être classé presque indifféremment parmi les métalloïdes ou parmi les métaux. Toutefois les propriétés acides de ses oxydes, l'analogie et l'isomorphisme de ses combinaisons avec celles de l'arsenic nous le font ranger parmi les métalloïdes.

Le sulfure d'antimoine était connu des anciens peuples asiatiques. Ils s'en servaient pour panser les plaies et se teindre les sourcils et les cils. Dioscorides et Pline lui donnent le nom de *stibi* ou *stibium*, nom d'origine grecque qui est passé au métalloïde (¹), Basile Valentin isola l'antimoine à la fin du quinzième siècle.

Ce métalloïde est très répandu, dans les filons des terrains anciens, à l'état de *stibine* ou sulfure Sb^2S^3 (*Puy-de-Dôme ; Ariège ; Gard ; Harz. Suède ; Bornéo*). On le trouve aussi quelquefois sous forme d'oxyde Sb^2O^3, comme en Algérie, et même à l'état natif.

Extraction. — Pour l'extraire de son minerai principal la stibine Sb^2S^3, on la grille d'abord à l'air ; elle passe alors en grande partie à l'état d'oxyde ne contenant que fort peu de sulfure. On mélange le produit du grillage avec du charbon et un peu de carbonate de soude et l'on calcine le tout dans un creuset. L'antimoine réduit fond et cristallise par refroidissement. Il s'est produit d'après la réaction :

$$Sb^2O^3 + 3C = 3CO + Sb^2$$

On peut aussi réduire directement au rouge la stibine par du fer :

$$Sb^2S^3 + 3Fe = 3FeS + Sb^2$$

On purifie l'antimoine métallique en le fondant avec un mélange d'azotate et de carbonate de soude pour oxyder les métaux étrangers qui l'acccompagnent et lui enlever entre autres l'arsenic.

Propriétés. — L'antimoine est un métalloïde blanc brillant, légèrement bleuâtre, très cassant, cristallisant en rhomboèdres voisins du cube. La surface de l'antimoine qui a été fondu offre l'aspect de feuilles de fougères ; sa cassure est formée de beaux cristaux. La densité de ce métalloïde est de 6,715 ; il fond à 450° et se volatilise au rouge vif.

Il semble exister un état allotropique et amorphe de l'antimoine. On l'obtient en électrolysant les solutions acides de son chlorure (*Gore*).

L'antimoine est inoxydable à l'air à la température ambiante, mais au rouge il donne lentement un oxyde volatil et cristallisable Sb^2O^3 ; ce sont les *fleurs argentines* d'antimoine. Chauffé au rouge vif et versé de haut sur le sol, l'antimoine rejaillit en gouttelettes qui forment une gerbe d'étincelles d'un blanc éclatant, dues à l'oxydation du métalloïde.

Le chlore, le brome, l'iode, le soufre se combinent à l'antimoine directement ; l'hydrogène indirectement.

Il s'unit à chaud aux métaux. On connaît des antimoniures naturels.

L'acide azotique l'oxyde énergiquement en donnant de l'acide antimonique Sb^2O^5 et de l'oxyde hypoantimonique SbO^2.

(¹) Les mots grecs στίμμι ou στίβι viennent eux-mêmes d'une origine étrangère asiatique qui veut dire *marque* ou *piste*; mais les Grecs appliquèrent en particulier le mot στίβι à l'oxyde noir d'antimoine dont ils se teignaient ou marquaient les sourcils et les yeux. Le nom français d'antimoine vient de l'arabe l'*ithmid* ou *athmoud*, qui avait le même sens que *stibium* et la même origine linguistique; par altération on a fait du mot *athmoud* le terme latinisé *antimonium*.

Usages. — L'antimoine entre dans la préparation de quelques alliages : *l'alliage d'imprimerie*, le *métal d'Alger*, etc., auxquels il confère de la dureté. L'alliage d'imprimerie est formé de 80 parties plomb et de 20 parties antimoine.

———

VINGTIÈME LEÇON

AMMONIAQUE. — HYDROGÈNES PHOSPHORÉ, ARSÉNIÉ, ANTIMONIÉ

Les métalloïdes de la famille de l'azote s'unissent indirectement à l'hydrogène pour donner des combinaisons gazeuses, bien définies, répondant au type commun RH³. Ce sont :

L'ammoniaque	AzH³.
L'hydrogène phosphoré. .	PH³.
L'hydrogène arsénié. . .	AsH³.
L'hydrogène antimonié. .	SbH³.

Ces combinaisons jouissent toutes, à un degré décroissant de l'ammoniaque à l'hydrogène antimonié, de l'aptitude à former avec un volume égal des divers hydracides des combinaisons que l'on peut comparer à de véritables sels. L'iodhydrate d'hydrogène phosphoré, PH³,III, et le chlorhydrate correspondant PH³,HCl, qui n'existe que sous pression, sont les analogues de l'iodhydrate d'ammoniaque AzH³,HI et de son chlorhydrate AzH³.HCl, quoique PH³,III et PH³,HCl soient beaucoup plus dissociables et qu'il suffise de les dissoudre dans l'eau pour les décomposer.

Tous ces corps de type RH³ se détruisent aussi plus ou moins facilement par la chaleur.

Il existe d'autres hydrures que ceux qui répondent au type RH³ ; nous en dirons un mot plus loin à propos du phosphore et de l'arsenic.

AMMONIAQUE
AzH³

J. Mayow, vers le milieu du dix-septième siècle, parle comme d'une matière déjà connue de son temps, du *sel volatil* que l'on obtient en mélangeant de l'urine putréfiée avec des cendres ; il observe que ce corps est le même que celui qui se produit lorsqu'on distille un mélange de sel ammoniac et de *sel fixe* (alcalis carbonatés). Mais c'est Kunckel qui distingua clairement l'ammoniaque de ses sels volatils, de son carbonate en particulier, et qui vers la même époque décrivit la préparation de l'ammoniaque par la chaux caustique et le sel ammoniac.

Préparation. — Les sources principales de l'ammoniaque sont les eaux vannes des vidanges des villes, et les eaux de condensation des gaz de la houille. La mer et l'air atmosphérique contiennent une petite quantité d'ammoniaque (*Schlœssing*).

Les eaux de vidanges sont chargées de l'ammoniaque qui provient surtout de l'urée des urines transformée en carbonate d'ammoniaque. Elles sont distillées dans des appareils analogues à ceux qui servent à la distillation des liqueurs fermentées (Voyez *Alcool*, t. II, p. 127). On les reçoit au haut de colonnes tubulaires munies de plateaux d'où elles tombent en cascade jusqu'à la partie inférieure qui reçoit elle-même une prise de vapeur surchauffée. Chassée par la chaleur, l'ammoniaque se volatilise de plateau en plateau ; elle est reçue dans des bacs de plomb contenant de l'acide sulfurique. Les eaux de condensation de la houille sont de même saturées par de l'acide sulfurique ou chlorhydrique. Dans les deux cas il ne reste plus qu'à évaporer les liqueurs pour obtenir la cristallisation du sulfate ou du chlorhydrate d'ammoniaque.

On prépare le gaz ammoniac pur avec l'un de ces deux sels, le chlorhydrate en particulier. On le mélange avec une fois et demie son poids de chaux éteinte presque sèche. Ce mélange pulvérulent occupe les deux tiers d'un ballon B (fig. 119) qu'on remplit ensuite avec des frag-

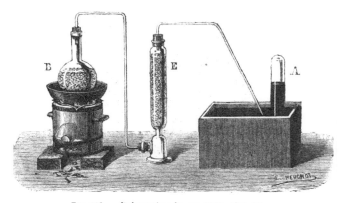

Fig. 119. — Préparation du gaz ammoniac sec.

ments de chaux vive. Il suffit de chauffer un peu le ballon pour que le gaz ammoniac se dégage ; on le sèche sur de la chaux vive E, et on le reçoit sur le mercure ([1]).

([1]) Le nom d'*ammoniaque, gaz ammoniac* vient de ce qu'on le préparait autrefois avec le sel ammoniac qui provenait des suies de la calcination des fientes de chameaux recueillies dans les sables de l'Égypte. Le mot ἄμμος signifie *sable*.

La réaction qui donne naissance à l'ammoniaque est la suivante :

$$2\,(AzH^3, ClH) + CaO + H^2O = CaCl^2 + 2\,H^2O + 2\,AzH^3$$

Pour préparer la solution d'ammoniaque, on fait barboter le gaz dans une série de flacons de Woulf L F G (fig. 120) à moitié pleins d'eau.

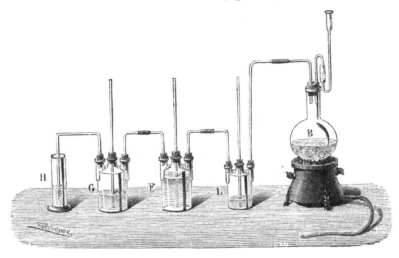

Fig. 120. — Préparation de la solution d'ammoniaque, ou ammoniaque liquide.

Les tubes qui amènent le gaz ammoniac doivent plonger jusqu'au fond. Le premier de ces flacons L sert de laveur.

Propriétés physiques. — Le gaz ammoniac est incolore; son odeur est vive, sa saveur caustique. Sa densité est de 0,588. Le poids du litre est de 0^{gr},7655.

Ce gaz est liquéfiable à — 40° sous la pression ordinaire et à — 10° sur la pression de 6,5 atmosphères. Il forme alors un liquide incolore très mobile, d'une densité de 0,633 à 0 degré.

Grâce à un procédé que l'on doit à Faraday, l'on peut se procurer facilement l'ammoniaque liquéfiée : dans un tube de verre fort, courbé en V et fermé aux deux bouts, on introduit du chlorure d'argent saturé de gaz ammoniac ([1]) ; on en remplit presque entièrement l'une des branches, l'autre reste vide. On chauffe la branche pleine dans de l'eau tiède et l'on refroidit dans la glace la branche vide. L'ammoniaque abandonne le chlorure d'argent et se liquéfie. Le gaz ammoniac liquéfié bout à — 34°, et se solidifie à — 75° en une masse cristalline, incolore, peu odorante.

On utilise le froid produit par la volatilisation de l'ammoniaque dans l'appareil Carré, dont on parlera plus loin.

([1]) A 0 degré ce corps répond à la formule AgCl, 3AzH³.

Propriétés chimiques. — Le gaz ammoniac est extrêmement soluble dans l'eau qui, à 0 degré, en dissout 1147 volumes, et à 15 degrés, 785 volumes. 17 grammes d'ammoniaque, répondant au poids moléculaire AzH³, dégagent ainsi en se dissolvant $8^{Cal.},8$.

On peut démontrer l'extrême solubilité de ce gaz en faisant passer quelques gouttes d'eau, ou un morceau de glace, dans une cloche qui en est remplie ; le vide s'y fait presque aussitôt.

Le gaz ammoniac est également absorbé par le charbon de bois, qui à 0° en condense environ 90 fois son volume.

Ce gaz est décomposé par la chaleur vers 1000 degrés ; il disparaît ainsi $12^{Cal.},2$ lors de la transformation suivante : $AzH^3 = Az + H^3$.

L'étincelle électrique produit le même effet que la chaleur.

Dans les deux cas, la décomposition se produit lentement et le volume du gaz ammoniacal double :

$$AzH^3 = 2\,vol. \quad ; \quad Az = 1\,vol. \quad et \quad H^3 = 3\,vol.$$

On peut se servir de cette propriété pour analyser ce gaz. Dans ce but, on fait éclater quelque temps l'étincelle à travers un volume connu de gaz ammoniac. On enlève alors par l'eau la partie qui n'a pas été décomposée, on ajoute au résidu son demi-volume d'oxygène et l'on fait passer l'étincelle électrique. Tout l'hydrogène disparaît à l'état d'eau. Supposons que nous ayons introduit dans l'eudiomètre 4 vol. du mélange azote et hydrogène provenant de la décomposition de AzH³ et que nous ayons ajouté, comme on vient de le dire, 2 vol. d'oxygène ; après l'explosion nous observerons que ces 6 volumes se réduisent à $1^{vol},5$. Il a donc disparu $4^{vol.},5$, et comme il s'est fait de l'eau les 2/3 du volume disparu, soit 3 vol. d'hydrogène existaient dans 4 volumes du mélange (*azote + hydrogène*) analysé. Ces 4 volumes contenaient donc $4 - 3 = 1$ vol. d'azote et 3 vol. d'hydrogène.

Le chlore, le brome, l'iode décomposent le gaz ammoniac et ses solutions. Avec le chlore il se fait principalement de l'azote et de l'acide chlorhydrique. Si les solutions sont étendues, il se produit aussi une petite quantité d'hypochlorite d'ammonium. La décomposition complète de l'ammoniaque par le chlore se fait suivant l'équation :

$$AzH^3 + 3\,Cl = Az + 3\,HCl$$

L'iode donne avec l'ammoniaque un iodure AzI³ et des iodhydrures d'azote.

L'oxygène brûle l'ammoniaque ; il suffit de présenter une flamme à l'extrémité d'un tube effilé par où le gaz se dégage et de plonger en même temps ce tube dans un ballon d'oxygène, pour que la combustion se continue avec une flamme pâle. Un mélange de gaz AzH³ ammoniac (2 vol.) et d'oxygène ($1^{vol},5$) détone violemment lorsqu'on l'enflamme.

En s'oxydant ainsi, surtout aux températures peu élevées et sous l'influence de la mousse de platine ou même d'une spirale de fil de ce métal, l'ammoniaque donne des vapeurs contenant des acides nitreux et nitrique ainsi que du peroxyde d'azote :

$$AzH^3 + O^4 = AzO^5H + H^2O$$
Ammoniaque. Acide nitrique.

Lorsqu'on verse à l'air une solution d'ammoniaque sur des copeaux de cuivre, elle s'oxyde à froid en même temps que le métal lui-même entre en combinaison pour donner l'hydrate d'un oxyde de cuprammonium.

En vase clos, le soufre se dissout à $100°$ dans l'ammoniaque concentrée et forme des-polysulfures et de l'hyposulfite d'ammonium.

Le charbon donne au rouge avec le gaz ammoniac du cyanhydrate d'ammonium et de l'hydrogène :

$$C + 2AzH^3 = CAzH \cdot AzH^3 + H^2$$

Les métaux alcalins chassent à chaud tout ou partie de l'hydrogène du gaz ammoniac :

$$AzH^3 + K^2 = AzHK^2 + H^2$$

L'ammoniaque s'unit aux acides oxygénés et aux hydracides pour former de véritables sels, les sels ammoniacaux.

Les solutions aqueuses d'ammoniaque ressemblent entièrement, par leur causticité et leurs caractères basiques, aux solutions de potasse.

Usages de l'ammoniaque. — Sous forme de sulfate, chlorhydrate, phosphates, l'ammoniaque entre dans la composition des engrais.

Elle sert dans les arts à dissoudre le carmin, à produire l'indigo, le tournesol, donner de la solubilité à certains principes colorants, à modifier la nuance de quelques couleurs (*cramoisi, bleu de Prusse....*).

Les dégraisseurs emploient l'ammoniaque pour enlever les taches de graisse ou pour laver les laines.

Une de ses applications modernes est l'obtention du froid dans les appareils Carré. Cette méthode utilise l'abaissement de température produit par l'ébullition du gaz ammoniac liquéfié. L'appareil (fig. 121) se compose essentiellement d'un cylindre de fer A aux trois quarts rempli d'une solution aqueuse d'ammoniaque. Il communique par un tube fort $t\text{E}'$ avec un cylindre annulaire vide Z plus petit. Si l'on chauffe le cylindre A, le gaz ammoniac se dégage et vient se liquéfier dans le cylindre creux Z placé dans une cuve d'eau froide. Si, enlevant le feu placé sous A, on plonge à son tour A dans l'eau froide, l'ammoniaque liquéfiée en Z se met bientôt à bouillir à mesure que le gaz se redissout en A et que le vide se fait ainsi dans l'appareil. Cette ébullition du gaz ammoniac liquéfié produit un froid très vif qui sert à congeler l'eau ou les liquides que l'on place dans un récipient spécial B au centre du cylindre annulaire Z.

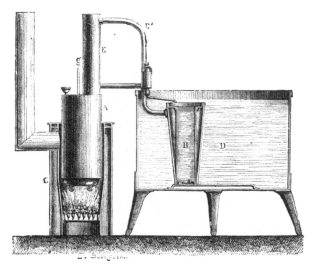

Fig. 121. — Appareil Carré pour la fabrication de la glace par l'ammoniaque liquéfiée.

En raison de sa causticité, l'ammoniaque est employée en médecine comme vésicant et révulsif. Elle est administrée aux animaux par les vétérinaires en solutions étendues, dans les cas de météorisme. A dose très atténuée elle constitue un remède fort connu contre les effets de l'ivresse (5 à 6 gouttes dans un verre d'eau sucrée). Les inspirations d'ammoniaque diluée dans l'air ont été recommandées dans quelques affections des bronches, dans la syncope, dans l'empoisonnement par l'acide cyanhydrique. Elle agit dans ces cas comme excitant des centres nerveux. Très étendue, elle calme aussitôt la douleur des brûlures. Elle a été préconisée contre les morsures et les piqûres venimeuses ; mes expériences m'autorisent à dire qu'elle n'atténue pas sensiblement les effets de la piqûre de vipère. Elle est absolument inefficace contre les morsures d'animaux enragés.

OXYAMMONIAQUE OU HYDROXYLAMINE
$AzH^2.OH$

Ce corps, découvert par Lossen en 1865, doit être étudié à côté de l'ammoniaque dont on peut le faire dériver par substitution de OH à H :

AzH^3 *Ammoniaque.* . . . . $AzH^2(OH)$ *Hydroxylamine.*

Il s'obtient en réduisant le bioxyde d'azote ou l'acide azotique par l'hydrogène naissant. Généralement, on fait agir 500 grammes d'acide chlorhydrique, de densité 1,12, sur 120 grammes d'étain et 50 grammes d'éther azotique ($AzO^3.C^3H^5$). La masse s'échauffe, mais il ne se dégage que peu ou pas d'hydrogène. Quand l'étain est à peu près dissous, on porte le tout à l'ébullition, on filtre, et de la solution on enlève l'étain par un courant d'hydrogène sulfuré. En évaporant, il se précipite peu à peu du sel ammoniac, puis il cristallise du chlorhydrate d'hydroxylamine qu'on purifie en dissolvant ce sel dans l'alcool absolu bouillant.

Cette base s'est formée suivant l'équation :

$$C^3H^5-O-AzO^2 \quad + \quad H^6 \quad = \quad C^3H^5-O-H \quad + \quad AzH^2(OH) \quad + \quad H^2O$$
$$\text{Éther azotique.} \qquad\qquad\qquad \text{Alcool.} \qquad \text{Hydroxylamine.}$$

On transforme le chlorhydrate d'hydroxylamine en sulfate par l'acide sulfurique très étendu, et ce sel, précipité de ses solutions par l'alcool concentré, est traité par l'hydrate de baryte qui fournit en solution la base elle-même. Lorsqu'on veut employer la potasse pour la séparer de ses sels l'hydroxylamine se dédouble aussitôt en ammoniaque, azote et eau :

$$3\,AzH^3O \quad = \quad AzH^3 \quad + \quad Az^2 \quad + \quad 3\,H^2O$$

Toutefois l'on peut l'obtenir par ce procédé en faisant réagir la potasse alcoolique sur une solution alcoolique de nitrate d'hydroxylamine.

L'oxyammoniaque est alcaline : elle précipite les sels de plomb, de fer, de nickel, de zinc, d'alumine, sans redissoudre ces oxydes. Elle précipite le sublimé corrosif en jaune, mais il se produit bientôt du calomel. Un excès de base met le mercure en liberté avec dégagement de gaz. Les sels d'argent sont aussi rapidement réduits.

Si dans une dissolution d'un sel d'hydroxylamine on verse d'abord un sel cuprique, puis de la soude, il se forme un précipité de sous-oxyde de cuivre. Cette réaction est fort sensible.

HYDROGÈNES PHOSPHORÉS

Le phosphore forme avec l'hydrogène trois composés bien définis :

Le phosphure gazeux	PH^3
Le phosphure liquide	PH^2
Le phosphure solide	P^2H

L'*hydrogène phosphoré gazeux* fut découvert par Gingembre en 1783 en faisant agir les alcalis caustiques sur le phosphore. P. Thénard démontra en 1845 que ce gaz spontanément inflammable est un mélange d'hydrogène phosphoré PH³, non spontanément inflammable, avec un peu de phosphure liquide PH² qui lui communique son inflammabilité.

On peut obtenir simultanément les trois phosphures d'hydrogène en décomposant par l'eau le phosphure de calcium CaP. Ce corps s'obtient lui-même en faisant passer des vapeurs de phosphore sur des bâtons de craie portés au rouge vif.

Hydrogène phosphoré gazeux PH³. — On le prépare à l'état impur et spontanément inflammable en faisant bouillir avec du phosphore une solution concentrée de potasse ou un lait épais de chaux ou de baryte. Le gaz PH³ se dégage tandis qu'il se fait un hypophosphite :

$$4P \ + \ 3KHO \ + \ 3H^2O \ = \ PH^3 \ + \ 3PO^2KH^2$$
$$\text{Hypophosphite de K.}$$

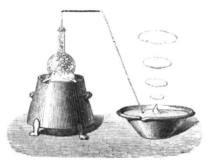

L'hydrogène phosphoré qui se produit ainsi contient un peu d'hydrogène phosphoré liquide auquel il doit son inflammabilité : mais peu à peu, et surtout à la lumière, le phosphure liquide se dédouble en PH³ gazeux et P²H solide qui se dépose dans l'éprouvette en une légère couche jaune. Le gaz hydrogène phosphoré qui reste a perdu dès lors son inflammabilité spontanée. L'équation suivante montre comment se détruit le phosphure liquide :

$$5PH^2 \ = \ 3PH^3 \ + \ P^2H$$

La décomposition des acides phosphoreux et hypophosphoreux hydratés donne aussi de l'hydrogène phosphoré gazeux :

$$4PH^3O^3 \ = \ PH^3 \ + \ 3PO^4H^3$$
$$\text{Acide} \qquad\qquad \text{Acide}$$
$$\text{phosphoreux.} \qquad \text{phosphorique.}$$

Dans ce second cas, il ne se fait pas d'hydrogènes phosphorés liquides ou solides, mais bien de l'hydrogène qui souille le produit formé.

Pour obtenir l'hydrogène phosphoré PH³ tout à fait pur M. Riban fait passer le gaz obtenu par l'une ou l'autre de ces méthodes d'abord dans une solution concentrée d'acide chlorhydrique qui retient ou détruit les phosphures solides ou liquides, ensuite dans du protochlorure de cuivre en solution chlorhydrique, réactif qui absorbe 70 à 80 fois son volume du gaz PH³. Il est facile de le dégager ensuite en chauffant modérément cette combinaison facilement dissociable.

L'hydrogène phosphoré est un gaz incolore; son odeur très désagréable rappelle à la fois l'ail et le poisson pourri. Sa densité est de 1,18. Un litre pèse 1^{gr},54. L'eau en dissout un huitième de son volume; il est plus soluble dans l'alcool, l'éther et les essences.

La chaleur et l'étincelle d'induction le décomposent aisément en ses éléments.

Pur, il ne s'enflamme pas spontanément à l'air; mélangé d'une trace d'hydrogène phosphoré liquide PH^2, chacune de ces bulles en arrivant dans l'atmosphère prend feu et forme des couronnes blanches d'acide phosphorique qui s'élèvent et s'élargissent jusqu'à disparaître. Le gaz hydrogène phosphoré non spontanément inflammable s'enflamme déjà vers 70°, ou même au contact d'une goutte d'acide nitrique fumant, du chlorure de chaux, du chlore.

Le chlore, le brome et l'iode l'attaquent énergiquement en s'emparant de son hydrogène et s'unissant au phosphore. Si l'on fait réagir le chlore, il faut diluer le gaz PH^3 dans un gaz inerte, si l'on ne veut s'exposer à des explosions dangereuses.

La plupart des métaux décomposent ce gaz en donnant de l'hydrogène et un phosphure.

L'hydrure gazeux de phosphore s'unit aisément à son volume d'acide bromhydrique et iodhydrique pour former des bromhydrate et iodhydrate, cristallisés en cubes comme les bromhydrates et iodhydrates correspondants d'ammoniaque. L'acide chlorhydrique ne se combine à lui que sous la pression de 20 atmosphères et à 14 degrés, pour former un chlorhydrate cristallisé (*Ogier*). Toutes ces combinaison sont décomposées par l'eau :

$$ \text{PH}^3 \cdot \text{HI} \;+\; \text{aq} \;=\; \text{PH}^3 \;+\; \text{HI} \cdot \text{aq} $$

Hydrogène phosphoré liquide PH^2. — On le prépare en décomposant, à l'obscurité, le phosphure de calcium par un excès d'eau. Les gaz qui se dégagent sont refroidis en les faisant passer dans un tube en U à deux boules communiquant placées dans un mélange de glace et de sel. L'eau se condense et cristallise dans la première boule; le phosphure passe dans la seconde. On le transvase, s'il y en a de liquéfié, de la première à la seconde boule, en inclinant un peu l'appareil. On sépare d'un trait la première boule et l'on ferme les extrémités du tube récipient à la cire rouge.

L'hydrogène phosphoré PH^2 est un liquide, incolore, facilement décomposable à + 30° même à l'abri de la lumière, ou mieux au soleil, en hydrogènes phosphorés solide et liquide. On a donné plus haut l'équation de cette décomposition. L'acide chlorhydrique, l'essence de térébenthine produisent ce dédoublement. Liquide, ou en vapeur même diluée, il s'enflamme spontanément à l'air. Il ne se solidifie pas à — 20°, et ne se mélange pas à l'eau.

Hydrogène phosphoré solide P^2H. — L'on a vu comment il se forme aux dépens du corps précédent. C'est une poudre jaune, insoluble dans l'eau, décomposable vers 180°. Au contact des alcalis elle donne de l'hydrogène phosphoré gazeux PH^3 et des hypophosphites.

HYDROGÈNES ARSÉNIÉS

Hydrogène arsénié gazeux AsH^3. — On prépare ce gaz en décomposant par l'acide sulfurique étendu un alliage de zinc qu'on obtient en fondant 100 parties de ce métal avec 75 parties d'arsenic. L'on a :

$$As^2Zn^3 \; + \; 3SO^4H^2 \; = \; 2AsH^3 \; + \; 3SO^4Zn$$

L'hydrogène arsénié se produit aussi, mais mélangé d'hydrogène, lorsqu'on verse un peu d'acide arsénieux ou d'acide arsénique dans un appareil où se dégage de l'hydrogène naissant.

C'est un gaz incolore, doué d'une forte odeur d'ail. Sa densité est de 2,695. Il se condense à — 40° en un liquide limpide et mobile. A l'abri de l'air et de l'humidité il se conserve sans altération.

Il est formé avec absorption de chaleur :

$$As + H^3 \; = \; AsH^3 \; - \; 36^{Cal},7;$$

il est donc très instable et se détruit, lorsqu'on le chauffe, en déposant de l'arsenic et dégageant de l'hydrogène.

La détonation d'une trace de fulminate produit dans l'hydrogène arsénié un ébranlement qui le décompose subitement avec dégagement de la quantité de chaleur ci-dessus indiquée (*Berthelot*).

Le chlore s'empare de son hydrogène avec une légère explosion en mettant son arsenic en liberté.

Chauffés à son contact les métaux donnent des arséniures et de l'hydrogène. Les sels d'argent et de cuivre l'absorbent et forment avec lui des composés noirs insolubles. Il est extrêmement vénéneux.

Hydrogène arsénié solide As^2H. — Lorsqu'on décompose l'eau en employant pour électrode un barreau d'arsenic, l'arséniure As^2H se dépose au pôle négatif. On peut l'obtenir aussi par l'action de l'eau sur l'arséniure de potassium. C'est un corps brun, inflammable à l'air, qui, lorsqu'on le chauffe, se décompose en arsenic et hydrogène.

Nous reviendrons plus loin sur ces arséniures en parlant de la recherche toxicologique de l'arsenic.

HYDROGÈNE ANTIMONIÉ

On le prépare soit en réduisant les composés antimoniques (oxychlorures, chlorures, etc.) par l'hydrogène naissant; soit en attaquant l'antimoniure de potassium par l'acide chlorhydrique. Le gaz SbH³ est toujours mélangé de beaucoup d'hydrogène : ce n'est que par analogie, indirectement, qu'on a pu établir la réalité de la formule SbH³.

On connaît très mal les propriétés physiques de l'hydrogène antimonié. Il est incolore. La chaleur le décompose aisément en antimoine et hydrogène. Il brûle avec une flamme livide en donnant de l'eau et de l'acide antimonieux. La plupart des métalloïdes et des métaux se conduisent avec lui comme avec l'hydrogène arsénié.

Il paraît exister un *hydrogène antimonié solide* qu'on obtient par l'action de l'acide chlorhydrique sur un antimoniure de zinc.

VINGT ET UNIÈME LEÇON

COMPOSÉS OXYGÉNÉS DE L'AZOTE.
OXYCHLORURES, CHLORURE ET IODURES D'AZOTE

Lorsque le gaz azote est porté à une très haute température en présence de l'oxygène, sa molécule se dissocie partiellement dans les deux atomes qui la composent et ceux-ci tendent à s'unir aussitôt à l'oxygène ambiant pour donner de la vapeur nitreuse. Rappelons ici l'expérience de Cavendish ; il faisait passer une série d'étincelles électriques à travers un mélange d'azote et d'oxygène sec, et bientôt la cloche se remplissait de vapeurs rutilantes (Voy. p. 226).

Nous vous avons aussi montré que si dans un ballon l'on fait brûler un jet d'hydrogène et que l'on remplace peu à peu l'air de l'enceinte par de l'oxygène, le peroxyde d'azote AzO² ne tarde pas à paraître.

Une seconde condition permet à l'azote de s'unir à l'oxygène, c'est *l'entraînement*, c'est-à-dire la transmission à sa molécule de l'onde vibratoire qui règne autour d'un corps qui s'oxyde. La combustion lente du phosphore à l'air entraîne par ce mécanisme la formation de l'acide nitreux Az²O³ ; d'autres combustions lentes, celle de l'éther en présence du platine par exemple, produisent le même résultat.

L'on peut rapprocher de ce mode d'influence l'action de l'effluve qui, à forte tension, unit lentement l'azote aux corps organiques ambiants.

Il est une troisième voie qui permet d'arriver aux composés oxygénés de l'azote, c'est l'oxydation des corps qui contiennent cet élément déjà combiné, et en particulier l'oxydation des composés ammoniacaux. On a déjà vu que sous l'influence de l'ozone ou de l'oxygène avec le concours du platine spongieux, l'ammoniaque s'oxyde pour donner des acides nitrique et nitreux ainsi que de la vapeur nitreuse.

Enfin, il est une dernière condition qui permet d'oxyder l'azote ammoniacal et peut être élémentaire ; c'est le concours de certains organismes vivants sur lesquels MM. Schlœsing et Müntz d'abord, puis M. Berthelot, ont appelé l'attention. Il existe des sols doués de la remarquable propriété d'oxyder l'azote ammoniacal ou l'azote de l'urée et de le transformer en acide azotique. Ce n'est pas la porosité du sol qui intervient ici, comme on le pensait autrefois, c'est un organisme spécial. En effet, il suffit de chauffer à 100° ces terres nitrifiantes, ou même de les faire traverser par de la vapeur de chloroforme, pour que leur propriété de nitrifier l'azote disparaisse. Le ferment nitrique a pu être récemment isolé.

Soumis à l'action des divers corps réducteurs, les anhydrides nitreux Az^2O^3, nitriques Az^2O^5, et la vapeur nitreuse AzO^2 qui ont pris naissance dans les conditions que je viens de dire, produisent les corps intermédiaires, protoxyde et deutoxyde d'azote, Az^2O et AzO, et l'ensemble de ces composés oxygénés forme une famille de dérivés qui passent aisément des uns aux autres lorsqu'on les réduit ou qu'on les oxyde.

Outre cette commune origine, ces corps ont ces deux caractères semblables : 1° d'être tous plus ou moins instables ; 2° d'être formés indirectement avec absorption de chaleur.

Le protoxyde d'azote Az^2O se détruit lentement au rouge sombre ; sa compression brusque et violente le dédouble en ses éléments. Le bioxyde d'azote AzO se décompose bien plus vite à 520° : après une demi-heure le quart du gaz initial est transformé en azote et oxygène libres. Les acides azoteux et azotique se décomposent aisément, soit par la chaleur, soit par la lumière, à des températures très modérées. Quant à la vapeur nitreuse AzO^2, chauffée à 500° durant une heure, elle ne donne aucun indice de décomposition ; elle ne se détruit qu'au rouge vif ; c'est le plus stable de tous ces composés.

Le tableau suivant donne la liste des composés oxygénés de l'azote, les quantités de chaleur *absorbée* lors de leur formation, et leur composition en volumes :

NOMS DES COMBINAISONS.	FORMULES.	COMPOSITION EN VOLUMES.	CHALEUR ABSORBÉE PAR LA COMBINAISON DES ÉLÉMENTS.
Protoxyde d'azote.	Az^2O	2 vol. Az + 1 vol. O	— 18^{Cal} 52
Deutoxyde d'azote.	AzO	1 vol. Az + 1 vol. O	— 43 , 40
Acide azoteux anhydre. . .	Az^2O^3	2 vol. Az + 3 vol. O	— 66 , 06
Hypoazotide	AzO^2	1 vol. Az + 2 vol. O	24 , 65
Acide azotique anhydre . .	Az^2O^5	2 vol. Az + 5 vol. O	— 45 , 20
Anhydride perazotique. . .	AzO^3	1 vol. Az + 3 vol. O	—

A ces nombres ajoutons la chaleur de formation, à partir de ses éléments, de l'acide nitrique hydraté AzO^5H : elle est de $+ 24^{Cal},6$ à l'état gazeux, et de $+ 27^{Cal},1$ à l'état dissous.

A l'inspection de ce tableau, on comprend l'instabilité de la plupart des combinaisons oxygénées de l'azote toutes endothermiques.

PROTOXYDE D'AZOTE
Az^2O

Préparation. — Ce gaz, découvert en 1776 par Priestley en faisant agir le bioxyde d'azote sur la limaille de fer humide, fut ensuite étudié par H. Davy. Il s'obtient plus facilement en décomposant par la chaleur le nitrate d'ammoniaque. L'expérience se fait dans une petite cornue munie d'un tube de sûreté dit de Welter. Le gaz peut être recueilli sur la cuve à mercure ou sur la cuve à eau; mais dans ce dernier cas l'eau doit être chauffée vers 35° pour diminuer la solubilité du protoxyde.

La réaction qui lui donne naissance est la suivante :

$$AzO^5 \cdot AzH^4 \;=\; Az^2O \;+\; 2H^2O$$

En même temps il se sublime un peu d'azotate d'ammoniaque qui ne se décompose pas, et si certains point de l'appareil sont surchauffés, il se produit de l'azote, de l'oxygène et du peroxyde d'azote AzO^2. Il faut donc, pour obtenir le gaz protoxyde pur, le laver successivement dans une solution de soude et de sulfate ferreux. Il convient enfin de faire usage de nitrate d'ammoniaque exempt de chlorures qui fourniraient du chlore.

Il se dégage durant la décomposition du nitrate d'ammoniaque 26 Calories; au-dessus de 300°, la décomposition de ce sel peut être explosive.

Propriétés. — Le protoxyde d'azote est un gaz incolore, inodore, d'une saveur sucrée. Sa densité est de 1,527; un litre pèse $1^{gr},975$. L'eau à 0° en dissout 1 vol. 3 et à 15 degrés 0,38 volume.

Il se liquéfie à 0 degré, sous la pression de 30 atmosphères. La densité du protoxyde d'azote liquéfié est de 0,937. Il forme alors une liqueur incolore, mobile, bouillant à $-88°$ sous la pression de l'atmosphère; il se refroidit encore par son ébullition et se solidifie à $-100°$. Mélangé de sulfure de carbone, puis évaporé dans le vide, sa température s'abaisse à -140 degrés. Dans ce liquide, les corps les plus oxydables, potassium, phosphore, etc., restent inaltérés; mais le charbon incandescent brûle vivement à sa surface sans le faire bouillir, grâce à un phénomène de non-contact dû à l'état sphéroïdal.

Voici du protoxyde d'azote liquide dans cette éprouvette. J'y laisse tomber un charbon allumé; il y brûle avec un vif éclat, en même temps j'y verse du mercure qui se solidifie presque aussitôt : expérience curieuse où l'on obtient superposées et côte à côte une **température suffisamment basse pour solidifier le mercure, et assez haute pour produire l'éclat éblouis-**sant que développe la -combustion du carbone dans le gaz Az²O.

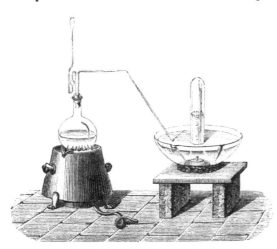

Fig. 123. — Préparation de protoxyde d'azote.

Le protoxyde d'azote se décompose très lentement au rouge sombre, rapidement au rouge vif, en azote et en oxygène. Aussi le charbon encore incandescent d'une allumette s'y rallume-t-il aussitôt; le soufre, le phosphore y brûlent comme dans l'oxygène. Il détone avec l'hydrogène sous l'influence de la mousse de platine légèrement chauffée. Il se forme ainsi de l'ammoniaque **si l'on modère la réaction** :

$$Az^2O + 8H = 2AzH^3 + H^2O$$

Chauffé avec les métaux alcalins, le protoxyde d'azote les oxyde en laissant un résidu d'azote égal au volume du gaz primitif :

$$\underset{\text{4 volumes.}}{2Az^2O + 2K^2} = \underset{\text{4 volumes.}}{2K^2O + 2Az^2}$$

Cette réaction permet d'établir sa composition.

Applications. — Le protoxyde d'azote, loin d'entretenir la respiration, comme il entretient les *combustions vives* des corps aptes à le décomposer, plonge les animaux dans une sorte d'ivresse gaie ou triste (*gaz hilariant*), propriété constatée d'abord par H. Davy; il produit ensuite l'insensibilité et le sommeil anesthésique. Mais, fort différent du sommeil du chloroforme, cet assoupissement léger disparaît aussitôt qu'on cesse d'inhaler ce gaz. Aussi a-t-on préconisé cet agent dans les petites opérations, et spécialement dans celles qui ont lieu sur la face, cas dans lesquels les empoisonnements par le chloroforme semblent être le plus à craindre. Les dentistes l'utilisent pour l'arrachement des dents.

M. P. Bert a montré que le protoxyde d'azote n'influence que les centres nerveux généraux, sans agir sur le cœur et les centres respiratoires. Il a rendu cet anesthésique inoffensif en prescrivant de l'employer mélangé d'oxygène, de façon à laisser à ce dernier la pression qu'il possède dans l'air. On obtient ce résultat en faisant respirer un gaz mixte composé de 84 vol. de protoxyde d'azote et 16 vol. d'oxygène.

Il est presque inutile de rappeler que le protoxyde d'azote employé comme anesthésique doit être absolument exempt d'autres composés oxygénés de l'azote, ainsi que de chlore ou d'aucun de ses dérivés; tous ces corps sont fort dangereux. Nous avons vu plus haut comment on purifie le protoxyde chirurgical.

Le protoxyde d'azote très pur se prépare aujourd'hui industriellement. Il est livré dans des vases métalliques en fer forgé doublés de cuivre, munis de robinets spéciaux pour le débit du gaz.

On fabrique des eaux gazeuses au protoxyde d'azote qu'on expédie en siphons. Elles ont été préconisées dans les affections goutteuses et rhumatismales.

ACIDE HYPOAZOTEUX
$AzOH$

Un mot seulement de cet acide, qui paraît être l'acide hydraté correspondant à l'anhydride Az^2O précédent :

$$Az^2O + H^2O = 2AzOH$$

Ce corps, découvert par Divers, s'obtient en réduisant par l'amalgame de sodium ou le zinc les azotates ou azotites alcalins :

$$AzO^2K + 2K + H^2O = AzOK + 2KHO$$

Après réduction, on neutralise la liqueur par l'acide acétique et l'on précipite l'hypoazotite alcalin formé, par du nitrate d'argent.

L'hypoazotite d'argent constitue une poudre jaune pâle, amorphe, détonant à 150°. Mise en suspension dans l'eau, puis traitée par l'acide chlorhydrique, elle donne l'acide hypoazoteux hydraté. Cette solution, qui bleuit l'empois d'amidon ioduré, se décompose peu à peu suivant l'équation :

$$2AzOH = Az^2O + H^2O$$

DEUTOXYDE D'AZOTE
AzO

Ce corps fut découvert par Halles en 1772. Il prend naissance lorsqu'on réduit partiellement à froid l'acide nitrique par certains métaux, cuivre, argent, mercure, etc. :

$$3\,Cu + 8\,AzO^3H = 5\,(AzO^5)^2Cu + 4\,H^2O + 2\,AzO$$

Acide   Azotate   Deutoxyde
azotique.   de cuivre.   d'azote.

par cette méthode il se fait toujours un peu de protoxyde d'azote.

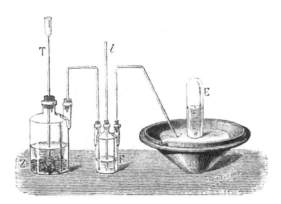

Fig. 124. — Préparation du deutoxyde d'azote.

Pour l'obtenir pur on réduit l'acide azotique par les sels ferreux. On prend un volume d'acide chlorhydrique, qu'on traite par du fer en limaille. Lorsque le métal ne se dissout plus, on décante dans un petit ballon la solution de protochlorure, on ajoute un volume d'acide chlorhydrique égal à celui qu'on a transformé en chlorure de fer et une dose de salpêtre qui doit s'élever aux deux tiers du poids du fer dissous; en chauffant un peu, le deutoxyde d'azote se dégage régulièrement. L'on a :

$$6\,FeCl^2 + 2\,AzO^3K + 8\,HCl = 3\,Fe^2Cl^6 + 2\,AzO + 2\,KCl + 4\,H^2O$$

Protochlorure   Nitre.   Perchlorure   Deutoxyde
de fer.   de fer.   d'azote.

Propriétés. — Le deutoxyde d'azote est un gaz incolore; sa densité est de 1,039. Un litre pèse 1,343.

Il a été liquéfié à — 11°, sous la pression de 104 atmosphères.

Il est très peu soluble dans l'eau.

La chaleur rouge le décompose en azote et oxygène. Il est endothermique (Voir p. 264); il se détruit, avec explosion, sous l'influence de la détonation d'un peu de fulminate de mercure. Par l'étincelle électrique, il donne des acides azoteux, azotique et de l'hypoazotite AzO².

Si l'on fait passer dans du deutoxyde d'azote son demi-volume d'oxygène sec, celui-ci est entièrement absorbé, et le gaz résultant, coloré en rouge brun, est égal au volume du deutoxyde employé. Il s'est transformé en hypoazotite suivant l'équation :

$$AzO + O = AzO^2$$

2 vol.   1 vol.   2 vol.

Si le deutoxyde est en excès, il se fait un mélange gazeux rouge brun d'acide azoteux, d'hypoazotite et de deutoxyde d'azote, en proportions qui varient avec celles du mélange et avec la température. Ce mélange porte le nom de *vapeurs rutilantes*.

Les corps combustibles *bien enflammés* continuent à brûler dans le deutoxyde d'azote. Le phosphore, le charbon incandescents y brûlent avec un vif éclat. Le soufre s'y éteint. Les mélanges d'hydrogène ou d'oxyde de carbone avec le deutoxyde d'azote ne s'enflamment pas. Au contraire le cyanogène, le sulfure de carbone mêlés à ce gaz, brûlent avec un grand éclat.

En présence de la mousse de platine légèrement chauffée et de l'hydrogène, le deutoxyde d'azote donne de l'ammoniaque et de l'eau :

$$AzO + 5H = AzH^3 + H^2O$$

Les métaux alcalins que l'on chauffe dans ce gaz le réduisent avec incandescence en laissant un volume d'azote pour deux volumes de deutoxyde : cette observation suffit pour établir sa composition.

La potasse caustique décompose le deutoxyde d'azote en protoxyde et azotite de potassium :

$$4AzO + 2KHO = 2AzO^2K + Az^2O + H^2O$$

Le deutoxyde d'azote s'unit au sulfate ferreux qu'il colore en brun noir. Cette combinaison, dissociable par la chaleur, répond à la formule $(SO^4Fe)^2AzO$.

Le gaz AzO s'oxyde aux dépens de l'acide nitrique qu'il réduit :

$$AzO + 2AzO^3H = 3AzO^2 + H^2O$$

Dans cette réaction les vapeurs nitreuses en se dissolvant dans l'acide nitrique en excès, lui communiquent diverses colorations, brunes, jaunes, vertes, suivant la dilution de l'acide.

On a dit ailleurs le rôle que joue le deutoxyde d'azote dans la fabrication de l'acide sulfurique : il prend l'oxygène de l'air, le transporte sur l'acide sulfureux, repasse lui-même à l'état de deutoxyde et recommence ce jeu de va-et-vient tant qu'il y a de l'air et de l'acide sulfurique à oxyder.

ACIDE AZOTEUX
Anhydride Az^2O^3 — *Acide hydraté* AzO,OH

La facilité avec laquelle l'acide azoteux se dédouble en deutoxyde d'azote et vapeur nitreuse, même à basse température, explique que ce corps n'ait pas été encore obtenu à l'état de pureté complète.

L'acide azoteux le plus pur (95 0/0) se prépare en versant peu à peu par un tube capillaire un volume d'un mélange glacé de un tiers d'eau et deux tiers d'acide nitrique ordinaire dans une éprouvette, contenant un volume d'hypoazotite refroidi dans la glace et le sel (*A. Gautier*). L'hypoazotite se décompose aussitôt en acides azotique et azoteux. Il se fait deux couches : la supérieure, vert-pré, est une solution de vapeurs nitreuses dans l'acide azotique ; l'inférieure, bleu verdâtre foncé, est formée surtout d'acide azoteux. On la sépare, et on la distille à 0°. Il se condense dans le réfrigérant bien refroidi un liquide bleu qui est de l'acide azoteux impur. Voici quelle est la réaction :

$$4 \, AzO^2 + aq = Az^2O^5, aq + Az^2O^3$$

Si l'on veut obtenir une solution d'acide azoteux, telle que celle qui est souvent utilisée en chimie organique pour attaquer les amides, on dissout dans l'eau le liquide bleu précédent ; ou bien l'on réduit l'acide arsénieux en poudre par de l'acide azotique d'une densité de 1,33 ; ou bien encore l'on décompose par l'eau les cristaux des chambres de plomb :

$$S^2Az^2O^9 + aq = 2 SO^3, aq + Az^2O^3$$

Si l'on n'a pas ces cristaux, on les obtient au besoin en dirigeant de l'acide sulfureux dans de l'acide nitrique fumant ou bien dans de l'hypoazotite refroidi (Voir plus loin), et cela jusqu'à consistance de sirop.

L'acide azoteux est un liquide bleu, bouillant vers 0 degré, soluble dans l'eau froide. Cette dissolution bleue, lorsqu'elle est concentrée se décompose dès qu'elle s'échauffe en donnant de l'acide azotique et du bioxyde d'azote ; très étendue, elle est assez stable. Elle réduit en s'oxydant les sels d'or, de mercure, le permanganate de potasse, et met en liberté l'iode des iodures solubles.

HYPOAZOTITE
AzO^2

L'hypoazotite, appelé aussi *vapeur nitreuse, gaz rutilant*, a été observé depuis qu'on manie l'acide nitrique et les métaux. Sa composition et ses propriétés ont été établies par Gay-Lussac, Dulong et M. Péligot.

Préparation. — On a dit plus haut que l'on peut obtenir l'hypoazotite par l'union directe du deutoxyde d'azote à la moitié de son volume d'oxygène. Plus généralement on recourt à la décomposition d'un azotate : ceux de plomb ou de cuivre sont les plus commodes.

On pulvérise de l'azotate de plomb et on le sèche exactement dans une capsule de fer jusqu'à ce qu'il ne décrépite plus et qu'il commence à émettre des vapeurs rouges. On introduit alors ce sel (fig. 125) dans une cornue de grès C et l'on chauffe vers 450°. L'azotate se décompose en hypoazotite, oxygène et oxyde de plomb :

$$(AzO^5)^2Pb = PbO + O + 2AzO^2$$

On reçoit le produit qui distille dans un matras R entouré de glace et de sel ; l'hypoazotite se condense, tandis que se dégage l'oxygène.

C'est un liquide rouge brun à la température ordinaire, d'une teinte de moins en moins foncée à mesure que sa température s'abaisse ; sa densité est de 1,451 vers 0°. Il bout à — 22° et se solidifie à — 9° en cristaux incolores. Sa densité de vapeur est de 2,5

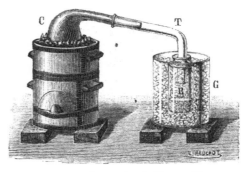

Fig. 125. — Préparation de l'hypoazotite.

à 35° ; de 1,92 à 70° et de 1,60 à 135°. La coloration du gaz augmente aussi avec la température. La lumière en traversant ses vapeurs donne un spectre formé de nombreuses raies et bandes d'absorption.

Le gaz rutilant résiste bien au rouge naissant, mais se décompose au rouge vif.

Il s'unit à l'oxygène sous l'influence de l'effluve et forme de l'acide perazotique AzO^5 (*Berthelot*). Le chlore, le brome se combinent à lui à température élevée pour donner les chlorure ou bromure d'azotyle, AzO^2Cl.

Nous avons dit que l'eau décompose la vapeur nitreuse et produit ainsi de l'acide azoteux et de l'acide azotique :

$$2AzO^2 + H^2O = AzO^2H + AzO^3H$$
$$\text{Acide} \qquad \text{Acide}$$
$$\text{azoteux.} \qquad \text{azotique.}$$

Les bases alcalines donnent semblablement des azotates et des azotites.

L'acide sulfureux anhydre forme avec l'hypoazotite les cristaux dits *des chambres de plomb* en même temps que de l'anhydride azoteux :

$$4AzO^2 + 2SO^2 = S^2Az^2O^9 + Az^2O^3$$
$$\text{Cristaux des} \qquad \text{Anhydride}$$
$$\text{chambres de plomb.} \qquad \text{azoteux.}$$

L'acide chlorhydrique sec dirigé dans l'hypoazotite refroidi à — 22° produit de l'acide chlorazoteux $AzOCl$ bouillant à — 5° et de l'acide chlorazotique ou chlorure d'azotyle AzO^2Cl.

Mélangée de sulfure de carbone, la vapeur nitreuse forme une liqueur

explosible extrêmement dangereuse. On en modère les effets en ajoutant
au sulfure de carbone divers hydrocarbures. Cette poudre fulminante
liquide porte le nom de *panclastite.*

ACIDE AZOTIQUE
Anhydre Az^2O^5 — *Acide hydraté* $AzO^2.OH$

Anhydride azotique.

Il fut découvert en 1849 par H. Deville, en faisant passer un courant
lent de chlore sur de l'azotate d'argent :

$$2 AzO^3Ag + 2 Cl = Az^2O^5 + 2 AgCl + O$$

Depuis, M. Weber l'a préparé en déshydratant l'acide azotique fumant,
refroidi dans la glace et le sel, par un peu plus que son poids d'acide
phosphorique anhydre, et distillant ensuite lentement la masse gélatineuse qui se forme. L'anhydride azotique se condense alors en cristaux
dans des récipients convenables bouchés à l'émeri (*modification de
M. Berthelot*). MM. Odet et Vignon l'ont aussi obtenu en faisant réagir
le chlorure d'azotyle sur les azotates :

$$AzO^2Cl + AzO^3Na = NaCl + Az^2O^5$$

C'est un liquide fusible à 30°, bouillant à 47°, rapidement décomposable à + 80°. Il se détruit spontanément en donnant de l'hypoazotite
et de l'oxygène.

Acide azotique.

La découverte de ce corps important est attribuée à Geber [1]. Albert le
Grand et Raymond Lulle au treizième siècle en décrivent presque iden-
tiquement la préparation. Ils l'obtenaient en distillant du nitre avec de
l'alun et de l'argile ou bien avec du sulfate de cuivre et de l'argile, selon
la méthode arabe. On lui donnait le nom d'*eau prime,* d'*eau philoso-
phique,* d'*eau forte,* et l'on n'ignorait pas qu'il permet de séparer l'or
de l'argent qu'il dissout. On savait aussi que si l'on additionne cet acide
de sel ammoniac, il attaque et dissout l'or et le soufre (*Eau régale*).

Préparation. — Dans l'industrie, on prépare l'acide azotique ou nitrique en chauffant dans des chaudières de fonte A (fig. 126) 100 kilog.
d'azotate de soude du Chili, AzO^3Na, avec 130 kilog. d'acide sulfurique

---

[1] Geber, de son nom *Djabar al Koufi* ou Geber de Koufa, vivait en Perse ou en Arabie
vers le milieu du huitième siècle de notre ère. Il semble avoir entrevu les gaz et leur rôle
dans les transformations des corps. Il obtenait l'acide nitrique en distillant un mélange de
sulfate de cuivre, de salpêtre et d'alun. Il a décrit le sublimé corrosif, le carbonate d'ammoniaque, la pierre infernale, le foie de soufre, etc.

à 62° B⁴. Le couvercle luté, on chauffe modérément : les vapeurs s'échappent par une tubulure de grès latérale B; elles vont se condenser dans une série de touries successives DD'D″ où l'on a eu le soin de laisser un peu d'eau qui facilite la condensation des vapeurs. L'on obtient aveclesquantités ci-dessus indiquées 135 kilog. d'acide nitrique à 36° B⁴.

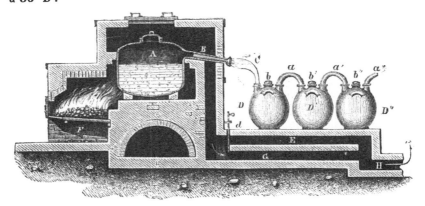

Fig. 126. — Appareil industriel pour la fabrication de l'acide azotique.

On purifie l'acide commercial en le redistillant après addition de un ou deux centièmes d'azotate de plomb qui lui enlève, sous forme de

Fig. 127. — Préparation de l'acide nitrique monohydraté dans les laboratoires.

chlorure, l'acide chlorhydrique provenant d'un peu de sel marin contenu dans le nitre du Chili qui a servi à le préparer. Le sel de plomb précipite en même temps à l'état de sulfate insoluble un peu d'acide sulfurique entraîné lors de la fabrication industrielle.

A. Gautier. — Chimie minérale.   18

Dans les laboratoires pour préparer de toutes pièces l'acide nitrique pur, on place dans une cornue de verre (fig. 127) poids égaux de nitrate de potasse et d'acide sulfurique concentré; celui-ci forme du bisulfate de potasse, et l'acide nitrique mis en liberté distille dès que l'on chauffe. Il reste dans la cornue du bisulfate de potasse. On a :

$$AzO^5K \quad + \quad SO^4H^2 \quad = \quad AzO^5H \quad + \quad SO^4KH$$

| Nitrate de potasse. | Acide sulfurique. | Acide nitrique. | Bisulfate de potasse. |

Au commencement et à la fin de l'opération on voit apparaître quelques vapeurs rutilantes dues à la décomposition d'un peu d'acide nitrique provenant, au début, de l'excès d'acide sulfurique, et à la fin, de l'action trop vive de la chaleur sur les vapeurs nitriques. L'acide azotique monohydraté ainsi préparé répond à la formule AzO^6H. C'est l'acide azotique dit *fumant*.

Propriétés physiques. — *L'acide azotique monohydraté* est un liquide incolore lorsqu'il est pur ; l'acide *fumant* du commerce ou des laboratoires est légèrement coloré en jaune par un peu d'hypoazotite. Sa densité est de 1,52. Il émet des vapeurs blanchâtres à froid. Il bout à + 86° et se congèle à — 40°.

Propriétés chimiques. — L'acide fumant se décompose peu à peu, orsqu'on le distille plusieurs fois, jusqu'à correspondre à l'hydrate $Az^2O^5,4H^2O$. Telle est aussi à peu près la composition de l'acide commercial. Réciproquement, si l'on étend d'eau l'acide qui répond à cette composition, il perd d'abord l'eau en excès et revient à la formule $Az^2O^5,4H^2O$. Cet acide, qui paraît être l'hydrate défini $(AzO^3H)^2,3H^2O$, reçoit souvent, d'après une ancienne nomenclature, le nom d'*acide quadrihydraté*. Il bout à 122°-128° et possède une densité de 1,42 qui répond à 36° Baumé.

L'acide azotique est un acide énergique, mais instable. La lumière le décompose s'il est monohydraté, en hypoazotite qui le colore en jaune et en oxygène. La chaleur agit comme la lumière. Vers 300° il se transforme en hypoazotite, oxygène et eau.

L'acide azotique se conduit, en général, comme un oxydant énergique. La plupart des métalloïdes (l'oxygène, le chlore, le brome et l'azote exceptés) ainsi que presque tous les métaux sont attaqués par lui. Le soufre et ses produits inférieurs d'oxydation, le phosphore, l'arsenic, les acides phosphoreux et arsénieux, sont transformés en acides suroxygénés : acides sulfurique, phosphorique, arsénique, etc. Quant à l'acide azotique, il se détruit en même temps en donnant tantôt des vapeurs nitreuses, tantôt du bioxyde d'azote, tantôt du protoxyde d'azote ou même de l'azote libre.

L'hydrogène transforme l'acide nitrique en ammoniaque sous l'influence de la mousse de platine ou lorsqu'on le produit à l'état naissant en présence de cet acide.

La plupart des métaux réduisent l'acide nitrique, mais avec des résultats fort divers. Le zinc, l'étain s'y dissolvent sans dégager de gaz ; il se fait ainsi de l'azotate, de l'azotite et de l'hypoazotite d'ammoniaque :

$$10\,AzO^5H \ + \ 4\,Zn \ = \ 4\,(AzO^{\overline{\cdot}})^2Zn \ + \ AzO^5,AzH^4 \ + \ 3\,H^2O$$

D'autres métaux, tels que le cuivre, le mercure, l'argent, dégagent du bioxyde d'azote mêlé d'un peu de protoxyde et passent à l'état de nitrates.

D'autres restent inattaqués : l'or, le platine, le palladium sont dans ce cas.

D'autres, enfin, en présence de l'acide nitrique le plus concentré, deviennent *passifs*. C'est ainsi que le fer trempé dans l'acide fumant, non seulement ne décompose plus cet acide, mais n'agit même pas sur l'acide ordinaire qu'il détruisait auparavant. Le simple contact d'un peu de cuivre détermine alors l'attaque de l'acide par le fer et la disparition de l'état passif.

L'acide chlorhydrique forme avec l'acide nitrique de l'eau régale qu'on étudiera plus loin.

L'acide azotique oxyde et détruit beaucoup de matières organiques. L'indigo est transformé en isatine ; la laine, le phénol, etc., donnent de l'acide picrique ; le sucre de l'acide saccharique et oxalique. Il sert souvent à substituer dans les corps organiques l'hypoazotite à l'hydrogène et à produire ainsi des corps nitrés :

$$C^6H^6 \ + \ AzO^5H \ = \ C^6H^5(AzO^2) \ + \ H^2O$$
Benzine.   Nitrobenzine.

Caractères de l'acide nitrique. — On le reconnaît : 1° à son action sur l'indigo : il suffit d'évaporer une goutte ou deux de sulfate d'indigo avec la liqueur qu'on soupçonne contenir un peu de cet acide pour voir la teinte bleue de la solution disparaître peu à peu ;

2° A son action sur le sulfate ferreux : il l'attaque et donne une coloration brune qui passe au rose ou au rouge en présence d'un excès d'acide sulfurique concentré ;

3° A son action sur la laine : si l'on immerge quelques brins de laine dans de l'acide étendu, puis qu'on sèche à 100°, il se produit une coloration jaune (*acide picrique*) que l'ammoniaque fait passer à l'orangé ;

4° A son action sur la brucine : si l'on évapore après l'avoir neutralisée par la potasse, une solution contenant de l'acide nitrique, et si l'on ajoute alors un peu d'acide sulfurique et un cristal de brucine, il se produira une coloration rouge avec les plus petites traces d'acide nitrique.

5° Une base organique extraite des *Remigia*, la *cinchonamine*, précipite l'acide nitrique ou les nitrates acidulés à l'état de nitrate de cinchonamine insoluble (*Arnaud*).

Applications de l'acide nitrique. — On consomme de grandes quantités d'acide nitrique pour produire la dynamite ; pour fabriquer l'acide sulfurique ; préparer les azotates d'argent, de cuivre, de mercure, de plomb, la nitrobenzine, l'aniline, l'acide picrique et les picrates. Le dérochage des métaux, l'affinage de l'or, la gravure sur cuivre en dépensent aussi beaucoup. La gravure dite *à l'eau-forte* s'obtient en couvrant des plaques de cuivre avec un vernis à la cire sur lequel on grave au burin les parties qui doivent rester tracées en creux sur le métal qu'on attaque ensuite à l'acide nitrique ; on enlève ensuite le vernis avec de l'alcool ou de l'essence. Il ne reste plus qu'à passer l'encre sur le dessin obtenu en creux et à tirer à la presse d'imprimerie

ACIDE PERAZOTIQUE

$$AzO^3$$

Ce corps, entrevu par MM. Berthelot, Hautefeuille et Chapuis, résulte de l'action de l'effluve sur l'oxygène sec mêlé d'azote. Son spectre présente des raies fines très noires dans le rouge, l'orangé et le vert.

Il se décompose lentement en donnant de l'acide nitrique anhydre et de l'oxygène.

CHLOROXYDES D'AZOTE — EAU RÉGALE

Les chloroxydes d'azote se rattachent aux anhydrides oxygénés précédents et peuvent être considérés comme en dérivant par remplacement d'une partie de leur oxygène par une quantité équivalente de chlore. On connaît :

L'*acide chlorazoteux*. . . . . $AzOCl$.
L'*acide hypochlorazotique* . . . . $AzOCl^2$.
L'*acide chlorazotique* ou *chlorure d'azotyle*. . . . AzO^2Cl.

Les deux premiers s'obtiennent en chauffant un mélange de un volume d'acide nitrique et de quatre volumes d'acide chlorhydrique ; ce mélange constitue l'*eau régale*.

L'*acide chlorazoteux* $AzOCl$ est un gaz jaune, condensable à — 5° en un liquide rouge. Il se forme aussi par l'action du perchlorure de phosphore sur l'hypoazotite :

$$AzO^2 + PCl^5 == AzOCl + Cl + PCl^3O$$

Il se produit enfin par l'action directe du chlore sur le bioxyde d'azote. L'eau froide ne paraît pas le décomposer.

L'*acide hypochlorazotique* $AzOCl^2$ est aussi un gaz jaune, condensable à — 7° en un liquide rouge et fumant. Les alcalis le décomposent en formant des chlorure, nitrate et nitrite.

L'*acide chlorazotique* AzO²Cl s'obtient par l'action de l'oxychlorure de phosphore sur les azotates d'argent ou de plomb :

$$PhCl^5O + 3AzO^3Ag = PhO^4Ag^3 + 3AzO^2Cl$$

Ce corps se forme encore, en même temps que les acides chlorazoteux et azotique, lorsque le gaz chlorhydrique sec agit sur l'hypoazotite :

$$4AzO^2 + 3HCl = 2AzOCl + AzO^2Cl + AzO^3H + H^2O$$

C'est un liquide qui bout à + 5°.

L'*eau régale*, qui contient les deux premiers chloroxydes, sert dans les arts à dissoudre l'or, le platine, et quelques autres métaux précieux.

CHLORURE D'AZOTE
AzCl³

Dulong, qui découvrit ce corps redoutable en 1812, fut deux fois victime de ses dangereuses explosions.

On l'obtient en faisant réagir le chlore vers 30° sur une solution concentrée de sel ammoniac. On peut le préparer sans danger (fig. 128) en renversant une cloche remplie de chlore Cl sur une assiette de plomb SS' pleine d'une solution concentrée de sel ammoniac. Le chlore est rapidement absorbé, et il se forme des gouttelettes a de chlorure d'azote qui gagnent le fond de la capsule de plomb. On décante sous l'eau et on lave ces gouttes. Ce corps se produit suivant l'équation :

Fig. 128. — Chlorure d'azote.
Coupe de l'appareil. L'assiette de plomb repose sur une couronne de bois évidée portée sur trois pieds.

$$AzH^3, ClH + 6Cl = 4ClH + AzCl^3$$

C'est une huile jaune, d'une densité de 1,65, distillable à 71°, mais détonant à 96° avec une extrême violence et une force brisante considérable. Le contact de quelques corps : phosphore, caoutchouc, huile de térébenthine, arsenic, ammoniaque, potasse concentrée, bioxyde d'azote, etc., la fait explosionner. On peut faire détoner ce corps sans danger en en chauffant un peu sur une feuille de papier qu'on imprègne.

Le chlorure d'azote est formé avec *absorption* de près de 50 calories par molécule. On conçoit donc son explosibilité.

IODURES ET IODHYDRURES D'AZOTE

Il paraît en exister trois, savoir : AzH^2I, $AzHI^2$ et AzI^3.

On prépare presque toujours l'iodure d'azote en versant de l'ammoniaque en excès sur de l'iode en poudre. Au bout de 30 minutes on ajoute de l'eau, on lave *exactement* à l'eau froide et on laisse sécher à l'ombre sur des doubles de papier Joseph. Dès que l'iodure est sec, le moindre frottement le fait détoner surtout s'il est mal lavé.

L'iodure d'azote se décompose peu à peu au contact de l'eau en dégageant de l'azote et donnant de l'iode libre. Les alcalis le détruisent rapidement.

L'acide chlorhydrique le dédouble suivant l'équation :

$$AzI^3 + 7\,ClH + AzH^3, ClH + 3\,(ICl, ClH)$$
Chlorhydrate de
protochlorure d'iode.

L'acide sulfureux, l'hydrogène sulfuré, le chlorhydrate de protochlorure d'iode, etc., le réduisent en donnant de l'ammoniaque et de l'acide iodhydrique.

VINGT-DEUXIÈME LEÇON

COMPOSÉS OXYGÉNÉS DU PHOSPHORE.
CHLORURES, BROMURES ET OXYCHLORURES DE PHOSPHORE

En s'unissant à l'oxygène le phosphore donne naissance aux deux *anhydrides* P^2O^3 et P^2O^5, dont les hydrates sont l'*acide phosphoreux* $\dfrac{P^2O^3, 3H^2O}{2}$ ou PO^3H^3 et l'*acide phosphorique* $\dfrac{P^2O^5, 3H^2O}{2}$ ou PO^4H^2.

On connaît un acide intermédiaire, appelé par Dulong *acide phosphatique*, qui est resté longtemps méconnu et nié et que M. Salzer, qui l'a retrouvé, nomme *acide hypophosphorique*. Il répond à l'union de l'*anhydride* inconnu P^2O^4 à 2 molécules d'eau, soit $P^2O^4, 2H^2O$ ou $P^2O^4H^4$. Il existe encore un acide, qui se forme indirectement, l'acide hypophosphoreux PO^2H^3, moins oxygéné que l'acide phosphoreux. Enfin il convient de signaler, pour être complet dans cette énumération deux *anhydrides partiels* de l'acide phosphorique : l'*acide pyrophosphorique*

$P^2O^5, 3H^2O-H^2O$ ou $P^2O^7H^4$ et l'*acide métaphosphorique* $P^2O^5, 3H^2O-2H^2O$ ou $P^2O^6H^2$, qu'on peut écrire plus simplement PO^3H.

Le tableau suivant donne le nom, les formules et les chaleurs de formation des acides principaux du phosphore à partir de leurs éléments :

Acides à l'état solide.

			Calories.
Acide hypophosphoreux	$P \cdot O^2 \cdot H^3$	. . . . . .	$+139,9$
— phosphoreux	$P \cdot O^3 \cdot H^3$	. . . . . .	$227,7$
— phosphorique	$P \cdot O^4 \cdot H^3$	. . . . . .	$302,5$

Acides à l'état dissous.

			Calories.
Acide hypophosphoreux	$P \cdot O^2 \cdot H^3 \cdot Aq$	. . . . .	$+139,7$
— phosphoreux	$P \cdot O^3 \cdot H^3 \cdot Aq$	. . . .	$227,5$
— phosphorique	$P \cdot O^4 \cdot H^3 \cdot Aq$	. . . .	$305,2$

ACIDE HYPOPHOSPHOREUX
PO^2H^3

On a déjà dit (p. 260) qu'en faisant bouillir du phosphore avec de la potasse, de la chaux ou de la baryte, il se dégage de l'hydrogène phosphoré et il se fait des hypophosphites.

L'hypophosphite de baryte permet d'obtenir aisément l'acide hypophosphoreux. Ce sel $(PO^2H^2)^2Ba + H^2O$ est soluble, cristallise et se purifie facilement. On en dissout dans l'eau 290^{gr} et l'on ajoute à la solution 100^{gr} d'acide sulfurique monohydraté préalablement dissous dans 400^{gr} d'eau ; on agite, on laisse déposer le sulfate de baryte qui se forme, on décante, évapore la liqueur au $10°$ avec précaution et dans le platine ; on sépare le précipité léger qui se produit et l'on concentre jusqu'à ce que le thermomètre marque 130 et même 138 degrés. On verse enfin l'acide sirupeux dans un flacon où il se prend bientôt, vers $0°$, en une masse cristalline blanche formée de feuillets fusibles à $+ 17°,4$ et subissant facilement le phénomène de la surfusion. Il se présente dans ce dernier cas sous la forme d'un liquide sirupeux, fortement acide, que la chaleur décompose facilement en acide phosphorique et hydrogène phosphoré :

$$2 PO^2H^3 = PO^4H^3 + PH^3$$

Cet acide est très avide d'oxygène. Il s'oxyde à l'air, et réduit les sels d'or, d'argent et de mercure ; il décolore le permanganate de potasse. Ces caractères sont aussi ceux de l'acide phosphoreux ; mais l'acide hypophosphoreux, plus réducteur encore que ce dernier, détruit à chaud l'acide sulfurique dont il précipite le soufre, et donne avec le sulfate de cuivre, à $60°$, de l'hydrure brun de cuivre Cu^2H^2 (*Wurtz*) :

$$2\,SO^4Cu + 4\,PO^2H^3 + H^2O = Cu^2H^2 + 3\,PO^3H^3 + PO^4H^3 + 2\,SO^2$$

L'acide hypophosphoreux est *monobasique*. Un seul de ses trois atomes d'hydrogène est remplaçable par un métal monatomique. L'hypophosphite de potassium s'écrira donc $(PO^2H^2)K$.

ACIDE PHOSPHOREUX
PO^3H^3

On connaît à peine l'*acide phosphoreux anhydre*. Il s'obtient en faisant lentement passer de l'air bien sec sur du phosphore très légèrement chauffé contenu dans une nacelle placée dans un tube de verre refroidi lui-même par un courant d'eau à 50 degrés. Il se forme ainsi des flocons blancs, combustibles, paraissent répondre à la formule P^2O^3.

On peut obtenir l'acide phosphoreux proprement dit, ou *hydraté*, en décomposant par l'eau le trichlorure de phosphore. On place du phosphore au fond d'une éprouvette remplie d'eau, et l'on fait à sa surface arriver un courant continu de chlore. Il se fait du trichlorure que l'eau décompose à mesure en donnant des acides phosphoreux et chlorhydrique qui se dissolvent :

$$PCl^3 + 3\,H^2O = PO^3H^3 + 3\,HCl$$

Quand tout le phosphore a disparu, on chasse l'acide chlorhydrique par l'ébullition et l'acide phosphoreux cristallise du résidu par évaporation lente.

Lorsqu'on chauffe l'acide phosphoreux cristallisé, il fond d'abord puis ne tarde pas à se détruire en donnant de l'hydrogène phosphoré et de l'acide phosphorique :

$$4\,PO^3H^3 = PH^3 + 3\,PO^4H^3$$

C'est un corps essentiellement oxydable. Il réduit les sels d'argent, d'or et de mercure, mais non ceux de cuivre. Avec l'acide sulfurique il dégage de l'acide sulfureux. En présence de l'hydrogène naissant (zinc et acide sulfurique) il donne de l'hydrogène phosphoré. On utilise cette réaction pour la recherche toxicologique du phosphore.

Wurtz a montré que l'acide phosphoreux est *bibasique*. Il n'échange que deux atomes d'hydrogène contre deux atomes de métaux monatomiques. Les formules des phosphites sont donc :

$(PO^3H)HR'$ $(PO^3H)R'^2$
Phosphites acides.   *Phosphites neutres.*

ACIDE HYPOPHOSPHORIQUE
$$P^2O^6H^4$$

L'oxydation lente du phosphore à l'air humide donne naissance à un acide que Dulong avait déjà distingué et auquel il donna le nom d'*acide phosphatique*. Il fut depuis Dulong confondu longtemps avec un mélange d'acides phosphoreux et phosphorique, acides qui se forment en effet en même temps que lui. Cet acide phosphatique, dont l'existence vient d'être récemment mise hors de doute par M. Sazler, a été nommé *acide hypophosphorique*. Voici comment cet auteur le prépare.

Le produit de l'oxydation lente du phosphore à l'air humide est saturé à chaud par de l'acétate de soude. L'hypophosphate acide de soude, qui n'est soluble que dans 45 fois son poids d'eau froide, cristallise par refroidissement. On sépare ce sel, on le purifie, on le redissout, et on le précipite par l'acétate de plomb. L'on décompose enfin par l'hydrogène sulfuré l'hypophosphate de plomb mis en suspension dans l'eau. En concentrant cette solution dans le vide, l'acide ne tarde pas à former un hydrate cristallisé.

Les solutions d'acide hypophosphorique ne s'oxydent pas à l'air. Elles précipitent le nitrate d'argent en blanc. mais ne le réduisent pas à chaud. Elles ne réduisent ni les sels d'or, ni ceux du mercure. Le molybdate d'ammoniaque ne les précipite pas.

Les cristaux d'acide hypophosphorique dont on vient de parler correspondent exactement à la formule $P^2O^6H^4,2H^2O$, mais dans le vide ils perdent de l'eau, se liquéfient et se transforment en une poudre cristalline répondant exactement à l'hydrate normal $P^2O^6H^4$. Vers 70° ce corps se dédouble en un mélange d'acide phosphoreux et métaphosphorique. Dans d'autres conditions assez variées l'hydrate $P^2O^6H^4,2H^2O$ se dissocie en acide phosphorique et acide phosphoreux (*Joly*).

On connaît divers hypophosphates de soude : les deux plus faciles à préparer sont l'hypophosphate disodique $P^2O^6H^2Na^2,4H^2O$ et l'hypophosphate trisodique $P^2O^6HNa^3,9H^2O$.

ACIDES PHOSPHORIQUES
Anhydride P^2O^5 — *Acides hydratés* $P^2O^5.nH^2O$

Anhydride phosphorique P^2O^5.

L'anhydride phosphorique se produit chaque fois que le phosphore brûle avec incandescence dans l'air ou dans l'oxygène sec.

On le prépare dans une cloche à large douille (fig. 129) rodée sur une plaque de cristal. A travers la douille passent : un tube de porcelaine T à l'extrémité supérieure duquel est suspendue une petite capsule C, et deux tubes *e* et *e*, l'un pour amener l'air sec, l'autre pour donner issue aux gaz excédants. En débouchant le tube T on fait tomber dans

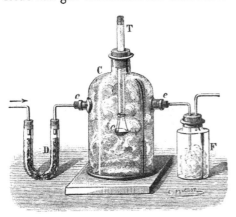

la capsule un morceau de phosphore qu'on enflamme avec une tige de fer chaude, on ferme T et l'on fait circuler l'air sec dans la cloche. L'acide phosphorique anhydre se produit, tapisse les parois et tombe sur la plaque de cristal. On continue l'opération en ouvrant de temps à autre en T et laissant tomber par le tube un fragment de phosphore sec. Quand on juge avoir obtenu assez d'anhydride phosphorique, on ferme les tubulures *ee*,

Fig. 129. — Préparation de l'acide phosphorique anhydre.

on enlève le tube T et son bouchon, et l'on met à sa place le goulot d'un flacon rodé à l'émeri à large ouverture. On n'a plus alors qu'à renverser tout l'appareil sans enlever la plaque de cristal. En donnant de légers coups à la cloche l'anhydride tombe dans le flacon, que l'on bouche soigneusement.

C'est un corps blanc neigeux, fusible au rouge, et se volatilisant lentement au blanc. Il est très avide d'eau et attire l'humidité de l'air et des autres gaz. C'est le corps *desséchant* par excellence.

En s'unissant à un excès d'eau la molécule P^2O^5 produit $57^{Cal},4$. On s'explique donc le sifflement qu'on entend lorsqu'on le jette dans l'eau, sifflement qui rappelle celui du fer rouge qu'on éteint. Chauffé à haute température avec du charbon, l'anhydride phosphorique donne du phosphore et de l'oxyde de carbone.

Acides phosphoriques.

Dissous dans l'eau, l'anhydride phosphorique P^2O^5 s'unit d'abord à froid à une molécule H^2O et forme l'acide $\dfrac{P^2O^5,H^2O}{2}$ ou PO^3H (*acide métaphosphorique*), acide qui donne naissance à des sels spéciaux, les *métaphosphates* : tels sont PO^3Na ou PO^3Ag. Le métaphosphate d'argent traité par l'acide sulfhydrique laisse l'acide métaphosphorique PO^3H en liberté :

$$2PO^3Ag + H^2S = 2PO^3H + Ag^2S.$$

Conservée longtemps ou portée à l'ébullition durant quelques heures, la solution de cet acide, que caractérise sa propriété de coaguler l'albumine, et de précipiter en blanc le nitrate d'argent, après qu'il a été saturé par les alcalis, perd ces deux propriétés et se transforme en un acide nouveau, l'*acide phosphorique normal*, répondant à la formule $\dfrac{P^2O^5,3H^2O}{2}$ ou PO^4H^3. Cet acide ne précipite plus l'albumine, et donne après saturation un précipité jaune et non plus blanc, par l'azotate d'argent. De ce sel d'argent l'on peut, par l'hydrogène sulfuré ou l'acide chlorhydrique, enlever l'argent à l'état de sulfure ou de chlorure, et mettre l'acide en liberté. Cet *acide phosphorique normal* est remarquable par sa propriété de donner avec les bases trois séries de sels. En effet, dans la plus petite quantité d'acide phosphorique, celle qui contient 31 de phosphore ou le poids atomique de ce métalloïde, existent trois atomes d'hydrogène pouvant être *successivement* remplacés par trois atomes d'un métal monovalent. On peut, en effet, grâce à une action ménagée de la soude, obtenir successivement avec cet acide les composés suivants :

$$PO^4H^3 \quad ; \quad PO^4H^2Na \quad ; \quad PO^4HNa^2 \quad ; \quad PO^4Na^3$$
| Acide phosphorique. | Phosphate acide de soude. | Phosphate neutre de soude. | Phosphate basique de soude. |

Si l'on calcine à une température suffisamment élevée le premier de ces phosphates PO^4H^2Na, on lui fait perdre une molécule d'eau et il reste un sel correspondant à la formule PO^3Na. L'on a en effet :

$$PO^4H^2Na = H^2O + PO^3Na$$

Le sel PO^3Na ainsi produit n'est autre que le métaphosphate de soude dont il a été question plus haut et que nous avons vu directement dériver de l'anhydride phosphorique dont il est le premier hydrate; nous l'obtenons ici par une autre voie.

Si l'on calcine le second phosphate PO^4Na^2H, le phosphate disodique, une molécule d'eau se produira cette fois aux dépens de deux molécules de ce sel et il restera le sel de soude d'un nouvel acide, l'*acide pyrophosphorique*. Il prend naissance d'après l'équation :

$$2\,PO^4HNa^2 = P^2O^7Na^4 + H^2O$$
| Phosphate disodique. | Pyrophosphate de soude. |

Les solutions de ce *pyrophosphate de soude* précipitent en blanc le nitrate d'argent. Délayé dans l'eau et traité par l'hydrogène sulfuré, le pyrophosphate d'argent donne l'acide pyrophosphorique lui-même :

$$P^2O^7Ag^4 + 2H^2S = P^2O^7H^4 + 2Ag^2S$$

D'après ce qui vient d'être dit, on voit donc qu'il existe trois acides phosphoriques distincts :

L'acide métaphosphorique PO³H, acide monobasique, précipitant l'albumine, et dont les sels précipitent en blanc les sels d'argent ;

L'acide pyrophosphorique P⁴O⁷H⁴, acide tétrabasique, ne précipitant pas l'albumine, et dont les sels précipitent en blanc les sels d'argent ;

L'acide phosphorique normal PO⁴H³, acide tribasique, ne précipitant pas l'albumine, et dont les sels précipitent en jaune les sels d'argent.

Nous allons étudier successivement ces trois acides.

Acide phosphorique ordinaire ou normal. — PO⁴H³ ou P̋Ő(OH)³

Préparation. — Dans les laboratoires on l'obtient en oxydant le phosphore par dix à douze parties d'acide nitrique d'une densité de 1, 2. Le mélange est placé dans une cornue de verre non tubulée à col rodé sur un tube de verre incliné sur la cornue, tube qui sert à condenser sans cesse l'acide qu'entraîne la réaction et à le renvoyer au

Fig. 130. — Préparation de l'acide phosphorique.

phosphore qu'il s'agit d'oxyder. Dès que la réaction est établie, il se dégage de l'azote, divers composés oxygénés de ce métalloïde, et il se fait d'abord un mélange d'acides phosphoreux et phosphorique qui se transforme ensuite peu à peu en acide phosphorique ; vers la fin de l'opération on ajoute de l'acide nitrique concentré pour terminer l'oxydation. Lorsque le phosphore a disparu et qu'il ne se fait plus sensiblement de bioxyde d'azote, on chasse l'excès d'acide azotique en distillant l'excès d'acide en inclinant la cornue dans le sens ordinaire (fig. 130), puis en chauffant le résidu dans une capsule de platine sans dépasser jamais 160 degrés si l'on veut éviter de produire par déshydratation un peu d'acide pyrophosphorique.

La réaction qui donne ainsi naissance à l'acide phosphorique normal est la suivante :

$$P + AzO^5H + H^2O = PO^4H^3 + Az$$

On peut obtenir aussi l'acide phosphorique en décomposant le perchlorure de phosphore par l'eau ; on évapore ensuite pour chasser l'acide chlorhydrique. L'on a :

$$PCl^5 + 4H^2O = PO^4H^3 + 5HCl$$

Dans l'industrie, on retire l'acide phosphorique du phosphate de chaux des os. Pour cela, la poudre d'os calcinés est arrosée d'acide chlorhydrique étendu jusqu'à complète dissolution : la liqueur décantée est traitée par du sulfate de soude anhydre. Il se fait par double décomposition du sulfate de chaux insoluble et du phosphate de soude ; on filtre, et l'on précipite par le chlorure de baryum. Le phosphate barytique insoluble qui se produit est lavé, et décomposé par la quantité théorique correspondante d'acide sulfurique. L'on a :

$$(PO^4)^2Ba^3 + 3SO^4H^2 = 2PO^4H^3 + 3SO^4Ba$$

On n'a plus qu'à filtrer et évaporer pour obtenir enfin l'acide phosphorique.

L'acide phosphorique ordinaire reste longtemps sirupeux après concentration de ses solutions ; mais peu à peu il cristallise en prismes droits à base rhombe, fusibles à 41°,7 ; ils correspondent à la formule PO^4H^3 ou $P^2O^5,3H^2O$. Ces cristaux sont fortement acides, déliquescents, très solubles dans l'eau. Vers 180° ou 200° ils perdent lentement de l'eau ; ils se déshydratent complètement à 215° et se transforment alors en acide pyrophosphorique :

$$2PO^4H^3 = H^2O + P^2O^7H^4$$

L'acide pyrophosphorique formé donne à son tour naissance à l'acide métaphosphorique si l'on continue à chauffer jusqu'à la température du rouge. Le produit devient alors vitreux en refroidissant.

Les trois phosphates mono, di et trimétalliques, que forme successivement l'acide phosphorique normal en s'unissant aux alcalis, ont fait avec raison considérer cet acide, depuis Graham, comme tribasique, c'est-à-dire comme équivalent à 3 molécules d'un acide monobasique, chlorhydrique ou azotique par exemple, condensées en une seule.

Toutefois M. Berthelot a fait voir que les substitutions successives du même métal aux 3 atomes d'hydrogène de l'acide phosphorique ordinaire ne produisent pas chacune la même quantité de chaleur. Le premier atome d'hydrogène remplacé dégage autant de chaleur que le ferait l'union de la même base aux acides minéraux les plus énergiques ; le second dégage une quantité de chaleur comparable à celle qui apparaît dans la combinaison de la soude aux acides faibles, borique ou acétique par exemple ; le troisième produit une quantité de chaleur comparable à celle que l'on mesure lorsqu'on unit la soude aux phénols ou aux alcools.

Acide pyrophosphorique — $P^2O^7H^4$.

Nous avons indiqué déjà, p. 283, deux procédés pour l'obtenir. Le plus pratique consiste à calciner au rouge le phosphate de soude ordinaire PO^4Na^2H, à reprendre par l'eau le pyrophosphate $P^2O^7Na^4$ qui s'est formé ; à le précipiter par l'acétate de plomb et à décomposer par l'hydrogène sulfuré ce pyrophosphate mis en suspension dans l'eau : on concentre ensuite sa solution dans le vide. On peut obtenir ainsi l'acide $P^2O^7H^4$ cristallisé. On a déjà donné les caractères distinctifs de cet acide.

Acide métaphosphorique — PO^3H.

On vient de dire qu'il suffit de calciner au rouge l'acide phosphorique ordinaire pour obtenir l'acide métaphosphorique. On peut aussi le préparer en détruisant par la chaleur le phosphate neutre d'ammoniaque :

$$PO^4(AzH^4)^2H = PO^3H + 2AzH^3 + H^2O$$

L'acide métaphosphorique, dont on a donné, p. 283, les caractères différentiels principaux, est soluble dans l'eau, hygroscopique, vitreux, indécomposable au rouge qui le volatilise lentement. Il est monobasique et répond par sa constitution à l'acide azotique AzO^3H. Il paraît apte à se polymériser et à donner ainsi divers polymétaphosphates.

En présence de l'eau, et surtout à chaud, il se transforme en acide pyrophosphorique et acide phosphorique ordinaire.

CHLORURES ET OXYCHLORURES DE PHOSPHORE

Le phosphore s'unit directement au chlore et donne le trichlorure PCl^3 et le pentachlorure PCl^5. Il existe des bromures PBr^3 et PBr^5 correspondants. On connaît enfin un biiodure de phosphore P^2I^4 et un triiodure PI^3. Tous ces corps se forment directement ; tous ont des propriétés analogues ; tous se décomposent par un excès d'eau d'après une réaction telle que celles que j'inscris ici :

$$PBr^3 \quad + \quad 5H^2O \quad = \quad PO^3H^3 \quad + \quad 3HBr$$

Tribromure   Acide   Acide
de phosphore.   phosphoreux. bromhydrique.

et

$$PBr^5 \quad + \quad 4H^2O \quad = \quad PO^4H^3 \quad + \quad 5HBr$$

Pentabromure   Acide   Acide
de phosphore.   phosphorique. bromhydrique.

On connaît aussi des oxychlorures et oxybromures de phosphore PCl^3O et PBr^3O.

Trichlorure de phosphore — PCl^3.

On obtient le trichlorure de phosphore en faisant arriver un courant de chlore sec sur du phosphore fondu placé dans une cornue munie

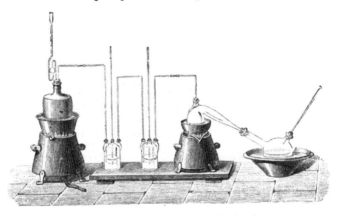

Fig. 131. — Préparation du chlorure de phosphore.

d'un récipient refroidi (fig. 131). Le protochlorure distille à mesure qu'il se forme d'après l'équation :

$$P + 5Cl = PCl^5$$

On le purifie ensuite par rectification sur un peu de phosphore en excès.

C'est un liquide incolore, d'une densité de 1,61 ; bouillant à 73°. Sa densité de vapeur est de 4,74.

Il est soluble dans le sulfure de carbone et la benzine ; il dissout un peu le phosphore.

Il se décompose au contact de l'eau en donnant des acides phosphoreux et chlorhydrique suivant l'équation ci-dessus donnée, p. 280, à propos de l'acide phosphoreux. Aussi ce corps exposé à l'air humide fume et se détruit.

Le trichlorure de phosphore tend à enlever le groupe OH et à le remplacer par Cl dans tous les corps qui contiennent de l'eau en puissance.

Perchlorure de phosphore. — PCl⁵.

On obtient ce perchlorure en soumettant le phosphore, ou le proto-chlorure qui en provient, à l'action d'un excès de chlore. Il suffit de faire arriver ce gaz dans un ballon refroidi contenant le protochlorure, dont par agitation l'on renouvelle souvent les surfaces. Quand le chlore n'est plus absorbé, on peut en chasser l'excès par de l'acide carbonique bien sec.

Le perchlorure PCl⁵ est un corps cristallisé, blanc ou blanc jaunâtre, d'une odeur suffocante; ses vapeurs irritent les yeux et les bronches. Il se volatilise en partie vers 100° et distille à 145°, mais en se disso-ciant partiellement en chlore et protochlorure. Il est soluble dans le trichlorure de phosphore et dans le sulfure de carbone.

Sous l'influence de l'eau en excès il donne de l'acide phosphorique :

$$PCl^5 + 4H^2O = PO^4H^5 + 5HCl$$

Si la vapeur d'eau atmosphérique arrive à ce corps d'une façon mé-nagée, elle le transforme en oxychlorure de phosphore (*Wurtz*) :

$$PCl^5 + H^2O = PCl^3O + 2HCl$$

Beaucoup de métaux éliminent d'abord du pentachlorure de phos-phore ses deux atomes de chlore surnuméraires :

$$PCl^5 + 2Na = 2NaCl + PCl^3$$

En agissant sur les acides hydratés, minéraux ou organiques, le per-chlorure de phosphore donne des chlorures acides :

$$\underset{\text{Acide sulfurique.}}{SO^2(OH)^2} + PCl^5 = PCl^3O + \underset{\text{Acide chlorosulfurique.}}{SO^2(OH)Cl} + HCl$$

ou

$$\underset{\text{Acide acétique.}}{C^2H^3O \cdot OH} + PCl^5 = PCl^3O + \underset{\text{Chlorure d'acétyle.}}{C^2H^3O \cdot Cl} + HCl$$

Avec les acides anhydres il donne aussi des chlorures acides :

$$\underset{\substack{\text{Anhydride} \\ \text{sulfurique.}}}{SO^3} + PCl^5 = \underset{\substack{\text{Chlorure} \\ \text{de sulfuryle.}}}{SO^2Cl^2} + PCl^3O$$

Oxychlorures de phosphore.

Oxychlorure PCl³O. — On vient de voir que l'oxychlorure PCl³O se forme en diverses circonstances grâce à l'action du perchlorure de phosphore sur l'eau ou sur les corps qui la contiennent virtuellement.

On peut l'obtenir aisément en distillant le perchlorure de phosphore avec les acides oxalique ou borique cristallisés :

$$BO^2O^3, 3H^2O + 3PCl^5 = BO^2O^3 + 6ClH + 3PCl^3O$$

Une expérience brillante permet de démontrer la constitution et la composition de ce corps : elle consiste à verser goutte à goutte le proto-chlorure de phosphore sur du chlorate de potasse en poudre fine. Le protochlorure s'oxyde activement et se change en oxychlorure :

$$3PCl^3 + ClO^3K = KCl + 3PCl^3O$$

Cette réaction très vive est souvent accompagnée de lumière. L'on peut toutefois, avec quelques précautions, arriver à préparer ainsi l'oxy-chlorure.

·¡ Enfin M. Riban l'a obtenu en faisant passer sur du noir d'os bien sec et lègèrement chauffé un mélange de chlore et d'oxyde de carbone.

L'oxychlorure PCl^3O est liquide, incolore, fumant à l'air, d'une odeur suffocante. A 12° sa densité est de 1,7. Il bout à 110° et cristallise à — 10°.

L'eau le décompose en acides phosphorique et chlorhydrique :

$$PCl^3O + 3H^2O = PO^4H^3 + 3HCl.$$

On connaît d'autres oxychlorures de phosphore. L'*oxychlorure* $PClO^2$ s'obtient en faisant réagir à 200° l'oxychlorure précédent sur l'acide phosphorique anhydre :

$$PCl^3O + P^2O^5 = 3PClO^2$$

L'*oxychlorure* $P^2Cl^4O^5$ est un liquide incolore, fumant, bouillant à 210°. Il prend naissance lorsque l'acide hypoazotique réagit sur le trichlorure de phosphore.

Chlorobromures, bromures, oxybromures de phosphore.

Le brome fournit des composés analogues à ceux que forme le chlore. Ces corps bromés s'obtiennent dans les mêmes conditions que les précédents. Nous nous bornerons à signaler ici leurs formules et leurs points d'ébullition :

le *tribromure*	PBr^3	liquide, bouillant à 175°.
le *perbromure*	PBr^5	composé cristallisé, volatil, dissociable à chaud sans fondre.
l'*oxybromure*	PBr^3O	corps cristallisé, fusible à 55°.
le *chlorobromure*	PBr^2Cl^3	composé instable obtenu par addition de brome au trichlorure.
le *sulfobromure*	PBr^3S	et le *sulfochlorure* PCl^3S qui bout à 124°.
l'*oxychlorobromure*	$PCl^2BrO.$	

IODURES DE PHOSPHORE

On en connaît deux ; l'un, le triiodure PI^3, répond au trichlorure de phosphore PCl^3 ; l'autre, PI^2 ou plutôt P^2I^4, ne correspond à aucun des composés chlorés ou bromés de ce métalloïde.

On les obtient l'un et l'autre en dissolvant dans du sulfure de carbone les quantités théoriques correspondantes de phosphore et d'iode, puis évaporant les liqueurs et faisant cristalliser.

Le *triiodure* PI^3 cristallise en lames hexagonales rouge foncé, fusibles à 55°. Il se décompose en présence de l'eau en acides phosphoreux et iodhydrique.

Le *biiodure* P^2I^4 cristallise en aiguilles rouge orangé, fusibles à 110°. Sa vapeur est rutilante. L'eau le décompose d'une façon très complexe en précipitant des oxyhydrures de phosphore.

VINGT-TROISIÈME LEÇON

COMPOSÉS OXYGÉNÉS, SULFURÉS, CHLORÉS DE L'ARSENIC ET DE L'ANTIMOINE.

Les composés oxygénés, sulfurés, chlorés de l'arsenic et de l'antimoine sont construits suivant les types que nous venons de rencontrer dans les combinaisons du phosphore. Ils jouissent de propriétés semblables et subissent des réactions analogues à celles des corps phosphorés auxquels correspondent leur constitution et leurs formules.

Le tableau suivant indique la correspondance de ces principales combinaisons :

	COMPOSÉS DU PHOSPHORE.	COMPOSÉS DE L'ARSENIC.	COMPOSÉS DE L'ANTIMOINE.
Combinaisons oxygénées	P^2O^3 ; P^2O^5.	As^2O^3 ; As^2O^5.	Sb^2O^3 ; Sb^2O^5.
Combinaisons sulfurées	P^4S ; P^2S ; P^4S^3 ; PS^6. P^2S^3 ; P^2S^5.	As^2S^2 As^2S^3 As^2S^5	— Sb^2S^3 Sb^2S^5
Combinaisons chlorées	PCl^3 PCl^5	As^2Cl^3 —	Sb^2Cl^3 Sb^2Cl^5

COMPOSÉS OXYGÉNÉS DE L'ARSENIC

On connaît avec certitude les deux *anhydrides* As^2O^3 et As^2O^5 ainsi que des hydrates acides qui correspondent à l'anhydride arsénique.

La poudre grise dont se recouvre à l'air l'arsenic métalloïdique est peut-être un sous-oxyde As^2O.

ACIDE ARSÉNIEUX
$$As^2O^3$$

Anhydride et acide arsénieux. — On obtient l'anhydride arsénieux en grillant dans des moufles ou des fours à réverbère les sulfo-arséniures naturels de fer, de nickel ou de cobalt :

$$2\,FeAsS + O^5 = 2\,FeS + As^2O^3$$

L'acide arsénieux qui se produit ainsi par oxydation se condense dans des chambres froides en une poudre cristalline anhydre qui, soumise à une distillation ménagée dans des chaudières de tôle, se transforme en masses vitreuses.

États polymorphes et propriétés physiques de l'acide arsénieux. — Récemment préparé ou fondu, il se présente, comme on vient de le dire, sous forme d'une substance amorphe, incolore et vitreuse, transparente, d'une densité de 3,74, soluble dans 25 fois son poids d'eau à 13°. Lentement à froid, plus rapidement à chaud ou bien lorsqu'on le triture, ce corps perd sa transparence et prend l'aspect de la porcelaine. Cette transformation moléculaire est due à la production de petits cristaux en octaèdres réguliers microscopiques qui envahissent toute la masse à partir de la surface. Ces cristaux se produisent avec élévation de température.

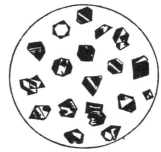

Fig. 132. — Acide arsénieux cristallisé en octaèdres.

D'autre part, si on laisse refroidir une dissolution chlorhydrique d'acide arsénieux vitreux, il se dépose des cristaux d'acide arsénieux opaque moins soluble que le vitreux, et cette transformation est accompagnée d'un dégagement de chaleur sensible et d'une vive lumière.

L'*acide porcelanique*, ou opaque, possède une densité de 3,699 et ne se dissout plus que dans 80 fois son poids d'eau à 15°.

L'acide arsénieux cristallisé à la température ordinaire, soit par la dissolution dans l'eau ou dans les acides, soit par lente transformation spontanée de l'acide vitreux, est toujours en octaèdres réguliers et *anhydres*.

Il prend au contraire la forme de prismes droits à base rhombe lorsqu'il cristallise vers 250° au contact d'une paroi chaude, ou bien en tubes scellés, lorsqu'après en avoir saturé la solution vers 260°, on la laisse refroidir sans que la température descende au-dessous de 200°.

Propriétés chimiques. — L'anhydride arsénieux est d'une saveur faible d'abord, puis âcre à la gorge et nauséabonde. Quoique rougissant lentement et faiblement la teinture de tournesol, il constitue un violent escharrotique des muqueuses, qu'il enflamme et détruit rapidement.

Il se volatilise sans fondre au-dessus de 200°. La densité de sa vapeur est de 13. Cette densité est la même, suivant V. Meyer, à 560 et à 1500 degrés. Si l'on applique à cette vapeur la. formule générale $P = 28.88\ D$, on trouve pour le poids moléculaire P de l'acide arsénieux le chiffre 375, qui correspond environ à la molécule As^4O^6 ou As^2O^3 doublé.

L'anhydride As^2O^3 est réduit aisément au rouge sombre par le charbon, l'hydrogène, les métaux. Ses solutions le sont également à froid par le zinc, l'acide phosphoreux, etc. Versé dans un appareil où se produit de l'hydrogène naissant, l'acide arsénieux est transformé en hydrogène arsénié :

$$As^2O^3 + 12\,H = 2\,AsH^3 + 3\,H^2O$$

L'hydrogène sulfuré précipite du sulfure d'arsenic des solutions d'acide arsénieux acidulées :

$$As^2O^3 + 3\,H^2S = As^2S^3 + 3H^2O$$

L'acide chlorhydrique concentré le transforme partiellement en trichlorure et oxychlorure AsOCl :

$$As^2O^3 + 6\,HCl = 2\,AsCl^3 + 3\,H^2O$$

Les agents oxydants, l'eau régale, l'acide azotique, le chlore ou l'iode en présence de l'eau, convertissent l'acide arsénieux en acide arsénique.

Toutes ces réactions sont importantes à connaître et trouveront leur application dans la recherche toxicologique de l'arsenic.

L'anhydride arsénieux, bien qu'il se dissolve en proportions notables dans les carbonates alcalins, ne paraît pas déplacer l'acide carbonique de ses sels.

Il forme avec les alcalis deux arsénites, l'un acide, l'autre neutre; ceux de sodium répondent aux formules :

$$(As^2O^3)\,Na^2O \qquad et \qquad (As^2O^3)\,(Na^2O)^2$$
Arsénite acide.   Arsénite neutre.

L'arsénite acide dégage en se formant une quantité de chaleur de

$13^{Cal},7$ par molécule. $1^{Cal},3$ apparaît encore lorsqu'on passe de l'arsénite acide à l'arsénite neutre. Les solutions concentrées de ces arsénites, lorsqu'on les expose au contact de l'air chargé d'acide carbonique, déposent de l'*anhydride arsénieux* As^2O^3.

Usages. — L'acide arsénieux est employé pour la destruction des animaux dangereux ou nuisibles. Le papier *tue-mouches* peut se préparer avec une solution d'acide arsénieux, de sucre et de gomme.

L'acide arsénieux est utilisé par les verriers pour décolorer les verres ferrugineux et brasser en même temps, grâce aux gaz qui se dégagent, la masse vitreuse fondue. Il sert à la fabrication des verts de Scheele (*Arsénite de cuivre*) et de Schweinfurth (*Acéto-arsénite de cuivre*). Il est aussi employé en grand à produire l'acide arsénique, qui lui-même est un précieux oxydant, par exemple dans la production des couleurs d'aniline. Le savon arsenical sert à enduire l'intérieur des peaux des animaux que l'on veut conserver pour l'empaillage.

L'acide arsénieux est utilisé en médecine soit comme escharotique dans le traitement du cancer ou des plaies de mauvaise nature (*Poudre du frère Côme*), soit en inhalations, fumé en cigarettes, ou même pris à l'intérieur, contre l'asthme, et dans les affections cutanées pour combattre une foule de maladies de la peau. Il est enfin utilisé comme un puissant reconstituant et fébrifuge. La liqueur de Fowler, qu'on prend dans du lait à la dose de quelques gouttes est composée d'acide arsénieux 5 parties, carbonate de potasse 5 parties, eau distillée 500 parties, alcoolat de mélisse 15 parties.

Dans les montagnes du Tyrol et de l'Autriche, les femmes pour acquérir de l'embonpoint, les hommes pour donner de l'élasticité à leurs muscles et de la vigueur aux poumons dans la marche ascendante, mangent de l'arsenic à une dose qui peut s'élever jusqu'à 10 et 15 centigrammes plusieurs fois par semaine. Ces propriétés singulières de l'acide arsénieux se font aussi sentir sur les animaux ; les chevaux en particulier deviennent, sous son influence, plus aptes à la marche et plus reluisants.

Dans le nord de l'Europe, en Russie surtout, les paysans se servent de l'acide arsénieux et des préparations arsenicales pour se débarrasser des insectes et de la vermine. De là, comme conséquence, de nombreux empoisonnements chroniques. Nous y reviendrons plus loin.

ANHYDRIDE ET ACIDE ARSÉNIQUE
Anhydride As^2O^5 *Acide normal* AsO^4H^3

On obtient l'*anhydride arsénique* en oxydant 2 parties d'acide arsénieux par un mélange de 15 parties d'acide azotique et d'une partie d'acide chlorhydrique, évaporant à sec et portant au rouge sombre.

Propriétés. — C'est un corps blanc répondant à la formule As^2O^5, neutre au tournesol, fusible au rouge et se décomposant au rouge blanc en acide arsénieux et oxygène.

Dans l'eau il s'hydrate lentement ; la solution sirupeuse abandonne peu à peu des cristaux déliquescents répondant à la formule $As^2O^5, 4H^2O$.

Si l'on chauffe, une molécule d'eau s'échappe à 100° et l'on obtient des aiguilles correspondant à l'acide normal $\dfrac{As^2O^5, 3H^2O}{2}$ ou AsO^4H^3, analogue à l'acide phosphorique ordinaire PO^4H^3. Cet acide donne des arséniates tribasiques $AsO^4R'^3$, isomorphes avec les phosphates tribasiques.

Entre 140° et 180°, l'acide AsO^4H^3 se déshydrate à son tour et donne l'acide pyroarsénique $As^2O^7H^4$. Mais, différent de l'acide pyrophosphorique, l'acide pyroarsénique, en se disolvant dans l'eau, se combine aussitôt à elle avec élévation de température et donne l'acide arsénique normal AsO^4H^3 :

$$As^2O^7H^4 + H^2O = 2 AsO^4H^3$$

Enfin, un peu au-dessus de 200°, l'acide pyroarsénique se transforme lui-même en une masse peu soluble à froid, soluble à chaud, qui répond à la formule d'un acide métarsénique AsO^3H, mais qui, en redissolvant dans l'eau, reproduit encore l'acide arsénique normal AsO^4H^3.

Les *métarséniates* et *pyroarséniates* n'existent donc pas : tous les arséniates connus sont *normaux* et peuvent être représentés par les types :

AsO^4H^2R'	;	$AsO^4HR'^2$	;	$AsO^4R'^3$
Arséniate acide.		Arséniate neutre.		Arséniate basique.

Ces arséniates, traités par le nitrate d'argent, donnent un arséniate triargentique AsO^4Ag^3, caractérisé par sa couleur rouge brique.

L'acide arsénique est réduit à l'état d'arsenic au rouge naissant par le charbon, les cyanures, l'hydrogène. Ses solutions sont décomposées par les métaux qui en précipitent l'arsenic. L'hydrogène que l'on produit au contact de ces solutions grâce à l'attaque du zinc par l'acide sulfurique le transforme en hydrogène arsénié AsH^3.

L'acide sulfureux le réduit à l'état d'acide arsénieux.

L'acide sulfhydrique en précipite lentement à froid, même en liqueur acide, plus vite à chaud, le sulfure As^2S^5, sulfure mêlé de soufre que l'on peut séparer par l'ammoniaque, qui ne dissout que le trisulfure d'arsenic :

$$As^2O^5 + 5H^2S = As^2S^3 + 5H^2O + S^2$$

Usages. — L'acide arsénique est utilisé en grandes quantités comme corps oxydant dans l'industrie de la fabrication des couleurs d'aniline.

Il sert à obtenir la liqueur de Pearson, qui se prépare, d'après le Codex français, avec : *arséniate de soude cristallisé*, 5 centigrammes, et *eau distillée*, 30 grammes.

D'après les expériences de Wœhler et Frerichs, l'acide arsénique en solution étendue est, pour la même dose d'arsenic, moins vénéneux que l'acide arsénieux; il ne provoque pas d'inflammation locale notable de l'estomac. Son action se fait surtout sentir sur les dernières portions du tube digestif. Enfin les ulcérations que son contact produit sur la peau seraient faciles à guérir. Ces observations doivent être prises en sérieuse considération lorsqu'il s'agit d'employer comme moyens thérapeutiques des agents aussi redoutables que les acides de l'arsenic.

CHLORURE, BROMURE, IODURE, FLUORURE D'ARSENIC

Chlorure. — On ne connaît que le chlorure $AsCl^3$. Il prend naissance par l'action directe du chlore sur l'arsenic ou par celle de l'acide chlorhydrique concentré sur l'acide arsénieux.

C'est un liquide incolore, bouillant à 134°, répandant d'épaisses fumées à l'air humide; elles sont dues à la formation des acides arsénieux et chlorhydrique.

Bromure $AsBr^3$. — Il bout à 220° et cristallise par sublimation.

Iodure AsI^3. — Il se prépare directement. Il est de couleur rouge brique, fusible et volatil sans décomposition.

Fluorure $AsFl^3$. — On peut le préparer, d'après Mac Ivor, en distillant un mélange d'acide arsénieux, de fluorure de calcium et d'acide sulfurique. Il bout à 65° et n'attaque pas le verre.

SULFURES D'ARSENIC

Suivant Berzélius, il existerait de nombreux sulfures d'arsenic. Voici leurs formules :

$As^{12}S$	;	As^2S^2	;	As^2S^3	;	As^2S^5	;	As^2S^{18}
Sulfure noir.		Bisulfure *(Réalgar)*.		Trisulfure *(Orpiment)*.		Pentasulfure.		Fersulfure.

Nous dirons un mot seulement des *bisulfure* et *trisulfure*.

Bisulfure d'arsenic ou réalgar As^2S^2. — Ce composé correspond au bisulfure d'azote AzS. On le rencontre dans la nature en prismes obliques rouge orangé. On l'obtient artificiellement en chauffant 75 parties d'arsenic et 32 parties de soufre, ou mieux encore en distillant un mélange de soufre et d'acide arsénieux :

$$2As^2O^3 + 7S = 2As^2S^2 + 3SO^2$$

Le réalgar forme une masse dure, cassante, opaque, rouge brun, d'une densité de 3,5. Chauffé à l'air, il brûle et donne des acides sulfureux et arsénieux.

On emploie le réalgar en peinture et dans la préparation du *feu blanc indien* (24 parties de nitre ; 7 de fleur de soufre ; 2 de réalgar).

Trisulfure d'arsenic ou orpiment As^2S^3. — Il existe à l'état natif sous forme de cristaux jaune vif, brillants, nacrés, appartenant au prisme rhomboïdal oblique. Il peut être préparé par sublimation d'un mélange de soufre et d'arsenic. On l'obtient par la voie humide en décomposant par l'hydrogène sulfuré les solutions d'acide arsénieux acidulées

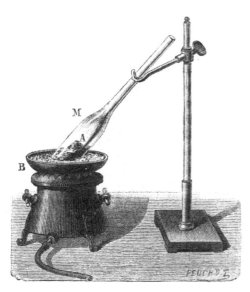

Fig. 133. — Préparation du sulfure d'arsenic.

d'acide chlorhydrique. Sublimé, il est en masses nacrées, cristallines, jaune orangé, d'une densité de 3,46.

Le trisulfure d'arsenic est un sulfacide apte à se combiner aux sulfobases, mais dans les proportions les plus variées.

Il brûle à l'air et se transforme en acides sulfureux et arsénieux.

Il est aisément soluble dans l'ammoniaque ainsi que dans les hydrates, carbonates et sulfures alcalins.

Le *rusma*, ou pâte épilatoire des Orientaux, est composé d'orpiment, de chaux vive et de blanc d'œuf.

COMPOSÉS OXYGÉNÉS DE L'ANTIMOINE

Les composés oxygénés de l'antimoine sont les analogues de ceux de l'arsenic. A l'acide arsénieux As^2O^3 correspond l'acide antimonieux Sb^2O^3, isodimorphe avec lui ; à l'acide arsénique As^2O^5 répond l'acide antimonique Sb^2O^5.

Mais on connaît de plus une combinaison oxygénée de l'antimoine correspondant à la formule Sb^2O^4 et que l'on peut considérer comme un antimoniate d'oxyde antimonieux : $\dfrac{Sb^2O^3, Sb^2O^5}{2}$ ou Sb^2O^4.

ACIDE OU OXYDE ANTIMONIEUX
$$Sb^2 O^3$$

Ce corps est à la fois *acide*, puisqu'il s'unit aux bases, et *basique*, puisqu'il peut donner des sels d'antimoine avec les acides forts : toutefois l'eau décompose ces sels. L'antimoine est, en effet, sur la limite des métaux et de métalloïdes.

On rencontre l'oxyde d'antimoine à l'état natif, sous le nom d'*exithèle*, d'*antimoine blanc* (*province de Constantine*). Cet oxyde cristallise tantôt en prismes, tantôt en octaèdres réguliers.

Il prend naissance lorsqu'on chauffe l'antimoine métallique ou le sulfure d'antimoine dans un creuset mal fermé. L'acide antimonieux vient se sublimer dans les parties les moins chaudes du vase sous forme de longues aiguilles brillantes. Elles portaient autrefois le nom de *fleurs argentines d'antimoine*.

On peut aussi chauffer à une température élevée la *poudre d'algaroth* (oxychlorure d'antimoine $Sb^4O^3Cl^2$). Ce corps se dédouble en chlorure d'antimoine qui distille et en oxyde qui fond et cristallise.

L'oxyde d'antimoine est aisément fusible, il cristallise à une température élevée.

A chaud, il attaque le carbonate de soude sec et en chasse l'acide carbonique, mais la masse reprise par l'eau cède à ce dissolvant tout son alcali.

L'acide chlorhydrique concentré le dissout avec production de trichlorure $SbCl^3$.

ACIDE ANTIMONIQUE
$$Sb^2 O^5$$

On connaît l'*anhydride antimonique* et l'*acide antimonique hydraté*.

L'antimoine se dissout dans un excès d'acide nitrique concentré, surtout si cet acide est mêlé d'un peu d'acide chlorhydrique. Si l'on chasse par la chaleur toutes les parties volatilisables, on obtient avant d'arriver au rouge sombre, une poudre jaune clair, insoluble dans l'eau et dans les acides, sauf dans l'acide chlorhydrique. Elle répond à la formule Sb^2O^5.

Surchauffé, l'acide antimonique perd une partie de son oxygène et se transforme en un *oxyde intermédiaire* Sb^2O^4, que l'on considère comme un *antimoniate d'oxyde d'antimoine*.

L'acide chlorhydrique dissout à chaud l'acide antimonique Sb^2O^5.

Fondu avec les carbonates alcalins, cet acide chasse l'acide carbonique et donne naissance aux antimoniates.

Selon Geuther, l'acide antimonique que l'on obtient en précipitant l'antimoniate de potasse par un acide, répond à la formule $\dfrac{Sb^2O^5,3H^2O}{2}$.

Il perd deux molécules d'eau à 175° et se transforme en Sb^2O^4,H^2O ou SbO^3H qui serait le véritable acide méta-antimonique; enfin à 275° il se déshydrate entièrement avec perte d'oxygène, pour se transformer dans l'oxyde salin Sb^2O^4.

L'acide antimonique hydraté se présente sous la forme d'une poudre blanche très fine, légèrement soluble, rougissant le papier de tourne-sol humide. Il se dissout dans l'acide chlorhydrique concentré, mais cette solution, additionnée d'eau, finit par laisser précipiter peu à peu l'acide antimonique. Il se dissout aussi dans les alcalis et leurs carbonates, toutefois en faible proportion.

Cet acide donne naissance à une série d'antimoniates complexes qui ont été étudiés par MM. Fremy, Geuther, etc. Parmi ces sels, nous signalerons le biméta-antimoniate de potasse ou antimoniate grenu de M. Fremy, répondant à la formule $Sb^2O^5,K^2O + 7H^2O$. Ses solutions faites extemporanément précipitent les sels de soude que ne précipite aucun autre réactif.

Ce bimétantimoniate de potasse s'obtient en fondant extemporanément l'acide antimonique avec un petit excès de potasse, reprenant par l'eau et filtrant. Le réactif ne doit pas être employé à précipiter la soude en présence d'un trop grand excès de sels de potasse.

CHLORURES, BROMURES, ETC., D'ANTIMOINE

L'antimoine, comme le phosphore et l'arsenic, donne avec le chlore un trichlorure et un perchlorure $SbCl^3$ et $SbCl^5$. Ce dernier corps tend à perdre deux atomes de chlore par la chaleur ou sous l'influence des divers réactifs et à repasser à l'état de protochlorure.

Protochlorure d'antimoine $SbCl^3$.

On le prépare en traitant par l'acide chlorhydrique en excès le trisulfure d'antimoine naturel Sb^2S^3. On évapore dans une capsule la solution ainsi obtenue tant qu'elle dégage des vapeurs acides et l'on distille ensuite dans une cornue de verre au bain de sable. On recueille le chlorure d'antimoine cristallisé, sur lequel vient surnager un liquide acide que l'on rejette.

Le chlorure d'antimoine $SbCl^3$ forme une masse butyreuse, cristalline, incolore, translucide, fusible à 73°,2; bouillant à 230°. Sa densité est à l'état liquide de 2,666.

Il absorbe rapidement l'humidité de l'air ambiant et tombe en déliquescence en donnant un oxychlorure et de l'acide chlorhydrique.

La *poudre d'algaroth* qui prend ainsi naissance répond à la composition $Sb^4O^5Cl^2$. L'eau bouillante la décompose complètement en oxyde d'antimoine et acide chlorhydrique.

Le chlorure d'antimoine est employé en médecine, comme escharotique, sous le nom de *beurre d'antimoine*. Il désorganise profondément et douloureusement les tissus en formant des eschares sèches.

La poudre d'algaroth a été longtemps employée comme vomitif. On s'en servait aussi pour fabriquer l'émétique.

Perchlorure d'antimoine $SbCl^5$.

Le perchlorure d'antimoine s'obtient en faisant passer un rapide courant de chlore sur de l'antimoine ou même dans du protochlorure d'antimoine. Il se forme aussi lorsqu'on projette l'antimoine en poudre dans le chlore sec en excès. C'est un liquide jaune, cristallisable à — 20° : se dissociant facilement en chlore et protochlorure, attirant l'humidité de l'air qui le transforme en hydrate ou oxychlorure hydraté. Il constitue un chlorurant énergique.

On connaît un *tribromure* $SbBr^5$, fusible à 90°, bouillant à 275° ; un *triiodure* SbI^5, de couleur rouge, cristallin, volatil ; enfin un *trifluorure* $SbCl^5$, en octaèdres appartenant au système rhombique.

SULFURES ET OXYSULFURES D'ANTIMOINE

Trisulfure d'antimoine Sb^2S^5.

Le trisulfure d'antimoine naturel, ou *stibine*, se rencontre dans les filons des terrains granitiques et dans les schistes cristallins anciens; il est en aiguilles orthorhombiques couleur gris de plomb (*Cantal, Haute-Loire, Ardèche, Saxe, Bohême....*). Pour le séparer de sa gangue on le fond dans des cylindres de terre réfractaire placés dans des fours ; il s'écoule dans des creusets où il se solidifie en pains à cassure cristalline radiée.

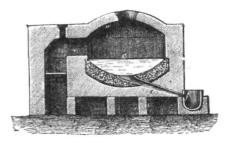

Fig. 134. — Liquation du sulfure d'antimoine au four à réverbère.

On peut aussi l'obtenir artificiellement en fondant le soufre et l'antimoine.

C'est une substance de couleur de graphite, tendre, pulvérisable, fusible, d'une densité de 4,62. Elle peut être volatilisée au rouge blanc.

On prépare par la voie humide un trisulfure hydraté de couleur brun rouge ou rouge orangé en précipitant une solution acide d'émétique ou de trichlorure d'antimoine par un excès d'hydrogène sulfuré.

Le trisulfure d'antimoine est un sulfacide apte à former des sels avec les sulfures métalliques proprement dits et spécialement avec les sulfures alcalins qui le dissolvent. On connaît des antimoniosulfures de cuivre, de plomb, d'argent, etc., naturels. L'*argent rouge* répond à la formule $3Ag^2S, Sb^2S^3$.

A la chaleur rouge, l'hydrogène, le fer, le zinc, enlèvent tout son soufre au sulfure d'antimoine et mettent le métalloïde en liberté. C'est en faisant réagir le fer sur la stibine que l'on prépare l'antimoine.

L'acide chlorhydrique attaque le sulfure d'antimoine et le transforme, comme on l'a dit, en trichlorure :

$$Sb^2S^3 + 6\,HCl = 2SbCl^3 + 3H^2S$$

Bouilli avec une solution de potasse, de soude, ou de carbonates alcalins, la stibine donne de l'oxyde d'antimoine qui s'unit en partie aux alcalis et sulfures alcalins :}

$$Sb^2S^3 + 6\,KHO = Sb^2O^3 + 3K^2S + 3H^2O$$

Nous reviendrons sur cette réaction à propos du kermès.

Pentasulfure d'antimoine Sb^2S^5.

Un beau sel cristallisé, le *sulfo-antimoniate de sodium* $Sb^2S^5, 3Na^2S$, $18H^2O$, ou *sel de Schlippe*, peut être obtenu en triturant ensemble 18 p. de stibine Sb^2S^3 ; 12 p. de carbonate sodique CO^3Na^2 desséché ; 13 p. de chaux ; 3,5 p. de soufre. Le tout étant mélangé d'eau est abandonné quelque temps ; la liqueur qui surnage laisse ensuite, lorsqu'on l'évapore, cristalliser le *sel de Schlippe* en gros tétraèdres jaunâtres. Les solutions de ce sel, traitées par l'acide sulfurique étendu, précipitent le pentasulfure Sb^2S^5 ou *soufre doré d'antimoine*. L'on a :

$$Sb^2S^5, 3Na^2S, 18H^2O + 3SO^4H^2 = Sb^2S^5 + 18H^2O + 3SO^4Na^2 + 3H^2S$$

Sel de Schlippe.   Pentasulfure de Sb.

On peut préparer le même pentasulfure Sb^2S^5 en versant de l'hydrogène sulfuré dans une solution chlorhydrique étendue du perchlorure Sb^2Cl^5.

C'est une poudre amorphe, de couleur orange foncée. Chauffé à l'air, elle se dissocie en soufre et trisulfure Sb^2S^3. Le *soufre doré d'anti-*

moine est encore quelquefois prescrit en médecine. Ses propriétés thérapeutiques sont *à peu près* celles du kermès minéral.

Kermès minéral.

On donne le nom de *kermès minéral* ou simplement *kermès* à une préparation médicamenteuse importante, essentiellement formée de trisulfure d'antimoine hydraté Sb^2S^3, aq, mais contenant à l'état de mélange un peu de sulfantimonite alcalin et de protoxyde d'antimoine.

Le kermès est souvent ordonné dans les affections inflammatoires des poumons, les maladies de la peau, la scrofulose.

C'est Glauber qui fit, vers le milieu du dix-septième siècle, la découverte de cette préparation. Elle porta longtemps le nom de poudre de *La Ligerie.*

Le kermès peut se préparer par la voie humide ou par la voie sèche.

Le meilleur s'obtient par le procédé dit de *Cluzel.* C'est le kermès le plus actif, celui dont la préparation est insérée au *Codex medicamentarius francais.* On prend 10 parties de sulfure d'antimoine en poudre fine, que l'on verse dans une solution bouillante de 225 grammes de *carbonate de soude cristallisé* dissous dans 2500 grammes d'eau; on entretient l'ébullition durant 2 heures; on laisse déposer un instant et l'on filtre rapidement. Le kermès se précipite peu à peu par refroidissement. On le jette sur des filtres, on le lave à l'eau de source et on le sèche modérément.

C'est une poudre de couleur rouge brun foncé, d'aspect velouté, dont nous avons indiqué plus haut la composition.

Berzelius a donné pour l'obtenir par voie sèche le moyen suivant. On chauffe au rouge dans un creuset de terre :

> *Sulfure d'antimoine* . . . . 3 p.
> *Carbonate de potasse.* . . . . . . 8 p.

Lorsque la masse est bien fondue, on la laisse refroidir, on la casse en fragments et on l'épuise par l'eau bouillante avec les précautions ci-dessus dites. Ce kermès a moins de valeur et d'activité que celui de Cluzel.

La théorie de la préparation du kermès est la suivante : de l'action réciproque de la stibine et du carbonate de sodium résultent d'abord de l'oxyde d'antimoine et du sulfure de sodium :

$$Sb^2S^3 + 3CO^3Na^2 = Sb^2O^3 + 3Na^2S + 3CO^2$$

Par une réaction secondaire, le sulfure alcalin formé s'unit à un excès de sulfure d'antimoine pour donner un sulfantimonite de sulfure :

$$3Na^2S + Sb^2S^3 = Sb^2S^3, 3Na^2S$$

en même temps une partie de l'oxyde d'antimoine produit dans la première phase de la réaction reste unie à l'alcali et donne un antimonite insoluble Sb^2O^3,Na^2O. Enfin le sulfantimonite $Sb^2S^3,3Na^2S$ dissout un excès de sulfure d'antimoine et forme un polysulfantimonite soluble $(Sb^2S^3)^nNa^2S$. C'est ce sel instable qui, se dissolvant à froid après filtration, laisse déposer le kermès essentiellement formé de sulfure d'antimoine hydraté Sb^2S^3, n aq.

L'ammoniaque ne se colore pas à froid au contact du kermès si celui-ci est bien préparé. Elle prend une teinte jaune s'il renferme du soufre doré d'antimoine que les fabricants ajoutent quelquefois.

Le kermès est entièrement soluble dans l'acide chlorhydrique, et cette solution doit être incolore s'il est pur. Si le kermès renferme du sesquioxyde de fer ajouté frauduleusement, la solution chlorhydrique sera jaune d'or. S'il avait été mélangé de brique pilée, celle-ci resterait comme résidu insoluble.

VINGT-QUATRIÈME LEÇON

RECHERCHE TOXICOLOGIQUE DU PHOSPHORE, DE L'ARSENIC ET DE L'ANTIMOINE

(A) EMPOISONNEMENTS PAR LE PHOSPHORE

Symptômes de cet empoisonnement. — Le phosphore, les pâtes phosphorées, surtout les allumettes à phosphore ordinaire, sont entre les mains de tout le monde, et l'on ne sait malheureusement que trop aujourd'hui qu'il suffit de quelques milligrammes de phosphore en nature pour provoquer un empoisonnement. Aussi le phosphore et ses préparations sont-ils souvent employés dans un but de suicide ou dans une intention criminelle. En France, suivant Tardieu, sur 100 empoisonnements, 28 sont dus au phosphore.

Ce n'est pas ici le lieu de décrire en détail les effets toxiques de ce métalloïde, nous nous bornerons à les esquisser.

Que le phosphore en nature ou l'une de ses préparations ait été avalé dans du lait, du café, du bouillon, etc., la victime sera bientôt prise d'éructations à odeur de phosphore, de douleur à l'épigastre, de vomissements, de coliques, de diarrhée, d'une soif intense. Les matières vomies dégagent une odeur d'ail; elles sont souvent lumineuses dans l'obscurité.

Bientôt la sueur et l'urine prennent à leur tour cette odeur alliacée et peuvent être phosphorescentes. Il se produit chez le patient du ténesme vésical, une dépression générale et complète des forces. Le pouls et les mouvements respiratoires s'accélèrent et deviennent irréguliers. La température, qui s'était d'abord élevée, s'abaisse beaucoup. Les muscles sont pris de crampes, et le malade tombe dans un collapsus profond.

Au bout de deux à quatre jours surviennent l'ictère, l'albuminurie, la paralysie avec anesthésie, la *stéatose rapide du cœur, des reins* et *des muscles*. Les malades succombent enfin dans le coma.

Ces divers symptômes, en particulier l'odeur alliacée de l'haleine, des sueurs, des urines, des vomissements et leur phosphorescence dans l'obscurité, peuvent mettre le médecin sur la voie et lui faire supposer un empoisonnement par le phosphore. Plus tard ce diagnostic sera confirmé, surtout à l'autopsie, par le constat de la transformation graisseuse du cœur, des reins et des muscles.

On devra recourir à l'essence de térébenthine à l'intérieur, médicament précieux, surtout au début; il a été proposé d'abord contre ces empoisonnements par M. le Dr Andant de Dax. On y joindra l'usage des toniques et les inhalations d'oxygène.

Recherche toxicologique du phosphore.

On n'est en droit de conclure à l'empoisonnement par le phosphore que lorsqu'on a extrait ce métalloïde *en nature* des organes de la victime, ou bien lorsqu'on a établi l'existence dans les matières suspectes de composés phosphorés volatils en l'absence de toute putréfaction.

On recherchera d'abord minutieusement dans les vomissements et les viscères, estomac ou intestin, le phosphore qui pourrait être encore resté libre. Il se présente en général sous forme de petits points blancs jaunâtres, fumants à l'air, phosphorescents dans l'obscurité; ou bien ce sont des débris d'allumettes, des parcelles de bois soufrées, des matières colorantes bleues ou rouges, vermillon, minium, bleu de Prusse, ocre, smalt, etc., parcelles qu'on devra garder comme pièces à conviction. Le plus souvent ces indices presque certains de l'empoisonnement manqueront.

L'on devra recourir alors au procédé de *Mitscherlich*. Il est fondé sur ce fait d'observation que la vapeur d'eau entraîne avec elle le phosphore en nature, lequel dans l'obscurité devient lumineux lorsqu'il rencontre l'oxygène de l'air.

Mais il faut tout d'abord remarquer que si l'empoisonnement date d'une époque trop lointaine, ou si les viscères ont été conservés dans des vases à moitié plein d'air, ou même si l'on a fait usage d'alcool, d'éther, de chloroforme, de pétrole, de benzine, de créosote, de phénol, comme liquides conservateurs, la phosphorescence n'apparaîtra point.

L'azote, l'hydrogène sulfuré et phosphoré, l'ammoniaque, l'acide sul
fureux, l'acide carbonique en excès, etc., éteignent aussi les lueurs
phosphorescentes.

Dans les cas ordinaires, on procédera à la recherche du phosphore
de la façon suivante : un ballon B (fig. 135) de 250 centimètres cubes
environ reçoit les matières suspectes, résidus de vomissements ou membranes stomacales, etc., divisées au ciseau ; on ajoute de l'eau distillée
et une quantité d'acide tartrique suffisante pour bien aciduler.

Fig. 135. — Recherche toxicologique du phosphore (méthode de Mitscherlich).

On chauffe ce ballon dans un bain à chlorure de calcium. Un long
tube recourbé *t* conduit les vapeurs qui distillent, du ballon B dans un
flacon F. Ce tube est lui-même entouré sur une partie de son parcours
d'un manchon de verre L où coule un léger courant d'eau froide E *s s'*.
La tubulure latérale du flacon F est en rapport avec un tube à trois
boules G contenant un peu de nitrate d'argent bien neutre.

On chauffe le ballon B[1] et, dès qu'arrive l'ébullition, si les matières

[1] Généralement on place le ballon B dans une pièce éclairée, voisine de la chambre
obscure où le tube *t* pénètre à travers la cloison. Dans cette chambre où se place l'expéri-

suspectes contiennent du phosphore en nature, on voit une lueur verdâtre apparaître là où se condensent les vapeurs, monter avec elles et
progresser dans le tube t, pour venir enfin en s au niveau de l'eau où
cette lueur phosphorescente se fixe et vacille sur une assez grande longueur et durant plusieurs minutes, alors même qu'il n'y aurait dans le
ballon que quelques décimilligrammes de phosphore libre. Il est bien
entendu que la flamme qui entretient l'ébullition du ballon B doit être
cachée soit par un manchon qui entoure le fourneau et le ballon, soit
par un dispositif tel que celui qu'indique la figure, les lueurs phosphorescentes devant être observées dans une complète obscurité.

Si la quantité de phosphore est notable, on pourra en recueillir quelques grains en F ; mais le plus souvent les lueurs sont simplement
accompagnées de la production d'un peu d'acide hypophosphoreux ou
phosphoreux que la vapeur d'eau entraîne dans le flacon F.

Souvent aussi l'emploi inopportun des substances plus haut signalées,
l'oxydation presque complète du phosphore ou sa minime quantité,
rendent les lueurs fugitives, douteuses ou invisibles. Il faudra dans ce
cas rechercher la présence du phosphore dans la liqueur distillée en F ;
qui ne doit pas être moindre que le tiers du liquide total introduit
dans le ballon B. Les acides phosphorique, phosphoreux et hypophosphoreux ne donnent pas lieu aux phénomènes de phosphorescence, ne
sont pas volatils ou ne produisent pas d'hydrogènes phosphorés lorsque,
par la méthode de Mitscherlich, on recherche le phosphore avec les
précautions ci-dessus dites. Si donc on trouvait dans le flacon F une
certaine quantité de ces acides, il y aurait lieu de supposer que du
phosphore en nature, ou sous forme de composés volatils, a pu distiller
durant l'opération sans donner les lueurs phosphorescentes. Il faut par
conséquent rechercher le phosphore dans les liqueurs distillées. Pour
cela, on les traite par un peu d'azotate d'argent : il se fait le plus souvent
un précipité noir, mais cette réaction n'est pas caractéristique, elle peut
être due à un sulfure. On recueille ce précipité, on le lave sur un filtre
sans plis, puis on le divise en deux parts (a) et (b).

La *partie* (a) est oxydée par l'eau régale. Il se fait ainsi de l'acide
phosphorique et du chlorure d'argent. On filtre, et dans la liqueur filtrée,
évaporée à sec puis saturée de soude, on recherche les caractères des
phosphates. Par l'acétate d'urane en solution légèrement acétique on
obtient un précipité gélatineux jaunâtre ; par le molybdate d'ammoniaque en liqueur très nitrique on observe, surtout à l'ébullition, la coloration jaune caractéristique des phosphates et quelquefois un précipité
de phospho-molybdate d'ammoniaque cristallin.

mentateur, les moindres lueurs phosphorescentes produites en s sont visibles, sans que l'on
soit gêné par la lueur du fourneau C, placé à l'extérieur.

La *partie* (b) bien lavée est versée dans l'appareil de Dussart et Blondlot
(fig. 136). C'est un flacon où se dégage de l'hydrogène grâce à l'attaque
du zinc pur par un mélange d'acides chlorhydrique et sulfurique. On
s'est d'avance assuré que le gaz hydrogène ainsi produit, desséché dans
un tube en U à ponce potassique *b* destiné à arrêter l'hydrogène sulfuré
et l'acide chlorhydrique, brûle à l'extrémité du tube de platine *e* qui
termine l'appareil, sans donner la coloration verte et les raies caractéristiques de la présence du phosphore dans la flamme. Ce n'est qu'après
que cette constatation a été faite qu'on introduit enfin la *partie* (b)

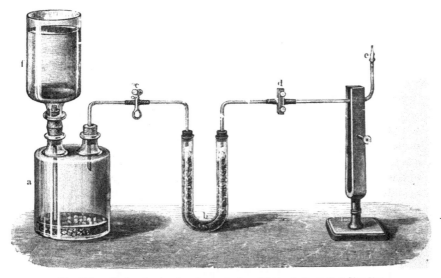

Fig. 136. — Recherche du phosphore par la méthode de Dussart et Blondlot.

dans l'appareil préalablement plein d'hydrogène. Le dégagement doit
en être très lent à ce moment. En agissant alors sur les pinces *c* et
d les gaz produits s'accumulent en *a*; la réduction du phosphore et
des acides phosphoreux et hypophosphoreux a lieu peu à peu, et la
liqueur du flacon remonte lentement en *f*. Il suffit d'ouvrir ensuite les
pinces *c* et *d* pour que le liquide de *f* s'écoulant sous pression, la flamme
devienne bien apparente en *e* et soit facile à examiner au spectroscope.
On voit alors, s'il y a eu du phosphure d'argent introduit dans l'appareil,
la flamme devenir vert émeraude et présenter à l'examen spectral deux
raies vertes assez intenses et une raie jaune moins brillante de longueurs
d'ondes caractéristiques. L'une des raies vertes est située entre les
raies E et *b* de Frauenhoffer, la seconde se trouve entre *b* et F. La jaune
est à gauche des précédentes, entre les raies D et E, mais plus près de D.

Cette constatation de l'existence du phosphore dans le précipité (b)

perdrait de sa valeur si, durant la distillation, le nitrate d'argent contenu en G (fig. 135) avait donné un précipité de phosphure d'argent
(*V.* p. 305) et s'il était démontré que les matières suspectes ont subi
une putréfaction notable. En effet, j'ai montré que dans ce cas il se
fait des hydrogènes phosphorés gazeux et des bases phosphorées volatiles ([1]), qui, distillant avec la liqueur dans le flacon récepteur F,
pourraient faire admettre à tort aux experts l'existence dans les matières
suspectes du phosphore en nature ou d'acides phosphoreux et hypophosphoreux provenant de son oxydation.

(B) EMPOISONNEMENTS PAR L'ARSENIC

Les empoisonnements criminels, les suicides et morts par accident
dus à l'arsenic et à ses préparations ont toujours été fort nombreux. En
France, d'après Tardieu, sur 100 empoisonnements 37 à 38 sont attribuables à l'arsenic. Toutefois depuis quelques années cette proportion
diminue, soit qu'il devienne plus difficile de se procurer ce poison, soit
que l'on n'ignore plus la précision des méthodes qui le font retrouver
et reconnaître avec certitude, même longtemps après la mort.

Les industries diverses des verriers, fabricants de papiers peints et
matières colorantes diverses, mettent les ouvriers et le public en contact
avec l'arsenic et ses préparations ; les pâtes épilatoires à l'arsenic sont
employées dans tout l'Orient ; les poudres et pâtes insecticides sont
vendues en Russie par les colporteurs et les charlatans ; les papiers *tue-
mouches*, les liqueurs de Fowler, de Pearson, le *vert de Scheele*, celui
de *Schweinfurth* ont aussi donné lieu à des accidents. On est allé jusqu'à employer stupidement les couleurs vertes arsenicales pour teindre
les bonbons.

Symptômes de l'empoisonnement par l'arsenic. — Cet ouvrage ne
saurait comporter qu'une énumération succinte des symptômes qui
caractérisent cette intoxication.

Distinguons d'abord *l'empoisonnement aigu* de *l'empoisonnement
chronique.*

L'empoisonnement aigu a lieu lorsque la dose d'arsenic prise en une
fois, ou en un très petit nombre de fois, est suffisante pour donner la
mort ou déterminer de graves accidents.

Généralement, une à six heures après l'ingestion du poison, le malaise,
l'altération et la crispation des traits, les vomissements, annoncent la profonde atteinte de l'économie. La gorge devient aride et laisse au malade

[1] Ni Draggendorff, ni moi, n'avons constaté que ces hydrogènes phosphorés ou les bases
phosphorées putréfactives que j'ai signalées dans les matières putrides, fussent jamais lumineux dans l'obscurité.

le sentiment de l'âcreté; la soif est inextinguible, une douleur aiguë brûle l'épigastre. Les selles sont abondantes, blanchâtres ou jaunâtres, d'odeur repoussante. La figure prend bientôt le *facies hippocratique* et se cyanose; l'anéantissement est extrême ; tout le corps, mais surtout les extrémités, se refroidissent; les crampes envahissent les membres; les urines sont supprimées. Le cœur, devenu irrégulier, intermittent, de plus en plus faible, s'arrête enfin, et la mort survient dans une syncope.

Fig. 137. — Recherche de l'arsenic dans un tube par calcination d'acide arsénieux avec le charbon.

A l'autopsie, le poumon est parsemé d'ecchymoses ; le foie et les reins sont stéatosés. On trouve généralement l'œsophage, l'estomac et l'intestin tachés de plaques tuméfiées, d'un rouge vif ou grisâtre, au centre desquelles se rencontre quelquefois un petit point blanc, solide, mobile : c'est de l'acide arsénieux qui n'avait pas été dissous et qui a causé l'inflammation localisée autour de lui. On peut s'assurer de la nature de cette substance en la chauffant avec de la poudre de charbon dans un petit tube fermé (fig. 137). Il se sublime un anneau d'arsenic métallique au-dessus du point chauffé.

Dans *l'empoisonnement chronique* ou lent, le poison, pris à doses faibles mais répétées, agit un peu différemment. Souvent, au début il survient des vomissements, des crampes d'estomac. Plus tard, la gorge devient âcre, chaude, sèche, la soif intense. Il y a des vomiturations bilieuses; quelquefois des hémorrhagies, des taches pétéchiales à la peau. Le patient est pris de lassitude extrême, de vertiges, d'amaigrissement, de contractures, de tremblements, de paralysies, de paraplégie.

Les gangrènes et éruptions diverses de la peau et des muqueuses, surtout à la gorge, sont fréquentes dans l'empoisonnement arsenical chronique.

Recherche toxicologique de l'arsenic.

La recherche toxicologique de l'arsenic n'est efficace que 15 à 30 jours au plus après qu'il a été absorbé. Si cette absorption date de plus longtemps, ou s'il est démontré que le malade avait pris des préparations arsenicales de 4 à 6 semaines avant que survinssent les accidents mortels, l'arsenic qu'on retirerait des organes pourrait n'être que celui qui avait été administré comme médicament durant la vie.

La seule méthode qui donne toute garantie dans la recherche de l'arsenic, et qui est en même temps d'une grande délicatesse, est celle de Marsh, petit employé de l'arsenal de Londres qui, en 1831, imagina de séparer complètement l'arsenic contenu dans les matières suspectes en le faisant passer à l'état d'hydrogène arsénié, gaz décomposable à chaud en hydrogène et en arsenic métalloïdique facile à caractériser par ses réactions. Il est aisé, comme on l'a vu, de transformer en hydrogène arsénié les acides arsénieux ou arsénique libres; mais en présence des matières organiques, ou si l'arsenic absorbé durant la vie est contenu dans des organes tels que le foie ou les muscles, il est impossible d'obtenir directement de l'hydrogène arsénié avec l'arsenic rendu latent dans les substances animales auxquelles le poison est intimement uni. Il faut donc commencer à l'isoler complètement de ces matières organiques. L'on ne peut y arriver qu'indirectement en détruisant les organes suspects tout en évitant le mieux possible de perdre le toxique.

Méthodes de destruction des matières organiques pour la recherche de l'arsenic. — Les deux principales difficultés consistent : 1° dans la grande résistance des substances animales grasses et albuminoïdes à l'oxydation et à la destruction totale ; 2° dans la volatilisation facile de l'arsenic au cours des opérations destinées à se débarrasser de la matière organique. Aussi laisserons-nous tout de suite de côté les nombreuses méthodes qui font perdre une quantité notable de l'arsenic que l'on recherche, telles que la *déflagration avec le nitre et la potasse* de Wœbler et Siebold, ou la *destruction au moyen de l'acide sulfurique* de Flandin et Danger. Nous ne dirons même que quelques mots rapides de celles de ces méthodes qui, tout en pouvant être suffisantes, n'offrent pas toutes les garanties.

(a) *Méthode d'Orfila modifiée par Filhol.* — Elle consiste à carboniser les matières animales en présence d'acide nitrique mêlé d'un peu d'acide sulfurique (20 à 30 gouttes de cet acide pour 100 grammes d'acide nitrique). On chauffe avec cet acide à carbonisation et l'on reprend le résidu par de l'eau bouillante. La solution contient la plus grande partie de l'arsenic. On la traite comme il sera dit tout à l'heure.

Cette méthode ne détruit que très imparfaitement la matière organique. Elle n'évite pas la perte d'un peu d'acide arsénieux et le passage d'une autre portion à l'état de sulfure insoluble.

(b) *Méthode de Duflos et Millon* (modifiée par Fresenius et von Babo). — Elle présente surtout cet avantage de s'appliquer à la recherche de la plupart des poisons métalliques, le plomb et l'argent doivent être exceptés. Elle consiste à décomposer la matière organique par un mélange d'acide chlorhydrique et de chlorate de potasse qu'on projette par petites portions sur la substance à détruire.

De quelque façon que l'on s'y prenne, les matières grasses, les tissus cellulaire et élastique, le ligneux, etc., ne sont que très imparfaitement attaqués par cette méthode, et le résidu chargé de corps gras, difficile à laver, contient toujours un peu d'arsenic comme je m'en suis assuré.

L'emploi d'une grande quantité d'acide chlorhydrique est d'ailleurs toujours regrettable à cause des traces d'arsenic que cet acide peut
contenir. D'un autre côté, au commencement de l'attaque, l'acide
chlorhydrique est employé le plus souvent concentré, et la réaction de
cet acide sur le chlorate potassique a lieu comme il suit :

$$4\,ClO^5K \;+\; 12\,HCl \;\;=\;\; 4\,KCl \;+\; 6\,H^2O \;+\; 3\,ClO^2 \;+\; 9\,Cl$$

équation qui montre qu'il se fait à la fois du peroxyde de chlore et un
excès de chlore qui tendent à former du chlorure d'arsenic volatil dans
tous les points où la masse s'échauffe un peu.

On ne saurait entièrement remédier à cet inconvénient, même *en ne
chauffant qu'au bain-marie*, comme on le recommande avec raison. On
peut, il est vrai, attaquer la matière organique dans une cornue et
recueillir le chlorure d'arsenic qui se volatilise ; mais malgré cette nouvelle précaution la totalité de l'arsenic ne se retrouve point.

Si les matières suspectes contenaient de l'alcool, il faudrait le chasser
d'abord au bain-marie pour éviter les explosions.

(c) *Méthode de A. Gautier.* — La méthode que j'ai publiée en 1875
diffère en apparence assez peu de celle qui fut employée déjà par Orfila
en 1839 et que M. Filhol modifia légèrement, mais très heureusement,
en 1848. Elle consiste à détruire les matières animales successivement
par l'acide nitrique, l'acide sulfurique, et de nouveau par l'acide nitrique. En agissant ainsi que je vais le dire, toutes les causes d'erreur
et pertes sont évitées. Je me suis assuré par de nombreux dosages de
contrôle que l'on retrouve la totalité de l'arsenic introduit.

Voici comment on opère :

100 grammes de la matière animale suspecte sont coupés en morceaux, et, après avoir été desséchés à 100 degrés, placés dans une
capsule de porcelaine de 600 centimètres cubes environ ; on ajoute
30 grammes d'acide nitrique pur ordinaire, mêlé de 5 à 6 gouttes
d'acide sulfurique, et l'on chauffe modérément. La substance se liquéfie
peu à peu, puis tend à s'épaissir et à prendre un ton orangé. A ce mo
ment, on retire la capsule du feu, et l'on ajoute 5 grammes d'acide
sulfurique pur. La masse brunit et s'attaque vivement ; on la chauffe
jusqu'à ce qu'elle commence à émettre quelques vapeurs d'acide sulfurique. On laisse alors tomber goutte à goutte sur le résidu 10 à
12 grammes d'acide nitrique. La matière se liquéfie de nouveau, en
dégageant d'abondantes vapeurs nitreuses. Quand tout l'acide a été
introduit, on chauffe jusqu'à commencement de carbonisation. Cela fait,
la matière charboneuse ainsi obtenue, non adhérente, facile à pulvériser,
est épuisée dans la capsule même par de l'eau bouillante qui enlève la
totalité de l'arsenic.

Quelle que soit la méthode employée, la liqueur filtrée, couleur de madère plus ou moins clair, est mise à digérer avec une ou deux gouttes de bisulfite de soude, et l'arsenic en est ensuite précipité à l'état de sulfure par un courant prolongé d'hydrogène sulfuré. On filtre après 24 heures. Le sulfure mêlé de soufre est lavé à l'eau ordinaire, puis mis à digérer sur son filtre même dans de l'ammoniaque pure affaiblie d'eau qui dissout aisément le sulfure d'arsenic. On évapore cette solution ammoniacale au bain-marie, et l'on oxyde le résidu par un peu d'acide nitrique concentré pour transformer l'arsenic en acide arsénique. On ajoute alors dans la capsule un peu d'acide sulfurique pur, on chauffe jusqu'à l'apparition des vapeurs d'acide sulfurique pour être certain que tout l'acide nitrique a été chassé ; on ajoute un peu d'eau ou d'acide sulfurique dilué et l'on verse par petites fractions dans l'appareil de Marsh qu'on a eu le soin de laisser marcher à blanc durant 50 minutes avec les réactifs employés dans l'expertise pour s'assurer qu'ils ne contiennent point trace d'arsenic.

La méthode simple et rapide de destruction de la matière organique par l'acide nitrique et sulfurique que l'on vient d'exposer en (c) est très rapide : elle permet de faire 4 à 5 attaques dans une même journée.

Elle évite de plus toutes les causes d'erreur.

En effet, lorsque dans la première phase de l'opération on commence à détruire la substance animale par de l'acide nitrique fort, les chlorures qu'elle contient donnent, grâce à l'excès d'acide nitrique, une sorte d'eau régale très pauvre en acide chlorhydrique ; le chlore est ainsi chassé, sous forme de produits nitrés volatils, sans qu'aucune trace de chlorure d'arsenic puisse se former en présence du grand excès d'acide nitrique. Je m'en suis assuré par des expériences directes.

Dans la seconde phase de l'attaque de la matière animale par la méthode que j'ai adoptée, on ajoute de l'acide sulfurique au résidu visqueux, encore riche en acide nitrique, et qui résulte de l'action de cet acide sur ces matières. A ce moment l'oxydation devient très puissante sans qu'il y ait jamais déflagration, comme l'avait déjà remarqué Filhol, et la carbonisation peut être atteinte sans qu'une trace d'arsenic puisse se volatiliser, grâce à l'absence des chlorures détruits au début de l'attaque.

Enfin, dans la troisième phase de l'opération, l'acide nitrique tombant goutte à goutte sur la matière organique chauffée vers 250 à 300° en présence de l'acide sulfurique, permet de détruire plus profondément encore la matière animale en évitant sans cesse la réduction de l'acide sulfurique et la formation de sulfures d'arsenic empêchée par les

corps nitrés et l'excès d'acide nitrique qui, presque jusqu'à la fin, se
trouvent dans la matière charbonneuse.

Après ce traitement il ne reste pour cent de matière animale fraîche
que 3 à 4 parties d'un charbon poreux, léger, facile à épuiser par l'eau,
qui lui enlève tout l'arsenic comme je m'en suis assuré.

Cette méthode est donc exacte et d'une sensibilité extrême. Elle
n'emploie que de faibles quantités de réactifs acides, si souvent arsenicaux aujourd'hui. Elle évite les pertes d'arsenic qui, avec les autres
méthodes, s'élèvent du tiers aux neuf dixièmes de l'arsenic total. Elle
est enfin aussi rapide que sûre.

Conduite de l'appareil de Marsh. — On a vu (p. 262) qu'en présence de l'hydrogène naissant tout composé minéral oxygéné ou chloré
de l'arsenic se transforme en hydrogène arsénié. C'est sur cette réaction
qu'est fondée la méthode classique qui permet de mettre en évidence
et de caractériser l'arsenic.

L'appareil de Marsh n'est autre qu'un flacon à deux tubulures contenant du zinc pur et de l'eau, flacon muni de deux tubes : l'un, à entonnoir, sert à verser l'acide sulfurique qui doit produire le dégagement
d'hydrogène naissant résultant de l'attaque de zinc pur ; l'autre tube
permet au gaz provenant de cette réaction de s'échapper en *f*.

Je me sers d'un flacon F de 200 cent. cubes (fig. 138), la tubulure

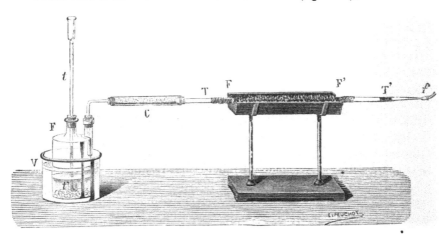

Fig. 138. — Appareil de Marsh.

centrale reçoit un tube *t* à entonnoir destiné à verser la liqueur acide ;
ce tube *t* doit être effilé et légèrement recourbé par le bas comme le
montre la figure ; la tubulure latérale reçoit un assez large tube à dégagement taillé en sifflet : il débouche dans un petit manchon de verre C
contenant du coton. Un tube de verre vert TT', peu fusible, de 1 à 1,5

millimètre de diamètre intérieur de 30 à 35 cent. de long, entouré de
clinquant en son milieu, termine l'appareil et sert au dégagement des
gaz. Ce tube traverse une courte grille à gaz ou mieux à charbon FF'.

Le flacon à hydrogène F, placé dans un bassin d'eau froide V, reçoit
au début 25 grammes de zinc pur. L'hydrogène qui se dégage grâce à
l'acide sulfurique dilué qu'on ajoute par le tube t ([1]) est débarrassé
grâce au coton des gouttelettes d'eau qu'il entraîne, puis passe dans le
petit tube de verre vert TT' qui termine l'appareil.

Quand on suppose que l'hydrogène a chassé tout l'air qui remplissait
le flacon F, on chauffe le tiers moyen du tube TT' de verre vert, soit
au gaz, soit avec des charbons placés dans la grille, et l'on continue à
faire ainsi marcher l'appareil à blanc avec les réactifs nécessaires, et
durant 45 à 50 minutes, dans le but de s'assurer de l'absence *complète*
d'arsenic dans tous les réactifs qu'on emploie.

Cette constatation faite, on prend la solution provenant de la destruction de la matière suspecte, solution préparée comme il a été dit
plus haut (p. 310), et on l'additionne d'un mélange préalablement refroidi
de 8 grammes d'acide sulfurique pur dans 40 grammes d'eau. On verse
cette liqueur acide, par petites portions, dans l'appareil de Marsh de
façon à n'avoir jamais, sur une soucoupe, trace de taches arsenicales ([2]).
Cela fait, on ajoute à 25 grammes d'un acide sulfurique étendu de 5 fois
son poids d'eau, 5 grammes d'acide sulfurique pur, on les verse encore
après refroidissement, et peu à peu, dans l'appareil. Enfin on y introduit
25 grammes du même acide dilué, mélangé de 12 grammes d'acide
sulfurique pur et refroidi, en ayant soin de n'avoir jamais à l'extrémité f
du tube qui termine l'appareil qu'une flamme de 1 à 1,5 millimètre de
long. En étudiant et contrôlant cette méthode, je me suis assuré qu'en
opérant ainsi *tout* l'arsenic de 0^{gr},005 d'acide arsénieux passe dans
l'anneau au bout de 2 h. $^1/_2$ à 3 heures. Toutefois, quand la liqueur
très étendue ne contient plus que des traces du métalloïde, celui-ci
n'est réduit qu'avec une *excessive* lenteur, ce qui doit faire exclure
l'usage de l'acide sulfurique étendu de 10 fois ou même de 8 fois son
volume d'eau, comme l'indiquent beaucoup d'auteurs.

Plusieurs toxicologistes, pour hâter le dégagement de l'hydrogène,
toujours difficile avec du zinc pur, ajoutent au début quelques gouttes
de sulfate de cuivre dans l'appareil de Marsh. Cette pratique occasionne
toujours des pertes et ralentit la formation de l'anneau. J'ai montré
qu'en remplaçant ce sulfate de cuivre par une ou deux gouttes de chlorure

([1]) Il ne faut pas ajouter de l'acide chlorhydrique, comme on le fait quelquefois à tort,
s'exposant ainsi à obtenir des traces de zinc réduit provenant du chlorure entraîné.

([2]) 1 heure suffit, si l'on suit ces précautions, pour introduire ainsi dans le flacon 0^{gr},005
d'acide arsénieux, quantité supérieure à celle que l'on retire en général de 200 grammes
de matières suspectes.

de platine on retrouve intégralement l'arsenic introduit dans l'appareil
en même temps que le dégagement d'hydrogène devient très régulier.

La méthode de *Fresenius et Von Babo*, consistant à réduire l'arsenic
de ses sulfures ou de ses oxydes en les chauffant dans un courant d'acide
carbonique avec 10 à 12 fois leur poids d'un mélange de 3 parties de
carbonate de soude et d'une partie de cyanure de potassium sec, expose
à une série de causes d'erreur que j'ai discutées ailleurs. Cette méthode
n'est pas sensible et M. Fresenius indique lui-même $\frac{2}{10}$ de milligramme
comme limite de ce qu'elle peut déceler. Cette quantité donnerait un
bel anneau *très visible* dans l'appareil de Marsh avec la méthode décrite.

Contre-poisons de l'acide arsénieux. — La magnésie hydratée, obtenue en faisant bouillir extemporanément dans l'eau la magnésie calcinée
des pharmacies ; le sulfure de fer hydraté et récemment précipité ; le
sesquioxyde de fer qu'on produit au moment même de son emploi
par addition d'ammoniaque à une solution de perchlorure ou de per-
sulfate de fer, sont les meilleurs contre-poisons dans l'empoisonnement
par l'arsenic. Ils agissent en rendant l'acide arsénieux insoluble dans
les sucs intestinaux. L'hydrate de sesquioxyde de fer modérément lavé
doit être administré en grande quantité sous forme de magma épais
en suspension dans l'eau ou mêlé à un peu de sirop de quinquina.
L'hydrate de magnésie est un excellent contre-poison que Bussy préfère
même au sesquioxyde de fer. On peut le donner délayé dans le lait, mais
toujours en abondance.

(C) EMPOISONNEMENTS PAR L'ANTIMOINE

Conditions et symptômes de cet empoisonnement. — Les préparations
antimoniales et l'émétique lui-même ont été rarement employés comme
poisons. C'est par surprise ou par mégarde que des empoisonnements
par l'émétique ont pu se produire ; quelquefois à la suite de l'emploi
immodéré de pommades stibiées. Le goût nauséabond des solutions
d'émétique empêche qu'on ne s'en serve dans un but criminel.

Les préparations antimoniales solubles déterminent rapidement les
nausées et le vomissement, quelle que soit la voie par laquelle elles ont
été introduites, fût-ce par injection hypodermique. Quinze à vingt centigrammes chez l'adulte peuvent être mortels.

Les symptômes de cette intoxication sont dès le début une saveur
métallique très désagréable, persistante, qui précède et suit les nausées
et les vomissements. Une vive chaleur à l'épigastre, suivie de superpurgation et d'anéantissement des forces. Le cœur bat rapidement, mais
très faiblement. Le pouls devient petit, misérable, la cyanose s'empare

des extrémités, les crampes frappent les muscles, les selles sont diar-
rhéiques et très souvent sanguinolentes, la faiblesse augmente, les syncopes se succèdent; enfin la mort arrive par arrêt de la circulation.

Recherche toxicologique de l'antimoine.

La destruction de la matière organique suspecte de contenir de l'antimoine se fait par la méthode ci-dessus exposée (p. 310) pour la recherche
de l'arsenic. Il faut toutefois se rappeler que l'acide antimonique qui
résulte dans ce cas du traitement des viscères suspects par le mélange
d'acide nitrique et sulfurique est insoluble dans l'eau. L'antimoine
restera donc mélangé intimement au charbon lorsqu'on traitera ce
charbon par l'eau bouillante pour en extraire l'arsenic. Pour enlever
l'antimoine on devra reprendre le charbon azoté, que l'on chauffera au
bain-marie, 1° avec l'acide chlorhydrique concentré, 2° avec l'acide tartrique en solution au 10e. Après avoir mélangé ces deux liqueurs, on y fera
passer un courant d'acide sulfhydrique; on laissera le précipité se réunir,
on filtrera, lavera et mettra le filtre de papier qui le contient à digérer avec
du sulfhydrate d'ammoniaque étendu qui dissout le sulfure d'antimoine.
On le fait passer à l'état de chlorure d'antimoine au moyen de l'acide
chlorhydrique concentré; on ajoute de l'acide sulfurique et l'on verse
la solution dans l'appareil de Marsh.

Comme dans le cas de l'arsenic, le chlorure ou l'oxyde d'antimoine
versés dans cet appareil sont réduits par l'hydrogène naissant : il se forme
de l'hydrogène antimonié SbH^3, que la chaleur détruit. Dans le tube de
verre horizontal entouré de charbons rouges de l'appareil (fig. 138) se
dépose un anneau d'antimoine, tandis que se dégage l'hydrogène de l'hydrure SbH^3. En retirant les charbons, allumant les gaz à l'extrémité du
tube TT', et présentant une soucoupe ou une capsule contre la flamme
qu'on écrase à moitié, on fait déposer sur la porcelaine, comme dans
le cas de l'arsenic, des taches d'antimoine qu'il s'agit de différencier de
celles d'arsenic, qui pourraient être confondues avec elles. On va dire
par quelles méthodes on caractérise ces diverses taches.

**Différenciation des taches d'arsenic, d'antimoine et autres,
obtenues par l'appareil de Marsh.** — Il ne suffit pas d'avoir obtenu
par la méthode de Marsh des anneaux gris de fer ou bruns ou des taches
brunes ou noires, pour affirmer qu'elles sont formées d'arsenic ou
d'antimoine. Il faut caractériser ces métalloïdes et les distinguer l'un
de l'autre ainsi que des composés de nature fort différente qu'on pourrait confondre avec eux.

Différenciation des taches d'arsenic et d'antimoine. — Le dépôt
d'arsenic (taches ou anneau) se présente sous la forme de couches

brunes, plus ou moins brillantes, à éclat gris ou semi-métallique, suivant l'épaisseur. L'anneau arsenical se produit toujours dans le tube un peu après la partie chauffée. L'antimoine est d'un noir velouté. Son anneau se forme dans le tube en avant, et aussi en arrière, de la partie chauffée ; à la loupe les bords de l'anneau d'antimoine ont généralement l'aspect fondu.

L'anneau arsenical se volatilise facilement, et sans fondre, dans le courant d'hydrogène. L'anneau antimonial se volatilise très difficilement et forme avant que de se déplacer de petites gouttelettes arrondies, bien visibles à la loupe.

Une solution étendue d'hypochlorite de soude dissout instantanément l'anneau arsenical. Celui d'antimoine ne se dissout pas dans ce réactif, si toutefois l'hypochlorite ne contient pas de chlore libre.

Je dissous ici une partie de l'anneau arsenical ou antimonial dans de l'acide nitrique pur ordinaire ; j'évapore avec soin, et j'obtiens un résidu blanchâtre, formé, suivant les cas, d'acide arsénique ou d'acide antimonique. J'ajoute à ce résidu une goutte d'ammoniaque qui donne de l'arséniate ou de l'antimoniate d'ammoniaque. Je chasse à 100° l'excès d'ammoniaque et je touche alors les taches blanchâtres restées au fond de ma capsule avec une solution faible de nitrate d'argent. Dans le cas de l'arsenic j'obtiens une coloration rouge brique d'arséniate d'argent. Dans le cas de l'antimoine, il ne se produit qu'une coloration jaune. La production de l'arséniate d'argent couleur brique est caractéristique de l'arsenic.

Touchée avec un peu de sulfure d'ammonium très étendu, la tache arsenicale se dissout et laisse par évaporation une tache jaune de sulfure d'arsenic *insoluble* dans l'acide chlorhydrique mélangé de son volume d'eau. Dans le cas de l'antimoine on obtient par la même méthode une tache de sulfure de couleur orangée qui se dissout dans l'acide chlorhydrique moyennement concentré.

Ces divers caractères suffisent pour distinguer nettement l'arsenic de l'antimoine.

Taches mixtes d'antimoine et d'arsenic. — Dans quelques cas les taches et anneaux peuvent contenir à la fois de l'arsenic et de l'antimoine. On sépare ces deux métalloïdes et on les distingue de la façon suivante : on fait passer un courant d'hydrogène sulfuré sec dans le tube où l'anneau suspect s'est déposé et l'on chauffe légèrement. Il se fait à la fois du sulfure d'arsenic et du sulfure d'antimoine. On fait ensuite traverser le tube par un lent courant de gaz chlorhydrique sec, en ayant soin de recevoir dans un peu d'eau les vapeurs sortant de l'appareil. Le gaz chlorhydrique attaque le sulfure d'antimoine, il se transforme en chlorure, se volatilise et se dissout dans l'eau. Quant à l'arsenic, il reste inattaqué. On peut l'oxyder alors par de l'acide nitrique et lui faire subir les réactions caractéristiques de l'arsenic ci-dessus indiquées.

Taches de matières organiques, de crasses, etc. — Des taches de substances organiques se produisent quelquefois dans le tube de l'appareil de Marsh si la matière animale n'a pas été bien détruite. Elles sont composées de corps goudronneux. Elles ne se dissolvent pas, ou fort mal, dans l'acide nitrique ordinaire et ne donnent aucun des caractères de l'arsenic ou de l'antimoine. Il peut aussi se faire quelquefois (surtout si l'on emploie l'acide chlorhydrique, au lieu du sulfurique, pour obtenir le dégagement d'hydrogène) des dépôts de zinc réduit par l'hydrogène. D'autres fois on voit apparaître une trace de soufre. Ces diverses taches ne sauraient être confondues avec les taches d'arsenic ou d'antimoine.

VINGT-CINQUIÈME LEÇON

CARBONE; OXYDE DE CARBONE; ACIDE CARBONIQUE.

SULFURE ET OXYSULFURE DE CARBONE. — EMPOISONNEMENTS PAR CES COMPOSÉS

Le carbone et le silicium sont les deux éléments tétratomiques qui forment notre *Sixième famille*. Le zirconium, le titane et l'étain peuvent en être rapprochés par leur tétratomicité et leurs propriétés physiques; mais leurs oxydes sont aptes à former des sels, et l'on doit les classer parmi les métaux.

Tous ces corps sont directement combustibles et donnent au rouge, par leur oxydation, des acides saturés tels que :

$$CO^2 \quad ; \quad SiO^2 \quad ; \quad ZrO^2 \quad ; \quad SnO^2$$
$$\text{Acide carbonique.} \quad \text{Acide silicique.} \quad \text{Zircone.} \quad \text{Acide stannique.}$$

Tous donnent des perchlorures de forme $R^{IV}Cl^4$:

$$C\,Cl^4 \quad ; \quad SiCl^4 \quad ; \quad ZrCl^4 \quad ; \quad SnCl^4$$
$$\text{Perchlorure de carbone.} \quad \text{Perchlorure de silicium.} \quad \text{Perchlorure de zirconium.} \quad \text{Perchlorure d'étain.}$$

et des sesquichlorures tels que $C^2Cl^6..\,Si^2Cl^6..\,Ti^2Cl^6$.

Pour le carbone et le silicium les combinaisons saturées d'hydrogène sont construites sur le même type :

$$CH^4 \qquad \cdot \qquad SiH^4$$

Hydrogène   Hydrogène
protocarboné.   silicié.

Mais le titane, le zirconium et l'étain ne donnent plus de combinaisons hydrogénées semblables et s'éloignent encore ici sensiblement des métalloïdes tétratomiques.

Enfin on connaît des combinaisons mixtes telles que celles découvertes par M. Friedel en chimie organique, combinaisons dans lesquelles un atome de silicium vient remplacer un atome de carbone :

$$C^8 H^{18} \qquad \cdot \qquad C^7 SiH^{18}$$

Hydrure d'octyle.   Hydrure de silico-octyle
(<i>silicium triéthylméthyle</i>).

On ne saurait douter, on le voit, de la grande analogie des deux métalloïdes qui composent cette famille.

LE CARBONE

Le carbone libre ou combiné se présente partout dans la nature : l'air le contient sous forme d'*acide carbonique*; l'écorce terrestre et la mer sous celles de carbonates, de bicarbonates ou de gaz carbonique dissous; les matières organiques végétales ou animales sont toutes carbonées. Les couches énormes de houille, de lignite et d'anthracite de nos terrains stratifiés contiennent du carbone uni à une petite quantité d'hydrogène, et à quelques autres éléments. Mais le carbone ne se trouve à l'état de pureté ou de liberté que très rarement sous forme de *diamant,* ou sur celle d'une matière un peu plus répandue, la *plombagine* ou *graphite* qui cristallise dans un autre système que le diamant, et qui n'est presque jamais formée de carbone tout à fait pur.

On peut obtenir le carbone pur en partant des matières organiques ou même de l'acide carbonique; mais, suivant son origine, il se présente sous des formes physiques si variées, qu'il est impossible d'en donner une description générale, et que nous sommes forcés d'en décrire successivement les *variétés* principales.

Nous pouvons dire seulement que le carbone est un corps solide, infusible et inaltérable aux plus hautes températures que nous sachions produire, si ce n'est dans l'arc électrique, où il se ramollit et même se volatilise. On ne lui connaît aucun dissolvant proprement dit; seul le fer, au rouge blanc, s'unit à lui et le laisse déposer ensuite en se refroidissant, sous forme de graphite cristallisé. En somme, le carbone ne peut être complètement caractérisé que par ses propriétés chimiques, en particulier par sa combustibilité et sa transformation en acide carbonique. Quelle que soit la variété de carbone que l'on brûle, 12 grammes de carbone se transformeront toujours, en présence d'un excès d'oxygène, en 44 grammes d'acide carbonique toujours de même composition ; mais la quantité de chaleur ainsi produite sera différente suivant chaque variété.

On a indirectement établi que 12 grammes de carbone-diamant, en passant à l'état gazeux, absorbent 42 Calories.

Variétés de carbones. — Charbons.

Diamant. — Le diamant, dont les principaux gîtes sont à cette heure les provinces de *Minas-Gerães* et de *Bahia* au Brésil, l'Oural et les Mines du Cap en Afrique, nous venait autrefois du royaume de Golconde dans les Indes. Ce gisement est aujourd'hui épuisé. Au Brésil, il se rencontre dans des alluvions de cailloux roulés, en compagnie d'oxyde de titane, de fer titané, de tourmaline, de quartz, etc... mais il peut se trouver aussi dans des argiles provenant de la décomposition de schistes anciens autrefois traversés par des filons contenant les minéraux ci-dessus cités, filons dont il paraît provenir. On le trouve au Cap dans une *ophite bréchoïde* qui a toutes les apparences d'une roche éruptive et où il *existe en place* cristallisé en octaèdres très nets.

Ces cristaux naturels (fig. 139) appartiennent au système régulier (*dodécaèdre rhomboïdal, icositétraèdre ou solide à* 48 *faces*). Les formes à facettes courbes abondent ; ces faces sont fréquemment striées. Le clivage du diamant est facile et octaédrique . propriété qu'on utilise pour le tailler (¹). L'éclat

Fig. 139. — Diamants bruts ou à *pointes naïves.*

de ces cristaux et de leurs cassures est *adamantin*, c'est-à-dire lumineux et brillant, grâce à la grande réfringence de la matière. Les diamants sont transparents ou opaques, incolores ou colorés légèrement en jaune, gris, vert, rouge, bleu, rarement en noir. Ils deviennent électriques par le frottement et sont mauvais conducteurs de la chaleur et de l'électricité. Le diamant n'est rayé que par le *bore adamantin.*

(¹) La taille du diamant, qui lui donne tous ses feux, date du milieu du quatorzième siècle. Mais c'est seulement en 1770 que L. de Berquem inventa les procédés réguliers actuellement suivis. Les anciens recherchaient déjà beaucoup le diamant ou cristal des Indes, surtout celui qui présentait des facettes régulières. L'agrafe du manteau de Charlemagne portait quatre diamants en *pointe naïve,* c'est-à-dire à forme pyramidale naturelle.

On en distingue trois variétés : 1° le *diamant* proprement dit : un individu d'un *carat* (4 grains ou 212 milligrammes) vaut aisément 300 francs et les prix croissent à peu près comme le carré des poids ; 2° le *bort* ou *diamant en boules*, à structure radiée, utilisé pour le polissage ; et 3° le *carbonado* en morceaux assez gros, de couleur noire, employé pour les forages au diamant.

Les plus gros *diamants* taillés ne dépassent guère le poids de 200 carats ou 40 grammes. Celui du rajah de Matam, à Bornéo, pèse 75 grammes ; celui du Grand Mogol, 55 grammes. Ce sont les plus gros diamants connus. Le *régent* de France, qui pèse 136 carats (28^{gr},8) et qui en pesait 410 avant d'être taillé, est un des plus beaux par sa forme, sa limpidité et ses feux.

Le diamant se taille en le faisant éclater d'abord suivant ses clivages naturels, qui permettent de le dégrossir, puis au moyen de sa propre poussière qu'on obtient en pulvérisant les diamants en boules ou *borts* et les diamants noirs ou *carbones*. Cette poussière porte le nom d'*égrisé*. Sur des meules d'acier mues d'un mouvement de rotation très rapide et humectées d'huile et d'égrisé, on appuie le diamant sur les points où l'on veut faire naître des facettes qui se produisent ainsi lentement par usure.

On taille le diamant soit en *rose*, s'il est naturellement plat, soit en *brillant*, si sa forme et son épaisseur s'y prêtent (fig. 140). La *rose* a le dessous plat, et le dôme formé de 24 facettes triangulaires. Le *brillant* a sa face supérieure plane et octogonale entourée d'une couronne de 32 facettes disposées obliquement, tandis que la partie inférieure ou culasse se compose d'une pyramide à 24 facettes losangiques ou triangulaires qui viennent se relier symétriquement à celles de la couronne. La taille

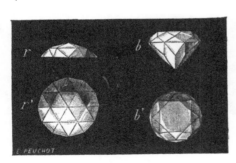

Fig. 140. — Diamants taillés.
r r', taille en *rose*. — *b b'*, taille en *brillant*.

a pour but de multiplier les feux du diamant, chacune des facettes de la culasse reproduisant pour son compte l'image des points lumineux extérieurs, mais aussi, lorsqu'il s'y en trouve, les défauts ou *crapauds* de la gemme qui deviennent d'autant plus apparents que le nombre des facettes augmente. De là des différences très grandes de valeur vénale entre les diamants purs ou de belle eau et ceux qui ne le sont pas.

La densité du diamant oscille de 3,5 à 3,55. Sa chaleur spécifique varie très rapidement avec la température : d'après Weber, elle est de 0,0955 à — 10°,6 ; de 0,1128 à + 10°,7 ; de 0,1318 à + 33°,4 ; de 0,1532 à + 58°,3 ; de 0,2218 à 140° ; de 0,4406 à 607° ; de 0,4589 à + 985 degrés.

Pourvu qu'il soit à l'abri de l'oxygène, le diamant est inattaquable aux feux de forge. Dans l'arc électrique d'une pile à très forte tension et dans le vide, il se gonfle, noircit et se change en une sorte de coke.

Lavoisier démontra le premier que le diamant est du carbone pur en le brûlant dans un ballon de verre clos plein d'oxygène. Il chauffait ce diamant en dardant sur lui la lumière du soleil concentrée par une forte lentille. Dans cette célèbre expérience, il observa que l'oxygène était remplacé par son volume d'acide carbonique.

Outre son emploi en joaillerie, le diamant sert à faire des plumes à écrire, des poinçons ou des burins à graver et à couper le verre. Les diamants noirs enchâssés à l'extrémité d'outils spéciaux permettent de travailler sur le tour les pierres les plus dures, ils servent aussi à les graver. On l'utilise très ingénieusement aussi pour armer les couronnes de trépan utilisées dans les sondages dits *au diamant* qui se font dans le granit ou les roches d'une dureté analogue.

Plombagine ou graphite. — Le graphite est la seconde forme du carbone cristallisé. A l'état naturel il se présente sous l'aspect de paillettes d'un gris brillant ou en masses feuilletées rayables à l'ongle formées de lamelles hexagonales. Elles laissent une trace grise lorsqu'on les frotte sur le papier ou sur la peau.

On trouve le graphite dans les terrains anciens, les granites, les gneiss, les schistes ardoisiers. On l'a signalé en France, en Espagne, en Angleterre, mais le plus grand gisement connu est près d'Irkoutsk en Sibérie, où il a été découvert par un Français du nom d'Alibert, ancien coiffeur à Montauban, aujourd'hui riche seigneur russe.

Le graphite contient de 3 à 5 pour 100 d'impuretés formées de silice et d'oxyde de fer qu'on enlève en le fondant d'abord avec de la potasse caustique, et le lavant ensuite à l'eau, puis à l'acide chlorhydrique.

La fonte saturée de charbon abandonne du graphite en se refroidissant. Il cristallise alors sous forme de paillettes hexagonales d'un gris noirâtre qu'on met en liberté en dissolvant le métal dans un acide

Le graphite est bon conducteur de la chaleur et de l'électricité. Sa densité est de 2.25.

La chaleur spécifique du graphite naturel varie, d'après Weber, comme celle du diamant ; elle augmente avec la température jusqu'à 600°, où elle arrive à 0,445, puis ne croît plus que fort lentement. Elle est de 0,1604 à + 10°,8 et de 0,199 à 61°,3.

La plombagine naturelle sert à la fabrication des crayons. On la débite à cet effet en longues baguettes prismatiques ; ou bien on la pulvérise, on la mélange d'argile et de corps gras et on la moule sous forte pression ; c'est cette dernière préparation qui constitue la *mine des crayons Conté*. Les creusets dits de plombagine sont faits d'un mélange de plombagine et d'argile réfractaire. Ils sont très précieux par leur infusibilité.

La plombagine est encore utilisée, sous forme de poudre impalpable, comme moyen de graissage presque indéfini. Vu sa conductibilité et son adhésivité, elle permet de métalliser les moules galvanoplastiques formés de substances non-conductrices sur lesquelles on peut dès lors déposer des métaux. On s'en sert enfin pour donner un certain éclat aux objets de fonte ou de fer qu'elle contribue à protéger contre la rouille, ainsi qu'au plomb de chasse qu'elle préserve.

Carbone amorphe artificiel. — Charbons. — La destruction par la chaleur des matières organiques en vase clos et à l'abri de l'air, donne toujours du *charbon*, c'est-à-dire du carbone plus ou moins pur. On en connaît un grand nombre de variétés, parmi lesquelles les plus importantes sont le *noir de fumée*, le *charbon de cornue*, le *charbon de bois*, le *coke* qui se rattache à la *houille* ou *charbon de terre*, enfin le *noir animal*.

Tous ces charbons sont amorphes et impurs. On les purifie en les calcinant au rouge vif, les traitant par l'acide chlorhydrique, puis les chauffant au rouge blanc dans un courant de chlore pour enlever les dernières traces d'hydrogène et d'azote, enfin les lavant une dernière fois et les séchant avec soin. Nous allons les étudier successivement.

Noir de fumée. — C'est la poussière noire de charbon très divisé qui, sous forme de fumée fuligineuse, se dégage des corps riches en carbone lorsqu'ils brûlent dans une quantité d'air insuffisante. On obtient généralement ce charbon par la combustion incomplète des huiles ou des résines. On les allume sous une hotte ; leur flamme va s'étouffer dans une série de cylindres en maçonnerie d'abord, puis en toiles, sur lesquelles se dépose le noir de fumée. Ce noir est d'autant plus pur qu'on le recueille plus loin.

Cette matière sert à fabriquer les vernis, cirages, couleurs noires, encres d'imprimerie. L'encre de Chine est faite avec le noir le plus fin. On en fait des encres à écrire indélébiles ; elles sont inattaquables par les alcalis, les acides et le chlore ; elles devraient seules être acceptées dans les actes publics.

Charbon de cornue. — Ce charbon vient, comme par une sorte de volatilisation, s'attacher au dôme des cornues où l'on distille la houille pour en retirer le gaz d'éclairage. Il est presque dénué de cendres, très dur, très conducteur, semi-métallique. Sa densité se rapproche de celle du diamant. On en fait des tubes, des creusets, des nacelles, des charbons de piles électriques; on en fabrique quelquefois les charbons destinés à produire l'arc voltaïque, quoiqu'on préfère aujourd'hui recourir dans ce but à un charbon artificiel que l'on transforme en poudre très fine, qu'on mélange à divers corps organiques, qu'on moule à la presse hydraulique, et qu'on calcine ensuite très fortement.

L'anthracite et le charbon de cornue sont aussi utilisés dans nos laboratoires pour atteindre les plus hautes températures des feux de forge.

Coke et charbon de terre. — Le coke est un charbon impur qui s'obient en soumettant la houille à la distillation dans les cornues ou lorsqu'on fabrique le gaz d'éclairage. C'est une substance grise ou noirâtre, plus ou moins dure, caverneuse, provenant notoirement du ramollissement de bitumes et goudrons qui n'ont fondu qu'à une haute température et ont laissé peu à peu échapper leurs dernières matières volatiles. Le coke donne en brûlant une quantité notable de cendres riches en silice et très pauvres en potasse.

Disons ici en passant un mot des *houilles* et des *charbons de terre* dont provient le coke.

Houilles. — On sait que l'on trouve en divers points du globe des agglomérations de matières organiques en partie carbonisées qui servent de combustibles dans tous les pays et qui ont pour origine l'altération lente sous l'eau, ou dans les couches terrestres, des végétaux qui croissaient autrefois à la surface du sol.

La tourbe, d'origine moderne, est formée des débris de plantes vivant dans les marais. Leurs détritus abandonnés à l'action des ferments se transforment, suivant des lois encore obscures, en une sorte de matière cireuse ou résineuse qui se déshydrate lentement en perdant de l'eau, de l'acide carbonique, etc., et se rapproche de plus en plus de la composition des hydrocarbures très riches en carbone.

Les *lignites* paraissent être les tourbes des terrains tertiaires anciens. On en trouve en France, près de Laon, dans l'Isère, à Minerve (Hérault). Ces combustibles rappellent souvent la houille par leur aspect, mais ils sont plus légers qu'elle, leur flamme est plus longue, ils laissent après avoir rapidement flambé une véritable *braise*; jamais leurs fragments ne se boursouflent et ne contractent d'adhérence entre eux pour donner du coke.

Le *jayet* ou *jais*, qu'on nomme quelquefois *ambre noir*, est une variété de lignite noire et luisante. On en fait divers objets de bijouterie. Il en vient de Prusse, des Asturies, des Hautes-Alpes. La fabrique de Sainte-Colombe, dans le département de l'Aude, a été florissante au commencement de ce siècle.

La *terre de Cologne* ou *de Cassel* est une autre variété de lignite d'un rouge noirâtre et d'aspect terreux. Elle donne une couleur d'un brun chaud estimée des peintres à l'huile ou à l'aquarelle. Elle est utilisée pour le chauffage dans quelques pays. On s'en sert quelquefois aussi à l'étranger pour falsifier le tabac à priser.

Les *houilles* forment ces immenses amas de combustibles que l'on rencontre plus particulièrement dans le *terrain houiller*, entre les terrains primaires placés au-dessous et le terrain permien au-dessus, terrain enfoui lui-même sous le trias (Voir le tableau p. 111). Les grès et

Empreintes de quelques végétaux fossiles de la houille.

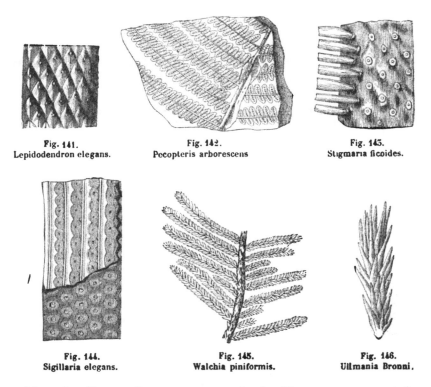

Fig. 141.
Lepidodendron elegans.

Fig. 142.
Pecopteris arborescens

Fig. 143.
Stigmaria ficoides.

Fig. 144.
Sigillaria elegans.

Fig. 145.
Walchia piniformis.

Fig. 146.
Ullmania Bronni.

schistes houillers qui accompagnent la houille portent souvent les empreintes des tiges et des feuilles des végétaux qui ont formé la houille par leur longue fermentation au sein de l'eau (fig. 141 à 146). Ce sont surtout des palmiers, des prèles, des fougères arborescentes, des lycopodes, etc., plantes actuellement tropicales. On connaît des dépôts de houilles considérables en Angleterre dans le pays de Galles, en France dans la Haute-Loire, le Tarn, en Prusse Rhénane, en Belgique; dans l'Amérique du Nord, la Chine, le Japon, le Chili, l'Australie.

La houille renferme de 60 à 90 pour 100 de carbone plus ou moins bitumineux. Celles qui sont dites *houilles grasses* (*Saint-Étienne, Mons, cannel-coal* des Anglais, brûlent avec une longue flamme, se ramollissent, s'agglomèrent et se boursouflent beaucoup. Un kilogramme de ces houilles peut dégager par sa combustion 8600 Calories.

Les *houilles maigres* donnent une flamme plus courte et boursouflent peu. Elles dégagent en brûlant 7000 à 7500 Calories par kilogramme.

Dans les ateliers métallurgiques on admet que le pouvoir calorifique de la houille est à celui du bois environ comme 15 : 1 *à volumes égaux*, et comme 15 : 8 à *poids égaux*.

Voici quelques indications relatives à la composition de diverses houilles grasses ou maigres et à leur pouvoir calorifique :

PROVENANCE ET NATURE	CARBONE POUR 100	MATIÈRES VOLATILES POUR 100	COKE POUR 100	CENDRES POUR 100	NATURE DU COKE	POUVOIR CALORIFIQUE EN CALORIES PAR KILO
Charleroi :						
Houille grasse	77,08	16,40	83,60	6,52	bon, boursouflé.	7296
— demi-grasse . .	82,16	11,85	88,15	5,99	mal formé, boursouflé.	7166
— maigre	88,45	10,18	89,82	1,37	non formé, pulvérulent.	7231
Valenciennes :						
Houille grasse longue flamme.	62,38	33,32	66,69	4,30	bien formé, tr. poreux.	7247
— demi-grasse . .	74,94	19,26	80,74	5,30	bien formé, mal boursouflé.	7222
— maigre	90,07	6,83	93,17	3,10	non formé.	7493

Outre le coke et le gaz, qu'elles fournissent par leur distillation, les houilles donnent aussi des eaux de condensation et des goudrons d'où l'on retire de l'ammoniaque, de la benzine et des carbures analogues, de l'anthracène, de la naphtaline, du phénol, des alcaloïdes, et un certain nombre d'autres produits moins importants.

L'*anthracite* est un charbon dur et compact, d'un aspect semi-métallique, à surface souvent irisée, que l'on rencontre dans les terrains plus anciens que le terrain carbonifère. Sa densité est de 2 environ. Elle brûle dans les bons fourneaux et produit beaucoup de chaleur. Elle laisse 8 à 10 p. 100 de cendres contenant *silice, alumine, oxyde de fer*, etc.

A côté des houilles, nous nous bornons à citer ici les *bitumes*, véritables carbures d'hydrogène naturels amenés des profondeurs du globe à la suite de réactions dont nous parlerons en chimie organique en traitant des *pétroles* (voir t. II, p. 86). Le *bitume* ou *asphalte* qui vient surna-

ger les eaux de la *mer Morte*, phénomène qui se reproduit à Bakou dans
le Caucase, sur la mer Caspienne, au Mexique, etc., est un hydrocarbure
complexe contenant de 78 à 80 pour 100 de carbone. Les anciens
l'employaient à la conservation de leurs momies, ils en enduisaient
les bois de navires, etc. On en fait encore usage en Orient pour imper-
méabiliser les étoffes et calfater les vaisseaux. Ce bitume n'a ni la
composition, ni les propriétés du *malthe* ou *pissasphalte* qui, en France,
nous vient de Seyssel, de Gabian, du Puy-de-Dôme, et qui sert à faire
ce mastic bitumineux, l'*asphalte*, dont on recouvre nos trottoirs. Le
malthe sort surtout des terrains tertiaires ; mais il imprègne quelquefois
les roches des terrains secondaires et même houillers.

Charbon de bois. — Ce charbon résulte de la carbonisation ou de la
distillation des bois en vase clos.

Le procédé ancien dit des *meules* se pratique sur place dans la forêt
même. Les branches de 3 à 4 ans, de chêne, charme, hêtre, châtai-

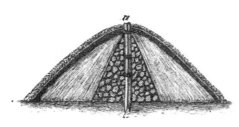

gnier, etc., sont coupées en
rondins et séchées à l'air. On
en forme des pyramides en
assemblant les rondins debout
autour de quelques perches
placées dans l'axe du tas, en
laissant au centre une sorte de
cheminée. Plusieurs lits de
branches sont placés les uns
au-dessus des autres. On re-

Fig. 147. — Meule à charbon.

couvre alors la meule de menus branchages, de feuilles et enfin de
terre, et l'on remplit la cheminée centrale de copeaux enflammés. Le
feu se communique peu à peu à la masse entière, la fumée, d'abord
noire et dense, puis plus rare, blanche et bleuâtre, indique la marche
de la carbonisation, qui dure plusieurs jours. On ouvre des évents sur
les points, de plus en plus bas, où l'on juge que la combustion a
besoin d'être activée ; puis, quand elle est à point, on bouche toutes
les ouvertures avec de la terre et on laisse refroidir la meule.

Les bois que l'on considère comme *secs* contiennent généralement
de 35 à 39 pour 100 de carbone et de 4 à 5 pour 100 d'hydrogène (¹).
Par ce mode de carbonisation on obtient 16 à 20 parties de charbon de
bois pour 100 parties de bois sec de diverses essences.

Dans la *carbonisation par distillation* on chauffe le bois dans des
vases cylindriques clos (fig. 148). Les parties volatiles, eau, acide pyroligneux, huiles et goudrons, gaz carbonique, oxyde de carbone, carbures

(¹) Le bois entièrement privé d'eau contient 49 à 50 % de carbone.

d'hydrogène, se dégagent et se condensent en partie dans des serpentins refroidis (voir t. II, p. 162); le charbon reste dans le vase distillatoire. On obtient par cette voie 26 à 28 de charbon pour 100 de bois sec. Ce charbon est très homogène, très combustible, sans fumerons.

Fig. 148. — Distillation du bois. Fabrication de l'acide pyroligneux, etc.

On produit aussi par ce procédé les charbons de bois légers destinés à la fabrication de la poudre.

Noir animal. — Le *noir animal* ou *charbon d'os* provient de la calcination des os en vase clos. Ceux-ci contiennent environ 63 parties de substances minérales principalement formées de phosphate tribasique de chaux mêlé d'un peu de magnésie et de silice, de carbonates et fluorures terreux, unis à 37 pour 100 d'*osséine*, substance de composition analogue à celle de l'*albumine* du blanc d'œuf. La calcination des os à l'abri de l'air laisse un charbon azoté, poreux, imprégné de matières salines. Il jouit à un degré extrême de la propriété, commune à presque tous les charbons, de retenir dans ses pores et de rendre insolubles la plupart des matières colorantes. Celles-ci sont fixées et non détruites. Voyez ce vin rouge et ce sirop de sucre additionné de caramel; par simple filtration sur le noir d'os ils se décolorent devant vos yeux.

Le noir animal du commerce contient plus de 60 pour 100 de cendres solubles dans les acides, mais que l'on n'enlève que très difficilement et par des lavages prolongés à chaud, puis à froid, avec de l'eau fortement acidifiée d'acide chlorhydrique. On obtient ainsi le noir *lavé*.

Le noir animal est utilisé dans les laboratoires pour décolorer certaines solutions. Il trouve surtout son emploi dans les raffineries de sucre, où il sert à décolorer les sirops avant leur cristallisation.

Propriétés chimiques du carbone. — Quels que soient sa forme, ses propriétés physiques ou son origine, le carbone à la température du rouge vif s'unit à l'oxygène pour donner de l'acide carbonique CO^2, si l'oxygène est en excès; de l'oxyde de carbone CO, dans le cas contraire. Les variétés amorphes et très légères de carbone paraissent commencer à se combiner à l'oxygène un peu au-dessous du rouge.

Le carbone s'unit au soufre vers $1000°$ et forme ainsi le sulfure de carbone CS^2.

Il se combine directement à l'hydrogène à la haute température de l'arc électrique et donne naissance à l'*acétylène* C^2H^2 (t. II, p. 44).

Il forme des carbures avec le fer, le manganèse et quelques autres métaux.

Les combinaisons du carbone avec le chlore, l'azote, l'hydrogène s'obtiennent par voie indirecte.

Tous les corps organiques sont constitués par du carbone uni à l'hydrogène ou à l'hydrogène et à l'oxygène, ou bien enfin à l'hydrogène, à l'oxygène et à l'azote, éléments auxquels il faut souvent ajouter le soufre. Ces combinaisons carbonées innombrables forment le vaste domaine de la *chimie organique*.

Différences chimiques entre les diverses variétés de carbone. — Les charbons poreux, et particulièrement celui de bois, jouissent de la propriété d'absorber les divers gaz comme par une sorte de dissolution. Un volume de charbon de bois absorbe :

	Volumes absorbés.		Volumes absorbés.
Gaz ammoniac	90	Oxyde de carbone . . .	9,45
chlorhydrique. . . .	85	Oxygène.	9,25
— sulfhydrique	55	Azote	7,05
— carbonique.	35	Gaz des marais	5,00
— éthylène	33	Hydrogène	1,75

Les gaz les plus solubles dans l'eau sont aussi les plus absorbables; la pression et l'abaissement de température augmentent l'absorption; la chaleur et le vide permettent aux gaz de se dégager.

On a indiqué plus haut la singulière affinité des charbons azotés et poreux, tels que le noir d'os, pour certaines substances et en particulier pour les matières colorantes. Quelques variétés de ce charbon se chargent de *chlorophylle* ou matière colorante des feuilles au point d'en devenir verts, sans céder ensuite cette matière à ses dissolvants habituels.

Brodie a démontré que le *graphite* oxydé par les agents d'oxydation très énergiques, et en particulier par un mélange de chlorate de potasse et d'acide nitrique fumant, finit par se convertir en une substance insoluble se présentant à l'état-humide sous forme d'écailles jaunâtres qui par leur dessiccation s'agglomèrent en masses brunes. L'*oxyde graphitique* ainsi produit répond à la composition $C^{11}ll^4O^5$. Ce corps se décompose brusquement par la chaleur en se boursouflant et se transformant, avec production d'étincelles, en une poudre noire qui est l'*oxyde pyrographitique* $C^{11}H^2O^4$.

Le graphite naturel ou artificiel est la seule variété de carbone qui fournisse ces composés. Le diamant reste inattaqué lorsqu'on essaye de l'oxyder par le mélange de Brodie ; les charbons amorphes s'oxydent et se dissolvent sans donner d'oxyde graphitique lorsqu'on les traite par le chlorate et l'acide nitrique.

Nous allons maintenant passer en revue les diverses combinaisons du carbone avec les éléments métalloïdiques, en particulier celles que fournit le règne minéral. Quant aux combinaisons carbonées complexes que produisent les animaux et les plantes, et aux innombrables dérivés du carbone, analogues à ces combinaisons naturelles, que le chimiste sait aujourd'hui produire artificiellement, ils seront étudiés en *Chimie organique*, au tome II de cet ouvrage.

OXYDE DE CARBONE
CO

Ce gaz fut découvert par Priestley en 1799 ; plus tard Clément-

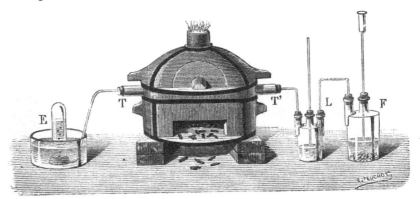

Fig. 149. — Production de l'oxyde de carbone par le charbon et l'acide carbonique.

Desormes fit connaître ses propriétés, et Cruikshank établit sa composition.

L'oxyde de carbone ne paraît pas exister dans la nature, mais il se forme abondamment durant la combustion imparfaite du charbon dans nos foyers.

On l'obtient en réduisant l'acide carbonique par le charbon incandescent :

$$CO^2 + C = 2CO$$

Ou bien lorsqu'on chauffe au rouge certains carbonates ou oxydes avec le charbon en poudre :

$$ZnO + C = CO + Zn$$

L'eau décomposée au rouge par le charbon donne un mélange de 4 vol. d'hydrogène, 2 vol. d'oxyde de carbone et 1 vol. d'acide carbonique.

Les acides oxalique, formique, tartrique, citrique, les sucres, le cyanure jaune de potassium, etc., traités par l'acide sulfurique concentré dégagent de l'oxyde de carbone.

Dans les laboratoires on l'obtient en traitant par un excès d'acide sulfurique l'acide oxalique cristallisé ou le cyanure jaune desséché. Avec l'acide oxalique en particulier, il se fait un mélange à volumes égaux d'eau d'acide carbonique et d'oxyde de carbone :

$$C^2H^2O^4 + SO^4H^2 = \underbrace{SO^4H^2 + H^2O} + CO + CO^2$$

| Acide oxalique. | Acide sulfurique. | Acide sulfurique hydraté. | Oxyde de carbone. | Acide carbonique. |

On fait barboter les produits gazeux dans des flacons laveurs à potasse qui absorbent l'acide carbonique et laissent dégager l'oxyde de carbone pur.

Propriétés. — L'oxyde de carbone est un gaz incolore, inodore, sans saveur, apte à se liquéfier lorsque, après avoir été comprimé à 300 atmosphères et refroidi à — 50°, on le laisse brusquement se détendre (*Cailletet*). Sa densité à l'état gazeux est de 0,967. Il pèse 1^{gr},25 par litre.

Un litre d'eau en dissout 25 centimètres cubes à 15°.

C'est un corps neutre ne s'unissant ni aux acides ni aux bases, du moins directement et à froid.

A une très haute température il se dissocie un peu en charbon et oxygène ; l'étincelle électrique le décompose aussi partiellement.

Il brûle avec une flamme bleue en s'unissant à son demi-volume d'oxygène et dégageant 66^{cal},8. Il produit ainsi son propre volume d'acide carbonique :

$$CO + O = CO^2$$
| 2 vol. | 1 vol. | 2 vol. |

La combinaison directe de l'oxygène à l'oxyde de carbone commence et se continue lentement avant le rouge sombre (*A. Gautier*).

Il s'oxyde *à froid* par l'acide chromique.

Sous l'influence des rayons solaires, l'oxyde de carbone s'unit directement à son volume de chlore pour donner de l'oxychlorure de carbone :

$$CO + Cl^2 = COCl^2$$

En réagissant au rouge sur les oxydes métalliques il les réduit en s'emparant de leur oxygène :

$$Fe^2 O^3 + 3CO = Fe^2 + 3CO^2$$

Ce mode de réduction des oxydes est constamment utilisé en métallurgie.

Effets toxiques de l'oxyde de carbone. — Le gaz oxyde de carbone est un dangereux poison. D'après les expériences de Le Blanc, un centième d'oxyde de carbone dans l'air que respire un oiseau le tue en deux minutes [1]. D'après Cl. Bernard, un quatre-centième suffit pour le tuer en 5 minutes. Les oiseaux et les mammifères supportant, quelque temps du moins, des doses très supérieures d'acide carbonique, on peut rapporter surtout à l'empoisonnement par l'oxyde de carbone les asphyxies dites *par le charbon*. Les cas mortels s'élèvent à 11 pour 100 de la totalité des empoisonnements constatés en France.

Les empoisonnements accidentels sont fort nombreux, soit que le gaz toxique provienne de réchauds ou de fourneaux mal allumés, soit qu'il se dégage de poêles à *tirage insuffisant*, soit, comme l'a démontré M. H. Sainte-Claire Deville, que l'oxyde de carbone filtre à travers la fonte de ces poêles à la température du rouge à laquelle ils sont trop souvent portés. J'ai montré que les *briquettes* employées dans les chaufferettes des voitures publiques à Paris dégagent, en brûlant lentement, 20 à 22 litres d'oxyde de carbone par heure.

Les symptômes de ces empoisonnements sont les suivants : pesanteur de tête, somnolence, céphalalgie avec compression des tempes, vertiges, tremblements, faiblesse musculaire, mouvements rapides de la respiration, battements du cœur tumultueux, puis insensibilité, coma, respiration stertoreuse, enfin mort précédée ou non de convulsions.

Les travaux de Cl. Bernard ont démontré (*Comptes rendus de l'Acad. des sciences*, t. XLVII, p. 393) que l'oxyde de carbone déplaçant son propre volume de cet oxygène qui est faiblement uni à l'hémoglobine des globules rouges du sang, rend ces globules impropres à l'hématose ; à la place de l'*oxyhémoglobine*, il se fait de la *carboxyhémoglobine*, composé défini et cristallisable, dont les gaz inertes et le vide ne déplacent plus que très lentement l'oxyde de carbone. Le spectre d'absorption de ce sang, comme celui de l'oxyhémoglobine, est caractérisé par deux bandes obscures placées entre les raies

[1] En une minute d'après mes expériences.

D et E de Frauenhoffer, mais la première est un peu plus à droite que la bande correspondante de l'oxyhémoglobine, et la seconde empiète un peu sur la ligne E. Ces deux bandes, contrairement à celles de l'oxyhémoglobine, conservent leur position et leur aspect sous l'influence des agents réducteurs, H^2S ou AzH^3,SH dissous (Voir *Chimie biologique*, t. III).

Le cadavre des sujets intoxiqués par l'oxyde de carbone conserve longtemps sa souplesse et sa coloration rosée. Il ne se putréfie que fort lentement. Le sang reste fluide et rutilant. Dans cet empoisonnement, le meilleur antidote est la respiration artificielle d'oxygène.

On peut caractériser l'intoxication par l'oxyde de carbone, soit au moyen des bandes spectrales du sang de la victime, soit en faisant passer dans ce sang un lent courant d'oxygène qui déplace l'oxyde de carbone. On oblige le courant gazeux, qui a barboté dans le sang suspect, à traverser un tube à potasse qui le dépouille d'acide carbonique, puis on lui fait parcourir un tube de verre horizontal porté au rouge. A son contact, l'oxyde de carbone se transforme en acide carbonique que l'on peut recueillir et doser dans un tube de Liebig à potasse et taré d'avance qui termine tout l'appareil.

ACIDE CARBONIQUE
CO^2

« Soixante-deux livres de charbon de chêne », écrit Van Helmont vers le commencement du dix-septième siècle, « laissent (en brûlant) une livre de cendres. Les soixante et une livres qui restent ont servi à former l'*esprit sylvestre*. Cet esprit, inconnu jusqu'ici, qui ne peut être contenu dans des vaisseaux, ni réduit en un corps visible, je l'appelle d'un nouveau nom, *gas*. Il y a des corps qui renferment cet esprit... il y est alors comme concrété et coagulé sous la forme des autres matières. On le fait sortir de cet état par le *ferment*, comme cela s'observe dans la fermentation du vin, du pain, de l'hydromel. »

On voit dans ce curieux passage le grand médecin bruxellois préluder à l'usage de la balance, donner une preuve indirecte de la matérialité de ces corps invisibles, et jusque-là incoercibles, qu'il nomma le premier *gas*, et affirmer l'identité de ce *gaz sylvestre* avec celui qui se produit dans les fermentations vineuse et panaire.

Plus tard Black et Priestley firent connaître ses principales propriétés ; ils lui donnèrent les noms d'*air fixe, acide crayeux, acide aérien*. Mais ce n'est qu'en 1776 que Lavoisier démontra sa vraie nature et sa composition en brûlant le diamant en vase clos dans l'oxygène (voir p. 321). Il lui imposa le nom définitif d'*acide carbonique*.

L'acide carbonique se retrouve presque partout dans l'air, dans les eaux, dans le sol; il sort de tous les terrains profonds; il est lancé par les volcans; il est le produit des combustions lentes, des putréfactions et fermentations qui se produisent sur la terre. Il est expiré par les animaux et les plantes; il existe à l'état de carbonates calcaires et magnésiens dissous dans la plupart des eaux potables et dans l'eau de mer. Uni à la chaux, il forme les masses importantes de nos montagnes calcaires et des principaux terrains stratifiés.

Préparation. — Dans les laboratoires, l'acide carbonique se prépare en faisant agir l'acide chlorhydrique, étendu de une à deux fois son volume d'eau, sur de la craie ou mieux sur du marbre en morceaux (fig. 149). La réaction qui le produit est la suivante :

$$CO^2 \cdot CaO + 2HCl = CO^2 + H^2O + CaCl^2$$

On lave le gaz dans un flacon contenant de l'eau où il se dépouille de l'acide chlorhydrique qu'il pourrait entraîner, et on le recueille sur l'eau ou sur le mercure. On peut le sécher à travers l'acide sulfurique ou le chlorure de calcium.

Dans l'industrie on prépare ce gaz de façons fort diverses. Pour fabriquer les eaux gazeuses, on se sert de la craie en poudre et de l'acide sulfurique : dans ce cas le mélange est malaxé par un agitateur. On le produit encore industriellement, par exemple dans la fabrication de la soude à l'ammoniaque ou de la céruse, par la méthode de Thénard, grâce à la calcination du calcaire aidée ou non de l'action

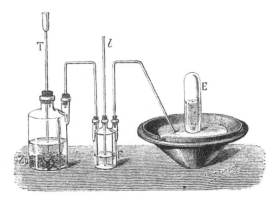

Fig. 150. — Préparation de l'acide carbonique.

de la vapeur d'eau. On peut aussi tirer parti de la combustion du charbon, ou bien le recueillir lorsqu'il se dégage tumultueusement de certaines eaux minérales gazeuses.

Propriétés physiques. — L'acide carbonique est un gaz incolore, d'une odeur piquante et suffocante, d'une saveur aigrelette. Sa densité à 0° et 760ᵐᵐ est de 1,529. Un litre pèse 1ᵍʳ,970.

Cette grande densité fait qu'on peut le transvaser aisément même au sein de l'air (fig. 150). Elle explique aussi que ce gaz s'accumule à la partie inférieure des caves, des grottes, des puits et galeries de mines, des tonneaux en fermentation, etc. Une bulle de savon gonflée d'air rebondit sur une couche d'acide carbonique versé au fond d'une grande éprouvette.

Le gaz carbonique a été liquéfié par Faraday à 0° sous la pression de 36 atmosphères. Il constitue un liquide incolore, très mobile, d'une densité de 0,947 ; il est doué d'un très grand coefficient de dilatation.

Voici les tensions de vapeur de l'acide carbonique liquéfié :

à — 79°	. . . .	1,0 atm.	à + 22°	61,0 atm.
à 0°	. . . .	35,4 —	à 25° . . .	67,0 —
à + 12°	. . . .	49,0 —	à 29°	69,7 —

Au-dessus de 31° l'acide carbonique ne se liquéfie plus, quelle que soit

la pression : il présente alors le phénomène du *point critique*. On peut l'expliquer ainsi : dans un espace clos, la densité d'un liquide va sans cesse en diminuant quand on l'échauffe et décroît très vite au moment où sa tension de volatilisation devient très grande ; en même temps aussi, la densité de sa vapeur de plus en plus comprimée va sans cesse en augmentant. Il doit donc arriver un moment où ces deux grandeurs deviennent égales entre elles. C'est à ce point que le gaz et le liquide se mélangent et disparaissent. C'est la *température du point critique*.

Le gaz carbonique liquide fortement comprimé dans des appareils en fer forgé, se fabrique aujourd'hui industriel-

Fig. 151. — Acide carbonique versé de C en E sur une bougie qui s'éteint.

lement et s'expédie, spécialement pour le besoin des brasseries pour faire monter la bière en pression, ou pour produire du froid. Dans ce cas on reçoit le jet composé de liquide et de gaz comprimé, sortant du cylindre où il est contenu, dans une boîte spéciale en laiton recouverte d'ébonite où il tourbillonne et se condense, grâce à sa détente rapide, sous forme d'une neige très légère qui se laisse pelotonner et comprimer. En s'évaporant librement à l'air, cette neige s'abaisse à — 79° et dans le vide à — 97°. On augmente notablement les effets frigorifiques de cet acide carbonique solide en le mélangeant avec un peu d'éther qui le liquéfie en partie et assure les contacts. On peut ainsi rapidement solidifier plusieurs kilogrammes de mercure.

L'acide carbonique solide et sec peut être placé sur la main sans inconvénients. Sous l'influence de sa caléfaction, il se développe autour du bloc d'acide carbonique un courant continu de gaz carbonique, non conducteur, qui empêche tout contact direct et tout effet violent.

L'acide carbonique liquéfié ne rougit pas la teinture de tournesol. Il dissout les résines, l'acide borique, la naphtaline, les iodures de soufre et de phosphore.

D'après Simler, on rencontrerait de l'acide carbonique liquide entre les couches de certains minéraux cristallisés.

L'eau dissout à 0 degré $1^{vol},797$ de gaz acide carbonique. Elle en dissout son volume à 15°, et les volumes qui se dissolvent restent, à cette température, proportionnels à la pression : ainsi à 2 atmosphères de pression et à 15° un litre d'eau dissout 2 litres ; à 3 atmosphères, 3 litres, etc. d'acide carbonique.

Propriétés chimiques. — Sous l'influence d'une forte chaleur, sous l'action des étincelles d'induction ou de l'effluve, l'acide carbonique se dissocie partiellement en oxyde de carbone et en oxygène.

Ce gaz éteint les corps en combustion et ne brûle point lui-même. Il est absorbé par les alcalis et trouble l'eau de chaux, avec laquelle il forme du carbonate de calcium. Il n'est pas absorbé par les oxydes terreux anhydres.

Il dissout les carbonates de chaux et de magnésie (¹), les phosphates de chaux, la silice, propriété qui explique les dépôts calcaires et phosphatiques ainsi que les incrustations siliceuses de certaines eaux.

Il ne se forme pas d'hydrate d'acide carbonique $CO^2.H^2O$ ou $CO(OH)^2$.

En passant sur le charbon incandescent l'acide carbonique se transforme en oxyde de carbone :

$$CO^2 + C = 2CO$$

Un courant très lent d'acide carbonique est décomposé de même par le fer au rouge cerise, mais non par le cuivre pur qui, dans ces conditions, ne donne pas d'oxyde de carbone.

L'amalgame de sodium, et la tournure de zinc en présence des alcalis hydratés réduisent l'acide carbonique et donnent des formiates :

$$CO^2 + H^2 + KHO = \underset{\substack{\text{Formiate} \\ \text{de potasse.}}}{CHKO^2} + H^2O$$

Composition de l'acide carbonique. — Lavoisier a montré que le charbon pur ou le diamant, brûlant dans un ballon plein d'oxygène,

(¹) Il n'existe pas à proprement parler de bicarbonate de chaux ou de magnésie, mais les carbonates terreux neutres deviennent solubles dans l'eau chargé d'acide carbonique.

donnent un volume d'acide carbonique égal à celui de l'oxygène qui disparaît.

Or si de la densité de l'acide carbonique. 1,529

on soustrait celle de l'oxygène 1,101

Il reste 0,423

résultat qui, calculé en centièmes, donne pour l'acide carbonique : $C = 27,6$ et $O = 72,4$.

La composition très exacte de l'acide carbonique fut déterminée par Dumas et Stass, en 1840, en brûlant du diamant, ou du graphite purifié, dans un courant d'oxygène pur et sec. Ils trouvèrent ainsi :

En *centièmes* :
$$C = 27,27$$
$$O = 72,73$$
$$\overline{}$$
$$100,00$$

et en *atomes* :
$$C = 12,00$$
$$O^2 = 32,00$$
$$\overline{}$$
$$44,00$$

Applications de l'acide carbonique. — Nous avons déjà cité plus haut les applications de l'acide carbonique liquide à la production des pressions et des froids intenses.

L'acide gazeux sert à fabriquer les eaux dites *Eaux de Seltz artificielles.* On les obtient en chargeant de l'eau potable à 2 atmosphères environ, du gaz carbonique produit en grand en attaquant la craie par l'acide sulfurique étendu d'eau. La réaction a lieu dans des cylindres de cuivre résistants. Ils sont doublés de plomb ou quelquefois étamés, ainsi que les tuyaux d'échappement des gaz. Telle est l'origine de la petite dose de plomb que l'on trouve si souvent dans les eaux de Seltz d'un usage si répandu.

On peut préparer de petites quantités d'eau de Seltz sur sa table même, au moyen d'un appareil composé de deux vases superposés en verre très fort, appareil où le gaz acide carbonique est produit par la réaction de l'acide tartrique ou du bisulfate de potasse sur le bicarbonate de soude.

Dans les fabriques de sucre, l'acide carbonique sert à précipiter la chaux employée à la défécation des jus sucrés, soit qu'il provienne de la calcinatiou du calcaire, soit qu'il dérive de la combustion du charbon. On l'utilise encore à produire : la céruse par le procédé de Thénard ; les bicarbonates alcalins ; la soude, par le procédé à l'ammoniaque, etc.

L'acide carbonique a été employé en médecine à la fois comme excitant, en solution dans l'eau, et comme anesthésique, en inhalations mélangé à beaucoup d'air, ou bien en injections directes dans la gorge, sur le col utérin, à la surface des plaies ouvertes à l'air, etc.

Action de l'acide carbonique sur l'économie. — Le gaz acide carbonique est délétère. Les chiens qui respirent de l'air chargé de 10 pour 100 de ce gaz sont très rapidement suffoqués. A 5 pour 100 ils éprouvent un malaise très prononcé et ne sauraient être maintenus longtemps dans cette atmosphère où l'hématose ne peut plus s'accomplir, les gaz expirés contenant moins d'acide carbonique que le mélange en question. Un air qui ne contient que 1 millième d'acide carbonique est supportable, mais les expériences faites sur les grands animaux ont établi qu'ils ne sauraient continuer à vivre dans ce milieu sans dépérir sensiblement.

Cl. Bernard a montré qu'un verdier succombe dans une atmosphère composée de 13 pour 100 d'acide carbonique, 39 pour 100 d'oxygène et 48 pour 100 d'azote, milieu plus riche que l'air en oxygène.

L'acide carbonique pénètre par la peau aussi bien que par les poumons, et l'intoxication peut avoir lieu exclusivement par l'enveloppe cutanée.

Les symptômes de l'empoisonnement aigu par l'acide carbonique sont les suivants : sensation de chaleur et d'étouffement, paresse musculaire et impossibilité des mouvements volontaires, perte de connaissance, ralentissement de la circulation et de la respiration, abaissement de la température, dilatation de la pupille et mort.

Le cadavre des sujets qui ont succombé à cette intoxication se conserve assez longtemps. Le sang est noir et les tissus de couleur sombre.

Les premiers secours à donner aux personnes menacées de succomber par l'acide carbonique sont la respiration, au besoin par des moyens artificiels, d'air pur ou d'oxygène; on peut faire passer l'air respiré à travers une serviette très légèrement imprégnée de chlore et de vinaigre.

SULFURE DE CARBONE
CS²

Observé d'abord par Lampadius, préparé pour la première fois en unissant le soufre au charbon par Clément et Desormes en 1802, le sulfure de carbone ne fut bien connu que lorsque Vauquelin, le décomposant au rouge par le cuivre, l'eut ainsi dédoublé en ses deux éléments.

Préparation. — Dans les laboratoires on le prépare en faisant réagir le soufre à une température élevée sur du charbon léger contenu dans une cornue de grès tubulée en communication avec un récipient refroidi (fig. 151 *bis*). Par la tubulure de la cornue passe un tube T plongeant au fond et fermée en haut par un bouchon d'argile. On introduit de temps en temps un fragment de soufre par ce tube, on ferme et on laisse à chaque fois le sulfure distiller. Il se produit la réaction suivante :

$$C + S^2 = CS^2$$

Dans l'industrie, la cornue est remplacée par une série de cylindres en terre réfractaire, *vernies intérieurement*, fermés par le bas, et placés dans un foyer où ils peuvent être portés au rouge vif. Un faux fond intérieur supporte le charbon ; un tube de terre traverse ces cylindres de haut en bas jusqu'au-dessous du faux fond : il est destiné à l'introduction du soufre. La calotte supérieure des cylindres porte trois ouvertures, l'une pour laisser passer le tube destiné à verser le soufre, l'autre pour le chargement du charbon, la troisième pour donner issue aux gaz et vapeurs formés dans la réaction. On remplit ces cylindres de *charbon de bois*, on porte au rouge, et l'on verse de temps en temps du soufre par le

Fig. 151 *bis.*
Préparation (au laboratoire) du sulfure de carbone.

haut. Celui-ci se volatilise dans le bas des cylindres et sa vapeur, s'attaquant au charbon rouge, forme avec lui le sulfure de carbone qui s'échappe avec divers autres gaz provenant des impuretés du charbon. Ces vapeurs se refroidissent dans de grands cylindres horizontaux entièrement immergés, et se condensent ensuite entièrement dans des cuves en zinc ou en maçonnerie remplies d'eau. On rectifie ensuite le sulfure dans de grandes chaudières en tôle rivée chauffées à la vapeur d'eau.

Le sulfure de carbone commercial n'est pas pur ; son odeur fétide lui vient de divers composés sulfurés, hydrogénés et peut-être azotés. Pour le purifier Cloëz a conseillé de l'abandonner 24 heures avec 1/2 pour 100 de sublimé corrosif en poudre, de le décanter, d'additionner la partie claire d'un peu d'huile et de rectifier sur du chlorure de calcium fondu.

Propriétés physiques. — C'est un liquide incolore, mobile, d'une odeur éthérée assez agréable, lorsqu'il est pur, infecte dans le cas contraire. Il bout à 47°. Sa densité est de 1,293 à 0°. On l'a solidifié à —116°. Il se volatilise rapidement : en s'aidant du vide on produit ainsi un froid de — 60°. Sa densité de vapeur est de 2,645. Il est très réfringent.

Il n'est pas miscible à l'eau, qui n'en dissout qu'un ou deux millièmes.

Cette solution, dont on a pu essayer sans inconvénient l'action sur les malades, est d'une antisepticité des plus remarquables.

Le sulfure de carbone dissout aisément le soufre, le phosphore, l'iode, les corps gras, le caoutchouc, la chlorophylle, etc.

Propriétés chimiques. — La chaleur dissocie très lentement le sulfure de carbone à la température même de sa formation. Il s'établit entre ses éléments et sa vapeur un équilibre incessamment variable. Le sulfure de carbone est formé à partir de ses éléments avec absorption de chaleur :

$$C\ diamant + S^2\ solide = CS^2\ gaz + 21^{Cal},1$$

Mais à partir des éléments gazeux, sa production est accompagnée de chaleur, 12 grammes de carbone diamant absorbant, on l'a vu, 42 Calories pour se volatiliser.

Le bisulfure de carbone se décompose lentement à la lumière solaire en donnant du soufre et un protosulfure de carbone CS, substance pulvérulente de couleur marron, insoluble dans l'eau, l'alcool, la benzine, qui se dédouble à 210° en soufre et charbon (*Loew; Sidot*).

Le sulfure de carbone est très inflammable. Les mélanges de sa vapeur avec l'air sont fort dangereux et produisent de violentes explosions. La combinaison se fait vers 250 degrés. Aussi doit-on se défier de ses vapeurs qui, grâce à leur densité, rampent sur le sol et vont s'enflammer à l'ouverture des foyers. Il donne, en brûlant, des acides sulfureux et carbonique et dépose en même temps du soufre si la quantité d'air est insuffisante.

Au rouge, le chlore produit avec sa vapeur du chlorure de soufre et du perchlorure de carbone :

$$CS^2 + 8Cl = CCl^4 + 2SCl^2$$

A froid le chlore transforme lentement le sulfure de carbone, à l'obscurité ou à la lumière, en chlorosulfure de carbone :

$$CS^2 + Cl^4 = CSCl^2 + SCl^2$$

L'hydrogène naissant le transforme en gaz sulfhydrique et trisulfométhane :

$$3CS^2 + 3H^4 = 3H^2S + (CSH^2)^3$$

Le zinc, le fer, le cuivre le décomposent en se transformant en sulfures et laissant du carbone libre.

C'est un sulfurant énergique ; en faisant passer ses vapeurs sur des oxydes portés au rouge, M. Fremy a obtenu divers sulfures cristallisés naturels.

Le sulfure de carbone n'est absorbé que lentement par les hydrates alcalins, qu'il convertit en carbonates et sulfocarbonates :

$$5\,CS^2 + 3\,(K^2O,H^2O) = CO^3K^2 + 2\,CS^2 \cdot K^2S + 3\,H^2O$$

Mais les sulfures alcalins s'unissent directement et facilement à lui pour donner les sulfocarbonates :

$$CS^2 + K^2S = CS^2 \cdot K^2S ; \quad \text{ou} \quad CS^2 + 2\,KHS = H^2S + CS^2 \cdot K^2S$$

Les sulfocarbonates se dissocient ensuite lentement à l'air en produisant du sulfure de carbone, de l'hydrogène sulfuré et divers composés oxysulfurés. Ils sont utilisés en agriculture pour combattre le phylloxéra.

Usages du sulfure de carbone. — Il sert dans l'industrie à extraire les corps gras, les essences, dissoudre les résines, etc.

Les essences de fleurs les plus fines et les plus fugaces sont extraites par ce dissolvant avec tout leur parfum et restent à l'état de liberté lorsqu'on évapore le sulfure avec précaution (*Millon*).

Il sert à *vulcaniser* le caoutchouc, opération qui consiste à tremper cette substance dans un mélange de sulfure de carbone, de soufre et d'un peu de chlorure de soufre. Le caoutchouc vulcanisé conserve sa flexibilité et son élasticité dans des limites fort étendues de température.

On a parlé plus haut de la fabrication des sulfocarbonates.

On fabrique avec le sulfure de carbone des thermomètres destinés aux basses températures. Il n'est solidifié qu'à — 110°.

Le sulfure de carbone a été employé en médecine à l'extérieur et à l'intérieur comme désinfectant et parasiticide. Il paraît avoir été ordonné avec succès dans la diphtérie confirmée en pulvérisations répétées dans la gorge.

OXYSULFURE DE CARBONE
COS

Ce corps s'obtient en faisant réagir à 0 degré le sulfocyanure de potassium sur l'acide sulfurique aqueux. On fait traverser au gaz produit un tube contenant de l'oxyde de mercure qui élimine les acides cyanhydrique et formique qui prennent en même temps naissance et un second tube rempli de débris de caoutchouc non vulcanisé, pour absorber les vapeurs de sulfure de carbone ; on sèche le gaz sur du chlorure de calcium et on le recueille sur le mercure (*Than*) :

$$2\,CAzSK + 2\,H^2O + SO^4H^2 = SO^4K^2 + 2\,COS + 2\,AzH^3$$

Sulfocyanure de potassium.   Oxysulfure de carbone.

Il se fait une certaine quantité d'oxysulfure de carbone lorsqu'on chauffe au rouge naissant un mélange de vapeurs de soufre et d'oxyde de carbone.

C'est un gaz incolore, qui brûle avec une flamme bleue en donnant des acides carbonique et sulfureux. L'eau en dissout un peu et prend une saveur sucrée, puis sulfureuse, qui rappelle celles des eaux sulfureuses naturelles dans lesquelles, dit-on, ce gaz aurait été quelquefois signalé.

Il s'unit directement à l'ammoniaque pour donner un oxysulfocarbonate :

$$COS + 2\,AzH^3 = CO \underset{S\,(AzH^4)}{\overset{(AzH^3)}{\lessgtr}}$$

VINGT-SIXIÈME LEÇON

HYDRURES ET CHLORURES DE CARBONE. — AZOTURE DE CARBONE OU CYANOGÈNE ; ACIDE CYANHYDRIQUE

HYDRURES DE CARBONE OU HYDROCARBURES

Nous nous bornerons à signaler ici la grande famille des *hydrures de carbone* ou *hydrocarbures*, qui sont du domaine presque exclusif de la *chimie organique* et que nous étudions avec détail au tome II, p. 72 et suivantes de cet ouvrage.

Ces hydrocarbures se rencontrent dans le *règne minéral* (hydrocarbure des pétroles, bitumes, gaz des mines, etc.), dans le *règne végétal* (essences de térébenthine, de citron, caoutchouc, etc...; ou bien ce sont des *produits artificiels* : l'acétylène, la benzine, l'anthracène sont dans ce cas. Ils satisfont tous à des lois de composition et de structure que nous exposerons au tome II de cet ouvrage. Tous répondent à la formule générale $C^nH^{2n+2-2p}$, formule où p peut varier de n à 0 et qui montre : que l'hydrogène est toujours en nombre pair dans ces composés ; que l'hydrocarbure le plus riche en hydrogène ($p = 0$), correspond à la formule C^nH^{2n+2} ; que le plus pauvre en hydrogène ($p = n$) correspond C^nH^2 : tous les termes étant du reste possibles entre C^nH^{2n+2}, et C^nH^2 et n pouvant varier depuis 1 jusqu'à des nombres très grands. On voit par ces quelques considérations systématiques le nombre immense d'hydrocarbures que l'on peut prévoir, nombre qui devient à peu près incommensurable si l'on ajoute qu'à chacune des formules en C^n (pour $n > 2$) correspondent plusieurs isomères, c'est-à-dire plusieurs corps de composition commune, mais de propriétés différentes. On a calculé, par exemple, que le terme saturé en $C^{20}H^{42}$ comprend à lui seul plus de

200 000 isomères ayant tous la même formule $C^{40}H^{42}$, mais dont les atomes de carbone et d'hydrogène sont différemment placés les uns par rapport aux autres (Voy. t. II, p. 67).

Lorsqu'on chauffe ces hydrocarbures à une température suffisante, ils tendent à la fois à s'appauvrir en hydrogène, qui devient libre, et à s'unir entre eux par leurs résidus moléculaires, ainsi indirectement enrichis en carbone. De ce mécanisme résulte un hydrocarbure nouveau plus complexe que les générateurs, et dont la molécule contient un plus grand nombre absolu d'atomes de carbone. Ainsi l'on a sous l'influence seule de la chaleur les transformations successives suivantes du gaz éthylique C^2H^4 :

1re *phase* : $C^2H^4 \ = \ H^2 + C^2H^2$
                   Éthylène.   Acétylène.

2e *phase* : $3\,C^2H^2 \ = \ C^6H^6$
                 Acétylène.   Benzine.

3e *phase* : $C^6H^6 + C^2H^4 \ = \ H^2 + C^8H^8$
           Benzine.   Styrolène.

4e *phase* : $C^8H^8 + C^2H^2 \ = \ H^2 + C^{10}H^8$
          Styrolène.   Naphtaline.

5e *phase* : $2\,C^{10}H^8 \ = \ H^2 + C^{20}H^{14}$
         Naphtaline.   Dinaphtyle.

Comme on le voit, on est parti de l'éthylène, hydrocarbure en C^nH^{2n} pour arriver ainsi successivement au dinaphtyle en C^nH^{2n-26} et, si la température était suffisante, on arriverait ainsi, par des polymérisations successives avec perte d'hydrogène, jusqu'au corps C^nH^{2n-2n} qui serait le *carbone* lui même, mais infiniment polymérisé.

Les carbures d'hydrogène sont dits *saturés* ou *complets* lorsqu'ils sont incapables de s'unir *directement* à une nouvelle quantité d'hydrogène, ou de contracter des combinaisons directes avec le chlore, le brome, l'oxygène. Les carbures saturés répondent tous à la formule C^nH^{2n+2}. Le carbure CH^4, *gaz formène* ou *gaz des marais*, est le plus simple de ces carbures saturés qui forment en grande partie les pétroles naturels américains.

Les carbures *non saturés* ou *incomplets* C^nH^{2n-2p} contractent des combinaisons soit entre eux, soit avec d'autres carbures incomplets comme eux, soit avec le chlore ou l'oxygène :

$C^2H^2 + Cl^4 \ = \ C^2H^2Cl^4$;   ou bien : $C^2H^4 + O \ = \ C^2H^4O$
Acétylène.   Tétrachlorure   Éthylène   Aldéhyde

Le chlore, le brome, l'oxygène peuvent agir sur tous ces hydrocarbures, saturés ou non saturés, pour se substituer à l'hydrogène et donner des chlorhydrures ou des chlorures de carbone :

$$C^6H^6 + 2Cl = C^6H^5Cl + HCl; \text{ ou bien : } CH^4 + 8Cl = CCl^4 + 4HCl$$

Benzine.   Benzine chlorée.   Méthane.   Perchlorure de carbone.

CHLORURES DE CARBONE

Ces chlorures ne peuvent pas s'obtenir directement par l'action du chlore sur le carbone libre : mais à température plus ou moins élevée, au soleil, en présence d'un peu d'iode, etc., le chlore se substitue en partie, ou en totalité, à l'hydrogène des hydrocarbures et donne des chlorhydrures et chlorures de carbone *saturés* ou *non saturés* qui jouissent de propriétés correspondant à l'hydrocarbure dont ils sont originaires, à leur mode de génération et à leur structure.

On peut, grâce à l'action du chlore, passer d'un hydrocarbure, le gaz éthylène C^2H^4 par exemple, au sesquichlorure de carbone correspondant C^2Cl^4. Inversement on peut revenir quelquefois d'un chlorure de carbone à l'hydrogène carboné de même type. Ainsi, en faisant passer dans un tube de porcelaine porté au rouge un mélange d'hydrogène en excès et de sesquichlorure de carbone, on a la réaction :

$$C^2Cl^4 + 8H = C^2H^4 + 4HCl$$

De même on peut avoir, grâce à l'hydrogène naissant et à froid :

$$CCl^4 + H^2 = CHCl^3 + HCl$$

Tétrachlorure de carbone.   Chloroforme.

Nous dirons ici un mot seulement des chlorures de carbone suivants :

Tétrachlorure de carbone. . . . . CCl^4.
Bichlorure de carbone ou *éthylène perchloré*. C^2Cl^4.
Sesquichlorure de carbone . . . . C^2Cl^6.
Benzine perchlorée ou *chlorure de Julin*. . C^6Cl^6.

Tétrachlorure de carbone CCl^4. — Il fut découvert par V. Regnault en 1839, en faisant agir le chlore sur le chloroforme. On le prépare plus facilement lorsqu'on fait passer au rouge dans un tube de porcelaine un courant de chlore saturé de vapeurs de sulfure de carbone. Il se produit ainsi un mélange de tétrachlorure de carbone et de chlorure de soufre. On peut encore l'obtenir en dirigeant un courant de chlore sec dans du sulfure de carbone additionné d'un peu de trichlorure d'antimoine ou de traces d'iode. On sépare par rectification le tétrachlorure du chlorure de soufre; on ne recueille que le produit qui bout à $75°,5$.

C'est un liquide incolore, d'odeur éthérée agréable, insoluble dans l'eau, soluble dans l'alcool et dans l'éther. Sa densité à $0°$ est de $1,63$.

Il se décompose au rouge vif en chlore et *sesquichlorure* de carbone :

$$2\,CCl^4 \;=\; C^2Cl^6 + Cl^2$$

On a dit plus haut comment l'hydrogène naissant agit à froid sur ce corps.

Sous l'influence de certains oxydes (*oxyde de zinc*) ou de certains acides anhydres (*anhydride sulfurique, phosphorique*) ce corps tend à donner de l'oxychlorure de carbone :

$$CCl^4 + 2\,SO^3 \;=\; CCl^2O + S^2O^5Cl^2$$

Oxychlorure   Oxychlorure
de carbone.   de soufre.

Bichlorure de carbone C^2Cl^4. — Il se forme lorsqu'on porte le sesquichlorure C^2Cl^6 au rouge dans un tube de porcelaine ; ou bien encore en enlevant à ce sesquichlorure deux de ses atomes de chlore au moyen du sulfhydrate de potassium :

$$C^2Cl^6 + 2\,KSH \;=\; 2\,KCl + H^2S + S + C^2Cl^4$$

Il suffit de distiller et d'étendre d'eau la liqueur qui passe pour que le bichlorure se sépare. C'est un liquide incolore, mobile, d'une densité de 1,619 à 15°. Il bout à 116°,7.

Sous l'influence du chlore et de la lumière il régénère le sesquichlorure dont il provient.

La potasse le transforme vers 200° en oxalate de potasse, chlorure de potassium et hydrogène.

Sesquichlorure de carbone C^2Cl^6. — Ce corps, découvert en 1821 par Faraday, résulte, comme nous l'avons vu, de l'action de la chaleur rouge sur le tétrachlorure.

On le prépare en faisant passer, tant qu'il se dégage de l'acide chlorhydrique, un courant continu de chlore dans du bichlorure d'éthylène $C^4H^4Cl^2$ exposé au soleil et maintenu à l'ébullition. D'après M. Damoiseau, il suffirait pour l'obtenir de faire circuler sur une longue colonne de noir animal maintenue à 400 degrés, un mélange de chlorure d'éthyle ou d'éthylène et d'un excès de chlore.

Le sesquichlorure de carbone forme de beaux cristaux rhomboïdaux droits doués d'une odeur camphrée. Leur densité est de 2,0. Ils fondent à 160° et se volatilisent à 183°. Ils sont insolubles dans l'eau froide, solubles dans l'alcool et dans l'éther.

Vers 100°, le sesquichlorure de carbone est attaqué par l'anhydride sulfurique et donne l'oxychlorure $C^2Cl^4O^2$:

$$C^2Cl^6 + 2\,SO^3 \;=\; S^2O^4Cl^2 + C^2Cl^4O^2$$

Benzine perchlorée ou chlorure de Julin C^6Cl^6. — Ce corps se produit, en même temps que le sesquichlorure C^2Cl^6, lorsque le perchlorure CCl^4 se décompose au rouge.

On l'obtient aussi en faisant réagir le chlore en excès sur de la benzine en vapeur, ou mieux sur cet hydrocarbure mélangé d'un peu de protochlorure d'antimoine ou d'iode :

$$C^6H^6 + 12\,Cl = C^6Cl^6 + 6\,HCl$$

C'est un corps cristallisé en aiguilles soyeuses, insoluble dans l'eau, peu soluble dans l'alcool, soluble dans la benzine et le toluène. Il fond à 226° et bout à 230°. Au rouge blanc, il se décompose en carbone et chlore. Le potassium le détruit en donnant du charbon et du chlorure potassique.

AZOTURE DE CARBONE OU CYANOGÈNE
C^2Az^2

Quoiqu'il ne soit capable de s'unir *directement* à l'azote à aucune température, le carbone contracte combinaison avec cet élément au rouge vif sous l'influence des alcalis ou de leurs carbonates. Ainsi prend naissance toute une famille de combinaisons très remarquables où sont associés le métal alcalin, le carbone et l'azote :

$$3\,C + 2\,KHO + 2\,Az = 2\,KCAz + H^2O + CO$$

On donne à ces combinaisons le nom de *cyanures* (de κύανος, *bleu*) parce qu'on y suppose, avec raison, le carbone et l'azote associés sous une forme qui se reproduit également dans le *bleu de Prusse* et dans une foule d'autres dérivés qui ont eu d'abord le bleu de Prusse pour origine et matière première.

Le groupement CAz ou plutôt C^2Az^2 fut isolé pour la première fois en 1815 par Gay-Lussac, qui lui donna le nom de *cyanogène*.

On sait aujourd'hui par une série très considérable de recherches concordantes que le carbone et l'azote sont directement et sans intermédiaire en rapport dans la multitude des combinaisons organiques azotées naturelles. Une fois produit, ce groupement CAz résiste sans se dissocier à l'action de la chaleur et des réactifs les plus puissants. Si l'on calcine au rouge de la chair, de la peau, des cheveux, etc., on obtiendra un charbon azoté où les groupes C^nAz^m résistent aux plus hautes températures. Ainsi se forment des azotures de carbone plus ou moins complexes unis à un excès de carbone ou d'azote, suivant la température atteinte et la nature du composé qu'on a calciné, mais où persiste toujours le groupement *cyanogène*. En effet, que l'on reprenne ce charbon azoté par la potasse fondante, ou mieux encore, qu'on calcine avec la potasse ou son carbonate les matières azotées ci-dessus citées, et l'on obtiendra une très notable proportion de cyanure de potassium CAzK qui, par double décomposition, pourra donner naissance aux autres cyanures.

Le même groupement CAz se produit encore lorsqu'on fait passer l'étincelle électrique dans un mélange d'acétylène et d'azote (*Berthelot*) :

$$2 Az + C^2 H^2 = 2 CAzH$$
Acide
cyanhydrique.

D'après M. A. Figuier, lorsque les gaz hydrocarbonés brûlent à l'air il se fait aussi un peu d'acide cyanhydrique.

En un mot, l'azote et le carbone à haute température, surtout en présence des alcalis, tendent toujours à s'unir sous forme de cyanogène.

Avec l'un des composés cyanogénés précédents on peut préparer aisément les cyanures de mercure ou d'argent qui permettent à leur tour d'obtenir le *cyanogène* lui-même.

Préparation du cyanogène. — Il fut isolé pour la première fois en 1814 par Gay-Lussac en décomposant par la chaleur le cyanure de mercure pur et sec.

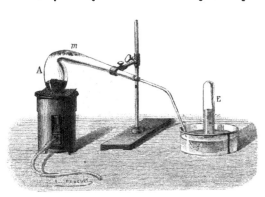

Nous avons introduit ici ce sel en poudre dans une petite cornue de verre munie d'un tube à dégagement ; nous chauffons doucement. La matière entre en demi-fusion et dégage un gaz incolore que nous recueillons sur le mercure, tandis qu'il se sublime sur le dôme de la cornue de fines goutte-

Fig. 152. — Production du cyanogène.

lettes de mercure métallique, et qu'il reste au fond une petite quantité d'une substance brun noirâtre, le *paracyanogène*, sur laquelle nous reviendrons.

On peut encore préparer le cyanogène en chauffant de même manière le cyanure d'argent ; ou bien encore un mélange de cyanure de potassium et de bichlorure de mercure secs.

Mais l'une des plus intéressantes conditions de la formation de ce corps a été découverte par Dumas. Je veux parler de la déshydratation.

par la chaleur ou par les corps très avides d'eau, de l'oxalate d'ammoniaque ou de l'oxamide :

$$C^2O^4(AzH^4)^2 \quad = \quad 4H^2O \; + \; C^2Az^2$$
Oxalate d'ammoniaque.   Cyanogène.

De ce mode de dédoublement de l'oxamide nous tirerons d'importantes
conséquences en chimie organique et en chimie biologique.

Propriétés physiques. — Le cyanogène est un gaz incolore d'une
odeur vive rappelant l'amande amère, à la fois piquante, irritante, provoquant le larmoiement, vénéneuse. Sa densité est de 1,8064.

Sous la pression ordinaire, il se liquéfie avant — 30°. Il se congèle un
peu plus bas en une masse cristalline radiée, fusible à — 34°,4. Il bout
à — 20°,7. Sous 2 atmosphères et demie il se liquéfie à 0°. Il dissout
dans cet état l'iode, le phosphore, l'acide picrique, mais il reste sans
action sur les oxydes et sur les sels.

A 20 degrés, l'eau se charge de 4 fois et demie, et l'alcool de 28 fois,
son volume de cyanogène.

Propriétés chimiques. — Conservé longtemps en vase clos, le cyanogène se transforme en *paracyanogène*. Le même résultat se produit
rapidement à 350°. Ce corps brun, amorphe, est le même que celui qui
reste dans la cornue où l'on a chauffé le cyanure de mercure dans la
préparation du cyanogène C^2Az^2. C'est un polymère de ce gaz cyanogène :

$$n\,C^2Az^2 \quad = \quad C^{2n}Az^{2n}$$
Cyanogène.   Paracyanogène.

En effet, ce paracyanogène, chauffé au delà de 500°, se transforme
lentement et entièrement en cyanogène, pourvu qu'on enlève sans cesse
ce dernier gaz à mesure qu'il se reforme.

Le cyanogène se décompose petit à petit en carbone et azote sous l'influence du fer incandescent ou d'une série d'étincelles électriques. Il est
d'ailleurs endothermique : en effet, d'après M. Berthelot, il se fait une
forte explosion lorsqu'on décompose le gaz cyanogène par une petite
cartouche de fulminate de mercure ; en même temps il se dégage 74^{Cal},6
pour le poids de la molécule $C^2Az^2 = 52$ grammes.

Le cyanogène brûle avec une flamme pourpre caractéristique. Deux
volumes de cyanogène se transforment ainsi en 2 vol. d'azote et 4 vol
d'acide carbonique en absorbant 4 vol. d'oxygène :

$$C^2Az^2 \; + \; 2O^2 \quad = \quad 2CO^2 \; + \; Az^2$$
2 vol.   4 vol.   4 vol.   2 vol.

Le cyanogène s'unit directement et lentement à l'hydrogène vers 500°
ou sous l'influence de l'effluve, mais on peut vaporiser du soufre, de
l'iode, du phosphore, dans le gaz cyanogène sans obtenir de combinai-

sons. Le chlore au soleil forme avec lui une huile qui paraît être fort instable et qui se décompose par le mercure.

Fig. 153.
Combinaison du cyanogène au potassium.

Les métaux alcalins s'unissent directement au cyanogène. Lorsque dans une cloche courbe, l'on chauffe dans ce gaz un globule de potassium, la combinaison se fait avec chaleur et lumière. Le zinc, le fer, le cadmium s'unissent à lui au-dessous du rouge.

Sous l'influence de l'eau, le cyanogène s'hydrate lentement et donne de l'oxamide par une réaction inverse de celle que nous avons ci-dessus indi-

quée. Il se forme en même temps de l'acide cyanhydrique, de l'ammoniaque et de l'urée :

1°
$$2 \, CAz + H^2O = CAzH + CAzHO$$
Cyanogène. Eau. Acide Acide
cyanhydrique. cyanique.

2°
$$CAzHO + H^2O = CO^2 + AzH^3$$
Acide Eau. Acide Ammoniaque.
cyanique. carbonique.

3°
$$CAzHO + AzH^3 = CH^4Az^2O$$
Acide Ammoniaque. Urée.
cyanique.

Le cyanogène s'unit directement à l'acide sulfhydrique pour former deux composés cristallisés C^2Az^2,H^2S et $C^2Az^2,2H^2S$.

Il se combine à l'ammoniaque, avec laquelle il donne une substance brune, amorphe, brillante, l'*hydrazulmine* :

$$2 C^2Az^2 + 2 AzH^3 = C^4H^6Az^6$$
Hydrazulmine.

Au rouge sombre, le cyanogène décompose les carbonates alcalins en laissant un mélange de cyanures et de cyanates.

ACIDE CYANHYDRIQUE
$$CH \, Az \text{ ou } CH \equiv Az$$

Historique. — L'*acide cyanhydrique* ou *formonitrile* (voir t. II, p. 363) fut entrevu par Scheele en 1783, et plus tard étudié par Berthollet, qui démontra qu'il ne pouvait être formé que d'azote, de carbone et d'hydrogène. Clouët réalisa peu de temps après sa synthèse en faisant passer de l'ammoniaque dans un tube plein de charbon porté au rouge vif. Mais c'est Gay-Lussac qui, en 1815, établit réellement sa composition quantitative ; il avait déjà donné en 1811 le moyen de le préparer à l'état de pureté.

Préparation. — Le procédé de Gay-Lussac consistait à faire passer un courant d'acide chlorhydrique sec sur du cyanure de mercure ; l'excès d'acide chlorhydrique était absorbé dans un tube contenant de la craie qui ne s'unit pas au gaz cyanhydrique. Ce procédé long et dispendieux n'est guère plus employé, pas plus que celui qui consiste à décomposer le même cyanure par un courant d'hydrogène sulfuré.

Nous obtenons ici (fig. 154) l'acide pur et anhydre en distillant un

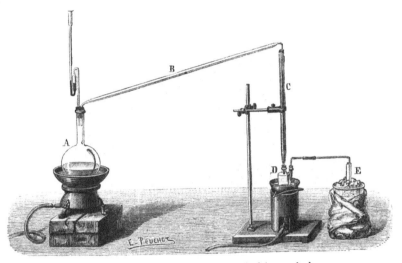

Fig. 154. — Préparation de l'acide cyanhydrique anhydre.

mélange de 1000 parties de ferrocyanure de potassium en poudre grossière avec 800 parties d'acide sulfurique ordinaire dissous d'avance dans 1100 parties d'eau. Le tout est placé dans une cornue ou un ballon A chauffé au bain de sable, muni d'un long et large tube à dégagement B incliné de façon que les vapeurs les plus aisément condensables refluent sans cesse vers la cornue. A la suite de ce tube une allonge mince verticale C, remplie de chlorure de calcium *sec* et *neutre*, permet de dessécher entièrement les vapeurs cyanhydriques qui distillent dans le flacon D légèrement tiédi au bain-marie. Les vapeurs cyanhydriques vont ensuite se condenser dans un récipient E entouré de glace.

La réaction qui donne naissance à l'acide cyanhydrique est celle-ci :

$$2 C^6 Az^6 Fe, K^4 + 3 SO^4 H^2 = 3 SO^4 K^2 + 6 CAzH + C^6 Az^6 Fe, FeK^2$$

| Ferrocyanure de potassium. | Acide sulfurique. | Sulfate de potasse. | Acide cyanhydrique. | Ferrocyanure de potassium et de ferrosum. |

L'acide hydraté s'obtient comme l'acide l'anhydre, mais on supprime le chlorure desséchant et on reçoit les vapeurs dans de l'eau refroidie.

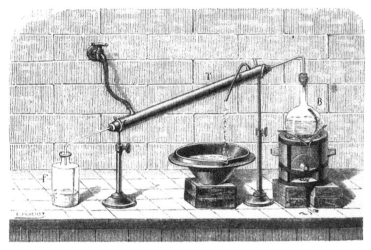

Fig. 155. — Préparation de l'acide cyanhydrique étendu.

Propriétés. — L'acide cyanhydrique est un liquide incolore, mobile, d'une forte odeur rappelant l'amande amère, mais laissant un pénible sentiment d'amertume et de constriction à la gorge. Sa densité est de 0.6967 à 0°. Il cristallise et fond à — 14°. Il bout à 26°,1 (*A. Gautier*).

Il brûle avec une flamme violacée rappelant celle du cyanogène.

Parfaitement pur, il se conserve indéfiniment. En présence de quelques impuretés, en particulier d'une trace d'alcalis ou d'ammoniaque, il s'altère et donne un dépôt brun noirâtre, d'où l'alcool, l'éther, le sulfure de carbone, et même l'eau, enlèvent souvent une partie soluble et cristalline (*acide tricyanhydrique* et *protazulmine* de l'auteur).

L'hydrogène naissant s'unit au formonitrile pour donner la méthylamine (*Mendius*) :

$$\text{CHAz} + \text{H}^4 = \text{AzH}^2(\text{CH}^3)$$

La chaleur rouge décompose très difficilement l'acide cyanhydrique sec ; au contraire, avant même la température de 100 degrés, cet acide s'unit à l'eau avec dégagement d'ammoniaque et formation de produits complexes, parmi lesquels j'ai signalé la xanthine et la méthylxanthine.

L'étincelle électrique décompose en partie l'acide cyanhydrique en acétylène et azote. Cette réaction est réciproque ; l'on a :

$$2\,\text{CAzH} = \text{C}^2\text{H}^2 + \text{Az}^2 ; \quad \text{et} \quad \text{C}^2\text{H}^2 + \text{Az}^2 = 2\,\text{CAzH}$$

$$\underset{\substack{\text{Acide} \\ \text{cyanhydrique.}}}{} \qquad \underset{\text{Acétylène.}}{} \qquad\qquad \underset{\text{Acétylène.}}{} \qquad\qquad \underset{\substack{\text{Acide} \\ \text{cyanhydrique.}}}{}$$

Le chlore et le brome transforment l'acide cyanhydrique en chlorure et bromure de cyanogène (*Gay-Lussac*) :

$$CHAz + Cl^2 = HCl + C ClAz$$

On connaît le polymère $C^3Cl^3Az^3$ du chlorure de cyanogène, solide et cristallisé.

L'eau s'unit au formonitrile vers 200°, et même à la température ordinaire, quoique lentement, si elle est acide, pour produire de l'acide formique et de l'ammoniaque (*Pelouze*).

La constitution de l'acide cyanhydrique peut être, en quelques points, rapprochée de celle de l'ammoniaque :

$$AzH^3 \qquad : \qquad Az(CH)'''$$

Ammoniaque.   Acide cyanhydrique.

Comme l'ammoniaque, le formonitrile se combine aux hydracides et donne ainsi des combinaisons instables, dissociables dans le vide, que l'eau décompose rapidement (*A. Gautier*) :

1°
$$Az(CH) + HCl = AzCH, HCl$$
Formo-   Gaz   Chlorhydrate
nitrile.   sec.   de formonitrile.

et

2°
$$AzCH, HCl + 2H^2O = AzH^3, HCl + CH^2O^2$$
Chlorhydrate   Eau.   Chlorhydrate   Acide
de CAzH.   d'ammoniaque.   formique.

Action de l'acide cyanhydrique sur l'économie. — L'acide cyanhydrique est un violent poison, même pour les végétaux : c'est aussi un puissant antiseptique. Les plantes qui semblent contenir dans leurs sucs ce corps redoutable (manioc, pêcher, prunier...) ne paraissent le produire en réalité qu'à la suite de dédoublements de matières complexes que provoquent l'eau et les ferments. Tel est le dédoublement de l'amygdaline, qui se dissocie en glucose, essence d'amande amère et acide cyanhydrique sous l'influence de l'*émulsine* et de l'eau.

Chez les animaux, les effets de ce toxique sont presque foudroyants. Une goutte introduite dans la gueule ou sur l'œil d'un chien le fait tomber presque aussitôt dans une attaque tétanique rapidement mortelle, les membres étendus, la tête rejetée en arrière. Le cœur est pris de battements précipités, irréguliers, intermittents; les convulsions se succèdent, les yeux deviennent proéminents, la pupille se dilate, les mâchoires se serrent; la face exprime l'épouvante, la respiration s'arrête et la mort frappe l'animal en quelques secondes.

Si l'acide cyanhydrique est ingéré à faible dose, par exemple inhalé, la poitrine est prise comme dans un étau, le cœur bat rapidement, puis une grande inspiration arrive et l'anxiété disparaît. Si ce sont de très petites doses souvent renouvelées, elles produiseut à la longue un léger abaissement du pouls et de la température, suivi d'une sensation d'abattement, de chaleur plutôt que de froid, d'une impression de lourdeur de la rate et du cœur, enfin d'une irritation chronique de la gorge avec enrouement et production de mucosités tenaces.

L'acide cyanhydrique agit en paralysant le bulbe. Le meilleur moyen de combattre les accidents rapides et immédiats sont les inhalations d'eau de chlore. J'ai pu faire revenir ainsi à la vie des animaux qui paraissaient définitivement empoisonnés par ce redoutable toxique. Il faut donc au plus tôt recourir au chlore et pratiquer au besoin la respiration artificielle avec de l'air très légèrement chloré, du moins au début, et recourir aux affusions d'eau froide sur la tête et sur la nuque.

Lorsque l'acide cyanhydrique ou les cyanures ont été absorbés par la voie gastrique, on doit se hâter de donner au malade successivement 3 à 4 grammes de sulfate ferreux, puis autant de bicarbonate de soude en solution. On tend ainsi à produire dans l'estomac et les premières voies digestives du bleu de Prusse qui est inoffensif. On pourra recourir en même temps aux affusions d'eau froide et aux inhalations d'air chloré.

Recherche de l'acide cyanhydrique dans les cas d'empoisonnements. — Si l'acide cyanhydrique a été donné dans un but criminel, générale-ment on percevra l'odeur caractéristique d'amandes amères, même plusieurs heures après la mort, dans les divers viscères qu'il tend à conserver quelque temps à l'abri de la putréfaction. Le sang est coloré en rouge plus clair, il est souvent non coagulé. Il présente au spectroscope des bandes spéciales.

Pour rechercher l'acide cyanhydrique, on diluera dans de l'eau aci-dulée d'acide citrique les viscères divisés au ciseau et l'on distillera soigneusement au bain-marie en ne recueillant dans un peu d'eau glacée que les gaz et vapeurs qui passent avant que l'eau n'entre en ébullition. La liqueur distillée aura généralement l'odeur d'amandes amères. Elle devra précipiter le nitrate d'argent en blanc ou en gris ; ce précipité sera soluble dans l'ammoniaque, insoluble dans l'acide nitrique. Le pré-cipité argentique formé par le nitrate sera soigneusement séché à 100° ; il devra donner, lorsqu'on le chauffera dans une petite cornue, du gaz cyanogène, reconnaissable à son odeur vive et, lorsqu'on l'allumera, il brûlera avec sa flamme pourpre caractéristique.

Une partie de la solution précédente d'acide cyanhydrique mélangée d'une goutte de sulfate ferreux, puis de chlorure ferrique, alcalinisée par la potasse, enfin acidulée goutte à goutte d'acide chlorhydrique, donnera du bleu de Prusse.

L'on peut recourir à la réaction de Schönbein. Au liquide distillé on ajoute une goutte d'une solution au 1000e de sulfate de cuivre et quelques gouttes de teinture récente de gaïac. On obtiént, s'il y a de l'acide prussique dissous, une coloration bleue sensible lors même que les solutions sont diluées au cent-millième.

VINGT-SEPTIÈME LEÇON

LE SILICIUM ET SES COMPOSÉS. — MÉTALLOÏDES HEXATOMIQUES ET OCTOATOMIQUES : TUNGSTÈNE, OSMIUM

COMPOSÉS DU SILICIUM

Le silicium en combinaison avec l'oxygène sous forme de *silice*, SiO^2, entre dans la constitution de tous les terrains cristalliniens profonds sur lesquels s'appuient les roches calcaires. L'acide silicique s'y trouve généralement en combinaison avec l'alumine et les bases alcalines ou alcalino-terreuses, formant avec elles des silicates triples, sortes de verres cristallisables et résistants qui portent le nom de *feldspaths*. Quelquefois les métaux alcalins ou alcalino-terreux sont remplacés dans ces silicates par le fer ou le magnésium : ainsi sont formés les *micas*. Le silicium peut même se trouver simplement uni à l'oxygène à l'état de *quartz* ou de *silice libre* SiO^2. De la réunion de ces trois espèces s'est formé le *granit*, cette roche que l'on trouve à la base de tous les terrains stratifiés anciens.

Les *amphiboles*, les *pyroxènes*, les *péridots*, silicates de magnésie et de chaux, ainsi que les silicates d'alumine hydratés, parmi lesquels les plus remarquables sont les *zéolithes* cristallisées, et les *argiles* silicates hydratés d'alumine à la fois basiques et amorphes, sont autant de nombreuses et importantes combinaisons naturelles du silicium.

On voit par ces quelques considérations l'importance que joue ce métalloïde dans la structure du globe. On a calculé qu'il formait 28 pour 100 du poids des terrains cristalliniens.

LE SILICIUM

Berzélius découvrit le silicium en 1808 : il l'obtint à l'état amorphe. En 1854, Henri Sainte-Claire-Deville prépara ses modifications graphitoïde et cristalline.

A. Gautier. — *Chimie minérale.* 23

Préparation et propriétés physiques. — (a) *Silicium amorphe.* —
On peut l'obtenir, à la façon de Berzélius, en chauffant au rouge dans
un creuset de porcelaine du fluosilicate de potassium mélangé de sodium en léger excès (10 parties du premier pour 8 du second) :

$$SiFl^4.2\,KFl \; + \; 4\,Na \; = \; 2\,KFl \cdot + \; 4\,NaFl \; + \; Si$$

| Fluosilicate de potassium. | Sodium. | Fluorure de K. | Fluorure de Na. | Silicium. |

Quand le creuset est refroidi, on le casse, et l'on traite la masse par de
l'eau froide. Il se dégage en abondance de l'hydrogène provenant de
l'excès de sodium, et le silicium se sépare et se dépose. On le lave à
l'eau froide, puis à l'eau bouillante.

On peut l'obtenir aussi en faisant réagir le sodium sur du verre pilé,
ou bien en faisant passer la vapeur de chlorure de silicium sur du
sodium contenu dans une nacelle que l'on chauffe.

Le silicium amorphe constitue une poudre brun foncé, conduisant
mal la chaleur et l'électricité. Il se transforme au rouge en silicium
graphitoïde, puis fond au rouge blanc et cristallise. Durant cette transformation, $28^{gr},5$ de silicium dégagent 8 Calories.

(b) *Silicium graphitoïde.* — On le prépare comme il vient d'être dit
en chauffant le silicium amorphe. Deville l'a observé d'abord en électrolysant un chlorure double d'aluminium et de sodium impur. Dans
cette expérience, il se déposait au pôle négatif une sorte d'alliage d'aluminium fusible et cristallisable qui, attaqué par l'acide chlorhydrique,
laissait du silicium sous forme de lames métalliques brillantes semblables à de la limaille de platine.

On peut obtenir le silicium graphitoïde en lamelles hexagonales gris
de plomb analogues au graphite et, comme lui, conductrices de l'électricité.

(c) *Silicium cristallisé ou octaédrique.* — Le silicium cristallise
soit au rouge blanc, soit lorsqu'on le produit en présence d'un métal
qui le dissout à chaud et le laisse ensuite séparer à l'état cristallin.
Dans un creuset de terre porté au rouge cerise, on verse un mélange de
fluosilicate de potasse bien sec (15 parties), sodium en petits fragments
(4 p.), zinc en grenaille (20 p.). On maintient au rouge vif le creuset
fermé. Bientôt la réaction se déclare ; la masse entre en fusion, mais
l'on continue à chauffer jusqu'à ce qu'il y ait un commencement de
volatilisation du zinc. On casse le creuset après refroidissement et l'on
en retire un culot de zinc métallique pénétré d'aiguilles de silicium
cristallisé. On dissout ce culot dans l'acide chlorhydrique, on traite les
parties insolubles par de l'acide nitrique, et plus tard par de l'acide
fluorhydrique, on lave le silicium qui reste seul et on le sèche. Ses cris-

taux presque microscopiques sont formés de prismes hexaédriques à pointements trièdres, ou d'octaèdres. Ils sont doués d'un vif éclat. Leur densité est de 2,40. Leur dureté est extrême, mais moindre que celle du bore et du diamant. Ils fondent vers 1200 degrés.

Propriétés chimiques du silicium. — Le silicium amorphe brûle au contact de l'air en donnant de l'acide silicique et dégageant $218^{Cal.},2$ pour 28 grammes, poids atomique de Si. S'il est *graphitoïde* ou *cristallisé*, il ne s'oxyde que fort lentement et au rouge. Une solution concentrée de potasse ou de soude le dissout peu à peu avec dégagement d'hydrogène.

Au rouge naissant, il brûle dans le chlore et donne du chlorure de silicium $SiCl^4$. Le brome et l'iode réagissent de même.

Il n'est attaqué par aucun acide, si ce n'est par un mélange d'acide fluorhydrique et nitrique; toutefois l'acide fluorhydrique suffit pour dissoudre la variété amorphe.

L'acide chlorhydrique attaque lentement le silicium au rouge : il se fait ainsi un composé bouillant à 37° qui répond à la formule $SiHCl^3$, composé remarquable de formule analogue à celle du chloroforme $CHCl^3$. C'est le *silicichloroforme* de MM. Friedel et Ladenburg.

HYDRURE DE SILICIUM
SiH^4

Il a été découvert par MM. Wœhler et Buff en attaquant le siliciure de magnésium par l'acide chlorhydrique; mais on l'obtient ainsi mêlé d'hydrogène. MM. Friedel et Ladenburg l'ont préparé à l'état pur en faisant agir le sodium sur l'*éther siliciformique* :

$$4\,SiH(O \cdot C^2H^5)^3 \;=\; SiH^4 \;+\; 3\,Si(O \cdot C^2H^5)^4$$

Éther siliciformique triéthylique. — Éther silicotétroxéthylique.

Dans cette transformation, l'action du sodium reste inexpliquée.

L'hydrure de silicium est un gaz incolore, insoluble dans l'eau, spontanément inflammable, s'il est mêlé d'un autre gaz, ou s'il se dégage à une pression moindre que celle de l'atmosphère, ou bien encore en présence d'un corps chauffé à 100°. Si l'accès de l'air est insuffisant, du silicium se dépose en même temps qu'il se fait de la silice. Cet hydrure est facilement attaqué par le chlore. Il donne un dépôt de siliciures métalliques avec les solutions de cuivre ou d'argent qu'il réduit partiellement.

SILICE OU ACIDE SILICIQUE
SiO^2

Nous avons déjà dit que les combinaisons de l'acide silicique formaient une partie importante de la masse des assises profondes du globe; la silice libre ou combinée s'y rencontre sous les formes les plus diverses.

Le *quartz* ou *cristal de roche* est de la silice à l'état pur et cristallisée, blanche et quelquefois colorée comme dans l'*améthyste*, le *quartz enfumé*, etc. Le *quartz agate*, le *silex*, sont formés de silice amorphe à peine colorée ou salie d'une trace d'oxydes métalliques.

Les *grès* sont constitués par des grains cristallins de silice réunis par un ciment amorphe généralement de même composition, plus rarement calcaire.

L'*opale* est le nom générique qu'on applique à diverses variétés de silice hydratée : l'*opale noble* à reflets irisés ; l'*opale de feu* ; l'*opale commune* ; l'*hydrophane*, qui devient transparente en s'imbibant d'eau ; la *geysérite*, silice déposée par les geysers en masses fibreuses ou rognoncuses ; le *tripoli*, farine fossile formée de carapaces de diatomées, dépouilles d'algues microscopiques qui continuent à se déposer encore de nos jours dans les mers où se fait le mélange d'eaux douces et salées.

La silice se rencontre dans la plupart de nos eaux douces courantes et dans les eaux minérales, etc. Dans les temps géologiques, les phénomènes geysériens, que continuent sur une petite échelle les volcans d'eau chaude de l'Islande et de la Nouvelle-Zélande, paraissent avoir été fort répandus et très puissants et avoir amené au jour de très grandes quantités de silice gélatineuse empruntée aux roches profondes par les eaux qui la dissolvaient grâce à l'acide carbonique et à la pression.

Silice cristallisée et amorphe ; silice soluble et insoluble. — L'*acide silicique cristallisé* anhydre et pur se présente sous forme de prismes à six pans, souvent un peu aplatis parallèlement à l'une des faces du prisme et terminés, lorsqu'ils sont complets, par une double pyramide hexagonale. L'éclat de ces cristaux est vitreux ; leur cassure est conchoïdale, avec indices de clivages parallèles aux faces du rhomboèdre. Leur densité est de 2,64 à 2,66. Ils sont fusibles au chalumeau oxbydrique et s'étirent alors en fils comme du verre.

Les divers échantillons de quartz naturel dévient, tantôt à droite, tantôt à gauche, le plan de la lumière polarisée. Les facettes hémiédriques rhombes placées sur les angles de la base sont tournées vers la droite ou la gauche, suivant le sens de la rotation que le cristal imprime à la lumière polarisée (voir fig. 183 ; p. 397).

Le quartz naturel est souvent incolore; quelquefois il est comme enfumé par des traces de bitume; coloré en violet il constitue l'*améthyste commune* ; en rose, le *rubis de Bohême* ; en jaune, la *fausse topaze* ; en rouge brun, l'*hyacinthe de Compostelle*.

On connaît une autre forme cristalline de l'acide silicique, c'est la *tridymite*, qui cristallise en lamelles hexagonales groupées le plus souvent parallèlement aux diagonales de l'hexagone. Sa densité est de 2,2. On la trouve quelquefois dans les roches trachytiques.

On peut préparer artificiellement la silice hydratée ou anhydre ; insoluble ou soluble ; cristallisée ou amorphe.

Si l'on verse un acide dans un silicate alcalin dissous dans l'eau, on obtient un précipité gélatineux tandis qu'une partie de la silice reste dissoute. Celle-ci est en proportion d'autant plus grande que la liqueur était plus étendue.

Le précipité gélatineux ainsi produit par les acides se transforme, après lavage, puis évaporation à température et pression ordinaires, dans l'hydrate SiO^2,H^2O. Dans le vide il paraît se former l'hydrate $(SiO^2)^3 2H^2O$. A 100° l'hydrate silicique correspond à la formule $(SiO^2)^3H^2O$. La proportion d'eau s'abaisse ainsi de plus en plus et devient à peu près nulle à 370°. Les hydrates siliciques naturels : *opale, résinite, hyalite, hydrophane*, correspondent à ces diverses compositions.

La *silice soluble* se prépare en plaçant sur un dialyseur une solution de silicate de soude étendue qu'on a légèrement acidulée puis filtrée. Le sel marin et l'acide en excès passent petit à petit, à travers la membrane dialysante, dans l'eau extérieure qu'on renouvelle ; la silice hydratée reste seule. Quand sa solution s'est ainsi purifiée, on peut l'évaporer dans le vide ou même en chauffant modérément. On obtient alors une masse vitreuse, transparente, répondant à la formule SiO^2,H^2O. Elle prend avec le temps une dureté supérieure à celle du verre. Ces solutions de silice se coagulent immédiatement sous l'influence d'une trace de certains sels : carbonate sodique, bicarbonate de chaux, etc. L'eau de chaux, l'alumine, l'hydrate de fer colloïdal, la gélatine, etc., la précipitent.

Propriétés chimiques de la silice. — L'acide silicique est attaqué au rouge vif par les métaux alcalins, ainsi que par l'aluminium, le magnésium, etc., qui mettent le silicium en liberté :

$$5\,SiO^2 + 4\,Na = 2\,(SiO^2, Na^2O) + Si$$

Le charbon ne suffit pas à réduire la silice, mais en présence du chlore et du charbon il se fait au rouge du chlorure de silicium :

$$SiO^2 + 2C + 4Cl = 2CO + SiCl^4$$

Le platine l'attaque au rouge naissant et forme un siliciure de platine fusible en présence des silicates et phosphates des cendres. Aussi est-il dangereux de chauffer directement sur les charbons ardents, toujours siliceux, un creuset de platine.

Seul de tous les acides, l'acide fluorhydrique attaque la silice anhydre, libre ou combinée, pour donner du fluorure de silicium :

$$SiO^2 + 4HFl = SiFl^4 + 2H^2O$$

Chauffée avec des carbonates alcalins ou terreux, la silice forme des silicates. Elle chasse de même au rouge les autres acides volatils $(SO^5; P^2O^5)$.

La silice hydratée se dissout aisément même à froid dans les acides étendus, mais elle perd cette propriété lorsqu'on la calcine légèrement ou qu'on la maintient longtemps à 100°. Elle se dissout dans les alcalis caustiques, surtout à chaud, lors même qu'elle a été calcinée.

Usages. — Le quartz hyalin, le jaspe, l'agate, l'opale, l'améthyste, etc., sont employés dans la bijouterie ou comme pierres dures à graver, à faire des brunissoirs, des mortiers, etc.

Le quartz en beaux échantillons transparents sert à faire des verres à lunettes difficiles à rayer, et des pièces d'appareils d'optique divers, tels que les quartz rotatoires du saccharimètre.

Tout le monde connaît les usages du silex pyromaque ou *pierre à fusil*, de la meulière, des grès, du tripoli et autres poudres siliceuses à polir.

La dynamite résulte de l'imbibition de la nitroglycérine dans une sorte de cendre naturelle très riche en silice d'origine organisée.

Les sables siliceux les plus purs entrent dans la composition des poteries, faïences, porcelaines, pâtes tendres, émaux, et surtout des verres de toute sorte. On y reviendra en parlant des verres et porcelaines.

SULFURE DE SILICIUM
$$SiS^2$$

Le sulfure de silicium a été obtenu par M. Fremy en faisant passer au rouge vif des vapeurs de sulfure de carbone sur un mélange de charbon et de silice.

C'est un corps blanc, cristallisé en aiguilles soyeuses, que l'eau décompose immédiatement en silice et hydrogène sulfuré.

CHLORURES, BROMURES, IODURES DE SILICIUM

On connaît un perchlorure de silicium $SiCl^4$ et un sesquichlorure Si^2Cl^6.

Perchlorure de silicium. — On l'obtient, ainsi qu'on l'a déjà dit p. 357, par l'action simultanée du chlore et du carbone sur la silice :

$$SiO^2 + 2C + Cl^4 = SiCl^4 + 2CO.$$

On prend de la silice précipitée bien lavée et séchée qu'on mélange de la moitié de son poids de noir de fumée ; on ajoute assez d'huile pour faire une pâte consistante, bien pétrie ; on la partage en petits blocs qu'on saupoudre de noir et qu'on calcine au rouge vif dans un creuset fermé. Après refroidissement, on introduit ces boulettes dans une cornue de grès à tubulure assez longue pour saillir du fourneau à réverbère. On fait arriver par cette tubulure un courant de chlore bien sec : le chlorure de silicium qui se forme se condense dans un serpentin entouré d'un mélange réfrigérant tandis que le gaz oxyde de carbone se dégage.

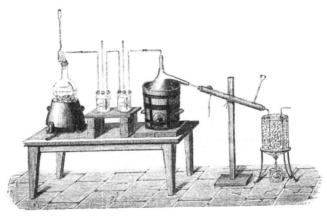

Fig. 136. — Préparation du chlorure de silicium.

Le perchlorure de silicium est un liquide incolore, fumant à l'air, d'une odeur piquante, d'une densité de 1,52 à 0 degré. Il bout à 59°, sa densité de vapeur est de 5,94.

L'eau en excès le décompose en silice et acide chlorhydrique :

$$SiCl^4 + 2H^2O = SiO^2 + 4HCl$$

Avec de moindres quantités d'eau il se fait des *oxychlorures de silicium* encore mal définis ; celui qui est le plus abondant bout de 136° à 139° (*Troost et Hautefeuille*).

Chauffé au rouge vif en présence de l'oxygène ou de certains oxydes, le perchlorure silicique donne de l'oxychlorure $SiOCl^2$.

Sesquichlorure de silicium. — On l'obtient soit en faisant agir à haute température le chlorure précédent sur du silicium fondu, soit plutôt en chauffant le sesquiiodure de silicium (*voir plus bas*) avec du bichlorure de mercure :

$$Si^2I^6 + 3HgCl^2 = 3HgI^2 + Si^2Cl^6$$

C'est un liquide incolore, très mobile d'une densité de 1,58 à 0°, cristallisable en lamelles à — 14°; bouillant à 146°.

Au contact de l'eau glacée il donne un hydrate de sesquioxyde

Si^2O^3, H^2O. En présence de la potasse il dégage de l'hydrogène et forme du silicate de potasse.

Bromures, Iodures de silicium. — On connaît un *tétrabromure* Si^2Br^4, bouillant à 150° ; un *sesquibromure* Si^2Br^6, bouillant à 240° ; un *tétraiodure* SiI^4, solide, fusible à 120° ; un *sesquiiodure* cristallisé en prismes hexagonaux fusibles à 250°. Ce dernier se produit lorsqu'on traite le tétraiodure de silicium par de l'argent en poudre (*Friedel et Ladenburg*).

FLUORURE DE SILICIUM

Ce corps fut découvert par Scheele et Priestley. Il prend naissance lorsque l'acide fluorhydrique agit sur la silice ou sur un silicate :

$$SiO^2 + 4HFl = SiFl^4 + 2H^2O$$

Pour le préparer, on place dans un ballon de verre un mélange à parties égales de fluorure de calcium et de sable siliceux ou de grès bien pilé. On arrose le tout d'un excès d'acide sulfurique et l'on chauffe modérément. Il se fait du sulfate de chaux et du fluorure de silicium :

$$SiO^2 + 2CaFl^2 + 2SO^4H^2 = SiFl^4 + 2SO^4Ca + 2H^2O$$

On recueille sur la cuve à mercure le gaz qui se dégage.

Il est incolore, fumant à l'air, d'odeur et de réaction acides. Sa densité est de 3,57.

Ce gaz est liquéfiable; il se solidifie à — 140°. Il éteint les corps en combustion. Il n'attaque point le verre.

Au contact de l'eau, il se décompose et donne du fluorhydrate de fluorure de silicium, ou *acide hydrofluosilicique*, et de la silice :

$$3SiFl^4 + 2H^2O = SiO^2 + 2SiFl^4, 2FlH$$
Fluorhydrate
de fluorure de silicium.

La potasse hydratée produit de même avec le fluorure de silicium du fluorure double de silicium et de potassium $SiFl^4.2FlK$.

Les métaux alcalins décomposent à chaud le fluorure de silicium et mettent le silicium en liberté.

ACIDE HYDROFLUOSILICIQUE OU FLUORHYDRATE DE FLUORURE DE SILICIUM
$SiCl^4, 2FlH$

On le prépare comme il vient d'être dit. Pratiquement on fait arriver le gaz fluorure de silicium au fond d'une large éprouvette contenant un peu de mercure sous lequel se rend le tube à dégagement que la silice qui se forme engorgerait rapidement sans cette précaution. Il suffit de filtrer la liqueur, après l'avoir chauffée dans le but d'insolubiliser toute la silice gélatineuse. pour obtenir la solution d'acide hydrofluosilicique. Cet acide n'est connu que dissous dans l'eau. On peut le concentrer à consistance de sirop ; mais, au delà, il se détruit en émettant du fluorure de silicium gazeux.

L'acide hydrofluosilicique est employé dans les laboratoires pour séparer la baryte et surtout la potasse, dont les sels sont précipités par lui à l'état de fluosilicates insolubles. On s'en sert aussi pour enlever la potasse à son chlorate et à son perchlorate et obtenir les acides chlorique et perchlorique libres.

Les hydrofluosilicates solubles d'alumine, de zinc, de magnésie, de cuivre, de fer et de chrome ont été employés à durcir les surfaces calcaires et à leur donner la dureté et l'aspect du marbre lorsqu'on polit ces surfaces après les avoir colorées par l'un de ces sels (*Kessler*).

AZOTURES DE SILICIUM

H. Sainte-Claire Deville et Wœhler ont signalé deux azotures de silicium, l'un blanc Az^3Si^4, l'autre vert clair SiAz ; celui-ci correspond au *cyanogène du silicium*. Ils se forment aux dépens de l'azote de l'air lorsqu'on chauffe le silicium au rouge blanc dans un creuset brasqué.

MÉTALLOÏDE HEXATOMIQUE

LE TUNGSTÈNE : T ou W

Il nous suffira de dire quelques mots de ce corps et de ses combinaisons que l'on a l'occasion de rencontrer fort rarement. Les seules applications du tungstène résultent de la propriété qu'il possède de communiquer au fer, au bronze et au laiton une grande dureté. Il n'est pas utilisé en médecine

Le tungstène existe dans le *wolfram*, tungstate ferroso-manganeux ; la *scheelite* ou tungstate de calcium ; la *scheelline* ou tungstate de plomb. Les frères Elhuyart retirèrent vers 1770 le tungstène de l'acide tungstique contenu dans ces minéraux en le soumettant à l'action du charbon.

Le tungstène est un métalloïde de couleur gris d'acier clair et d'un bel éclat. Sa densité varie de 17,2 à 19. Il raye le verre et casse aisément. Il ne fond qu'au chalumeau oxhydrique ou par la pile.

Au rouge vif il brûle dans l'oxygène et donne de l'acide tungstique TuO^3. Il s'unit au chlore vers 300° et forme un bichlorure $TuCl^2$, un tétrachlorure $TuCl^4$, un hexachlorure $TuCl^6$ et même un pentachlorure $TuCl^5$, peut-être Cl^5Tu^{vi}-$Tu^{vi}Cl^5$.

On connaît trois oxydes du tungstène : le bioxyde TuO^2; le trioxyde TuO^3 et un oxyde intermédiaire bleu Tu^2O^5. Aucun de ces oxydes ne présente de caractères basiques.

Le bioxyde obtenu par la réduction partielle de l'acide tungstique au moyen du zinc et de l'acide chlorhydrique est une poudre brune ou rouge, un peu soluble en pourpre dans les acides concentrés qui la laissent déposer à la longue sous forme d'oxyde bleu. La potasse le dissout avec dégagement d'hydrogène et formation du tungstate :

$$TuO^2 + 2\,KHO \ :\!= \ TuO^4K^2 + H^2$$

On connaît un tungstite de sodium TuO^3Na^2.

L'*acide tungstique* TuO^3 se rencontre quelquefois à l'état natif (*wolframine*).

On l'obtient en attaquant le wolfram en poudre par un mélange de carbonate et d'azotate de soude, filtrant, et décomposant par l'acide chlorhydrique le tungstate de soude qui s'est formé. Par sa calcination l'acide tungstique devient anhydre.

C'est une poudre jaune soufre, fusible au feu de forge, soluble dans les alcalis fixes, l'ammoniaque et leurs carbonates avec lesquels il forme les tungstates. Les sels alcalins et celui de magnésium sont seuls solubles dans l'eau, encore le sont-ils assez peu.

Il existe un *acide métatungstique* $Tu^4O^{13}H^2$, véritable anhydride tétra-tungstique :

$$4\,(TuO^3,H^2O) \ = \ 3H^2O + Tu^4O^{13}H^2$$

Les métatungstates sont généralement très solubles.

MÉTALLOÏDE OCTOATOMIQUE

OSMIUM : Os

L'osmium a été découvert par Tennant en 1803 dans la mine de platine, où il existe à l'état d'osmiure d'iridium.

Le procédé le plus simple pour l'obtenir a été donné par M. Fremy. Il consiste à griller cet osmiure dans un courant d'air sec (fig. 157). Il se fait ainsi de l'acide osmique volatil qui distille dans une série de ballons, où il se condense en grande partie; le reste de ses vapeurs va se dissoudre dans une lessive de potasse. Il suffit, pour obtenir l'osmium lui-même, de faire passer dans un tube porté au rouge un mélange de vapeurs d'acide osmique et d'oxyde de carbone. On peut aussi calciner le sulfure d'osmium.

On connaît l'osmium sous divers états : pulvérulent, compact et cristallisé. Sa densité est de 22,4 ; son éclat est métallique avec un ton bleuâtre. Il est absolument infusible à la température de fusion du platine.

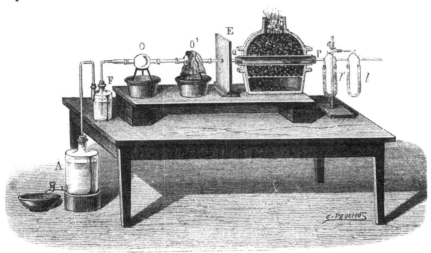

Fig. 157. — Grillage de l'osmiure d'iridium. Préparation de l'acide osmique.

A, fontaine d'aspiration de l'air qui se dessèche dans les tubes tt'. — PQ, tube où l'on chauffe de l'osmiure. — O,O', ballons pour recevoir l'acide osmique.

On connaît cinq oxydes d'osmium. Le protoxyde OsO a des tendances basiques fort douteuses.

Le *trioxyde* ou *acide osmique* OsO^3 se conduit comme un acide faible.

Le *tétroxyde* ou *anhydride osmique* OsO^4 s'obtient, comme il a été dit plus haut, par le grillage de l'osmiure d'iridium.

Cet acide forme de longs prismes réguliers, brillants, flexibles, fusibles à 40°, bouillant vers 100°, d'une odeur très piquante de raifort ; ses vapeurs attaquent vivement les yeux en produisant l'effet d'un coup vigoureusement asséné ; elles irritent les organes respiratoires, excitent la toux, et sont fort dangereuses à respirer. Leur toxicité est analogue à celle de l'hydrogène arsénié et phosphoré. Leur meilleur antidote, d'après Claus, serait l'hydrogène sulfuré.

L'acide osmique se dissout dans les alcalis en formant des solutions jaunes ou rouges, inodores à froid, mais laissant s'échapper à chaud des vapeurs d'acide osmique.

Le fer, le zinc, le cuivre réduisent complètement les solutions d'acide osmique.

Cet acide tache la peau et le linge en noir. L'acide tannique le réduit en le faisant passer par des tons bleus et pourpres très riches.

Les graisses, les lécithines, la myéline, etc., réduisent aussi lentement l'acide osmique. La myéline se colore en noir bleuâtre, la graisse en noir brun, le muscle en brun clair. En même temps ce réactif conserve et durcit ces divers tissus : aussi est-il fort employé en micrographie.

Nous avons dit, à propos de l'air et des eaux potables (voy. p. 104), comment on utilise l'acide osmique pour la préparation et l'observation des infusoires et des bactéries de l'air et des eaux.

VINGT-HUITIÈME LEÇON

LES MÉTAUX

DÉFINITION. CARACTÈRES PHYSIQUES ET CHIMIQUES. CLASSIFICATION

On désigne généralement sous le nom de *métaux* ([1]) les corps simples dont les propriétés les plus apparentes rappellent les caractères de ces matières auxquelles on a donné, depuis une haute antiquité, l'épithète de *métalliques* : l'or, le cuivre, l'étain, le fer, le plomb, etc. Leurs propriétés communes les plus remarquables sont l'éclat, l'opacité, la sonorité, la densité, la conductibilité pour la chaleur. Mais lorsqu'on eut étudié de plus près les corps simples, on s'aperçut que ces caractères étaient insuffisants pour distinguer les métaux des autres éléments. La densité, l'éclat, la conductibilité, etc., peuvent notablement varier pour un même corps métallique ou non métallique. L'éclat est l'apanage des corps les plus dissemblables; silicium, tellure, tungstène, titane, antimoine, étain. Il en est de même de la densité, caractère très variable pour des corps qu'on doit réunir cependant en une même famille, vu l'ensemble de leurs analogies chimiques, et qui est souvent la même pour les éléments les plus dissemblables.

Aussi depuis longtemps a-t-on pensé qu'il y avait lieu de fonder l'ancienne classification des éléments de Berzélius en *métalloïdes* et *métaux*, non plus sur leurs caractères physiques, mais bien sur leurs *caractères chimiques*, seuls propres à servir de base à la *classification* rationnelle et à l'*étude chimique* de ces corps.

Caractères chimiques différentiels des métaux. — Nous avons

([1]) La racine du mot *métal* paraît la même que celle du verbe grec μεταλλοσσω, *je change, je permute*, parce que les monnaies métalliques ont été dès le début des âges historiques des moyens d'échange et de commerce.

vu (4ᵉ leçon, p. 41 et suiv.) que les corps simples métalliques possèdent tous l'importante propriété de donner une ou plusieurs bases, c'est-à-dire un ou plusieurs oxydes aptes à s'unir aux acides proprement dits pour former des sels. A ce caractère essentiel vient se rattacher tout un ensemble de conséquences telles que la formation de sulfures et chlorures doués de fonctions basiques, qui démontrent que le rôle chimique des métaux est profondément différent de celui des métalloïdes aptes à produire des acides lorsqu'ils s'unissent à l'oxygène, au soufre ou aux éléments de la famille du chlore.

Ce caractère d'éléments électro-positifs capables de donner des bases salifiables en s'unissant à l'oxygène se présente avec toute sa pureté et sa plénitude dans certains métaux. Les protoxydes de sodium, de baryum, de magnésium, de plomb, s'unissent aux acides pour former des sels qui sont *neutres* et *saturés* même avec les acides les plus énergiques. Les sulfates de soude, de magnésie, de plomb, d'argent, etc., les nitrates de ces métaux, les phosphates, etc., sont neutres aux papiers et au goût, et quelquefois même alcalins.

Il est d'autres métaux dont les oxydes, tout en s'unissant d'une façon stable aux mêmes acides, donnent des sels acides au goût et aux papiers. Tels sont par exemple l'aluminium, le cuivre, le mercure, etc. On peut affirmer que le pouvoir électropositif de ces métaux est plus faible que dans celui des précédents et que leurs oxydes sont moins basiques. Aussi les voyons-nous former des sels où plusieurs molécules de la base concourent à saturer l'acide, ou bien des sels doubles, surtout s'ils s'unissent aux acides énergiques, sels doubles qui sont comme le témoignage qu'une partie du pouvoir électro-négatif de l'acide qui entre dans ces sels n'a pas été complètement neutralisé dans une première combinaison avec la base. Ainsi s'explique l'existence des sulfates, nitrates *basiques* d'alumine, de cuivre, de mercure, etc., aussi bien que l'instabilité relative de ces sels sous l'influence de la chaleur.

Enfin il est des métaux dont les oxydes sont encore plus faiblement basiques : tels sont l'étain, le bismuth, le molybdène, etc. Ils donnent des oxydes inférieurs SnO ; BiO et Bi^2O^3 ; MoO, qui peuvent, quoique fort imparfaitement, s'unir encore aux acides, mais ils s'en séparent déjà par dessiccation, par diffusion au sein de l'eau, ou par simple élévation de température. Ces métaux sont tout à fait sur la limite du groupe des substances métalliques, et tout aussi près des métalloïdes. Ils pourraient être rangés dans une classe spéciale avec l'antimoine, le tungstène, le titane et quelques autres éléments semi-métalliques.

Cette gradation des métaux en groupes de moins en moins électropositifs que viennent de nous révéler leurs combinaisons avec l'oxygène, se reproduit dans le même sens si nous considérons leurs combinaisons avec le soufre. Les sulfures de sodium, de potassium, de calcium, de magnésium, et même le sulfure de plomb, se comportent comme de véritables bases en présence des sulfosels. On connaît les sulfocarbonates K^2S,CS^2; Na^2S,CS^2; CaS,CS^2, etc., ainsi que le sulfure triple de plomb, d'antimoine et de bismuth, et les sulfantimonites de sulfure de plomb naturels (*jamesonite, géocronite, plagionite*).

Au contraire les sulfures cuivrique et mercurique ne s'unissent plus à ces mêmes acides sulfurés. Bien mieux, l'on connaît des combinaisons de sulfure de mercure avec les sulfures alcalins, combinaisons où le cinabre joue le rôle d'acide. Quant aux sulfures d'étain SnS^2, de bismuth Bi^2S^3, etc., ce sont de véritables *acides sulfurés*.

Les mêmes considérations s'appliquent aux combinaisons des éléments métalliques avec les métalloïdes halogènes *chlore, brome, iode, fluor*. Ils forment avec les métaux alcalins ou alcalino-terreux des chlorure neutres, et donnent au contraire des chlorures acides avec les métaux qui se rapprochent des métalloïdes.

La propriété de former des combinaisons plus ou moins aptes à saturer les acides, lorsqu'ils se combinent aux métalloïdes mono et biatomiques est donc la caractéristique de la grande classe des métaux.

CARACTÈRES PHYSIQUES DES MÉTAUX

Les caractères physiques des métaux méritent qu'on en fasse ici une revision générale et rapide. Elle nous permettra de les différencier encore des métalloïdes, et de distinguer, même à ce point de vue, les diverses classes de métaux dont nous venons de parler.

Tous les métaux sont doués d'*éclat* lorsqu'ils sont fraîchement préparés ou coupés, ou bien lorsque, étant réduits en poudre, on les frotte sous le brunissoir pour leur donner un certain degré de cohésion. Cette propriété, que l'on retrouve dans quelques métalloïdes cristallisés (tellure, antimoine, silicium, bore), est intimement liée au caractère de l'*opacité*.

Les métaux, même en lames extrêmement minces, sont *opaques*. Certains d'entre eux peuvent cependant laisser passer un peu de lumière lorsqu'ils sont en feuilles d'une minceur excessive. Telles sont les feuilles d'or, qu'on peut réduire à un millième de millimètre d'épaisseur et qui laissent filtrer une lumière verdâtre.

De l'*opacité* et de l'*éclat* des métaux il faut rapprocher leur *couleur*. Elle est jaune pour l'or, rouge pour le cuivre, etc., mais la plupart des métaux sont doués d'un éclat métallique blanc, avec reflets bleus, gris, jaunes, roses. Le platine, le palladium, le zinc, le plomb sont blanc bleuâtre ; l'étain, l'argent, blanc jaunâtre ; le bismuth est blanc rosé ; le fer, le nickel, blanc gris, etc. Cet éclat où le blanc domine vient de ce que, quelle que soit la couleur réelle du métal, la presque totalité de la lumière blanche qui tombe sur sa surface polie est réfléchie régulièrement avant d'avoir été notablement transformée. Mais si, comme l'a fait Bénédict Prévost, on fait réfléchir huit à dix fois cette lumière dans un tube intérieurement recouvert de lames polies des métaux que l'on examine, chaque réflexion modifiant pour son compte la lumière blanche, l'œil placé à l'extrémité de l'appareil recevra, après ces réflexion répétées, la véritable impression de la couleur propre du métal. L'argent devient alors d'un jaune pur ; le zinc, bleu indigo ; le fer, violet ; l'or, rouge ; le cuivre, écarlate.

La plupart des métaux peuvent *cristalliser*, et, chose remarquable, tous donnent des cristaux cubiques, si l'on en excepte le bismuth, qui forme des *rhomboèdres très rapprochés du cube.*

Quelques métaux se rencontrent cristallisés à l'état natif : l'*or*, l'*argent*, le *cuivre*; d'autres cristallisent par fusion, comme le *bismuth*; d'autres par sublimation, comme le *zinc*, le *cadmium* ; la plupart peuvent cristalliser par voie humide. Grâce à un très faible courant électrique, on peut faire cristalliser le plomb, l'étain, etc., de leurs solutions.

De la *cristallisation* des métaux l'on peut rapprocher leur *malléabilité*, leur *ductilité*, leur *ténacité*, leur *dureté*, leur *fusibilité*.

La plupart sont malléables, c'est-à-dire aptes à se transformer sous le marteau ou le laminoir en plaques et lames minces. Le bismuth, le

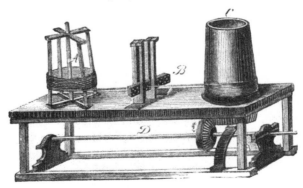

Fig. 158. — Table de tréfilerie.

molybdène, l'étain dans certaines conditions, sont au contraire *cassants*. On dit qu'un métal est *ductile* lorsqu'il peut aisément s'étirer en fils à la filière : l'or, l'argent, le fer sont très ductiles.

Sous l'influence du laminage, du battage ou de l'étirage en fils les métaux tendent à cristalliser et à s'*écrouir*, c'est-à-dire à se fendiller en divers sens, et à devenir cassants. On remédie à cet inconvénient par le *recuit* ou chauffage au rouge sombre, suivi d'un lent refroidissement.

La *ténacité* des métaux est appréciée par la résistance qu'ils offrent aux changements de forme, au pliage et à la rupture. On la mesure généralement par le poids en kilogrammes nécessaire pour rompre un fil de 1 millimètre de rayon.

La *dureté* des métaux est proportionnelle à la résistance qu'ils présentent à tout agent qui tend à les rayer. Il est des métaux tels que le manganèse, le molybdène, etc., qui rayent l'acier ; il en est comme le fer, le cobalt, le nickel, le zinc, qui sont rayés par le verre. D'autres, comme le platine, le cuivre, l'or, l'argent, le bismuth, le cadmium, l'étain, etc., sont rayés par le carbonate de chaux cristallisé naturel. D'autres, comme le plomb, le sodium, etc., sont rayés à l'ongle.

La *fusibilité*, ou propriété de fondre par la chaleur, est extrêmement variable. L'osmium ne fond même pas à la température de fusion de l'iridium et du rhodium, qui sont moins fusibles eux-mêmes que le platine. Ce métal à son tour ne commence à se ramollir qu'aux feux de charbon les plus violents et ne fond bien que dans le mélange enflammé d'oxygène et d'hydrogène. Quelques-uns fondent aisément : le plomb, l'étain ; d'autres fondent à la température ambiante, comme le gallium, ou bien sont déjà liquéfiés comme le mercure.

Tous les métaux se vaporisent : le platine, l'iridium, dans l'arc électrique ; le palladium, au chalumeau oxhydrique ; l'or, le cuivre, le plomb, dès qu'on les chauffe sensiblement au-dessus de leurs points de fusion ; le mercure, à 350.

Les métaux ont presque tous une faible *chaleur spécifique*. L'on connaît la belle loi physique découverte par Dulong et Petit. Si A est le poids atomique d'un corps, C sa chaleur spécifique, $AC = constante$. Ce produit de la chaleur spécifique par le poids atomique se rapproche, en effet, toujours beaucoup du nombre 6,4. Il varie entre 5,5 (aluminium) et 6,9 (molybdène).

Enfin la *densité* des métaux offre aussi de grandes variations. Tous, à l'exception du sodium, du potassium, du lithium, sont plus lourds que l'eau. Le platine fondu a pour densité 21,5, l'osmium 22,15. Cette densité augmente généralement par le martelage.

Entre la densité des métaux et leurs caractères chimiques existe une relation remarquable, sur laquelle nous reviendrons quand il s'agira de les classer.

Le tableau suivant donne d'une manière précise l'ensemble des renseignements numériques relatifs aux propriétés physiques des métaux.

Tableau des caractères physiques principaux des métaux.

CONDUCTIBILITÉ POUR LA CHALEUR	CONDUCTIBILITÉ POUR L'ÉLECTRICITÉ	POINTS DE FUSION.	TÉNACITÉ. Nombre de kilogrammes pouvant rompre un fil de 1 millimètre de rayon.	CHALEURS SPÉCIFIQUES.	DENSITÉS à 0°
Argent. . . 1000	Argent. . . 1000	Mercure. . . −39°	Cobalt. . . 432	Lithium . . . 0,9408	Osmium. . . 22,45
Cuivre. . . 736	Cuivre. . . 753	Gallium. . . +30,15	Nickel. . . 520	Sodium. . . 0,2934	Iridium. . . 22,38
Or. . . 532	Or. . . 585	Potassium. . 62,5	Fer. . . 250	Magnésium. . 0,2499	I fndu. fndu. 21,15
Laiton. . 236	Zinc. . . 240	Sodium. . . 95,6	Cuivre. . . 137	Aluminium. . 0,2181	Or fondu. . 19,25
Zinc. . . 190	Étain. . 228	Lithium. . . 180°	Laiton. . . 125	P bm. . 0,1696	Mercure liquide. 13,60
Étain. . 145	Laiton. . 215	Étain. . . 228	Argent. . . 85	Calcium. . . 0,1686	Palladium. . 11,5
Fer. . . 119	Fer. . . 130	Bismuth. . . 264	Or. . . 68	Manganèse. 0,1217	Thallium. . 11,8
Plomb. . 85	Plomb. . 107	Thab. . . 335	Zinc. . . 50	Fer. . . 0,1138	Plomb. . 11,35
Platine. . 84	Platine. . 103	Cadmium. . 360	Étain. . . 16	Nickel. . . 0,1086	Argent fondu. 10,44
Bismuth. . 18	Bismuth. . 19	Zinc. . . 410	Plomb. . . 10	Cobalt. . . 0,1070	I ulth. . 9,8
		Antimoine. . 450		Zinc. . . 0,0956	Cuivre. . . 8,81
		bm. . . 750		Cuivre. . . 0,0951	Nickel. . . 8,8
		Argent, environ. 1000		Palladium. . 0,0593	Cobalt. . . 8,8
		Cuivre. . . 1100		Iridium. . . 0,0574	Cadmium. . 8,60
		Or. . . 1250		Argent. . . 0,0570	Étain fondu. 7,24
		Fonte. . . 1250		Cadmium. . −0,0567	Fer fondu. 7,21
		Fer doux. . 1500		Étain. . . 0,0562	Manganèse. 7,20
		Nickel. . . 1500		Thallium. . 0,0336	Indium. . 7,2
		Cobalt. . . 1500		Mercure. . . 0,0333	Chrome. . 7,00
		Platine. . 2000		Or. . . 0,0324	Zinc. . . 6,86
		Iridium. . . 2500		Platine. . 0,0324	Baryum. . 5,9
				Plomb. . 0,0314	Gallium. . 2,56
				Bismuth. . 0,0305	Aluminium. 2,54
					Strontium. 2,4
					Glucinium. 1,75
					Magnésium. 1,6
					Calcium. . 1,51
					Rubidium. 1,07
					Sodium. . 0,97
					Potassium. 0,86
					Lithium. . 0,59

CLASSIFICATION DES MÉTAUX

L'aptitude à former des combinaisons basiques plus ou moins aptes
à saturer les acides étant la propriété fondamentale et spécifique des
métaux, elle doit servir de base à leur classification. Or il est remarquable d'observer que cette aptitude des métaux à *donner des bases
stables et propres à neutraliser les acides soit à peu près l'inverse
de leur densité.*

Si l'on jette, en effet, les yeux sur la colonne des densités du tableau
précédent, et si l'on fait abstraction de l'étain qui doit être considéré
comme un métalloïde, on voit que les métaux rangés d'après l'ordre
décroissant de leurs densités le sont en même temps suivant l'ordre
croissant de leur affinité pour l'oxygène, ou de la stabilité de leurs
oxydes et de l'aptitude de ces oxydes à saturer plus ou moins complètement les acides.

Les considérations chimiques et physiques viennent donc ici se
prêter un mutuel appui pour nous faire classer les métaux à la fois
suivant l'ordre croissant de leurs densités et suivant leur affinité décroissante pour l'oxygène et pour les métalloïdes haloïdes.

Il ne reste plus, pour appliquer ces principes de classification rationnelle et distinguer les *groupes naturels* ou *familles* de métaux, qu'à
réunir ceux qui présentent entre eux le plus d'analogies en tenant
compte à la fois de leurs propriétés générales, des types de leurs combinaisons binaires et salines, de la mesure de l'affinité de chaque métal
pour l'oxygène libre ou combiné, enfin de l'isomorphisme des formes
cristallines de leurs oxydes ou de leurs sels. En suivant cette voie
rationnelle, analogue à celle que l'on suit généralement dans d'autres
sciences naturelles, nous retombons à peu près (sauf la subdivision
de quelques-unes des anciennes familles de Thénard) sur la classification donnée par ce chimiste il y a 60 ans bientôt, classification qu'il
avait presque exclusivement fondée sur le degré d'affinité que les métaux
montrent pour l'oxygène libre ou combiné.

Le tableau suivant donne la classification que nous adopterons. Elle
suit pour ainsi dire pas à pas l'ordre des densités croissantes des métaux,
de la stabilité décroissante des bases métalliques, ou des quantités de
chaleur de plus en plus faibles que produisent les métaux en s'unissant
à l'oxygène ou au chlore pur, forme des combinaisons plus ou moins
basiques :

Classification des métaux en neuf familles naturelles.

1ʳᵉ FAMILLE — alcalins.	2ᵉ FAMILLE — Métaux alcalino-terreux.	3ᵉ FAMILLE — Métaux magnésivides.	4ᵉ FAMILLE — Métaux aluminoïdes.	5ᵉ FAMILLE — Métaux de la famille du fer.	6ᵉ FAMILLE — Métaux de la famille du cuivre.	7ᵉ FAMILLE — Métaux de la famille de l'argent.	8ᵉ FAMILLE — Métaux or, platine iridium.	9ᵉ FAMILLE — Métaux métalloïdiques.
Métaux s'oxydant à l'air sec. Décomposant l'eau à froid. Oxydes et sulfures solubles. Carbonates solubles.	Métaux ne s'oxydant pas à froid ou à 100°. Décomposant l'eau à froid. Oxydes et sulfures souvent solubles. Carbonates insolubles.	Métaux inoxydables à froid. Brûlant rapidement dans l'air au rouge. Décomposant l'eau à 100° ou un peu au-dessus. Ne donnant pas de sesquioxydes.	Métaux inoxydables à froid où à chaud. Oxydes irréductibles directement par la chaleur. Métaux ne décomposant pas l'eau au rouge. Oxydes indécomposables au rouge par l'hydrogène ou le charbon.	Métaux décomposant l'eau au rouge sombre ou à froid, en présence des acides. S'oxydant à l'air aux températures élevées. Oxydes réductibles par C et H. Métaux généralement magnétiques.	Métaux ne décomposant l'eau qu'au rouge blanc. Ne la décomposant pas en présence des acides étendus. Sulfures précipités par H²S en liqueurs acides. Oxydes irréductibles en métal par la chaleur.	Métaux ne décomposant l'eau ni par la chaleur, ni par les acides. S'oxydant directement par l'action des acides très oxygénés. Oxydes réductibles par la chaleur.	Métaux ne décomposant l'eau sous aucune influence. Incapables d'emprunter l'oxygène directement aux acides suroxygénés. Oxydes réductibles à chaud et salifiables.	Métaux semi-métalloïdiques ne donnant que des oxydes imparfaitement salifiables ou acides à la façon de la silice. Cette classe passe aux métalloïdes par les métaux aluminoïdes.
DENSITÉ de 0,6 à 1	DENSITÉ de 1,5 à 2,1	DENSITÉ de 1,75 à 6,8	DENSITÉ de 2,5 à 7,2	DENSITÉ de 7,0 à 9,5	DENSITÉ de 8,5 à 11,5	DENSITÉ de 10,5 à 13,6	DENSITÉ de 19,5 à 22,5	DENSITÉ de 4,15 à 7,2
LITHIUM SODIUM POTASSIUM RUBIDIUM CÉSIUM	CALCIUM STRONTIUM BARIUM	MAGNÉSIUM ZINC CADMIUM GLUCINIUM THORIUM	ALUMINIUM GALLIUM INDIUM	CHROME MANGANÈSE FER COBALT NICKEL — URANIUM	CUIVRE BISMUTH PLOMB THALLIUM	ARGENT PALLADIUM MERCURE RHODIUM	OR PLATINE IRIDIUM	TITANE ZIRCONIUM ÉTAIN VANADIUM NIOBIUM TANTALE RHUTÉNIUM

Cérium, Lanthane, Didyme, Yttrium, Erbium, Terbium

CHALEURS DE COMBINAISON DES MÉTAUX AVEC LES DIVERS MÉTALLOÏDES

De la classification des métaux et de leurs propriétés et caractères vis-à-vis des corps simples avec lesquels ils contractent combinaison, il faut rapprocher l'importante notion des quantités de chaleur qu'ils dégagent lorsqu'on les unit aux divers éléments. Le tableau suivant, construit d'après les données empruntées à l'*Essai de mécanique* de M. Berthelot (t. I, p. 376 et suivantes), donne en *Calories-kilogrammes* les quantités de chaleur produites lors de la formation des diverses combinaisons métalliques. Les *nombres de Calories sont rapportés aux poids moléculaires lorsqu'il n'y a qu'un atome d'oxygène, de soufre, de chlore* dans le composé.

Pour se servir de ce tableau il faut rechercher le métal dans la 1re ligne horizontale et le métalloïde dans la 1re ligne verticale ; les quantités de chaleur produites se trouvent au croisement de ces lignes. Elles sont relatives à l'*état solide* du composé, à moins qu'il ne soit dit le contraire. Lorsqu'il s'agit d'un *sesquioxyde* tel que Fe^2O^3, on trouve la chaleur dégagée au croisement des lignes Fe et $O^{\frac{3}{2}}$. Dans ce cas la quantité de chaleur inscrite correspond à la quantité $FeO^{\frac{3}{2}}$ et doit être multipliée par 2 pour être rapportée à la molécule totale Fe^2O^3. Pour les *sous-oxydes* tels que Cu^2O, la chaleur inscrite à l'entre-croisement des lignes Cu et $O^{\frac{1}{2}}$ est la moitié de celle de la molécule Cu^2O ; il faut donc multiplier le nombre 21,0 par 2 pour avoir le nombre de calories qui répond à la formation de la molécule Cu^2O. De même pour le nombre qui donne la chaleur de formation des sesquichlorures, tels que Fe^2Cl^6, formule qui pour un atome de fer, revient à $FeCl^3$ apte à donner une quantité de chaleur inscrite à l'entre-croisement des lignes Fe et Cl^3, mais ce nombre de calories égal à 96,0, pour être rapporté à la molécule entière Fe^2Cl^6, doit être doublé.

La seconde ligne horizontale du tableau sous la rubique $O+H$ correspond à la chaleur de formation des hydrates.

Tableau des quantités de chaleur dégagées dans la formation des diverses combinaisons métalliques.

	K	Na	Li	Ca	Sr	Ba	Mg	Al	Mn	Sn	Fe	Zn	Cd	Pb	Cu	Bi	Hg	Ag	Au	Pt
O	—	—	93,5	147,0	131,4	217,6	—	—	94,8	99,8	69,0	86,4	33,2	51,0	38,4	—	31,0	—	—	15,0
$O+H$	82,3[¹]	77,6[²]	83,3[³]	—	—	—	140,8	—	—	—	—	—	—	—	—	—	—	—	—	—
O^2	—	—	—	—	—	229	—	—	117,2[³]	135,8[³]	—	—	—	—	—	—	—	—	—	—
$O^{3/2}$	—	—	—	—	—	—	—	195,8[⁴]	—	—	95,6[⁵]	—	—	—	—	39,6	—	—	5,0	—
$O^{1/2}$	—	—	—	—	—	—	—	—	—	—	—	—	—	—	21,0	—	21,1	3,5	—	—
Cl	105	97,3	—	171,2	—	—	151,0	—	112	77,4	82	97,2	93,2	85,2	—	—	—	29,2	—	—
Cl^3	—	—	—	184,6	168	—	—	—	—	—	96,0	—	—	—	54,0	—	62,8	—	—	—
Cl^5	—	—	—	—	—	—	—	160,9	—	129,2	—	—	—	—	—	—	—	—	22,8	—
Cl^4	—	—	—	—	—	—	—	—	—	—	—	—	—	—	33,4	—	40,9	—	—	—
$Cl^{1/2}$	—	—	—	—	—	—	—	—	—	—	—	—	—	—	—	—	—	—	—	—
Br	100,4	90,7	—	151,6	—	—	—	—	—	—	—	86,2	84,2	77,0	71,0	—	—	27,7	—	—
Br^3	—	—	—	—	—	—	—	—	—	—	—	—	—	—	—	—	60,8	—	—	—
Br^4	—	—	—	—	—	—	—	—	—	—	—	—	—	—	117,4	—	—	—	—	—
I	85,4	74,2	—	118,6	—	—	—	—	—	—	—	60,0	—	52,8	—	—	44,8	19,7	—	—
I^3	—	—	—	—	—	—	—	—	—	—	—	—	—	—	21,9	—	29,2	—	—	—
$I^{1/2}$	—	—	—	—	—	—	—	—	—	—	—	—	—	—	—	—	—	—	0,1	—
$S^{1/2}$	56,3[⁷]	51,6[⁸]	57,6[⁹]	92,0	—	—	—	—	—	—	—	42,0	34,0	17,8	10,2	—	—	3,0	—	—
S	—	—	—	98,2	—	—	—	—	45,2	—	23,8	—	—	—	—	—	19,8	—	—	—

(¹) (²) (³) Ces trois chiffres sont rapportés à l'état dissous ; ils représentent pour la potasse, par exemple, les Calories dégagées par $\dfrac{K^2}{2} + \dfrac{O}{2} + \dfrac{H^2O}{2}$ + aq. — (⁴) Calculé à l'état d'hydrate $Al + O^{\frac{3}{2}}$ + aq. — (⁵) Calculé à l'état hydraté. — (⁶) Calculé à l'état d'hydrate : $Fe + O^{\frac{3}{2}} + H^2O$. — (⁷) (⁸) (⁹) Ces trois nombres sont rapportés à l'état dissous : pour le potassium, par exemple, ils sont relatifs à $K + \frac{1}{2}S$ + aq.

VINGT-NEUVIÈME LEÇON

GÎTES ET ASSOCIATIONS GÉOLOGIQUES DES MINERAIS MÉTALLIQUES
EXTRACTION DES MÉTAUX
PROPRIÉTÉS GÉNÉRALES DES PRINCIPALES FAMILLES DE COMBINAISONS MÉTALLIQUES

Les métaux se rencontrent dans la nature, soit à l'état de *sulfures*, comme le plomb, le fer, le zinc, le cadmium, l'antimoine, l'argent, le mercure, le cuivre, et c'est là le cas le plus général ; soit à l'état de *sulfoarséniures* ; comme le nickel, le cobalt ; soit sous forme d'*oxydes*, comme le manganèse, le fer, l'étain ; soit à l'état de *carbonates* ou de *sulfates*, comme le potassium, le sodium, le baryum, le thallium, le calcium, le magnésium, le zinc, le fer, le cuivre, le plomb, le bismuth ; soit à l'état de *chlorures*, comme le potassium, le sodium, le magnésium, le plomb, l'argent ; soit sous forme de *silicates* ou d'*alumino-silicates*, comme le fer, le cobalt, le nickel, le zinc ; soit enfin à l'état natif, tels que le bismuth, l'or, l'argent, le platine, le mercure, le cuivre, le nickel. On voit qu'un même métal peut se rencontrer et s'exploiter sous diverses formes.

J'ai donné (p. 111) le tableau synoptique de la composition générale des couches géologiques ; il mentionne les principales époques de l'apparition des divers métaux.

Les minerais métalliques sont venus au jour à travers les fractures du globe : 1° par *injection directe*, entraînés qu'ils étaient à l'état fondu avec les matériaux des roches éruptives qui s'écoulaient à travers ces fentes ; c'est le cas de beaucoup de gîtes stannifères ; 2° par *sublimation*, ou plus souvent par entraînement de leurs sels les plus volatils au moyen de la vapeur d'eau ou du gaz carbonique, quelquefois par volatilisation véritable de leurs chlorures ou de leurs fluorures ; 3° par *circulation d'eaux minérales*. Ce troisième procédé a été le plus puissant ; il a permis aux minerais métalliques d'arriver jusqu'à la surface sous forme de carbonates, silicates, silico-aluminates, chlorures, sulfates, etc., dissous à une haute pression dans ces eaux qui les déposaient ensuite, soit après le départ ou l'évaporation du dissolvant acide, (comme pour les dépôts des assises puissantes de silico-aluminate de fer de l'oolithe ; du silico-aluminate double de magnésie et de nickel ; du sulfate de plomb ; des carbonates de fer et de zinc ; des sulfures ou chlorures d'or et de platine), soit par l'oxydation des matériaux de ces eaux minérales dont les sels solubles passaient, à l'air, à l'état de sesquioxydes ou de peroxydes insolubles : tel est le mode de formation des dépôts d'oxydes de fer ou de manganèse.

Pour nous résumer, presque tous les gisements métalliques doivent leur origine indirecte aux éruptions des roches internes fondues, éruptions qui favorisaient leurs émanations, et aux phénomènes thermo-minéraux consécutifs et contemporains de ces éruptions.

D'après le tableau de la p. 111, nous voyons que l'étain est venu au jour, à travers les failles des roches granitoïdes qui l'encaissent aujourd'hui, vers la fin de la période dévonienne. Il est accompagné de roches acides, de fluorures, de borates, de silice, qui semblent bien indiquer qu'il a été fondu, et sans doute partiellement volatilisé sous forme de fluorure.

Le fer, en particulier le fer oxydulé et le fer carbonaté, se rencontrent dans le *permocarbonifère* superposé au silurien. Le fer oxydulé paraît avoir pour origine l'action de la vapeur d'eau sur les vapeurs de chlorure de fer émanées du noyau central. Le carbonate ferreux a été déposé par les eaux minérales. Il en est de même des profonds et puissants dépôts de silico-aluminate de fer qui, plus tard, par une lente oxydation due à l'air, ont formé ces bancs superficiels d'oxyde ferrique hydraté, mêlé d'argiles, qui constituent le fer oolithique.

Les roches basiques (*diorites, serpentines, trapps*) paraissent avoir été les véhicules des minerais de cuivre d'origine ignée. Ceux-ci vinrent au jour probablement à l'état de sulfures. Tel est le cas du célèbre gîte cuprifère de *Monte Catini* en Toscane où le cuivre sulfuré est englobé dans une roche serpentineuse qui a fait irruption jusque dans la nummulitique. Mais c'est surtout à l'époque triasique que le cuivre s'est accumulé en quelques points et sous une autre forme. Dissociées par les mers du trias, les roches éruptives primitives ont été lentement corrodées, et les divers sulfures ou arséniures de cuivre, et même le cuivre natif provenant de ces roches, dissous d'abord dans ces eaux, se sont ensuite précipités soit à l'état de carbonate, soit à l'état de sulfure, résultant des productions abondantes d'hydrogène sulfuré de cette époque géologique durant laquelle un grand nombre d'espèces animales et végétales anciennes ont disparu grâce aux conditions nouvelles du milieu et à l'excès de salure des mers du trias.

Le plomb est arrivé dissous dans des eaux minérales accidulées ou salées et s'est déposé sous formes de concrétions successives dans les failles à travers lesquelles s'écoulaient ces eaux. Ce phénomène a eu lieu à partir de l'époque triasique et plus particulièrement pendant les dépôts du lias. Les eaux des sources qui amenaient ces minerais se sont souvent épanchées, comme dans le Morvan et la Prusse rhénane, au milieu des sédiments triasiques et infraliasiques. Plus tard, à l'époque des dissociations de l'éocène, alors que s'élevaient les Pyrénées et les Alpes, le même phénomène s'est reproduit quoique sur une moindre échelle. Il est à présumer que le plomb a été dissous d'abord à l'état de sels doubles, de chlorures doubles en particulier, et qu'il aura été lentement précipité à l'état de sulfure par les émanations sulfureuses venues de la profondeur ou provenant de putréfactions animales ou végétales ([1]).

On doit admettre la même origine pour les dépôts de sulfure d'argent. Il semble à peu près inadmissible qu'une partie de ces métaux soit arrivée à travers les failles sous forme d'injections directes de sulfures fondus.

L'or et le platine sont venus jusqu'à nous à l'état de chlorures ou de sulfures, en tous cas dissous dans les eaux minérales qui parcouraient les filons de la roche éruptive où on les trouve quelquefois *encaissés*, ainsi qu'on le voit dans les gîtes aurifères de Transylvanie. L'or australien se trouve surtout dans des filons de quartz qui traversent les schistes siluriens. La venue de l'or date de deux époques ; le silurien supérieur, où l'or a suivi les éruptions des granits et des diorites, et la fin de l'âge tertiaire. Les alluvions pliocènes contiennent l'or de la dernière époque.

Nous avons vu que l'alumine, la potasse, la soude, la magnésie, la chaux, le fer, déposés d'abord sous forme de granits, de mica, etc., se sont dissous les uns à l'état de chlorures ou de sulfates, les autres à l'état de bicarbonates, dans les eaux des mers primitives. Ils y sont restés en grande partie en solution ; mais dans quelques bassins ne communiquant avec la mer que par des chenaux étroits, ces eaux se concentrant peu à peu, il s'est fait ces immenses dépôts salins du permien et du trias principalement formés de chlorure de sodium, de chlorure et sulfate de potassium, calcium, magnésium, etc. Quant à l'alumine des granits et micas, restée insoluble à l'état d'oxyde ou de silicates basiques, elle a formé les puissants dépôts argileux de ces époques et des suivantes.

La magnésie est arrivée surtout durant la période dévonienne, puis à la fin du trias et au commencement du lias, lorsque se formaient les grandes assises de dolomies qui caractérisent ces terrains.

Le calcium, à l'état de carbonate provenant du carbonate de chaux dissous dans les eaux salées, douces ou minérales, du détritus des coraux, coquilles, etc., s'est déposé au fond des océans depuis l'époque reculée où se formaient les premières strates des terrains sédimentaires jusqu'à nos jours, où ce phénomène se continue encore sur une immense échelle dans nos mers modernes.

Tel est l'ensemble des circonstances et des conditions chimiques ou géologiques qui ont accompagné l'apparition des gîtes et dépôts des dif-

---

([1]) C'est ainsi qu'on rencontre des ammonites, des gryphées arquées, *remplies de galène* ou sulfure de plomb qui n'a pu s'introduire par injection directe dans les coquilles de ces animaux.

férentes roches minérales, et la formation des filons métallifères proprement dits.

EXTRACTION DES MÉTAUX — PRINCIPES DE MÉTALLURGIE

Nous n'avons pas à indiquer ici en détail les procédés très variés qui permettent de séparer les minerais de leurs gangues pour en retirer ensuite les métaux. A propos de chacun d'eux en particulier nous donnerons les renseignements nécessaires. Nous nous bornerons pour le moment à esquisser à grand traits les méthodes générales d'extraction et de production des matières métalliques.

Le minerai arrivé à la surface du sol, on commence par le soumettre à un triage à la main pour séparer le mieux possible les parties pauvres de la roche encaissante. On arrive quelquefois mécani-

Fig. 159. — Préparation des minerais. — Bocardage.

quement à ce résultat en broyant d'abord grossièrement les matières au moyen de cylindres concasseurs, puis en les soumettant au *bocardage*, c'est-à-dire à une pulvérisation imparfaite grâce à des bocards ou pilons rangés en ligne sur le même arbre de couche et généralement mus par une chute d'eau (fig. 159). La poudre grossière ainsi obtenue est versée soit

dans des *caisses dites à tombeaux* (fig. 160), soit sur des *tables dormantes*
où coule un courant d'eau qui entraîne les substances terreuses les plus légères et concentre en certains point les parties métalliques les plus lourdes.

Ainsi séparé le mieux possible de la roche qui l'encaissait, roche à

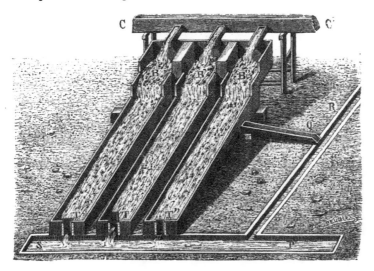

Fig. 160. — Lavage des minerais. — Caisses à tombeaux.

laquelle on donne le nom de *gangue*, le minerai est soumis alors à
diverses opérations chimiques, variables suivant sa nature, mais qui
tendent à mettre le métal en liberté en le transformant d'abord *très
généralement* en oxyde, seule combinaison apte à être réduite ensuite
par le charbon.

A cet effet, si l'on a affaire à des sulfures ou à des sulfarséniures, on
les *grille* soit à l'air libre, soit dans des fourneaux particuliers. Le soufre
et l'arsenic s'oxydent et se volatilisent en se transformant en acides
sulfureux et arsénieux, tandis que le métal passe à l'état d'oxyde fixe
sur lequel dès lors peut agir le charbon. Par exemple :

$$1^{re} \text{ phase :} \qquad ZnS + O^3 = ZnO + SO^2$$
$$2^e \text{ phase :} \qquad ZnO + C = CO + Zn.$$

Quelquefois, mais rarement, le grillage à l'air laisse un mélange de
sulfures et de sulfates pouvant être directement réduit à l'aide d'un excès
du sulfure primitif. C'est ainsi que s'obtient le plomb en partant de la
galène :

$$1^{re} \text{ phase :} \qquad \underset{\text{Galène.}}{PbS} + O^4 = \underset{\substack{\text{Sulfate de} \\ \text{plomb.}}}{PbSO^4}$$

2ᵉ *phase* : $SO^4Pb + PbS = 2SO^2 + 2Pb$.
Sulfate provenant   Galène.
de l'oxydation de PbS.

S'il s'agit de sels métalliques tels que : carbonates ferreux, silicates de zinc, silico-aluminates de fer ou de nickel, etc., on les calcine directement avec des *fondants* et du charbon. Ces fondants sont généralement de l'argile ou du carbonate de chaux, quelquefois du sable ou du fluorure de calcium; ils varient suivant la nature de la gangue composée de substances basiques où acides qu'il s'agit de fluidifier. Ces fondants ont pour effet, non seulement de former avec la gangue un verre fusible ou *scorie* qui viendra surnager le bain métallique, mais encore de déplacer s'il y a lieu la silice du minerai lui-même et de former au rouge, des oxydes métalliques que le charbon pourra réduire à l'état métallique en se changeant lui-même en oxyde de carbone ou en acide carbonique.

Dans quelques rares cas, on peut recourir à un métal à bas prix pour retirer un métal plus précieux, soit qu'on agisse par voie sèche comme lorsqu'on chauffe le sulfure d'antimoine avec le fer qui met au rouge l'antimoine en liberté ; soit qu'on procède par voie humide, comme lorsqu'on précipite le bismuth électrolytiquement; ou lorsqu'on traite le sulfure d'argent par le fer et le mercure dans la méthode saxonne ; ou bien lorsqu'on recourt à l'amalgamation pour retirer l'argent ou l'or de leurs minerais dans la méthode américaine.

Enfin, s'il s'agit de métaux natifs, leur extraction se fait directement et par simple fusion : c'est ainsi que l'on sépare le bismuth natif de sa gangue pierreuse. Quelquefois même les triages ou lavages mécaniques suffisent; l'or et le minerai de platine ne sont pas autrement traités.

En général les métaux obtenus par l'un de ces divers procédés métallurgiques retiennent une certaine quantité des impuretés qui les accompagnaient dans le minerai : soufre, silicium, phosphore, arsenic, métaux étrangers divers, ainsi qu'une petite quantité du carbone employé à réduire le métal. Ils demandent donc à être purifiés par une série d'opérations souvent très complexes, mais qui consistent, en principe, à les soumettre après coup à une oxydation ménagée, tout particulièrement en présence des oxydes de calcium ou de magnésium. Le soufre, l'arsenic, le charbon finissent ainsi par se volatiliser ou s'oxyder, tandis que le phosphore, le silicium, passant dans ces conditions à l'état d'acides phosphorique et silicique, s'unissent à la base ambiante. Ainsi purifié le métal est dit *affiné*.

Les règles ci-dessus s'appliquent surtout à l'extraction des métaux usuels. Quant aux métaux alcalins, on verra qu'on les réduit de leurs carbonates par le charbon à· très haute température et qu'ils servent à leur tour à préparer plusieurs des métaux alcalino-terreux : calcium, aluminium, etc., en déplaçant au rouge ces derniers métaux de leurs chlorures ou iodures.

PRINCIPALES COMBINAISONS MÉTALLIQUES

Nous allons donner ici quelques renseignements généraux sur les propriétés communes ou caractéristiques des principales familles de combinaisons que les métaux forment entre eux et avec les métalloïdes.

ALLIAGES

L'association intime de deux ou plusieurs métaux fournit les *alliages*, véritables métaux composés doués de propriétés sensiblement différentes de celles de chacun des composants. Obtenir des matières métalliques complexes plus fusibles, plus malléables, plus résistantes à l'écrasement et au frottement, plus tenaces, plus légères, plus aptes au polissage, etc., que les métaux fournis par la nature, tel est le but poursuivi dans la fabrication des alliages.

On les prépare généralement en fondant ensemble, soit au creuset, soit au four à réverbère, les métaux qu'on veut allier.

Nous fabriquons dans ce creuset du *bronze de monnaies* en fondant ensemble 95 p. de cuivre, 4 p. d'étain et 1 p. de zinc. Il suffirait de couler cet alliage dans des moules et de le soumettre à la frappe pour le transformer en médailles. Nous avons ainsi combiné, allié, ces trois métaux en un métal commun, sans que rien d'apparent nous indique toutefois qu'il y ait eu combinaison et non simple mélange intime. Mais si nous introduisons rapidement 2 pour 100 de potassium dans un bain de mercure légèrement chauffé, le métal alcalin s'unira au mercure avec une très vive élévation de température. Il en serait de même si nous fabriquions le *bronze d'aluminium* avec 10 parties d'aluminium et 90 de cuivre.

Ces dégagements de chaleur qui se produisent ainsi au moment de la formation de quelques alliages montrent que ce ne sont point là de simples mélanges par fusion et dissolution réciproques, mais bien plutôt de véritables combinaisons moléculaires auxquelles vient s'ajouter généralement l'excès de l'un ou de l'autre métal. Lorsque dans la fabrication de l'amalgame de potassium j'ai introduit 2 à 3 pour 100 du métal alcalin au sein du mercure chaud, si après le phénomène d'incandescence qui se produit je laisse refroidir, j'obtiens une masse compacte cristalline contenant un excès de mercure. Mais avec quelques précautions je puis séparer de ces cristaux, avant refroidissement complet, l'excès de mercure liquide qui les baigne et obtenir de belles aiguilles brillantes d'un amalgame qui répond à la formule $Hg^{24}K^2$.

L'alliage d'argent Ag^2Hg^3 se rencontre dans la nature sous forme de dodécaèdres réguliers (*mercure argental*). On connaît l'alliage défini de plomb et d'étain PbSn³, dont le point de fusion constant est de 187°, et beaucoup d'autres alliages semblablement constitués.

Le phénomène de la *liquation* vient éclairer à son tour la constitution des alliages. Si l'on chauffe à une température un peu inférieure à son point de fusion un alliage qui, au moment de sa fabrication, avait été brusquement refroidi, on le voit se liquéfier par places, et l'on peut décanter les parties qui fondent les premières. Elles constituent la combinaison moléculaire la plus fusible de cet alliage. Après elle, se liquéfient successivement, à des points de fusion de plus en plus élevés, les parties qui dans l'alliage résultent de l'union en d'autres proportions des métaux qui le constituent. Ces combinaisons se séparent ainsi suivant l'ordre de leur moindre fusibilité, et le résidu reste de plus en plus mélangé à l'excès de l'un des métaux. L'alliage était formé de l'association de ces divers composés qui se sont successivement liquéfiés.

Composition des principaux alliages usuels.

La composition des alliages les plus importants est résumée dans le tableau suivant :

Monnaie d'or. . .	Or.	900	Bronze d'alumi-	Cuivre	900	
	Cuivre . . .	100	nium.	Aluminium . .	100	
Bijoux d'or. . . .	Or.	750	Alliage des den-	Cuivre	50	
	Cuivre. . . .	250	tistes.	Platine	950	
Monnaie d'argent	Argent . . .	900	Laiton	Cuivre	670	
(Pièces de 5 fr.)	Cuivre . . .	100		Zinc.	330	
Vaisselle d'argent.	Argent . . .	950	Maillechort. . . .	Cuivre . . .	500	
	Cuivre . . .	50		Zinc. . . .	250	
				Nickel	250	
Bijoux d'argent. .	Argent . . .	800	Métal anglais. . .	Étain.	1000	
	Cuivre . . .	200		Antimoine. . .	80	
Platine iridié du	Platine . . .	900		Bismuth. . . .	10	
mètre étalon. .	Iridium. . .	100		Cuivre	40	
Bronze des mon-	Cuivre . . .	950	Autre métal anglais	Étain. . .	900 à 950	
naies.	Étain. . . .	40	pour théières .	Antimoine.	100 à 50	
	Zinc. . . .	10		Cuivre. . .	1 à 2	
Bronze des canons.	Cuivre . . .	1000	Caractères d'im-	Plomb	80	
	Étain. . . .	8 à 11	primerie. . . .	Antimoine. . .	20	
Bronze des cloches.	Cuivre . . .	780	Mesures et gobelets	Plomb. . .	50 à 100	
	Étain. . . .	220	d'étain des hô-	Étain. . .	950 à 900	
			pitaux.			
Métal des télesco-	Cuivre . . .	770	Alliage fusible de	Plomb	50	
pes.	Étain. . . .	35	Darcet	Étain.	30	
	Arsenic. . .	un peu		Bismuth. . . .	80	

On voit que le cuivre entre dans un très grand nombre d'alliages. Il donne de la dureté aux métaux précieux. Il forme avec l'étain des bronzes dont on peut faire varier à volonté toutes les propriétés : alliages résistants, pour les bronzes des bouches à feu ; sonores, pour les cloches ; presque blancs, durs et prenant un très beau poli, pour les miroirs de télescopes ; légers et de couleur d'or, pour la vaisselle et les objets en bronze d'aluminium ; assez durs, et en même temps assez résistants, pour fabriquer les coussinets de machine à vapeur. Le cuivre en petite quantité favorise aussi l'union de beaucoup de métaux. Il rend l'alliage plus homogène et moins cassant. Tel est le cas du *métal anglais*.

Les *laitons* sont plus fusibles que le cuivre pur, plus faciles que lui à couler dans des moules et à travailler à la lime, qu'ils ne graissent pas. On en connaît les multiples usages. Le *maillechort* est plus fusible encore que le laiton et sert à faire de petits objets que l'on peut ensuite dorer ou argenter. Les caractères d'imprimerie sont fusibles, faciles à mouler, résistants à l'écrasement. Les alliages de plomb et d'étain qu'on emploie malheureusement encore quelquefois pour fabriquer les vases destinés à conserver des liquides alimentaires sont plus faciles à travailler, moins cassants que l'étain pur, plus durs et plus résistants que le plomb.

Le *bismuth* donne à ses divers alliages une singulière fusibilité. Celui qui se compose de 15 parties de *bismuth*; 8 p. de *plomb*; 4 p. d'*étain*; 3 p. de *cadmium*, se ramollit de 55° à 60° et est en pleine fusion un peu au-dessus de cette dernière température (*Lipowitz*).

Propriétés des alliages. — Les alliages sont tantôt plus denses, tantôt moins denses, que la moyenne de leurs métaux composants. Il y a contraction et en même temps élévation de température lorsqu'on unit l'argent au zinc, au plomb, à l'étain, à l'antimoine, au bismuth, ou lorsqu'on allie le cuivre au zinc, à l'étain, au bismuth, à l'antimoine. Il y a au contraire dilatation, c'est-à-dire diminution de densité de l'alliage par rapport à la densité moyenne et proportionnelle des métaux qui le composent, lorsqu'on unit l'or à l'argent, au cuivre, au plomb; le cuivre à l'argent, au plomb; l'étain à l'antimoine, au plomb; le zinc à l'antimoine, etc.

Les alliages sont presque tous plus durs, plus tenaces, moins ductiles, que les métaux dont ils sont formés.

Ils sont généralement plus fusibles que le moins fusible des métaux qui entrent dans leur constitution. Quelques-uns même fondent à une température plus basse que le plus fusible de leurs métaux. La fusibilité augmente avec le nombre de métaux qui entrent dans l'alliage. L'alliage de Darcet (voir le tableau de la page précédente) fond à 94°, tandis que l'étain, le plus fusible de ses métaux, ne fond qu'à 228°.

Plusieurs alliages se conduisent comme de vrais éléments de pile ; ils décomposent l'eau alors qu'aucun de leurs métaux ne le fait isolément. L'alliage formé de 2 atomes d'antimoine et de 3 atomes de zinc décompose l'eau à 100°. C'est le cas de rapprocher de cet alliage le zinc dit *platiné*, qui, d'après l'auteur, décompose l'eau à froid. Cette décomposition de l'eau par les alliages a surtout lieu pour ceux qui se produisent avec diminution de densité. Ceux au contraire qui se font avec contraction des métaux composants et production de chaleur sont moins accessibles à l'action des réactifs que ne le sont chacun de leurs métaux. Le bronze d'aluminium est moins altéré par l'acide chlorhydrique que ne l'est l'aluminium. Le platine contenant 5 à 10 pour 100 d'iridium est presque inattaquable à l'eau régale.

OXYDES MÉTALLIQUES

Origine et préparation. — On rencontre dans la nature quelques oxydes métalliques. Les plus importants sont ceux de fer, de manganèse, d'étain, de cuivre ; les deux premiers peuvent être anhydres : *fer oligiste* Fe^2O^3, *oxyde magnétique* Fe^3O^4 ; ou bien hydratés, Fe^2O^3aq, *limonite*; $Mn^2O^3.H^2O$ *acerdèse*.

Presque tous les métaux s'oxydent directement lorsqu'on les chauffe à l'air. Il faut en excepter l'argent, l'or, le platine et les métaux qui l'accompagnent.

La température à laquelle se fait cette union varie beaucoup avec chaque métal. Le potassium absorbe l'oxygène sec à la température ordinaire ; le plomb, le zinc, à la température de leur fusion ; le fer, au rouge. Mais si l'on prend les métaux très divisés, le fer pyrophorique, le cuivre obtenu en calcinant du verdet en vase clos, etc., ils s'oxyderont l'un et l'autre à l'air avec éclat et à une température relativement basse.

L'air humide provoque à froid l'oxydation de plusieurs métaux. Le fer s'y rouille en passant successivement à l'état de carbonate ferreux, puis d'oxyde ferrique. Le zinc donne de l'hydrocarbonate qui forme à sa surface une mince couche. La présence d'une trace d'acide provoque encore mieux ces oxydations. C'est ainsi que le cuivre, le plomb, exposés à l'air humide en présence des vapeurs d'acide acétique ou même carbonique, se transforment, le premier en acétate basique de cuivre, le second en céruse ou hydrocarbonate basique de plomb.

On peut aisément préparer les oxydes avec les sels qui leur correspondent. Il suffit de détruire ces sels par la chaleur, s'ils sont décomposables comme les azotates, carbonates, sulfates. Exemple :

$$(AzO^3)^2Cu \;=\; 2\,AzO^2 \;+\; CuO \;+\; O,$$

ou, si ces oxydes sont insolubles, il suffit de les précipiter par les bases alcalines :

$$SO^4Zn + 2KHO = SO^4K^2 + ZnO.H^2O$$

Généralement il se fait, dans ce dernier cas, des hydrates d'oxydes.

Classification. — Il existe toujours, parmi les combinaisons qu'un métal peut former avec l'oxygène, un ou plusieurs oxydes doués de la propriété de s'unir aux acides pour former des sels, mais tous les oxydes métalliques ne possèdent pas cette propriété. Prenons les oxydes du fer et du manganèse, on connaît :

Feo	et	MnO	Protoxydes basiques.
Fe^2O^3	et	Mn^2O^3	Sesquioxydes basiques.
Fe^3O^4	et	Mn^3O^4	Oxydes salins.
—		MnO^2	Oxyde singulier.
FeO^3	et	MnO^3	Oxydes acides.
—		Mn^2O^7	Oxyde acide.

Ces deux métaux donnent donc chacun deux oxydes *salifiables* ou *basiques*. Les types : $M''O$, M'^2O et M^2O^3 (en exprimant par M un métal monoatomique et par M'' un métal diatomique quelconque) répondent seuls aux bases salifiables. Les plus énergiques de ces bases correspondent au type $M''O$ ou M'^2O.

Les autres oxydes ci-dessus cités du fer et du manganèse, savoir FeO^3, MnO^2 et MnO^3, Mn^2O^7, loin d'être des bases, sont de véritables *oxydes acides*, aptes à saturer ces bases. On connaît les *ferrates* FeO^3,K^2O et FeO^3,BaO, les *manganates* et *permanganates* MnO^3,K^2O, Mn^2O^7,K^2O, etc. C'est qu'en effet, à mesure que l'oxygène s'accumule dans une combinaison, la tendance vers l'état acide s'accentue et va jusqu'à produire, aussi bien avec les métaux qu'avec les métalloïdes, des acides très puissants.

De cette observation on pourrait tirer ce corollaire que les oxydes intermédiaires entre les oxydes basiques et les acides doivent être neutres ou indifférents. C'est ce que l'expérience démontre en effet, mais parmi ces oxydes il convient de distinguer encore :

1° Les *oxydes salins*, tels que Mn^3O^4... Fe^3O^4... Pb^3O^4 ; ils résultent de l'union d'un composé franchement basique MnO... FeO... PbO, etc., à un oxyde pouvant jouer le rôle d'acide Mn^2O^3, Fe^2O^3, PbO^2. On connaît, en effet, des ferrites de potassium, de magnésium, de zinc : Fe^2O^3,MgO et Fe^2O^3,ZnO ; des plombites de potassium, des plombites de plomb PbO^2,K^2O, et $PbO^2,2PbO$, etc.

2° Les *oxydes indifférents* sont ceux qui peuvent jouer le rôle de bases ou celui d'acides, suivant les circonstances. Les sesquioxydes Mn^2O^3, Fe^2O^3 peuvent se comporter comme de vrais acides : l'alumine

Al^{2}O^3 peut s'unir indifféremment aux acides forts et aux bases fortes ; elle est le type des oxydes indifférents.

3° Enfin les *oxydes singuliers* sont ceux qui ne s'unissent ni aux acides ni aux bases : tels sont le bioxyde de manganèse MnO^2 ou de baryum BaO^2. Ces oxydes donnent, en présence des acides, de l'oxygène et un sel de protoxyde.

Propriétés générales des oxydes. — Les oxydes sont tous plus denses que l'eau, colorés s'il s'agit de ceux de beaucoup de métaux lourds, ou bien s'ils sont suroxygénés, comme le tétroxyde jaune de potassium K^{2}O^4, les sesquioxydes basiques bruns de fer Fe^{2}O^3, de manganèse Mn^{2}O^3, de minium Pb^{3}O^4, etc. Mais il existe aussi des peroxydes incolores alors que le protoxyde est coloré : le protoxyde d'étain SnO est brun olive, noir ou rouge, tandis que le bioxyde SnO^2 est blanc. Cet exemple montre que les couleurs des oxydes peuvent varier suivant leur mode de préparation, leur degré d'hydratation, la température, les isoméries.

Quelques rares oxydes sont fusibles (PbO ; Al^{2}O^3 ; SnO^2), mais la plupart sont infusibles ou presque infusibles (CaO ; MgO.; Al^{2}O^3...). Quelques-uns sont essentiellement décomposables par la chaleur qui laisse des sous-oxydes et dégage de l'oxygène :

$$5\,CuO \;=\; Cu^2O^3 + 2O$$

Tel est surtout le cas des suroxydes comme : MnO^2; BaO^2, PbO^2. On sait que l'on a :

$$3\,MnO^2 \;=\; Mn^3O^4 + O^2$$

Les oxydes des métaux nobles (Ag, Hg, Au, Pt...) qui forment les 7e et 8e familles de notre classification, se décomposent entièrement par la chaleur :

$$AgO \;=\; Ag + O$$

Au contraire, certains oxydes, *modérément* chauffés, s'unissent à une nouvelle dose d'oxygène et se suroxydent : l'oxyde de baryum BaO donne au rouge naissant BaO^2. Le protoxyde d'étain SnO brûle à l'air pour former SnO^2. Le protoxyde de plomb PbO absorbe l'oxygène à une température assez basse et se change en minium Pb^{3}O^4, etc.

Parmi les corps simples autres que l'oxygène, qui peuvent réagir sur les oxydes métalliques, il faut distinguer ceux qui, tels que le chlore, le brome, l'iode, sont incapables de s'oxyder eux-mêmes directement, de ceux qui, tels que l'hydrogène, le soufre, le carbone, le phosphore et beaucoup de métaux, sont avides d'oxygène.

Le chlore et le brome déplacent au rouge l'oxygène de presque tous les oxydes. Les composés volatils qui tendent ainsi à se produire, et les considérations des chaleurs de formation des chlorures et bromures, en général supérieures à celles des oxydes, expliquent ces résultats. L'iode, tantôt déplace, tantôt ne déplace pas l'oxygène des oxydes métalliques. Le tableau de la page 373 donne la clef de ces diverses réactions.

L'alumine Al^2O^3 et l'oxyde de chrome Cr^2O^3 résistent à l'action directe du chlore, mais sont décomposés au rouge par cet élément avec l'aide du charbon :

$$Al^2O^3 + 3C + Cl^6 = Al^2Cl^6 + 3CO$$

En présence de l'eau, le chlore donne des hypochlorites et des chlorures, ou des chlorates et des chlorures avec les hydrates alcalins et alcalino-terreux. Les hypochlorites se forment dans les solutions étendues et froides, les chlorates, dans les liqueurs concentrées ou chaudes. On a :

à froid : $2 KHO + Cl^2 = KCl + ClOK + H^2O$
             Potasse.   Hypochlorite de K.

à chaud : $6 KHO + 6 Cl = 5 KCl + ClO^3K + 3 H^2O$
             Potasse.   Chlorate de K.

L'hydrogène réduit au rouge les oxydes qui se sont produits avec dégagement d'une quantité de chaleur inférieure à celle de la formation de l'eau, soit 59 calories. Tel est le cas de tous les oxydes des métaux des sept dernières familles, les protoxydes de fer, de zinc et de manganèse exceptés. Toutefois, l'oxyde de zinc et le protoxyde de fer sont eux-mêmes lentement décomposés par l'hydrogène, grâce à un commencement de dissociation que ces bases subissent au rouge vif et qu'accélère un rapide courant du gaz réducteur. Au contraire, le peroxyde de fer se réduit facilement pour donner le *fer pyrophorique*, presque uniquement composé de protoxyde de fer. Nous avons donné en étudiant l'hydrogène (p. 57) un certain nombre d'exemples et de calculs relatifs à cette réduction des oxydes métalliques.

Le carbone est le réducteur, par excellence, des métaux. Il décompose tous les oxydes, sauf ceux d'alumine, de chrome et les oxydes des métaux alcalino-terreux. Quand la réduction a lieu à haute température, il enlève l'oxygène sous forme d'oxyde de carbone :

$$ZnO + C = Zn + CO$$

Lorsqu'elle se passe à plus basse température, il se fait de l'acide carbonique :

$$2 CuO + C = 2 Cu + CO^2$$

Le soufre décompose tous les oxydes, sauf l'alumine et les oxydes analogues, pour donner des sulfates et des sulfures, ou des sulfures seulement si les sulfates sont décomposables à chaud. Ainsi :

$$4\,CaO + 4\,S = 3\,CaS + SO^4Ca$$

ou bien :

$$2\,HgO + 3\,S = 2\,HgS + SO^2$$

En présence de l'eau et des oxydes solubles, le soufre donne naissance à des sulfures ou polysulfites et à des hyposulfites :

$$6\,KHO + 6\,S^2 = K^2O \cdot S^2O^2 + 2\,K^2S^5 + 3\,H^2O$$

Le phosphore exerce une action analogue sur les oxydes ; lorsqu'on le fait bouillir avec une dissolution alcaline, il se fait des hypophosphites et il se dégage de l'hydrogène phosphoré. Le phosphure métallique qui tend à se former dans ces cas, est décomposé par l'eau.

Les métaux se déplacent les uns les autres de leurs oxydes, suivant l'ordre de leur pouvoir électropositif, les métaux alcalins se substituant à tous les autres, à l'exception toutefois des métaux alcalino-terreux, ainsi que permettent de le calculer les nombres du tableau de la page 373.

En s'unissant à l'eau avec plus ou moins d'énergie les oxydes forment des *hydrates*. La baryte, la chaux caustique, etc., se combinent à l'eau avec une grande avidité et une haute élévation de température. Les oxydes de potassium K^2O, de sodium Na^2O forment des hydrates très stables, la potasse et la soude caustiques. Les autres hydrates se décomposent par une chaleur peu élevée ou dans le vide.

En s'unissant aux acides, les oxydes basiques donnent les *sels*, dont il sera question plus loin.

SULFURES MÉTALLIQUES

Origine et préparation. — Les sulfures constituent les minerais métalliques les plus communs. Ils sont généralement cristallins, cassants, brillants, opaques et quelquefois translucides (*blende, cinabre*). Parmi les minerais sulfurés, citons comme exemples, la *galène*, ou sulfure de plomb ; le *cinabre* ou sulfure de mercure ; la *pyrite* ou bisulfure de fer FeS^2 ; la *chalcopyrite* ou sulfure double de fer et de cuivre ; le *mispickel* FeAsS ou arséniosulfure de fer. Les sulfures naturels sont souvent mélangés d'arséniures.

Les sulfures s'obtiennent tantôt directement par l'action du soufre sur le métal : on peut obtenir ainsi FeS, et FeS^2, CuS, HgS, PbS, SnS^2, etc.; tantôt par réduction des sulfates au rouge, par l'hydrogène ou le charbon. On a par exemple :

$$SO^4K^2 + 8\,H = S\,K^2 + 4\,H^2O$$

ou bien :

$$SO^4Ba + 4\,C = BaS + 4\,CO$$

Par la voie humide, on produit les sulfures solubles en traitant les bases solubles par l'hydrogène sulfuré :

$$2\,KHO + H^2S = H^2O + K^2S$$

ou bien en précipitant les dissolutions salines par l'hydrogène sulfuré, procédé qui s'applique à l'obtention des sulfures des métaux des quatre dernières sections; ou bien en les précipitant par les sulfures alcalins, s'il s'agit d'un sulfure de la famille du zinc et du fer.

Classification des sulfures. — Comme les oxydes, on peut classer les sulfures en *basiques*, *acides*, *salins* et *singuliers*.

Les *sulfures alcalins*, le sulfure de plomb et tous les sulfures aptes à s'unir aux sulfures acides, tels que SbS^3, AsS^3, SnS^2, etc., sont des sulfures *basiques*. Ils répondent en général au type $R''S$ ou R'^2S.

On ne connaît pas de sulfures métalliques R^2S^3 correspondant aux sesquioxydes R^2O^3.

Les *sulfures acides*, tels que les sulfures d'étain SnS^2, de platine PtS^2, d'or Au^2S^3, sont caractérisés par leur aptitude à s'unir aux sulfures basiques, pour donner des sulfures doubles, véritables sels sulfurés, où ces sulfures acides jouent le rôle négatif.

Les *sulfures salins* résultent de cet assemblage. Ils peuvent contenir ou bien un seul métal, comme le sulfure Fe^3S^4 qui peut s'écrire FeS, Fe^2S^3 ou deux métaux comme le *sel de Schlippe* Sb^2S^3, $3Na^2S$.

Les *sulfures singuliers* tels que la *pyrite* FeS^2 et les polysulfures K^2S^2, K^2S^3... se dédoublent en soufre et monosulfures lorsqu'on les traite par les acides ou qu'on les chauffe fortement.

Propriétés des sulfures. — Ils sont généralement fusibles et fixes. Les sulfures alcalins et alcalino-terreux seuls sont solubles; encore le sulfure de calcium l'est-il fort peu.

Calcinés à l'air, les sulfures alcalins et alcalino-terreux se transforment en sulfates.

Les autres sulfures donnent généralement par grillage un mélange d'oxyde et de sulfate, ou de l'oxyde pur si le sulfate est facilement décomposable :

$$2\,PbS + 7O = PbO + PbSO^4 + SO^2$$

ou

$$CuS + O^3 = CuO + SO^2$$

Cette transformation des sulfures en oxydes ou sulfates, par leur simple grillage à l'air, est le phénomène sans cesse utilisé en métallurgie pour extraire les métaux de leurs composés sulfurés en les faisant passer au préalable à l'état de composés oxydés.

En présence de l'air et de l'eau, les sulfures solubles donnent des carbonates et des hyposulfites mélangés de sulfates :

$$2CaS + 4O + CO^2 = CO^3Ca + CaS^2O^3$$
Sulfure   Hyposulfite
de calcium.   de calcium.

Les sulfures insolubles sont eux-mêmes oxydés à l'air. Ainsi les sulfures de fer naturels se transforment à l'air humide en sulfates, et, s'ils sont réunis en masse, cette oxydation est accompagnée d'une notable élévation de température et de la formation d'acide sulfurique auquel se joint l'acide arsénieux si les sulfures sont arsenicaux.

Le chlore attaque tous les sulfures, et les transforme en chlorures en dégageant du chlorure de soufre.

L'hydrogène naissant réduit quelques-uns des sulfures des métaux des dernières sections : sulfures d'antimoine, de bismuth, de mercure, etc. Le soufre passe alors à l'état d'hydrogène sulfuré.

Les métaux décomposent les sulfures métalliques selon l'ordre de leur affinité pour le soufre : chacun des métaux

Fer, étain, zinc. plomb, argent...

déplace de son sulfure tous ceux qui le suivent dans cette liste.

La plupart des polysulfures, et tous les sulfures jouant le rôle d'acides, sont décomposés par les acides minéraux avec formation d'hydrogène sulfuré et quelquefois dépôt de soufre.

Quant aux monosulfures, ceux des *quatre dernières familles* sont inattaquables par les acides étendus qui dégagent de l'hydrogène sulfuré avec les sulfures de tous les autres métaux et donnent ainsi le sel correspondant à l'acide employé.

CHLORURES MÉTALLIQUES

Origine et préparation. — Les chlorures alcalins sont très répandus. Les mines de sel gemme où le sel marin est quelquefois associé au chlorure de potassium, aux chlorures doubles ou triples de sodium, potassium, magnésium et calcium, sont formées souvent de couches très puissantes. L'eau des mers est une source inépuisable de chlorures solubles.

Les autres chlorures sont produits artificiellement. Tantôt et fort souvent, on les obtient par l'action du chlore sur le métal lui-même porté au rouge naissant (Fe^2Cl^6 ; $SnCl^4$) ; tantôt on les prépare en attaquant le métal par de l'eau régale ($PtCl^4$, $AuCl^3$), tantôt aussi par l'action de l'acide chlorhydrique sur les oxydes métalliques ou leurs carbonates ; quelquefois en attaquant le métal lui-même par ces acides, lorsqu'il s'agit, en particulier, des métaux des cinq premières familles :

$$Zn + 2HCl = ZnCl^2 + H^2.$$

D'autres fois on obtient les chlorures par double décomposition. Dans ce cas, si le chlorure à obtenir est insoluble, on agit par voie humide :

$$AzO^3Ag + NaCl = AgCl + AzO^3Na$$

si le chlorure que l'on veut préparer est volatil, il suffit de soumettre à la sublimation le mélange des sels aptes à le produire par double décomposition :

$$\underset{\substack{\text{Sulfate}\\\text{mercurique.}}}{HgSO^4} + 2\,NaCl = \underset{\substack{\text{Sublimé}\\\text{corrosif.}}}{HgCl^2} + Na^2SO^4;$$

Classification des chlorures. — Les chlorures sont de véritables sels. Mais de même qu'il est des *sels neutres* et des *sels acides*, ainsi qu'on le montrera bientôt, il est des *chlorures neutres* et des *chlorures acides*. Il est aussi des *chlorures indifférents* pouvant suivant les cas jouer le rôle positif ou négatif, basique ou acide.

Les chlorures alcalins et alcalino-terreux sont notoirement *neutres* et même aptes à s'unir aux chlorures *acides* tels que les chlorures de la famille de l'étain ($SnCl^4$; $TiCl^4$; $ZrCl^4$) et à celle du platine ($PtCl^4$; $AuCl^3$...).

Il est des chlorures *indifférents*, ce sont ceux qui n'appartiennent pas aux classes précédentes.

Propriétés générales des chlorures. — Les chlorures sont généralement solides (le perchlorure d'étain excepté), fusibles et volatils par la chaleur, beaucoup le sont même au-dessous du rouge. Ils sont tous solubles, à l'exception du chlorure d'argent, du chlorure cuivreux, du chlorure mercureux, des chlorures aureux et platineux, ainsi que du protochlorure de thallium et du chlorure de plomb : encore ces deux derniers sont-ils un peu solubles.

Parmi les chlorures métalliques, ceux qui correspondent à un perchlorure se transforment souvent par la chaleur dans le chlorure inférieur correspondant. Ainsi :

$$\underset{\substack{\text{Chlorure}\\\text{cuivrique.}}}{2\,CuCl^2} = Cl^2 + \underset{\substack{\text{Chlorure}\\\text{cuivreux.}}}{Cu^2Cl^2} \quad \text{ou bien} \quad \underset{\substack{\text{Chlorure}\\\text{platinique.}}}{PtCl^4} = Cl^2 + \underset{\substack{\text{Chlorure}\\\text{platineux.}}}{PtCl^2}$$

Réciproquement les sous-chlorures passent à l'état de chlorures supérieurs en présence d'un excès de chlore :

$$SnCl^2 + Cl^2 = SnCl^4$$

L'oxygène agit au rouge sur beaucoup de chlorures. Il attaque faiblement les chlorures alcalins; il donne des oxychlorures avec les chlorures des métaux alcalino-terreux, et des oxydes avec les métaux de la famille du fer, du cuivre, de l'aluminium, en en dégageant le chlore.

L'hydrogène réduit aisément les chlorures des métaux des cinq dernières familles :

$$FeCl^2 + H^2 = 2\,HCl + Fe$$

Les métaux décomposent par voie sèche ou par voie humide, les chlorures de métaux moins électropositifs qu'eux. Le procédé d'extraction de l'argent par voie humide usité à Freiberg est fondé sur le déplacement par le fer de l'argent contenu dans le chlorure de ce métal en dissolution dans les chlorures alcalins.

L'eau, qui dissout la plupart des chlorures, décompose en général les chlorures acides. Ainsi fait-elle des chlorures de bismuth, d'étain, d'antimoine, etc.... Le chlorure de platine ne doit sa stabilité relative qu'à ce qu'il est constitué par un chlorhydrate de chlorure. Les perchlorures métalliques tendent aussi à se dissocier dans l'eau en acide chlorhydrique et oxychlorures, surtout si la masse d'eau est considérable et si l'on chauffe :

$$\underset{\substack{\text{Perchlorure} \\ \text{de fer.}}}{2\,Fe^2Cl^6} + \underset{\text{Eau.}}{3\,H^2O} = \underset{\substack{\text{Oxychlorure} \\ \text{de fer.}}}{Fe^2O^3\cdot Fe^2Cl^6} + 6\,HCl$$

Le chlorure de calcium, et mieux encore ceux de magnésium, d'aluminium, de glucinium, de gallium sont eux-mêmes décomposés par l'eau aidée de la chaleur ou de l'évaporation. On a :

$$MgCl^2 + H^2O = MgO + 2\,HCl$$

ou bien :

$$Al^2Cl^6 + 3\,H^2O = Al^2O^3 + 6\,HCl$$

Beaucoup de chlorures s'unissent directement à l'ammoniaque AzH^3.

TRENTIÈME LEÇON

LES SELS. — LEUR DÉFINITION ; LEUR CLASSIFICATION ; LEURS PROPRIÉTÉS GÉNÉRALES. LOIS DE BERTHOLLET ET DE BERTHELOT.

Historique et définition des sels. — Van Helmont professait déjà en 1620 que chaque acide en s'unissant aux *chaux* et *alcalis* donnait un *sel*. Ce mot vague et mal défini exprimait alors tout aussi bien les substances minérales analogues au sel marin, que toute partie terreuse restée comme résidu de l'évaporation ou de la calcination d'une liqueur ou d'une substance animale ou végétale. D'ailleurs l'opinion de Van

Helmont sur la nature des *sels* ne lui était pas absolument personnelle. La claire définition des sels ne fut donnée que cent ans après par G. F. Rouelle qui, dans un mémoire présenté à l'Académie des sciences en 1744, s'exprime ainsi : « J'appelle sel neutre, moyen ou salé, tout sel formé par l'union de quelque acide que ce soit, ou minéral ou végétal, avec un alcali fixe, un alcali volatil, une terre absorbante, une substance métallique ou une huile. »

La classe des sels était ainsi constituée et définie, et le dernier mot dé Rouelle montre même qu'il avait conçu peut-être la nature saline des éthers. Continuant ses recherches, Rouelle prouve en 1754 qu'une même base peut s'unir à différentes proportions d'acide « et il faut qu'il y en ait une juste quantité », dit-il. Les idées de Rouelle étaient, on le voit, fort justes, à cela près que les acides ne s'unissent pas intégralement aux substances métalliques elles-mêmes, mais aux bases qui en dérivent, ou qu'ils ne se combinent aux métaux qu'avec perte d'hydrogène.

Lavoisier adopta ces idées. Il affirma de plus que toutes les bases, terres ou chaux salifiables, étaient des *oxydes métalliques*. Il est vrai que généralisant cette pensée il supposa que tous les acides étaient oxygénés, hypothèse gratuite, exacte dans la majorité des cas, mais qui fut démontrée fausse, pour les hydracides du chlore et de l'iode, par les travaux de H. Davy et de Gay-Lussac et Thénard, acides qu'ils reconnurent ne point contenir d'oxygène, et s'unir aux oxydes salifiables avec élimination d'une quantité d'eau *d'où l'on peut extraire tout l'oxygène contenu dans la quantité de base qui se salifie :*

$$CaO + 2\,HCl = CaCl^a + H^aO$$

C'est Berzélius qui, généralisant la pensée de Lavoisier, distingua les classes des *sulfosels*, des *séléniosels*, etc., combinaisons dans lesquelles un sulfure basique est uni à un sulfure acide. C'est aussi lui qui divisa les sels en *sels halogènes* (chlorures, bromures, iodures), et en *sels proprement dits* ou *amphides*, qu'il divisait eux-mêmes en *oxysels*, *sulfosels*, *séléniosels*, etc.

Cette manière de concevoir les sels comme résultant de l'union d'un acide à une base avec ou sans élimination d'eau, mettait en relief la façon dont les sels se produisent et se décomposent habituellement plutôt que leur constitution proprement dite. H. Davy remarqua le premier, en 1815, que rien n'est plus analogue à la réaction d'un acide oxygéné sur une base, avec laquelle cet acide forme un sel en éliminant une molécule d'eau, que la réaction d'un hydracide, l'acide chlorhydrique par exemple, sur la même base avec laquelle cet hydracide forme aussi, avec élimination d'une molécule d'eau, un chlorure qui jouit des plus grandes analogies chimiques et physiques avec les *sels proprement dits*.

Acceptant les idées de H. Davy sur les sels Dulong, en 1816, fit observer d'abord que tous les acides renferment de l'*hydrogène uni à un groupe de métalloïdes riche en oxygène* ou bien à un *élément halogène*, tel que chlore, brome, iode, en un mot, qu'ils résultent tous de l'union de l'hydrogène à un *radical négatif*. Les sels dérivent, suivant lui, du remplacement par un métal de l'hydrogène qui dans ces acides est uni à ce radical. Reprise par Gerhardt et par Liebig, la conception de Dulong est devenue à peu près classique. « Nous appellerons sels, dit Gerhardt, tous les composés chimiques formés par deux parties, l'une métallique, l'autre non métallique, pouvant s'échanger par double décomposition. »

Pour nous, nous nommerons *sel* tout composé dans lequel un ou plusieurs éléments électronégatifs sont unis à un métal qui peut être déplacé de cette combinaison par l'hydrogène ou par d'autres métaux, soit directement, soit par voie de double décomposition. Dans les sels tout remplacement du métal par l'hydrogène donne naissance à un acide, c'est-à-dire à une combinaison apte à s'unir aux diverses bases pour constituer avec chacune d'elles les divers sels de cet acide.

Les exemples suivants, dont nous nous bornons à donner ici les équations, sont suffisamment caractéristiques :

1° *Remplacement direct d'un métal par l'hydrogène....*

$$FeCl^2 + H^2 = 2HCl + Fe$$
Chlorure de fer au rouge.   Acide chlorhydrique.   Fer.

2° *Remplacement direct d'un métal par un autre métal.*

$$Cu(AzO^3)^2 + Fe = Fe(AzO^3)^2 + Cu$$
Azotate de cuivre.   Azotate de fer.

3° *Remplacement d'un métal par l'hydrogène par voie de double décomposition..*

$$Ag^2SO^4 + 2HCl = H^2SO^4 + 2AgCl$$
Sulfate d'argent.   Acide chlorhydrique.   Sulfate d'hydrogène.   Chlorure d'argent.

4° *Remplacement d'un métal par un autre métal par voie de double décomposition..*

$$Na^2CO^3 + SO^4Zn = ZnCO^3 + SO^4Na^2$$
Carbonate de sodium.   Sulfate de zinc.   Carbonate de zinc.   Sulfate de Sodium.

Sels acides; sels neutres; sels basiques. — Avec J.-B. Dumas et la plupart des chimistes modernes, si nous considérons l'hydrogène comme doué de propriétés métalliques, nous pourrons regarder les divers acides comme les sels de l'hydrogène. Dans cette hypothèse, l'acide azotique et l'azotate de sodium, l'acide chlorhydrique et le chlorure de sodium ou d'argent se correspondent :

$$AzO^3H \quad ; \quad AzO^3Na \qquad ClH \quad ; \quad ClNa$$
Azotate d'hydrogène.   Azotate de sodium.   Chlorure d'hydrogène.   Chlorure de sodium.

Or il existe des acides qui possèdent 1, 2, 3... atomes d'hydrogène

remplaçables par un métal équivalent. On nomme ces acides polyatomiques ou polybasiques. Voici quelques exemples. Nous mettons en
regard ici les divers sels de sodium qui peuvent se produire avec divers
acides grâce au remplacement de un ou plusieurs atomes d'hydrogène
par un ou plusieurs atomes du métal alcalin dans trois acides monatomiques ou polyatomiques :

	ACIDES	SELS CORRESPONDANTS
1° *Acide monatomique.*	AzO^3H Azotate d'hydrogène ou acide azotique.	AzO^3Na Azotate de sodium.
2° *Acide diatomique ou bibasique.* .	SO^4H^2 Sulfate d'hydrogène ou acide sulfurique.	$SO^4H \cdot Na$ Sulfate de sodium et d'hydrogène. SO^4Na^2 Sulfate disodique.
3° *Acide triatomique ou tribasique.*	PO^4H^3 Phosphate d'hydrogène ou acide phosphorique.	PO^4H^2Na 1° Phosphate de sodium et d'hydrogène. PO^4HNa^2 2° Phosphate de sodium et d'hydrogène. PO^4Na^3 Phosphate trisodique.

On nomme *neutres* les sels dans lesquels tout l'hydrogène de l'acide
susceptible d'être remplacé par des métaux a subi ce remplacement. Il
importe peu que ces sels soient neutres, basiques ou acides, aux papiers
de tournesol : le sulfate SO^4Na^2 et le phosphate PO^4Na^3 sont *neutres* au
point de vue de la vraie définition chimique de la neutralité, aussi bien
que le sulfate SO^4Cu ou le chlorure $AgCl$, quoique le premier de ces
sels soit neutre, le second basique, le troisième acide aux papiers et au
goût. On nomme *acides* les sels où persistent un ou plusieurs atomes
d'hydrogène aptes à être remplacés par un métal, que ces sels soient
du reste acides ou alcalins aux papiers réactifs. Le sulfate SO^4NaH et
les phosphates PO^4Na^2H et PO^4NaH^2 doivent être nommés *sels acides*. Ils
jouissent, en effet, à la fois de la double fonction saline et acide, un
ou plusieurs atomes d'hydrogène pouvant encore y être remplacés par
des métaux ([1]).

On appelle *basiques* les sels qui résultent de l'union d'un sel neutre
à un excès de base. Nous avons dit que cette union se réalisait pour certaines bases et en présence de certains acides. On connaît des *azotates
basiques* tels que $(AzO^3)^2Cu,2CuO,H^2O$; ou $(AzO^3)^2Hg,HgO,H^2O$; des *sul-*

([1]) Cette définition des sels *neutres* et *acides* n'est pas tout à fait celle qu'on donne
habituellement, mais c'est la seule qui satisfasse logiquement à la notion très claire des
fonctions mixtes (V. t. II, p. 214)

fates basiques comme SO^4Cu,CuO, et $SO^4Cu,2CuO,2H^2O$, ou encore $SO^4Hg,2HgO$. Il existe de très nombreux silicates basiques naturels.

Propriétés générales des sels.

Il est difficile d'exprimer par des règles et formules un peu générales tout ce qui a trait aux propriétés physiques des sels : saveur, couleur, solubilité, etc. Nous allons essayer toutefois de donner quelques lois et observations propres à classer ou résumer ces propriétés.

Saveur, couleur. — Quelques sels ont une saveur qui les fait facilement reconnaître : les sels d'alumine, de glucine, et surtout de plomb, sont doux, puis astringents ; les sels de fer sont atramentaires, ils ont un goût d'encre ; ceux de magnésie sont amers ; les sels alcalins, ceux de soude en particulier, sont salés ; ceux de potasse sont aussi légèrement amers ; les sels des métaux vénéneux : argent, cuivre, mercure, etc..., sont styptiques, nauséabonds, désagréables au goût, etc.

La couleur des sels participe souvent de celle de leurs oxydes : cependant l'oxyde de plomb qui est roux, celui de mercure qui est orange, celui d'argent qui est vert brunâtre donnent des sels incolores. Tous les sels de cuivre sont bleus ou verts, tous les sels ferreux verts, les sels ferriques jaune brun, les sels manganeux rosés, ceux de chrome vert foncé, ceux de nickel verts, ceux de cobalt rouges ou bleus. Tout sel à acide coloré prend la couleur de son acide : les chromates sont jaunes ou rouges ; les permanganates violets, les chloroplatinates jaunes, etc.

Formes cristallines. — Les sels présentent des formes régulières ou cristallines. Ces formes appartiennent à l'un des sept systèmes ou types cristallins dont nous représentons ici pour chaque système ou famille cristallographique les figures géométriques les plus simples avec la notation correspondant à chaque forme et facette modificatrice (¹).

(¹) Nous ne pouvons donner dans cet ouvrage élémentaire ni les principes de la classification des cristaux, ni ceux de leur notation, ce serait être entraîné trop loin. Nous nous bornerons à dire qu'en principe, dans un corps cristallisé, le *mode de distribution de la matière, variable autour d'un point considéré, reste identique sur une même direction ou sur toutes les directions parallèles quel que soit le point de départ de ces directions.* Dans ces corps cristallisés non seulement toutes les molécules sont identiques à elles-mêmes, mais toutes sont orientées suivant la même direction, et toutes sont équidistantes suivant chacune de ces directions. Mais la forme de la molécule dernière du cristal étant généralement variable autour de son centre, il y a, pour chaque direction considérée autour de ce centre, des distances intermoléculaires, des propriétés optiques, et plus généralement, un ensemble de propriétés physiques variables ; l'arrangement symétrique du cristal, différent suivant chaque direction, en est la conséquence.

Les *plans de symétrie* d'un cristal sont ceux qui partagent le cristal de façon que ses sommets soient situés deux à deux sur des perpendiculaires à ce plan et à égale distance de part et d'autre de ce plan.

Les *axes de symétrie* sont les lignes telles que si le cristal tourne autour de l'une de

I. — Système cubique et ses principales formes

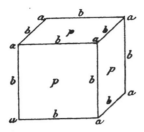

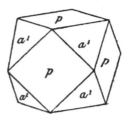

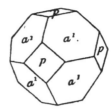

Fig. 161. — Cube *ppp* avec lettres
indiquant les arêtes et les angles
suivant la notation cristallographique adoptée.

Fig. 162.

Fig. 163.

Cube modifié par la face de l'octaèdre *a¹*
ou cubo-octaèdre.

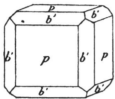

Fig 164.

Cube modifié par les facettes
du rhombododécaèdre *b'*.

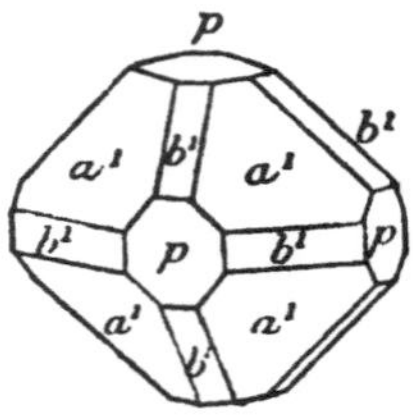

Fig. 165.

Combinaison du cube *ppp*
avec l'octaèdre *a¹*
et le rhombododécaèdre *b¹*.

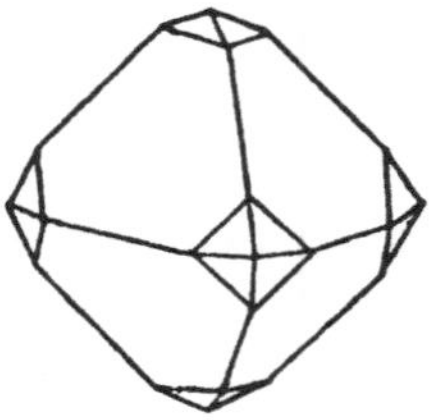

Fig. 166.

Octaèdre dominant avec
facettes, modificatrices du
trapézoèdre.

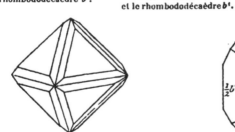

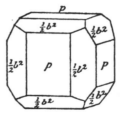

Fig. 167.

Octaèdre dominant avec facettes
modificatrices du rhombododécaèdre.

Fig. 168.

Dodécaèdre pentagonal $\frac{1}{2}b^2$,
combinaison avec le cube.

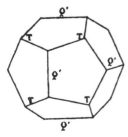

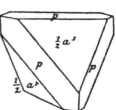

Fig. 169.
Dodécaèdre pentagonal.

Fig. 170.

Fig. 171.

Tétraèdre $\frac{1}{2}a^1$ en combinaison avec le cube *p*.

II. — Système hexagonal

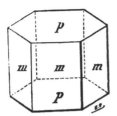

Fig. 172.
Prisme hexagonal.

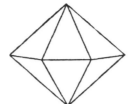

Fig. 173.
Protoisocéloèdre.

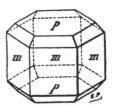

Fig. 174.
Prisme hexagonal avec facettes
sur les arêtes des bases.

III. — Système quadratique

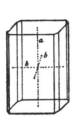

Fig. 175.
Prisme droit
à base carrée.

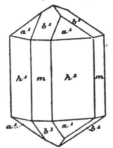

Fig 176.
Double prisme m et h^1 avec
les pyramides a^1 et b^1.

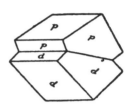

Fig. 177.
Cristal quadratique hémitrope.

IV. — Système ternaire ou rhomboédrique

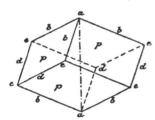

Fig. 178.
Rhomboèdre primitif.

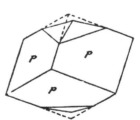

Fig. 179.
Rhomboèdre modifié par les facettes
d'un rhomboèdre surbaissé.

Fig. 180.
Rhomboèdre
inverse aigu.

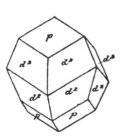

Fig. 181.
Scalénoèdre métastatique.

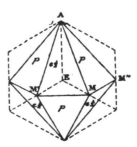

Fig. 182.
Birhomboèdre.

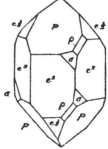

Fig. 183.
Forme hémisymétrique avec
face rhombe ϱ et plagièdre σ.
(Forme du quartz.)

V. — Système orthorhombique

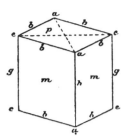
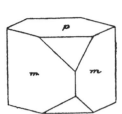
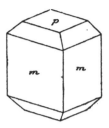
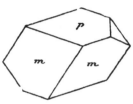

Fig. 184.   Fig. 185.   Fig. 186.   Fig. 187.

Prisme orthorombique.   Modifications sur les angles.   Modifications sur les arêtes.

VI. — Système clinorhombique

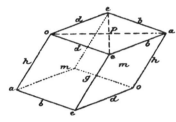
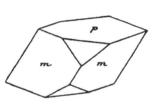
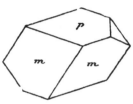

Fig. 188   Fig. 189.   Fig. 190.

Prisme clinorhombique.   Troncatures sur les angles.

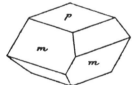
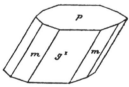

Fig. 191.   Fig. 192.

Troncatures sur les arêtes.

VII. — Système triclinique ou asymétrique

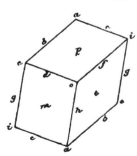
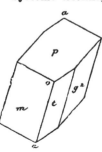
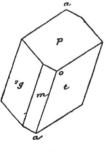
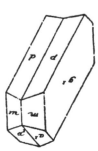

Fig. 193.   Fig. 194   Fig. 195.   Fig. 196.

Prisme triclinique.   Troncatures parallèles aux arêtes prismatiques.   Hémitropie des feldspaths.

Cette cristallisation, ou disposition régulière des molécules d'un sel, s'obtient soit par dissolution du sel dans l'eau bouillante qui généralement le laisse déposer à l'état cristallisé en se refroidissant, soit par évaporation lente du dissolvant, soit par sublimation, lorsque, comme c'est le cas pour le bichlorure de mercure, le chlorure ferrique, les sels ammoniacaux, etc., ces sels sont volatilisables. Quant aux matières salines insolubles que la nature nous présente souvent à l'état cristallisé, on peut les obtenir sous cette forme par diverses méthodes dont la principale est leur fusion ignée dans un dissolvant approprié.

Eau de cristallisation. — Les sels solubles sont tantôt *anhydres*, tantôt *hydratés* : un même sel peut exister sous ces deux états. L'eau dite de *cristallisation*, constante pour une température donnée, varie souvent si la température varie elle-même et généralement augmente quand celle-ci diminue. Le sulfate sodique cristallise à +5° avec 7 molécules d'eau : $SO^4Na, 7H^2O$. Vient-on à le laisser sécher à l'air, il s'effleurit, perd son eau et devient anhydre. Redissous dans l'eau et mis à cristalliser entre 10 et 33 degrés, ce sulfate prend 10 molécules d'eau de cristallisation $SO^4Na^2, 10H^2O$. A partir de 40 degrés la plus grande partie du sel qui se dépose par évaporation est *anhydre*. Des faits analogues se reproduisent avec la plupart des sels hydratés : ainsi le sulfate de magnésie garde $7H^2O$ à la température de 15 à 20°, et cristallise avec $12 H^2O$ au-dessous de 0 degré.

L'eau de cristallisation est unie aux sels suivant des lois qui nous échappent encore; mais elle forme avec eux de vraies combinaisons, généralement dissociable par la chaleur ou le vide. Tout ou partie de cette eau de cristallisation peut être plus ou moins fortement liée à la molécule saline : c'est ainsi que le sulfate de cuivre $SO^4Cu, 5H^2O$, perd

ces lignes tous les sommets du polyèdre se trouvent substitués, après la rotation, aux places mêmes qu'ils occupaient avant la rotation, chaque sommet étant venu simplement prendre la place du précédent. Si pour obtenir un tel résultat il faut décrire la moitié d'une circonférence, ou 180°, on dit l'axe binaire; s'il faut en décrire le tiers, ou 120°, on dit l'axe ternaire.

Dans un cristal tous les angles, toutes les arêtes et toutes les faces parallèles, perpendiculaires ou également placées on inclinées par rapport à un axe de symétrie s'équivalent cristallographiquement; c'est-à-dire que toute modification qui apparaîtra sur l'un de ces angles, sur l'une de ces arêtes ou de ces faces, devra également apparaître sur tous les autres angles, arêtes et faces correspondant aux axes de symétrie semblables. Telle est la *loi de symétrie* découverte par Haüy.

Les faces du solide fondamental sont généralement notées par les lettres *p, m, t*, principales lettres du mot *Primitif*, lorsque ces trois faces sont perpendiculaires à trois axes de symétrie différents; elles sont notées *p, m, m*, si elles correspondent à deux axes semblables et un axe différent; *p, p, p*, si les axes ou faces sont toutes semblables. Les arêtes sont représentées par les consonnes *b, c, d, f, g, h*. Les facettes qui remplacent les arêtes ou les angles portent la lettre de ces arêtes ou angles du solide primitif. Les angles solides sont indiqués par les voyelles *a, e, i, o, u*, ainsi que les facettes substituées à ces angles.

Les notations $a' a^{\frac{1}{4}}$, $b' b^{\frac{1}{4}} b^{\frac{1}{3}}$, etc.... indiquent que les facettes correspondantes coupent les axes à des distances égales ou qui sont entre elles comme 1 est à 2 ou, 1 est à 3, etc.

d'abord à 15 degrés et dans le vide deux molécules d'eau et devient $SO^4Cu,3H^2O$; il en perd deux encore à 100°, et forme ainsi l'hydrate SO^4Cu,H^2O lequel ne se deshydrate plus définitivement qu'à la température de 230° en se transformant en sulfate anhydre, SO^4Cu, qui en s'unissant de nouveau à l'eau produit une notable élévation de température. C'est donc à des titres divers et par des affinités de différents ordres et grandeurs que les diverses molécules d'eau de cristallisation sont retenues dans les sels hydratés.

Efflorescence.—Déliquescence. — On nomme *efflorescents* les sels qui abandonnés à l'air se recouvrent d'une poussière de cristaux secs en perdant tout ou partie de leur eau de cristallisation : les sels de soude sont efflorescents. On appelle *déliquescents* les sels qui attirent l'humidité de l'air et tombent en déliquescence. Tels sont le carbonate de potasse, le chlorure de zinc, l'azotate de chaux, etc.

Solubilité, insolubilité des sels. — L'eau dissout beaucoup de sels, ce sont les sels *solubles*. D'autres ne s'y dissolvent pas : ils sont *insolubles*. Quelques règles, présentant fort peu d'exceptions, permettent en chimie minérale de prévoir la solubilité ou l'insolubilité des sels, propriétés importantes qui régissent le mécanisme des doubles décompositions ainsi qu'on le verra plus loin. Voici ces règles.

Ire RÈGLE. 1° *Les sels des métaux alcalins sont tous solubles* : C'est à peine si le perchlorate et le fluosilicate de potassium, le biméta-antimoniate de sodium, le phosphate et le carbonate de lithium, échappent à cette loi. Encore ces sels sont-ils un peu solubles.

IIe RÈGLE. Si l'on met de côté les sels des métaux alcalins régis par la Ire *Règle*, on remarque que la solubilité d'un sel dépend dans presque tous les cas de l'acide qui le forme. Les *acides qui peuvent se former directement par la combustion de leur métalloïde donnent des sels insolubles; les acides qui ne peuvent être directement obtenus par la combustion de leur métalloïde donnent des sels solubles.*

Prenons des exemples : le soufre donne deux acides principaux, *l'acide sulfureux* et *l'acide sulfurique*. Le premier peut s'obtenir directement par la combustion du soufre; donc suivant la IIe *Règle* tous les sulfites seront *insolubles*, à l'exception toutefois des sulfites alcalins prévus par la première loi. Au contraire l'acide sulfurique ne peut être directement obtenu par l'oxydation du soufre, donc tous les sulfates devront être *solubles*.

D'après cette IIe *Règle* tous les sulfates, séléniates, chlorates, hypochlorites, perchlorates et les sels correspondants du brome et de l'iode; tous les azotites, azotates, seront *solubles* : tous les sulfites, sélénites, phosphites, phosphates, arsénites, antimonites, borates, carbonates, silicates, seront *insolubles* à l'exception toujours des sels alcalins. Il n'y a d'exceptions, en effet, à la IIe *Règle* que pour les trois sulfates de baryte, de plomb et de protoxyde de mercure, et pour les arséniates qui ressemblent aux phosphates et ne sont solubles qu'à l'état des sels acides ; les autres sels peuvent quelquefois être peu solubles, mais ils n'échappent pas à la loi.

IIIe RÈGLE. *Tous les sulfures sont insolubles* (sauf les sulfures alcalins et alcalino-terreux compris dans la première loi). *Tous les chlorures et bromures sont solubles.* Il n'y a d'exception que pour les chlorures et bromures cuivreux et mercureux, ceux d'argent, ceux de plomb qui sont seulement peu solubles, et quelques *sous-chlorures* des métaux rares, tels que le protochlorure de platine.

Coefficients de solubilité. — La solubilité d'un sel dans l'eau varie avec la température et augmente, en général, avec elle. Il est toutefois des sels qui sont moins solubles à chaud qu'à froid, ainsi le sulfate de chaux, le sulfate anhydre de soude. Il en est d'autres dont la solubilité ne varie presque pas à froid et à chaud, par exemple le sel marin. D'autres enfin dont la solubilité augmente très rapidement avec la température, par exemple l'*azotate de potasse*.

On appelle *coefficient de solubilité* d'un sel le rapport qui existe entre le poids P de ce sel et le poids P' de l'eau nécessaire pour le dissoudre à chaque température.

Si, comme l'a indiqué M. Étard, on construit une courbe dont les *ordonnées* représentent les quantités de sel dissous dans 100 parties de solution (P poids du sel $+$ P' poids de l'eau qui tient P en solution $= 100$) et dont les *abscisses* sont proportionnelles aux températures, chacun des points de cette courbe donnera, pour la température correspondante, les quantités relatives de sel P dissous dans 100 parties de la solution. La quantité d'eau sera toujours, $100 - P$ et le coefficient de solubilité $\dfrac{P}{P'}$ ou $\dfrac{P}{100 - P}$.

Si l'on dresse de telles courbes pour un grand nombre de sels solubles, on remarque, d'après M. Étard, que quelle que soit la nature du sel employé, anhydre ou hydraté, sa solubilité dans un intervalle de température déterminé, est toujours représentée à peu près par *une droite* faisant avec l'axe des abscisses ou des températures un angle plus ou moins grand. Cette droite représente géométriquement la loi de solubilité normale de la substance dissoute, loi déterminée à chaque température par l'équilibre qui s'établit entre les substances en présence, l'eau et le sel dissous. Elle montre que dans l'intervalle de température considéré, la substance dissoute, ou son hydrate, restent homogènes et de composition constante. Mais la température t continuant à s'élever, il arrive un moment t' où un nouvel équilibre tend à s'établir ;

pour une faible variation de température la ligne représentative des solubilités s'altère, s'infléchit, indiquant ainsi les variations brusques de solubilité de la substance dissoute durant cet état intermédiaire. Mais bientôt un nouvel équilibre s'établit, indiquant qu'un autre hydrate salin s'est produit ; la solubilité redevient proportionnelle à la tempé-

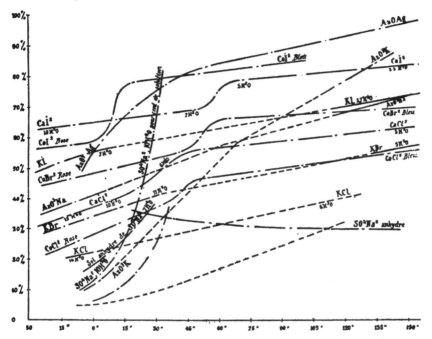

Fig. 197. — Courbes indiquant, d'après M. Etard, la solubilité de divers sels dans l'eau.
Les quantités de sel dissous sont rapportées à 100 parties (*eau + sel*) de solution.

rature et durant un nouvel intervalle compris en *t'* et *t''*, une seconde *ligne droite*, raccordée à la première par l'inflexion, et différemment inclinée sur l'axe des *x*, exprime la proportionnalité suivant une loi nouvelle, des quantités de sels dissoutes dans 100 parties de liqueur et des variations de la température.

En un mot, d'après M. Étard, si l'on exprime par *p* la quantité du sel anhydre ou hydraté contenu dans 100 parties de solution, par *m* la quantité centésimale de ce sel dissoute à *t* degré dans 100 parties d'eau, par *c* un certain coefficient constant pour chaque sel ou chaque hydrate stable entre deux limites de température déterminées *t'* et *t*, enfin par Q les quantités de sels dissous entre ces limites de température, l'on aura :

$$Q = m + c\,(t'-t)$$

le coefficient *c* ne change que s'il se produit un nouvel hydrate ; il devient alors c', mais il redevient de nouveau constant entre des limites nouvelles t' et t'' de température.

Mélange de sels. — De l'eau saturée d'un sel peut en dissoudre un autre. Si cet autre sel est formé d'une base et d'un acide différents des premiers, il se dissoudra en plus forte proportion que dans l'eau pure et la liqueur qui était auparavant saturée du premier sel pourra en redissoudre de nouveau une certaine quantité. Ces faits trouvent leur explication dans le double échange des bases et des acides qui se produit dans toute solution. Nous y reviendrons plus loin.

Sursaturation. — Un corps cristallisable, et en particulier un sel, peut être tenu en dissolution dans une quantité de liqueur insuffisante pour le dissoudre sans toutefois que cette substance cristallise. C'est ainsi que dans certaines conditions, le sulfate de soude, l'alun ammoniacal, l'hyposulfite de soude, le sucre, corps bien plus solubles à chaud qu'à froid, peuvent ne pas cristalliser quoique leur solution ait été faite et concentrée à chaud, puis refroidie. De même, le soufre qui fond à 110°, liquéfié d'abord, puis refroidi à 100°, peut ne point cristalliser. On dit que ces liqueurs ou liquides sont *sursaturés*.

D'une façon très générale, la sursaturation cesse dès qu'un cristal *solide*, de même nature que ceux que pourrait fournir la solution sursaturée, entre en contact avec cette solution. Faisons une solution sursaturée à 45° d'hyposulfite de soude, sel très soluble qui fond déjà dans son eau de cristallisation. Pourvu qu'on ne laisse sur les parois du vase aucun cristal solide de ce sel, cette dissolution se conservera indéfiniment liquide. Elle cristallisera au contraire en masse, aussitôt qu'on laissera tomber dans cette solution sursaturée un cristal aussi petit qu'on voudra d'hyposulfite sodique.

Mais ce que ce phénomène présente de fort remarquable, c'est que deux corps *isomorphes*, c'est-à-dire doués d'une forme et d'une constitution *cristallines* identiques, ou presque identiques, peuvent se remplacer pour faire cesser la sursaturation. Les aluns sont isomorphes, aussi la sursaturation de l'alun d'ammoniaque cessera au contact d'un cristal d'alun de potasse, d'alun chromo-potassique ou de tout autre alun. De même, la solution saturée de sulfate de soude $SO^4Na^2,10H^2O$ cristallisera dès qu'elle sera touchée par un cristal de séléniate de soude $SeO^4Na^2,10H^2O$, isomorphe du sel précédent, tandis qu'elle ne cristalliserait point en présence du sulfate de soude à 7 équivalents d'eau $SO^4Na^2,7H^2O$ ou du sulfate anhydre SO^4Na^2.

On voit que le phénomène si remarquable de la sursaturation permet, dans quelques cas, de résoudre la question de l'isomorphisme des sels, et par conséquent de leur attribuer la formule et la composition qui expliquent le mieux leurs analogies chimiques.

Points d'ébullition des solutions salines. — Les points d'ébullition des solutions salines sont généralement plus élevés que ceux de l'eau pure ; les sels qui font le plus monter la température d'ébullition sont ceux qui ont la plus grande affinité pour l'eau.

Voici un petit tableau des points d'ébullition des solutions saturées de divers sels :

	Poids de sel dissous dans 100 d'eau.	Points d'ébullition.
Chlorure de baryum.	60,1	104,4
Carbonate de soude	48,5	104,6
Chlorure de sodium.	41,2	108,4
Azotate de potasse	335,1	115,9
Azotate de soude.	224,8	121,0
Carbonate de potasse.	205,0	155,0
Chlorure de calcium.	325,0	179,5

Mélanges réfrigérants. — Lorsqu'on dissout un sel dans l'eau, de solide il devient liquide en absorbant une certaine quantité de chaleur. L'abaissement de température qui se produit ainsi est souvent mis à profit pour obtenir du froid artificiel. Mais il peut se faire, en même temps, que l'union à l'eau du sel qui se dissout dégage de la chaleur, les actions chimiques étant généralement accompagnées d'une perte d'énergie. De là deux actions contraires : la variation de température résultant de la dissolution d'un sel dans l'eau, mesurera la différence de ces deux effets. En général, un sel anhydre apte à s'unir à l'eau se dissout avec élévation de température : ainsi le chlorure de calcium $CaCl^2$ qui peut donner l'hydrate $CaCl^2,10H^2O$, s'échauffe en se dissolvant. Un sel déjà hydraté se dissout, au contraire, en produisant du froid : l'hydrate $CaCl^2,10H^2O$ se dissout dans l'eau avec abaissement de température.

On utilise l'abaissement de température produit par la dissolution des sels dans l'eau ou dans d'autres liquides, pour obtenir du froid artificiel.

Le nitrate d'ammoniaque et le salpêtre, chacun employé séparément, abaissent notablement la température en se dissolvant dans l'eau. Ces sels ont l'avantage de pouvoir être récupérés ensuite lorsqu'on évapore la solution soit à feu nu, soit à l'air libre, et de servir indéfiniment au même usage.

Les mélanges réfrigérants les plus efficaces et les plus usités dans l'industrie ou dans les laboratoires sont notés au tableau suivant. Les abaissements de température indiqués doivent être comptés à partir de la température du milieu ambiant où se fait la dissolution :

Tableau des mélanges réfrigérants les plus usuels.

PROPORTIONS DU MÉLANGE.		Abaissement de température	PROPORTIONS DU MÉLANGE.		Abaissement de température
Chlorure de calcium cristallisé.....	3	45°	Sulfate de soude cristallisé......	8	28°
Neige.......	2		Acide chlorhydrique.	5	
Salpêtre......	7	26°	Sulfate de soude cristallisé......	3	29°
Eau........	16		Acide azotique....	2	
Nitrate d'ammoniaque.......	1	25°,5	Phosphate de soude cristallisé.....	9	34°
Eau.......	1		Acide azotique ordinaire......	4	
Azotate d'ammoniaque.......	1	31°,6	Phosphate sodique cristallisé.....	9	39°
Carbonate de soude cristallisé.....	1		Azotate d'ammoniaque.......	6	
Eau........	1		Acide azotique ordinaire......	4	

Action de la chaleur sur les sels. — Beaucoup de sels hydratés perdent leur eau lorsqu'on chauffe leur dissolution ; à plus forte raison à l'air et à 100 degrés. Quelques-uns toutefois, conservent, même au delà de 100°, une ou plusieurs molécules d'eau : tels sont le gypse, $SO_4CaO,2H^2O$, les sulfates de cuivre, de fer, de magnésie, etc. Plusieurs, avant de se déshydrater, fondent dans leur eau de cristallisation : c'est le cas de la plupart des sels hydratés très solubles. La chaleur chasse peu à peu leur eau de cristallisation et ils deviennent anhydres. Si l'on continue à élever la température, un grand nombre après s'être déshydratés et complètement desséchés, finissent par subir la *fusion ignée*, mais beaucoup sont décomposés avant ce terme. Les sels les plus aptes à fondre sous l'influence de la chaleur sont ceux qui contiennent des acides volatils ou décomposables à chaud (carbonates, azotates, chlorates) ; les sels à acides et bases fixes résistent bien, en général, à la fusion et à la décomposition ignée.

Action de l'électricité sur les sels. — Tous les sels, qu'ils soient en dissolution ou fondus, sont décomposés par un courant électrique à tension suffisante. C'est en électrolysant leurs chlorures fondus au rouge, que Bunsen obtint le baryum et le strontium, qui n'ont pu être obtenus par aucune autre méthode.

Dans cette décomposition des sels par l'électrolyse, le métal se porte

toujours au pôle négatif, et le reste du sel, savoir l'anhydride acide
et l'oxygène, se portent au pôle positif.

Électrolysons du sulfate de cuivre SO⁴Cu dissous dans l'eau et placé
dans un tube en U (fig. 198). Vous le voyez, sur la lame de platine
négative N se dépose le métal, tandis qu'un gaz se dégage au pôle

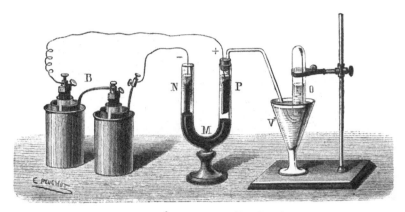

Fig. 198. — Électrolyse du sulfate de cuivre.

positif P. Je puis le recueillir en O, c'est de l'oxygène. La liqueur de la
branche positive P jouit maintenant de la propriété de dégager l'acide
carbonique des carbonates terreux : elle s'est enrichie en acide sulfurique. La décomposition du sulfate de cuivre s'est donc faite suivant
l'équation :

$$SO^4Cu \quad + \quad aq \quad = \quad \underset{\text{Pôle négatif.}}{Cu} \quad + \quad \underline{O \quad + \quad SO^3 \quad + \quad aq}_{\text{Pôle positif.}}$$

Si nous électrolysions du sulfate de soude ou de potasse (fig. 198), le
sodium métallique se rendrait aussi au pôle négatif, mais comme il
décompose l'eau, il se produirait de la soude et il se dégagerait de
l'hydrogène. Dans ce cas, la réaction se passe en deux phases, la première
seule est attribuable à l'action électrolytique :

$$\text{1}^{\text{re}}\ phase.\ . \quad SO^4Na^2 \quad = \quad \underset{\text{Pôle négatif.}}{Na^2} \quad + \quad \underline{O \quad + \quad SO^3}_{\text{Pôle positif.}}$$

$$\text{2}^{\text{e}}\ phase.\ . \left\{ \begin{array}{l} \text{Pôle négatif} : Na^2 \quad + \quad 2H^2O \quad = \quad \underline{2NaOH + H^2}_{\text{Pôle négatif.}} \\[1em] \text{Pôle positif} : SO^3 \quad + \quad H^2O \quad = \quad \underset{\text{Pôle positif.}}{SO^4H^2} \end{array} \right.$$

Grâce au dispositif indiqué dans la figure 198, on peut recueillir à
la fois le sodium au pôle négatif et l'oxygène au pôle positif. Il suffit
de placer dans le fond du tube en U une couche de mercure avec lequel

le sodium vient former un amalgame qu'il suffirait de distiller pour obtenir le métal alcalin. L'oxygène se recueille en O.

Action des métaux sur les sels. — De la décomposition des sels par le courant électrique il faut rapprocher l'action des métaux sur les sels. Ces deux phénomènes sont de même ordre.

Un métal mis au contact d'un sel le décompose s'il est plus électro-positif que le métal du sel que l'on considère, c'est-à-dire si la quantité de chaleur produite par ce déplacement est supérieure à celle que donnerait la combinaison du métal avec son métalloïde ou avec le radical acide qui le constitue à l'état de sel.

En partant de cette considération, et en se fondant sur les nombres du tableau de la page 373, on trouve que les métaux doivent se déplacer de leurs solutions dans l'ordre suivant :

Zinc; fer; étain; bismuth; plomb; cuivre; mercure; argent; platine; or. — Chacun de ces métaux est déplacé par celui qui le précède.

L'action des substances métalliques sur les sels permet d'obtenir quelquefois les métaux à l'état cristallisé (*arbre de Saturne, arbre de Diane*, fig. 198, plomb et argent cristallisés); ils prennent des formes arborescentes lorsqu'on met

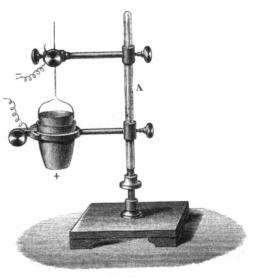

Fig. 200.
Appareil pour les analyses électrolytiques (¹).

La solution métallique est versée dans le creuset mis en rapport avec le pôle positif; le métal déplacé par électrolyse se dépose sur la lame négative qui plonge dans le creuset sans le toucher.

Fig. 199.
Arbre de Saturne

un autre métal plus électro-positif, tel que le cuivre ou l'étain, en contact avec leurs solutions.

Ce déplacement des métaux de leurs sels les uns par les autres est

(¹) Figure empruntée à Fresenius, *Analyse quantitative.*

utilisé en métallurgie (*extraction de l'argent* par le fer à Freyberg; *affinage de l'argent* par le cuivre; *production du bismuth* par la voie humide au moyen du zinc. Ce procédé de déplacement a aussi été transformé en méthode d'analyse quantitative (voir fig. 200).

ACTIONS RÉCIPROQUES DES ACIDES, DES BASES ET DES SELS SUR LES SELS.
LOIS DE BERTHOLLET. — THERMODYNAMIQUE DES DOUBLES DÉCOMPOSITIONS.

Les phénomènes de réactions réciproques d'où résulte la formation de composés nouveaux, phénomènes que l'on remarque lorsqu'on mélange intimement, par solution ou par fusion, un sel métallique avec un acide, une base ou un autre sel, ont été d'abord étudiés pour la première fois d'une manière méthodique dans un ensemble de recherches mémorables dues à Berthollet et réunies par lui, en 1803, dans sa *Statique chimique.* Ces recherches ont eu le mérite de faire ressortir avec évidence l'influence que les phénomènes et propriétés physiques, tels que la solubilité, l'insolubilité, la volatilité, la masse, etc., des corps exercent sur les réactions chimiques. Dans ces dernières années, M. Berthelot a généralisé et complété ces importantes observations en faisant intervenir dans l'étude des actions mutuelles des corps la mesure des quantités de chaleur produites par la formation des divers composés en présence. Il a montré les conséquences qu'on peut tirer de cette mesure au point de vue de la prévision des réactions qui peuvent se produire entre les composés que la dissolution, la volatilisation ou la fusion mettent en contact intime.

En nous éclairant de ces belles recherches, nous allons étudier les actions réciproques qu'exercent les acides, les bases et les sels sur les combinaisons salines. Mais nous devons établir d'abord deux propositions, ou remarques préliminaires, relatives à ces actions.

1re *Remarque. — En réagissant sur les divers sels, un corps acide, basique ou salin, tend toujours à faire naître un composé de même fonction que lui.*

Un acide fort pourra mettre en liberté un acide faible; une base, déplacer la base d'un autre sel; un sel produire un nouveau sel par échange de son acide et de sa base avec la base et l'acide du sel qu'il décompose, mais un acide ne mettra en liberté ni une base ni un métal; un sel, s'il réagit sur un autre sel, ne produira généralement qu'un nouveau sel.

2e *Remarque. — Tout acide, base ou sel mélangé à une substance saline, soit par dissolution, soit par fusion, soit par volatilisation, produit toujours en quantité aliquote, et suivant la règle indiquée dans notre* 1re *Remarque, tous les déplacements et doubles décompositions qui peuvent résulter de l'union de chaque acide à chacune des bases.*

Quelques exemples vont nous faire comprendre ce second principe et en donner la démonstration.

Voici une dissolution de sulfate de cuivre, elle est d'un beau bleu. Je l'additionne d'acide chlorhydrique ; elle prend aussitôt le ton vert clair du chlorure de cuivre. Ce dernier sel s'est bien formé comme l'indique le changement de couleur ; du reste, si je jette cette dissolution acide dans de l'alcool, il se précipitera du sulfate de cuivre et l'alcool conservera dissous une notable proportion du chlorure cuivrique que versait le mélange.

Je prends, d'autre part, une solution de métaphosphate de soude. Elle ne coagule point l'albumine ; je l'additionne d'acide acétique, acide qui pris isolément ne coagule pas davantage le blanc d'œuf ; mais aussitôt le mélange fait, le coagulum albumineux se produit. C'est que l'acide acétique, quelle que soit sa faible tendance à séparer l'acide métaphosphorique de son sel de soude, ne s'en est pas moins emparé d'une certaine portion de la base, mettant ainsi en liberté une partie proportionnelle de l'acide métaphosphorique qui coagule dès lors l'albumine. Voici d'autres exemples : dans cette solution jaune de chromate de potasse neutre je fais passer un courant d'acide carbonique, et la liqueur se colore bientôt en rouge grâce à la formation de bichromate. L'acide carbonique s'est donc emparé d'une certaine portion de la potasse en déplaçant l'acide chromique. A une solution un peu concentrée de chlorure de calcium j'ajoute de la potasse ; il se fait du chlorure de potassium et de l'oxychlorure de calcium peu soluble. La potasse déplace donc ici une partie de la chaux, base qui pourra elle-même, dans certaines conditions, déplacer la potasse de son carbonate pour donner de la potasse caustique.

Prenons enfin un mélange moléculaire de chlorure de potassium et de sulfate de magnésium dissous dans la plus faible quantité d'eau possible. Il me serait facile de vous montrer que la solution, saturée d'abord de chlorure de potassium, est devenue apte à dissoudre une nouvelle proportion de ce sel dès que le sulfate de magnésie est venu s'ajouter à lui, preuve qu'une partie du chlorure potassique est passé sous son influence à l'état de sulfate. Mais, pour vous en donner une preuve plus directe, je verse ce mélange dans de l'alcool : plus de la moitié du chlore reste dissous sous forme de chlorure de magnésium, en même temps qu'il se précipite du sulfate de potasse. Chacun des deux acides s'est donc combiné à chacune des deux bases. Nous pourrions ajouter que ces déplacements se font toujours dans des *proportions relatives constantes, dans les conditions déterminées où se passent ces réactions.* On conçoit donc que si l'un des corps ainsi produits échappe par son insolubilité ou sa volatilité aux réactions réciproques qui régissent le système, un nouveau partage se fera qui donnera lieu à la production d'une nouvelle quantité du composé insoluble ou volatil, et cela indéfiniment.

Telle est la conséquence logique de la 2ᵉ *Remarque* faite d'abord par Gay-Lussac et établie plus tard par les recherches de Malagutti [1].

Il nous est facile de résumer maintenant en une seule proposition les actions réciproques qu'exercent entre eux les acides, les bases et les sels lorsqu'on vient à les mélanger par dissolution ou par fusion ignée.

Règle unique : *Lorsqu'un acide, une base ou une substance saline sont mélangés à un sel par voie de dissolution ou de fusion, toutes les combinaisons pouvant résulter de l'échange des métaux avec l'hydrogène de chacun des acides ou avec le métal de chacune des bases ou de chacun des sels en présence se produiront ; mais de toutes ces combinaisons celles-ci seront définitives et presque exclusives qui seront insolubles ou volatiles dans les conditions déterminées de l'expérience.*

Si l'on applique à l'étude des réactions réciproques des acides, des bases et des sels sur les sels le 3ᵉ *principe* de la thermodynamique, à savoir que : *tout changement chimique accompli sans l'intervention d'une énergie étrangère, tend vers la production du corps ou du système de corps qui dégage le plus de chaleur ;* et si l'on tient en même temps compte de notre 2ᵉ *Remarque* ci-dessus, on retombera presque toujours sur les faits que prévoit la *Règle unique* que nous venons de donner. C'est-à-dire qu'en *dehors de l'intervention d'une énergie étrangère au système,* les doubles échanges qui tendent à former des composés insolubles étant ceux qui se produisent avec le plus grand dégagement de chaleur sont aussi ceux qui deviennent définitifs et prépondérants conformément au 3ᵉ *principe* de la thermochimie qui' s'applique d'une manière générale à toutes les réactions chimiques.

Il nous reste maintenant à montrer par quelques exemples particuliers l'application des deux systèmes de lois et considérations précédentes à l'étude détaillée des actions réciproques qui se passent entre les acides, les bases et les sels.

Action des acides sur les sels. — Mettons en présence du *silicate de soude* et de l'acide sulfurique, l'un et l'autre en solution aqueuse. L'acide sulfurique devra déplacer l'acide silicique, et le déplacera complètement vu l'*insolubilité de ce dernier acide :*

$$SiO^2 \cdot Na^2O \;+\; SO^4H^2 \;=\; SiO^2 \cdot H^2O \;+\; SO^4Na^2$$
Silicate de soude. Acide sulfurique.   Silice.

[1] Le préparateur de Berthollet à la Société d'Arcueil, et le collaborateur de Delaroche, M. Bérard, dont j'ai été moi-même autrefois le préparateur, m'a raconté comme en ayant été le témoin personnel, que telle fut l'explication générale que Gay-Lussac proposa devant lui à Berthollet pour expliquer le phénomène de la double décomposition.

D'autre part, prenons du sulfate de soude et fondons-le avec de la silice : celle-ci finira, vu la *volatilité de l'acide sulfurique*, par déplacer complètement cet acide au rouge.

Prenons du borax en solution concentrée et versons-y de l'acide sulfurique : l'acide borique fort peu soluble cristallisera, déplacé qu'il est par l'acide sulfurique. Mais ici la faible solubilité de l'acide borique est-elle la cause déterminante de ce déplacement? Nous ne le croyons pas. En effet, à une solution étendue de borax ajoutons la quantité d'acide sulfurique correspondant à la soude contenue dans ce sel. Tant que la *totalité* de la soude ne sera pas passée à l'état de sulfate, l'acide sulfurique sera tout entier dépensé à mettre en liberté l'acide borique *quoique ce dernier reste ici en dissolution*. Il est facile de prouver cependant que l'acide borique est déplacé et que l'acide sulfurique s'est tout entier combiné à la soude; en effet, la teinture de tournesol versée dans la liqueur garde la teinte vineuse caractéristique de l'acide borique libre tant qu'il n'y a pas excès d'acide sulfurique. Quoique restant en solution, l'acide borique a donc été séparé par l'acide sulfurique; et la cause déterminante de cette réaction c'est que ce dernier forme avec la soude une combinaison plus stable que le borate et accompagnée du maximum de dégagement de chaleur (3ᵉ *principe de thermochimie*).

Enfin, prenons du nitrate d'argent et de l'acide chlorhydrique, mélangeons-les, il y aura double échange du métal et de l'hydrogène, échange prévu par la loi de Berthollet d'après l'*insolubilité du chlorure d'argent* qui tend à se produire. Mais la cause déterminante de cette double décomposition, c'est qu'en passant du premier système au second il y a dégagement de chaleur et plus grande stabilité que dans le système initial. L'on aura donc :

$$AzO^3Ag + HCl = AzO^3H + AgCl$$

Action des bases sur les sels. — Mélangeons des solutions de potasse caustique et de nitrate de plomb; l'hydrate alcalin déplacera l'hydrate de plomb vu l'*insolubilité de cet hydrate* :

$$(AzO^3)^2Pb_n + 2\,KOH = 2\,AzO^3K + Pb_n(OH)^2$$

Ajoutons de la potasse à une solution concentrée de sel ammoniac : il se développera aussitôt l'odeur ammoniacale de la base mise en liberté, *en raison de la volatilité* de l'ammoniaque suivant Berthollet :

$$AzH^4Cl + KHO = KCl + H^2O + AzH^3$$

Mais remarquons encore ici que lorsque nous faisons réagir la potasse sur le sel ammoniac en solution étendue, l'ammoniaque est déplacée à peu près complètement par la potasse, *quoiqu'elle ne se volatilise point* et que restant dissoute, elle participe dans ces conditions à l'état général du système (*Berthelot*).

La cause déterminante de ce déplacement est donc bien celle qu'indique le principe du travail maximum (3° *principe de thermochimie*).

D'autre part, prenons une solution étendue d'azotate de cuivre et faisons-la bouillir avec un petit excès d'oxyde d'argent; celui-ci déplacera peu à peu l'oxyde de cuivre et, comme preuve, la liqueur se décolorera. Une base *insoluble*, l'oxyde d'argent a donc déplacé une autre base *insoluble*, parce que de ce déplacement résulte un dégagement de chaleur (3° *principe de thermochimie*).

Adressons-nous encore à l'eau de baryte et faisons-la réagir sur du sulfate de potasse; il y aura réaction et déplacement de la potasse par la baryte, nous savons en effet que le sulfate de baryte qui tend à *se former est insoluble*; mais les tableaux thermiques (p. 373) nous apprennent qu'encore ici cette réaction est exothermique :

$$SO^4 K^2 \ + \ BaH^2 O^2 \ = \ SO^4 Ba \ + \ 2 KHO$$

Action des sels sur les sels. — Deux sels se décomposent mutuellement lorsque du double échange des acides et des bases, ou, ce qui revient au même, de la double transposition des métaux, peut résulter un *sel insoluble ou volatil*.

Voici deux exemples de formation de sels insolubles :

$$CO^3 Na^2 \ + \ 2 AzO^3 Ag \ = \ \underset{\text{Sel insoluble.}}{CO^3 Ag^2} \ + \ 2 AzO^3 Na$$

ou bien :

$$2 NaCl \ + \ Hg^2(AzO^3)^2 \ = \ \underset{\text{Sel insoluble.}}{Hg^2 Cl^2} \ + \ 2 AzO^3 Na$$

Deux sels se décomposent aussi mutuellement lorsque du double échange de leurs métaux résulte un *sel volatil*. Telle est la raison d'être des deux réactions suivantes, dans lesquelles il se fait du carbonate d'ammoniaque et du chlorure de zinc l'un et l'autre volatils :

$$CO^3 Ca \ + \ 2 AzH^4 Cl \ = \ \underset{\text{Carbonate volatil.}}{CO^3(AzH^4)^2} \ + \ CaCl^2$$

ou bien ;

$$SO^4 Zn \ + \ PbCl^2 \ = \ SO^4 Pb \ + \ \underset{\text{Chlorure volatil.}}{ZnCl^2}$$

Toutes ces réactions sont en même temps conformes à la loi du travail maximum.

Mais, comme nous le disions plus haut, dans tout mélange d'un ou plusieurs acides avec une ou plusieurs bases, tous les échanges possibles ont lieu de telle sorte que chaque acide s'unit à chacune des bases, qu'il y ait ou non formation de composés insolubles. La loi du travail maximum et l'expérience directe montrent, l'une et l'autre, que dans ces cas les associations d'acides aux bases se feront de façon que les acides forts s'unissent en grande partie aux bases fortes, et les acides faibles aux bases faibles, suivant des coefficients proportionnels aux masses de chaque acide et de chaque base en présence. Ainsi se produira le maximum de dégagement de chaleur qui satisfait au 5ᵉ *principe de thermochimie* (*M. Berthelot*).

Voici deux faits qui suffisent à démontrer que ces doubles échanges se passent entre les sels au contact intime alors même qu'il ne se fait aucun produit insoluble ou volatil.

Mélangeons deux solutions de sulfate de cuivre et de sel marin; nous obtiendrons une liqueur présentant la couleur verte du chlorure de cuivre, caractère qui suffit à démontrer la double décomposition qui s'est produite :

$$(m + n)SO^4Cu + (m + n)2NaCl \;=\; mSO^4Na + mCuCl^2 + nSO^4Cu + n2NaCl$$

De même, ajoutons de l'acétate de soude à une solution de chlorure ferrique, et le mélange prendra le ton rouge brun qui caractérise l'acétate ferrique qui a pris naissance.

Dans ces doubles décompositions salines qui ne sont pas accompagnées de précipitation, l'équilibre entre les sels en présence est indéfiniment variable avec les variations de la dilution. les proportions réciproques des acides, des bases et des sels, et la température. Par un refroidissement suffisant du mélange, on voit généralement cristalliser celui de ces sels ou de leurs hydrates qui est le moins soluble. C'est sur cette observation que Balard a fondé l'exploitation des eaux mères des marais salants.

TRENTE ET UNIÈME LEÇON

CARACTÈRES DES PRINCIPAUX GENRES DE SELS.
TABLEAUX POUR LA RECHERCHE DE L'ACIDE OU DU MÉTALLOÏDE UNI AU MÉTAL.

Dans cette leçon nous passerons rapidement en revue les caractères et les propriétés communes aux principaux genres de sels.

Nous suivrons dans ce but l'ordre de la classification des métalloïdes.

Sulfites.

Les sulfites sont généralement insolubles, sauf les alcalins. Ils sont très oxydables et se transforment en sulfates à l'air et par les réactifs oxydants. Les sulfites acides répondent à la formule $SO^2.R'HO$; les sulfites neutres à la formule SO^2,R'^2O. Traités par l'acide sulfurique ou chlorhydrique, ils dégagent du gaz sulfureux reconnaissable à son odeur.

Sulfates.

Ces sels sont assez répandus dans la nature : le sulfate de chaux ou *gypse* dans les terrains secondaires et tertiaires, le sulfate de magnésie dans les eaux magnésiennes diverses, etc. On peut les obtenir en oxydant les sulfures naturels au moyen du grillage, ou bien par l'action de l'acide sulfurique sur les oxydes, les carbonates et quelques sulfures. A l'état de sels neutres, ils répondent à la formule SO^3,R'^2O; à l'état de sels acides ils ont pour formule générale $SO^3,R'HO$.

Les sulfates alcalins et alcalino-terreux et le sulfate de plomb résistent à la chaleur; les autres se détruisent en laissant leurs oxydes pour résidu.

Les sulfates solubles précipitent par les sels de baryte. Ce précipité est insoluble dans les acides minéraux. Chauffés avec du charbon et du carbonate sodique, les sulfates donnent du sulfure de sodium, sel soluble qui dégage par l'acide chlorhydrique de l'hydrogène sulfuré facile à reconnaître à son odeur d'œuf couvi.

Hyposulfites ou thiosulfates.

Ces sels s'obtiennent généralement par l'oxydation des sulfures solubles ou peu solubles :

$$CaS^2 + O^3 = S^2O^3Ca$$

Ils se forment aussi, avec dépôt de soufre, par l'action de l'acide sulfureux sur les sulfures alcalins :

$$2Na^2S + 3SO^2 = 2S^2O^3Na^2 + S$$

Ils sont presque tous insolubles, à l'exception des hyposulfites alcalins et de ceux des métaux alcalino-terreux qui sont peu solubles. Ils répondent à la formule $S^2O^3R'^2$.

Traités par l'acide chlorhydrique, surtout à chaud, ils se décomposent en précipitant du soufre et donnant de l'acide sulfureux.

Chlorates.

Ils sont généralement solubles. La chaleur les décompose en produisant d'abord des perchlorates, s'ils sont alcalins ou alcalino-terreux ; au rouge ils se détruisent tous en donnant de l'oxygène et un chlorure métallique. Ce sont des oxydants énergiques à chaud.

Ils répondent à la formule générale ClO^3R'.

La propriété de *fuser* lorsqu'on les projette sur des charbons ardents, et de dégager de l'oxygène lorsqu'on les calcine, en laissant un résidu salin qui, dissous dans l'eau, forme avec le nitrate d'argent un précipité blanc insoluble dans les acides et soluble dans l'ammoniaque, suffit pour les caractériser.

Hypochlorites.

Ces sels sont très instables. Par l'ébullition ils se transforment en chlorure et chlorates :

$$3 ClOR' = ClO^3R' + 2 R'Cl$$

Les acides les plus faibles en dégagent de l'acide hypochloreux ou du chlore et de l'oxygène :

$$Cl^2O^2Ca'' + 2HCl = CaCl^2 + H^2O + O + Cl^2,$$

Ils décolorent l'indigo et la teinture de tournesol.

Azotites.

Tous les azotites sont solubles dans l'eau et cristallisables. Ceux d'argent, de plomb et de protoxyde de mercure sont peu solubles.

On les obtient généralement en chauffant les azotates alcalins au rouge, seuls ou en présence de plomb ou de zinc. Tous les acides les décomposent en mettant en liberté l'acide azoteux qui, en solution un peu concentrée, se détruit en donnant du bioxyde d'azote, de l'hypoazotide et de l'acide nitrique. En présence des acides, les solutions d'azotites mettent en liberté l'iode des iodures alcalins et décolorent le sulfate d'indigo.

Azotates.

On rencontre dans la nature des bancs énormes d'azotate de soude, au Chili et au Pérou, non loin du guano qui a certainement fourni l'azote de ces azotates; on les trouve dans les déserts arides de ces contrées un peu au-dessous de la surface du sol, ou à leur surface. Le *salpêtre* des murailles au pied desquelles se trouvent des matières azotées en décomposition est un mélange d'azotates de potasse, de soude et de chaux.

On prépare les azotates en faisant agir l'acide nitrique sur les oxydes métalliques, les métaux ou leurs carbonates.

La formule générale des azotates est AzO^5R'.

Tous les azotates sont solubles dans l'eau. Tous se décomposent par la chaleur : les azotates alcalins dégagent de l'oxygène et laissent des azotites ; les autres donnent de l'oxygène, de l'hypoazotide, de l'acide nitrique, tandis que la base est mise en liberté.

Mêlés de corps combustibles, les azotates se décomposent, souvent avec une très grande vivacité. Avec le soufre, ils donnent de l'acide sulfureux, de l'azote, des hyposulfites et des sulfures ; avec le carbone, de l'acide carbonique et de l'azote ; avec les métaux, des oxydes et quelquefois des acides, lorsque ces métaux sont susceptibles d'en former. L'azotate de potasse chauffé avec de l'étain donne ainsi du stannate de potasse.

Tous les azotates *fusent* lorsqu'on les projette sur des charbons ardents. Traités par un peu de cuivre et d'acide sulfurique, ils donnent tous du bioxyde d'azote et des vapeurs nitreuses ; ces réactions permettent de les reconnaître.

Si l'on fait un mélange de cristaux de sulfate ferreux pulvérisés et d'acide sulfurique concentré, et si l'on ajoute à ce mélange une trace d'azotate, il se produit immédiatement une coloration rose caractéristique des azotates et des azotites.

Hypophosphites.

On les prépare par l'action du phosphore sur les lessives alcalines et alcalino-terreuses.

Ces sels sont monobasiques. La formule générale des hypophosphites est $PH^2O^2.R'$.

La plupart sont solubles et incristallisables. Lorsqu'on les chauffe, ils se décomposent en donnant de l'hydrogène phosphoré et des pyrophosphates :

$$2(PO^2H^2)^2Ba'' = 2PH^5 + P^2O^7Ba^2 + H^2O$$

Les hypophosphites sont colorés en bleu par le molybdate d'ammonium qu'ils réduisent. Ils réduisent même à froid le nitrate d'argent.

Phosphites.

Les phosphites s'obtiennent, s'ils sont solubles, en unissant la base à l'acide phosphoreux en solution ; s'ils sont insolubles, par double décomposition.

Leur acide étant bibasique, les formules générales de ces sels sont :

$$\text{POH} \left\{ \begin{array}{l} \text{OR}' \\ \text{OH} \end{array} \right. \qquad\qquad \text{POH} \left\{ \begin{array}{l} \text{OR}' \\ \text{OR}' \end{array} \right.$$

Phosphites acides.   Phosphites neutres.

Les phosphites neutres sont insolubles, à l'exception des phosphites alcalins.

Les solutions des phosphites alcalins ne s'altèrent pas à l'air. Ils réduisent à froid les sels d'argent, de mercure et d'or.

L'acide sulfureux est transformé par ces sels en hydrogène sulfuré.

Phosphates.

En parlant de l'acide phosphorique, nous avons donné les caractères différentiels des *phosphates ordinaires, neutres* et *acides*, des *pyrophosphates* et des *métaphosphates*.

Les sels alcalins exceptés, la plupart de ces sels sont insolubles dans l'eau et s'obtiennent par double décomposition.

Les phosphates ordinaires, transformés par les méthodes de l'analyse en sels alcalins solubles, se reconnaissent à ce que, traités par une solution de sel ammoniac et d'ammoniaque, puis par un sel de magnésie, ils précipitent, surtout par l'agitation, du phosphate ammoniaco-magnésien $PO^4.Mg.AzH^4$, sel cristallin insoluble dans les liqueurs ammoniacales.

Si l'on ajoute à un phosphate alcalin une grande quantité d'acide nitrique, puis du molybdate d'ammoniaque en solution dans l'acide azotique, on obtient en chauffant un peu une coloration jaune ou un précipité jaune cristallin de *phosphomolybdate d'ammoniaque*. Cette réaction se produit mal en présence d'autres acides que l'acide nitrique.

Si à une dissolution d'un phosphate mélangée d'acétate de soude et d'un peu d'acide acétique, on ajoute de l'acétate d'urane, on obtient, surtout à chaud, un précipité blanc jaunâtre, gélatineux, de phosphate d'urane. Cette réaction est fort sensible.

Arsénites.

Les arsénites répondent, comme on l'a vu, aux formules générales $AsO^3R'^3$ (*arsénites neutres*); $AsO^3HR'^2$ et AsO^3H^2R (*arsénites acides*). Les sels des deux derniers types sont instables et mal étudiés.

Les arsénites neutres $AsO^3R'^3$ sont tous insolubles, sauf les alcalins.

La chaleur décompose les arsénites des métaux proprement dits en mettant l'oxyde métallique en liberté et dégageant de l'acide arsénieux.

Les arsénites alcalins donnent avec le nitrate d'argent un précipité jaune d'arsénite AsO^3Ag^3, et avec le sulfate de cuivre un précipité vert pré, le *vert de Scheele*. L'acide sulfhydrique précipite du trisulfure jaune d'arsenic de la solution acide des arsénites.

Arséniates.

Les arséniates sont, en général, isomorphes avec les phosphates. On connaît des arséniates à un, deux et trois atomes de métal :

$$AsO^4H^2R' \quad ; \quad AsO^4HR'^2 \quad ; \quad AsO^4R'^3$$

Les arséniates monométalliques sont très solubles dans l'eau. Parmi les arséniates bi et tri métalliques, les seuls solubles sont les arséniates alcalins. Calcinés, ceux-ci donnent des pyroarséniates $As^2O^7R^4$ et des métarséniates AsO^3R'. Les métaux lourds tendent à former toujours des arséniates trimétalliques.

Les solutions d'arséniates acidifiées d'acide chlorhydrique, ne déposent que lentement du sulfure jaune d'arsenic. Acidulées d'acide nitrique elles produisent avec le molybdate acide d'ammoniaque, surtout à chaud, un précipité jaune *d'arsénio-molybdate d'ammoniaque*.

Lorsqu'on ajoute du nitrate d'argent à un arséniate alcalin, il se fait un précipité rouge brique caractéristique d'arséniate d'argent AsO^4Ag^3.

Borates.

Dans les borates, 1, 2, 3... molécules de base peuvent s'unir à 1, 2, 3... 6 molécules d'acide borique anhydre Bo^2O^3.

Les *orthoborates* répondant à la formule $\overset{''}{B}oO^3R'^3$ sont rares. Les *métaborates* BoO^2R' dérivant de l'acide orthoborique BoO^3H^3 ayant perdu une molécule d'eau ($BoO^3H^3 - H^2O = BoO^2H$) sont les plus nombreux et les mieux définis.

Les borates des métaux alcalins sont solubles et basiques aux papiers. Les autres sont insolubles.

Le borax ordinaire, ou biborate de soude, répond à l'anhydride borique $4BoO^3H^3 - 5H^2O = Bo^4O^7H^2$. Il a pour formule $Bo^4O^7Na^2,10H^2O$.

Si l'on traite un borate par de l'alcool, puis par un petit excès d'acide sulfurique, et qu'on allume ensuite l'alcool, celui-ci brûle avec une flamme verte caractéristique de l'acide borique. Mélangés d'acide chlorhydrique, les borates donnent une liqueur qui brunit fortement le papier de curcuma. La tache brune passe à un noir bleuâtre par l'ammoniaque.

Carbonates.

Un grand nombre de carbonates se rencontrent dans la nature. Les carbonates de chaux, de magnésie, existent dans beaucoup de terrains et d'eaux potables ou minérales ; le carbonate de soude, dans les eaux alcalines.

Il existe des carbonates neutres CO^3R^2, des carbonates ou bicarbonates acides CO^3RH, et des carbonates basiques et hydrocarbonates $CO^3R^2, n(R^2O, H^2O)$: tel est celui de magnésie.

Tous les carbonates neutres sont insolubles, sauf les alcalins ; les alcalino-terreux se dissolvent dans l'acide carbonique en excès ; tous les bicarbonates sont solubles et dissociables à l'air ou par dissolution aqueuse.

A l'exception de ceux de potasse et de soude, les carbonates se décomposent par la chaleur en abandonnant leur base.

Tous les carbonates, même celui de potasse, chauffés au rouge vif avec du charbon sont réduits à l'état métallique avec départ d'acide carbonique ou d'oxyde de carbone, suivant la température.

Les acides décomposent les carbonates en donnant le sel correspondant au métal et mettant l'acide en liberté. Le gaz carbonique qui se dégage se reconnaît à ce qu'il n'est ni coloré, ni odorant, et qu'il trouble l'eau de chaux, qui l'absorbe entièrement.

Silicates.

On a vu que la silice donnait avec l'eau des anhydrides divers. Le premier SiO^2, H^2O serait l'hydrate normal. Toutefois on est convenu d'appeler *orthosilicates* ceux où l'oxygène de l'acide est à l'oxygène de la base dans le rapport 1 : 1. Ainsi le *péridot* $SiO^2, 2MgO$ et l'*anorthite* $CaO, Al^2O^3, 2SiO^2$ sont des *orthosilicates*. Dans les *bisilicates* l'oxygène de l'acide est à celui de la base comme 2 : 1 : tels sont les *pyroxènes* $SiO^2(Fe, MgCa..)O$, et l'*émeraude* $Al^2O^3, 3GlO, 6SiO^2$. Dans les *trisilicates*, l'oxygène de l'acide est à celui de la base comme 3 : 1. Le *feldspath orthose* $Al^4O^3.KO, 6SiO^2$ et les autres feldspaths sont des trisilicates.

Les silicates sont tous insolubles, sauf ceux de potasse et de soude.

Un grand nombre de silicates sont décomposés par l'acide chlorhydrique. Ce sont en particulier les silicates hydratés et ceux qui ne renferment pas une trop grande proportion de silice. Quelques silicates donnent ainsi de la silice pulvérulente ; d'autres, de la silice gélatineuse. Tous s'attaquent par leur digestion avec l'acide fluorhydrique ou par fusion avec le fluorhydrate d'ammoniaque en perdant ainsi la totalité de leur silicium sous forme de *fluorure* $SiFl^4$. Au contact de l'eau ce dernier gaz dépose de la silice gélatineuse caractéristique.

MARCHE A SUIVRE POUR LA RECHERCHE DE L'ACIDE D'UN SEL MÉTALLIQUE

Remarque préliminaire. — Pour appliquer la marche méthodique indiquée dans le tableau suivant, le sel à reconnaître doit être soluble, et à l'état de sel de soude autant que possible. *Si le sel est insoluble,* après s'être assuré de la présence ou de l'absence d'acide carbonique que tous les acides dégagent sous forme d'un gaz incolore et inodore, on devra fondre le sel au rouge avec trois fois son poids de carbonate de soude pur, ou bien, ce qui est généralement suffisant en analyse qualitative, on fera bouillir quelque temps sa poudre avec une solution concentrée de carbonate de soude ; dans les deux cas, on reprend par l'eau chaude, on filtre et sur une petite quantité de la liqueur A mise à part on s'assure de la présence ou de l'absence des chlorures. Pour cela, après avoir sursaturé par de l'acide nitrique pur la petite fraction mise à part, on y verse du nitrate d'argent, qui dans le cas des chlorures, donne un précipité blanc caillebotté, insoluble dans l'acide nitrique en excès, soluble dans l'ammoniaque. Après avoir ainsi constaté la présence ou l'absence des carbonates et des chlorures, on sature la liqueur A d'acide chlorhydrique et l'on examine cette solution, ou la solution primitive, comme il va être dit :

I. — *La solution saline est traitée par le nitrate de baryte. Elle donne un précipité : Voir* (A), *ou n'en donne pas : Voir* (B).

(A). — **La liqueur donne un précipité par l'azotate de baryte.**
Après acidulation de la solution du sel primitif par de l'acide chlorhydrique, on fait passer un courant d'*acide sulfhydrique* et l'on fait bouillir quelque temps. Il se fait un précipité coloré : *Voir* (a) ou il ne se produit qu'un louche blanchâtre occasionné par du soufre qui passe à travers les filtres : *Voir* (b), ou bien il ne se fait ni précipité, ni louche : *Voir* (c).

(a). — *S'il s'est fait un précipité coloré en versant* H²S *dans la liqueur primitive,* on le recueille et, après dessiccation, on le calcine dans un petit tube coudé en siphon renversé, ouvert aux deux bouts. Trois cas sont possibles :

    1° Il reste au fond du tube un résidu *fixe* blanchâtre. . . . . **STANNATE.**

    2° Il ne reste rien de fixe, dans le tube coudé, après une forte calcination ;
Le précipité de sulfure s'est volatilisé dans ce tube ; il est soluble dans le bicarbonate d'ammoniaque ; chauffé dans un nouveau tube avec un peu de cyanure de potassium sec, il donne un sublimé métallique. Dans ce cas, on essayera si

      La *liqueur primitive* précipite en jaune par le nitrate d'argent. . . . . **ARSÉNITE.**

      La *liqueur primitive* précipite en rouge brique par le nitrate d'argent. . . . . **ARSÉNIATE.**

(b). — *S'il se fait par l'hydrogène sulfuré seulement un louche blanchâtre* passant à travers les filtres, trois cas peuvent se présenter :

1° La liqueur primitive était incolore; sous l'influence de l'hydrogène sulfuré elle a d'abord louchi et bruni, mais un excès de cet acide l'a décolorée. . . . . IODATE.

2° La liqueur primitive, jaune ou rouge, est devenue verte. . . . . CHROMATE.

3° La liqueur primitive verte, bleuâtre ou rosée, s'est presque décolorée { MANGANATE ou
par H²S. . . . . { PERMANGANATE.

(c). — *Il ne se fait, par l'hydrogène sulfuré versé dans la liqueur primitive acidulée de* HCl, *ni précipité ni louche.* On recueille le précipité produit par l'azotate de baryte, suivant l'*essai* (A) ci-dessus, on le lave et on le traite par de l'acide chlorhydrique étendu; trois cas peuvent se présenter; *Voir* 1°, 2° et 3° :

   1° *Le précipité est insoluble ou laisse un produit insoluble.*
     La liqueur primitive traitée avec précaution par l'acide chlorhydrique donne un précipité de silice gélatineuse, soluble dans un excès d'acide . . . . SILICATE.
     La liqueur primitive traitée par HCl donne un dépôt de soufre et dégage l'odeur de l'acide sulfureux . . . . HYPOSULFITE.
     La liqueur primitive ne donne aucune réaction par HCl. Le précipité barytique (A) insoluble dans les acides, calciné avec un peu de sucre dans la flamme réductrice du chalumeau, donne un résidu qui, par les acides dégage de l'hydrogène sulfuré. . . . . SULFATE.

   2° *Le précipité se dissout sans effervescence.*
     Le sel primitif sec, ou celui qui reste quand on évapore la liqueur, dégage par addition d'acide sulfurique concentré un gaz qui corrode le verre. . . . . FLUORURE.
     Le sel sec additionné d'alcool et d'acide sulfurique brûle, si l'on allume l'alcool, avec une flamme bordée de vert . . . . BORATE.
     La liqueur primitive additionnée d'un sel de chaux donne un précipité :
       Soluble dans l'acide acétique.. . . . . PHOSPHATE.
       Insoluble dans l'acide acétique. . . . . OXALATE.

   3° *Le précipité se dissout avec effervescence.*
     Le gaz recueilli trouble l'eau de chaux; il est inodore. . . . . CARBONATE.
     Le gaz qui se dégage sent le soufre qui brûle. . . . . SULFITE.

(B). — **La solution primitive ne donne pas de précipité par l'azotate de baryte.** On passe à II.

             —————

. — *La liqueur primitive, qui ne précipite pas par l'azotate de baryte, est traitée par l'azotate d'argent. Elle donne un précipité : Voir* (C) *ou n'en donne pas : Voir* (D).

(C). — **Le précipité par l'azotate d'argent ne disparaît pas lorsqu'on l'étend d'eau; il est noir, jaune ou blanc.**

   1° *Le précipité est noir.* La liqueur primitive chauffée, puis traitée par l'acide chlorhydrique, dégage de l'hydrogène sulfuré . . . . SULFURE.

   2° *Le précipité est jaune ou jaunâtre.*
     Il est *très peu soluble* ou *insoluble* dans l'ammoniaque. . . . . . . IODURE.
     Il est *soluble* dans l'ammoniaque. . . . . BROMURE.

   3° *Le précipité est blanc.* L'acide nitrique ne le dissout pas. Traité par

l'acide sulfurique faible le sel primitif dégage l'odeur d'amandes amères .   CYANURE.
L'acide nitrique ne dissout pas ce précipité blanc; l'ammoniaque le
dissout bien. Pas d'odeur d'amandes amères avec le sel primitif mêlé
d'acide sulfurique . . . .   CHLORURE.

(D). — **La liqueur primitive ne précipite pas par l'azotate d'argent.** On
passe à III.

         ●   ————————

III. — *La liqueur primitive ne précipite ni par l'azotate de baryte ni par l'azotate d'argent.*

Cette liqueur est concentrée à sec. Le résidu salin déflagre sur les charbons
rouges. Le sel primitif desséché, traité avec précaution par l'acide sulfurique,
dégage :

1° Des *vapeurs blanches*. En ajoutant du cuivre et de l'acide sulfurique, il
apparaît des vapeurs rutilantes. . . . .   AZOTATE.

2° Des *vapeurs jaunes*. Le sel après calcination au rouge précipite le nitrate
d'argent en blanc. . . . .   CHLORATE.

3° Des *vapeurs rouges*. Le résidu du sel calciné repris par l'eau précipite
en jaune les sels d'argent.   BROMATE.

Lorsque, par l'application des réactions qui viennent d'être indiquées,
on est arrivé à reconnaître l'acide d'un sel, on ne devra considérer
cette détermination que comme approchée et encore incertaine. Il faudra
chercher alors à vérifier l'ensemble des caractères que nous avons
indiqués plus haut à propos de chaque sel, et soumettre la substance
donnée aux réactions définitives qui caractérisent le genre auquel on
suppose qu'il appartient. On ne considérera son acide comme connu que
lorsque le sel donné aura répondu à chacun des caractères distinctifs
de ce genre.

————————

TRENTE-DEUXIÈME LEÇON

DÉTERMINATION DE L'ÉLÉMENT ÉLECTROPOSITIF DANS UN COMPOSÉ MÉTALLIQUE
MÉTHODES ANALYTIQUES ORDINAIRES — ANALYSE SPECTRALE
RECHERCHE TOXICOLOGIQUE DES MÉTAUX

Nous réunissons dans cette *Leçon* : (A) *les méthodes analytiques
ordinaires* destinées, à l'aide des réactifs, à reconnaître l'élément
électropositif qui entre dans une combinaison métallique; (B) *les méthodes spectroscopiques* qui arrivent au même résultat par l'observation
spectrale; (C) *les méthodes toxicologiques*.

MÉTHODES ANALYTIQUES

POUR SÉPARER LES SELS EN CLASSES, ET DÉTERMINER LEURS MÉTAUX

La détermination du métal qui entre dans la composition d'un sel *soluble* est un problème relativement simple. Si le métal existe, au contraire, dans une combinaison *insoluble* dans l'eau, ou bien s'il est contenu en minime proportion dans une grande masse de matière étrangère, comme il arrive presque toujours dans les recherches toxicologiques, il faut, avant d'essayer de le déterminer par ses réactions spécifiques, *le rendre soluble*, ou, s'il est en trop minime proportion, le *condenser* dans une petite quantité de dissolvant, grâce à l'élimination des substances qui masquaient ou atténuaient ses réactions. Ce second problème se présente sans cesse dans les recherches toxicologiques.

DISSOLUTION DU COMPOSÉ MÉTALLIQUE

S'il s'agit d'un sel *insoluble* ou d'une matière métallique, on essayera de dissoudre sa poudre dans l'eau distillée froide ou chaude. Elle y sera visiblement soluble, ou bien peu ou pas soluble. En cas de doute, on filtrera la liqueur et on l'évaporera. S'il s'est fait une dissolution, même partielle, de la substance, la liqueur laissera un résidu visible lorsqu'on la desséchera sur une lame ou dans une capsule de platine.

Si rien ne s'est dissous, ou seulement une partie minime, on traitera la matière à déterminer par de l'acide chlorhydrique étendu d'eau. Il pourra se dégager alors des gaz : *acide carbonique, hydrogène sulfuré, acide sulfureux, hydrogène*, etc.; ils renseignent quelquefois sur la nature de l'acide du sel, ou bien indiquent la présence d'un métal à l'état libre dans la substance qu'on cherche à dissoudre. On examinera séparément la solution chlorhydrique et la portion insoluble.

Le résidu laissé par l'acide chlorhydrique affaibli sera traité par de l'acide concentré. Il pourra se produire ainsi du chlore ou de l'oxygène, indices de la présence des peroxydes. Il pourra se faire aussi un dépôt de silice gélatineuse, indice d'un silicate.

Si l'acide chlorhydrique ne dissout pas la matière, on essayera sur elle l'action de l'acide azotique. Il pourra se dégager des vapeurs rutilantes, avec ou sans dépôt de soufre (*sulfures, métaux libres*), ou bien se produire, surtout si l'on chauffe, une poudre blanche (*sulfure de plomb* se transformant en *sulfate; acides stannique* ou *antimonique*).

On essayera de traiter par de l'eau régale le résidu demeuré *insoluble dans les divers dissolvants* ci-dessus. Elle dissoudra l'or, le platine, etc.

Mais il pourra se faire qu'il reste encore des corps insolubles dans cette succession de dissolvants acides. Parmi ces corps réfractaires, citons : le *quartz* et ses variétés ; quelques *silicates*, le *corindon*, le *fer chromé*, l'*oxyde d'antimoine*, les *acides tungstique, molybdique* et *stannique* ; les *sulfates de baryte* et *de strontiane* ; les *chlorure, bromure* et *iodure d'argent* ; l'*oxyde de chrome* ; le *charbon*.

Dans ces cas, on reprendra le résidu inattaqué par quatre fois son poids d'un mélange de *carbonate de soude sec* (10 parties) et de *carbonate de potasse sec et pur* (1ρ̄ parties) ; on placera le tout dans un creuset de platine et l'on portera au rouge tant que la matière en fusion dégagera des gaz. On reprendra ensuite par l'eau bouillante et l'on filtrera. *Sur le filtre resteront toutes les bases à l'état insoluble* ; les acides passeront dans la liqueur à l'état de sels de soude. En reprenant le résidu, *bien lavé*, resté sur le filtre, par un peu d'acide chlorhydrique ou nitrique étendu, on obtiendra la dissolution, à l'état de nitrates ou de chlorhydrates, de l'ensemble des bases contenues dans la matière à examiner.

La substance primitive, quelle qu'elle soit, aura donc été dissoute soit par l'eau pure, soit par l'eau acidifiée ou les acides purs, soit par l'eau après fusion avec les carbonates alcalins.

RECHERCHE DU MÉTAL DANS UN SEL SOLUBLE

Le métal étant dissous suivant les règles du précédent paragraphe, si l'on a été conduit à employer un acide en excès, on commence par le chasser en évaporant complètement la solution et reprenant le résidu par de l'eau très légèrement acidulée d'acide chlorhydrique. Si la dissolution du sel primitif s'était faite directement avec l'eau pure, on acidulerait cette solution d'un peu d'acide chlorhydrique.

L'emploi de deux réactifs, l'*hydrogène sulfuré* et le *sulfure d'ammonium*, suffit dès lors pour classer le métal, ou les métaux cherchés, dans l'un des quatre groupes indiqués au TABLEAU A suivant :

Tableau A. — Division des métaux en quatre groupes
POUR LA RECHERCHE ANALYTIQUE DE LA BASE D'UN SEL

Dans la liqueur acidulée d'acide chlorhydrique on fait passer un courant d'*hydrogène sulfuré*. IL Y A UN PRÉCIPITÉ (*a*) OU IL N'Y A PAS DE PRÉCIPITÉ (*b*) :

(*a*) **Il y a un précipité.** On recueille ce précipité, on le lave et on le traite par une solution étendue de *sulfhydrate d'ammoniaque* :	*Le précipité se dissout :*	**1ᵉʳ groupe.** *Or ; antimoine ; arsenic ; étain.*
	Le précipité ne se dissout pas.	**2ᵉ groupe.** *Platine ; mercure ; plomb ; bismuth ; cuivre ; cadmium.*

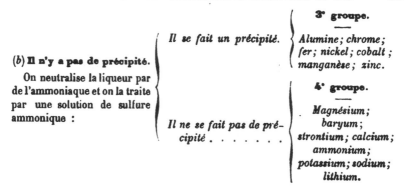

(b) Il n'y a pas de précipité.

On neutralise la liqueur par de l'ammoniaque et on la traite par une solution de sulfure ammonique :

Il se fait un précipité.

3° groupe.

Alumine; chrome; fer; nickel; cobalt; manganèse; zinc.

4° groupe.

Magnésium; baryum; strontium; calcium; ammonium; potassium; sodium; lithium.

Il ne se fait pas de précipité . . . . . .

Observations. — Il peut arriver que lorsqu'on acidule par l'acide chlorhydrique la solution qu'on examine, il se fasse un précipité. Ce cas se produit si la liqueur contient l'un des trois métaux suivants dont les chlorures sont insolubles ou peu solubles : *argent, mercure* au minimum, *plomb*. Dans ces cas, on séparerait par le filtre le précipité formé par l'acide chlorhydrique, on le laverait, et l'on en déterminerait la nature d'après les caractères suivants :

Le chlorure formé *se dissout* à chaud dans beaucoup d'eau.   **Plomb.**

Le chlorure formé *ne se dissout pas* dans l'eau. On ajoute de l'ammoniaque.

Le chlorure se dissout. . .   **Argent.**

Le chlorure noircit sans se dissoudre . . . .   **Mercure.**

Il pourra se faire aussi que l'acidulation de la liqueur primitive ou le passage de H^2S produise un louche, et même un trouble blanc jaunâtre, passant à travers les filtres. Tel est le cas des polysulfures, des hyposulfites, de certains persels. Ce trouble est formé par du soufre très divisé. Dans ce cas il suffit de faire bouillir la liqueur trouble. Le soufre se coagule, on le recueille, et on le brûle pour s'assurer de sa nature.

Ces observations préliminaires permettent donc de classer chaque métal dans un des quatre groupes précédents. Pour distinguer la nature précise du métal on recourra, suivant le groupe auquel on a reconnu qu'il appartenait, aux réactions indiquées dans le tableau qui suit.

Tableau B. — Distinction des métaux de chacun des groupes du tableau A.

1er Groupe.

La couleur du sulfure (*obtenu suivant le* **Tableau A** (*a*) est :

Noire . . . La liqueur primitive était jaune. Bouillie avec un peu d'acide oxalique, elle donne un précipité d'or métallique . . . .   **Or.**

Brun marron. . . . . $\left\{\begin{array}{l}\text{Étain}\\ \textit{au minimum.}\end{array}\right.$

Jaune ou **orangée.** $\left\{\begin{array}{l}\text{On lave, sèche et grille le sulfure}\\ \text{dans un tube ouvert. On obtient}\\ \text{un oxyde.} \ldots \ldots \ldots\end{array}\right.$ $\left\{\begin{array}{l}\text{fixe} \ldots \ldots\\ \\ \text{volatil} \cdot \ldots\end{array}\right.$ $\left\{\begin{array}{l}\text{Étain}\\ \textit{au maximum}\\ \text{Antimoine}\\ \text{ou Arsenic (}^1\text{).}\end{array}\right.$

2e Groupe.

La couleur de sulfure (*obtenu suivant le* **Tableau A** (*a*) est :

Jaune. . . . . **Cadmium.**

Noire . . . .
On ajoute de l'acide azotique au sulfure lavé.

$\left\{\begin{array}{l}\textit{Le sulfure}\\ \textit{ne se}\\ \textit{dissout pas.}\end{array}\right.$ $\left\{\begin{array}{l}\text{La liqueur primitive est jaune.}\\ \text{Lorsqu'on la concentre et qu'on}\\ \text{l'additionne de sel ammoniac, elle}\\ \text{donne un précipité grenu cris-}\\ \text{tallin d'octaèdres microscopiques}\end{array}\right.$ **Platine.**

$\left\{\begin{array}{l}\text{La liqueur primitive est incolore.}\\ \text{Dans la dissolution, l'iodure de}\\ \text{potassium donne un précipité}\\ \text{rouge, soluble dans un excès.}\end{array}\right.$ **Mercure.**

$\left\{\begin{array}{l}\textit{Le sulfure}\\ \textit{se dissout :}\\ \text{On ajoute de}\\ \text{l'acide}\\ \text{sulfurique}\\ \text{à la liqueur}\\ \text{primitive.}\end{array}\right.$ *Il se produit un précipité* blanc.. **Plomb.**

$\left\{\begin{array}{l}\textit{Il ne se}\\ \textit{produit pas de}\\ \textit{précipité :}\\ \text{On ajoute de}\\ \text{l'ammoniaque:}\end{array}\right.$ $\left\{\begin{array}{l}\text{Il se fait un}\\ \text{précipité blanc.}\end{array}\right.$ **Bismuth.**

$\left\{\begin{array}{l}\text{Il se fait un}\\ \text{précipité qui se}\\ \text{redissout}\\ \text{facilement dans}\\ \text{l'ammoniaque}\\ \text{avec une belle}\\ \text{couleur bleue.}\end{array}\right.$ **Cuivre.**

3e Groupe.

On fait bouillir le sulfure obtenu par le sulfhydrate d'ammoniaque (d'après le **Tableau A**-(*b*) avec de l'acide azotique qui peroxyde le fer; on reprend par l'eau, et l'on ajoute du sel ammoniac et de l'ammoniaque :

Il se fait un précipité.. . . . . $\left\{\begin{array}{l}\text{couleur rouille.} \ldots \ldots\ \text{Fer.}\\ \text{blanc (}^2\text{).} \ldots \ldots \ldots\ \text{Aluminium.}\\ \text{verdâtre.} \ldots \ldots \ldots\ \text{Chrome.}\end{array}\right.$

Il ne se fait pas de précipité.
Le sulfure obtenu par le sulfhydrate d'ammoniaque d'après le **Tableau A** était : $\left\{\begin{array}{l}\text{noir} \ldots \ldots \ldots \ldots\ \text{Nickel ou Cobalt.}\\ \text{couleur chair.} \ldots \ldots\ \text{Manganèse.}\\ \text{blanc.} \ldots \ldots \ldots \ldots\ \text{Zinc.}\end{array}\right.$

(¹) Le sulfure d'antimoine est soluble dans HCl, celui d'arsenic ne l'est pas.

(²) Une liqueur contenant du phosphate de chaux pourrait, dans ces conditions, donner un précipité à la façon de l'alumine. Mais celle-ci se redissoudrait dans la potasse, ce que ne fait par le phosphate calcique. De plus, ce sel dissous dans l'acide nitrique précipiterait en jaune par le molybdate acide d'ammoniaque.

4ᵉ Groupe.

Si la liqueur primitive ne précipite *ni par l'hydrogène sulfuré, ni par le sulfhydrate d'ammoniaque*, on l'additionne de carbonate de soude tant qu'elle fait effervescence :

Il se fait un précipité.
On redissout le précipité dans l'acide chlorhydrique en léger excès et l'on alcalinise de nouveau par du carbonate d'ammoniaque.

    Pas de précipité. . . . . **MAGNÉSIUM.**

    Précipité :
    On ajoute à la liqueur primitive du chromate de potasse neutre :
        Précipité jaune . . . . **BARYUM.**
        Pas de préci-pité :
        On ajoute à la liqueur du sulfate de chaux.
            Précipité. . . . **STRONTIUM.**
            Pas de précipité. **CALCIUM.**

Il ne se fait pas de précipité.
On fait bouillir la liqueur primitive avec de la potasse.

    Il se dégage de l'ammoniaque. . . . . **AMMONIUM.**

    Il ne se dégage pas d'ammoniaque:
    La liqueur un peu concentrée, additionnée de carbonate ou de phosphate de soude
        précipité. . . . . **LITHIUM.**
        ne précipite pas :
        On *traite* la liqueur primitive par du chlorure de platine :
            Précipité jaune. **POTASSIUM.**
            Pas de précipité. **SODIUM.**

Remarque. — Lorsque, par l'emploi des tableaux précédents, on est arrivé à distinguer dans la substance qu'on examine un ou plusieurs métaux, on ne considérera ces déterminations comme définitives que si la liqueur ou le sel primitif donnent toutes les réactions qui caractérisent complètement les métaux présumés. Ces réactions spécifiques et définitives seront indiquées à propos de chacun des divers métaux.

Mélanges de sels. — Les tableaux précédents peuvent au besoin servir à reconnaître les mélanges de sels de plusieurs métaux. Le cuivre et le fer dans un sulfure, par exemple une pyrite cuivreuse; le cuivre, le fer, l'antimoine ou l'arsenic coexistant dans un sulfoarséniure ou un sulfoantimoniure, seraient, en suivant la méthode ci-dessus, séparés par l'hydrogène sulfuré et le sulfure ammonique, et classés chacun dans l'un des *quatre groupes* ci-dessus. Il serait dès lors facile de les déterminer successivement. Mais lorsqu'un mélange contient à la fois plusieurs métaux d'un même groupe, il faut, en général, pour les séparer et les reconnaître tous, recourir aux méthodes de l'analyse quantitative que nous ne pouvons exposer ici.

ANALYSE SPECTRALE

On sait depuis Newton que lorsqu'on fait tomber sur un prisme un pinceau de lumière, ce pinceau est non seulement dévié de sa direction, ou *réfracté*, par son passage à travers ce prisme, mais aussi étalé, ou *dispersé*, en un spectre généralement formé de l'ensemble des sept cou-leurs qui sont en allant de la plus réfrangible à celle qui l'est le moins : *violet, indigo, bleu, vert, jaune, orangé, rouge.*

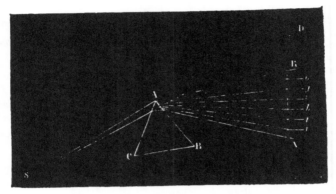

Fig. 201. — Pinceau lumineux réfracté par le prisme.
Dispersion des sept couleurs de Newton.

Pour expliquer la formation de ce spectre, Newton admit que la lumière violette est plus réfrangible que la bleue, celle-ci plus que la jaune, qui l'est elle-même plus que la rouge. Suivant Newton, les divers rayons qui composent la lumière blanche incidente coexistent dans cette lumière, sans se confondre, mais en traversant le prisme ils s'étalent et se séparent à leur sortie parce qu'ils s'écartent d'autant plus de la direction primitive qu'ils sont chacun plus réfrangibles.

Depuis Huyghens, les physiciens ont démontré que la lumière se transmet par une série d'ondes, qui se produisent dans l'*éther cosmique* intermatériel à peu près comme ces ondes circulaires qui se forment sur un lac d'eau tranquille où l'on jette une pierre. Seulement dans l'*éther* les ondulations se propagent suivant des sphères qui vont en grandissant à mesure qu'elles s'éloignent de leur centre qui est le point lumineux. La vitesse de propagation de ce mouvement de l'onde qui s'éloigne sans cesse du centre d'excitation est de 80 000 lieues environ par seconde (315 364 kilomètres d'après M. Fizeau).

On admet aujourd'hui que la lumière résulte des vibrations très rapides des molécules des corps matériels incandescents : les vibrations de ces molécules produisent autour d'elles une série d'ondes sphériques qui se propagent chacune dans l'éther comme on vient de le dire, à peu près comme une seconde, une troisième pierre, jetées à intervalles égaux dans l'eau du lac dont noue parlions, produiraient une seconde, une troisième, une quatrième onde qui se suivraient à distances régulières.

La *distance* λ, λ, λ (fig. 201) *de deux ondes successives* se nomme *longueur d'onde;* elle varie avec chacune des couleurs du spectre. La vitesse de la molécule d'éther sur sa trajectoire perpendiculaire à la direction de la transmission de la lumière ou du rayon de l'onde (*Fresnel*), nulle au départ, au point producteur de lumière, devient maximum + α en *a*, nulle en *b*, maximum, mais de sens contraire — α en *a'* et revient au zéro sur *l*, pour recommencer ensuite à passer par les mêmes vitesses périodiques + α, o, — α, o dans les ondes suivantes. La distance λ qui sépare ainsi les deux sphères où les molécules d'éther sont au repos se nomme longueur *d'onde*.

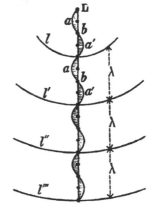

Fig. 201. — Ondes lumineuses, *ll' l" l'''*. — *a a'*, vibrations de l'éther perpendiculairement à la direction du rayon lumineux.— λ λ, longueurs d'onde.

Or les physiciens ont démontré : **1°** que toutes les lumières, *quelle que soit leur couleur*, parcourent la même distance dans le même temps ; **2°** que leurs *longueurs d'onde* λ, λ' λ" sont différentes et *inverses de la réfrangibilité ou de l'indice de réfraction* de chacune de ces lumières colorées.

Voici, exprimées en *millionièmes de millimètre*, les longueurs d'onde λ des principales couleurs du spectre :

Rouge.	{ 723		Bleu.	{ 492
Orange.	{ 647		Indigo.	{ 455
Jaune.	{ 585		Violet.	{ 424
Vert.	{ 575		Ultra violet. . . .	{ 397
	{ 492			...

L'une des plus belles découvertes de notre siècle sera d'avoir établi que la lumière émise par chaque corps incandescent, métalloïde ou métallique, permet de reconnaître la nature chimique de ce corps.

L'étude des spectres des flammes, ou de l'étincelle électrique, chargées des vapeurs des divers corps, fut faite d'abord par Wollaston, puis par Frauenhoffer, enfin par Masson et Foucault, qui reconnurent les lois générales du phénomène. Mais c'est entre les mains de Bunsen et de

Kirchoff que la spectroscopie s'est agrandie et transformée en une méthode générale de recherches analytiques exactes. L'invention de ce merveilleux instrument, le spectroscope, et la généralisation de ces belles études sont dues surtout à ces deux derniers savants.

Voici sur quels principes repose cette méthode. Lorsqu'un corps solide *non volatil*, tel que le platine, est porté à une très haute température, il devient incandescent, et si l'on fait tomber sur un prisme la lumière qu'il émet, on obtient de cette lumière un spectre *continu*, c'est-à-dire tel que toutes les couleurs y sont représentées.

Il n'en est plus de même lorsque les corps incandescents arrivent à l'état de vapeurs; ils émettent alors une lumière composée d'une ou de plusieurs couleurs spécifiques, dont les longueurs d'onde sont caractéristiques de chacun des éléments du corps qui vibre. Faisons éclater l'étincelle d'induction dans un tube rempli d'hydrogène et recevons dans de bonnes conditions expérimentales la lumière émise par ce gaz incandescent sur un prisme où elle se réfractera; à sa sortie du prisme recevons-la sur un écran. Elle va nous donner un spectre tout particulier. Il se composera uniquement de quatre raies, l'une dans l'orangé ($\lambda = 652,2$), l'autre dans le bleu, très vive ($\lambda' = 486,1$), la troisième et la quatrième assez diffuses dans l'indigo et le violet ($\lambda'' = 434$ et $\lambda''' = 410,1$). Il n'y aura pas d'autres couleurs ni d'autres lumières dans le spectre de cet *hydrogène*, porté à l'incandescence.

De même, prenons du sodium ou l'un de ses composés volatils, le chlorure par exemple; introduisons-le dans la flamme de la lampe de Bunsen brûlant avec excès d'air, flamme sans éclat et à peu près sans spectre. Dès que ce chlorure sera volatilisé dans la flamme, nous verrons au spectroscope se produire le spectre du sodium. Il est uniquement formé de deux raies jaune orangé très rapprochées et très brillantes ($\lambda = 589,5$ et $\lambda' = 588,9$). Les autres couleurs n'existent pas dans le spectre très simple de ce métal.

Comme le sodium et l'hydrogène, chaque métal et chaque métalloïde, à l'état de vapeur incandescente, donnent ainsi leur spectre spécifique composé de *raies brillantes* dont la position, c'est-à-dire la réfrangibilité et par conséquent la longueur d'onde, sont caractéristiques pour chaque élément. Mais c'est en général à une température bien plus élevée que celle qui est nécessaire pour les métaux, que les métalloïdes donnent les raies spectrales qui les caractérisent, et dans la recherche des composés métalliques par la méthode spectrale, on peut généralement négliger la nature des métalloïdes qui les accompagnent.

L'expérience a démontré que, quelle que soit la température et même la nature de la combinaison, chaque métal donne toujours les mêmes raies, nettement définies chacune par leur position dans le spectre, c'est-à-dire par leur longueur d'onde. Ces raies à longueurs d'onde invariables caractérisent donc le métal et peuvent servir à le reconnaître. Si la température augmentait beaucup, on pourrait voir de nouvelles raies apparaître, surtout dans la partie la moins réfrangible du spectre, et les anciennes s'élargir un peu et même s'atténuer ou disparaître, mais *tout en gardant toujours exactement leur position* ([1]).

L'expérience a démontré aussi que les raies de deux éléments différents ne coïncident pour ainsi dire jamais. On cite à peine une raie du magnésium et une du fer, une raie du calcium et une du fer, qui semblent coïncider : encore ces raies diffèrent-elles par leurs intensités relatives.

Lorsque plusieurs métaux sont introduits à la fois dans une même flamme, chacune des raies de chaque métal se produit simultanément, sans que les raies de l'un modifient celles de l'autre, et sans que les raies des métalloïdes, lorsqu'elles paraissent, changent aucunement la position des raies du métal.

Il suit de ces diverses remarques que, quelle que soit la nature de leurs combinaisons, la température, le mode d'association ou de mélange des divers métaux, chacun d'eux est caractérisé par les longueurs d'onde de chacune de ses raies, ou, ce qui revient au même, par leur réfringence ou leur position relative dans le spectre.

Renversement des raies. — Si une flamme contenant la vapeur d'un métal est traversée par une lumière très vive provenant d'un corps solide incandescent, et par conséquent possédant toutes les longueurs d'ondes lumineuses possibles, on obtiendra de cette lumière un spectre continu, mais les raies du métal existant à l'état de vapeur dans la flamme ainsi traversée par la lumière du corps solide incandescent se marqueront *en noir* sur le fond lumineux de ce spectre continu, et occuperont la place même où se formaient auparavant les raies brillantes caractéristiques de ce métal. De même, si l'on interpose une vapeur métallique sur le trajet d'un rayon lumineux apportant la raie caractéristique brillante du même métal, cette raie brillante deviendra noire. On peut faire aisément cette expérience avec une ampoule où l'on volatilise du sodium et que l'on place entre le prisme du spectroscope et la flamme d'alcool salé que l'on vise. La double raie jaune D, très brillante, du sodium, que l'on apercevait au spectroscope, est aussitôt noircie. Cette observation démontre que les vapeurs d'un métal absorbent précisément les ondes à l'unisson desquelles elles vibrent et qu'elles sont aptes à émettre. En effet, par cela même qu'elles tendent à vibrer ou a être ébranlées par ces ondes, elles semblent les éteindre ; mais

([1]) Cette atténuation des raies d'un corps simple indique qu'il passe par divers états de dédoublements moléculaires ou atomiques aux très hautes températures.

arrive un moment où la vapeur qui accumule ainsi de l'énergie aux
dépens de la lumière qui la met en vibration atteint une température
suffisamment élevée pour qu'elle émette à son tour la lumière qu'elle
a peu à peu absorbée ; elle émet dès lors cette lumière de longueur
d'onde déterminée, et qui la caractérise soit que la raie soit brillante
(lumière émise), soit qu'elle soit obscure (lumière absorbée).

Il suit de cette remarque que la formation des raies noires venant se
produire dans les spectres lumineux *exactement à la place des raies
brillantes*, indique la présence, entre la source lumineuse et le spectre,
de cette même vapeur métallique qui à une température plus élevée
émettrait une raie brillante de même longueur d'onde que celle qu'elle
absorbe lorsqu'elle n'est pas suffisamment échauffée. La position de ces
raies noires dans le spectre caractérise donc tout aussi bien le métal
que si elles étaient brillantes. Leur constatation dans les spectres lumineux du soleil, des étoiles et des nébuleuses a permis de reconnaître
la nature des corps qui composent ces astres.

On a déterminé aujourd'hui l'existence et la longueur d'onde invariable de plus de quinze mille raies dans le spectre du soleil ; on a
établi, par des observations spectroscopiques précises, qu'il y existe de
l'hydrogène, du sodium, du fer, du magnésium, du calcium, du baryum,
du chrome, du nickel, du cuivre, du zinc, du titane. La présence du cadmium, du strontium, du cobalt, de l'aluminium, reste douteuse.

L'étoile *Aldébaran* contient de l'hydrogène, du sodium, du fer, du
magnésium ; *Bételgeuse*, possède du sodium, du magnésium, du fer,
mais pas d'hydrogène. Les *étoiles blanches* ont un spectre plus simple :
elles ne contiennent guère que de l'hydrogène, des traces de magnésium
et de fer, peut-être du sodium.

On sait qu'au-dessus de la photosphère solaire s'élèvent des protubérances roses d'une forme bizarre et changeante. L'étude des raies
de la lumière émise par ces protubérances nous apprend qu'elles sont
composées de gaz incandescents formés surtout d'hydrogène, et peut-
être de magnésium, avec une raie très brillante placée près de D et
qui n'appartient à aucun métal connu. C'est la raie de l'*hélium*.

SPECTROSCOPE

Le spectroscope est l'instrument destiné à observer et à distinguer les
raies des spectres des corps portés à l'incandescence. On en a fait
divers modèles ; je dirai seulement quelques mots du plus usuel.

Il se compose essentiellement d'un prisme P de *flint* (fig. 202), placé
au centre d'une plate-forme de métal. La lumière arrive à ce prisme à
travers un appareil appelé *collimateur* T formé d'un tube portant à son

extrémité une fente *ep* parallèle aux arêtes verticales du prisme P, fente qu'on peut rendre plus ou moins étroite. L'extrémité interne du colli. mateur est munie d'un objectif placé de telle façon que la fente *ep* soit à son foyer principal de sorte que toute lumière émanant de cette fente sort de l'objectif à l'état de rayons parallèles pour tomber sur le prisme P. C'est devant cette fente *ep* qu'on place le corps lumineux

Fig. 203. — Spectroscope.

à observer. La lumière qui en émane, après avoir traversé la fente et l'objectif du collimateur T, traverse le prisme P où elle est déviée et dispersée comme on le voit figure 200. Elle tombe alors sur l'objectif de la lunette astronomique L, qui la renvoie à l'œil placé à l'oculaire de cette lunette. L'observateur voit donc comme sur un écran les diverses raies du spectre lumineux qui se forment au foyer de l'objectif de la lunette. Chacune de ces raies est vue dans la direction et sur le point où converge le prolongement des pinceaux lumineux qu'elles envoient à l'œil.

Pour mesurer exactement la position de ces raies, le spectroscope est muni d'un troisième organe, le *tube à micromètre* M. C'est une lunette où existe une échelle micrométrique, photographiée sur verre, portant des divisions transparentes sur fond noir. Ces divisions sont placées au foyer principal de l'objectif O′ de cette lunette micrométrique M de façon qu'il ne sorte de cette lunette que des rayons parallèles. Les divisions de l'échelle micrométrique étant éclairées par une lampe, ou par une flamme de gaz, la lumière qui en émane tombe sur l'objectif O′, traverse le collimateur de la lunette micrométrique, se réfléchit à la surface du prisme P, et arrive à l'œil à travers la lunette L. L'image des divisions micrométriques vient donc se superposer dans l'œil à celle des raies lumineuses émanées de la fente *ep* et l'observateur n'a plus qu'à noter la position de ces raies qui se projettent sur les divisions numérotées de l'image du micromètre.

Pour faire une observation, après avoir réglé la lunette astronomique T directement sur l'infini, et placé la photographie du micromètre et la fente éclairée au foyer de leurs collimateurs respectifs, on dispose le prisme, par rapport aux deux lunettes T et L, au minimum de déviation, on éclaire le micromètre O′ et l'on s'assure de la *mise au point*, que l'on termine au besoin en observant la raie du sodium. Il suffit pour cela d'introduire dans la flamme d'un bec de Bunsen brûlant sans éclat lumineux, un peu de sel marin. On s'arrange généralement pour faire coïncider la double raie DD du sodium avec la division 20 du micromètre, division que l'on choisit du reste arbitrairement. En plaçant alors dans la flamme, ou l'étincelle, tous les métaux successivement, on voit dans la lunette L, si la température est suffisante, les divers spectres qui caractérisent chaque métal. Les métaux alcalins et alcalino-terreux donnent généralement des spectres simples composés d'un petit nombre de raies brillantes ; les autres parties du spectre, d'ordinaire lumineux, restent obscures. Pour les métaux, tels que le fer, le manganèse, le bismuth, les raies sont très nombreuses ; mais généralement, pour chacun d'eux, deux, trois ou quatre raies sont plus vives que toutes les autres et permettent de caractériser le métal vaporisé dans la flamme.

Il peut arriver que l'on ait à sa disposition fort peu de la combinaison métallique qu'on étudie, ou que les raies secondaires ne soient pas assez vives pour être bien distinguées et classées lorsqu'on volatilise simplement la matière métallique dans une flamme de bec de Bunsen non éclairante. Dans ce cas on recourt à l'étincelle d'induction que l'on fait éclater entre la solution métallique dans laquelle on plonge le fil de platine qui forme le pôle négatif de la pile, et le pôle positif placé au-dessus à une très faible distance de la liqueur. Grâce à divers dispositifs, la solution métallique, est maintenue au contact du fil négatif. C'est cette étincelle, qui éclate à intervalles très rapprochés devant la fente *ep*, que l'on examine au spectroscope. A cette température très élevée les raies secondaires sont bien visibles.

La position des raies est variable suivant la matière du prisme central du spectroscope, son angle réfringent, son azimut par rapport aux lunettes, etc. Pour caractériser complètement ces raies il faut les exprimer en *longueurs d'ondes* λ. A cet effet on peut, lorsqu'il s'agit de dresser l'échelle d'un spectroscope particulier, placer successivement dans la flamme divers corps connus dont les longueurs d'ondes ont été déterminées d'avance par les auteurs : on fait, par exemple, éclater l'étincelle dans un tube d'hydrogène ou bien l'on introduit dans la flamme du bec de Bunsen du thallium, du potassium, du lithium, du cuivre, etc.

D'autre part, on se procure une feuille de papier régulièrement quadrillée sur laquelle on va tracer la courbe qui permettra de transformer en longueur d'ondes vraies la position des raies lues sur le micromètre dans le spectroscope dont on se sert. Pour atteindre ce but, sur l'une des lignes horizontales du papier quadrillé en question, on reporte les chiffres des divisions du micromètre où se forme chaque raie, tandis que sur l'une des lignes verticales placées sur le bord gauche du papier quadrillé on compte les longueurs d'ondes λ, en prenant par exemple chaque petite division du papier pour un millionième de millimètre. Plaçant alors dans la flamme le chlorure d'un métal qui donne des raies de longueurs d'ondes connues, on observe leurs positions sur le micromètre et on les reporte sur la ligne horizontale des abscisses, où l'on a reproduit les divisions de l'échelle micrométrique. On élève en chacun de ces points une ordonnée verticale proportionnelle à la longueur d'onde λ qui correspond à la raie observée, longueur d'onde donnée par les tables spéciales, et l'on obtient ainsi un point de la courbe à construire. On agit de même pour les autres raies du même métal. Prenant alors un autre composé métallique de longueur d'ondes connues, on procède de la même manière et l'on obtient avec un troisième, un quatrième métal autant de points de la courbe qu'on le désire. On peut enfin faire éclater l'étincelle dans un tube à hydrogène et déterminer les quatre λ qui correspondent à ses quatre raies, ce qui donne quatre autre points de la courbe. L'on réunit enfin chacun des points ainsi déterminés par une courbe continue μ ν qui, une fois construite, va permettre d'exprimer la valeur d'une raie quelconque en longueur d'ondes λ.

Soit, en effet, une raie tombant à la division 60 du micromètre. Si l'on veut en connaître la longueur d'onde, on élèvera au point 60 de l'axe des abscisses une verticale qui rencontrera la courbe μν, et de ce point de rencontre avec la courbe on mènera une parallèle à l'axe des abscisses. Elle ira couper l'axe des ordonnées en un point où est inscrite la longueur d'onde cherchée.

Nous donnons dans le tableau suivant quelques-unes des longueurs d'ondes λ caractéristiques de divers métaux. Ces longueurs sont exprimées en millionièmes de millimètre (λ = 546,4 veut dire longueur d'onde de 546 millionèmes de millimètre et 4 dixièmes). Nous n'indiquons ici que les raies vives et très vives : le signe ! veut dire vive, !!! très vive ([1]).

Lorsqu'on n'indique pas la nécessité de l'emploi de l'étincelle d'induction, la raie est bien visible dans la flamme du bec de Bunsen.

([1]) Ces nombres sont extraits de l'*Agenda du chimiste* pour 1886.

Longueur d'onde λ en millièmes de millimètre des principales raies des divers métaux.

MÉTAUX	λ	OBSERVATIONS
LITHIUM	670,5	!!!!
	610,2	!!!
SODIUM	589,5	!!!!
	588,9	!!!! raies doubles, avec étinc^lle
	568,7	! en solutions salines.
POTASSIUM	768,0	!!! double.
	583,1	!! avec étincelle.
RUBIDIUM	421,6	!!
	420,2	!!
CÉSIUM	459,7	!!
	456,0	!!!

MÉTAUX	λ	OBSERVATIONS
ZINC	636,1	!!!! Étincelle.
	481,0	!!!
	472,1	!!
CHROME	620,5	!! Étincelle.
	425,5	!!!
MANGANÈSE	601,8	!!! Triple dans l'étincelle.
	482,3	!!! Étincelle.
	478,5	!! id.
	475,5	!! id.
FER	532,0	!!! Étincelle.
	520,7	!!
	523,1	!! et !!
	403,0	!!!
	402,3	!!
COBALT	635,3	!!! Étincelle.
	634,0	!!! id.
	626,5	!! id.
	480,8	!! id.

MÉTAUX	λ	OBSERVATIONS
CALCIUM	620,2	!!!
	618,1	!!!
MAGNÉSIUM	518,5	!! Étincelle.
	517,2	!! id.
	516,7	! id.
STRONTIUM	605,8	!!
	460,7	!!!
BARYUM	524,2	!!! Étincelle.
	513,0	!! id.
GLUCINIUM	457,2	Étinc^le dans chlorure
	448,8	(ces 2 raies sont faibles).

MÉTAUX	λ	OBSERVATIONS
NICKEL	547,0	!!! Forte étincelle.
	508,1	!!
CADMIUM	508,5	!!! Étincelle.
	479,9	!!
CUIVRE	521,7	!!! ⎫ Étincelle avec
	513,5	!! ⎬ bouteille de Leyde
	521,7	!!! ⎭ dans les solutions.
BISMUTH	520,8	!!! ⎫ Étincelle avec
	514,4	!! ⎬ bout^le de Leyde.
	512,4	!!
	472,2	!!!
PLOMB	500,3	!! Étinc^le dans l'azotate
	405,6	!!!
THALLIUM	534,9	!!!

MÉTAUX	λ	OBSERVATIONS
ALUMINIUM	572,2	!! ⎫ Étincelle aidée de
	560,5	!! ⎬ la bouteille de
	505,6	!! ⎭ Leyde.
	466,2	! ⎫ Raies relativement
	484,5	! ⎭ faibles.
GALLIUM	417,1	!! Étincelle dans la solution de chlorure.
THORIUM	459,2	!! Fortes étincelles.
	438,1	!!!
	428,1	!!
ERBIUM	622,1	! Avec fortes étincelles.
	598,2	!!
	558,7	!!
	547,0	!

MÉTAUX	λ	OBSERVATIONS
ARGENT	546,4	!!! Étinc^le dans l'azotate.
	520,7	!!
PALLADIUM	554,7	!!! Étincelle.
	529,4	!!
	516,2	!!
MERCURE	578,0	!! ⎫ Étinc^le en solutions
	576,8	!! ⎬ ou sur le métal.
	546,0	!!
	435,7	!!!
OR	627,8	!! Étincelle.
	583,6	!!
	479,3	!!!
PLATINE	547,6	!! Forte étincelle.
	530,2	!!
ÉTAIN	563,1	! Fortes étincelles.
	452,6	!

Avec ce tableau et la courbe qui doit être dressée pour chaque spectroscope comme il a été dit ci-dessus, l'on pourra déterminer les longueurs d'ondes des principales raies observées et en déduire, par les tables, la nature du métal auquel elles correspondent.

Inutile d'ajouter que la méthode d'analyse spectrale joint à son exactitude une sensibilité exquise qui fait reconnaître avec certitude les moindres *traces* de métaux. Le spectroscope permet de déceler 3 dix-millionièmes de milligramme de sodium; 9 dix-millionièmes de milligramme de lithium; 1 cent-millième de milligramme de calcium, 1 millième de milligramme de potassium, 2 centièmes de milligramme de thallium, etc...

RECHERCHE TOXICOLOGIQUE DES MÉTAUX

La détermination de la nature d'un métal est toujours possible par l'une des deux méthodes d'analyse qui viennent d'être exposées, analyse ordinaire ou analyse spectrale, lorsque ce métal est à l'état de sel soluble ou insoluble, pur ou mélangé à des matières minérales diverses. Mais il peut arriver, et c'est le cas à peu près constant en toxicologie, que le métal qu'il importe de caractériser soit combiné ou mélangé intimement, et à très faible dose, aux substances organiques des tissus et des diverses excrétions. Dans ces cas, il est généralement impossible de le reconnaître avant de l'avoir isolé de la matière animale ou végétale étrangère au sein de laquelle il est dissimulé et comme perdu. Pour reconnaître et doser les substances minérales qui entrent dans la composition normale ou anormale de nos tissus, il faut séparer d'abord complètement ces substances de toute matière organique.

J'ai donné ailleurs une méthode que je proposai d'abord pour la recherche de l'arsenic. Elle est générale, et permet de retrouver sans perte tous les métaux. Elle consiste, en principe, à calciner la matière suspecte avec un mélange d'acides nitrique et sulfurique; après boursouflement et dessiccation de la masse, à ajouter encore une ou deux fois un peu d'acide azotique fumant, à calciner jusqu'à ce que la matière charbonneuse commence à se détacher d'elle-même du fond de la capsule de porcelaine. Le charbon ainsi obtenu, charbon friable, peu abondant, est épuisé par de l'eau bouillante aiguisée d'acide chlorhydrique. La liqueur qui filtre contient tout l'arsenic en même temps que les métaux alcalins, leurs phosphates solubles, et quelque peu des sels alcalino-terreux. D'autre part, une grande portion des matières minérales à l'état de phosphates de chaux et de magnésie, et la totalité des métaux toxiques : plomb, cuivre, mercure, argent, etc., restent dans le charbon

lavé. C'est là un fait d'expérience que j'ai observé et contrôlé en par
ticulier pour le cuivre, le plomb et l'étain.

Les liqueurs de lavage de ce charbon étant évaporées et calcinées à
faible température, *sans jamais dépasser le rouge à peine naissant*,
laissent pour résidu les matières minérales plus haut énumérées. Nous
avons dit ailleurs comment on s'y prend lorsqu'il s'agit de rechercher
dans la liqueur ou le résidu charbonneux l'arsenic et l'antimoine.

Quant au charbon lavé qui peut contenir la plupart des métaux toxiques, on l'additionne, suivant le procédé de M. G. Ponchet, de 25 pour 100
de son poids du sulfate acide de potassium, l'on ajoute un grand excès
d'acide sulfurique pur et concentré, et l'on chauffe le tout dans une
capsule de porcelaine à une température voisine du point d'ébullition
de l'acide sulfurique. Par un chauffage soutenu, et par addition, s'il est
nécessaire de nouvel acide sulfurique, tout le charbon s'oxyde, et la
liqueur s'éclaircit peu à peu et devient complètement incolore. Au
besoin on projette dans la capsule quelque peu de nitrate de potasse pur
pour hâter la fin de l'opération.

La liqueur refroidie se prend généralement en masse. Elle contient
tous les métaux à l'état de sulfates. On reprend par de l'eau distillée
chaude, et sans *filtration préalable* on soumet le mélange de sels à
l'électrolyse en se servant d'une pile de quatre éléments Bunsen. Tous
les métaux proprement dits se précipitent bientôt sur la lame de platine
placée au pôle négatif.

Au moyen d'acide nitrique, on redissout sur la lame les substances
métalliques ainsi précipitées, on évapore la liqueur, et dans celle-ci on
détermine et dose par les procédés habituels les divers métaux qu'elle
contient.

TRENTE-TROISIÈME LEÇON

GÉNÉRALITÉS SUR LES MÉTAUX ALCALINS. — LE SODIUM

GÉNÉRALITÉS SUR LES MÉTAUX ALCALINS

Les *métaux alcalins* sont ceux dont les hydrates, sulfures et carbonates sont solubles dans l'eau et bleuissent fortement la teinture de
tournesol. Ils comprennent : le *sodium*, le *potassium*, le *rubidium*,
le *césium* et le *lithium*.

Contrairement à ce qui se fait généralement aujourd'hui, nous en séparons le *thallium* qui, par sa densité, le peu de solubilité de ses chlorures, iodures et sulfures, sa précipitation par le zinc, etc., ressemble surtout au plomb. Quoiqu'il se rapproche des métaux alcalins par la solubilité et l'alcalinité de son oxyde et de son carbonate, cette alcalinité est un caractère de second ordre, car elle est commune aux oxydes alcalino-terreux, à l'hydrate de plomb, à l'oxyde d'argent et même à l'oxyde mercurique.

Nous plaçons le lithium dans cette famille, comme on le fait d'ordinaire; mais la faible solubilité de son carbonate et de son phosphate et le peu d'altérabilité de ce métal à l'air, en font le terme de passage des métaux alcalins aux métaux alcalino-terreux.

C'est Margraff qui, vers 1750, distingua clairement les deux terres alcalines principales : la *potasse* ou *alcali fixe végétal* et la *soude ou alcali fixe minéral*. Quant à l'*alcali volatil*, il n'était autre que le carbonate d'ammoniaque. Lavoisier soupçonna le premier la présence des métaux dans les alcalis et les terres alcalines; mais ce ne fut qu'en 1807 que Humphry Davy découvrit le potassium et le sodium en soumettant la potasse et la soude caustiques à l'action d'une forte pile électrique. La lithine fut extraite de la *pétalite* en 1817 par Arfvedson. Enfin, les sels de césium, puis de rubidium, furent découverts par Bunsen en 1860 et 1861, grâce à la spectroscopie qu'il venait d'inventer en collaboration avec Kirchhoff.

Origine des métaux alcalins. — L'analogie de propriétés des métaux alcalins, et l'isomorphisme de plusieurs de leurs combinaisons, expliquent pourquoi ces métaux se retrouvent généralement réunis dans les mêmes gisements, les mêmes roches, les mêmes eaux minérales. Le sodium, le potassium, le lithium, le rubidium, le césium, pour les citer par ordre décroissant d'importance comme masse, ou par ordre croissant de rareté, s'accompagnent, en général, les uns les autres, mais non pas nécessairement.

On les rencontre souvent et très abondamment, à l'état de chlorures. Celui de sodium forme des gisements puissants dans les terrains permiens et triasiques. Ils proviennent de l'évaporation de bassins d'eau salée ayant communiqué longtemps avec la mer et dont l'eau s'est généralement évaporée à une température qui s'éloignait peu de 100°. Le sel marin qui s'y est déposé peu à peu est donc accompagné de tous les autres sels de l'eau de mer, en particulier de sels de potassium, de magnésium, de calcium, à l'état de chlorures et de sulfates, ainsi qu'on le constate par exemple dans les célèbres mines de Stassfurth, où se superposent au banc principal, formé de sel gemme, des couches de chlorure double de potassium et de magnésium (*carnalite*), de chlorure

de potassium (*sylvine*), et de sulfate double de potassium et de magnésium, couches surmontées elles-mêmes d'un banc puissant de sulfate de
chaux anhydre (*anhydrite*).

Ce sont ces mêmes sels que l'on obtient lorsqu'on évapore les eaux
des mers modernes, principal réservoir des sels alcalins solubles.

Les métaux alcalins des eaux minérales salées proviennent du lavage
des dépôts de sel gemme enfouis dans le sol. Encore ici les sels de
soude sont abondants, et ceux de potasse, relativement rares.

Les roches cristallines, en particulier celles qui, telles que les granits,
contiennent des feldspaths et des micas, constituent aussi un abondant
dépôt de métaux alcalins. Mais, par une sorte de compensation, c'est ici
la potasse qui devient relativement commune (*Feldspath orthose*,
micas, etc.), et la soude qui est rare (*Feldspath albite*, *oligloclase*,
sodalite). C'est à ces minéraux que les terres arables ont emprunté
leurs alcalis, en particulier la potasse, qu'elles tiennent en réserve en
quantité quelquefois très abondante.

Le lithium est aussi très diffusé sur notre globe. On l'a signalé dans
l'eau de mer, et dans beaucoup d'eaux minérales, entre autres dans
celles de l'Auvergne. Un grand nombre de micas et de feldspaths en
contiennent de petites quantités; du *lépidolithe*, mica rose très abondant
en Bohême, on peut extraire près de 5 pour 100 d'oxyde de lithium.
Ce métal se rencontre aussi dans le sol et dans une foule de végétaux
qui l'y puisent, mais, quoique assez répandu, il est toujours en minimes
proportions.

Enfin le rubidium et le césium accompagnent souvent le lithium dans
les roches ou dans les eaux minérales. Le césium et le lithium se trouvent réunis dans le *lépidolithe* de Prague, le *pétalite* d'Uto, etc. ; la
triphylline renferme du lithium et du rubidium. Les eaux de Mont-
Dore, Vichy, Bourbonne, contiennent à la fois le lithium, le rubidium
et le césium, tandis que les eaux mères de l'Océan, celles des salines
du Midi et de l'Est, renferment du lithium, mais ni rubidium, ni césium.

D'après M. Grandeau, chaque végétal assimile tels alcalis à l'ex-
clusion des tels ou tels autres : la betterave prend au sol le potassium,
le rubidium et le sodium, et laisse le césium et le lithium ; le tabac
s'empare du lithium et du potassium et repousse le sodium ; le colza
se charge de potassium et même de sodium, mais non de lithium et de
rubidium.

Un phénomène qui par quelques points rappelle cette singulière
sélection se produit dans nos cellules animales, enrichies en potasse au
sein d'un plasma qui contient plus particulièrement des sels de soude.

Caractères des métaux alcalins. — Ces métaux sont tous très légers :
leur densité varie de 0,59 à 1,5. Ils sont blancs, mous ou très mous. Le

sodium et le potassium cristallisent en octaèdres quadratiques. La volatilité des métaux alcalins augmente avec leur poids atomique. Comme nous l'avons dit, ils sont caractérisés par un petit nombre de raies spectrales très brillantes.

Tous ces métaux sont fort oxydables et, sauf le lithium qui ne s'oxyde qu'au rouge, très altérables à l'air. Cette altérabilité est en raison inverse de leur poids atomique.

Ils forment en s'oxydant des bases solubles aptes à saturer les acides les plus énergiques et à s'unir à l'eau pour donner des hydrates solubles qui bleuissent fortement le tournesol. Leurs sulfures sont également ment fort solubles.

La combinaison des éléments halogènes, *chlore, brome, iode*, avec ces métaux se produit avec une haute élévation de température (voir le *tableau* p. 373); il en résulte des sels saturés et neutres contenant toujours un seul atome de métal pour un atome de ces métalloïdes.

A l'état libre, les métaux alcalins décomposent l'eau à froid.

LE SODIUM

Ainsi que nous l'avons dit, les sels de sodium sont fort répandus dans la nature; l'eau des mers est une source inépuisable de chlorure sodique.

Le carbonate de sodium existe dans beaucoup d'eaux minérales alcalines; le sulfate et le borate se rencontrent dans quelques eaux de sources et dans un petit nomLre de lacs de l'Inde ou de l'Amérique; le borax cristallisé se trouve en couches ou rognons dans diverses contrées de l'Inde, de la Perse, de l'Amérique, etc. L'azotate se rencontre en bancs puissants dans le Pérou et le Chili. Les sels de soude existent dans les cendres de tous les végétaux marins.

C'est presque toujours au sel marin ou au sel gemme que l'on recourt pour préparer le sodium et tous ces dérivés.

Ce métal fut pour la première fois extrait, en 1807, par Humphry Davy en électrolysant la soude caustique à l'aide d'une très forte pile. Quelques années après, Gay-Lussac et Thénard parvinrent à l'obtenir en réduisant la soude caustique par le fer porté au rouge blanc. Mais le procédé actuellement employé consiste à décomposer à une haute température le carbonate sodique par du charbon. Imaginé par Curaudeau, perfectionnée par Brunner, cette méthode a subi diverses transformations successives jusques à Henri Sainte-Claire Deville, qui parvint à produire industriellement le sodium : son prix de revient est aujourd'hui de 10 francs environ par kilogramme.

Préparation industrielle du sodium. — On introduit dans des cylin-

dres ou des cornues en fer forgé, revêtus d'un lut réfractaire (fig. 205),
un mélange intime de :

Carbonate de sodium sec. . . . . 30 parties.
Houille à longue flamme. . . . . 13 —
Craie. . . . . 5 —

Le cylindre C qui contient ce mélange est porté à la température du

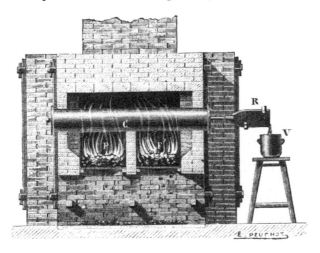

Fig. 204. — Préparation industrielle du sodium.

rouge dans un four en briques; lorsque la flamme jaune du **sodium**
commence à paraître, on adapte à l'appareil un récipient R spécial,

Fig. 205. — Appareil Deville pour la fabrication du sodium (coupe longitudinale).

sorte de boîte aplatie verticalement fermée sur trois côtés de sa **tranche**,
mais ouverte en avant : les gaz enflammés s'échappent par le **haut de**

l'ouverture du récipient R, la vapeur de sodium se condense et coule par le bas dans du pétrole en V. Un kilogramme du mélange ci-dessus donne 280 grammes de sodium brut. On le purifie ensuite en le fondant sous l'huile de schiste, le coulant dans des lingotières, et le conservant en vases bien clos.

La réaction qui donne ce métal s'explique par la formule suivante :

$$CO^3Na^2 \ + \ 2C \ = \ 3CO \ + \ Na^2$$

Carbonate   Charbon.   Oxyde   Sodium.
de sodium.   de carbone.

Propriétés du sodium. — C'est un métal mou, blanc d'argent, fusible à 96°. Il peut cristalliser en octaèdres quadratiques. La lumière qui tombe sur les facettes de ces cristaux devient rougeâtre après plusieurs réflexions successives. Le sodium bout au rouge vif; sa vapeur est incolore. Sa chaleur spécifique est de 0,2934; sa densité est de 0,972 à 15°.

Exposé à l'air ordinaire, il se couvre d'un voile léger de soude, grâce à l'humidité ambiante ; mais il se conserve assez bien dans l'air sec. On peut le chauffer à l'air presque au rouge sans qu'il s'enflamme. Il brûle avec une lumière jaune.

Le sodium absorbe l'hydrogène au-dessus de 300°; cette combinaison se dissocie à 420°.

Jeté dans l'eau, il la décompose en tournoyant à sa surface : il en dégage activement l'hydrogène et passe à l'état d'hydrate de soude, mais sans s'enflammer. L'équation de cette réaction est la suivante :

$$Na^2 \ + \ 2H^2O \ = \ H^2 \ + \ 2NaHO$$

Le sodium est d'un emploi constant dans les laboratoires. Il permet de préparer le bore, le silicium, le glucinium, et de réaliser une foule de réactions. Dans l'industrie on l'emploie surtout pour fabriquer l'aluminium.

OXYDES ET HYDRATE DE SODIUM

Oxydes. — On connaît avec certitude les deux oxydes de sodium Na^2O et Na^2O^2. Le premier s'obtient lorsqu'on chauffe le métal dans l'air sec, ou lorsqu'on fait réagir le sodium sur son hydrate :

$$NaHO \ + \ Na \ = \ Na^2O \ + \ H$$

C'est une masse grise, très avide d'eau qui le transforme en hydrate de soude.

Le second oxyde Na^2O^2 prend naissance lorsque l'oxygène sec, en excès, est mis en présence du sodium que l'on chauffe. Cet oxyde est blanc ; il forme les hydrates cristallisés $Na^2O^2,8H^2O$ et $Na^2O^2,2H^2O$. Il s'unit à l'oxyde de carbone et à l'acide carbonique pour donner dans le second cas du carbonate de soude, en dégageant de l'oxygène :

$$Na^2O^2 + CO^2 = O + CO^2 \cdot Na^2O$$

Hydrate de sodium ou soude caustique. — On peut préparer l'hydrate de sodium par l'action de l'hydrate de chaux sur le sulfate de soude, ou bien en faisant réagir un mélange de litharge et de chaux sur le sel marin ; mais plus généralement on recourt à la décomposition du carbonate de sodium par la chaux caustique.

Dans une bassine de cuivre ou d'argent on place 3 parties de carbonate sodique cristallisé et 15 parties d'eau, on porte à l'ébullition et l'on ajoute peu à peu à cette solution chaude un lait de chaux formé de 1 partie de chaux caustique délayée dans 3 parties d'eau. On entretient l'ébullition jusqu'à ce qu'une prise de la liqueur, décantée dans un verre et étendue, ne trouble plus l'eau de chaux, c'est-à-dire ne contienne plus de carbonate sodique. On couvre alors la bassine, et laisse déposer la liqueur ; on décante ensuite ou siphonne le liquide clair (*lessive des savonniers*) et on l'évapore rapidement dans une bassine d'argent. On continue ainsi l'évaporation tant qu'il y a de l'eau vaporisable et jusqu'à ce que l'hydrate de soude reste en fusion tranquille. On coule la matière fondue sur un plateau d'argent et, dès qu'elle est suffisamment refroidie, on concasse la plaque de soude solidifiée en fragments que l'on conserve dans des flacons secs bien bouchés.

La réaction qui transforme ainsi le carbonate de soude en soude caustique est la suivante :

$$CO^2 \cdot Na^2O + CaO.H^2O = CO^2 \cdot CaO + 2NaOH$$

A l'état sec, cet hydrate se présente sous forme d'une substance blanche, dure, d'une densité égale à 2,0, dissociable au rouge blanc ; très soluble dans l'eau qui, à 18°, en dissout 60 parties. La lessive ordinaire de soude marque 36° Bé soit 1,334 de densité.

L'hydrate de soude sec attire l'eau et l'acide carbonique de l'air ; il se liquéfie d'abord, puis se transforme en carbonate de soude solide et effleuri.

Il est très caustique, corrode la peau et dissout les tissus à la façon de la potasse.

La soude est surtout employée dans la fabrication des savons durs.

SULFURES DE SODIUM

On connaît un sulfure de sodium Na^2S, un hydrosulfure ou sulfhydrate NaHS et des polysulfures dont le principal répond à la composition Na^2S^5.

Sulfure Na^2S. — On peut l'obtenir en réduisant au rouge le sulfate sodique par le charbon ou l'hydrogène. Mais le plus souvent on le prépare en saturant une certaine quantité de soude caustique par l'hydrogène sulfuré, puis ajoutant à la solution du sulfhydrate qui s'est formé, une dose de soude égale à la première :

$$1° \qquad NaOH + H^2S = NaSH + H^2O$$

$$2° \qquad NaSH + NaOH = Na^2S + H^2O$$

Le sulfure Na^2S cristallise en octaèdres et prismes quadratiques de saveur à la fois hépatique, alcaline et amère, très solubles même dans l'alcool. Ce sulfure sodique existe dans les eaux minérales sulfureuses. Ses solutions sont un peu moins altérables que celles du sel de potasse correspondant.

Sulfhydrate NaHS. — Il s'obtient, comme il vient d'être dit, en faisant passer à refus dans une solution de soude caustique un courant d'hydrogène sulfuré. Sa solution est incolore et fournit des cristaux déliquescents.

Ces deux sulfures sont employés pour la préparation des eaux sulfureuses artificielles.

CHLORURE DE SODIUM

Le chlorure de sodium, *sel marin*, *sel gemme*, est très abondamment répandu. Nous avons dit plus haut que ses deux principales origines sont l'eau des océans, qui en contient environ 27 à 29 grammes par litre, et les mines de sel gemme, dont les plus importantes sont celle de Wielickza en Pologne, de Stassfurth près de Magdebourg (Saxe prussienne), de Cardoña en Espagne, de Vic et Dieuze en Alsace-Lorraine, de Dombasle et de Dax en France, de Bex en Suisse.... à Wielickza la couche de sel à 360 mètres d'épaisseur environ. Elle règne sur une longueur connue de 200 lieues. On y a creusé des rues, des carrefours, des églises. A Stassfurth on a percé le sel gemme sur une profondeur de 216 mètres sans atteindre le fond de la couche.

Extraction du sel marin. — L'extraction du sel de l'eau des mers se fait en France dans les *marais salants*, vastes bassins plats disposés sur les côtes de l'Océan ou de la Méditerranée. L'eau circule d'un bassin à l'autre, s'évapore, se concentre, dépose peu à peu ses divers sels et finit par laisser cristalliser son chlorure de sodium.

L'eau de mer présente en moyenne la composition suivante par kilogramme :

Eau..	965,05
Chlorure de sodium.	27,00
— de potassium.	0,70
— de magnésium	5,60
Sulfate de magnésie.	2,30
— de chaux	1,40
Carbonate de chaux.	0,03
Bromure de potassium.	0,05
Bromure de magnésium	0,02
Matières organiques.	traces.
	1000,00

Soumises à l'évaporation, les eaux de la mer laissent d'abord déposer leur carbonate de chaux souvent coloré par un peu de peroxyde de fer. En se concentrant ainsi au soleil, elles développent en même temps au début, et dès qu'elles sont au repos, leurs conferves, algues et microbes. qui meurent ensuite et se déposent dès que les eaux salées arrivent à marquer 5 à 6 degrés Bé. En cet état, on les fait passer dans de nouveaux bassin ou *tables*, où elles se concentrent jusqu'à 18° Bé. Là, elles perdent, sous forme de gypse $SO^4Ca, 2H^2O$, la majeure partie de leur sulfate de chaux : lorsqu'elles sont arrivées à marquer 25° Bé, elles n'en contiennent plus trace. A ce degré de concentration, elles tiennent en dissolution environ 240 grammes de sel marin par litre. On les dirige alors dans de nouveaux bassins, dont le fond est damé et dressé avec le plus grand soin, et qu'on nomme *tables salantes* : le sel s'y dépose en cristaux d'abord transparents, puis mats. On ne doit point pousser la concentration au delà de 30° : à ce moment il se déposerait des sels magnésiens. On évacue donc les *eaux mères* et on le remplace par de nouvelles eaux déjà concentrées à 25° Bé qu'on laisse de nouveau cristalliser sur les tables salantes, où elles déposent leur chlorure de sodium.

Lorsque l'épaisseur de sel est devenue suffisante, on le recueille au râteau, on le met en petits tas sur les tables mêmes, enfin on l'amoncèle en gros prismes triangulaires allongés qui portent le nom de *camelles*. L'eau des pluies soumet ce sel à un lavage continu qui en extrait peu à peu les dernières eaux mères, en particulier le chlorure de magnésium qui le rendrait déliquescent. Il est alors prêt pour la consommation.

Quant à ces *eaux mères* que l'on écoule après la cristallisation du sel marin, elles sont rejetées à la mer, ou bien exploitées pour en extraire les sels magnésiens et potassiques, ainsi que le brome. Lorsqu'elles marquent 30° Bé, ces eaux-mères contiennent environ pour 100 parties :

Chlorure de magnésium. 18,5
— de potassium 1,5
Bromure de potassium. 0,1
Chlorure de sodium. 4,6
Sulfate de magnésie. 3,0

Nous reviendrons sur leur exploitation.

Les *eaux des sources* salées sont généralement concentrées, grâce à une évaporation préalable à l'air libre dans les *bâtiments de graduation*,

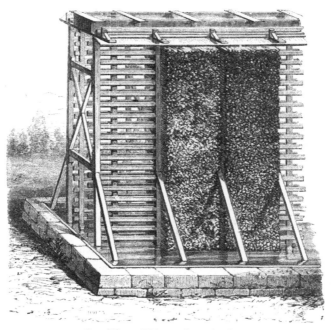

Fig. 206. — Bâtiment de graduation.

véritables murailles formées de fagots superposés au haut desquelles l'eau est amenée par des pompes, et d'où elle s'écoule en nappes qui se divisent à l'infini à travers les mille fissures des branchages où l'air et les vents l'évaporent. On complète ensuite la concentration à feu nu dans des bassines de tôle, ou mieux dans de grands et larges bacs de bois dont le fond reçoit un serpentin de plomb où circule la vapeur.

Les mines de sel gemme fournissent aussi du chlorure de sodium cristallisé; mais il est rarement assez pur pour servir directement aux usages domestiques. Il est entremêlé, le plus souvent, de cristaux ou de minces couches d'*anhydrite* (sulfate de chaux anhydre) et d'un peu d'argile. Il faut le redissoudre, l'évaporer et le faire recristalliser pour l'obtenir dans un état de pureté convenable pour l'alimentation.

Propriétés. — Le chlorure de sodium cristallise en cubes. Généralement ses cristaux s'accolent symétriquement par leurs arêtes et forment
des pyramides quadrangulaires creuses, ou *trémies*. Ce sel est
anhydre. Vers — 12° on obtient un hydrate défini
NaCl 2H²O.

Fig. 207.
Trémie de sel marin.

La densité des cristaux ordinaires de sel marin
est de 2,15. Quoique anhydres, ils contiennent une
minime quantité d'eau d'interposition qui les fait
décrépiter vivement lorsqu'on le jette sur des charbons ardents.

Au rouge le sel marin fond ; il se solidifie ensuite par refroidissement
en une masse cristalline. Au rouge vif il se volatilise, surtout s'il est ·
entraîné par la vapeur d'eau.

Le sel marin n'est pas déliquescent, à moins qu'il ne contienne, comme
le *sel gris*, quelques traces de chlorure de magnésium.

Le chlorure de sodium est soluble dans l'eau. 100 parties dissolvent
26 de sel marin à 15° et 29 à l'ébullition.

L'eau chargée de sel marin bout à 108° et ne se congèle qu'à plusieurs degrés au-dessous de 0. Sous l'influence de l'argile ou de la silice,
il se décompose au rouge en donnant de l'acide chlorhydrique et des
silicates. Ainsi l'on a :

$$2\,NaCl \;+\; SiO^3 \;+\; H^2O \;\;=\;\; SiO^2Na^2O \;+\; 2\,HCl$$

Lorsqu'on emploie l'argile, on obtient un silicate double de sodium
et d'aluminium. Depuis un temps immémorial on utilise cette réaction
pour le vernissage des poteries communes : à cet effet, on jette le sel à
poignées dans le four où cuisent les objets en terre ; il se volatilise et
va silicatiser les surfaces à vernir.

Le sel marin est fort employé, comme l'on sait, dans l'économie
domestique. Il sert en outre à fabriquer la soude et le carbonate de
soude, ainsi qu'à obtenir l'acide chlorhydrique.

BROMURE DE SODIUM

Ce sel se prépare en saturant par du brome une solution d'hydrate
de soude, évaporant la liqueur, puis calcinant le résidu pour détruire
l'hypobromite et le bromate qui se sont formés :

1° $6\,NaHO \;+\; 6\,Br \;=\; 5\,NaBr \;+\; NaO^3Br \;+\; 5\,H^2O$
   Hydrate de soude.   Bromure.   Bromate.   Eau.

et

2° $NaO^3Br \;=\; NaBr \;+\; O^3$
   Bromate.   Bromure.

On reprend le résidu par l'eau et on le fait cristalliser à une température supérieure à 30°. Il est alors anhydre et cubique. Au-dessous de cette température il forme l'hydrate NaBr,2H²O.

Il est très soluble dans l'eau et soluble dans l'alcool. On doit en médecine le préférer au bromure de potassium correspondant.

IODURE DE SODIUM

On le prépare comme le bromure en remplaçant le brome par l'iode. Évaporé au-dessus de 50°, il donne des cristaux anhydres, cubiques; au-dessous, il cristallise en tables hexagonales à 2 molécules d'eau.

A 14 degrés l'eau dissout 173 parties de ce sel. L'alcool le dissout assez bien aussi. Il se décompose lentement à l'air en iode et carbonate sodique.

CARBONATES DE SODIUM

Le carbonate neutre de soude nous venait autrefois d'Espagne et du midi de la France (*soude de varechs, soude d'Alicante*); on le préparait en calcinant les *soudes* ou *salicors*, plantes du genre *salsola, chenopodium, atriplex*, etc., qui croissent sur le littoral. Mais Duhamel de Monceau ayant montré en 1736 que le sel marin renferme de la soude comme base, on se mit à l'œuvre, et, vers 1789, Nicolas Leblanc, chirurgien du duc d'Orléans, résolut complètement l'important problème de la fabrication de la soude au moyen du sel ordinaire et construisit la première usine à soude à Saint-Denis près Paris. Mais sous la Révolution, le *comité de Salut public* ayant exigé de Leblanc, comme de tous les inventeurs, communication de son secret, s'empressa de le publier, et d'en faire ainsi profiter nos ennemis. Leblanc mourut misérable et désespéré.

Son procédé consiste à transformer d'abord le chlorure de sodium en sulfate, puis à calciner le sulfate sodique avec du calcaire en poudre et du charbon. On mélange généralement :

Sulfate de soude. 100
Calcaire. 100
Charbon de bois, houille. 55

L'on chauffe ce mélange dans des fours à réverbère de forme elliptique à voûte surbaissée (fig. 208). Le charbon réduit d'abord le sulfate de soude à l'état de sulfure de sodium :

$$2\,SO^4Na^2 + 6\,C = 2\,Na^2S + 2\,CO^2 + 4\,CO$$

A ce moment de la réaction on voit, grâce à la formation d'oxyde de carbone, de petites flammes bleues s'élever de la masse, et brûler comme des chandelles, phénomène qui guide l'ouvrier chargé de l'opéra-

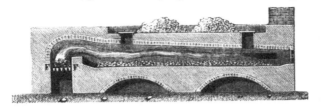

Fig. 208. — Four à soude à deux étages.

tion. Le carbonate de chaux réagit ensuite sur le sulfure sodique qui vient de se former; il se fait du carbonate sodique et du sulfure de calcium :

$$2\,Na^2S + 2\,CO^3Ca = 2\,CO^3Na^2 + 2\,CaS$$

L'excès de carbonate calcique se décompose à son tour, sous l'influence du charbon en excès et donne de l'oxyde de carbone et de la chaux :

$$CO^3Ca + C = 2CO + CaO$$

Grâce à cet excès de chaux, ou de l'oxysulfure qui se forme, lorsqu'on reprend ensuite méthodiquement par l'eau le produit de la calcination, on ne dissout que le carbonate sodique, tandis que le sulfure de calcium, fort peu soluble d'ailleurs, reste indissous et forme les *marcs* ou *charrées de soude*. L'industrie sait utiliser aujourd'hui ces marcs et en extraire le soufre.

La lessive de soude ainsi produite, marquant 20 à 30° Bé est mise à clarifier pour séparer un peu de sulfure de fer, puis concentrée à la température de 30 à 40 degrés, et laissée refroidir; il se dépose bientôt dans les bacs de très beaux cristaux de carbonate neutre $CO^3Na^2,10H^2O$.

Un autre procédé, dont le principe appartient à MM. Schlœsing et Rolland, mais qui a été rendu pratique surtout par MM. Solvay et M. Hanrèz, tend à se substituer aujourd'hui à celui de Leblanc. Il est fondé sur des réactions très simples. Sur du sel marin en solution presque saturée, si l'on fait réagir du bicarbonate d'ammoniaque, ou ce qui revient au même un mélange d'ammoniaque, d'eau et d'acide carbonique, il se fait par double décomposition du bicarbonate sodique, peu soluble, et du chlorure d'ammonium :

$$NaCl + AzH^3 + H^2O + CO^2 = CO^3NaH + AzH^4Cl$$

Le bicarbonate sodique ainsi produit est recueilli, séché, et calciné dans de grands fours en tôle où il perd son excès d'acide carbonique et finalement se transforme en carbonate neutre.

Le chlorure d'ammonium des eaux mères du bicarbonate sodique ainsi formé est mis à bouillir avec de la chaux : il se fait du chlorure de calcium et l'ammoniaque reproduite est condensée dans une nouvelle solution de sel marin où l'on fait arriver de l'acide carbonique. Il se reproduit, de nouveau du bicarbonate sodique, etc.,et l'on continue indéfiniment ce même cycle d'opérations en évitant toute perte d'ammoniaque.

On ne saurait donner ici plus de renseignements sur les divers procédés de fabrication de la soude. (Voir l'article Soude (Industrie) du *Dictionnaire de chimie* de Wurtz, ainsi que la *Chimie industrielle* de Wagner et Gautier.)

Le carbonate neutre de soude (*sel de soude, cristaux de soude* du commerce) forme de gros prismes clinorhombiques dont la composition répond à la formule CO^3Na^2,IOH^2O. Ils contiennent 62,8 pour 100 d'eau. Ils sont efflorescents ; à 12° ils répondent à la composition $CO^3Na^2,5H^2O$, et à 38 degrés CO^3Na^2,H^2O. Ils fondent à 34° dans leur eau de cristallisation. Le carbonate redevient sec vers la température de 80° après avoir perdu 9 molécules d'eau.

Cent parties d'eau dissolvent à 0 degré 6,97 parties de CO^3Na^2 anhydre ; à 15 degrés 162 parties ; à 30 degrés 37,24 ; à 38 degrés 51,67, et à 104 degrés 45,47. Il y a donc un maximum de solubilité très accentué vers 38° (*Lœwel*). Ces solutions sont fortement alcalines.

Le carbonate de sodium se décompose partiellement au rouge sous l'influence d'un courant de vapeur d'eau ; on obtient ainsi dans l'industrie le *sel de soude caustifié*, fort utilisé dans la savonnerie, et qui peut contenir environ 20 pour 100 de soude caustique. La *soude cristallisée* du commerce, ou *cristaux de soude*, est employée, dans la médication alcaline, à la dose de 250 grammes par bains de 300 litres.

Sesquicarbonate de sodium.

Ce sel se rencontre dans quelques lacs de l'Égypte, de la Perse, de l'Inde, de Hongrie, d'Amérique, autour ou au fond desquels il forme des incrustations qui portent les noms de *trona, natron, urao*. Le trona a pour composition $CO^3Na^2,2CO^3NaH,3H^2O$. Il s'obtient artificiellement lorsqu'on fait bouillir la solution de bicarbonate de sodium. Ce sel, qu'on expédiait autrefois d'Orient par caravanes, est resté longtemps la principale source de la soude industrielle.

Bicarbonate de sodium.

C'est le sel qui existe dans l'eau de Vichy et dans les eaux alcalines. On le prépare en saturant d'acide carbonique une solution de carbonate sodique neutre. Dans l'industrie, on fait arriver l'acide carbonique extrait du sol, des eaux thermales, ou de la combustion du charbon, dans des salles où le carbonate de soude concassé est exposé sur de larges châssis. Le carbonate se transforme en sesquicarbonate, puis en bicarbonate, et perd ainsi toute son eau de cristallisation qui ruisselle en entraînant les impuretés du carbonate commercial.

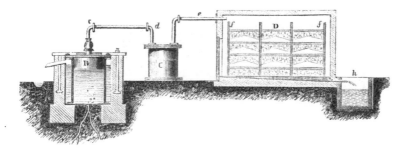

Fig. 209. — Appareil de Vichy pour la préparation du bicarbonate de sodium.

C'est un sel blanc, anhydre, de saveur un peu alcaline et salée. L'eau à 10° en dissout environ 10 parties. En faisant bouillir ses solutions il se transforme en sesquicarbonate.

Le bicarbonate sodique est l'agent principal de la médication alcaline. On l'ordonne à l'intérieur à la dose de 1 à 8 grammes par jour. Les *tablettes de Vichy* en contiennent chacun 0^{gr},25. Ce sel fait disparaître l'acidité des sécrétions, notamment de l'urine; il rend le sang plus alcalin et combat utilement la gravelle. Dans un grand nombre de dyspepsies, il facilite et active les digestions en saturant l'acidité excessive des sucs de l'estomac.

SULFITE DE SODIUM

On le prépare en faisant passer un courant d'acide sulfureux dans du carbonate de soude. Il se fait ainsi un *sulfite acide* $SO^2Na^2O,SO.^2H^2O$ et un *sulfite neutre* $SO^2,Na^2O,10H^2O$.

Le sulfite neutre $SO^2Na^2O,10H^2O$ cristallisé en prismes obliques, d'une saveur fraîche puis sulfureuse, très solubles. La solution de ce sel attire l'oxygène de l'air, qui le change en sulfate.

On l'emploie dans le blanchiment de la paille et de la laine, et dans les papeteries, sous le nom d'*antichlore* pour enlever les dernières traces de chlore et d'hypochlorite qui ont servi à blanchir la pâte et finiraient par altérer le papier. Ce sel est antiputride et antifermentescible. Il a été utilisé pour la conservation des cadavres et même des viandes destinées à l'alimentation. Dans les sucreries, il sert à empêcher l'altération des pulpes de betteraves avant leur traitement.

HYPOSULFITE DE SODIUM

Ce sel, découvert par Vauquelin, se prépare aujourd'hui en faisant bouillir la solution de *sulfite neutre* de sodium avec du soufre en fleurs. On filtre, on évapore, et l'hyposulfite cristallise par refroidissement.

Il se présente sous forme de prismes rhomboïdaux répondant à la formule $S^2O^2,Na^2O,5H^2O$. C'est un sel incolore, très soluble dans l'eau qui s'en sursature aisément.

Traité par les acides, l'hyposulfite sodique se décompose en dégageant de l'acide sulfureux et donnant du soufre :

$$S^2O^2Na^2O + 2HCl = SO^2 + S + 2NaCl + H^2O$$

Il dissout facilement les chlorure, bromure et iodure d'argent *avant qu'ils n'aient été influencés par la lumière*, aussi l'utilise-t-on en photographie. On a préconisé l'hyposulfite de sodium à l'intérieur, comme antizymotique, dans les fièvres putrides et intermittentes, le rhumatisme, les dartres (*Polli*). On peut prescrire les sulfite et hyposulfite en lotions sur la peau dans les cas d'herpès, d'éphélides, d'ulcères, etc.

SULFATE DE SODIUM

Ce sel important, découvert par Glauber (*sel admirable de Glauber*), existe dans beaucoup de sources minérales (Voir *Eaux minérales*). On en trouve aussi des dépôts naturels dans la vallée de l'Èbre, au Pérou, etc., il porte le nom de *thénardite*. La *glaubérite* est un sulfate double de soude et de chaux anhydre signalé en divers lieux.

Les eaux mères des marais salants constituent l'une des principales sources de sulfate sodique. Ces eaux renferment, on l'a vu, du chlorure de sodium et du sulfate de magnésie : comme l'a observé Balard, elles déposent la nuit, ou par leur refroidissement artificiel, le sulfate de soude qui provient de la double décomposition de ces deux sels.

Mais généralement on se procure le sulfate sodique en attaquant le sel marin par de l'acide sulfurique :

$$2NaCl + SO^4H^2 = SO^4Na^2 + 2HCl$$

Il se fait ainsi du sulfate neutre, et de l'acide chlorhydrique que l'on condense dans l'eau (*Voy.* p. 155), et dont les dernières vapeurs passent dans des tours remplies de cocke que traverse de haut en bas un continuel courant d'eau.

Le sulfate de soude neutre cristallise, par refroidissement de ses solutions concentrées, en prismes rhomboïdaux droits répondant à la formule $SO^4Na^2,10H^2O$. Il est incolore, d'une saveur fraîche et amère.

100 parties d'eaux dissolvent à 0 degré 5 parties; à 14 degrés, 11 p. 8; à 30°, 43 p.; à 35°, 50 p. 6; à 40 degrés, 48,8 p.; et à 103 degrés, 42 parties de ce sel calculé à l'état anhydre. Son maximum de solubilité est à 33°; plus haut le sulfate se dépose à l'état anhydre de la solution saturée.

Ses solutions présentent à un haut degré le phénomène de la sursaturation.

Ce sel sert principalement à la fabrication de la soude artificielle.

Le sulfate neutre de soude, que le commerce livre souvent en petits cristaux imitant le sulfate de magnésie, est ordonné à la dose de 30 à 40 grammes comme purgatif doux.

Il existe un sulfate acide de soude SO^3Na^2,SO^4H^2 qu'on obtient par l'union directe du sulfate neutre à un excès d'acide sulfurique et qui lorsqu'on le chauffe fournit de l'acide sulfurique anhydre.

AZOTATE DE SODIUM

Ce sel existe au Chili et au Pérou, dans le désert d'Atacama en particulier, où il ne pleut jamais. Il y forme, presque à la surface du sol, une couche continue, qui paraît avoir pour origine l'oxydation des guanos. Il suffit pour le récolter de le séparer d'une mince couverte superficielle de sables argileux. Le nitre de soude naturel contient un peu de sel marin, de sulfate et d'iodate de soude : on le purifie en le lavant avec de l'eau saturée d'azotate sodique. Les eaux mères sont exploitées pour l'extraction de l'iode.

Le nitre du Pérou, ou du Chili, cristallise en rhomboèdres anhydres, de saveur fraîche et salée. Il est légèrement hygroscopique. 100 grammes d'eau en dissolvent 80^{gr},6 à 10° et 217 grammes à 119 degrés.

Il sert comme oxydant dans les laboratoires, comme engrais en agriculture; pour la préparation des feux d'artifices. Mais son usage principal est la transformation du chlorure de potassium naturel en nitrate de potasse destiné à fabriquer la poudre.

BORAX OU BIBORATE DE SOUDE

Nous avons donné p. 209 l'origine et la préparation du borax ou biborate de soude brut. On l'obtient à l'état de pureté en soumettant à l'ébullition, dans des cuviers de plomb chauffés à la vapeur, 125 parties de carbonate de soude cristallisé dissous dans 200 parties d'eau, et 100 parties d'acide borique en paillettes. On concentre jusqu'à ce que la liqueur marque 30° B°. Par son refroidissement elle abandonne des octaèdres réguliers qui répondent à la formule $(Bo^2O^3)^3,Na^2O,5H^2O'$, tant que la liqueur ne s'est pas refroidie au-dessous de 50° à 60° ; ce sont des octaèdres réguliers de densité 1,81, qui deviennent opaques dans l'air humide. Au-dessous de 50°, et à la température ordinaire, il cristallise un mélange de ces mêmes octaèdres et de prismes obliques à 10 molécules d'eau répondant à la formule $(Bo^2O^3)^2Na^2O,10H^2O$, effleurissables à l'air sec. *C'est le borax prismatique ou borax ordinaire* ([1]).

On peut aussi fabriquer le borax avec le borate double de soude et de chaux qu'on trouve abondamment à l'état naturel, surtout dans l'Amérique du Sud. On le transforme en borax en le faisant bouillir après pulvérisation avec du carbonate sodique.

On connaît d'autres borates : le *métaborate* BoO^2Na ou Bo^2O^3,Na^2O (*borate neutre*) et d'autres dérivés dans lesquels 4, 5, 6 molécules d'anhydride Bo^2O^3 sont unis à Na^2O. Ces sels n'ont pas d'applications.

Le borax se dissout dans 12 p. d'eau froide et dans 2 p. d'eau bouillante. Ses solutions sont légèrement alcalines au goût et au papier.

Lorsqu'on le chauffe, le borax fond d'abord dans son eau de cristallisation et se déshydrate. Il subit ensuite la fusion ignée et se transforme en une masse fondue qui reste transparente après refroidissement.

Il jouit de la propriété de former au rouge des combinaisons vitreuses, transparentes et fusibles avec les sels et oxydes métalliques; la couleur de ces verres caractérise souvent le métal qui entre dans leur constitution. L'acide borique en excès dans le borax tend à se substituer à l'acide des sels avec lesquels on le chauffe et à donner ainsi des sels doubles fusibles. Aussi l'utilise-t-on pour reconnaître au chalumeau la nature du métal d'un oxyde ou d'un sel. A cet effet, on plie en boucle un fil de platine, on en mouille la partie recourbée, on la trempe dans de la poudre de borax, et on la porte dans le dard du chalumeau. On obtient rapidement une perle fondue incolore qu'il suffit de toucher avec quelques parcelles d'un composé métallique pour reconnaître par

---

([1]) Les formules des borates que nous adoptons ici nous paraissent mieux exprimer leurs synthèses et leurs dédoublements, et par conséquent leur constitution, que celles que l'on peut faire dériver des considérations suivantes :

Au bore triatomique répond l'acide borique hydraté ou normal $\overset{'''}{Bo}(OH)^3$; son premier anhydride est $\overset{'''}{Bo} \lessgtr \overset{O}{_{OH}}$, qui donne lieu aux *métaborates* $Bo\,O^2R'$. De la polymérisation avec perte d'eau de l'acide borique normal, dérivent les acides tri, tétraboriques, etc. L'acide tétraborique ou $4\,Bo(OH)^3 - 3\,H^2O$ répond à la formule de constitution :

$$OH - Bo - O - Bo - O - Bo - O - Bo - OH$$
$$\quad\;\; |\qquad\quad |\qquad\quad |\qquad\quad |$$
$$\quad\;\; OH\quad\; OH\quad\;\, OH\quad\;\, OH$$

Il peut lui-même perdre 2 molécules d'eau et donner lieu à l'anhydride :

$$Bo - O - Bo - O - Bo - O - Bo$$
$$\;\, ||\qquad\quad |\qquad\quad |\qquad\;\; ||$$
$$\;\, O\quad\;\;\, OH\quad\; OH\quad\;\;\, O$$

ou $Bo^4O^7H^2$, d'où dériveraient les borates ordinaires, tels que le borax $Bo^4O^7Na^2$, par substitution du sodium ou d'un autre métal alcalin à l'hydrogène.

la couleur qu'on obtient, lorsqu'on la réchauffe de nouveau, la nature du corps colorant. La perle est verte ou rouge avec le cuivre, bleue avec le cobalt, vert bouteille avec le fer, vert émeraude avec le chrome, etc.

Le borax est employée dans la fabrication du *strass*; il entre dans la composition des couvertes émaillées pour faïences sous forme de boro-silicate de plomb. Il sert à fabriquer les émaux et les couleurs sur verre et sur porcelaine (*Voy.* plus loin *Verres, porcelaines, émaux*). Le boro-licate de potasse et de zinc constitue un verre d'une blancheur et d'une pureté remarquables. Le borax sert aussi, dans la bijouterie et l'orfè-vrerie, pour la soudure des métaux, dont il protège et conserve au rouge les surfaces à l'abri de l'oxyde qui empêcherait l'adhérence de se produire.

Le borax est depuis longtemps utilisé en médecine comme anti-septique. On l'emploie en insufflation, en dissolution, etc., dans les affections de la gorge et des diverses muqueuses. Ses propriétés anti-septiques et antifermentescibles ont été découvertes par Dumas.

On utilise quelquefois le borax pour la conservation des viandes et des liqueurs putrescibles.

PHOSPHATES DE SOUDE

On en connaît trois. Nous en avons déjà dit un mot p. 283.

Le principal est le *phosphate bibasique* $PO^4Na^2H,12H^2O$, dit aussi *phosphate neutre*, que l'on prépare en traitant le *phosphate acide de chaux* provenant des os par le carbonate sodique, filtrant et évaporant.

C'est un sel incolore, cristallisant en prismes rhomboïdaux obliques. Il a été employé à la dose de 30 à 60 grammes comme purgatif. Calciné, il laisse du *pyrophosphate de soude* $P^2O^7Na^2,5H^2O$, qui entre dans la pré-paration du pyrophosphate de fer et de soude, ferrugineux très employé.

Les deux autres phosphates de soude sont le *phosphate acide* PO^4NaH^2,H^2O et le *phosphate tribasique* $PO^4Na^3,12H^2O$. On rencontre dans les urines un phosphate sodico-ammonique : $PO^4Na(AzH^4)H,4H^2O$. C'est le *sel microcosmique* des anciens; il sert assez souvent dans les essais au chalumeau.

ARSÉNIATE DE SOUDE

On le prépare en fondant au rouge un mélange d'*acide arsénieux* (116 parties) et d'*azotate de soude* (200 parties). On traite le résidu par l'eau bouillante et l'on ajoute à la liqueur une solution de carbonate de soude jusqu'à réaction alcaline : on fait cristalliser entre 30 et 35°.

On obtient ainsi l'arséniate $AsO^4Na^2H,4H^2O$, sel *non efflorescent*, qui bleuit la teinture de tournesol.

Cet arséniate sert à préparer la *liqueur de Pearson*, formée de : *arséniate cristallisé*, 5 centigr. ; *eau distillée* : 30^{gr}. On l'ordonne par gouttes comme excitant de la nutrition et antipériodique.

Caractères des sels de soude.

Ces sels ne précipitent ni par l'hydrogène sulfuré, ni par les sulfures, ni par les carbonates alcalins, ni par le chlorure de platine, ni par l'acide perchlorique concentré. La solution de *méta-antimoniate de potasse* y produit un dépôt de *biméta-antimoniate de soude*, composé cristallin peu soluble. Les sels de soude sont surtout caractérisés au spectroscope par leur double raie jaune D qui n'appartient qu'au sodium.

TRENTE-QUATRIÈME LEÇON

LE POTASSIUM; LE RUBIDIUM; LE CÉSIUM. — APPENDICE : LA POUDRE

Origine des sels de potassium. — Nous avons indiqué déjà dans la leçon précédente les principales sources du potassium, ce sont :

1° L'*eau de mer* et les *gisements salins* qui en proviennent. Dans quelques-uns de ces gisements, comme à Stassfurth, les sels de potasse se sont peu à peu concentrés dans les eaux mères qui cristallisaient en dernier lieu ; les couches supérieures de ce célèbre gisement contiennent la majeure partie de la potasse des eaux de mer primitives ;

2° Les *végétaux* qui croissent sur les terres continentales. Ils accumulent dans leurs organes tout particulièrement les sels de potasse. Lorsqu'on les calcine, la potasse reste dans leurs cendres à l'état de carbonate ;

3° Les *feldspaths et autres minéraux potassiques* : entraînés par les eaux, dissous ou pulvérisés, ils se répandent dans les sols arables et constituent la réserve où vont puiser les végétaux.

On trouve encore la potasse en moindre quantité dans diverses roches plus rares : le *nitre* des terrains secs et chauds et des sables de l'Inde et de l'Égypte, l'*alunite* ou alun naturel, etc.

POTASSIUM MÉTALLIQUE

Préparation. — Il fut obtenu pour la première fois en 1807 par II. Davy en électrolysant la potasse caustique légèrement humectée d'eau. Quelque temps après Gay-Lussac et Thénard le préparèrent en décomposant la potasse par le fer porté au rouge vif. En 1825, Brünner prépara le premier le potassium par le procédé moderne, décrit p. 442

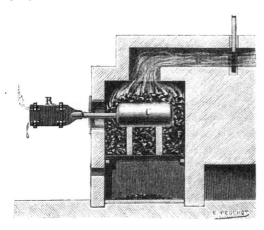

à propos du sodium auquel il s'applique également. Ce procédé consiste, dans ce cas, à chauffer dans une cornue de fer forgé, revêtue de borax, le produit de la calcination du tartre *brut* des lies de vin, calcinées au préalable en creuset fermé et mêlées de charbon. 800 gr. de ce mélange donnent environ 200 gr. de potassium.

La réaction qui se produit est la suivante :

Fig. 210. — Préparation du potassium.

$$CO^3 K^2 + 2C = K^2 + 2CO$$

La présence du tartrate de chaux provenant du tartre brut est nécessaire. La chaux agit en empêchant le carbonate de potasse de fondre aisément; en même temps il occasionne un dégagement de gaz carbonique qui entraîne le potassium à mesure qu'il se forme.

Propriétés. — Le potassium est un métal blanc, malléable entre les doigts à 15° ou 16°, dur et cassant au-dessous de 0°. Sa densité est à 15° de 0,865. Il fond à 62°,5 et distille au rouge en donnant des vapeurs vertes. Sa densité de vapeur est normale et correspond à 2 volumes. Il cristallise en octaèdres quadratiques.

Il s'oxyde à froid, même dans l'air sec. A l'air humide, il se recouvre d'une couche d'hydrate. A chaud, il brûle à l'air avec une flamme violette. On le conserve dans de l'huile de naphte.

Le potassium s'unit directement au chlore, au soufre, au phosphore. Il absorbe l'hydrogène à froid.

Jeté dans l'eau, il tournoie à sa surface et la décompose instantanément en enflammant l'hydrogène qui brûle avec la couleur violacée que lui communiquent les vapeurs de potassium entraînées. Il se produit ainsi beaucoup de chaleur. On a :

$$K^2 + 2H^2O = H^2 + 2KHO + 95,6 \; Calories.$$
Potassium.   Eau.   Hydrate
de potasse.

Dans une éprouvette posée sur le mercure et contenant un peu d'eau, l'on fait passer un globule de ce métal : on recueille pour 39 grammes de potassium 11^{lit},235 ou 1 gramme d'hydrogène. Cette expérience fixe l'équivalent du potassium. L'autre produit de la réaction est de la potasse caustique, ainsi que l'indique l'équation.

On connaît des alliages de potassium. L'alliage KNa^s est liquide à la température ordinaire ; Hg^{12}K est l'amalgame cristallisé qui se forme directement au contact du mercure chaud en dégageant 34,2 Calories ; K^{3}H est un hydrure de potassium doué de l'éclat de l'argent ; il ne se dissocie que vers 200 degrés.

OXYDES DE POTASSIUM ET POTASSE CAUSTIQUE

Oxydes. — On connaît un *protoxyde* K^{2}O qu'on obtient en traitant à chaud la potasse caustique par le potassium, et un peroxyde K^{2}O^4, corps jaune, solide, qui prend naissance lorsqu'on chauffe le métal dans un courant d'oxygène. Il se dissocie en protoxyde et oxygène au rouge vif. C'est un oxydant énergique.

Hydrate de potasse ou potasse caustique. — La *potasse* caustique KOH se prépare, comme la *soude* caustique, en décomposant la *potasse ordinaire* du commerce, ou carbonate de potasse, par de la chaux caustique, avec toutes les précautions indiquées pour cette préparation p. 444.

Cinq parties de carbonate de potasse purifié sont dissoutes dans 20 parties d'eau. La solution chaude est peu à peu mélangée d'un lait de chaux composé de 2 parties de chaux caustique en suspension dans environ 10 parties d'eau. On fait bouillir le tout dans une marmite de fonte ou d'argent et l'on procède par fusion et décantation comme pour la soude.

La potasse caustique ainsi préparée est dite *potasse à la chaux*. On peut la purifier partiellement en la dissolvant dans de l'alcool qui dissout l'hydrate de potasse et laisse les sels qui l'accompagnent ; en évaporant l'alcool et soumettant de nouveau le résidu à la fusion, on obtient la potasse dite *à l'alcool*. Mais cette potasse n'est exempte ni de nitrates ni de chlorures. Pour obtenir la potasse pure il faut décomposer le carbonate de potasse pur, résultant de la calcination de la crème de tartre, avec de la chaux du marbre préalablement lavée et recalcinée.

La *potasse à la chaux*, ou *potasse caustique ordinaire*, se présente généralement en plaques fibreuses et blanchâtres, quelquefois en *bâtons* ou en *pastilles* que l'on obtient en coulant la potasse fondue dans une lingotière de fer ou de bronze ou en la versant goutte à goutte sur un plateau d'argent. Dans cet état elle constitue *la pierre à cautère* dont on se sert pour attaquer l'épiderme et cautériser.

L'hydrate de potasse est un corps blanc, translucide, fusible un peu avant le rouge sombre, volatil sans décomposition au rouge vif, décomposable ou rouge blanc. Fondue, la potasse répond à la formule KOH. Elle s'unit à l'eau avec élévation de température pour donner un hydrate cristallisable $KOH, 2H^2O$. Exposée à l'air, elle tombe en déliquescence en absorbant à la fois l'humidité et l'acide carbonique ambiants. Elle est très soluble dans l'eau, à qui elle communique une forte réaction alcaline et une grande causticité.

La potasse caustique est employée par les médecins pour poser les *cautères* et produire des eschares. Mais comme elle est déliquescente, lorsqu'elle est employée seule elle coule et laisse une plaie étalée. On préfère généralement pour l'établissement des *cautères* la *poudre de Vienne* qui n'est autre qu'un mélange de parties égales de potasse et de chaux caustiques. Le *caustique de Filhos* consiste en une mixture de potasse caustique (4 parties) et de chaux (1 parties) que l'on fond, coule et conserve dans des tubes protecteurs en plomb.

Les solutions de potasse sont très caustiques, surtout pour les muqueuses. Dans la bouche, elles dissolvent aussitôt les épithéliums, enflamment et ulcèrent les tissus. Introduites dans l'estomac, elles le perforent rapidement et produisent la mort.

Les lessives faibles de potasse servent au blanchiment, au nettoyage des peintures; les fortes, à la préparation des savons mous.

SULFURES DE POTASSIUM

On connaît les cinq sulfures de potassium K^2S; K^2S^2; K^2S^3; K^2S^4 et K^2S^5. Le premier et le dernier seuls sont importants.

Monosulfure. — On obtient le monosulfure K^2S en divisant une dissolution de potasse en deux parts égales, saturant la première d'hydrogène sulfuré et ajoutant la seconde.

Cette solution possède tous les caractères du sulfure de sodium qui lui correspond (*Voy.* p. 445); au contact de l'air, elle se transforme en carbonate et hyposulfite. Elle jaunit en outre par suite de l'action de l'acide carbonique de l'air qui met un peu d'hydrogène sulfuré en liberté : grâce à l'oxygène ambiant il se fait de l'eau et du soufre; à son tour le soufre se dissolvant dans le monosulfure encore inattaqué produit un polysulfure qui jaunit la liqueur.

Sulfhydrate. — Le *sulfhydrate de potassium* s'obtient en sursaturant d'acide sulfhydrique une solution de potasse :

$$KHO + H^2S = KSH + H^2O$$

Pentasulfure. Foie de soufre. — On peut envisager le pentasulfure de potassium comme du sulfate SO^4K^2 où tout l'oxygène aurait été remplacé par du soufre (*thiosulfate de potassium*). On obtient le pentasulfure, mélangé de sulfate, lorsqu'on fond dans un creuset couvert 94 parties du soufre et 100 de carbonate de potasse. Ce produit porte le vieux nom de *foie du soufre*. Il prend naissance d'après les deux réactions qui suivent :

Au-dessous de 250°. $3\,CO^3K^2 + 12\,S = 3\,CO^2 + 2\,S^5K^2 + S^2O^3K^2$

Pentasulfure   Hyposulfite
de K.   de K.

Au rouge. $4\,CO^3K^2 + 16\,S = 4\,CO^2 + 3\,S^5K^2 + SO^4K^2$

Pentasulfure   Sulfate
de K.   de K.

Le *foie de soufre* est donc un mélange de pentasulfure de potassium et d'hyposulfite ou de sulfate, suivant la température où il a été produit.

Récemment fondu et coulé, il se présente en plaques brun rouge qui verdissent et jaunissent à leur surface grâce à leur transformation partielle, à l'air humide, en hyposulfite, carbonate et soufre libre. S'il est récent, le foie de soufre est soluble dans 2 parties d'eau ; sa solution est jaune foncé, d'un goût hépatique très désagréable ; elle est très vénéneuse. Traitée par les acides, elle donne de l'hydrogène sulfuré et un lait de soufre, c'est-à-dire du soufre très divisé qui se précipite :

$$S^5K^2 + 2\,HCl = H^2S + S^4 + 2\,KCl$$

Le foie de soufre est employé en médecine pour préparer les bains sulfureux artificiels (40 à 100^{gr} par bain). Pris à l'intérieur, il constitue, à la dose de un gramme, un poison agissant à la fois sur les tissus qu'il cautérise, et sur le globule sanguin dont il entrave l'hématose. Il survient bientôt de la prostration musculaire avec petitesse du pouls et arrêt du cœur.

Après l'usage du foie de soufre ou des bains sulfureux, le soufre à l'état de sulfate augmente très sensiblement dans les urines.

CHLORURE DE POTASSIUM

Le chlorure de potassium n'a d'intérêt que par l'usage que l'on en fait depuis quelques années pour préparer les autres sels de potasse, entre autres le nitre qui sert à fabriquer la *poudre* de guerre.

Ce sel provient de diverses origines. A propos de l'extraction du chlorure de sodium des eaux de mer, nous avons dit que les eaux mères des *marais salants* contenaient une certaine quantité de chlorure de potassium, mélangé principalement de chlorures de sodium et de magnésium, ainsi que de sulfate de magnésie. En soumettant ces *eaux mères* à un premier refroidissement, il se dépose du sulfate de soude et il se fait du chlorure de magnésium par réaction du sulfate de magnésie sur le sel marin :

$$MgSO^4 + 2\,NaCl + 10\,H^2O \;=\; SO^4Na^2, 10\,H^2O + MgCl^2$$

Les liqueurs, concentrées ensuite à l'ébullition, laissent déposer, à chaud, presque tout le reste de leur sel marin. Lorsqu'elles ont été amenées à 54° B^{e}, on les fait couler dans des cuviers où elles abandonnent sous forme de chlorure double de potassium et de magnésium KCl,2MgCl,6H^{2}O presque toute la potasse qu'elles contenaient. Ce chlorure double étant lavé avec la moitié de son poids d'eau froide, perd son chlorure de magnésium et laisse comme résidu le chlorure potassique à l'état presque pur. Un mètre cube d'eaux mères sortant à 28° B^{e} des marais salants de la Méditerranée fournit ainsi 40 kilogrammes de sulfate de soude, 120 kilogr. de chlorure de sodium pur et 10 kilogr. de chlorure de potassium. Cette industrie est devenue rémunératrice grâce aux persévérantes recherches de Balard.

La découverte des mines de Stassfurth et d'Anhalt est venue lui porter un rude coup. J'ai déjà dit qu'on trouvait dans ce gisement au-dessus du banc de sel marin, à la partie supérieure du dépôt salin, une couche de 65 mètres d'épaisseur de chlorure double de potassium et de magnésium KCl,MgCl^2,6H^{2}O (*carnalite*) mêlée ou accompagnée de quelques chlorures et sulfates doubles de magnésium, calcium et sodium, ainsi que de *boracite* Mg^{3}Bo^{8}O^{15},MgCl^2. Cette couche, que les mineurs ont nommée *abraumsalz*, contient 12 pour 100 de potassium et possède la composition centésimale approximative et les épaisseurs suivantes :

Carnalite	KCl,MgCl^2,6 H^{2}O	⎞
Sylvine	KCl	⎬ 55^{m}
Kaïnite	K^{2}SO^4,MgSO^4,MgCl^2,6 H^{2}O . .	⎠
Chlorure de sodium. . . .	NaCl	25
Kiésérite	MgSO^4,H^{2}O	16
Argile, sable, boue, bitume.		4

On traite la carnalite, mêlée de sylvine et de kaïnite, par la moitié de son poids d'eau froide qui enlève le chlorure de magnésium et laisse le chlorure de potassium mêlé d'un peu de sulfates. On n'a plus qu'à procéder à une nouvelle cristallisation pour obtenir le chlorure de potassium presque pur.

Telle est aujourd'hui la principale origine du chlorure de potassium.

La lixiviation méthodique des cendres de varech qui contiennent 13 % de leur poids de KCl et 10 % de SO^{4}K^2, ainsi que celle des vinasses de betteraves fournit aussi une petite quantité de ce même chlorure alcalin.

Le chlorure de potassium cristallise en cubes anhydres, incolores, d'un goût salé, solubles dans 3 fois leur poids d'eau à 14°, plus solubles à chaud. Ce sel fond au rouge et se volatilise au blanc.

Il sert à préparer les autres sels de potasse, le nitrate en particulier :

$$KCl + AzO^3Na = AzO^5K + NaCl$$
$$\underset{\text{Chlorure de K}}{} \quad \underset{\text{Nitre du Chili.}}{} \quad \underset{\text{Nitrate de potasse.}}{} \quad \underset{\text{Chlorure de Na.}}{}$$

On peut le transformer en sulfate de potasse, puis en carbonate par le procédé Le Blanc.

On emploie comme engrais de grandes quantités de chlorure de potassium impur.

BROMURE DE POTASSIUM

On le prépare comme celui de sodium. Il cristallise en cubes anhydres très solubles, de saveur salée un peu âcre.

On l'ordonne en médecine (celui de sodium est préférable) comme sédatif du système nerveux, hypnotique et déprimant du sens génital chez l'homme. Il doit être absolument exempt de bromate, sel fort vénéneux que l'on reconnaît en ajoutant à la solution aqueuse du bromure un peu d'acide sulfurique étendu et quelques gouttes d'acide sulfureux. La coloration rouge brune du brome apparaît. On peut rendre cette réaction plus sensible en agitant la liqueur avec de l'éther qui se charge du brome correspondant au bromate.

IODURE DE POTASSIUM

Ce sel peut se préparer, comme l'iodure de sodium, par réaction de l'iode sur la potasse puis calcination avec un peu de charbon en poudre.

On l'obtient aussi en faisant bouillir avec de l'eau et de l'iode, du fer ou du zinc, qui forment les iodures correspondants que l'on précipite ensuite par le carbonate de potassium. Il ne reste plus qu'à évaporer les liqueurs :

$$1° \qquad Zn + I^2 = ZnI^2$$
$$2° \qquad ZnI^2 + 2KHO = ZnH^2O^2 + 2KI$$

Il cristallise en cubes incolores, blancs, opaques, d'une saveur âcre et salée, soluble dans les deux tiers de leur poids d'eau à 18°, et dans moins de la moitié à l'ébullition. Il est soluble dans 6 fois son poids d'alcool.

C'est un médicament précieux. On l'administre comme excitant de la nutrition pour combattre la scrofulose, les engorgements ganglionnaires, la phtisie, certaines formes de l'arthritisme, et des maladies de la peau, la syphilis constitutionnelle, etc.... On l'emploie en solution à l'intérieur, ou bien sous forme de pommades. Il est rapidement absorbé et passe presque immédiatement dans les urines.

Il importe que le médecin sache reconnaître la pureté de ce médicament. Une minime quantité de chlorure et même de bromure ne présenterait que peu d'inconvénients. On reconnaît ce dernier en versant dans la solution d'iodure de potassium un excès de sulfate de cuivre qui sépare l'iode à l'état d'iodure cuivreux, filtrant et faisant passer dans la liqueur de l'hydrogène sulfuré pour enlever l'excès de sulfate de cuivre, puis concentrant suffisamment. Quelques gouttes de chlore brunissent cette dernière liqueur en libérant le brome qu'elle peut contenir.

Mais le sel le plus dangereux, celui auquel il faut attribuer les phénomènes de l'*iodisme* ou empoisonnement chronique par l'iodure de potassium, c'est l'iodate de potassium. Pour le rechercher on dissout l'iodure suspect dans 15 à 20 fois son poids d'alcool à 90°. Ce menstrue laisse pour résidu le carbonate de potassium et l'iodate qui fuse sur les charbons ardents. S'il n'y avait qu'une trace d'iodate, la solution d'iodure primitive, et à fortiori ce résidu, traités par un peu d'acide sulfurique, puis par de l'empois d'amidon, se coloreraient en bleu intense par l'iode mis en liberté :

$$5\,IK + IO^5K + 3\,SO^4H^2 = 3\,SO^4K^2 + 3\,H^2O + 6I$$

L'iodure de potassium dissout abondamment l'iode : cette liqueur constitue l'*iodure de potassium ioduré*, réactif souvent employé pour précipiter les alcaloïdes organiques.

CARBONATES DE POTASSIUM

Origines. — On désigne dans le commerce sous le nom impropre de *potasse* (de l'allemand *Pot Asch*, cendres de pot), le produit impur que fournit l'incinération des plantes continentales. Ces végétaux contiennent très généralement dans leurs cellules un certain nombre de sels de potasse à acides organiques ; lorsqu'on brûle ces plantes à l'air, ces sels se décomposent en donnant du carbonate de potasse mêlé des chlorures, sulfates, phosphates, etc. des différentes bases qui existaient dans le végétal, et d'un peu de charbon. Les quantités de cendres fournies par 1000 parties de bois sont indiquées dans le tableau suivant :

Nature du bois.	Quantité de cendres.	Carbonate de potasse.
Sapin	3,40	0,47
Hêtre	5,80	1,27
Chêne	13,50	1,50
Saule	28,00	2,85
Vigne	34,00	5,50
Fougère	36,40	4,25

Ces cendres grisâtres reprises par une très petite quantité d'eau laissent pour résidu les sels insolubles, tandis que se dissolvent les sels solubles, et principalement le carbonate potassique. En évaporant cette dissolution, on obtient la *potasse commerciale*, *potasse perlasse*, *potasse d'Amérique* ou *de Russie*. Nous donnons ici la composition approximative de ces potasses brutes en en rapprochant celles que l'on retire du *salin* ou cendres de betteraves :

	Potasse perlasse d'Amérique.	Potasse perlasse de Russie.	Salin brut de betterave.
Carbonate potassique. .	71,39	69,61	35
Carbonate sodique. . .	2,31	3,09	16
Sulfate de potassium. .	14,38	14,11	5
Chlorure de potassium .	3,64	2,09	17
Acide phosphorique. . .} Chaux et silice . . . .}	3,73	2,28	27
Eau.	4,58	8,82	»
	100,00	100,00	100

On extrait de ces *potasses brutes* le carbonate de potassium mélangé d'un peu de carbonate de sodium, en les traitant par leur poids d'eau. En évaporant on a la *potasse raffinée* ou carbonate de potasse du commerce.

On produit aussi une certaine quantité de carbonate de potasse, presque exempt de carbonate sodique, en traitant par l'eau les laines brutes ou en *suint*, évaporant et calcinant les liqueurs.

Enfin l'on a tenté d'extraire industriellement la potasse des feldspaths en les calcinant avec de la chaux et soumettant ensuite le produit à l'action de l'eau surchauffée.

On connaît deux carbonates de potasse : le *carbonate neutre* CO^3K^2 et le *bicarbonate* CO^3KH. Nous allons les décrire successivement.

Carbonate neutre de potasse CO^3K^2. — On peut le préparer comme il a été ci-dessus dit. On recourt quelquefois, dans les laboratoires, à la calcination du *tartre* ou tartrate acide de potasse, ou bien à celle du *bioxalate de potasse*. Le résidu repris par l'eau bouillante donne du carbonate potassique presque pur et exempt de soude.

Le carbonate neutre de potasse forme une poudre blanche, très soluble, hygroscopique, déliquescente, alcaline et caustique, fusible au rouge vif sans décomposition. Il se dépose de ses solutions concentrées à l'état d'hydrate cristallisé $CO^3K^2,2H^2O$.

Bicarbonate CO^3KH. — Il se sépare sous forme de prismes rhombiques d'une dissolution concentrée du carbonate neutre où l'on fait passer à refus un courant d'acide carbonique.

Ces cristaux, solubles dans environ 4 fois leur poids d'eau à 15°, ne sont pas déliquescents. Ils bleuissent la teinture de tournesol ; leur saveur est un peu alcaline ; évaporés avec de l'eau à 100°, ils se dissocient en perdant presque la moitié de leur acide carbonique.

Applications. — La *potasse* commerciale sert à une foule d'usages : à la préparation du ferrocyanure de potassium, du bleu de Prusse, des silicates, chlorates et hypochlorites de potassium ; à la transformation en nitrate de potasse du salpêtre brut formé surtout d'azotate de calcium. Caustifiée par la chaux, la *potasse*, en partie décarbonatée, constitue l'*eau seconde* qui sert au blanchiment des toiles, au dégraissage des tissus, des peintures à l'huile sur bois ou murailles.

Les potasses raffinées sont encore employées à la fabrication des verres à potasse (*flint, crown, verre de Bohême*, etc.) ; à la préparation des savons mous ; à l'obtention du silicate de potasse ou *verre soluble* SiO^3K^2, qui se fait en calcinant ensemble 31 parties d'acide silicique et 69 de carbonate de potasse. Ce silicate donne avec l'eau une solution alcaline et caustique dont on enduit les pierres calcaires et les ciments que l'on veut rendre inaltérables à l'air humide : à son contact, il se fait bientôt avec les matériaux calciques, du silicate de chaux insoluble et du carbonate de potasse que l'eau dissout et enlève. Le calcaire devient ainsi peu à peu assez dur pour rayer le marbre.

La solution de silicate alcalin sert aussi à recouvrir le bois et les tentures d'un vernis léger qui les rend ininflammables.

SULFATES DE POTASSIUM

Le *sulfate neutre* $SO^4K^2.SO^3.K^2O$ a été employé dans l'ancienne pharmacopée sous le nom de *sel de duobus, arcanum duplicatum, sel polychreste de Glaser.*

On peut le rencontrer à l'état natif, isolé comme dans la *glasérite* du Vésuve, mais plutôt à l'état de sulfate triple comme dans la *polyhalite* de Stassfurth ($2SO^4Ca,SO^4Mg,SO^4K^2,H^2O$). On le trouve dans les cendres de varech, les salins de betteraves, les eaux de mer, etc.

Il se présente en plaques cristallines dures, formées de cristaux rhomboïdaux droits anhydres. 100 parties d'eau en dissolvent 8,36 parties à 0°, et 25 parties 8 à 100°. Sa saveur est amère et désagréable. Il purge à la dose de 4 à 8 grammes. Il est toxique à la dose de 20 à 30 grammes.

Le *sulfate acide* SO^4KH s'obtient souvent dans les laboratoires lorsqu'on prépare l'acide azotique en attaquant le nitre par un excès d'acide sulfurique. Ce sel est très acide. Calciné, il donne un *anhydro-sulfate* ou *pyrosulfate* : SO^4K^2,SO^3 ou $S^2O^7K^2$.

CHLORATE DE POTASSE

Le chlorate de potasse ClO^3K se produit en même temps que le chlorure de potassium par l'action du chlore sur une solution concentrée chaude de potasse ou de carbonate de potasse (*Berthollet*) :

$$6\,Cl + 6\,KHO = 5\,KCl + ClO^3K + 3\,H^2O$$

Dans l'industrie, on obtient le chlorate de potassium en saturant par le chlore, à l'ébullition, une solution, dans 150 parties d'eau, de 3 parties de chaux éteinte et de 1,5 p. de chlorure de potassium. Le mélange apte à donner le chlore, contenu dans un cylindre de plomb bien clos AE, est

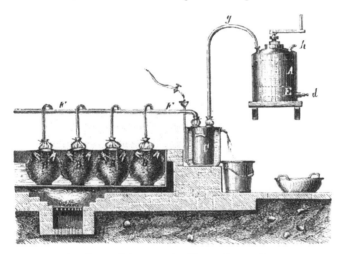

Fig. 211. — Préparation du chlorate de potassium.

constamment remué au moyen de palettes. Lorsqu'elle n'absorbe plus de chlore, on siphonne la liqueur saturée de chlore à chaud, et on la concentre dans une chaudière chauffée à la vapeur. Le chlorate de potassium se dépose par refroidissement. L'équation suivante exprime la réaction :

$$KCl + 3\,CaO + 6\,Cl = ClO^3K + 3\,CaCl^2$$

Le chlorate de potassium cristallise en minces lamelles rhomboïdales incolores, anhydres, d'un goût frais et salé. 100 parties d'eau dissolvent 6 parties de chlorate de potasse à 15°, et 60,24 à l'ébullition.

Ce sel fond à 400° et se décompose, dans une première phase, en chlorure de potassium, perchlorate de potasse ClO^4K et oxygène. Si l'on continue à chauffer, le perchlorate perd à son tour tout son oxygène, et il ne reste plus que du chlorure de potassium. En présence du bioxyde de manganèse, le chlorate se décompose complètement déjà à 240°.

Le chlorate de potassium est un oxydant énergique. Après sa découverte, Berthollet proposa de l'employer à la place du nitre dans la préparation de la poudre. Un terrible accident (1788) fit renoncer à ce projet. Ce sel forme en effet avec le charbon, le soufre, et surtout le phosphore, des mélanges qui détonent violemment sous le choc. Aussi l'emploie-t-on pour les feux d'artifice, la préparation des amorces (*mélange de chlorate et de sulfure d'antimoine*), la fabrication des allumettes dites à *phosphore amorphe*, allumettes chloratées que l'on frotte sur un carton revêtu d'une enduit contenant du phosphore rouge.

Le chlorate de potasse fut l'intermédiaire qui permit de passer de l'antique briquet à pierre aux allumettes modernes dites à friction. Ce n'est que vers 1808 qu'on fabriqua les premières *allumettes chimiques*. C'étaient des bûchettes de bois dont l'extrémité avait été imprégnée d'un mélange de chlorate de potasse, soufre, lycopode et gomme; lorsqu'on voulait avoir du feu, on trempait le bout de ces bûchettes dans une petite bouteille contenant une pâte riche en acide sulfurique. Le feu se produisait aussitôt. L'on a vu, en effet (p. 168), que l'acide sulfurique décompose le chlorate pour donner de l'anhydride hypochlorique et que ce corps enflamme à son tour le sucre, les résines, le bois, le sulfure d'antimoine, qu'il atteint. Vers 1832, parurent les premières allumettes *à friction* : elles étaient enduites d'un mélange de chlorate de potasse et de sulfure d'antimoine. Un an après, un inventeur inconnu remplaça le sulfure d'antimoine par le phosphore. Enfin, au chlorate de potasse on substitua l'azotate de plomb. Aujourd'hui la pâte dont on charge le bout de l'allumette soufrée contient : *phosphore* 10 ; *minium* 5 ; *colle forte* 10 ; *sable fin* 20 ; *vermillon* ou *smalt* 1. Telle est en peu de mots l'histoire de l'une des plus utiles inventions de ce siècle [1].

Le chlorate de potasse, ou *sel de Berthollet*, pris à l'intérieur ou en gargarismes répétés, possède une action très réelle sur les affections de la bouche, les stomatites de toute sorte, les gingivites, la salivation mercurielle, les angines de nature diphtéritiques ou pseudodiphtéritiques, etc. On l'ordonne à l'intérieur à la dose de 4 à 8 grammes par 24 heures.

HYPOCHLORITE DE POTASSIUM

Ce sel se forme lorsqu'on fait passer un courant de chlore dans de la potasse ou du carbonate de potassium étendu et froid. Il s'obtient aussi

[1] On consomme annuellement en *France seulement* plus de 3 milliards d'allumettes; supposons, comme minimum, que l'on en obtienne du feu 1 fois sur 10, il aurait fallu, pour allumer ces feux par les anciens moyens, à raison de 1 tiers de minute chaque fois, un total de *cent quatre-vingt-treize années*. On peut juger du temps perdu dans notre pays par l'usage d'allumettes notoirement mauvaises.

lorsqu'on verse du chlorure de chaux dans du carbonate de potasse.

La liqueur décolorante dite *eau de Javel* est un mélange de chlorure et d'hypochlorite de potassium :

$$2\,Cl + CO^3K^2 = CO^2 + KCl + ClOK$$

AZOTATE DE POTASSE

Production du nitre. — Les nitrates prennent naissance partout où les substances organiques azotées se décomposent en présence des sels alcalins ou du carbonate de chaux, et d'un ferment spécial, le *ferment nitrique* de MM. Schlœsing et Müntz. On le rencontre en efflorescences à la surface des sables des contrées arides de l'Égypte et de l'Amérique équatoriale. Il existe dans le sol de nos caves, les plâtras de nos étables, mélangé d'azotates de sodium, calcium et magnésium.

Dans l'Inde, la Chine, l'Égypte, à Ceylan, on enlève la terre salpêtrée et on la soumet à la lixiviation et à l'évaporation. Ce salpêtre brut contient 5 à 10 pour 100 d'impuretés.

Dans les déserts desséchés du Chili et du Pérou, le nitrate de soude, mélangé de chlorure, sulfate, iodure de sodium, etc., forme à une faible profondeur sous le sol, des bancs qu'on exploite à la poudre.

Dans nos pays, avant la découverte des nitres du Chili, on recueillait, pour faire la poudre à tirer, les matériaux salpêtrés des caves et des plâtras, ainsi que ceux qui provenaient des *nitrières artificielles*. Elles étaient essentiellement constituées par une série de murs assez épais, de 2 mètres environ de hauteur, couverts d'un petit toit, disposés perpendiculairement à la direction des vents dominants, murs que l'on formait de terres poreuses, gâchées avec des cendres lessivées et de la paille, et qu'on arrosait avec de l'eau de fumier ou des urines. On démolissait au bout de quelques mois les parties suffisamment salpêtrées de ces murs et on les soumettait à un lessivage méthodique. On obtenait ainsi un mélange impur d'azotates de soude, de chaux et de magnésie. A cette solution on ajoutait un lait de chaux qui précipitait la magnésie, puis du sulfate de soude qui transformait l'azotate de chaux en azotate de soude et sulfate calcaire peu soluble ; enfin on concentrait la liqueur et on l'additionnait de chlorure de potassium. Par évaporation, ce dernier sel, réagissant sur le nitrate de soude par double décomposition, donnait du nitrate de potasse et du sel marin qui se précipitait, vu son peu de solubilité :

$$AzO^3Na + KCl = AzO^3K + NaCl$$

En évaporant les liqueurs, on obtenait le *salpêtre brut*, qui, repris par le cinquième de son poids d'eau à l'ébullition, se dissolvait abondamment et cristallisait ensuite par évaporation, tandis que le chlorure de sodium restait insoluble, sauf la faible proportion contenue dans les eaux mères (*salpêtre raffiné*).

Aujourd'hui, le nitrate de potasse s'obtient presque exclusivement avec le nitrate de soude naturel du Chili. Il suffit de dissoudre ce sel et d'ajouter la quantité équivalente de chlorure de potassium pour déterminer la double décomposition ci-dessus indiquée. Le chlorure de sodium se précipite par concentration, et le nitrate de potasse qui reste dissous se purifie par cristallisation comme il vient d'être dit.

Propriétés. — L'azotate de potasse est un sel incolore, anhydre, cristallisable en prismes droits à base rhombe qui forment en se groupant des prismes cannelés à six faces. Ce sel est inaltérable à l'air. Sa saveur est fraîche, piquante, un peu amère ; sa densité est de 1,93.

La solubilité du nitre augmente rapidement avec la température. 100 parties d'eau en dissolvent à 0 degré 13,3 parties ; à 18 degrés 29 p. ; à 45 degrés 74,6 p. ; à 100 degrés 246 parties. Il est insoluble dans l'alcool.

Il fond à 340°. Au rouge naissant, il se décompose en oxygène et azotite de potassium ; à une température très élevée il donne de l'oxygène, de l'azote et des oxydes de potassium.

C'est un oxydant énergique. Il fuse sur les charbons ardents. 20 parties de nitre et 3 de charbon déflagrent violemment au contact d'un corps incandescent :

$$4\,AzO^5K + 5\,C = 2\,CO^5K^2 + 4\,Az + 3\,CO^2$$

Quinze parties de nitre et cinq de soufre projetées dans un creuset préalablement rougi brûlent avec une flamme éblouissante :

$$2\,AzO^5K + 2\,S = SO^4K^2 + SO^2 + 2\,Az$$

Le mélange de nitre, de charbon et de soufre constitue la poudre à tirer, dont ces réactions expliquent en partie la force explosive.

Le nitre est souvent employé dans les laboratoires comme oxydant ; en particulier dans l'analyse des matières minérales ou organiques, l'attaque des minerais les plus réfractaires, la préparation du permanganate ou du chromate de potassium, etc.

Le nitrate de potasse, autrefois introduit dans la thérapeutique par Angelo Sala et le chancelier Bacon, est rafraîchissant, calmant, antiphlogistique, faiblement purgatif. Il paraît aussi jouir de propriétés légèrement diurétiques sans qu'il augmente pour cela la quantité d'urée excrétée dans les 24 heures. Les nitrates sont des modérateurs de la circulation ; ils font un peu baisser le pouls et la température. Ils ont été employés avec succès à la dose de 1 à 4 grammes par jour, dans les rhumatismes articulaires accompagnés de fièvre d'intensité moyenne, et dans les fièvres intermittentes.

A la dose de 15 à 20 grammes, le nitre devient toxique. Il se produit successivement et rapidement des nausées, de la douleur épigastrique, des vomissements, des selles sanguinolentes ; le ralentissement de la circulation, la dyspnée, l'abaissement de la température, les paralysies musculaires, l'extinction de la voix, la cyanose, les syncopes et l'arrêt définitif du cœur terminent la scène.

L'on peut rechercher et démontrer dans ces cas la présence du nitre, soit dans les matières vomies, soit dans l'estomac et l'intestin, soit même dans les urines des patients. Pour cela, les liquides sont concentrés et traités par du sous-acétate de plomb. Ce sel précipite une grande partie des chlorures et beaucoup de substances organiques. On traite la liqueur filtrée par la dose justement suffisante de carbonate de potasse pour séparer l'excès de plomb ajouté ; après nouvelle filtration, l'on évapore les liqueurs en ayant soin d'enlever une trace de plomb par l'hydrogène sulfuré. On évapore au bain-marie et l'on reprend le résidu sec par de l'alcool à 95° centigrades : il dissout les acétates alcalins sans toucher au nitrate de potasse qui reste comme résidu, et qu'on purifie par une ou deux cristallisations. On essaye alors si ce sel répond bien aux divers caractères des nitrates et des sels de potassium (voir p. 416 et 471).

ARSÉNITE DE POTASSIUM

On connaît divers *arsénites* de potassium : les arsénites AsO^3K^2H, et $(AsO^3KH^2)^2,As^2O^3$, ainsi que des *pyro-arsénites*.

De ces divers sels, le premier paraît exister dans la solution arsenicale usitée en médecine sous le nom de *liqueur de Fowler*.

Elle se prépare en faisant bouillir jusqu'à entière dissolution : *acide arsénieux* 5 parties ; *carbonate de potasse* 5 p. ; *eau distillée* 500 p., et réduisant à 500 grammes de liquide. Cette liqueur s'emploie par gouttes comme reconstituant, antipériodique, etc. Il est bon de l'ordonner mélangée au lait.

CARACTÈRES DES SELS DE POTASSIUM

Les sels de potassium ne sont précipités ni par l'hydrogène sulfuré, ni par les sulfures ou les carbonates alcalins.

Ils donnent par l'acide perchlorique un précipité cristallin, facile à laver. L'acide hydrofluosilicique forme dans les solutions de sels de potasse un précipité gélatineux qui répond à la formule $SiFl^4,2KFl$.

Dans les solutions concentrées, les acides tartrique, picrique et le sulfate d'alumine produisent du bitartrate, du picrate et de l'alun de potasse, composés peu solubles.

Avec le chlorure de potassium, le bichlorure de platine précipite un sel double formé de cubes et d'octaèdres microscopiques de chloroplatinate potassique $PtCl^4.2KCl$.

Une trace d'un sel potassique, et spécialement de chlorure de potassium, portée dans une flamme qui brûle avec excès d'air, la colore en violet. Le spectroscope y fait reconnaître les raies caractéristiques du métal (Voir p. 437).

RUBIDIUM; CÉSIUM

Ces deux métaux accompagnent fort souvent le potassium et le lithium dans les eaux, les terres et les roches, mais toujours en minime proportion.

RUBIDIUM

Le *rubidium* fut extrait pour la première fois par Bunsen et Kirchhoff, en 1860, des eaux mères de l'eau minérale de *Durkheim*, puis des résidus du traitement de la lépidolithe de Saxe, sorte de mica très riche en lithine. M. Grandeau a constaté la présence de ce métal dans les cendres de beaucoup de végétaux, en particulier dans celles de la betterave et du tabac, et dans les eaux de raffinage du salpêtre.

Le rubidium métallique se prépare comme le potassium. Il lui ressemble beaucoup. Il fond à 38°,5, s'oxyde à l'air et décompose l'eau à froid en prenant feu.

Son *chlorure* anhydre, RbCl, est cubique, d'un goût salé; il se dissout mieux dans l'eau que le sel marin.

Son *chloroplatinate* forme un précipité jaune clair d'octaèdres microscopiques réguliers, moins solubles dans l'eau que le sel de potassium correspondant. L'*hydrate* RbOH, fusible au-dessous du rouge, est très caustique; son *carbonate* est caustique et déliquescent.

L'*azotate* anhydre ressemble au salpêtre et fond au rouge. Il est plus soluble que le nitrate de potasse.

On sait que le rubidium est caractérisé dans les flammes par les belles raies rouges $\lambda = 421, 6$ et $420,2$, qui lui ont valu son nom.

CÉSIUM

Le *césium* (de *cæsius*, *bleu*, ainsi nommé à cause de ses raies spectrales bleues $\lambda = 459,7$ et $\lambda' = 456,0$) a été découvert par les précédents auteurs dans la même eau minérale de Dürkheim qui renferme $0^{gr},00017$ de chlorure de césium par litre. Les eaux de Vichy,

Kreutznach, Nauheim, Ems, etc., en contiennent des traces. Le minéral le plus riche en césium est le *pollux* de l'île d'Elbe, alumino-silicate multiple de césium, lithium et sodium, qui contient 21,65 de césium pour 100. Mais on a aussi trouvé le césium dans les lépidolithes, la triphylline, la carnalite de Stassfurth.

On n'a pu isoler encore le métal lui-même ; l'on sait seulement que c'est le plus électro-positif de tous les métaux connus et l'on croit qu'il est liquide à la température ordinaire.

Son *chlorure* forme des cubes anhydres fusibles au rouge. Son *chloroplatinate* (CeCl)²PtCl⁴ est encore moins soluble que celui du rubidium. Son *hydrate* CeOH est déliquescent et très caustique.

Appendice : LA POUDRE

L'origine de la poudre se perd dans l'histoire. Les écrivains du troisième siècle de notre ère parlent déjà d'un *feu automate* que l'on obtenait par un mélange de soufre, de sulfure d'antimoine, de nitre et de naphte. Dans son *Liber ignium*, cité par Hæffer, Marcus Græcus, qui paraît avoir vécu au vıııe siècle, s'exprime ainsi : « Prenez une livre de « soufre pur, deux de charbon de vigne ou de saule, six de salpêtre. « Broyez ces substances dans un mortier de marbre et réduisez en pou- « dre subtile. Mettez de cette poudre dans une enveloppe destinée à voler dans l'air, elle éclatera comme le tonnerre. »

Ce n'est donc pas le moine Schwarz, qui vivait dans le xıve siècle, ce ne sont probablement même pas les Chinois, qui ont été, comme on le dit quelquefois, les inventeurs de la poudre à canon.

La poudre est un mélange intime de salpêtre, de soufre et de charbon dans des proportions un peu variables. Nous avons donné plus haut les équations de la combustion du charbon et du soufre, pris chacun isolément, par le nitrate de potasse. Elles indiquent que ces réactions s'accompagnent à la fois d'une grande quantité de chaleur et d'un notable développement de gaz acide carbonique et azote.

Des analyses très exactes, dues à MM. Berthelot, Craig, Fedorow, etc., des gaz et du résidu laissé par la déflagration de la poudre, ont établi que lorsqu'elle brûle à l'air libre, la réaction est exprimée par l'équation :

$$4\,AzO^5K + 2\,S + 4\,C \;=\; S^2O^5K^2 \;+\; CO^5K^2 \;+\; 4\,Az + 3\,CO^5$$

Nitre.   Hyposulfite de K. Carbonate de K.

Mais lorsque la poudre brûle *sous pression*, l'hyposulfite et le carbonate formés réagissent l'un sur l'autre en présence de l'excès de charbon d'après l'équation suivante :

$$4\,S^2O^3K^2 + 4\,CO^3K^2 + 6\,C = SO^4K^2 + 7\,K^2S + 10\,CO^2$$
Sulfure de K.   Sulfure de K.

En résumé l'on a pour la combustion de la poudre sous pression :

$$16\,AzO^3K + 8\,S + 22\,C = SO^4K^2 + 7\,K^2S + 22\,CO^2 + 16\,Az$$

D'après cette équation, la poudre théorique aurait donc la composition suivante, que nous rapprochons de celle des poudres les plus usuelles.

	POUDRE THÉORIQUE.	Poudre à canon France.	Poudre de mine France.	Poudre de chasse Angleterre.	Poudre de guerre Prusse.
Salpêtre . . .	75,6	75,0	62	76	74
Soufre . . .	12,0	12,5	18	10	10
Charbon . . .	12,4	12,5	20	14	16

On voit que la poudre à canon française se rapproche tout particulièrement des nombres théoriques. Les poudres plus riches en soufre jouissent d'une inflammabilité plus grande ; celles qui contiennent plus de charbon donnent plus de gaz et sont aussi plus expansives parce que le charbon employé contient toujours une petite proportion d'hydrogène qui, en brûlant, produit plus de chaleur qu'un même poids de carbone et vient modifier quelque peu l'équation théorique ci-dessus.

MM. Sarrau et Roux ont déduit de leurs expériences le *volume* à 0° et sous la pression de $0^m,760$ des gaz de la poudre, leur *température* au moment de l'explosion, enfin le *travail maximum* produit. Voici quelques-uns de leurs nombres :

	Température abolue. T	Volume en litres à 0°. V_0	Pression développée en atmosphères. $\dfrac{V_0T}{273}$	Travail maximum en kilogrammètres EcT
Poudre de chasse française..	4654	234	3989	373000
— à canon — .	4360	261	4168	349000
— de mine — ..	3372	307	3793	270000

$c = 0,185$ est la chaleur spécifique moyenne à volume constant des gaz de la poudre, E l'équivalent mécanique de la chaleur.

Fabrication de la poudre. — On n'emploie que du salpêtre raffiné, du charbon de bois de bourdaine, de peuplier, de saule, de fusain, et du soufre en canons. Le charbon de bois doit être poussé au *roux* ou au *noir* suivant la poudre à obtenir. Il contient de 4 à 1 pour 100 d'hydrogène.

On commence à pulvériser séparément les trois matières dans des tonnes revêtues de cuir à l'intérieur et munies de gobilles de bronze. Puis on les mélange et on les malaxe intimement, après humectation préalable, sous des meules à trituration en fonte, ou bien dans des mortiers de bois où frappent des pilons à tête de fonte que soulèvent alternativement les cames d'un arbre de couche. Au bout de plusieurs heures, la poudre est *galetée*, c'est-à-dire mise en galettes, cassée et

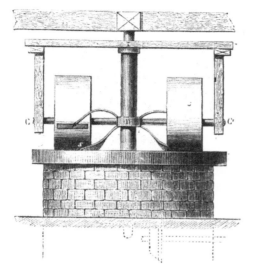

Fig. 212. — Meules à trituration.

Fig. 213. — Crible pour la granulation de la poudre.

grenée sur des cribles, tamis et blutoirs où elle se divise en grains, s'égalise et se sépare des poussières. Elle est ensuite séchée sur des toiles, à l'air ou dans des étuves, et enfermée en barils ou en boîtes.

Propriétés physiques. — La bonne poudre est formée de grains égaux et lisses, durs, difficiles à écraser; sa couleur varie du noir au roussâtre et au noir bleuté.

La *densité gravimétrique*, ou poids du litre de poudre, est comprise entre 900 et 984. Le poids spécifique du grain, l'air de ses pores étant chassé, est de 2 environ. Il doit donc exister dans la bonne poudre autant de vide environ que de plein.

La poudre s'enflamme lorsqu'on la porte subitement à 270°-320°.

Elle s'enflamme aussi par le choc violent de fer contre fer; moins bien, par le choc de fer contre laiton ou de laiton contre laiton. Le choc de bronze contre cuivre ou bois est le moins dangereux.

La poudre en un gros bloc ou en fine poussière ne brûle que de proche en proche sans explosion. Il en est de même de la poudre en grains placée dans le vide. La meilleure poudre est, pour une arme donnée, celle qui brûle complètement dans le temps que le projectile met à parcourir l'âme de la pièce.

Autres poudres employées pour la guerre, les mines ou la pyrotechnie.

Nous donnerons encore ici la formule de quelques poudres usuelles.

La *poudre de Schultze*, ou *poudre blanche*, est formée de sciure de bois débarrassée de sa *matière incrustante*, puis transformée en fulmicoton par l'acide nitrique fumant, et imprégnée d'azotate de baryum et de nitre. C'est une poudre trop brisante pour remplacer la poudre de guerre.

La *poudre brisante Nobel*, analogue par ses effets à la dynamite, est composée de *nitrate de baryum* 68 ; *charbon riche en hydrogène ou résine* 12 ; *nitroglycérine* 20.

La *poudre à torpilles* de Dessignoles, qui peut être sans danger pilonnée, concassée et grainée, contient *picrate de potassium* 53 ; *salpêtre* 47. Si l'on remplace le salpêtre par du chlorate de potasse, on a la *poudre Fontaine* trop, dangereuse et qui explosionne facilement.

Voici la composition de quelques *feux colorés* employés en pyrotechnie :

FEUX ROUGES		FEUX VERTS		FEUX BLANCS	
Azotate de strontium.	340	Azotate de baryum .	340	Picrate d'ammoniaque	00
Chlorate de potassium	200	Chlroate de potassium	200	Azotate de baryum. .	27
Soufre	100	Soufre . . . . . ·	100	Azotate de strontium.	23
Sulfure d'antimoine.	40	Sulfure d'antimoine.	20		
Charbon fin	1	Charbon fin	4		

TRENTE-CINQUIÈME LEÇON

LE LITHIUM — LES SELS AMMONIACAUX
APPENDICE : ALCALIMÉTRIE ET ACIDIMÉTRIE

LE LITHIUM

La *lithine*, ou *oxyde de lithium*, fut découverte en 1817 par Arfvedson en faisant l'analyse d'une *pétalite* ou silico-aluminiate de lithine. Depuis, on a signalé cette base dans le *triphane* ou silico-aluminate de lithium, de soude et chaux, dans le *lépidolithe* ou mica rose, ainsi que dans l'eau de mer et dans beaucoup d'eaux minérales. Parmi les plus riches en lithine citons les eaux de *Bourbonne* (0^{gr},088 $LiCl^2$ par litre) ; de *La*

Bourboule (0^{gr},024 par litre); les eaux de *Vichy* (0^{gr},030 à 0^{gr},040 de bicarbonate de lithium par litre) ; de *Royat* (0^{gr},050 du même sel), de Carlsbad, Marienbad, Pyrmont, Kissingen, etc.

Bunsen et Matthiesen ont obtenu le lithium métallique par l'électrolyse de son chlorure fondu.

C'est un métal solide, d'un éclat argentin, se conservant à l'air sec, même à la température où il fond, se ternissant à l'air humide. Sa densité est de 0,59. Il se liquéfie à 180°. Il peut être réduit en lames ; il est beaucoup plus dur que le sodium.

Au rouge il brûle avec une flamme blanche. Il forme un seul oxyde Li^2O qui, en s'unissant à l'eau, donne l'hydrate LiOH, ou *lithine*.

Combinaisons du lithium. — La lithine est fort soluble dans l'eau ; sa solution est alcaline et très caustique. A l'état d'hydrate elle fond au-dessous du rouge et se reprend en une masse à cassure cristalline, hygrométrique et onctueuse au toucher.

On l'obtient en décomposant le sulfate de lithine par l'acétate de baryte, calcinant l'acétate formé, et décomposant par un lait de chaux le carbonate de lithine qui provient de cette calcination.

Le *carbonate de lithine* est un sel blanc, légèrement alcalin, peu soluble : un litre d'eau en dissout 12 grammes seulement. En présence d'un excès d'acide carbonique il s'en dissout quatre fois plus. Il fond au rouge en perdant lentement son acide carbonique.

Sa solution aqueuse précipite les métaux de leurs dissolutions saturées, et chasse l'ammoniaque de ses combinaisons salines.

Le *chlorure de lithium* est un sel plus déliquescent encore que le chlorure de calcium ; il cristallise toutefois à 15° en octaèdres réguliers. Il fond au rouge sombre en perdant un peu de chlore.

Il existe une grande analogie entre les sels de lithium et ceux de magnésium : carbonate peu soluble dans l'eau, soluble comme celui de magnésie dans l'eau chargée d'acide carbonique, plus ou moins dissociable par la chaleur ; phosphate insoluble ; chlorure et nitrate déliquescents et dissociables ; non-existence de superoxydes, de bisulfates ou d'aluns... tous ces caractères sont communs aux deux métaux. Le lithium représente donc le terme de passage des métaux alcalins aux métaux alcalino-terreux.

Usages thérapeutiques. — Andrew Ure et Garrod ont découvert que la lithine et son carbonate dissolvent très aisément les calculs et dépôts tophacés d'acide urique.

Aussi, depuis peu d'années, les sels de lithine, et tout particulièrement le carbonate à la dose de 0^{gr},3 à 0^{gr},6 par jour, ainsi que les eaux minérales lithinifères, ont-ils été préconisés pour combattre la goutte, la gravelle, le rhumatisme, la diathèse urique sous ses diverses formes.

On ne saurait encore, au sujet de l'action thérapeutique réelle des sels de lithine, se faire une opinion définitive.

SELS AMMONIACAUX

On a déjà vu (Leçon 20ᵉ, p. 257) que le gaz ammoniac AzH^3 s'unit aux acides minéraux et organiques et qu'il les sature comme le ferait la potasse ou la soude. De cette union résultent des composés qui ont à la fois l'aspect et les propriétés physiques, les formes cristallines et les aptitudes chimiques générales des sels de potassium ou de sodium correspondants. Les chlorhydrate, nitrate, sulfate d'ammoniaque :

$$ClH \cdot AzH^3 \qquad AzO^5H \cdot AzH^3 \qquad SO^4H^2 \cdot 2AzH^3$$

Chlorhydrate   Azotate   Sulfate
d'ammoniaque.   d'ammoniaque.   d'ammoniaque.

Se comportent de tous points comme les sels correspondants de potassium :

$$Cl \cdot K \qquad AzO^5 \cdot K \qquad SO^4 \cdot K^2$$

Chlorure   Azotate   Sulfate
de potassium.   de potassium.   de potassium

Comme si, dans les sels ammoniacaux, le groupement AzH^3 uni à l'hydrogène de l'acide jouait le rôle de l'atome de potassium dans les sels correspondants :

$$Cl(H \cdot AzH^3) \quad ; \qquad AzO^5(H \cdot AzH^3) \qquad ; \qquad SO^4(H \cdot AzH^3)^2$$

Frappé de ces analogies les chimistes ont admis dans les sels ammoniacaux l'existence de ce groupement $H.AzH^3$ ou AzH^4 se conduisant comme un véritable métal auquel Berzélius donna le nom d'*ammonium* : les sels ammoniacaux sont, dans cette hypothèse, les sels de ce *radical métallique composé*, c'est-à-dire de ce groupement d'atomes jouant le rôle d'un vrai métal.

On peut donner quelques preuves directes de l'existence de ce groupement métallique composé l'*ammonium* dans les sels ammoniacaux.

Dans une cupule creusée dans un bloc de sel ammoniac humecté d'eau plaçons du mercure et soumettons ce sel à l'électrolyse au moyen de 4 à 6 éléments de Bunsen en ayant soin que l'électrode négative plonge dans le mercure, et que la positive soit au contact du sel humide. Sous l'influence du courant, le mercure va bientôt foisonner; on croirait qu'au pôle négatif il se produit l'amalgame d'un véritable métal alcalin, absolument comme lorsqu'on décompose dans les mêmes conditions la potasse ou son chlorure par une très forte pile. Cet amalgame ammoniacal de mercure ou *amidure de mercure* est une combinaison très instable qui répond à la formule AzH⁴,Hg et qui, au bout de quelques heures, se dissocie en mercure, hydrogène et ammoniaque.

On peut obtenir plus aisément encore le même corps en faisant agir de l'amalgame de potassium sur une solution concentrée de sel ammoniac. Le métal alcalin déplace l'ammonium de son chlorure AzH⁴Cl, et celui-ci s'unissant au mercure le transforme en une masse brillante, métallique, butyreuse, plus légère que l'eau, qui remplit peu à peu l'éprouvette où l'on opère.

Ces diverses considérations et ces curieuses expériences montrent à leur tour que les sels ammoniacaux doivent être comparés à ceux des métaux alcalins; dans ces sels le métal est remplacé par le radical monatomique AzH⁴, doué d'aptitudes semblables à celles du potassium et du sodium.

Il nous reste à étudier les sels les plus usuels de ce métal composé.

CHLORHYDRATE D'AMMONIAQUE OU CHLORURE D'AMMONIUM

Ce sel, qu'on nomme vulgairement *sel ammoniac* et quelquefois *salmiac*, nous venait autrefois de l'Égypte; on le retirait des suies de la combustion des fientes de chameaux. Aujourd'hui on l'obtient dans les usines à gaz en saturant par l'acide chlorhydrique les eaux de condensation provenant de la distillation de la houille, ou bien en traitant de même les produits liquides de la fabrication du noir d'ivoire, ou, dans les fabriques d'engrais, en saturant d'acide les liqueurs que l'on obtient en recueillant dans l'eau les produits volatils de la distillation des eaux vannes qui résultent de la fermentation spontanée des urines.

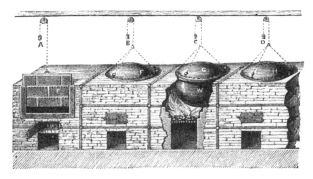

Fig. 214. — Sublimation du sel ammoniac dans des chaudières de fonte.

Le sel ammoniac se sépare par concentration des liqueurs : on le purifie ensuite en le sublimant dans des bonbones de grès ou des chaudières de fonte très aplaties. Il se présente alors sous forme de pains arrondis d'environ 35 centimètres de diamètre et 10 à 15 d'épaisseur, formés d'une matière blanc grisâtre, un peu translucide, d'une densité de 1,50, qui se casse en blocs constitués par une agglomération fibreuse de cristaux.

A l'état pur, le chlorhydrate d'ammoniaque cristallise en cubes ou en octaèdres souvent groupés en feuilles de fougère. Ces cristaux sont flexibles, tendres, élastiques, et par conséquent difficiles à pulvériser ; leur goût est salé.

Ils se dissolvent dans leur poids d'eau bouillante et dans 2,7 parties d'eau à 18°.

Au rouge naissant, ce sel se volatise sans fondre ni se décomposer : sa dissociation ne commence qu'à une température d'environ 1000°.

Le sel ammoniac résulte de l'union de volumes égaux de gaz ammoniac AzH³ et d'acide chlorhydrique HCl.

Les oxydes des métaux usuels le détruisent à chaud en donnant des chlorures volatils, de l'azote et de l'eau :

$$CuO + 2\,AzH^4Cl = CuCl^2 + H^2O + 2\,AzH^3$$

De là l'emploi du sel ammoniac dans l'étamage et la soudure des métaux : il débarrasse les surfaces de l'oxyde métallique qui les couvre et rend l'étamage, le zincage et la soudure possibles grâce à ce décapage fait à chaud.

Le sel ammoniac et la plupart des sels ammoniacaux pris à l'intérieur paraissent aptes à modifier heureusement les sécrétions catarrhales des diverses muqueuses, en particulier des bronches et de la vessie. On l'a ordonné dans les fièvres intermittentes à la dose de 8ᵍʳ par jour.

A l'extérieur on l'emploie, comme stimulant, en gargarismes et en collyres.

SULFHYDRATE D'AMMONIAQUE ET SULFURE D'AMMONIUM

On connaît le *monosulfure d'ammonium* $(AzH^4)^2S$ correspondant à celui du potassium K^2S, et le *sulfhydrate* AzH^4SH correspondant à KSH ; il existe aussi des polysulfures.

Le *sulfhydrate* se prépare avec la solution d'ammoniaque de la même façon que les composés correspondants du potassium ou du sodium s'obtiennent avec la potasse et la soude.

Ce *sulfhydrate* AzH^4SH prend aussi naissance lorsqu'on unit directement volumes égaux d'hydrogène sulfuré et de gaz ammoniac. Il forme des cristaux brillants, incolores, très solubles, d'une odeur piquante et hépatique. Leur solution aqueuse, presque incolore lorsqu'elle est récente, jaunit peu à peu à l'air en se transformant en polysulfure d'ammonium.

Ce sulfhydrate jouit de la propriété de précipiter à l'état de sulfures diversement colorés les solutions des métaux lourds : il est très employé en analyse.

CYANHYDRATE D'AMMONIAQUE

C'est un sel blanc cristallisant en cubes, très volatil, fort soluble dans l'eau, extrêmement vénéneux, qui se dissocie dès qu'on le transforme en vapeur pour se reproduire ensuite à froid. Il s'altère rapidement en présence de l'eau en dégageant de l'ammoniaque et donnant des matières ulmiques noires.

On l'obtient par l'union directe de l'acide cyanhydrique à l'ammoniaque ; il se forme aussi lorsque le *gaz ammoniac* passe sur du charbon porté au rouge.

CARBONATE D'AMMONIAQUE

On prépare un *sesquicarbonate d'ammoniaque* répondant à la formule $CO^3(AzH^4)^2$; $2CO^3(AzH^4)H + 2H^2O$ en chauffant au rouge naissant, dans des cornues de fonte, un mélange intime de 1 partie de sel ammoniac et de 2 parties de craie. On obtient ainsi le carbonate d'ammoniaque ordinaire des pharmacies et du commerce. Il se présente en masses translucides, blanches, fibreuses, d'odeur ammoniacale. Ce sel perd lentement à l'air une partie de son ammoniaque et se transforme en bicarbonate $CO^3(AzH^4)H$, pulvérulent et inodore.

Pour obtenir de beaux cristaux de sesquicarbonate, on dissout celui du commerce dans de l'ammoniaque ordinaire concentrée, et l'on abandonne à l'air. Ce sel se dépose alors sous forme de prismes droits à base rhombe transparents, solubles dans 4 parties d'eau froide.

Ses solutions se dissocient lorsqu'on les chauffe, même avant 100°, en ammoniaque et acide carbonique qui se dégagent.

Le *bicarbonate d'ammoniaque*, quoique plus stable que le sel précédent, disparaît lui-même peu à peu à l'air. Sa forme cristalline est le prisme rhomboïdal droit.

Sous le nom de *sel volatil de corne de cerf*, on prescrivait autrefois la partie solide du produit impur obtenu par la distillation pyrogénée de la corne de cerf ou des os. Ce sel volatil était formé de bicarbonate d'ammoniaque mélangé d'huiles empyreumatiques, d'aniline, de bases diverses de la série pyridique, de phénols, et même d'un peu de cyanure d'ammonium. C'était une préparation très active.

Le *sel volatil d'Angleterre*, l'*alcali volatil concret*, sont de vieilles dénominations quelquefois encore employées, et qu'il est bon de signaler à propos du carbonate d'ammoniaque. On désigne encore ainsi un mélange sec de sel ammoniac et de bicarbonate de potasse qui, par double décomposition, dégage lentement à froid du carbonate d'ammoniaque. On le fait respirer aux personnes atteintes de syncope, de faiblesses, d'épilepsie. Le sesquicarbonate d'ammoniaque a été employé aussi pour l'usage externe comme révulsif, topique et rubéfiant de la peau.

SULFATE D'AMMONIAQUE

On en produit de grandes quantités en distillant les urines putréfiées ou les eaux de condensation de la fabrication du gaz : les vapeurs sont réunies dans de l'acide sulfurique étendu, et les liqueurs sont concentrées dans des bassines de plomb chauffées à la vapeur. Le sel qui reste, purifié par un léger grillage pour détruire les matières empyreumatiques, donne par de nouvelles cristallisations des prismes rhomboïdaux droits, anhydres, inaltérables à l'air, répondant à la formule $SO^4(AzH^4)^2$. Ce sel est isomorphe avec le sulfate de potasse. Il se dissout dans 2 parties d'eau froide et dans une d'eau bouillante. Il fond vers 140° et se décompose vers 280° en donnant du bisulfite d'ammonium, de l'azote et de l'eau.

Il s'unit à un grand nombre de sulfates pour former des sulfates doubles. Il sert à préparer l'alun ammoniacal. On le transforme en sel ammoniac par double décomposition avec le sel marin. Il est souvent employé comme engrais.

AZOTATE D'AMMONIAQUE

Ce sel isomorphe du nitrate de potasse se prépare généralement par l'union directe de l'acide azotique à l'ammoniaque. Il est soluble dans une demi-partie d'eau à 18° et se dissout à chaud en toute proportion. En se dissolvant il produit un froid considérable qu'on utilise pour faire la glace artificielle.

L'azotate d'ammoniaque fond vers 200° et se décompose vers 250°, en donnant de l'eau et du protoxyde d'azote (Voir p. 265).

CARACTÈRES DES SELS AMMONIACAUX

Ces sels sont isomorphes avec ceux de potasse ; toutefois les carbonates font exception. Ils sont remarquables en ce que, chauffés au rouge, ils se volatilisent sans laisser de résidu. Ils ne précipitent ni par l'hydrogène sulfuré, ni par les sulfures, ni par les carbonates alcalins. Traités par les alcalis fixes, la chaux et la baryte, ils dégagent du gaz ammoniac facile à distinguer à son odeur et fumant au contact d'une baguette trempée dans l'acide chlorhydrique.

Ils forment avec le chlorure de platine un chloroplatinate jaune, cristallisé en cubes et en octaèdres peu solubles, qui répond à la formule PtCl⁴,2AzH'Cl ; ce chloroplatinate est donc analogue de composition, comme il l'est de propriétés, avec le chloroplatinate de potassium PtCl⁴,2KCl.

Appendice : ALCALIMÉTRIE; ACIDIMÉTRIE

L'*alcalimétrie* a pour but de déterminer le poids réel d'alcali libre ou carbonaté contenu dans une potasse ou une soude commerciale, ou même dans une liqueur alcaline quelconque. Pour atteindre ce but, plusieurs méthodes peuvent être suivies : celle que créa Gay-Lussac dans ce but, la *méthode volumétrique* ou par *liqueurs titrées*, est la plus commode. Les instruments et les titres des liqueurs primitives du premier inventeur ont subi diverses transformations, sans que rien ait été ajouté d'essentiel aux procédés si élégants et si pratiques du célèbre chimiste.

Dissolvons dans un litre d'eau 53 grammes de carbonate de soude pur ([1]), c'est-à-dire le demi-poids moléculaire ou l'*équivalent* de ce sel. Le tableau des équivalents nous apprend que, pour former du sulfate de soude neutre avec toute la soude de ce carbonate, il faudra 49 grammes d'acide sulfurique pur SO⁴H², c'est-à-dire le poids de la demi-molécule ou l'*équivalent* de cet acide, comme l'indique l'équation suivante :

$$1/2\, CO^3Na^2 \;+\; 1/2\, SO^4H^2 \;=\; 1/2\, SO^4Na^2 \;+\; 1/2\, CO^2$$
$$\text{53 gr.} \qquad \text{49 gr.} \qquad \text{71 gr.} \qquad \text{22 gr.}$$

Cette équation est facile à vérifier par l'expérience. Si dans une solution de 53 grammes de carbonate de soude pur et sec, bleui par la teinture de tournesol, j'ajoute une solution de 49 grammes d'acide sulfurique parfaitement pur SO⁴H², la liqueur résultant prendra la *teinte vineuse* indécise qui caractérise les liqueurs neutres. Que j'ajoute à ce moment une goutte de plus d'acide sulfurique, même étendu, tout à coup la liqueur virera au rouge pelure d'oignon caractéristique de l'excès d'acide, comme elle aurait viré au bleu franc si j'avais ajouté une trace d'alcali.

Versant dans le litre de solution ci-dessus contenant 53 grammes de carbonate de soude bien pesés, et bleuis par un peu de tournesol, une solution quelconque d'acide sulfurique, si la teinte bleue disparaît tout à coup pour faire place à la teinte rouge, c'est qu'à ce moment, à un très léger excès près, j'aurai ajouté une quantité d'acide sulfurique justement capable de neutraliser 53 grammes de carbonate de soude, c'est-à-dire 49 grammes de SO⁴H² monohydraté. Je connaîtrai donc le

---

([1]) On l'obtient par calcination au rouge vif de 74ᵍʳ,5 environ de bicarbonate sodique pur ; humectation avec de l'eau de la masse ; recalcination au rouge ; enfin pesée exacte de 53 grammes du carbonate neutre et pur qui reste comme résidu.

litre de cette liqueur acide, c'est-à-dire la quantité d'acide contenue dans un volume donné et il sera facile, par concentration ou addition d'eau, de l'ammener au titre qui convient.

Une liqueur qui contient exactement par litre le poids *équivalent* de carbonate de soude (53 gr.), ou de carbonate de potasse 69^{gr},1 ; ou bien le poids équivalent de soude NaOH (40 **gr.**), ou le poids correspon-

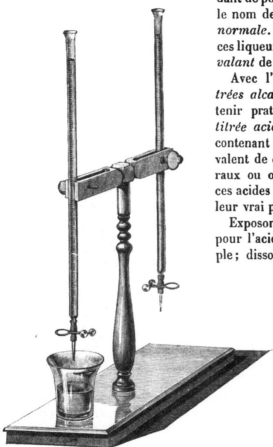

dant de potasse KOH (56 gr.), porte le nom de liqueur *titrée alcaline normale*. Un litre de chacune de ces liqueurs saturera le *poids équivalant* de tous les acides.

Avec l'une de ces liqueurs *titrées alcalines*, il est facile d'obtenir pratiquement une *liqueur titrée acide normale*, c'est-à-dire contenant par litre le poids équivalent de chacun des acides minéraux ou organiques, et de *titrer* ces acides c'est-à-dire de connaître leur vrai poids par litre.

Exposons la marche à suivre pour l'acide sulfurique par exemple ; dissolvons 52 à 53 grammes de cet acide, tel que nous le fournit le commerce, dans un litre d'eau, mélangeons exactement, puis au moyen d'une burette spéciale, dite burette de Gay-Lussac ou *burette de Mohr à pinces* qui n'en est qu'une modification (fig. 215), (burette divisée en centimètres cubes et dixièmes de centimètre

Fig. 215. — Burette à pinces de Mohr
(modification de la burette de Gay-Lussac).

cube) versons de cet acide dans 10 centimètres cubes de liqueur normale de carbonate de soude placé dans un verre de Bohême. La liqueur alcaline a été préalablement bleuie par quelques gouttes de tournesol, et mesurée exactement, à l'aide d'une pipette spéciale indiquant le volume de 10 centimètres cubes. Au moyen de la burette graduée (fig. 215), je

verse de l'acide tant que la liqueur reste d'un bleu franc ; vient un moment
où elle prend une teinte vineuse due aux bicarbonates et à l'excès
d'acide carbonique que déplace peu à peu l'acide sulfurique, mais qui
reste dissous. Cette teinte violacée repasse au bleu si l'on chauffe modérément la liqueur pour chasser l'acide carbonique. Mais il arrive
enfin qu'une goutte nouvelle d'acide sulfurique fait virer définitivement la liqueur au ton pelure d'oignon. C'est l'indication précise
qu'un léger excès de la liqueur acide (excès inférieur à une goutte)
vient d'être employé pour saturer les 10 centimètres cubes de solution
de liqueur alcaline normale primitive. Or, si 1000 centimètres cubes de
cette liqueur contenaient 53 grammes de carbonate CO^3Na^2 aptes à être
saturés par 4 grammes d'acide sulfurique, les 10 centimètres cubes,
mesurés et versés dans le verre de Bohême, contenaient $\frac{53}{100}$ ou $0^{gr},53$ de
carbonate CO^3Na^2 saturables par la 100e partie de 49 grammes d'acide
sulfurique, c'est-à-dire par $0^{gr},49$. Telle est donc la quantité exacte
d'acide sulfurique contenue.dans le volume de solution employée pour
arriver à la neutralisation. Supposons, par exemple, que ce volume de
liqueur acide soit de $9^{cc},85$. Puisque ce volume sature 10 centimètres
cubes de liqueur alcaline normale, 985 centimètres cubes de cette
liqueur acide satureront 1000 centimètres cubes de liqueur alcaline,
et par conséquent contiennent juste la quantité d'acide apte à saturer
les 53 grammes de carbonate de soude, c'est-à-dire la quantité de
49 grammes d'acide sulfurique monohydraté SO^4H^2. Si donc à ces
985 centimètres cubes j'ajoute assez d'eau distillée pour faire un litre,
j'aurai une liqueur d'acide sulfurique telle que 1000 centimètres cubes
satureront exactement 1000 centimètres cubes de *liqueur normale
alcaline*. Ce sera une *liqueur titrée normale d'acide sulfurique*, c'est-
à-dire contenant juste, par litre, un équivalent ou 49 grammes d'acide
sulfurique réel SO^4H^2.

On pourrait obtenir de même la liqueur normale d'acide chlorhydrique ($36^{gr},5$, gaz HCl), ou d'acide nitrique ($63^{gr}AzO^5H$) par litre.

Cette *liqueur acide normale* étant ainsi préparée, il est facile maintenant de reconnaître avec elle le titre alcalimétrique d'une potasse ou
d'une soude commerciales. Pesons au trébuchet 50 grammes de potasse
perlasse brute, dissolvons-la dans un litre d'eau, prenons exactement
avec la pipette graduée 100 centimètres cubes de cette liqueur : ils cor-
respondront à 5 grammes de potasse commerciale. A cette solution
placée dans un petit verre de Bohême capable d'aller au feu, et colorée
en bleu par une ou deux gouttes de tournesol, ajoutons avec la burette
graduée (fig. 215) la solution d'acide sulfurique normale ci-dessus préparée à 49 grammes d'acide SO^4H^2 par litre, jusqu'au moment où le

virage subit du bleu au rouge se produit à chaud. Ce virage arrivera,
par exemple, après qu'on aura versé $36^{cc},5$ de liqueur normale.
1000 centimètres cubes de cette solution acide saturent leur équivalent
de carbonate de potasse, soit 69,1 de CO^3K^2 ; les 36 centimètres cubes
employés saturent donc x de CO^3K^2, d'où l'équation :

$$\frac{1000}{69,1} = \frac{36,5}{x} \; ; \quad \text{l'on en tire :} \quad = \frac{69,1 \times 36,5}{1000} = 2^{gr},522.$$

Les 5 grammes de potasse commerciale employés contenaient donc
$2^{gr},522$ de carbonate de potasse réel ; 100 de cette potasse contiendront
vingt fois plus, soit 50,44 de carbonate de potasse réel.

Supposons qu'il s'agisse de prendre, au contraire, le *titre d'un
acide* commercial, chlorhydrique ou nitrique par exemple. On en
pèsera exactement 100 grammes, qu'on dissoudra dans l'eau de façon
à faire 1 litre ; on mesurera d'autre part à la pipette-jauge 10 centimètres cubes de liqueur titrée alcaline de carbonate de soude qu'on
versera dans un petit gobelet de Bohême, et, après l'avoir bleui au tournesol, on ajoutera au moyen de la burette de Gay-Lussac ou de Mohr, la
solution acide avec les précautions précédemment indiquées et jusques au
virage. Supposons qu'il faille verser $8^{cc},5$ de cette liqueur acide : ce volume
contient la quantité d'acide chlorhydrique qui neutralise exactement le
carbonate de soude des 10 centimètres cubes de liqueur alcaline normale, soit $0^{gr},53$ de CO^3Na^2. Or on sait, par la table des équivalents, que
le poids d'acide HCl qui sature $0^{gr},53$ de CO^3Na^2 est $0^{gr},365$. Telle
est donc la quantité d'acide réel HCl, contenu dans $8^{cc},5$ de liqueur.
Nous aurons donc pour le poids x de cet acide par litre :

$$\frac{8 \cdot 5}{0,365} = \frac{1000}{x} \; ; \quad \text{d'où} \quad x = \frac{0,365 \times 1000}{8,5} = 42^{gr},8.$$

Les 100 grammes d'acide commercial qu'on avait étendus à 1 litre
de liqueur à titrer contenaient donc $42^{gr},8$ d'acide réel.

L'emploi de liqueurs titrées, acides ou alcalines, rend tous les jours à
l'industrie et dans les laboratoires les plus grands services. Le choix de
la teinture qui sert à reconnaître le moment précis de la saturation
permet même de doser successivement dans une solution l'alcali libre et
l'alcali carbonaté, ou de déterminer séparément l'acidité due aux acides
minéraux et aux acides organiques. Mais nous devons pour ces détails
renvoyer aux ouvrages spéciaux d'analyse quantitative.

TRENTE-SIXIÈME LEÇON

Le *calcium*, le *baryum* et le *strontium* forment la famille très naturelle des métaux *alcalino-terreux*, ainsi nommée parce que plusieurs de leurs sels, les carbonates en particulier, ont l'aspect des terres usuelles où domine le plus souvent le *calcaire*, tandis que leurs oxydes solubles dans l'eau et alcalins les rapprochent des *alcalis* que nous venons d'étudier.

L'insolubilité de leurs carbonates, phosphates, silicates, borates, etc., l'insolubilité ou la faible solubilité de leurs sulfates, les éloigne des alcalis, aussi bien que les formes cristallines de leurs sels. Toutefois la famille des alcalis terreux se rapproche par ses sulfates anhydres (*anhydrite, barytine, célestine*) des sulfates anhydres alcalins qui cristallisent comme eux dans le système du prisme rhombique droit ($mm = 100°,5$ à 104). Par ses combinaisons avec l'acide carbonique, l'un de ces métaux, le calcium, sert au contraire de terme de passage aux métaux des familles suivantes : *magnésium*, *fer*, etc., dont les carbonates cristallisent en rhomboèdres isomorphes entre eux et avec la calcite, tandis que par une autre de ses formes, celle du prisme droit à base rectangle, le carbonate de chaux se rattache aux carbonates de baryum et de strontium isomorphes de l'*aragonite* ou carbonate de chaux rhombique.

Le calcium devrait donc être étudié après le baryum et le strontium immédiatement avant le magnésium, mais son importance fait que nous nous occuperons de lui tout d'abord.

A un grand nombre de points de vue le plomb doit être rapproché des métaux de cette seconde famille. Le sulfate de plomb naturel est isomorphe de la barytine; le carbonate l'est de l'*aragonite;* l'oxyde PbO est un peu soluble dans l'eau et alcalin.

CALCIUM

Le *calcium* existe dans la nature surtout à l'état de carbonate (*calcaire*) et de sulfate (*gypse, anhydrite*). Les *phosphates de chaux* se rencontrent çà et là (Voir p. 496); beaucoup de silicates naturels doubles ou triples renferment de la chaux.

H. Davy isola le premier le calcium par la pile en 1808. Bunsen et Mathiessen l'obtinrent ensuite par l'électrolyse du chlorure de calcium fondu; puis Liès-Bodard et Jobin le préparèrent en décomposant au rouge sombre l'iodure de calcium par du sodium dans un creuset de fer.

C'est un métal jaune pâle, brillant, se ternissant à l'air humide, plus dur que l'étain, d'une densité de 1,6, non volatil. Il brûle avec une flamme d'une blancheur éblouissante. Il décompose l'eau assez vivement à la température ordinaire.

Il donne deux oxydes : le protoxyde ou *chaux* CaO, et le *bioxyde* CaO², qui est sans intérêt.

PROTOXYDE DE CALCIUM OU CHAUX

Préparation. — L'oxyde de calcium ou *chaux* se prépare industriellement par la calcination du calcaire ou carbonate de chaux naturel.

La *pierre à chaux* ou calcaire brut est calcinée dans des fours à chaux de forme ovoïde (fig. 216) où l'on charge par la gueule des lits successifs de calcaire concassé et de charbon ; on retire à mesure par le bas là chaux calcinée, tandis que l'on recharge par le haut la pierre à chaux et le combustible.

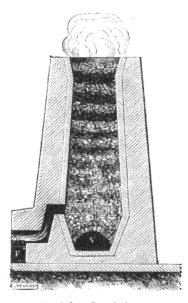

Fig. 216. — Four à chaux.

La chaux brute ainsi fabriquée se présente en blocs blanc grisâtre ou jaunâtre contenant toutes les impuretés du calcaire naturel. Les calcaires presque purs donnent une chaux blanche foisonnant avec l'eau : c'est la *chaux grasse* ; les calcaires impurs mélangés d'argile, de magnésie, de silice, fournissent une chaux qui se délite difficilement par l'eau et se boursoufle peu. C'est la *chaux maigre*.

Si l'on veut obtenir de l'oxyde de calcium pur, il faut calciner du marbre blanc, ou mieux du *spath d'Islande*, dans un creuset percé d'un trou dans le fond. On peut aussi chauffer au rouge vif dans un creuset de platine de l'azotate calcique bien purifié.

Propriétés. — L'oxyde de calcium pur est en masses blanches, amorphes, d'une densité de 2,3 ; il est infusible aux plus hautes températures.

A l'air, la chaux se délite lentement et se transforme en un mélange de carbonate et d'hydrate de calcium.

Mise au contact de l'eau, elle l'absorbe avidement, s'échauffe peu à peu, se fendille, se boursoufle et tombe en poussière. On dit alors que la chaux est *éteinte*. Si l'on continue à ajouter de l'eau, la chaux éteinte forme avec elle une bouillie blanche qui porte le nom de *lait de chaux*. Si on laisse déposer ce lait, on en sépare, par décantation ou filtration, une solution claire qui bleuit le tournesol, c'est l'*eau de chaux;* son goût est un peu alcalin, douceâtre et astringent. A la température ordinaire un litre d'eau dissout seulement $1^{gr},29$ de chaux CaO. Cette solubilité diminue avec la température : à $100°$ elle n'est plus que de $0^{gr},79$ par litre. L'*eau de chaux* attire l'acide carbonique de l'air et se trouble lentement.

En ajoutant de l'eau oxygénée à l'eau de chaux on obtient une lente cristallisation d'hydrate de bioxyde de calcium $CaO^2,8H^2O$.

La chaux est employée pour caustifier les alcalis, produire l'ammoniaque, déféquer les jus sucrés, épiler et préparer les peaux, mais surtout pour fabriquer les *mortiers* destinés à bâtir.

L'*eau de chaux* est souvent utilisée en thérapeutique. On ordonne généralement l'*eau de chaux seconde*, c'est-à-dire de seconde macération, obtenue après le rejet de la première eau qui a séjourné sur la chaux éteinte et qui s'est chargée de presque toutes les impuretés, chlorures, sulfates, sels de potasse, etc., qui accompagnent souvent la chaux. L'*eau de chaux seconde* est ordonnée dans les diarrhées chroniques, contre le muguet, pour déterger certains ulcères, etc. On la donne par cuillerées mêlée au lait.

La chaux caustique se dissout très bien dans l'eau sucrée. Le *sucrate de chaux* a été ordonné contre la diarrhée à la place de l'eau de chaux. C'est un médicament énergique.

SULFURES DE CALCIUM

Le monosulfure de calcium CaS se forme lorsqu'on chauffe de la chaux au rouge dans un courant d'hydrogène sulfuré, ou lorsqu'on calcine le sulfate calcique avec du charbon. Il est fort peu soluble. Humecté, il se transforme à l'air en hyposulfite de calcium.

On prépare un polysulfure de calcium impur, mélangé d'hyposulfite et d'oxysulfure, en faisant bouillir un lait de chaux avec du soufre en fleur. C'est le *foie de soufre calcaire* utilisé quelquefois pour la préparation des bains sulfureux.

CHLORURE DE CALCIUM

On obtient ce sel à l'état d'hydrate $CaCl^2,6H^2O$ en traitant le calcaire par l'acide chlorhydrique concentrant fortement et laissant cristalliser à froid. Cet hydrate forme des prismes hexagonaux, très déliquescents, solubles dans $\frac{1}{15}$ de leur poids d'eau à 15 degrés. La chaleur liquéfie cet hydrate et le transforme en une masse presque exempte d'eau, poreuse, très hygroscopique, dont on se sert dans les laboratoires pour dessécher les gaz. Le chlorure de calcium devenu anhydre fond ensuite au rouge naissant et peut se couler en plaques. Il sert à déshydrater les liquides qui ne le dissolvent pas. Il est soluble dans l'eau avec élévation de température, tandis que son hydrate $CaCl^2,6H^2O$ produit en se dissolvant un abaissement notable de température, et mélangé de glace pilée, fait tomber le thermomètre à — 15°.

Il paraîtrait qu'à la dose de $0^{gr},5$ à 2 grammes par jour, incorporé dans un sirop, ce sel aurait été employé avec succès pour combattre le rachitisme, la scrofule, la phtisie, les engorgements viscéraux.

CARBONATE DE CHAUX

Ce sel important dont les grandes masses forment les assises immenses de la plupart des roches sédimentaires stratifiées et des *terrains calcaires* se rencontre à l'état de pureté sous deux formes cristallines distinctes : l'*aragonite*, en prismes droits à base rectangle (mm = 116° 16′) et la *calcite*, *spath d'Islande*, ou *spath calcaire* qui affecte la forme rhomboédrique (pp = 105° 5′). Le carbonate de chaux est donc dimorphe.

On peut préparer à volonté ces deux variétés de carbonate calcaire. Si l'on fait passer à froid dans de l'eau de chaux un lent courant d'acide carbonique, il cristallise des rhomboèdres de *calcite* d'une densité de 2,7 ; si la réaction se fait à chaud, il se précipite des prismes d'*aragonite* d'une densité de 2,93. Au rouge sombre l'aragonite se désagrège et devient rhomboédrique.

Variétés de calcaire. — On distingue dans les calcaires proprement dits des variétés nombreuses :

La *craie* ou calcaire amorphe, infusible, à grains très fins, relativement léger, est en grande partie formée de débris de coquilles d'animaux microscopiques ayant vécu dans les mers géologiques et surtout crétacées, dont le dépôt se continue encore à cette heure au fond de nos mers modernes. On sait à quels usages on l'emploie sous le nom de *craie*, de *blanc d'Espagne*, de *blanc de Meudon*.

Le *calcaire grossier* est ce calcaire qui s'est déposé dans les mers secondaires et tertiaires et qui a englobé un certain nombre de coquilles qui lui donnent son aspect caverneux spécial. Il sert comme pierre à bâtir.

Le *calcaire compact* est massif, amorphe, apte à recevoir le poli. Les *pierres lithographiques* sont du calcaire compact à grains microscopiques. On connaît le principe de la lithographie : grâce à la pâte très fine de la pierre dite *lithographique*, on peut, après l'avoir divisée en plaques, dessiner à sec à sa surface avec un crayon gras. Si l'on mouille ensuite la planche ainsi préparée, et si on la passe au rouleau à l'encre grasse, celle-ci n'adhère qu'au dessin, sur lequel l'eau n'a pu se fixer. On pourra donc se servir de cette pierre à impression pour transporter son dessin sur le papier autant de fois qu'on le voudra puisqu'on peut répéter l'encrage à volonté. Le Bavarois Senefelder est le principal auteur de cette invention qui date de 1799.

Les *marbres* sont formés de carbonate de chaux finement cristallisé, blanc, saccharroïde, semi-transparent (*marbre blanc, marbre statuaire*), ou bien coloré diversement par des oxydes et des sels métalliques, quelquefois par des matières organiques.

L'*albâtre calcaire, albâtre oriental, onyx d'Algérie*, est une variété de carbonate de chaux laiteux, translucide, semi-cristallin, à couches concentriques diversement colorées, apte à prendre un beau poli. Les *stalactites et stalagmites* qui tapissent les grottes et les *géodes* calcaires sont, comme l'albâtre, formées de calcite concrétionnée qu'ont abandonnée les eaux qui l'avaient dissoute d'abord grâce à l'excès de leur acide carbonique.

Propriétés. — Le carbonate de chaux *neutre* se dissout à froid dans 35 à 45 000 parties d'eau, et dans 8834 parties d'eau bouillante. Un litre d'eau dissout donc environ 25 milligrammes de calcaire : c'est là un fait très important dont il faut tenir compte dans l'explication des grands phénomènes naturels. Mais, sous l'influence de l'acide carbonique, le calcaire se dissout, peut-être à l'état de bicarbonate, bien plus abondamment : un litre d'eau saturée de cet acide à 10° dissout 0^{gr},88 de calcaire ; celui-ci se sépare dès que l'acide carbonique diminue ou disparaît. Telle est l'explication de la propriété de ces *sources pétrifiantes*, telles que *Sainte-Allyre, San-Felippo*, le *Sprudel* de Carlsbad et de ces dépôts anciens ou modernes de *tufs, travertins* ou stalactites formés par des eaux calcaires. De là aussi ces dépôts et pétrifications que forment les eaux potables dans leurs tuyaux de conduite.

Chauffé au rouge, le carbonate de chaux se décompose et se transforme en chaux ; la tension de l'acide carbonique qu'il émet est invariable avec chaque température et croît rapidement avec elles (*H. Debray.*)

Halles a démontré, il y a longtemps, que lorsqu'on le chauffe dans un canon de fusil qui empêche le départ de l'acide carbonique, le carbonate de chaux subit une sorte de semi-fusion et se transforme en marbre.

Le *carbonate de chaux* s'unit à divers autres carbonates : La *dolomie* est un *carbonate double de magnésie et de chaux* qu'on ne saurait considérer comme un simple mélange, mais dans lequel les proportions relatives des deux carbonates varient notablement. L'acide chlorhydrique même concentré l'attaque très difficilement.

La *gay-lussite*, $CaCO^3,Na^2CO^3,5H^2O$, est un carbonate double hydraté de calcium et de sodium. Le *barytocalcite* a pour formule $CaCO^3.BaCO^3$.

SULFATE DE CHAUX

Le *gypse*, ou *pierre à plâtre*, est du sulfate de chaux naturel combiné à deux molécules d'eau $SO^4Ca,2H^2O$. On le trouve en amas considérables dans les terrains du trias, dans le permien, où il est accompagné de sulfate de chaux anhydre SO^4Ca, qui porte le nom minéralogique d'*anhydrite* et qui est souvent lui-même en relation avec le sel gemme, comme à Stassfurth, en Galicie, en Meurthe-et-Moselle, etc.; on rencontre aussi le gypse dans les terrains crétacés, par exemple aux environs de Paris.

Le gypse cristallise en prismes obliques à base rhombe souvent maclés sous forme de *fer de lance* (fig. 217). Ces cristaux sont aisément clivables, rayables à l'ongle, blancs ou blanc jaunâtre : d'autres fois saccharoïdes et résistants ou pulvérisables entre les doigts. Quelquefois le gypse est en masses translucides, blanches ou colorées, compactes, à grain très fin. On a donné le nom d'*albâtre* à cette dernière variété.

Fig. 217. — Gypse en fer de lance.

Le sulfate de chaux pur à l'état de gypse $SO^4Ca,2H^2O$ est blanc, insipide, peu soluble : 1 litre d'eau à 0° en dissout 1gr,90; à 38°, 2gr,14, c'est un *maximum*; à 99 degrés, 1gr,75; ces nombre se rapportent au sel anhydre. On a vu (p. 89) que les eaux naturelles qui contiennent du sulfate de chaux, souvent accompagné d'un peu de sulfate de magnésie, prennent un goût douceâtre ou amer et sont impropres aux usages domestiques; ce sont des eaux *séléniteuses*.

Lorsqu'on chauffe le gypse, il se déshydrate rapidement vers 120°, et se transforme en *plâtre* ou sulfate de chaux anhydre. Ce sel reprend facilement son eau de cristallisation lorsqu'on l'humecte à nouveau; mais si on le chauffe à 160° ou au delà, l'hydratation devient désormais très lente. L'*anhydrite* pulvérisée naturelle s'hydrate toutefois lentement à l'air humide. C'est du sulfate de chaux anhydre qui se dépose des eaux séléniteuses lorsqu'on les évapore à 100°.

La petite industrie des fabricants de plâtre est fondée sur les faits précédents. La pierre à plâtre est, au sortir de la carrière, disposée en voûtes grossièrement assemblées, sous des hangars faits de matériaux incombustibles ou dans de véritables fours (fig. 218), de façon que les blocs laissent entre eux des interstices suffisants pour laisser passer la flamme et la fumée de fagots de bois qu'on allume à la partie inférieure. On entretient dans ces fours un feu très modéré qui pénètre lentement la masse et la déshydrate. Le gypse ainsi transformé en plâtre est ensuite pulvérisé dans des moulins spéciaux.

Fig. 218. — Four à plâtre ordinaire.

Le plâtre en poudre *gâché* avec son volume d'eau s'échauffe sensiblement et se prend assez rapidement en une masse qui devient de plus en plus dure et se dilate légèrement en reproduisant au contact de l'eau le sulfate initial $SO^4Ca, 2H^2O$.

L'augmentation de volume que subit alors le plâtre fait qu'il pénètre dans tous les joints et interstices, aussi l'emploie-t-on pour prendre des empreintes et fabriquer des moules ; en se gonflant, il s'insinue dans les traits et reproduit les finesses.

Gâché avec une solution tiède de colle forte, que l'on peut mélanger de matières colorantes, le plâtre se prend lentement en une masse dure, susceptible de recevoir un beau poli : c'est le *stuc*, substance qui imite parfaitement le marbre. On obtient une matière analogue en soumettant à une seconde cuisson du plâtre trempé dans de l'eau contenant 10 p. 100 d'alun.

On fait usage du plâtre en agriculture, pour amender les prairies, en particulier les prairies légumineuses. En chirurgie il est fort utilisé pour obtenir les bandages inamovibles. Dans du plâtre fin gâché à l'eau en bouillie claire, on trempe des bandelettes de tissus tramés largement, et l'on en entoure le membre du blessé, préalablement enveloppé d'ouate. Ces bandelettes imprégnées de plâtre ne tardent pas à former un tout solide résistant et suffisamment léger.

HYPOCHLORITE DE CALCIUM ET CHLORURE DE CHAUX

Nous avons déjà parlé du mélange connu sous le nom de *chlorure de chaux*, que l'on obtient en saturant de chlore la chaux éteinte, en ayant bien soin que la température ne dépasse pas 60°. Cette matière est composée d'hypochlorite et de chlorure de calcium :

$$2\,CaO + Cl^2 = Cl^2O^2Ca + CaCl^2$$

A chaud il se formerait du chlorate de calcium.

Le *chlorure de chaux* est une poudre blanche, un peu hygrométrique émettant l'odeur du chlore, en grande partie soluble dans l'eau.

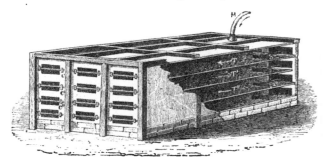

Fig. 219. — Chambres d'absorption pour la fabrication du chlorure de chaux solide.
Le chlore arrive par M. — La chaux délitée est disposée sur les étagères.

Les acides décomposent cette matière et en dégagent justement la
quantité de chlore qui a servi à la former :

$$\underset{\text{Chlorure de chaux.}}{CaCl^2} + Cl^2O^2Ca + \underset{\text{Acide acétique.}}{4C^2H^3O^2 \cdot H} = \underset{\text{Acétate de chaux.}}{2(C^2H^3O^2)^2Ca} + 2H^2O + 2Cl^2$$

L'acide carbonique et les acides extrêmement étendus donnent avec
le chlorure de chaux de l'anhydride hypochloreux :

$$CaCl^2 + Cl^2O^2Ca + CO^2 = CaCl^2 + CO^3Ca + Cl^2O$$

La solution de chlorure de chaux sursaturée de chlore dégage aussi
de l'acide hypochloreux libre :

$$CaCl^2 + Cl^2O^2Ca + 4Cl = 2CaCl^2 + 2Cl^2O$$

On conçoit donc comment le chlorure de chaux est à la fois un *désin-*

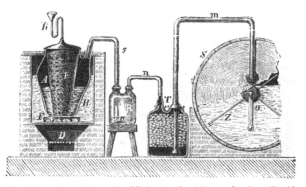

Fig. 220. — Appareil pour la fabrication du chlorure de chaux liquide.

fectant et un *décolorant* énergique par le chlore et l'acide hypochloreux
qu'il contient en puissance et qu'il dégage sous les moindres influences.

Mélangé à un petit excès de chaux, il est facile à manier et à expédier en barriques. Il équivaut à 110 litres de chlore par kilogramme.

Une température de 50 à 60° altère le chlorure de chaux et le transforme en chlorate :

$$3\,CaCl^2O^2 \;=\; 2\,CaCl^2 + (ClO^5)^2Ca''$$

Si l'on chauffe une dissolution concentrée de chlorure de chaux, tout spécialement en présence d'une trace d'un sel de cobalt, il se fait un dégagement régulier d'oxygène :

$$CaCl^2O^2 \;=\; CaCl^2 + O^2$$

On utilise le chlorure de chaux pour détruire les miasmes, assainir les hôpitaux, les prisons, les casernes, les halles, les rues, les égouts, les fosses d'aisance et, en général, tous les lieux où se putréfient des matières organiques.

On l'emploie pour le blanchiment des étoffes et des chiffons qui doivent être transformés en papier ; pour laver les vieilles estampes, les tableaux anciens, les murs, les bois, etc.

On peut faire respirer artificiellement aux asphyxiés l'air qui a passé sur une serviette trempée dans une solution très faible de chlorure de chaux légèrement aspergée de vinaigre. On l'emploi de même dans les syncopes, l'empoisonnement par l'acide prussique, etc.

Chlorométrie. — On doit à Gay-Lussac une méthode qui permet de reconnaître la quantité de chlore capable d'être fournie par un poids connu de chlorure de chaux, d'un hypochlorite ou d'une solution chlorée, par conséquent la vraie valeur vénale de ces substances décolorantes.

Si l'on verse du chlorure de chaux, ou du chlore, dans une solution *acidifiée* d'acide arsénieux, ce dernier passera à l'état d'acide arsénique :

$$CaCl^2O^2 + As^2O^3 \;=\; CaCl^2 + As^2O^5.$$

Si donc on connaissait la quantité d'acide arsénieux ainsi transformée, on en déduirait celle de l'hypochlorite réel ou du chlore contenu dans le volume de chlorure de chaux ou de solution de chlore employé. On y arrive de la façon suivante :

On fait une solution dans 30 grammes d'acide chlorhydrique ordinaire de $4^{gr},439$ d'acide arsénieux ; cette quantité est telle qu'il faut 1 litre de gaz chlore pour la transformer en acide arsénique. A la solution arsenicale ci-dessus on ajoute assez d'eau distillée pour faire exactement 1 litre. On prend 100 centimètres cubes de cette solution ; on les colore en bleu par un peu d'acide sulfoindigotique, et l'on y verse la solution chlorée à titrer, contenue dans une pipette graduée de Gay-Lussac ou de Mohr

Tant qu'il y a de l'acide arsénieux à oxyder, la liqueur reste bleue, le chlorure décolorant étant en entier employé à cette oxydation, mais dès que tout l'acide arsénieux est passé à l'état d'acide arsénique, l'indigo se décolore par une seule goutte de solution décolorante nouvelle. Le volume versé à ce moment, et qu'on lit sur la burette, répond exactement à 1 décilitre ou 100 centimètres cubes de chlore réel comme on a dit plus haut. On calcule, d'après ce nombre, la quantité de chlore qui répond à 100 grammes de liqueur ou de chlorure décolorant.

PHOSPHATES DE CALCIUM

Le *phosphate tribasique* de calcium $(PhO^4)^2Ca^3$ ou $P^2O^5,3CaO$ existe dans les os, qui en contiennent environ 60 centièmes de leur poids. On le rencontre dans les arêtes de poisson, les carapaces des reptiles, des mollusques, etc. ; on le trouve dans la plupart des cellules animales et dans les enveloppes des cellules végétales. Il constitue une partie des dépôts urinaires ; il forme des nodules et concrétions, creux, pleins ou fendillés, dans les couches inférieures du terrain crétacé, principalement au-dessus des grès verts et surtout des argiles ; on en a signalé aussi des gisements dans les terrains tertiaire (*phosphorites* du Quercy), jurassique et même silurien. La chaux phosphatée de Tarn-et-Garonne et du Lot est en masses concrétionnées ou en stratifications tourmentées, souvent caverneuses, de couleur grise, gris verdâtre, jaunâtre ou rougeâtre, ressemblant quelquefois un peu à l'onyx ou à l'agate, mais d'une dureté moindre. Les phosphates existent encore à la surface du sol, sous forme de restes fossiles d'anciens animaux, et sous celle de *coprolithes ou nodules* formés surtout des excréments des reptiles anciens. Ces phosphates, d'abord disséminés, ont été partiellement dissous grâce à l'eau, à l'acide carbonique et aux chlorures alcalins dans lesquels ils sont un peu solubles, et sont allés à travers les fissures du sol former peu à peu ces masses de phosphates mamelonnées ou stratifiées dont nous parlions plus haut. J'ai trouvé dans un même lieu les fossiles à l'état osseux, les phosphates concrétionnés et même cristallisés sous forme d'une farine blanche formée de fines lamelles rhombiques déposée dans les points déclives où l'eau avait entraîné les parties solubles.

L'*apatite* est un fluophosphate ou chlorophosphate cristallisé $(P^2O^5,3CaO)^3.(CaFl^2$ ou $CaCl^3)$ que l'on rencontre en prismes hexagonaux, ou en masses compactes, dans les terrains cristalliniens, et spécialement dans les filons stannifères et dans ceux qui contiennent de l'oxyde de fer magnétique.

C'est sans doute sous cette forme qu'existe le phosphate de chaux dont j'ai constaté la présence constante mais en petite quantité dans les cargueules triasiques et permiennes, à côté des quartz bipyramidés. Le fluor, le chlore et même le brome et l'iode en proportions très variable, ont été signalés dans la plupart des phosphates naturels, quelle que soit leur origine; enfin on sait que la cendre d'os contient 0,23 à 0,3 pour 100 de fluor et une quantité presque égale de chlore.

Ces détails sont justifiés par l'intérêt même du rôle que le phosphate de chaux joue dans l'organisme animal et végétal, et par l'importance considérable que les phosphates ont acquise aujourd'hui comme engrais.

On répand à la surface du sol les phosphorites pulvérisées, ou bien on ne les utilise qu'après les avoir transformées par l'acide sulfurique en phosphate acide de chaux, ou, comme on dit dans l'industrie, en *super-phosphate* $P^2O^5,CaO,2H^2O$, plus facilement assimilable que les phosphates naturels.

Le phosphate neutre de chaux s'obtient dans les laboratoires en précipitant le phosphate bibasique de soude PO^4Na^2H, additionné d'ammoniaque, par le chlorure de calcium :

$$2\,PO^4Na^2H \;+\; 3\,CaCl^2 \;+\; 2\,AzH^3 \;=\; (PO^4)^2Ca^3 \;+\; 4\,NaCl \;+\; 2\,AzH^4Cl$$

Le *phosphate monocalcique* PO^4CaH s'obtient en précipitant directement le même phosphate sodique par le chlorure de calcium :

$$PO^4Na^2H \;+\; CaCl^2 \;=\; PO^4CaH \;+\; 2\,NaCl.$$

Il est ordonné en médecine pour aider la dentition et l'ossification, pour combattre la phtisie, la scrofulose, etc.

Le *phosphate de calcium*, dit *phosphate acide* $(PO^4)^2CaH^4$, existe dans les cellules de l'économie animale ou végétale à réaction acide. Il se rencontre dans les urines. Ce sel s'obtient, comme on l'a vu (p. 246), en traitant la cendre d'os par de l'acide sulfurique, filtrant et évaporant :

$$(PO^4)^2Ca^3 \;+\; 2\,SO^4H^2 \;=\; (PO^4)^2CaH^4 \;+\; 2\,SO^4Ca$$

On a dit tout à l'heure que sous le nom de *superphosphate* il était fort employé comme engrais en agriculture. On se rappelle aussi qu'il sert à préparer le phosphore.

BORATES DE CHAUX

On trouve le borate de calcium en rognons formés de fibres soyeuses, au Pérou, en Perse, en Toscane; il est hydraté et mélangé de sulfate sodique. On connaît aussi un borosilicate de chaux hydraté, la *datholite*, $2SiO^2,Bo^2O^3,2CaO,H^2O$, et un borate double de soude et de chaux, la *boronatrocalcite*. Ces espèces sont exploitées pour en extraire l'acide borique.

CARACTÈRES DES SELS DE CALCIUM

Les sels de calcium sont généralement incolores.

Ils ne précipitent ni par l'hydrogène sulfuré, ni par les sulfures alcalins, ni par les alcalis, excepté en solutions concentrées (*oxychlorure*).

Les carbonates alcalins y forment un précipité blanc gélatineux de carbonate de calcium.

L'acide oxalique, ou mieux l'oxalate d'ammoniaque, donne dans leurs solutions étendues un précipité blanc d'oxalate de chaux, insoluble dans l'acide acétique faible, mais très soluble dans les acides minéraux.

L'acide sulfurique et les sulfates solubles précipitent les solutions de sels calciques qui ne sont pas trop étendues. Ce précipité est soluble à chaud dans les acides minéraux *un peu concentrés*.

BARYUM

Le sulfate de baryum fut signalé d'abord par Scheele dans son célèbre mémoire de 1774 sur la *magnésie noire* ou bioxyde de manganèse ; il y existait à l'état d'impureté. H. Davy isola le métal en 1808 en soumettant la baryte à l'action d'une forte pile, et Bunsen l'obtint par l'électrolyse du chlorure fondu.

Le baryum décompose l'eau à froid, et possède l'éclat de l'argent. La *baryline, spath pesant,* ou sulfate de baryte, minéral très répandu dans les filons des terrains anciens, est la principale source naturelle d'où l'on extrait le baryum et ses combinaisons ; on rencontre plus rarement son carbonate ou *witherite* CO^3Ba : il nous vient généralement d'Angleterre.

OXYDES DE BARYUM

Protoxyde BaO. — On le prépare par la calcination de l'azotate de baryum au rouge. La baryte BaO anhydre reste dans le creuset sous forme de masse grisâtre.

On peut obtenir l'hydrate de baryum $BaO,9H^2O$ en faisant bouillir le sulfure de baryum avec de l'oxyde de cuivre :

$$BaS + CuO + 9H^2O = BaO.9H^2O + CuS$$

ou bien en faisant bouillir le chlorure de baryum concentré avec de la soude caustique : l'hydrate de baryum se précipite par refroidissement.

La *baryte anhydre* BaO forme des masses spongieuses, presque infusibles, peu solubles, d'une saveur âcre et urineuse. Elle est très avide d'eau : celle-ci versée par petits filets à la surface d'un bloc de baryte anhydre produit un sifflement analogue à celui du fer rouge que l'on trempe. On connaît les hydrates BaO,H^2O et $BaO,2H^2O$; mélangée d'un excès d'eau, la baryte donne une solution d'où cristallise l'hydrate ordinaire $BaO,9H^2O$; il perd dans le vide huit de ses neuf molécules d'eau.

L'*eau de baryte* n'est qu'une solution aqueuse de cet hydrate. Elle est très alcaline aux papiers, attire rapidement l'acide carbonique de l'air, et sature énergiquement et complètement les acides. On l'utilise souvent dans les laboratoires.

La baryte anhydre absorbe l'oxygène de l'air vers 300° et se transforme en bioxyde BaO^2.

Bioxyde de baryum BaO^2. — Produit comme il vient d'être dit, il constitue une masse poreuse, grise ou gris verdâtre, qui perd son second atome d'oxygène au rouge vif et se transforme de nouveau en baryte BaO. On sait qu'on emploie ce bioxyde pour la préparation de l'eau oxygénée et de l'oxygène pur.

Traité par l'acide sulfurique à une température qui ne doit dépasser 70° à 75°, le bioxyde de baryum dégage de l'ozone.

SULFURE DE BARYUM

Il s'obtient en chauffant au rouge vif dans un creuset de terre, un mélange intime de sulfate de baryte, de charbon et d'huile. Le sulfate se réduit suivant l'équation :

$$SO^4Ba + 4C = 4CO + BaS.$$

On extrait le sulfure formé de la masse charbonneuse qui reste dans le creuset en la traitant par l'eau bouillante dans laquelle il est fort soluble et dont il cristallise à froid.

Ce sulfure n'a d'autre intérêt que celui d'être l'intermédiaire entre le sulfate naturel inattaquable aux réactifs, et les autres sels de baryte qu'il sert à préparer. En effet, traité par les divers acides, chlorhydrique, nitrique, etc., il donne les sels de baryum correspondants en perdant son soufre à l'état d'hydrogène sulfuré. Par exemple on a :

$$BaS + 2HCl = BaCl^2 + 2H^2S$$

CHLORURE DE BARYUM

On l'obtient avec le sulfure de baryum et l'acide chlorhydrique comme il vient d'être dit. C'est un sel assez soluble, cristallisant en lamelles rhomboïdales répondant à la composition $BaCl^2,2H^2O$. Sa saveur est piquante. Il est *très vénéneux*. 100 grammes d'eau en dissolvent 45 grammes à 15°. Il sert comme réactif pour déceler les sulfates qu'il précipite.

SULFATE ET AZOTATE DE BARYUM

Sulfate de baryum. — C'est le *spath pesant* ou *barytine* des minéralogistes ; il cristallise dans le système rhombique. Sa densité varie de 4,5 à 4,7. Il se produit chaque fois qu'on verse de l'acide sulfurique ou un sulfate dans un sel soluble de baryte ; il est insoluble dans l'eau et dans les acides.

On l'emploie depuis quelques années sous le nom de *blanc fixe* dans la peinture à l'huile, pour la coloration des papiers de tenture, ou même pour donner du poids aux papiers d'imprimerie qu'il sert à frauder et rend cassants.

Azotate de baryum. — Il se prépare, comme on l'a dit, avec le sulfure et l'acide azotique étendu, ou bien en mélangeant des solutions concentrées et chaudes d'azotate de soude et de chlorure de baryum.

Il sert comme réactif des sulfates. Par calcination il fournit la baryte anhydre. On l'emploie en pyrotechnie pour obtenir des feux verts.

CARACTÈRES DES SELS DE BARYUM

Ces sels ne se troublent ni par l'hydrogène sulfuré ni par les sulfures solubles. Ils précipitent par les carbonates alcalins.

En présence de l'acide sulfurique ou des sulfates, tous les sels de baryum donnent un précipité dense, insoluble dans les acides minéraux. On a signalé (p. 436) les raies spectrales caractéristique du baryum.

STRONTIUM

Le strontium vient se placer entre le baryum et le calcium, par son poids atomique égal à 87,5, sa densité de 2,84, et l'ensemble de ses propriétés.

C'est un métal jaunâtre, décomposant l'eau à froid, plus dur que le plomb.

Dans la nature on le rencontre à l'état de sulfate (*celestine*) et de carbonate (*strontianite*, nom tiré de celui du cap *Strontian*, en Écosse).

Le strontium forme avec l'oxygène un protoxyde, la strontiane SrO, et un bioxyde SrO^2. On les obtient l'un et l'autre comme les dérivés correspondants du baryum. Il en est de même des autres sels de ce métal.

L'azotate de strontiane, et tous les sels volatils de strontium, donnent à la flamme une coloration rouge carmin remarquable (Voir p. 436).

Les caractères des sels de strontiane sont presque ceux des sels de baryte, si ce n'est que le sulfate de strontiane est *très légèrement* soluble dans l'eau et que sa solution précipite les sels de baryum. Le chromate de strontiane est assez soluble, autre caractère qui différencie ces sels de ceux de baryum dont le chromate est insoluble.

Appendice : CIMENTS ET MORTIERS

L'importance de la chaux dans la fabrication des mortiers, bétons et ciments nous engage à donner ici, sous forme d'*appendice*, quelques renseignements à ce sujet.

On a dit comment on fabrique l'oxyde de calcium, et l'on a déjà fait mention des variétés de chaux : *grasses* ou foisonnantes, et *maigres* ou difficiles à hydrater. Ces différences tiennent essentiellement à la nature du calcaire dont ces oxydes proviennent; les chaux maigres résultent de calcaires magnésiens et argileux ; elles donnent avec l'eau une pâte peu liante, et avec le sable des mortiers qui manquent de ténacité; les chaux grasses sont fournies par un calcaire assez pur.

On appelle *chaux hydrauliques* celles qui jouissent de la propriété de durcir rapidement sous l'eau, tandis que les chaux ordinaires s'y délayent et finissent par s'y dissoudre.

L'illustre ingénieur Vicat démontrait, au commencement de ce siècle, que les chaux hydrauliques doivent cette propriété à une certaine proportion d'argile siliceuse (10 à 30 pour 100), et qu'on pouvait produire à volonté de la chaux hydraulique en mélangeant d'avance aux calcaires à chaux grasses la quantité d'argile apte à leur communiquer l'hydraulicité.

Les *ciments* sont des chaux hydrauliques plus propres encore que les précédentes à faire prise soit à l'air, soit sous l'eau. Ils proviennent de calcaires contenant de 30 à 50 pour 100 d'argile.

Au bout de cinq à six mois les chaux hydrauliques, et à plus forte raison les ciments, ont pris une telle dureté qu'ils se cassent en écailles semblables à celles que donnerait la pierre calcaire la plus dure.

La théorie de la *solidification des mortiers* ou ciments est assez simple.

On sait qu'un mortier est un mélange grossier de sable siliceux et de chaux hydratée. Avec le temps celle-ci perd lentement son eau, et absorbe de l'acide carbonique ; elle se fendillerait en se rétractant si le sable interposé n'empêchait beaucoup ce retrait. Mais en même temps ce sable siliceux tend à produire au contact de la chaux un silicate basique de chaux hydraté $SiO^2, 2CaO, 4H^2O$ (*Rivot*), silicate très adhérent à la pierre et qui devient de plus en plus dur avec le temps.

Un phénomène un peu plus complexe se passe dans les chaux et ciments hydrauliques. Ici la silice anhydre très divisée provenant de la calcination des argiles contenues dans ces chaux réagit sur l'hydrate calcique pour donner un silicate qui contracte union avec le silicate d'alumine de l'argile, et forme un silico-aluminate de calcium comparable aux zéolithes, et autres silicates hydratés naturels, silicoaluminate susceptible d'acquérir peu à peu une grande dureté.

TRENTE-SEPTIÈME LEÇON

LE MAGNÉSIUM ; LE GLUCINIUM. — LES MÉTAUX DES TERRES RARES

Le *magnésium*, le *glucinium*, le *cadmium* sont les éléments principaux de la IIIe *famille* des métaux. La propriété du magnésium de décomposer l'eau, quoique très difficilement, à l'ébullition, et de donner un hydrate légèrement soluble et bleuissant le tournesol, ainsi que la forme cristalline de son carbonate isomorphe de la calcite et si souvent associé avec elle dans les dolomies, permettent de rapprocher ce métal du calcium et des autres métaux de la précédente famille. D'autre part, la grande solubilité des sulfates de magnésium et de zinc, et l'isomorphisme de toutes les combinaisons de ces deux métaux, indiquent à la fois leurs caractères de parenté, et leur dissemblance avec les métaux précédents, en même temps qu'ils les rapprochent des métaux de la famille du fer, dont les combinaisons *au minimum* sont aussi isomorphes et fort analogues par leurs propriétés de celles du magnésium et du zinc.

De ces deux métaux nous rapprocherons immédiatement le glucinium et les métaux des terres rares, termes de passage entre le magnésium et l'aluminium, lequel se rattache lui-même aux métaux de la famille du fer par son sesquioxyde Al^2O^3, analogue aux sesquioxyde de fer Fe^2O^3, de chrome Cr^2O^3 et de manganèse Mn^2O^3.

Au magnésium, au zinc et au glucinium, il faut joindre encore le cadmium, qui se rattache au zinc par son origine, et par beaucoup d'analogies, et qui jouit comme les métaux précédents de la *propriété de décomposer l'eau au rouge, ou en présence des acides étendus, en dégageant de l'hydrogène.* Mais, d'autre part, l'insolubilité de son sulfure dans les acides, et de son carbonate dans les sels ammoniacaux, enfin sa densité 8,6, l'éloignent très sensiblement des métaux précédents.

MAGNÉSIUM

Le magnésium existe dans la nature sous forme de carbonate (*giobertile*) et surtout de carbonate double de calcium et magnésium, à l'état de *dolomies*. Celles-ci forment d'immenses montagnes en particulier dans les terrains de transition et les assises jurassiques. On trouve aussi dans les eaux de mer le chlorure de magnésium, et dans beaucoup d'eaux minérales le sulfate de magnésie.

C'est à la fin du dix-septième siècle que Fr. Hoffmann distingua la magnésie, et considéra le *sel amer* comme *la combinaison d'un acide sulfuré avec une certaine terre calcaire de nature alcaline*. Vers 1760, Black donna tous les caractères spécifiques et différentiels des sels de cette nouvelle terre.

Préparation du magnésium. — Isolé d'abord au moyen de la pile, en 1808, par H. Davy, ce métal se prépare aujourd'hui en grand par le procédé industriel de H. Sainte-Claire Deville et Caron.

Dans un creuset de fer porté au rouge vif, on projette un mélange de chlorure de magnésium anhydre (6 parties) et de chlorure de potassium, fluorure de calcium, et sodium métallique coupé en menus fragments (de chaque 1 partie). Le creuset couvert, il s'y produit une vive réaction, après laquelle on le retire du feu ; durant son refroidissement on agite le contenu avec une tige métallique. Le magnésium vient alors surnager. On le purifie d'un peu de silicium en le distillant vers 1000 degrés dans un courant d'hydrogène.

Propriétés. — C'est un métal blanc d'argent, malléable, assez dur, peu tenace, d'une densité de 1,75 ; fusible un peu au-dessous de 500°, volatil au rouge. Il brûle à l'air avec un éclat blanc éblouissant, à peu près comme le fer brûle dans l'oxygène, et se transforme en magnésie MgO. La température produite par cette combustion est telle qu'elle dissocie l'acide carbonique et met son carbone en liberté.

Le magnésium décompose très lentement l'eau à 100° ; il s'enflamme lorsqu'on le projette sur de l'acide chlorhydrique; il se dissout dans les sels ammoniacaux en dégageant de l'hydrogène.

L'éclat qu'émet le magnésium lorsqu'il brûle est tel qu'un fil de un millimètre de diamètre produit autant de lumière que 74 bougies ordinaires. Aussi a-t-on fabriqué, pour quelques usages spéciaux, des lampes au magnésium où brûle un mince ruban de ce métal. Ces lampes donnent une lumière riche en rayons verts, bleus et violets, très photochimiques, qui permettent d'éclairer et de photographier les objets comme à la lumière du soleil.

OXYDE DE MAGNÉSIUM OU MAGNÉSIE

La *magnésie* MgO se prépare en calcinant au rouge dans un creuset l'*hydrocarbonate de magnésium* ou magnésie blanche du commerce.

C'est une poudre blanche, légère, d'un poids spécifique de 2,3. Lors qu'elle a été légèrement calcinée, elle se dissout un peu dans l'eau en s'hydratant et lui communiquant une saveur alcaline. Elle bleuit faiblement la teinture de tournesol.

La magnésie est absolument infusible aux feux de forge les plus vifs : de là son emploi de jour en jour plus répandu pour revêtir les fours et cubilots où l'on atteint les plus hautes températures industrielles.

L'hydrate de magnésie MgH^2O^2 ou MgO,H^2O, qui se précipite lorsqu'on verse un alcali caustique dans un sel soluble de magnésie, est amorphe et gélatineux. Exposé à l'air, il en attire lentement l'acide carbonique pour former un hydrocarbonate.

La magnésie brute industrielle, qui sert soit à fabriquer des briques réfractaires, soit à précipiter des eaux vannes l'acide phosphorique et les sels ammoniacaux, s'obtient par l'action de la chaux caustique en morceaux sur le chlorure de magnésium assez concentré. (*Schlœsing*.)

En médecine, on emploie la magnésie calcinée pour combattre les aigreurs d'estomac, et comme léger purgatif à la dose de 8 à 16 gr. C'est le meilleur antidote dans l'empoisonnement par les acides, et en particulier par l'acide arsénieux. Seulement il faut avoir soin, dans ce dernier cas, d'employer la magnésie gélatineuse récemment précipitée.

CARBONATE ET HYDROCARBONATE DE MAGNÉSIE

La *giobertite*, substance blanche d'aspect porcelainique, quelquefois jaune ou brune, assez dure, cristallisant en prismes rhomboédriques (p p $= 107° 30'$) est du carbonate de magnésie naturel que l'on trouve dans le terrain jurassique en particulier (*Ile d'Eubé-Bohême*). Mais le plus souvent le carbonate de magnésie est associé à celui de chaux (*dolomie*), et quelquefois de fer (*pistomésite, breunerite*), etc.

Lorsque l'on verse du carbonate de soude en léger excès dans une solution bouillante de sulfate de magnésie, il se dégage de l'acide carbonique et il se fait un dépôt blanc gélatineux, qu'on lave et sèche sur des toiles. C'est la *magnésie blanche* des pharmacies, ou -*hydrocarbonate de magnésie*, qui répond approximativement à la formule $4MgO,3CO^2,4H^2O$. L'hydrocarbonate de magnésie médicinal doit laisser environ 45 pour 100 de son poids de magnésie MgO après calcination au rouge. Ce résidu ne doit point s'échauffer sensiblement lorsqu'on l'humecte d'eau ; dans le cas contraire, il contiendrait de la chaux ; il doit se dissoudre entièrement dans les acides sans effervescence notable.

L'hydrocarbonate de magnésie est un peu soluble dans l'eau chargée d'acide carbonique ; cette solution donne par évaporation, des cristaux répondant à la formule $CO^3Mg,3H^2O$. La magnésie carbonatée est employée en médecine aux mêmes usages que la magnésie calcinée.

SULFATE DE MAGNÉSIE

Ce sel existe dans l'eau de mer et dans les eaux minérales purgatives magnésiennes (*Sedlitz*, *Epsom*, *Pulna*, *Hunjady-Janos*, *Saint-Gervais*, *Cruzy*, etc.). On l'en extrait par évaporation et cristallisation.

On l'obtient aussi en grandes quantités en attaquant les dolomies par l'acide sulfurique étendu et chaud. Il se fait un mélange de sulfate de chaux peu soluble, et de sulfate de magnésie soluble, qu'on sépare par le filtre.

Ce sel cristallise en prismes rhomboïdaux droits, incolores, aiguillés, répondant à la formule $SO^4Mg,7H^2O$, s'effleurissant un peu à l'air. A 132°, il retient encore 1 molécule d'eau qu'il perd à 210°. Il fond au rouge vif, sans se décomposer, 100 parties d'eau dissolvent, à 0 degré, 25,76 parties de sulfate de magnésium calculé sec, et à 100 degrés 72,6 parties.

Le sulfate de magnésie possède une saveur amère très désagréable. Il est employé en médecine comme purgatif. Le sel commercial est d'autant plus efficace qu'il contient plus de chlorure de magnésium, impureté qui l'accompagne souvent. On le fraude quelquefois avec du sulfate de soude qui se reconnaît en précipitant la magnésie par le sulfure de baryum, filtrant, ajoutant un petit excès d'acide sulfurique étendu pour enlever le sulfure barytique, enfin évaporant la liqueur qui laisse cristalliser le sulfate sodique contenu dans le sel primitif.

PHOSPHATES DE MAGNÉSIE

On trouve dans les os 1,5 pour 100 environ de phosphate de magnésie $P^2O^5,3MgO$. On obtient un phosphate de magnésie dit *neutre* $PO^4MgH,7H^2O$ en mélangeant des solutions de phosphate de soude ordinaire et de sulfate de magnésie. Il existe un chlorophosphate naturel $(PO^4)^2Mg^3,MgCl^2$.

Mais le phosphate le plus important est le phosphate ammoniaco-magnésien $PO^4.Mg.AzH^4 + 6H^2O$, que l'on rencontre dans les urines, et dans quelques calculs vésicaux, et qui se forme chaque fois qu'on ajoute un phosphate soluble à une solution ammoniacale d'un sel de magnésie. Il se précipite, surtout par agitation, sous forme de grains cristallisés qui s'attachent aux parois des vases. Chauffé au-dessous du rouge, ce sel se décompose en ammoniaque et pyrophosphate de magnésie $P^2O^7Mg^2$.

SILICATES DE MAGNÉSIE

Les silicates de magnésie naturels, et surtout les silicates doubles, sont fort répandus; le *péridot* répond à la formule $SiO^2,2MgO$. Il est souvent coloré en vert par un peu de fer. La *stéatite* a pour formule $3SiO^2,2MgO$; elle se trouve quelquefois en grandes masses. On s'en sert pour graisser, poudrer, marquer les vêtements : c'est le *savon des tailleurs*. L'*écume de mer* est un silicate de magnésie hydraté.

L'*amphibole* et le *pyroxène* sont des silicates doubles de magnésie et de chaux.

CARACTÈRES DES SELS MAGNÉSIENS

Ils sont généralement incolores, souvent un peu savonneux au toucher, d'une désagréable amertume lorsqu'ils sont solubles.

Ils ne précipitent ni par l'hydrogène sulfuré, ni par les sulfures alcalins.

Ils donnent au contraire par le carbonate de soude, ou par la soude, un précipité gélatineux blanc d'hydrocarbonate ou d'hydrate de magnésie. Au contraire, le carbonate d'ammoniaque ne les précipite pas si la liqueur a été préalablement additionnée de sel ammoniac ; mais si l'on ajoute à la fois un sel ammoniacal et du phosphate de soude, on obtient, par agitation, un précipité grenu, cristallin, insoluble dans l'eau ammoniacale, sel caractéristique formé par le phosphate ammoniaco-magnésien. La non-précipitation des sels de magnésie par le carbonate ou l'oxalate d'ammoniaque en présence des sels ammoniacaux permet de les distinguer et de les séparer des sels de chaux.

GLUCINIUM

Nous ne dirons que peu de mots de ce métal. Son oxyde fut signalé pour la première fois par Vauquelin en 1797. Il le retira de l'émeraude de Limoges, qui est un silicate d'alumine et de glucine.

Le glucinium métallique que l'on extrait de la glucine ressemble beaucoup à l'aluminium. Sa densité est de 2,1

La glucine s'obtient en traitant par l'ammoniaque les sels solubles de glucinium. Elle a la plus grande analogie avec la magnésie hydratée. Elle absorbe l'acide carbonique de l'air ; elle est soluble dans les carbonates alcalins. Anhydre, elle répond à la formule GlO.

Le chlorure de glucinium est déliquescent ; il se décompose, lorsqu'on le chauffe, plus aisément encore que celui de magnésium ; il donne ainsi de la glucine, de l'acide chlorhydrique, de l'eau et de l'oxychlorure de glucinium.

Le sulfate de glucinium répond à la formule $SO^4Gl'',4H^2O$. Il ne forme pas d'alun ainsi que le ferait un sulfate du type $(SO^4)^3R^2_{VI}$.

On obtient un précipité de phosphate ammonio-sodico-glucinique en précipitant les sels de glucine par le phosphate de soude en présence de l'ammoniaque. Il répond à la formule $(PO^4)^2Gl.Na^2.(AzH^4)^2 + aq$.

Tous ces caractères rapprochent le glucinium du magnésium et l'éloignent de l'aluminium.

Les sels solubles de glucine sont à la fois doux et astringents.

Ils ne sont pas vénéneux. On ne sait presque rien de leurs effets thérapeutiques. Ils ont été essayés dans les vomissements incoercibles.

MÉTAUX DES TERRES RARES

CÉRITE, GADOLINITE ET YTRIA

La *cérite* ou *cérerite* est une terre amorphe grenue, rouge brun ou rose sale, constituée par un silicate hydraté que l'on a trouvé dans l'ancienne mine de fer de Bœstnaes, en Suède. Elle fut étudiée par Berzélius et Klaproth. Mais c'est Mosander qui montra en 1839 qu'elle contient trois métaux spéciaux, le *cérium*, le *lanthane* et le *didyme*, unis à un peu de fer. Les *allanites* ou *orthites* de la Norwège et de l'Oural sont de véritables feldspaths ou silicates doubles d'aluminium et de ces trois terres. Enfin la *gadolinite* des *granits* et *gneiss* d'Itterby en Suède, contient, avec le fer et le glucinium, les trois métaux précédents unis à ceux de l'*yttria* (*yttrium*, *erbium*, etc.), à l'état de silicates $SiO^2,3RO$ $(R = Yt ; La ; Ce ; Di ; Gl ; Fe)$.

Ces associations complexes montrent déjà l'analogie de tous ces corps et leur parenté avec le magnésium, le glucinium et le fer dont les combinaisons isomorphes se rencontrent associées, par exemple dans les *orthites* ou *gadolinites*, en un même cristal.

Les azotates de *cérium*, de *lanthane* et de *didyme* se séparent les uns des autres par des précipitations et des dissolution fractionnées.

Le cérium donne deux oxydes salifiables CeO et Ce^3O^4.

Les sels de ces trois métaux ne précipitent pas par l'acide sulfhydrique. Par la potasse, l'ammoniaque, le sulfure d'ammonium, ils donnent un précipité blanc volumineux insoluble dans un excès d'alcali.

Les phosphates et oxalates solubles les précipitent. Le précipité d'oxalate est insoluble dans les acides étendus. Les carbonates sont insolubles.

Le sulfate de potasse précipite ces sels et le précipité est insoluble dans le sulfate précipitant, caractère qui les différencie des métaux de la terre d'yttria.

En 1885, M. Auer von Weselbach a dédoublé le didyme en deux autres corps, le *praséodyme*, ressemblant par sa couleur aux sels ferreux, et le *néodyme*, qui donne des sels roses à reflets violets. L'azotate double de didyme et d'ammonium soumis à 200 ou 300 fractionnements successifs laisse cristalliser le sel de praséodyme, tandis que celui de néodyme reste dans les eaux mères.

Les métaux dits de l'*yttria*([1]), l'*yttrium* et l'*erbium*, jouissent des caractères des métaux précédents, sauf que les carbonates et bicarbonates alcalins en excès dissolvent le précipité blanc qu'ils forment dans leurs sels, et que leurs sulfates se redissolvent dans un excès de sulfate de potasse pour donner des sulfates doubles ([2]).

TRENTE-HUITIÈME LEÇON

LE ZINC. — LE CADMIUM

—

ZINC

Le zinc fut utilisé déjà par les anciens sous forme d'alliage : leur airain (*œs*) était à la fois un bronze ou un laiton, suivant les hasards du minerai. « La pierre dont on fait l'airain, et qui est utile aux fondeurs, se nomme *cadmie* », dit Pline (*Hist. nat.*, XXXIV, 22). Puis il explique que la *cadmie* artificielle qui se dépose sur *les parois des cheminées* des fourneaux peut également servir à la fabrication de l'airain, mais qu'on l'emploie plus particulièrement en médecine contre les maladies des yeux et de la peau, et dans le pansement des plaies.

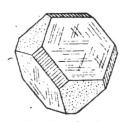

Fig. 221. — Blende.

Dès le commencement du douzième siècle le zinc métallique fut importé en Europe des Indes et de la Chine. On l'appelait *étain des Indes*. Mais ce n'est qu'à la fin du siècle dernier qu'on apprit à le préparer avec les minerais européens. Un Anglais qui tenait son secret des Chinois, Champion, établit la première usine à Bristol en 1743.

Les principaux minerais de zinc accompagnent le plus souvent la pyrite, ce sont : la *calamine*, nom sous lequel on désigne souvent le silicate de zinc rhombique $SiO^2.2ZnO.H^2O$, et le carbo-

---

([1]) D'après Bunsen, Cleve et Hœglund, il n'y aurait que deux métaux dans l'*ytria*, dont l'un, l'*yttrium*, donne une terre incolore, l'autre, l'*erbium*, donne une terre colorée en jaune, l'*erbine* ou *ierbine* de Mosander.

([2]) D'après MM. Chydenius, Delafontaine, Cleve et Mendeleeff, les oxydes de *cerium*, d'*ytrium*, d'*erbium* et de *didyme* correspondraient au type R^2O^3 et non au type RO.

nate de zinc ou *smithsonite* CO^2ZnO, de forme rhomboédrique, isomorphe de la calcite $CO^2.CaO$ et du carbonate de magnésie naturels. Un autre composé important, la *blende*, est le sulfure de zinc ZnS. Elle cristallise en cubes, contient quelquefois un peu de fer et accompagne souvent la *galène* ou sulfure de plomb. A côté de ces principaux minerais, on peut signaler la *zincite* ZnO, substance assez rare, et des arséniates, phosphates, aluminates, sulfates de zinc naturels, plus rares encore.

Préparation du zinc. — Quelle que soit la nature des minerais à traiter, après les avoir séparés avec soin de leur gangue, on les soumet au grillage dans le but de les transformer en oxydes ou en sels oxydés plus ou moins purs et réductibles par le charbon. La blende donne en brûlant de l'acide sulfureux, et laisse un oxyde de zinc impur jaunâtre ou rougeâtre ; la smithsonite perd son acide carbonique ; le silicate de zinc reste inattaqué. Le produit de ce grillage accompagné de la petite quantité de gangue qui reste (dolomie, oxydes de fer, argiles, chaux) est alors mélangé de charbon et longtemps chauffé au rouge blanc dans des fours spéciaux (fig. 222). Le zinc est réduit de son oxyde et même de son silicate ; il se dégage de l'oxyde de carbone, et le métal distille dans des conditions variables suivant les pays et les usines. Dans celles de la *Vieille-Montagne*, les appareils de réduction sont des tubes horizontaux réfractaires, que l'on accouple par quatre douzaines

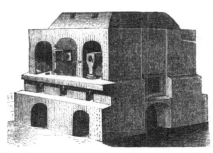

Fig. 222. — Four silésien pour l'extraction du zinc.

Fig. 223.
Moufle pour l'extraction du zinc.

dans chaque four. Le zinc réduit se vaporise et s'écoule au dehors dans des allonges de tôle légèrement inclinées communiquant avec les tubes où se fait la réaction. En Silésie la réduction se produit dans une sorte de moufle (fig. 223) ; le métal distille par un tuyau placé latéralement et en haut. Mais, quelle que soit la méthode suivie, la réduction est incomplète, et une certaine proportion du zinc, qui s'élève souvent à 20 pour 100 du métal obtenu, est réoxydée après sa réduction. Dans les usines à zinc on voit toujours sortir des appareils de condensation une flamme verdâtre éclatante, due à la réoxydation continue du métal réduit. C'est dans les fumées les plus volatiles, portant le nom de *tuthies*, qui se condensent au début, que l'on trouve le cadmium. Elles contiennent en même temps du plomb et de l'arsenic.

Pour purifier le zinc brut ainsi produit, on le soumet à la refonte. Dans ce but on le laisse séjourner longtemps dans des fours à réverbère à une température voisine de sa solidification. Le plomb se sépare par liquation et se réunit au fond d'une poche pratiquée dans la sole du four. Le fer s'élimine de même, mais plus lentement; le soufre se transforme en sulfure de fer. Le zinc purifié est ensuite coulé en lingots ou en lames.

Malgré sa purification, ce zinc commercial contient de petites quantités de fer, cuivre, plomb, cadmium, manganèse, charbon, soufre et arsenic; ce dernier peut s'y trouver dans la proportion de $0^{gr},0052$ à $0^{gr},00004$ par kilogramme. Pour obtenir du zinc chimiquement pur, on réduit par le charbon de sucre l'oxyde de zinc purifié et l'on opère la distillation du métal *per descensum*, c'est-à-dire dans un creuset percé dans le fond d'un trou par lequel passe un tube en terre réfractaire qui s'élève jusqu'au haut du creuset dont le couvercle est luté soigneusement. Les vapeurs de zinc réduit s'échappant par ce tube sortent par le bas du creuset et se condensent presque aussitôt.

Pour préparer le zinc exempt d'arsenic que l'on emploie dans les expertises médico-légales, on le fond à plusieurs reprises avec un peu de nitre qui transforme l'arsenic en arséniate de potasse; ou bien on le porte à l'ébullition en ayant soin de perdre le premier tiers du métal.

Propriétés. — Le zinc est un métal d'un blanc légèrement bleuâtre, cristallisant dans le système hexagonal. Sa densité est de 6,87, s'il a été fondu, 7,2 lorsqu'il est martelé. Il s'écrouit rapidement sous le marteau, mais il devient plus malléable à mesure qu'on le chauffe et jusqu'à 150 degrés; à 250 degrés il est de nouveau cassant. Il fond vers 410 degrés et bout à 932. Le zinc se conserve sans altération dans l'air sec et se recouvre à l'air humide d'une légère couche d'oxyde.

Chauffé au rouge vif, il brûle au contact de l'air avec une flamme verte éclatante. Ses vapeurs se transforment alors en fumées d'un oxyde blanc et léger que les anciens préparaient déjà pour divers usages en brûlant certaines sortes d'*airains* dans des fours spéciaux, et auquel ils avaient donné le nom de *pompholix*. Plus tard les alchimistes le nommèrent *nihil album* ou *lana philosophica*.

Le zinc pur décompose l'eau à une température peu supérieure à 100° :

$$Zn \ + \ H^2O \ = \ ZnO \ + \ H^2 \ + \ 27^{Cal.},4$$
$$\quad\quad\; 59 \text{ Calories.} \quad\quad 86 \text{ Calories.}$$

Cette décomposition est donc conforme à la *loi du travail maximum*. Ces chiffres semblent même indiquer (si l'on ne tient pas compte du travail nécessité pour transformer les molécules de zinc en atomes et les atomes d'hydrogène en molécules), que le zinc doit décomposer l'eau à froid. Le zinc la décompose, en effet, lentement, mais cette décomposition s'arrête, son oxyde étant insoluble, et parce qu'aussi il se forme à la surface du métal un véritable alliage d'hydrogène superficiel. Que l'on dissolve cet oxyde avec un acide, ou que l'on empêche l'alliage de se produire en versant une goutte de solution de cuivre ou de platine dans la liqueur aqueuse, l'alliage *cuivre-zinc* ou *platine-zinc* décomposera l'eau tout aussitôt. Le zinc, surtout s'il est impur, se dissout dans les acides étendus d'eau en dégageant de l'hydrogène, et même dans l'eau salée. Il se dissout aussi dans les solutions chaudes de potasse ou de soude en donnant le même gaz et formant un *zincate* alcalin. Cette propriété le rapproche de l'aluminium.

Usages du zinc métallique. — La production du *laiton* utilise une grande quantité de zinc. Ce métal sert en outre à la fabrication du fer galvanisé, qui s'obtient soit par trempage de la tôle ou du fil de fer décapés dans un bain de zinc fondu, soit par voie galvanique. On sait que le zinc est utilisé, vu son inaltérabilité relative et sa légèreté, à recouvrir les toitures, où il remplace la tuile et l'ardoise. Un toit de zinc est trois fois plus léger qu'un toit d'ardoise et dix fois plus que le même en tuiles. Le zinc se coule dans des moules pour en fabriquer des objets d'ornement que l'on peut recouvrir d'un vernis imitant le bronze. Il entre pour 72 millièmes dans la composition des monnaies divisionnaires d'argent, qui sont au titre de 835 millièmes d'argent fin.

OXYDE DE ZINC

On prépare l'oxyde de zinc en chauffant le zinc métallique au blanc dans un creuset que prolonge un tuyau de terre de même diamètre s'élevant hors du fourneau. L'oxyde produit s'attache aux parois du tube sous forme d'une laine ou d'une neige blanche et légère. Dans l'industrie ce même oxyde se prépare en entraînant les vapeurs de zinc, grâce à un courant d'air, dans de vastes chambres où se dépose l'oxyde (fig. 224). On lui donne vulgairement les noms de *blanc de zinc* ou *blanc de neige*.

On se procure aussi l'oxyde de zinc par la calcination de son hydrocarbonate ou de son nitrate.

On peut enfin l'obtenir à l'état d'hydrate en précipitant par de la potasse un sel de zinc soluble. Il se redissout dans un excès d'alcali.

L'oxyde de zinc anhydre est blanc lorsqu'il est pur, jaune brun s'il est un peu ferrugineux. Il se colore en jaune franc à chaud et se décolore à froid.

Il est indécomposable par la chaleur et tout à fait fixe. Cependant un courant de 350 éléments parvient à le dédoubler et à mettre le zinc en liberté. Lorsqu'on le maintient longtemps chaud dans un courant d'oxygène, il peut cristalliser en pyramides hexagonales.

D'après Bineau, l'oxyde de zinc est soluble dans un million de fois son poids d'eau. L'hydrogène et le charbon le réduisent à une température élevée.

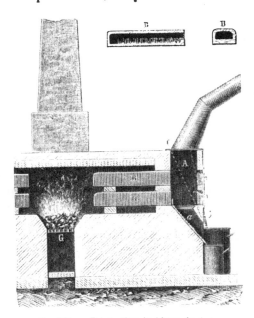

Fig. 224. — Fabrication du blanc de zinc.

L'oxyde de zinc est employé dans la peinture à l'huile sous le nom de *blanc de zinc* pour remplacer la céruse. Il possède ce double avantage de ne pas noircir sous l'influence des émanations sulfhydriques et de ne pas causer d'intoxications saturnines. C'est à tort qu'on lui a reproché de *couvrir* mal, c'est-à-dire de ne pas donner aux surfaces le même blanc mat que la céruse. M. Leclaire obtient avec cette préparation de zinc des blancs aussi purs qu'avec le blanc de plomb et qui recouvrent une surface plus grande à poids égal.

Ajoutons qu'aujourd'hui le *sulfure de zinc*, de couleur blanche aussi, tend à se substituer à l'oxyde dans la peinture à l'huile. Il *couvre* presque deux fois plus que ce dernier et un quart de plus que la meilleure céruse [1].

L'oxyde de zinc est souvent ordonné en médecine comme antispasmodique. Les anciens employaient déjà le *pompholix* contre les maladies de la peau et des yeux. Il est probable qu'il doit, dans ce cas, une partie de son activité à l'acide arsénieux et au plomb qu'il contient en petite quantité.

CHLORURE DE ZINC
$$ZnCl^2$$

On l'obtient généralement en dissolvant dans de l'acide chlorhydrique le zinc en lames, évaporant la solution à sec, fondant et coulant le chlo-

---

[1] Voir sur cette question importante d'hygiène mon ouvrage : *le Cuivre et le Plomb dans l'alimentation et l'industrie*. Paris, 1883, p. 279.

rure ZnCl² sur des plaques de faïence. Le sel ainsi préparé contient toujours de l'oxychlorure qui reste insoluble lorsqu'on reprend par l'eau le chlorure en plaques.

C'est un corps blanc, fusible vers 250°, volatil au rouge, soluble dans l'eau et dans l'alcool. Sa solution aqueuse laisse cristalliser, quand on l'évapore, un hydrate octaédrique déliquescent $ZnCl^2,H^2O$.

Le chlorure de zinc est employé comme caustique. Il entre dans la préparation de la *pâte de Canquoin,* mélange de chlorure de zinc et de farine destiné à désorganiser les tissus et à cautériser les tumeurs suspectes.

On obtenait autrefois le chlorure de zinc, sous le nom de *beurre de zinc,* en distillant un mélange de zinc en limaille et de sublimé corrosif. Il servait comme caustique et désinfectant. Une solution de 50 grammes de ce chlorure dans 1 litre d'eau constitue une liqueur antifermentescible et antiputride puissante. En solution à 25° B⁴, quatre litres de cette dissolution suffisent, en injection dans la carotide, pour conserver un cadavre.

Le chlorure de zinc a été administré à l'intérieur comme antispasmodique.

Mélangé en solution concentrée avec son poids d'oxyde, il donne un mastic qui durcit rapidement et dont on se sert pour plomber les dents.

SULFATE DE ZINC

Le sulfate de zinc, appelé aussi *couperose blanche, vitriol blanc,* s'obtient dans les laboratoires soit par l'action de l'acide sulfurique sur le zinc, soit comme résidu des piles à manchon de zinc qui servent pour l'argenture et la dorure. Dans l'industrie on l'obtient en grillant modérément la blende ZnS, puis en reprenant par l'eau bouillante d'où cristallise le sulfate $SO^4Zn,7H^2O$; il est orthorhombique et isomorphe du sulfate de magnésium $SO^4Mg,7H^2O$ à sept molécules d'eau. Le sulfate de zinc perd 1 molécule d'eau vers 60° et se déshydrate complètement à 205 en dégageant un peu de son acide. Il est très soluble; 100 parties d'eau en dissolvent à 20 degrés 162 parties et à 100 degrés 652 parties. Sa saveur est styptique.

Il se combine aux sulfates alcalins pour donner des sulfates doubles, et à l'oxyde ou à l'hydrate de zinc pour former des sulfates basiques, SO^4Zn,ZnO et $SO^4Zn,3ZnO$.

Le sulfate de zinc est rarement employé comme vomitif, du moins en France. Un demi-gramme à un gramme suffit largement. On en fait plus souvent usage en collyre, gargarisme, injections, etc., à la dose de $0^{gr},30$ à $0^{gr},60$ pour 100 d'eau.

Le sulfate de zinc a quelquefois provoqué des empoisonnements,

A. Gautier. — Chimie minérale.   33

soit qu'on l'ait pris comme vomitif à trop haute dose, soit qu'on l'ait administré par mégarde à la place du sulfate de magnésie, qui lui ressemble beaucoup. Il produit des vomissements et une superpurgation qui a quelques analogies avec les effets de l'émétique. Les bicarbonates alcalins pourront être utilement administrés dans ces cas.

CARACTÈRES DES SELS DE ZINC

Ces sels sont incolores, à réaction acide lorsqu'ils sont solubles, d'une saveur styptique, désagréable, nauséeuse.

Les solutions neutres à acides minéraux sont partiellement précipitées par l'hydrogène sulfuré, surtout si on les étend d'eau. Le précipité blanc de sulfure de zinc se redissout dans les acides forts. La précipitation est complète si la liqueur est additionnée d'un acétate alcalin.

Le sulfhydrate d'ammoniaque donne avec ces sels un précipité incolore de sulfure de zinc, insoluble dans un excès de sulfhydrate, ou dans la potasse et l'ammoniaque, et soluble dans les acides minéraux.

Les carbonates alcalins précipitent de l'hydrocarbonate de zinc basique avec départ d'acide carbonique. Cette précipitation est entravée par la présence des sels ammoniacaux.

Les alcalis caustiques et l'ammoniaque font naître dans ces sels un précipité blanc gélatineux d'hydrate de zinc soluble dans un excès.

Le ferrocyanure de potassium donne du ferrocyanure de zinc blanc insoluble dans l'acide chlorhydrique.

Mélangés de carbonate de sodium et chauffés sur le charbon dans la flamme intérieure du chalumeau, les sels de zinc forment un enduit d'oxyde de zinc non volatil, jaune à chaud, blanc à froid, oxyde que les sels de cobalt colorent en vert par une nouvelle calcination (*vert de Rinnmann*).

CADMIUM

Hermann, industriel prussien, découvrit le cadmium dans le blanc de zinc en 1818. Il accompagne presque partout ce dernier métal dans les blendes, le silicate et le carbonate de zinc de Silésie, du Derbyshire, etc. L'on a rencontré depuis le *cadmium sulfuré*, belle substance jaune qui porte le nom de *greenockite*.

Plus volatil que le zinc, le cadmium s'accumule dans les vapeurs des usines à zinc ou à blanc de zinc qui se condensent les premières. Pour l'en extraire, on dissout ces *cadmies* (¹) ou *tuties* dans l'acide sulfurique faible, et l'on précipite par l'hydrogène sulfuré qui donne du sul-

---

(¹) Du mot grec καδμεία, sorte de pierre que l'on trouvait aux environs de Thèbes, en Béotie, et qui servait à fabriquer l'airain et la cadmie.

fure de cadmium mêlé d'un peu de sulfure de cuivre et d'arsenic. En faisant bouillir ce sulfure impur avec de l'acide chlorhydrique, on redissout le cadmium qu'on reprécipite par le carbonate de soude. On lave le carbonate de cadmium ainsi formé, on le calcine, on mélange de charbon l'oxyde qui reste, et l'on porte à une haute température dans des cornues de grès. Le cadmium distille au rouge vif.

C'est un métal blanc, plus mou que le zinc, très malléable, très ductile, graissant les limes, laissant des traces grises sur le papier.

Sa densité varie de 8,6 à 8,7. Il fond à 320° et distille à 860°. Il brûle à l'air en donnant un oxyde brun.

Ses vapeurs sont vénéneuses. Elles occasionnent de la céphalalgie, de la constriction pectorale, des nausées, une sensation douce et styptique aux lèvres, une saveur persistante de laiton dans l'arrière-gorge.

Oxyde de cadmium CdO. — Il est de couleur brune ou jaune brun, et facile à réduire par l'hydrogène, qui réduit difficilement l'oxyde de zinc. Précipité de ses sels par la potasse, l'hydrate de cadmium attire l'acide carbonique de l'air et se change en carbonate. Le précipité que forme l'ammoniaque est soluble dans un excès de réactif.

Sulfure de cadmium CdS. — C'est un précipité jaune vif qu'on emploie quelquefois dans les couleurs d'aquarelle.

Iodure de cadmium CdI^2. — On l'obtient directement en faisant digérer le métal avec de l'iode et de l'eau. Il forme de belles tables hexagonales transparentes, solubles dans l'eau et dans l'alcool. Il est utilisé en médecine contre les maladies des yeux.

Sulfate de cadmium. — Le sulfate neutre de cadmium s'obtient en dissolvant l'oxyde ou le carbonate dans de l'acide sulfurique. Il forme de beaux prismes droits rectangulaires, bipyramidés, un peu efflorescents, répondant à la formule $SO^4Cd,4H^2O$. Par la chaleur, il perd son eau de cristallisation sans fondre. Il est souvent employé en collyre dans les maladies des yeux.

TRENTE-NEUVIÈME LEÇON

ALUMINIUM, GALLIUM, INDIUM
APPENDICE : POTERIES, PORCELAINES ET VERRES

Les sesquioxydes d'aluminium, de gallium et d'indium ainsi que leurs aluns permettent de rapprocher les principales combinaisons salines de ces trois métaux des combinaisons correspondantes de la famille du fer, c'est-à-dire des oxydes au maximum de fer, nickel, chrome, etc., et des combinaisons qui s'y rattachent. Mais à l'état libre, les deux métaux *alu-minium* et *gallium* n'ont aucune analogie avec le fer, le nickel ou le cobalt, par exemple. D'ailleurs ils ne décomposent l'eau à aucune température. Il faudrait théoriquement les comparer à ces métaux hypothétiques le *ferricum* (Fe²) ou le *nickelium* (Ni²), qui résulteraient de l'union de deux atomes de fer ou de nickel en un même groupement, véritables radicaux métalliques hexavalents non encore isolés, mais qu'on peut supposer servir de noyaux aux combinaisons ferriques, nickéliques, cobaltiques, etc.

L'*indium*, par sa propriété de ne donner qu'un sesquioxyde In²O³ et · de former un alun, par son oxydabilité à chaud, mais aussi par son aptitude à décomposer l'eau au rouge et à être réduit de son oxyde par le charbon ou l'hydrogène, est le vrai terme de passage du zinc aux métaux aluminoïdes.

ALUMINIUM

L'aluminium est un des éléments les plus universellement répandus. Ses silicates basiques et son oxyde, à l'état d'hydrates divers, forment la majeure partie des argiles vulgaires. Les *feldspaths* et les micas sont des silicates doubles d'alumine et de protoxydes de potassium, sodium, calcium, magnésium et fer. Le *corindon* est de l'oxyde anhydre d'aluminium.

ALUMINIUM MÉTALLIQUE.

Ce métal fut isolé pour la première fois, en 1827, par Woehler, en décomposant le chlorure d'aluminium par le potassium ; mais l'aluminium ainsi préparé était si impur qu'il décomposait l'eau et que pendant longtemps il ne parut pas susceptible d'application. Ce n'est qu'en 1854 que H. Sainte-Claire Deville l'obtint à l'état de pureté, et pour mieux dire industriellement, par la méthode suivante, encore employée aujourd'hui :

On prépare d'abord un chlorure double d'aluminium et de sodium en faisant passer un courant de chlore sec sur un mélange porté au rouge de charbon, d'alumine et de sel marin :

$$Al^2O^3 + 3C + 6Cl + NaCl = Al^2Cl^3, NaCl + 3CO$$

Ce chlorure double est additionné de la quantité nécessaire de sodium coupé en morceaux, d'un peu de sel marin, et de *cryolithe*, fluorure double d'aluminium et de sodium naturel : ces deux derniers corps servent de fondants ; l'on projette le tout sur la sole un peu concave d'un four à réverbère préalablement chauffé au rouge blanc ; grâce à un jeu de registres, la flamme est, après l'introduction du mélange, directement renvoyée à la cheminée sans passer par le four. Une vive réaction se produit, après laquelle on fait circuler de nouveau la flamme par le four à réverbère. L'aluminium fond alors et coule sous la scorie liquide. On fait arriver le métal fondu dans de grandes caisses en tôle où il se refroidit presque aussitôt. On le refond ensuite au creuset et on le coule en lingots. Ce métal s'est produit suivant la réaction :

$$Al^2Cl^6, 3NaCl + 6Na = 9NaCl + 2Al$$

3 kilos de sodium produisent un kilogramme d'aluminium.

Propriétés. — C'est un métal d'un blanc bleuâtre, ductile, fort malléable. Sa densité est de 2,56. Il est donc aussi léger que le verre et quatre fois plus que l'argent. Il est sonore, résistant, tenace, bon conducteur de la chaleur et de l'électricité. Il fond vers 700° et n'est pas sensiblement volatil.

L'aluminium est inaltérable à l'air à toute température. Au rouge, il ne décompose pas la vapeur d'eau ; il n'attaque même pas à froid les acides sulfurique ou azotique dilués ou concentrés et difficilement à chaud. L'acide chlorhydrique le dissout au contraire rapidement en dégageant de l'hydrogène. L'acide sulfhydrique ne le noircit pas.

Il se dissout avec dégagement d'hydrogène dans les solutions de potasse ou de soude, qui ne l'attaquent point à l'état fondu.

La légèreté, la ténacité, jointes à l'inaltérabilité à l'air de ce métal, ont permis de l'appliquer à une foule d'usages. Nous avons parlé ailleurs du bronze d'aluminium. On fait avec l'aluminium des bijoux, des instruments de chirurgie, des longues-vues, etc. ; on l'applique, en un mot, partout où l'on a besoin à la fois de résistance et de légèreté.

ALUMINE

L'*alumine* ou *oxyde d'aluminium* peut exister à l'état anhydre ou sous forme d'hydrate.

L'alumine anhydre Al^2O^3 forme le *corindon* naturel, qui cristallise dans le système rhomboédrique. Des gemmes d'une grande dureté, fort estimées et de couleur très variées : le *rubis oriental* rose, la *topaze orientale* jaune, l'*émeraude orientale* verte, l'*améthyste orientale* violette ; le *saphir* bleu ou incolore, ne sont que de l'alumine cristallisée diversement colorée. Ces gemmes se rencontrent surtout dans les granits, les basaltes et les sables diamantifères.

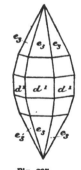

Fig. 225.
Cristal de corindon.

L'*émeri* est un corindon grenu, compact, mélangé d'oxyde de fer et d'une trace de silice. Grâce à son extrême dureté, il sert au polissage des corps durs.

Le *diaspore* Al^2O^3,H^2O, l'*hydrargilite* $Al^2O^3,3H^2O$, sont des hydrates d'alumine. On peut en rapprocher la *bauxite*, où le fer remplace partiellement l'aluminium comme élément isomorphe $(Al,Fe)^2O^3,2H^2O$. L'oxyde d'aluminium forme aussi un grand nombre de silicates naturels, simples et hydratés comme les *argiles*, ou doubles comme les *feldspaths*.

Préparation et propriétés. — On prépare l'alumine anhydre et pure en calcinant au rouge vif le sulfate double d'aluminium et d'ammonium ou alun ammoniacal. Si l'on chauffe longtemps, l'alumine tend à cristalliser ; elle forme alors de petits rhomboèdres, véritables rubis microscopiques qu'on peut colorer en rouge avec une trace de cobalt ou de chrome (*Gaudin*). Ebelmen a obtenu des rubis plus gros en chauffant longtemps au four à porcelaine l'alumine amorphe mêlée d'acide borique qui se volatisant peu à peu la laisse à l'état cristallisé.

L'alumine amorphe est une poudre blanche, légère, insoluble, sans goût, happant à la langue, très dure, infusible sauf au chalumeau oxhydrique, indécomposable par la chaleur, irréductible par le charbon et l'hydrogène au rouge vif, très difficilement attaquable par les acides et les alcalis.

En précipitant un sel soluble d'alumine par l'ammoniaque ou par son carbonate, on obtient l'*alumine hydratée* ; avec le carbonate ammonique l'acide carbonique se dégage :

$$Al^2O^3.3SO^3 \quad + \quad 6AzH^3 \quad + \quad 6H^2O \quad = \quad Al^2O^3,3H^2O \quad + \quad 3SO^4(AzH^4)^2$$

Sulfate d'alumine.   Hydrate d'alumine.   Sulfate d'ammoniaque.

Le précipité gélatineux qui se forme, jeté sur un filtre, lavé et séché dans le vide répond à la composition $Al^2O^3,3H^2O$.

La cryolithe, calcinée avec une fois et demie son poids de calcaire, donne de l'aluminate de soude et du fluorure de calcium :

$$Al^2Fl^6, 6NaFl \quad + \quad 6CaCO^3 \quad = \quad (Al^2O^3)3Na^2O \quad + \quad 6CaFl^2 \quad + \quad 6CO^2$$

Cryolithe.   Carbonate de chaux. Aluminate sodique.

A son tour l'aluminate de soude ainsi produit, dissous dans l'eau, donne, par un courant d'acide carbonique, de l'alumine hydratée et du carbonate de soude. C'est là un procédé industriel qui permet de préparer le carbonate de soude partout où la cryolithe est abondante.

L'alumine hydratée gélatineuse est à la fois aisément soluble dans les acides et dans les alcalis fixes ; elle l'est fort peu dans l'ammoniaque. Elle forme avec les alcalis des aluminates tels que l'aluminate sodique dont nous venons de parler. Les aluminates de potasse, de soude et de baryte sont solubles, les autres sont insolubles.

L'alumine hydratée est blanche et gélatineuse ; elle devient translucide et se racornit en se desséchant à l'air, mais elle retient toujours une certaine quantité d'eau en dehors des trois molécules de l'hydrate normal $Al^2O^3, 3H^2O$. Elle jouit aussi de la remarquable propriété d'attirer et d'absorber les matières colorantes et généralement les substances organiques dissoutes dans la liqueur où elles est en suspension. Que l'on précipite l'alumine dans une solution de cochenille ou de vin rouge, elle absorbera les couleurs et formera avec elle des *laques* qui ne céderont plus ces pigments à l'eau. Ces précipités colorés, ou laques, sont utilisés dans la peinture à l'aquarelle et la fabrication des papiers peints.

C'est à cette affinité remarquable pour l'eau et les matières organiques que les sols, même faiblement argileux, doivent cette double propriété de ne se dessécher jamais complètement et de retenir avidement, sans les céder aux eaux ambiantes, leurs matières organiques et leurs engrais.

On obtient une variété *soluble* d'alumine hydratée en dialysant du chlorure d'aluminium tenant en dissolution un excès d'alumine, ou bien en chauffant durant plusieurs jours consécutifs une solution étendue de biacétate d'alumine dont on chasse ensuite l'acide acétique par l'ébullition. Par la première méthode on obtient l'*alumine soluble légèrement alcaline* de Graham, par l'autre, la *métalumine*. Ces deux alumines solubles sont coagulées par *les plus petites quantités* d'acide, d'alcali, ou de sels ; il suffit pour les rendre insolubles de les transvaser dans un verre qui n'a pas été parfaitement rincé à l'eau distillée.

L'alumine s'unit aux divers acides, sauf à l'acide carbonique ; encore contracte-t-elle avec lui une combinaison fort dissociable.

CHLORURE, BROMURE, IODURE, FLUORURE D'ALUMINIUM

On obtient le chlorure d'aluminium en faisant passer un courant de chlore sec sur un mélange intime de charbon et d'alumine préalablement calciné au rouge :

$$Al^2O^3 + 3C + 6Cl = Al^2Cl^6 + 3CO.$$

Ce mélange est placé dans une cornue tubulée au col de laquelle s'adapte un entonnoir de porcelaine et une cloche de verre à douille lutée sur cet entonnoir. Par ce dispositif, on détache aisément le chlorure, qui distille et vient se solidifier dans la cloche.

On obtient par ce procédé une masse incolore, cristalline, transparente, très fusible, fort déliquescente, répandant à l'air d'épaisses fumées, très soluble dans l'eau. Sa densité de vapeur 9,35 répond théoriquement à la formule Al^2Cl^6. Il n'y a donc pas lieu de dédoubler cette formule en $2AlCl^3$. Dissous dans l'eau, puis évaporé, ce sel se décompose en alumine et acide chlorhydrique.

Le chlorure d'aluminium servit d'abord à faire l'aluminium ; on a dit qu'on lui préfère aujourd'hui le chlorure double, plus maniable $Al^2Cl^6,3NaCl$.

Le chlorure Al^2Cl^6 est devenu entre les mains de MM. Friedel et Grafts l'un des réactifs les plus précieux de la chimie organique. Il sert, surtout dans les composés aromatiques, à produire des synthèses en condensant deux ou plusieurs molécules en une seule.

Le *bromure d'aluminium* fond à 93° et bout à 200°.

L'*iodure* Al^2I^6 fond à 125° et bout à 350°. Il s'enflamme au contact de l'air.

Le *fluorure* est insoluble dans l'eau et les acides. Le fluorure double $Al^2Fl^6,6NaFl$ est la *cryolithe*, fort abondante au Groënland.

SULFATE D'ALUMINIUM

Le sulfate d'alumine, bien exempt d'acide libre, cristallise assez aisément en lamelles minces, nacrées, flexibles, qui vers 15° contiennent 18 molécules d'eau $Al^2O^3,3SO^3,18H^2O$. Ces cristaux se dissolvent dans 2 parties d'eau froide ; ils y sont très solubles à chaud ; ils sont fort peu solubles dans l'alcool. La saveur de ce sel est acide et astringente. Lorsqu'on le chauffe, il fond, perd son eau, puis se dissocie en acide sulfurique et alumine.

On l'obtient industriellement en attaquant les argiles blanches ou le kaolin par de l'acide sulfurique. On grille d'abord ces matières dans des fours, pour les rendre plus accessibles à l'action de l'acide et peroxyder de fer ; puis on les chauffe plusieurs jours à 100 degrés avec de l'acide sulfurique à 50° B⁴, dans des bassins de plomb ou de pierre. On décante la liqueur pour la séparer de la silice et de l'argile non attaquée et l'on évapore jusqu'à consistance butyreuse. La réaction suivante se produit :

$$Al^2O^3,2SiO^2,2H^2O \quad + \quad 3SO^3,H^2O \quad = \quad Al^2O^3,3SO^3 \quad + \quad 2SiO^2 \quad + \quad 5H^2O$$

Kaolin.   Acide sulfurique.   Sulfate d'alumine.   Silice.

Le sulfate d'alumine sert à préparer l'alun ; on l'emploie aussi en grande quantité pour l'*encollage* des papiers (¹) et, dans la teinture, comme mordant.

Il existe deux sulfates naturels d'alumine qu'on peut obtenir artificiellement. L'un anhydre, l'*alumiane* SO^3,Al^2O^3, ou $(SO')(Al^2O^2)''$; l'autre la *webstérite*, qui est hydratée $SO^3,Al^2O^3,9H^2O$.

Le sulfate d'aluminium donne de nombreux sulfates doubles ; les plus remarquables sont les aluns.

(¹) Préparation qui fait que les papiers ne permettent plus à l'eau ou aux autres liquides de s'étendre autour des points qu'ils touchent.

L'alun ordinaire est un sulfate double d'alumine et de potasse. Il répond à la formule :

$$Al^2O^3.3SO^3 ; K^2O,SO^3 + 24H^2O$$

ou sous une autre forme :

$$Al^2(SO^4)^3 ; K^2SO^4 + 24H^2O$$

Or, il a été reconnu que dans cet alun on peut substituer aux deux atomes de potassium, deux atomes de sodium, de rubidium, de césium, et d'ammonium, sans changer ni la forme cristalline, ni les propriétés générales de l'alun ordinaire. Il y a donc un alun pour chacun des des métaux alcalins ([1]), tels sont par exemple :

$$Al^2O^3.3SO^3 ; Na^2O,SO^3 + 24H^2O \qquad \textit{l'alun de soude.}$$

$$Al^2O^3.3SO^3 ; (AzH^4)^2O,SO^3 + 24H^2O \qquad \textit{l'alun d'ammoniaque.}$$

L'on a remarqué de plus que dans ces aluns le sesquioxyde d'aluminium Al^2O^3 peut être à son tour remplacé par l'un quelconque des sesquioxydes de la famille du fer : *sesquioxyde de fer, de manganèse, de chrome, de cobalt, de nickel,* sans que la forme cristalline et les propriétés générales des sulfates doubles correspondants en soient altérées. Tous ces corps sont des *aluns, cristallisant dans le système cubique avec 24 équivalents d'eau, isomorphes entre eux, et capables de se remplacer mutuellement dans un même cristal.*

Les aluns sont donc des sels doubles formés par l'union d'un sulfate de sesquioxyde d'aluminium, de gallium ou de l'un des métaux de la famille du fer avec le sulfate de protoxyde de l'un des métaux alcalins.

Alun ordinaire; *sulfate double d'aluminium et de potassium :* $Al^2O^3.3SO^3 ; K^2O.SO^3 + 24H^2O$. On prépare généralement l'alun avec les argiles. On les transforme d'abord en sulfate d'alumine, comme il a été dit plus haut, puis l'on ajoute à ce sulfate brut la proportion voulue de sulfate de potasse ou même de chlorure de potassium dissous dans la plus petite quantité d'eau possible ; on fait bouillir, on refroidit, et l'alun se précipite.

On peut aussi l'obtenir en grillant certains schistes alumineux et pyriteux : le soufre de ces minerais s'oxyde et donne de l'acide sulfurique qui, par réaction sur les silicates alumineux de la gangue, produit du sulfate l'alumine et même de l'alun si la roche est suffisamment feldspathique. On lessive à l'eau les schistes grillés, on évapore à sec, l'on

---

([1]) A ce point de vue, le lithium n'est pas un métal alcalin. Il ne donne pas d'aluns.

reprend encore par l'eau, qui sépare le sous-sulfate ferrique, sel moins soluble qui se forme durant cette évaporation, enfin l'on ajoute, s'il le faut, des sels de potasse à la liqueur : l'alun cristallise alors par concentration.

On trouve en divers lieux, à la Tolpa dans la campagne de Rome, en Hongrie, dans l'Asie Mineure, au Mont-Dore, une roche essentiellement formée d'un alun de potasse avec excès d'alumine : c'est l'*alunite* $Al^2O^3.3SO^3$; K^2O,SO^3 ; $2(Al^2O^3,3H^2O)$. Il suffit de la reprendre par l'eau bouillante, l'hydrate d'alumine en excès se sépare et l'on obtient de l'alun cristallisé pur. C'est l'alun dit de *Rome* ou *de roche*. On peut transformer à son tour en alun l'hydrate d'alumine qui reste ici comme résidu en ajoutant l'acide sulfurique et le sulfate de potasse nécessaires.

L'alun pur cristallise en octaèdres réguliers, volumineux, transpa-

Fig. 226.   Fig. 227.
Cristaux d'alun
(*octaédrique*) 226 ; (*cubique*) 227.

rents ; mais on l'obtient aussi cristallisé en cubes en ajoutant un peu de carbonate alcalin à sa solution saturée à 45°. Il se fait ainsi une petite proportion de sous-sulfate d'alumine, et par conséquent d'*alunite* qui tend à faire naître des cristaux cubiques d'alun.

Les cristaux d'alun ordinaire s'effleurissent légèrement à leur surface.

100 grammes d'eau dissolvent à 10 degrés 9,82 d'alun cristallisé ; à 20 degrés, 13,13, et à 100 degrés, 357 grammes. Ces solutions sont à la fois un peu douceâtres, acides et très astringentes.

L'alun fond à 92° ; si on le refroidit, il prend l'aspect d'une masse vitreuse dite à tort *alun en roche*. Si l'on continue à chauffer, l'alun se boursoufle beaucoup, perd peu à peu son eau et devient anhydre. Au rouge vif il dégage de l'oxygène, de l'acide sulfureux, et laisse de l'alumine mêlée de sulfate potassique ; au rouge blanc il donne de l'aluminate de potasse.

Le *pyrophore de Homberg* s'obtient en calcinant fortement l'alun avec du charbon. Ce mélange s'enflamme à l'air en lançant des gerbes d'étincelles grâce à la combustion rapide du sulfure de potassium très divisé qu'il contient.

L'alun est employé dans l'art de la teinture pour fixer les couleurs sur les tissus qu'il sert à *mordancer*. On l'utilise pour l'encollage des papiers ; la préparation des cuirs qu'il rend imputrescibles, la clarification des suifs, celle des eaux bourbeuses. Il jouit, en effet, de la propriété de précipiter le bicarbonate calcique, en entraînant avec lui les matières en suspension. L'alun est encore utilisé pour éteindre les ıncendies ; conserver les bois ; saler les poissons, la morue en particulier.

Il est astringent, détersif, antiseptique. On emploie ses solutions en injections, lotions, gargarismes, collyres. On se sert de la poudre d'alun calciné comme d'un caustique et d'un désinfectant ; on en saupoudre la surface des plaies de mauvaise nature ; il excite la production des bourgeons charnus. On s'en est servi à l'intérieur, en solutions très étendues mêlées de sucre, pour combattre les hémorrhagies passives et les diarrhées chroniques.

A la dose de 20 à 30^{gr}, l'alun est vénéneux. Il agit à la fois comme caustique et comme sel de potasse. Après son ingestion, il se produit de la douleur épigastrique, une sensation de brûlure à l'œsophage, quelquefois surviennent les vomissements sanguinolents, la prostration, la réfrigération, la petitesse du pouls, la syncopes qui peuvent être suivies de mort. Ces derniers phénomènes appartiennent à l'empoisonnement potassique.

Autres aluns. — Aujourd'hui on remplace souvent l'alun ordinaire par l'*alun ammoniacal* $Al^2O^3, 3SO^3 ; (AzH^4)^2O, SO^3 + 24H^2O$. Ce sel a même forme et presque même solubilité dans l'eau que l'alun de potasse. Lorsqu'on le calcine, il laisse de l'alumine pure.

L'*alun de fer* $Fe^2O^3, 3SO^3 ; K^2O, SO^3 + 24H^2O$, ou alun ferrico-potassique, est en cristaux volumineux, octaédriques, couleur améthyste.

L'*alun de chrome* $Cr^2O^3, 3SO^3 ; K^2O, SO^3 + 24H^2O$, forme de gros octaèdres pourpre foncé dont la dissolution est bleu sale avec un ton rougeâtre.

Les prétendus aluns naturels de magnésie, de manganèse et de fer $Al^2O^3, 3SO^3 ; R''O.SO^3 + 24H^2O$ (où $R''O = MgO ; MnO ; FeO$) paraissant être des sulfates doubles, et non de vrais aluns *dont ils n'ont pas la forme cristalline*. Les sulfates des bases MgO ; MnO ; FeO sont isomorphes entre eux, mais ne le sont pas avec ceux des bases alcalines.

SILICATES D'ALUMINE ; ARGILES

Il existe plusieurs silicates d'alumine naturels, purs ou mélangés d'un peu de peroxyde de fer, anhydres ou hydratés.

Silicates anhydres. — L'*andalousite* $SiO^2.Al^2O^3$, rhombique, vertolive, rouge ou rose, et le *disthène* SiO^2, Al^2O^3 en cristaux tricliniques, incolore, bleu de ciel, vert ou noirâtre ; la *staurotide* $(Al^2O^3$ et $Fe^2O^3)^4, 3SiO^2$, de forme rhombique, souvent associée au disthène ; la *sillimanite*, etc., sont des silicates anhydres. Ces silicates sont généralement basiques.

Silicates hydratés. — L'*halloysite* $Al^2O^3, 2SiO^2 + 2H^2O$ ou $4H^2O$, à cassure conchoïdale, à éclat vitreux vert jaunâtre, non cristallisée ; l'*allophane* $Al^2O^3, SiO^2, 5H^2O$ et $6H^2O$, en masses mamelonnées à éclat cireux, de couleur bleu d'azur, verte, grise, jaune, rouge, blanche, etc., sont des silicates hydratés infusibles qui ne sont pas utilisés.

Au contraire le *kaolin* ou *terre à porcelaine* $Al^2O^3,2SiO^2,2H^2O$ est un silicate d'alumine des plus précieux. C'est l'argile dans son état de pureté presque complet. Il provient de la décomposition des feldspaths, qui sont eux-mêmes des *silicates doubles d'alumine et d'une base alcaline ou alcalino-terreuse*. Leur décomposition se produit sous l'influence de l'eau, qui les dissocie lentement en entraînant les silicates alcalins solubles et laissant le silicate d'alumine. Le *kaolin* est blanc, infusible au feu de forge, fusible au chalumeau oxhydrique. Il happe légèrement à la langue et forme pâte plastique avec l'eau. Les beaux gisements de Saxe, de Saint-Yrieix près Limoges, de la Chine et du Japon sont exploités pour la fabrication de la porcelaine.

L'*argile plastique* $(Al^2O^3)^2,5SiO^2,4H^2O$ et $Al^2O^3,5SiO^2,3H^2O$ est repré-

Fig. 228. — Tour de potier.

sentée par la *terre de pipe*, l'*argile réfractaire*, la *terre à poteries*. Elle forme avec l'eau une pâte liante, plastique, onctueuse, se rétractant fortement lorsqu'on la sèche. Elle subit à peine au feu un commencement de ramollissement. Son infusibilité tient à sa pureté relative. Mélangée de calcaire, elle constitue la *terre glaise* ordinaire ou terre à potier. Si la proportion de calcaire dépasse 20 %, il en résulte les *marnes;* on les emploie, comme on le sait, en agriculture, pour amender les terres.

Les *argiles figulines* doivent leur fusibilité à la chaux et au fer qu'elles contiennent. Elles donnent au feu des vitrifications grossières, véritables silicates doubles ou triples. Leur pâte est peu liante. On en fait des poteries communes et des *terres cuites*.

L'*argile smectique* ou *terre à foulons* contient pour 100 parties de 18 à 25 d'alumine, 45 à 50 de silice et 21 à 35 d'eau, avec un peu de magnésie, de chaux et de fer. Elle est peu onctueuse, grise, jaune ou brune. Elle sert au foulonnage des draps. Elle enlève très bien les taches de corps gras, même anciennes.

On désigne sous le nom de *bol* des argiles brunes, jaunes, quelquefois rouges, à raclure d'un faible éclat cireux, contenant beaucoup de fer, non plastiques, happant fortement à la langue. On l'emploie dans la peinture et les décorations murales.

Les silicates doubles ou triples d'alumine : *feldspaths*, *micas*, *grenats*, etc., sont fort répandus dans la nature.

GALLIUM

Nous ne dirons qu'un mot de ce curieux métal, prévu par M. Lecoq de Boisbaudran d'après des considérations théoriques relatives aux longueurs d'ondes des métaux alors connus, et retiré par lui, suivant ses prévisions, d'une blende brune de *Pierrefitte* dans les Pyrénées, en 1875. Le célèbre chimiste russe Mendeleeff, en partant de sa classification fondée sur la *loi périodique*, avait de son côté supposé l'existence d'un métal inconnu l'*ekaaluminium*, qu'il plaçait entre l'aluminium et le zinc et qu'il avait d'avance décrit sommairement. Ses hypothèses, ont été aussi confirmées par la découverte du gallium.

Ce métal se trouve surtout dans les sulfures de zinc : dans la blende noire de Bensberg, la blende jaune des Asturies et la brune de Pierrefitte.

Le gallium métallique se sépare par électrolyse de son oxyde dissous dans la potasse.

C'est un métal blanc d'argent, fusible à 29°5, d'une densité de 5,95 à la température 24°. Il est caractérisé au spectroscope par deux raies violettes. Il ne s'oxyde pas à l'air, même au rouge.

L'oxyde de gallium Ga^2O^3 est soluble dans l'ammoniaque et dans la potasse. Ses sels sont précipités par l'acide sulfhydrique en présence de l'acétate d'ammoniaque et de l'acide acétique libre. L'oxyde est séparé par le zinc à l'ébullition. Le chlorure Gl^2Cl^6 est déliquescent. Le sulfate forme, avec les sulfates alcalins, des aluns isomorphes de ceux d'alumine. Le sulfure de gallium est blanc et insoluble dans le sulfhydrate d'ammoniaque.

INDIUM

L'indium est le terme de passage entre le zinc et l'aluminium (*V*. p. 516). Il fut découvert en 1863 par Reich et Richter dans la blende, où il accompagne souvent le zinc. On l'obtient en réduisant son oxyde ua rouge par l'hydrogène. Il possède l'éclat de l'argent. Il est mou, ductile, d'une densité de 7,4. Il fond à 176° et brûle au rouge à l'air en se couvrant d'un enduit jaune d'oxyde. Celui-ci a pour formule In^2O^3. L'indium donne un alun isomorphe de l'alun ordinaire. L'hydrate de sesquioxyde d'indium gélatineux se précipite de ses sels par la potasse et se redissout dans un excès d'alcali; cette dissolution est instable.

Appendice : POTERIES, PORCELAINES, VERRES

—

POTERIES

Les poteries ont pour matière première l'*argile*, et en particulier les *argiles plastiques* et *figulines* dont nous venons de parler.

Lorsque les silicates alumineux sont purs, ils subissent par la dessiccation et la cuisson un retrait tel, qu'il est le plus souvent impossible d'utiliser ces matières sans les associer à une substance dite *dégraissante*, silice ou feldspaths. Après avoir mélangé et pétri la pâte ainsi composée, et lui avoir donné la forme convenable, on sèche la poterie et on la soumet à la *cuisson*. Celle-ci doit être assez forte pour que la terre cuite résiste aux intempéries, aux frottements, aux chocs, mais elle ne suffit pas à lui donner une complète imperméabilité. On obtient cette importante qualité en recouvrant la poterie d'un vernis ou verre fusible. Pour les plus communes on emploie souvent le sel marin, que l'on projette dans le four porté au rouge et qui, en se volatilisant, forme à la surface des vases un silicate double d'alumine et de sodium. L'*alquifoux* est un mélange de 20 parties de galène et de 3 de peroxyde de manganèse finement pulvérisés, mis en suspension dans une bouillie d'argile et dont on recouvre d'avance les parties à lustrer. Il donne un couverte vert-jaune. On emploie, pour vernir les plaques de faïence blanche, divers émaux dont voici deux formules :

	Émail dur.	Émail tendre.
Calcium $\begin{cases} PbO - 23 \\ SnO^2 - 77 \end{cases}$	44	47
Minium	2	41
Sable quartzeux.	44	47
Sel marin	8	3
Carbonate de soude.	2	5

Les poteries fines, dites *faïences*, sont généralement formées d'un mélange d'argile blanche, *terre de pipe* ou kaolin, de silex et quelquefois de feldspath, de craie, etc... La *glaçure* dont on les recouvre par trempage est une composition variable où entrent le feldspath, la silice, le minium, la litharge, le verre et très souvent le borax. C'est donc un silico-aluminate de plomb, ou un borosilicate de plomb fusibles que la chaleur étale sur les surfaces qui deviennent ainsi imperméables.

Plusieurs de ces vernis plombifères ont donné lieu, surtout avec les poteries tendres, à des accidents saturnins dus au plomb qu'elles contiennent : ce métal peut entrer en solution dans l'eau grâce aux chlorures et aux acides de nos préparations culinaires. Il résulte des recherches de

M. Constantin que l'on obtient des couvertes excellentes exemptes de plomb en prenant : *silicate de soude* à 50° B⁴. 1000 parties; *craie* 150 p.; *quartz* pulvérisé 150; *borax en poudre* 150. Le vernis ainsi obtenu est bien fusible; il est formé d'un borosilicate de soude et de chaux absolument inoffensif [1].

Les *grès cérames*, communs ou fins, dont on fait les touries, jarres, cuvettes, cruches, vases de chimie, objets d'art, etc., ont aussi pour pâtes des argiles ferrugineuses mélangées, pour les grès communs, de sable quartzeux; pour les grès fins, d'argiles plastiques additionnées de leur poids de kaolin et d'environ 50 % de feldspath. Leur pâte est telle qu'ils subissent un commencement de fusion au grand feu de cuisson de la porcelaine et deviennent dès lors imperméables.

PORCELAINES

On comprend sous ce nom les poteries de composition variable à pâte de kaolin ou à pâte blanche qui, pouvant subir au feu vers 1000 à 1200° un commencement de fusion, deviennent dures et translucides.

Les porcelaines doivent se classer en deux catégories : la *porcelaine proprement dite* ou *porcelaine dure*; et les *porcelaines tendres anglaise* et *française*.

La *porcelaine proprement dite* est formée d'un mélange de kaolin, de sable et de craie, auquel on ajoute quelquefois du feldspath et même du gypse : la pâte de Sèvres contient : *silice* 58 ; *alumine* 34,5 ; *chaux* 4,5 ; *potasse* 3,0.

Après une préparation très complexe de ces pâtes, les pièces sont façonnées soit au tour, soit dans des moules, soit à la main, soit par le procédé du coulage dit *barbotine*, dans des moules poreux qui absorbent l'humidité et donnent des enduits minces et faciles à détacher. Après avoir été suffisamment séchées, les

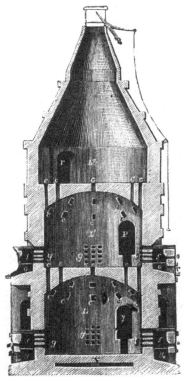

Fig. 229. — Four à porcelaine.

[1] Voir pour plus de détails : *Le cuivre et le plomb dans l'alimentation et l'industrie*, par A. GAUTIER. Paris, J.-B. Baillère, 1883, p. 187.

pièces façonnées sont soumises à une première cuisson, qu'on appelle le *dégourdi*, puis recouvertes par immersion d'une glaçure qui porte le nom de *couverte*. A Sèvres, elle est fournie par une roche feldspathique, la *pegmatite* ; en Saxe on se sert d'un mélange de quartz, kaolin, chaux et débris de porcelaine.

Les pièces sont alors cuites au grand feu dans des fours spéciaux à trois étages (fig. 229) chauffés au bois. Les deux étages inférieurs servent à la cuisson, le troisième au *dégourdi*. Mais, qu'elle porte ou non des peintures, la porcelaine n'est pas directement soumise à l'action de la flamme. Elle est *encastée*, c'est-à-dire enfermée dans des cases ou *casettes* en terre réfractaire (fig. 230) que l'on empile l'une au-dessus de l'autre et dont on fait, dans le four, des colonnades plus ou moins rapprochées entre lesquelles circule la flamme. On chauffe d'abord au *petit feu*, puis on atteint le rouge blanc, 1200 degrés environ. L'on apprécie la température par des *montres*, petits morceaux de porcelaine enduits de la couverte et des couleurs convenables que l'on retire de temps en temps du four pour juger de l'état de la cuisson.

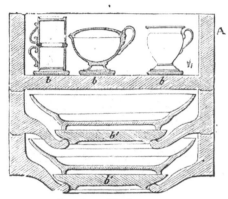

Fig. 230. — Pile de casettes.

Lorsqu'elle est finie, on ouvre les portes PP du four (fig. 229) qui avaient servi à la charge et à l'introduction du combustible, portes que l'on avait eu le soin, avant de mettre en feu, de murer avec des matériaux réfractaires.

La pâte d'aspect porcelanique dont on fait la *porcelaine tendre anglaise* n'est en réalité qu'une sorte d'émail ou verre demi-opaque, plus fusible que la vraie porcelaine, et que l'on recouvre d'une glaçure spéciale formée d'un borosilicate de plomb, d'alumine et de potasse, glaçure rayable aux couteaux d'acier. La pâte de cette pseudo-porcelaine dite anglaise est ainsi composée :

	Pâtes ordinaires pour services de table.	Pâte pour objets d'art.
Kaolin argileux..	11 à 41	22
Argile plastique.	19 à »	»
Os calcinés.	49 à 45	63
Carbonate de potasse.	»	2
Silex..	21 à 16	53

Les porcelaines de Creil, Bordeaux, Minton répondent à cette composition.

La *porcelaine tendre française* est un silicate alcalino-terreux incomplètement fondu. La fusibilité partielle de cette composition tient à l'addition au kaolin d'alcalis, de sel marin, de nitre, et d'un peu de chaux.

Quant à la *décoration* de la porcelaine, elle s'obtient au moyen d'oxydes métalliques, de métaux, d'émaux, etc., que l'on dispose à la surface des pièces, au pinceau ou par divers procédés, tantôt sur la pâte crue, tantôt sur la matière déjà cuite au dégourdi.

Les *blancs* plus ou moins purs, généralement employés pour les émaux, ont pour base l'oxyde d'étain ou le phosphate de chaux des os ; les *gris*, le carbonate de cobalt mêlé de fer ou de zinc ; quelquefois ils sont obtenus avec le platine ; les *noirs* sont donnés par les oxydes d'iridium ou d'urane ; les *bleus azurés*, par le cobalt mêlé de carbonate de zinc ; les *verts*, tantôt par l'oxyde de chrome additionné de cobalt, tantôt par le peroxyde de cuivre ; les *jaunes*, par l'antimoniate de potasse mélangé d'oxyde de plomb ou d'acide titanique ; les *jaunes foncés*, par l'oxyde d'urane ; les *rouges*, par l'oxyde ferrique, quelquefois par l'acide stannique et l'oxyde de chrome mêlés ; le *carmin*, le *pourpre*, le *rose* et le *violet* par le pourpre de Cassius.

VERRES

Les *verres* sont des silicates artificiels doubles doués de transparence, de dureté et d'éclat, aptes à fondre au rouge, en passant au préalable par un état de viscosité à la faveur duquel on peut les travailler comme de la cire ou de l'argile. On obtient grâce à ces propriétés les ustensiles et objets de verre que l'on emploie depuis un temps immémorial [1].

Les verres résultent de l'union de deux silicates, l'un *alcalin*, silicate de potasse ou de soude, l'autre *terreux* ou *plombique*.

Les *verres proprement dits* sont des silicates doubles d'une base alcaline et de chaux. Le silicate alcalin donne la fusibilité et la transparence ; le silicate de chaux, l'insolubilité et la dureté. Le *cristal* est un silicate double d'alcali et d'oxyde de *plomb*. Ce dernier métal imprime à la matière des qualités toutes spéciales, entre autres un pouvoir réfringent considérable qui fait rechercher le cristal pour les verreries de luxe et les besoins de l'optique.

[1] Le verre était connu des Egyptiens. Suivant Hoeffer, des peintures d'hypogées qui remontent à 1705 ans avant notre ère, représentent des ouvriers occupés à souffler un verre verdâtre, par conséquent un verre de soude. On y voit les tuyaux des souffleurs et la masse vitreuse en fusion. Du reste, de tout temps, les anciens ont préparé la soude en calcinant dans des trous creusés dans le sable, à la fois siliceux et calcaire, les *soudes* et *salicors* qui croissent sur les rivages maritimes salés. C'était bien là les conditions les meilleures pour obtenir fortuitement le verre. Son invention n'est pas due aux Phéniciens.

Parmi les *verres proprement dits* on distingue :

1° Les *verres à vitre* et *à glace*, silicates doubles de soude et de chaux. Le verre à glace contient moins de chaux que le verre à vitre. On obtient ce dernier en fondant ensemble 70 parties de *sable pur siliceux* ; 21 de *carbonate de soude* sec et 25 de *craie blanche* ;

2° Le *verre à bouteille*, fabriqué avec du sable ferrugineux, de l'argile, des cendres et des débris de verre de toute sorte. Il est assez fusible et doit sa couleur à un silicate ferreux. Il est altéré par les acides ;

3° Le *verre de Bohême*, qui diffère du verre ordinaire par la substitution de la potasse à la soude. Ce verre est léger, peu fusible et peu altérable, bien transparent, très dur. Ces qualités l'ont fait adopter dans les laboratoires ;

4° Le *crown-glass* est aussi un verre à potasse, mais plus pauvre en silice, que celui de Bohême ; associé au *flint-glass*, qui est un verre à plomb, il sert à l'achromatisation des lentilles d'optique ;

Parmi les variétés de *cristal* ou verres à base de plomb, on distingue :

Le *cristal ordinaire*, destiné aux services de table et aux objets usuels ; il se prépare en fondant ensemble 61 parties de *silice* ou de *sable blanc et pur* ; 15 de *carbonate de potasse* et 35 à 40 de *minium*. Ses principales propriétés sont : sa facile fusibilité, son éclat, sa grande réfrangibilité, son pouvoir dispersif, sa transparence parfaite, sa densité ;

Le *flint-glass*, variété de cristal qui sert à la fabrication des verres d'optique ; il est plus réfringent que le cristal ordinaire et contient une plus grande proportion d'oxyde de plomb ;

Le *strass*, avec lequel on imite le diamant et les pierres fines : il est encore plus riche en plomb que le flint. Il contient : *silice* 38 ; *potasse* 7 à 8 ; *chaux* 1 ; *oxyde de plomb* 53,0. C'est le plus dense et le plus réfringent des verres ;

Enfin l'*émail* est un véritable cristal rendu opaque par addition d'acide stannique ou de phosphate de chaux. On le colore souvent avec des oxydes métalliques.

On a dans ces derniers temps essayé avec succès de remplacer, dans les verres, la potasse par la baryte ; on obtient ainsi des verres basiques un peu lourds, mais peu fusibles, et bien propres aux usages du laboratoire. On a tenté aussi la fabrication de verres contenant du silicate de soude combiné au borate de zinc ; on obtient dans ce cas une substance dure, bien transparente, jouissant de toutes les qualités du cristal ordinaire.

Les verres se préparent par la fusion, dans des creusets en terre réfractaire, des substances qui doivent les composer. On soumet d'abord ces matières premières à l'action préalable du feu, ou *frittage*, dans les parties spéciales du four qui reçoivent les retours de flamme ; on les

introduit ensuite toutes chaudes dans les creusets rouges. Ils sont généralement placés en demi-cercle dans un four arrondi (fig. 232),
chauffé au feu de bois ou de houille. La flamme entoure les creusets
de toute part. Ceux-ci sont construits de façon que la fumée ne puisse
venir lécher la matière vitreuse. Lorsqu'elle est fondue, on écume
d'abord les substances étrangères qui viennent surnager (*fiel du verre*);
si la masse est colorée par le fer, on ajoute un peu de bioxyde de manganèse (*savon des verriers*) qui oxyde à la fois les sels ferreux et ajoute
sa couleur violacée complémentaire à celle du sel ferrique jaunâtre qu'il

Fig. 251. — Canne de verrier.

tend ainsi à décolorer. Quand le verre est *affiné*, c'est-à-dire lorsqu'il
ne donne plus de bulles de gaz, à l'aide d'une *canne* de fer (fig. 251)
on puise dans le creuset la matière semi-fluide, et on la soumet au
soufflage ou au *moulage* comme l'indiquent les figures 232 et 253

Fig. 232. — Intérieur d'un atelier de soufflage du verre.

pour la transformer en objets usuels; ou bien on la coule sur de larges
plaques de fer poli s'il faut la transformer en glaces. Lorsqu'il s'agit du
cristal, on brasse avec soin la masse pour enlever les moindres bulles
de gaz avant que de la souffler ou de la couler.

L'oxygène n'agit pas sur le verre. Mais l'air humide l'altère peu à peu
et le dévitrifie superficiellement.

L'eau, surtout bouillante, attaque le verre. Elle lui enlève une partie de ses silicates solubles et devient alcaline, comme Scheele l'a remarqué le premier. Les acides sont plus actifs que l'eau pure ; ils dissolvent lentement le verre et mettent de la silice en liberté. On a déjà parlé (p. 164) de l'action de l'acide fluorhydrique sur les silicates.

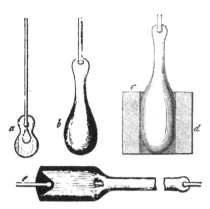

Fig. 233. — Différentes phases de la fabrication d'une bouteille.

J'ai montré ailleurs que le cristal en poudre était très légèrement dissous à froid par les solutions de crème de tartre et par les acides du vin.

Quant aux alcalis, ils attaquent assez facilement le verre en s'emparant de sa silice.

En se dépolissant, le verre tend à cristalliser ; sa surface se recouvre alors de pellicules très minces où la lumière réfléchie et réfractée produit les vives colorations des anneaux de Newton. Telle est l'explication de l'*irisation* des vitres et objets de verre anciens soumis longtemps à l'humidité du sol et aux intempéries des saisons.

QUARANTIÈME LEÇON

LE FER

Le fer, le manganèse, le chrome, le cobalt et le nickel forment la Ve *Famille* des métaux. Ils sont tous caractérisés par leur aptitude à former en s'unissant à l'oxygène des protoxydes basiques répondant au type $R''O$, et des sesquioxydes $R_{iv}^2O^3$ généralement salifiables. Par les combinaisons de la base de type RO, ils se rapprochent de la magnésie et donnent des combinaisons isomorphes avec celles de ce métal ; par les sels à base de type $R_{iv}^2O^3$, ils se rattachent à l'aluminium et aux corps de sa famille. Tous ces métaux, à l'exception du manganèse, sont attirables à l'aimant.

Cette famille doit elle-même se subdiviser en deux groupes. Le premier comprend le chrome, le manganèse et le fer, remarquables par leur aptitude à se peroxyder et à former des dérivés doués de fonctions acides. Le second groupe comprend le cobalt et le nickel, dont les sesquioxydes sont déjà fort instables, et qui sont incapables de se suroxyder pour donner des dérivés acides. La presque insolubilité dans les acides des sulfures de ces deux métaux est encore un caractère qui les éloigne des métaux du premier groupe et en fait les termes de transition à la famille suivante.

Des analogies suffisantes permettent de rapprocher des corps de cette famille l'*uranium*, qui échappe, du reste, à toute classification entièrement satisfaisante et régulière.

LE FER

Le plus important de tous les métaux par ses applications et le rôle qu'il joue dans la nature, le fer, est aussi le métal le plus répandu.

Ses minerais principaux, c'est-à-dire ceux qui le contiennent à dose exploitable, sont :

L'*oxyde magnétique* Fe^3O^4, très répandu dans les roches ignées et métamorphiques; il donne les fers et aciers les plus purs ;

L'*hématite rouge* ou *oligiste* Fe^2O^3, en masses fibreuses ou terreuses bien cristallisées, à poussière rouge : l'*île d'Elbe*, le *Devonshire*, les *Pyrénées* en possèdent de riches gisements ;

L'*hématite brune* ou *limonite*, substance amorphe répondant à la formule d'un hydrate de sesquioxyde $(Fe^2O^3)^2 3H^2O$; sa poussière est d'un jaune brun. A cette espèce appartiennent les minerais les plus répandus. L'hématite brune forme des rognons, des masses mamelonnées ou fibreuses à surface noire et luisante.

Le *minerai oolithique* est une variété remarquable de la précédente, constituée par un mélange de limonite et de roche argileuse, provenant primitivement (comme on s'en est assuré par des sondages profonds faits en Meurthe-et-Moselle, dans l'Aisne et les Vosges) d'un silico-aluminate ferreux verdâtre versé au fond des mers géologiques par des eaux minérales très puissantes. Ce minerai contient de 20 à 30, et même 40 pour 100 de fer.

Le *fer spathique* est un précieux minerai de fer d'une couleur grise ou blanchâtre. Il est formé de carbonate ferreux, mélangé quelquefois de carbonate de manganèse et d'un peu de pyrite. Il existe en abondance dans les Pyrénées-Orientales, en Styrie, etc.

Le fer peut se présenter sous d'autres états : à l'état natif, dans les basaltes du Groenland où il est souvent associé au carbone, et dans les *météorites* où le nickel, le cobalt, le chrome, le silicium, le soufre, l'accompagnent; à l'état de *sulfures* (*pyrite* et *marcassite*) FeS^2, d'*arséniures* et d'*arséniosulfures*, tels que le mispickel FeSAs; enfin, sous forme de phosphates, arséniates, silicates, et même de sulfate et de chlorure Fe^2Cl^6 qui se dégage de la lave des volcans.

Le fer est pour ainsi dire diffusé dans la nature entière. Il est peu de roches, il n'est pas de terrains arables qui en soient exempts. Il n'est pas d'eaux potables ou minérales qui n'en fournissent au moins des doses appréciables; l'air lui-même contient des globules ferrugineux d'oxyde magnétique. On a recueilli jusqu'à des poussières intersidérales ocreuses. Les animaux et les plantes laissent des cendres ferrugineuses.

Au point de vue de son rôle dans les phénomènes de la vie ou dans les transformations incessantes du globe, on peut considérer le fer comme un porteur d'oxygène. Au contact des matières réductrices, minérales ou organiques, le sesquioxyde de fer se dessaisit de l'excès de son oxygène et oxyde ces matières; il passe ainsi à l'état de protoxyde qui emprunte l'oxygène à l'air, pour redevenir oxyde magnétique ou peroxyde, lesquels jouent de nouveau le rôle oxydant, se réduisent, et ainsi de suite indéfiniment. Le fer joue un rôle analogue dans le globule sanguin.

MÉTALLURGIE DU FER

Nous donnerons ici quelques renseignements rapides sur la métallurgie du métal le plus universellement répandu ; des détails complets sortiraient trop du champ de cet ouvrage, mais on ne saurait, d'autre part, rester dans l'ignorance des procédés, même industriels, qui nous procurent des matières aussi précieuses et aussi usuelles que le fer, la fonte, et l'acier.

Les seuls minerais de fer utilisables sont les oxydes, carbonates et silicoaluminates, c'est-à-dire les minerais oxydés. On ne sait pas aujourd'hui utilement traiter les pyrites ou autres minerais sulfurés ou sulfarséniés.

Toute fabrication, si compliquée qu'elle soit en pratique, se résume en principe à réduire au rouge le minerai, en faisant passer sa gangue, c'est-à-dire la roche siliceuse qui l'accompagne, à l'état de silicate double, véritable verre fusible qui vient surnager le bain métallique.

Une seconde phase de l'opération consiste à *affiner* la fonte ou le fer ainsi produits pour en chasser l'excès de carbone, le soufre, le phosphore, le silicium, et obtenir enfin le *fer doux* ou fer plus ou moins pur.

Nous ne parlerons pas ici de la préparation mécanique des minerais, question que nous avons déjà traitée d'une manière générale (p. 377).

Méthode directe ou catalane. — Cette méthode très ancienne, simple, rapide, mais peu économique, produit le fer affiné du premier coup.

Elle ne s'applique qu'aux minerais très riches, tels que l'hématite et le fer spathique.

Les fours catalans (fig. 234) sont des fosses rectangulaires LE, maçonnées dans le sol, et dont le fond est formé de granit ou de grès, et les parois revêtues d'argile ou de briques réfractaires. La fosse ou

Fig. 234. — Foyer catalan. — L'eau s'écoule sous pression du bassin B et entraîne ainsi l'air qu'elle aspire par les deux ouvertures latérales et supérieures du tube T. Cet air est insufflé par S sur la loupe L placée dans le foyer.

creuset reçoit sur l'une de ses parois le vent d'une forte soufflerie S, animée par l'entraînement de l'air au moyen d'un courant d'eau grâce à l'instrument fort simple qui porte le nom de *trompe catalane*.

Après avoir jeté dans la fosse du *charbon de bois* allumé, on y tasse, à l'opposé de la tuyère, le minerai grillé et concassé. Du côté de la tuyère on dispose un volume de charbon de bois double environ de celui du minerai, et l'on donne le vent. Le charbon brûle et se transforme en grande partie en gaz oxyde de carbone au contact de l'excès de charbon. Ce gaz incandescent traverse le minerai et le réduit. A son tour, grâce à la température du rouge, la silice de la gangue argi-

leuse ou calcaire réagit sur l'oxyde de fer pour former un silicate
de protoxyde qui, s'unissant aux silicates de la gangue, donne un verre
noirâtre très fusible, le *laitier*, qui vient peu à peu surnager. Une
partie du laitier s'écoule, une autre reste comme imbibée dans la masse
spongieuse de fer réduit ou *loupe*, qui tend à se former. A ce moment,
le forgeron place cette masse incandescente sur une forte enclume
enclavée dans le sol, et le *mail* ou marteau, soulevé par les cames d'une
roue hydraulique, la bat à raison de 100 à 120 coups par minute, exprimant ainsi le laitier et soudant les uns aux autres les îlots de fer spongieux de la masse entière. Le fer produit est ensuite réduit en barres
en le forgeant de nouveau sous le mail après l'avoir réchauffé.

Obtenu par cette méthode, le fer est généralement très nerveux, très
malléable, tenace, mais peu homogène. Seulement, ce que l'on gagne
en rapidité et qualité par cette voie, on le perd en rendement. La
fusibilité et la séparation du laitier à la température relativement basse
où se fait la réduction, ne sont obtenues que grâce au silicate ferrugineux double qui se forme. Près de la moitié du fer du minerai primitif
passe ainsi dans les scories.

Méthode indirecte ou du haut fourneau. — Dans cette méthode,
applicable aux minerais oxydés de toute sorte, on enlève la gangue en
ajoutant une quantité convenable, déterminée par une série d'analyses
successives, soit de calcaire (*castine*), ce qui est assez généralement le cas,
soit quelquefois de roches siliceuses (*erbue*), de façon qu'à température
élevée il résulte, de cette addition, un silicate double fusible d'alumine
et de chaux. On ne produit donc plus ici un laitier fusible grâce à la
formation d'un silicate alumino-ferreux ; le fer est tout entier réduit et
utilisé ; mais le silicate alumino-calcaire qui se forme étant peu fusible,
on est obligé d'atteindre une température bien plus élevée que dans la
méthode catalane, température telle que le fer s'unit dès lors au carbone et que l'acide silicique des silicates est en partie réduit. On obtient,
en définitive, du fer carburé et silicié mélangé d'autres impuretés
encore, c'est-à-dire de la *fonte*, substance semi-métallique, qui doit être
ensuite soumise à l'*affinage* si l'on veut obtenir du fer doux.

Le *haut fourneau* (fig. 235), véritable creuset contenant son propre
combustible, est formé d'une maçonnerie en briques réfractaires. Il se
compose de quatre parties : au bas, le *creuset* C, de forme rectangulaire,
dont le fond est fait d'une pierre quartzeuse, et les parois de matériaux
infusibles. C'est dans le *creuset* que s'écoulera la fonte successivement
produite. Une ouverture, ou trou de coulée, creusée dans sa partie inférieure, on *dame*, et lutée avec de l'argile, permet à un moment donné
de laisser s'écouler au dehors la fonte liquide incandescente. Au-dessus
du creuset, est l'*ouvrage*, qui continue ce creuset, partie intermédiaire

entre celui-ci et les *étalages*. C'est sur les quatre parois de l'ouvrage que s'ouvrent les tuyères F destinées à introduire dans le haut fourneau le vent froid ou chaud qui brûlera le charbon ; c'est là aussi que s'accomplissent les dernières réactions. Au-dessus de l'ouvrage, les *étalages*, sorte de cône renversé et ventru ED, bâti en pierres siliceuses infusibles ; il est surmonté de la *cuve*, tronc de cône inversement disposé, terminé par le haut en une section légèrement rétrécie ou *gueulard* A.

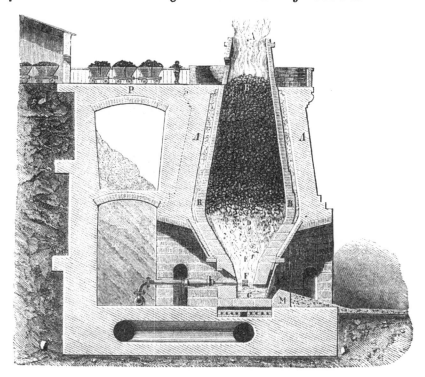

Fig. 235. — Haut fourneau.

C'est par ce gueulard, ou tout près de son orifice qu'on introduit d'une manière continue et ininterrompue, jour et nuit, aussi longtemps que dure le haut fourneau, des charges successives de charbon, de minerai et de fondant. Une ou deux fois par vingt-quatre heures on laisse écouler par le bas la *fonte* et le laitier, tout en continuant la charge et entretenant le feu.

Suivons maintenant la marche de l'opération : le vent insufflé en F dans l'ouvrage y brûle le charbon et le transforme en oxyde de carbone et acide carbonique, qui redevient lui-même plus haut oxyde de carbone. Arrivé dans les étalages, ce gaz réduit le minerai et repasse à l'état d'acide carbonique, qui s'échappe par le gueulard. Il y est encore mélangé d'assez d'oxyde de carbone pour être combustible. Aujourd'hui, les gaz chauds, au lieu de s'échapper directement du gueulard, comme on le voit dans la figure 235, sont ramenés dans des fours en briques convenables appelés *récupérateurs*, à travers lesquels circule et s'échauffe l'air que les tuyères lanceront dans l'*ouvrage*.

C'est en ce dernier point du haut fourneau que s'opère tout particulièrement la carburation du fer. Nous avons vu la masse de charbon, de fondant et de minerai descendre lentement dans la cuve où elle s'échauffe, atteindre les étalages, et y acquérir la température du rouge vif. Arrivé dans l'ouvrage, le minerai est réduit par l'oxyde de carbone et porté à une température de 1000 à 1200 degrés, à laquelle, d'après les expériences de M. Cailletet, l'oxyde de carbone lui-même commence à se dissocier.

A cette température, le fondant se combine aux silicates de la gangue et donne un verre ou laitier fusible qui s'écoule au creuset. Le fer rencontrant le charbon très divisé s'unit à lui, soit dans l'ouvrage, soit dans le bas des étalages. En même temps il réduit partiellement les silicates et phosphates de la gangue, et donne ainsi, à la fois, la fonte carburée, phosphorée et siliceuse qui coule à son tour au fond du creuset au-dessous du laitier qui la surnage et la protège dès lors contre l'action oxydante du vent. Lorsque le creuset est plein, on brise à coups de maillet de fer le tampon d'argile qui bouche la *dame*, et la fonte incandescente s'écoule dans des rigoles semi-cylindriques, creusées d'avance dans un sable argileux spécial qu'on a tassé sur le sol de l'usine. Après solidification de la fonte, on la casse en lingots ou *gueuses* que l'on peut expédier.

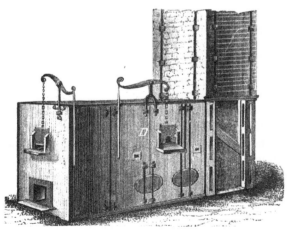

Fig. 236. — Four à puddler.

Affinage de la fonte. — L'affinage a pour but de transformer le carbure de fer complexe qui sort du haut fourneau en fer doux ou en acier, en lui enlevant la partie excédante de son charbon et la plupart de ses impuretés, en particulier le silicium et le phosphore, grâce à une oxydation ménagée au contact de l'air et en présence de matières basiques.

On y arrive par la méthode du *puddlage* et celle du *convertisseur Bessemer*.

Le four à puddler (fig.236) est une sorte de four à réverbère que l'on porte au blanc en y faisant circuler les flammes d'un foyer à houille. On y introduit la fonte blanche mêlée d'un quart environ de minerai de fer oxydé ou de battitures, et de scories très basiques chargées de chaux. Sous son lit de scories, le métal entre en fusion; il s'oxyde grâce à l'air et à l'oxygène du minerai introduits. L'excès de charbon passe à l'état d'oxyde de carbone; le soufre, le silicium et le phosphore se changent en acides sulfureux, silicique et phosphorique; le premier se dégage, les deux autres s'unissent à la chaux. En s'affinant ainsi la masse de fonte devient de plus en plus infusible. L'ouvrier la travaille du dehors à l'aide de longs ringards, et en soumet toutes les parties à l'action oxydante et basique de la scorie et de l'oxygène. Bientôt le métal se réunit en une loupe de fer doux. On l'extrait dès lors du four, et on la martelle vivement pour en chasser le laitier et les dernières impuretés comme on le fait dans les forges catalanes.

Un puddlage mécanique évitant l'oppération très pénible du ringardement se produit dans les fours tournants de Danks qu'un foyer latéral porte au blanc et qui, grâce à leur rotation suivant l'axe, soumettent à l'action purificatrice de la scorie basique et oxydante toutes les parties de la fonte à puddler.

Quant au *convertisseur Bessemer* (fig. 237), il consiste en un *cubilot*

Fig. 237. — Convertisseur Bessemer.

ou creuset mobile autour de l'axe Nm sorte de creuset fait de forte tôle cerclée de fer, et revêtu intérieurement d'une épaisse couche d'argile réfractaire pétrie avec un grand excès de carbonate de chaux ou de magnésie. Ces matières sont destinées à servir de revêtement infusible au convertisseur mais surtout à absorber les acides silicique et phosphorique qui vont se former durant l'affinage. Dans cet appareil, on introduit la fonte à l'état incandescent et l'on injecte ensuite par la tuyère inférieure DM, un violent courant d'air. Celui-ci traversant la masse fondue et la brassant activement, brûle le silicium, le phosphore, le soufre, puis le carbone, le manganèse et le fer lui-même. Comme dans l'opération du puddlage, la chaux ou la magnésie du convertisseur s'emparent des acides silicique et phosphorique dès qu'il sont formés ; l'acide sulfureux se dégage avec l'oxyde de carbone. Il s'agit de suivre les progrès de ce puissant affinage. On reconnaît que presque tout le carbone est brûlé à ce que la flamme que produisait à la gueule du convertisseur l'oxyde de carbone incandescent se déchire et tombe ; le silicium et le phosphore sont déjà transformés et disparus en grande partie. A ce moment on ajoute au bain de métal fondu une quantité de fonte manganésifère, d'avance analysée, qui introduit dans le métal affiné la proportion de carbone convenable pour en faire de l'acier carburé au point que l'on désire ; on coule enfin cet acier dans les moules préparés d'avance.

Préparation du fer pur. Fer réduit par l'hydrogène. — L'industrie peut fournir un fer presque pur ; c'est celui dont la ductilité et la ténacité sont assez grandes pour être étiré en fils très fins. Malheureusement il est assez malaisé de le conserver à l'abri de la rouille. On peut prendre du fil de clavecin de grosseur moyenne et le fondre au creuset de chaux, avec le cinquième de son poids d'oxyde de fer sous une couche de carbonate de magnésie et de verre pilé. Il faut chauffer au fourneau à vent.

Pour l'usage de la médecine on prépare du fer pur en réduisant au rouge le sesquioxyde de fer par de l'hydrogène. Ce sesquioxyde doit avoir été précipité par l'ammoniaque de son *sesquichlorure* Fe²Cl⁶, puis parfaitement lavé et séché, enfin réduit au rouge naissant *par de l'hydrogène pur* dans une bouteille de fer ou dans un canon de fusil ([1]).

Le fer réduit bien préparé se présente sous forme d'une poudre gris d'acier se dissolvant dans l'acide chlorhydrique étendu et pur, sans

([1]) Pour obtenir de l'hydrogène pur on décompose le zinc en lames par l'acide chlorhydrique purifié (V. p. 155). Le gaz produit doit être lavé successivement dans une solution chaude d'acétate de cuivre, dans un flacon contenant une solution tiède et concentrée de permanganate de potasse alcalin ; il doit passer dans un tube témoin à nitrate d'argent, enfin dans un flacon à eau. Sans ces précautions on aurait du fer mélangé de sulfure, de phosphure et même d'arséniure.

émettre d'odeur sulfureuse ou alliacée. Il doit être conservé dans un air bien sec.

PROPRIÉTÉS DU FER MÉTALLIQUE

Propriétés physiques. — Le fer pur est un métal blanc légèrement violacé. Il peut cristalliser en cubes ou en octaèdres. Sa cassure d'abord fibreuse, s'il est forgé depuis peu, prend plus tard une texture grenue, cristalline, brillante; de résistant qu'il était, il devient alors cassant. Fondu, il a pour densité 7,25; forgé, cette densité varie de 7,4 à 7,85.

C'est le plus tenace des métaux après le nickel et le cobalt. Un fil de 1 millimètre de rayon supporte un poids de 250 kilogrammes sans se rompre; le même fil en cobalt supporterait 480 kilogrammes.

Il est rayé par le verre, mais il raye le spath d'Islande et l'anhydrite.

Il fond entre 1500 et 1600°. Bien avant de fondre, il se ramollit et devient pâteux, apte à se laisser forger sous le marteau et à se souder directement à lui-même.

C'est le plus magnétique des métaux. Il perd peu à peu cette propriété lorsqu'on le chauffe.

Propriétés chimiques. — Le fer s'unit directement, à chaud, à tous les métalloïdes, sauf à l'azote et à l'hydrogène: encore le fer obtenu par la réduction du protochlorure en présence du sel ammoniac contient-il jusqu'à 260 volumes d'hydrogène qui se dégagent rapidement vers 100 degrés.

Au rouge le fer brûle à l'air, ou dans l'oxygène, en donnant cet *oxyde des batitures* Fe^3O^4 que le marteau détache du fer que l'on forge en gouttelettes incandescentes. A l'air humide il se recouvre de *rouille* qui pénètre lentement jusque dans la profondeur du métal. Cette rouille est principalement formée d'hydrate de sesquioxyde de fer légèrement ammoniacal. Cette dernière observation est fort importante au point de vue de la chimie générale. Le fer, en présence du protoxyde de fer, décompose l'eau, s'oxyde et dégage de l'hydrogène. Dans ces conditions, cet élément s'unit, croyons-nous, à l'azote de l'air pour donner de l'ammoniaque.

Avec le chlore, le fer donne les deux composés $FeCl^2$ et Fe^2Cl^6, *chlorure ferreux* et *chlorure ferrique*, qui répondent aux deux familles de sels que ce métal est apte, ainsi que nous le verrons, à former avec les divers radicaux électro-négatifs.

Le fer décompose l'eau au rouge; il se dégage de l'hydrogène et il se fait de l'oxyde magnétique. Le métal est oxydé jusqu'à ce que la tension de l'hydrogène produit atteigne une valeur invariable pour chaque température et indépendante de la masse de fer réagissant (*Deville*).

Les acides étendus d'eau sont décomposés par le fer qui dégage leur hydrogène en passant lui-même à l'état de sel de protoxyde. Il est toutefois quelques exceptions : à froid l'acide azotique ordinaire ne dégage pas sensiblement de gaz à son contact. L'hydrogène qui tend alors à se former réduit cet acide qu'il transforme en azotate d'ammoniaque :

$$2 Az O^3 H + 8 H = Az O^5 H, Az H^3 + 3 H^2 O$$

L'acide azotique monohydraté n'est pas attaqué par le fer; le métal devient alors *passif*, c'est-à-dire inattaquable même par un acide plus étendu. Cet état disparaît et l'attaque commence très violemment si l'on touche le fer passif avec un métal plus électro-négatif que lui.

Le fer n'a d'action qu'à chaud sur l'acide sulfurique concentré. Il se fait de l'acide sulfureux, du sulfite, du sulfure, et du sulfate ferreux.

Usages du fer. — Le fer est le grand instrument de la civilisation, de la guerre et de l'industrie. Nos édifices, nos navires, nos machines, nos outils doivent au fer, à la fonte, à l'acier, leur membrure résistante. leur dureté, leur solidité. Le fer recouvert de zinc ou d'étain, *fer galvanisé, fer étamé* ou *fer-blanc*, sert à une foule d'usages. Il serait impossible et fastidieux de vouloir ici les énumérer et ils sont du reste dans l'esprit de tout le monde.

En médecine, le fer réduit par l'hydrogène est une bonne préparation martiale lorsqu'il est pur.

Dans les arts, ce n'est pour ainsi dire jamais le fer pur, ni même le fer doux, que nous utilisons, mais la fonte ou l'acier, dont nous allons dire quelques mots.

Fontes. — On a vu plus haut comment on les obtient. Ce sont des carbures de fer contenant 95 à 96 pour 100 de fer combiné à 2 à 3 pour 100 de carbone, mélangé d'un peu de siliciure, phosphure, arséniure et sulfure de fer, et souvent à un petit excès de carbone disséminé dans la masse.

On distingue les *fontes blanches* et les *fontes grises*. Dans les premières, le carbone est tout entier combiné au fer. La fonte ainsi saturée de ce métalloïde en contient de 3 à 4 pour 100, et répond à la formule Fe⁵C. On l'obtient en refroidissant brusquement la fonte au sortir du haut fourneau. La fonte blanche est très dure, à cassure brillante, argentine ; sa densité varie de 7,4 à 7,8. Elle fond vers 1100 degrés. Les minerais manganésifères fournissent des fontes blanches à larges lamelles. La *fonte grise* doit son aspect à un peu de carbone qui s'est séparé de la fonte liquide par un lent refroidissement. Dans ces fontes le carbone est à l'état de paillettes hexagonales de graphite qui communiquent à la cassure leur couleur grise ou noire. Soumise à l'action d'un acide, la fonte abandonne à l'état insoluble cette partie de son carbone non combiné. La fonte noire possède une densité qui varie de 6,8 à 7,0. Elle fond vers 1200. Elle se laisse attaquer à l'acier, tourner, limer, forer.

Aciers. — On a vu plus haut qu'on pouvait transformer la fonte en acier, soit par le puddlage, soit dans l'appareil Bessemer. On peut obtenir encore l'acier, par le procédé dit de *cémentation*, en partant du fer doux. Il consiste à chauffer les barres de fer doux à la température du rouge, très inférieure à leur fusion, au contact du *cément*, mélange de charbon de bois, de cendres et de sel marin. Le carbone pénètre lentement le fer au rouge et s'unit à lui dans des proportions faciles à régler.

L'acier est un carbure de fer contenant de 7 à 15 millièmes de son poids de carbone. Il est donc intermédiaire par sa composition entre la fonte et le fer doux. C'est un métal d'un blanc bleuâtre, d'une densité de 7,2 à 7,9, fusible vers 1200 à 1300°, apte à prendre un beau poli et surtout une extrême dureté lorsqu'on le trempe, c'est à dire lorsqu'on le refroidit brusquement. L'acier trempé devient *aigre* ou cassant; par le recuit on lui enlève cette propriété sans diminuer sa dureté. Pour apprécier la température du recuit, on utilise la couleur qui se produit à la surface des objets d'acier poli que l'on réchauffe : ils deviennent d'un jaune paille vers 230°; passent par le brun et le pourpre à 277; par le bleu foncé à 294° par le vert d'eau à 332°. A chacune de ces teintes correspondent des qualités spéciales. Les instruments destinés à travailler le fer se recuisent au jaune ; les couteaux, ciseaux, haches sont recuits du jaune foncé au pourpre ; les ressorts de montre au bleu ; les forets, scies à main, etc., au bleu noir.

COMBINAISONS DU FER

On a déjà dit que dans ses combinaisons le fer se conduit tantôt comme un métal analogue au magnésium et au zinc : *combinaisons ferreuses;* tantôt comme un élément appartenant à la famille de l'aluminium : *combinaisons ferriques.* La raison de cette remarquable aptitude n'est pas encore connue. On sait seulement que dans les combinaisons ferreuses (ou de *ferrosum*) existe un atome Fe'' (Fe'' = 56) bivalent, et que les combinaisons ferriques (ou de *ferricum*) ont pour radical un double atome $\overset{vi}{Fe^2}$ fonctionnant comme hexavalent.

En décrivant les oxydes, chlorures, sulfates, phosphates, etc... ferreux et ferriques, nous aurons donc à faire pour ainsi dire l'histoire parallèle de deux métaux le *ferrosum* et le *ferricum*.

Il existe deux oxydes salifiables FeO et Fe²O⁵. Un oxyde *indifférent* ou *salin* Fe³O⁴ et un acide qui répondrait à FeO⁴H² dont on ne connaît que les sels et que nous n'étudierons pas.

Protoxyde de fer FeO. — On peut l'obtenir à l'état anhydride en décomposant le sesquioxyde de fer au rouge sombre par un mélange à volumes égaux d'oxyde de carbone et d'acide carbonique. On a :

$$Fe^2O^3 + CO = CO^2 + 2\,FeO$$

C'est une poudre un peu magnétique, très combustible, qui se transforme en brûlant en Fe³O⁴.

On obtient le protoxyde de fer hydraté en versant de là potasse dans un sel ferreux pur que l'on a le soin de dissoudre à l'abri de l'oxygène. C'est un précipité blanc verdâtre qui bleuit à l'air, puis devient jaunâtre sale en se transformant en hydrate de fer magnétique.

Le protoxyde de fer, ou oxyde ferreux, hydraté se dissout dans 150 000 parties d'eau. Il lui communique une saveur atramentaire et une *réaction alcaline*. Il est soluble dans l'ammoniaque. Ces caractères et ceux de ses sels montrent toute l'analogie du *ferrosum* et du *magnésium*. Ils montrent aussi la gradation naturelle des métaux alcalins aux métaux alcalino-terreux et aux métaux proprements dits.

Oxyde magnétique Fe³O⁴. — On a vu que cet oxyde constituait le minerai de fer le plus précieux. On le rencontre en masses compactes, ou cristallisé en octaèdres. Amorphe ou cristallin, il est souvent doué de pôles magnétiques, mais qui n'ont aucun rapport apparent avec les axes cristallographiques. Hydraté ou anhydre, il est attirable à l'aimant. On l'obtient anhydre en faisant passer un courant de vapeur d'eau sur du fer chauffé au rouge. L'*oxyde des batitures* est de l'oxyde magnétique Fe³O⁴.

Un mélange de limaille de fer humectée d'eau, exposée à l'air, s'échauffe, s'oxyde et se transforme, en dégageant de l'hydrogène, en une poudre noire : c'est l'*éthiops martial* ou *oxyde de fer noir* des anciennes pharmacopées, oxyde magnétique légèrement ammoniacal.

Oxyde ferrique ou sesquioxyde de fer Fe²O³. — A l'état naturel il porte le nom de *fer oligiste*. Ses masses anhydres, amorphes, dures, compactes, constituent la *sanguine* ou *hématite rouge* dont on se sert pour polir les métaux. Le sesquioxyde de fer est isomorphe de l'alumine et cristallise comme elle en rhomboèdres (pp = 86°,10).

Dans l'industrie, on le prépare à l'état anhydre en calcinant dans des fours spéciaux le sulfate de protoxyde de fer. Il reste aussi comme résidu dans la préparation de l'acide sulfurique de Nordhausen. (V. p. 203.) Après calcination, on le broie, [on le lave à grande eau et on le sèche.

On l'obtient à l'état d'hydrate gélatineux en versant une solution de perchlorure de fer étendue dans de l'ammoniaque ; en opérant en sens inverse on risquerait d'obtenir des oxychlorures ferriques. L'équation suivante indique commnet il prend naissance :

$$Fe^2Cl^6 \; + \; 6\,(AzH^3, aq) \;\; = \;\; Fe^2O^5, aq \; + \; 6\,AzH^4Cl$$

C'est une matière gélatineuse brune qui, desséchée dans le vide, répond à la formule $(Fe^2O^3)^2, 3H^2O$ de la *limonite* naturelle ou de la *rouille*. Les acides faibles la dissolvent ; mais lorsqu'on la calcine au rouge vif, il se produit un phénomène d'incandescence à la suite duquel elle n'est plus attaquable que par les acides concentrés et bouillants.

Si l'on dialyse de l'acétate ferrique, ou bien le liquide provenant de la dissolution de l'hydrate ferrique dans le perchlorure de fer, il reste dans le dialyseur une solution d'*hydrate ferrique soluble*. Cette solution renfermant 1 pour 100 environ de $(Fe^2O^3)^2 3H^2O$ est rouge sombre et peut se concentrer à l'ébullition, mais à un certain degré elle se coagule comme de l'albumine. Des traces d'alcalis, de sels, d'acide sulfurique, la coagulent à froid, tandis que les acides azotique, acétique ou chlorhydrique ne la coagulent point (*Graham*).

Lorsqu'on fait longtemps bouillir de l'eau contenant de l'hydrate $(Fe^2O^3)^2 3H^2O$, on finit par obtenir l'hydrate insoluble dans les acides forts Fe^2O^3, H^2O (*gœthite* des minéralogistes). C'est une sorte d'acide : on connaît un ferite de chaux Fe^2O^3, CaO ; un ferite de manganèse ou *franklinite* Fe^2O^3, MnO, etc.

Cette propriété le rapproche encore de l'alumine.

Cet oxyde a de nombreux emplois. Dans les arts on l'utilise pour les peintures murales ; calciné il sert au polissage des métaux. En médecine c'est un ferrugineux estimé. On l'ordonne aussi comme contrepoison de l'acide arsénieux : dans ce cas il doit être récemment précipité. L'excellente préparation martiale qui porte le nom de *safran de Mars apéritif* s'obtient en laissant s'oxyder à l'air le produit que donne le carbonate de soude dans un sel ferreux. Il se dissout complètement dans l'acide chlorhydrique étendu lorsqu'il est pur.

SULFURES

On connaît un sulfure ferrique Fe^2S^3 qui s'obtient en traitant l'oxyde Fe^2O^3 par H^2S et qui donne des sulfoferites tels que $Fe^2S^3.K^2S$ et Fe^2S^3, CuS.

Les pyrites magnétiques Fe^7S^4 et Fe^7S^8 qu'on rencontre dans la nature peuvent être considérées comme des sulfures salins, Fe^2S^3,FeS et $Fe^2S^3,5FeS$.

Mais de tous les sulfures de fer les plus importants sont la *pyrite* proprement dite ou bisulfure de fer FeS^2 et le protosulfure FeS.

Protosulfure FeS. — Ce composé ne se rencontre que dans certaines météorites et dans quelques houillères : il porte le nom de *troïlite.* On l'obtient artificiellement pour les usages du laboratoire en fondant au rouge, dans un creuset de terre, 6 parties de fer et 5 de soufre, coulant en plaques et concassant la masse solidifiée. Cette matière est employée surtout pour la préparation de l'acide sulfhydrique.

En précipitant le sulfate ferreux par un sulfure alcalin et lavant rapidement à l'eau désaérée, on obtient un sulfure hydraté noir, gélatineux, qu'on a préconisé contre les empoisonnements par l'acide arsénieux ; nous pensons que la magnésie hydratée est préférable.

Bisulfure FeS^2. — La pyrite est abondante dans la nature où elle se rencontre sous forme de *pyrite cubique* ou *cuboctaédrique* (fig. 238) et de *pyrite rhombique* ou *marcassite*. La première est jaune d'or, douée d'un vif éclat, faisant feu sous le briquet, inattaquable aux acides, inaltérable à l'air sec ou humide. La seconde, appelée aussi *pyrite blanche*, est d'un jaune verdâtre, inattaquable à l'acide chlorhydrique, mais lentement altérable à l'air qui la transforme en sulfate ferroso-ferrique et acide sulfurique. C'est par le grillage de ces pyrites, suivi de lessivage, que l'on obtient une partie du sulfate de fer commercial.

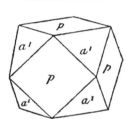

Fig. 238. — Pyrite de fer cubo-octaédrique.

La combustion des pyrites donne de l'acide sulfureux qu'on utilise dans la préparation de l'acide sulfurique.

CHLORURES DE FER

Protochlorure. — On l'obtient à l'état anhydre en faisant passer un courant de gaz chlorhydrique sec sur du fer chauffé au rouge. Il forme des écailles blanc jaunâtre nacrées, un peu volatiles, hygrométriques, solubles. Le protochlorure hydraté se produit lorsqu'on dissout du fer dans de l'acide chlorhydrique ordinaire. Par concentration, on obtient des prismes volumineux, verdâtres, clinorhombiques, de formule $FeCl^2,4H^2O$, fusibles dans leur eau de cristallisation et laissant par calcination de l'oxychlorure ferreux. Le chlorure ferreux s'unit au sel ammoniac (*Fleurs martiales ammoniacales*).

Perchlorure ou sesquichlorure Fe^2Cl^6. — On le prépare à l'état anhydre en faisant passer un courant de chlore sec sur des pointes de Paris placées dans une cornue de grès chauffée au rouge naissant et au col de laquelle on a soigneusement luté une allonge de verre. Le chlorure de fer se produit avec incandescence et se condense dans l'allonge sous forme d'un sublimé cristallin composé de lamelles hexagonales, noir violacé par réflexion, rouge grenat par transparence. Il se sublime au-dessus de 100°. Sa densité de vapeur prise à 460° par MM. H. Deville et Troost est de 11,39 ; elle répond à Fe^2Cl^6.

Ce corps est très hygroscopique ; il se transforme à l'air en chlorure hydraté. Il se dissout aussi dans l'alcool et dans l'éther. Chauffé dans l'oxygène, il donne du sesquioxyde de fer en dégageant son chlore.

On obtient le chlorure hydraté en dissolvant le sesquioxyde de fer ou l'hématite rouge naturelle dans de l'acide chlorhydrique. Par évaporation des solutions, on peut recueillir de gros cristaux rouges orangé, déliquescents, solidifiables à 42°, répondant à $Fe^2Cl^6,5H^2O$, ou des mamelons jaune orange pâle $Fe^2Cl^6,12H^2O$.

On obtient encore le perchlorure de fer hydraté neutre employé en médecine, en partant du protochlorure de fer pur. On en fait une solution à 25° B^é qu'on porte à 40 ou 45 degrés et dans laquelle on fait passer un courant continu de chlore tant qu'une goutte de cette liqueur étendue d'eau donne du bleu avec le cyanoferride de potassium. On fait ensuite barbotter dans cette solution portée à 50 ou 55° un courant rapide d'acide carbonique pour en chasser l'excès de chlore. Il faut éviter de la chauffer davantage, ou de la faire bouillir, auquel cas il se produirait des oxychlorures et de l'acide chlorhydrique. Lorsqu'elle marque 30° B^é cette liqueur contient 26 pour 100 de perchlorure anhydre.

Les solutions de chlorure ferrique ont une couleur brun jaunâtre ou jaune, suivant leur concentration. Elles sont astringentes et coagulent immédiatement le sang et l'albumine. Elles dissolvent abondamment l'hydrate de fer gélatineux, mais la dissolution ne se fait que très lentement et au bout de plusieurs semaines ; il se forme ainsi des gelées contenant dissoutes jusqu'à 15 et 20 molécules de Fe^2O^3 pour une de Fe^2Cl^6 (*A. Béchamp; Ordway*). Le perchlorure de fer dissout également le sesquioxyde de chrome.

Le chlorure ferrique est employé en médecine. On l'ordonne à la dose de 0^{gr},5 à 2 grammes dans les cas d'anémie, de chlorose, etc. ; mais il est préférable d'employer dans ces cas les oxychlorures de M. Béchamp [1].

On s'en sert aussi à l'intérieur comme hémostatique. La *teinture de Bestuchef* est une solution de 1 partie de perchlorure de fer hydraté cristallin, dans 7 parties de liqueur d'Hoffmann.

---

[1] Toutes ces préparations ferriques ont un défaut grave : elles brunissent les dents.

En chirurgie et dans l'art vétérinaire on emploie la solution de perchlorure à 20° B⁴, pour coaguler le sang, dans les cas de plaies, de varices,
d'anévrismes ; comme astringent local et désinfectant, dans l'épistaxis, la
leucorrhée, les blennorrhagies.

IODURES DE FER

Le *sesquiiodure* Fe²I⁶ se prépare comme le perchlorure.

L'*iodure ferreux* se produit en faisant réagir dans un ballon traversé
par un courant d'acide carbonique : *tournure de fer* 1 partie ; *iode* 4 parties ; *eau* 5 parties. On chauffe légèrement, la liqueur présente bientôt la
teinte vert d'eau des sels ferreux, on concentre la solution et, dès qu'une
goutte de la liqueur déposée sur une lame de verre se prend en masse,
on la coule dans des assiettes qu'on recouvre d'une feuille de verre ou de
carton. On casse ensuite en fragments qu'on conserve dans des flacons
secs bouchés à l'émeri. Ce sel est fort déliquescent.

Les solutions d'iodure ferreux s'oxydent facilement à l'air en se transformant en oxyiodure rouge peu soluble. Pour les usages médicinaux, il faut
donc conserver le protoiodure à l'état sec. Il doit, s'il est bien préparé,
être entièrement soluble et donner une solution verte.

L'iodure de fer est un médicament fort usité. On l'emploie principalement chez les scrofuleux ; c'est un excitant puissant de l'assimilation.

SULFATES DE FER

Sulfate ferreux. — Ce sel, qu'on désigne aussi sous le nom de *vitriol
vert* ou *couperose verte*, se prépare dans l'industrie par le grillage des
pyrites blanches suivi de lessivage, ou bien par l'oxydation lente à l'air des
schistes pyriteux. Dans les laboratoires, on l'obtient à l'état pur en attaquant le fer presque pur, et en excès, par de l'acide sulfurique. Par
concentration des liqueurs jusqu'à 40° B⁴, on obtient à froid de gros
cristaux rhomboïdaux obliques répondant à la formule SO⁴Fe,7H²O, isomorphes avec les sulfates de la série magnésienne. Mais on peut obtenir
aussi les hydrates SO⁴Fe,5H²O et 4H²O.

100 parties de sulfate ferreux cristallisé se dissolvent dans 143 parties
d'eau à 15° et dans 30 parties à 100 degrés.

Exposés à l'air, ces cristaux s'effleurissent légèrement et jaunissent en
s'oxydant, grâce à la formation d'un sous-sulfate ferrique peu soluble
Fe²O³.SO³. Ce dernier sel se forme plus aisément encore si le sulfate ferreux est en solution dans l'eau.

Chauffés à 100°, le sulfate de fer cristallisé SO⁴Fe,7H²O perd 6 molécules d'eau. La dernière molécule ne se dégage que vers 300°. Le sel
anhydre grisâtre qui se produit redevient vert au contact de l'eau.

Au rouge le sulfate ferreux se décompose en donnant des acides sulfureux et sulfurique anhydres et du peroxyde de fer. Cette réaction se fait en deux phases :

1re phase : $2 SO^3, FeO = SO^2 + SO^3. Fe^2O^3$
                                      Sous-sulfate
                                      ferrique.

2e phase : $SO^3, Fe^2O^3 = SO^3 + Fe^2O^3$

Le sulfate ferreux s'unit aux chlorures alcalins de potassium, sodium, ammonium, et aux chlorures de Mg,..Zn,..Cu. Le *sulfate ferrosoammonique* $SO^4Fe, SO^4(AzH^4)^2 + 6H^2O$ forme des prismes volumineux vert pâle. Il est souvent employé dans les laboratoires comme réactif à cause de sa faible altérabilité à l'air.

Le sulfate ferreux devient rose ou brun, sous l'influence d'une petite quantité de bioxyde d'azote; cette réaction sert à caractériser les nitrates. On connaît les deux combinaisons :

$$2 FeSO^4, AzO^2 \qquad et \qquad 3 FeSO^4, 2 AzO^2$$

Les usages du vitriol vert sont importants. Par sa calcination en vases clos, il sert à produire le *rouge d'Angleterre*, le *colcothar* et l'acide sulfurique fumant; il sert à la préparation du *bleu de Prusse*. On l'emploie dans la fabrication de l'*encre* ordinaire. En teinture, il permet d'obtenir des tons noirs. Il permet de précipiter l'or métallique de ses dissolutions. Enfin il est souvent utilisé comme désinfectant et antifermentescible et employé en agriculture pour combattre certains parasites.

Sulfates ferriques. — Le sulfate normal $(SO^4)^3Fe^2$ ou $(SO^3)^3Fe^2O^3$ s'obtient en chauffant 100 parties de sulfate ferreux cristallisé, 100 parties d'eau et 20 d'acide sulfurique ordinaire, puis ajoutant peu à peu de l'acide azotique jusqu'à ce que le dégagement des vapeurs nitreuses, d'abord très abondant, ne se produise plus. La solution est alors d'un jaune brun; le sel évaporé à sec est blanc jaunâtre; il se forme d'après l'équation :

$$6 SO^4Fe + 2 AzO^3H + 3 SO^4H^2 = 3 (SO^4)^3 Fe^2 + 2 AzO + 4 H^2O$$

On a mentionné plus haut le sulfate ferrique basique Fe^2O^3, SO^3 ; on connaît aussi le sulfate $Fe^2O^3, 2SO^3$, et le sulfate $(Fe^2O^3)^3, 5SO^3$. Ces sels ne sont pas utilisés.

CARBONATES FERREUX ET FERRIQUES

La *sidérose, fer spathique* ou carbonate ferreux naturel CO^3Fe cristallise en rhomboèdres (p p. $= 107°$); souvent une partie du fer est remplacée dans ces cristaux par de la magnésie ou du manganèse. C'est un des minerais de fer les plus précieux. Blonde, grise ou brun jaunâtre, d'un éclat vitreux, elle jouit comme la calcite d'une double réfraction énergique. On la rencontre aussi à l'état amorphe en amas énormes dans les terrains de transition. Elle est venue au jour dissoute dans les eaux minérales.

Dans les laboratoires, on obtient le carbonate ferreux hydraté en précipitant à l'abri de l'air les sels ferreux par un carbonate alcalin.

Ce sel existe dans les eaux potables et minérales ferrugineuses. Un litre d'eau peut dissoudre $0^{gr},91$ de carbonate ferreux sous la pression ordinaire.

Il entre dans la préparation des pilules de Bland et de Vallet.

Il existe les *carbonates ferriques* $(Fe^2O^3)^3CO^2,8H^2O$ et $(Fe^2O^3)^3CO^2.12H^2O$, sels instables et mal définis.

PHOSPHATES ET PYROPHOSPHATES DE FER

On connaît les divers phosphates ferreux :

$(PO^4)^2 Fe^3$	PO^4FeII	$P^2O^7Fe^2$
Phosphate trimétallique normal.	Phosphate normal monométallique.	Pyrophosphate de fer.

Ils sont insolubles et sans emploi.

On utilise en médecine un *pyrophosphate de ferricum et de sodium* qu'on obtient en versant du pyrophosphate de sodium dans du chlorure ferrique. Le précipité blanc qui se forme se redissout dans un excès de pyrophosphate sodique et donne la combinaison $(P^2O^7)^3(Fe^2)^2,2P^2O^7Na^4$, $2OH^2O$. Ce sel ne produit pas de précipité bleu par le cyanure jaune. Il n'est pas atramentaire; c'est une bonne préparation martiale qui ne fatigue point l'estomac.

CARACTÈRES DES SELS DE FER.

Sels ferreux. — Ces sels sont verts ou incolores; leurs solutions sont astringentes, d'un goût d'encre, très altérables à l'air; elles déposent en s'oxydant des *sous-sels* jaunâtres ou brunâtres.

Après acidulation par l'acide chlorhydrique, les sels ferreux ne précipitent point par l'hydrogène sulfuré, mais bien par les sulfures alcalins. Ce précipité FeS,aq est noir et soluble dans les acides. La potasse donne dans les sels ferreux un précipité gris blanc qui bleuit aussitôt et brunit en s'oxydant activement à l'air. L'ammoniaque produit ce même précipité, mais le redissout partiellement : elle ne précipite pas ces sels en présence des sels ammoniacaux.

Le *ferricyanure de potassium* forme dans les sels ferreux un dépôt abondant de bleu de *Turnbull* ou *ferricyanure ferreux*.

Sels ferriques. — Leur réaction est acide, leur couleur jaune ou brune, leur saveur styptique, astringente.

L'hydrogène sulfuré y fait naître un trouble laiteux blanc jaunâtre occasionné par du soufre qui résulte de la réduction du sel ferrique par l'hydrogène du gaz H^2S; en même temps la liqueur s'acidifie. Le sulfhydrate d'ammoniaque y forme un précipité noir de sulfure ferreux mêlé de soufre.

Les alcalis en précipitent du sesquioxyde de fer hydraté brun rouge. Cette précipitation n'a plus lieu en présence des tartrates ou des citrates.

Le ferricyanure de potassium précipite de ces sels du bleu de Prusse.

Les sulfocyanures solubles y produisent une belle couleur rouge de sang.

Le *tannin* de la noix de galle y fait naître un précipité noir bleuâtre; c'est l'*encre* vulgaire.

QUARANTE ET UNIÈME LEÇON

LE CHROME; LE MANGANÈSE; LE NICKEL; LE COBALT; L'URANIUM

LE CHROME

Vauquelin découvrit le chrome en 1797 dans un chromate de plomb naturel, le *plomb rouge* ou *crocoïse* de Sibérie $CrO^5.PbO$. Plus tard il le retira du *fer chromé* ou *chromite* Cr^2O^5,FeO. Ces deux principaux minerais proviennent de filons des terrains anciens et de transition.

On obtient le chrome métallique en réduisant le sesquioxyde de chrome pur Cr^2O^3 par un poids connu de charbon de sucre dans un creuset de chaux que l'on porte au rouge blanc à l'aide d'un bon fourneau à vent. On peut aussi réduire le chlorure de chrome par la vapeur de sodium qu'entraîne au rouge un courant d'hydrogène (*Fremy*).

Lorsqu'il a été fondu, le chrome est un métal gris d'acier, brillant, assez dur pour rayer le verre, très tenace; d'une densité égale à 6; la densité de ses cristaux s'élève à 6,8. Le chrome ne devient magnétique qu'à — 15°. Il est à peu près inattaquable à froid par les acides concentrés, si ce n'est par l'acide chlorhydrique, mais il se dissout aisément dans les alcalis. Il ne décompose pas l'eau au rouge.

Tous ces caractères rapprochent manifestement le chrome de l'aluminium. L'étude de ses oxydes va confirmer cette première appréciation.

OXYDES DE CHROME

Le plus important est le sesquioxyde Cr^2O^3. Le protoxyde n'existe qu'en combinaison : dès qu'on veut le séparer des dissolutions de son chlorure $CrCl^2$, ou de son sulfate, double $CrO,SO^3; K^2O,SO^3,6H^2O$, on obtient un précipité brun d'hydrate salin Cr^3O^4, *aq* et un dégagement d'hydrogène.

Le *sesquioxyde de chrome* s'obtient à l'état anhydre en chauffant au rouge naissant deux parties de bichromate de potasse et une de soufre :

$$(CrO^3)^2K^2O + S = SO^3K^2O + Cr^2O^3$$

en reprenant par l'eau, qui dissout le sulfate de potasse, il reste un oxyde de chrome d'une belle couleur verte et brillante que l'on utilise dans la peinture sur porcelaine.

On obtient l'oxyde hydraté en versant de l'ammoniaque dans un sel chromique.

On connaît deux modifications de cet oxyde Cr^2O^3 qui correspondent à deux séries parallèles de sels. Il existe des sels chromiques *violets*, cristallisables et stables, d'où l'ammoniaque précipite à froid un hydrate d'oxyde de chrome *bleu violacé* soluble dans l'acide acétique, et qui se dissout peu à peu dans un excès d'ammoniaque; mais il est aussi des sels de chrome *verts*. Cette seconde modification, essentiellement instable, se produit toutes les fois qu'un sel violet est porté à 100°. Ces sels verts incristallisables tendent à revenir à la modification violette. Traités par les alcalis, ils donnent un hydrate de sesquioxyde *bleu verdâtre*, soluble dans la potasse et la soude, mais non dans l'ammoniaque.

En chauffant vers 500° un mélange de 3 parties d'acide borique et de 1 partie de bichromate de potasse mêlé d'un peu d'eau, on obtient un borate de chrome et de potasse qui projeté dans l'eau où il se désagrège, laisse dissoudre le borate acide de potasse qui s'est formé, et donne comme résidu un oxyde de chrome hydraté $Cr^2O^3,2H^2O$ d'une très belle couleur verte. C'est le *vert Guignet*, très employé dans l'impression des toiles et papiers.

CHLORURES DE CHROME

En dissolvant les deux hydrates de chrome Cr^2O^3,aq dans de l'acide chlorhydrique étendu, on obtient les sesquichlorures de chrome vert ou violet. Le chlorure vert traité par le nitrate d'argent ne laisse précipiter d'abord que les deux tiers de son chlore. Le chlorure bleu est entièrement décomposé par ce réactif. Le sesquichlorure de chrome dissous dans l'eau est transformé en protochlorure $CrCl^2$ sous l'influence du zinc en limaille. En chauffant dans un courant de chlore un mélange intime, fortement calciné au préalable, de sesquioxyde de chrome et de charbon, on obtient le sesquichlorure anhydre Cr^2Cl^6 sous forme d'écailles brillantes, cristallines, de couleur fleur de pêcher. Ce chlorure est à peu près insoluble dans l'eau froide.

Traité au rouge naissant par un courant d'hydrogène, le sesquichlorure Cr^2Cl^6 laisse du protochlorure de chrome $CrCl^2$ sous forme de paillettes blanches se dissolvant en bleu dans l'eau. Cette solution est très oxydable.

ALUNS DE CHROME

Ce sont les seuls sels de chrome que l'on observe ou prépare usuellement. Il existe des aluns de chrome correspondant aux aluns ordinaires d'alumine : L'alun *chromo-potassique* $(Cr^2O^3) 3 SO^3, K^2O.SO^3 + 24 H^2O$ s'obtient en traitant à froid le bichromate de potasse acidulé d'acide sulfurique par de l'alcool. Celui-ci s'oxyde en donnant de l'aldéhyde et de l'acide acétique, aux dépens de l'acide chromique qui passe ainsi à l'état de sulfate de sesquioxyde. Il se dépose peu à peu au fond du vase de gros cristaux octaédriques d'alun de chrome violet, pourpre foncé par réflexion, rouge rubis par transparence. Ces cristaux se redissolvent dans l'eau en donnant une solution violette qui devient verte et incristallisable vers 60° comme les autres sels verts de sesquioxyde de chrome.

ACIDE CHROMIQUE ET CHROMATES

Acide chromique CrO^3. Cet acide s'obtient au moyen du bichromate de potasse. Dans une dissolution saturée à froid de ce dernier sel, on verse petit à petit un peu moins d'une fois et demi son volume d'acide sulfurique concentré et pur : par refroidissement l'acide chromique se dépose en un feutrage d'aiguilles cramoisies qu'on essore puis redissout dans l'eau ; il contient encore un peu d'acide sulfurique ; on l'enlève par addition ménagée de chromate de baryte ; on décante la liqueur et par son évaporation l'acide chromique cristallise en aiguilles rouges rubis déliquescentes, d'une saveur styptique et amère, décomposables vers 200° en sesquioxyde de chrome Cr^2O^3 et oxygène.

C'est un oxydant énergique. L'alcool s'enflamme à son contact ; l'acide sulfureux est transformé en acide sulfurique.

Il est employé en médecine comme caustique. Appliqué sur la peau, il produit des escharres limitées peu douloureuses qui gagnent insensiblement en profondeur. On l'a ordonné dans les affections des gencives, les végétations syphilitiques, les cancroïdes, etc. L'acide chromique est aussi employé à durcir les pièces anatomiques. Il est très vénéneux.

Chromates. — L'acide chromique donne des *chromates neutres*, tels que le *chromate* neutre de potasse CrO^5,K^2O, ainsi que des *bichromates* $(CrO^3)^2K^2O$, et même des *trichromates* $(CrO^3)^3K^2O$.

Le *bichromate de potasse* est le dérivé chromique le plus important, le plus maniable, celui qui permet de préparer tous les autres. On l'obtient en fondant au rouge le *fer chromé naturel* avec la moitié de son poids de nitre, reprenant la masse par l'eau et la saturant par de l'acide acétique qui en précipite la silice et l'alumine; on obtient par filtration une liqueur qui donne, lorsqu'on la concentre, des cristaux de bichromate de potasse :

$$2\,Cr^2O^3,FeO \;+\; 4\,AzO^5K \;=\; 2(CrO^3)^2K^2O \;+\; Fe^2O^3 \;+\; 4\,Az \;+\; 50$$
<small>Fer chromé.　　　　　　Nitre.　　　　Bichromate de K.</small>

Ce sont de beaux cristaux orangés, en tables quadrangulaires disymétriques ; l'eau à 29° en dissout un dixième de son poids. Une bonne chaleur rouge décompose le bichromate en donnant du chromate neutre, du sesquioxyde de chrome et de l'oxygène.

L'acide sulfurique met l'acide chromique du bichromate de potasse en liberté. L'acide chlorhydrique forme avec lui un sel singulier, le chromate de chlorure de potassium :

$$(CrO^3)^2K^2O \;+\; 2\,HCl \;=\; 2\,(CrO^3,KCl) \;+\; H^2O$$

Fondu avec le sel marin, le bichromate laisse distiller de l'*acide chlorochromique* CrO^2Cl^2 :

$$2\,(CrO^3)^2K^2O \;+\; 2\,NaCl \;=\; 2\,CrO^3.K^2O \;+\; CrO^3.Na^2O \;+\; CrO^2Cl^2$$

Ce liquide très oxydant bout à 120°. L'eau le décompose en acides chlorhydrique et chromique.

Le bichromate de potasse se transforme en chromate neutre $CrO^5.K^2O$ d'une couleur jaune citron, *isomorphe du sulfate de potasse*, lorsqu'on traite ce bichromate par le carbonate de potasse.

Le chromate et le bichromate de potasse sont employés dans la fabrication des couleurs. Le bichromate sert en teinture. Le chromate neutre donne avec les sels de plomb un précipité de chromate de plomb jaune, le *jaune de chrome*, utilisé dans l'aquarelle et la peinture à l'huile. Le *jaune de Cologne* contient aussi du chromate de plomb.

Les chromates jouissent d'une saveur persistante désagréable. Ils sont tous vénéneux même à faible dose; ils produisent, par une lente intoxication spécifique, la carie des os du nez.

Les *sels de sesquioxyde de chrome* sont violets ou verts. (Voir plus haut.) Ils ne donnent pas de précipité par l'acide sulfhydrique. Le *sulfhydrate d'ammoniaque* y produit un précipité floconneux verdâtre d'hydrate de sesquioxyde. Il en est de même des alcalis dont un excès dissout le précipité. Les carbonates alcalins donnent dans les sels chromiques un précipité vert, soluble dans un excès de réactif.

La présence d'une suffisante quantité d'acide tartrique ou de tartrates, d'acide oxalique ou d'oxalates alcalins, peut empêcher la précipitation du sesquioxyde de chrome.

Les *chromates* sont jaunes ou rouges. Ils sont insolubles, à l'exception des chromates alcalins et de ceux de chaux, de strontiane, de magnésie et de manganèse. L'alcool, l'acide sulfureux, l'acide sulfhydrique, en général les corps oxydables, précipitent à chaud ou à froid du sesquioxyde de chrome ou forment, en liqueurs acides, des sels de chrome en réduisant ces chromates.

LE MANGANÈSE

C'est en 1774 que dans son beau mémoire *De magnesia nigra*, cette *magnésie noire* qu'utilisaient depuis longtemps déjà les verriers, Scheele démontra qu'il existait dans cette *terre noire* l'oxyde d'un métal inconnu qui en formait la principale part. Gahn isola ce métal l'année suivante en calcinant à très haute température la *magnésie noire* ou *manganèse* avec du charbon.

Les minerais de manganèse sont assez répandus, ce sont principalement des oxydes anhydres ou hydratés : La *pyrolusite*, le plus souvent en masses fibreuses d'un noir de fer, quelquefois en prismes orthorhombiques, constitue le bioxyde MnO^2. L'*acerdèse*, qui cristallise dans le même système, est un hydrate Mn^2O^3, H^2O. Ces deux espèces servent à préparer l'oxygène et le chlore dans nos laboratoires. L'*hausmannite*, à poussière rouge brune, répond à la formule Mn^3O^4.

Le manganèse métallique fut préparé à l'état de complète pureté par M. H. Deville en réduisant au rouge blanc par du charbon de sucre, dans un creuset de chaux vive, le carbonate de manganèse pur; M. Fremy l'a obtenu cristallisé en décomposant par le sodium le protochlorure $MnCl^2$. C'est un métal gris blanchâtre, d'une densité de 7,2 ; il n'est pas attirable à l'aimant. Il décompose l'eau à 100°. A l'air il se transforme en un oxyde brun pulvérulent. Les acides étendus le dissolvent avec dégagement d'hydrogène. La plupart de ces propriétés le différencient, comme on voit, très sensiblement du chrome et du fer

OXYDES DE MANGANÈSE

Voici la liste des nombreux composés oxygénés du manganèse, ainsi que leurs formules et le signalement de leurs principales aptitudes chimiques :

MnO. . . . .   *Protoxyde.* — Base donnant des sels très stables isomorphes avec les sels de fer ou de zinc.

Mn^3O^4 ou MnO,Mn^2O^3. .   *Oxyde manganoso-manganique.* — Oxyde salin.

Mn^2O^3. . . . . . .   *Sesquioxyde.* — Base faible isomorphe de l'alumine et du sesquioxyde de fer.

Mn^6O^{11} ou $MnO,5MnO^2$.   *Manganite de manganèse.*

MnO^2 . . . .   *Bioxyde.* — Oxyde singulier, pouvant dans certains cas jouer le rôle d'un acide faible.

MnO^3 . . . .   *Anhydride manganique.* — Il n'existe qu'à l'état de sels dans les manganates, tels que MnO^3,K^2O isomorphes des sulfates, séléniates et chromates.

Mn^2O^7. . . . . . .   *Anhydride permanganique.* — On ne le connaît qu'hydraté Mn^2O^7,H^2O. Il forme les permanganates, tels que Mn^2O^7,K^2O ou MnO^4K, sel isomorphe du perchlorate de potasse ClO^4K.

Le *protoxyde* MnO s'obtient par la calcination du carbonate ou de l'oxalate à l'abri de l'air. C'est une poudre vert grisâtre, très oxydable, qui se dissout dans les acides en donnant les sels manganeux ordinaires.

Nous avons déjà dit un mot de l'*oxyde manganoso-manganique* et du *sesquioxyde de manganèse* naturels. Celui-ci se dissout à froid dans les acides sulfurique et chlorhydrique étendus pour donner les sels manganiques, correspondant aux sels ferriques tels que $(Mn^2O^3)3SO^3$ ou Mn^2Cl^6. Ces sels rouges, instables, se décolorent à l'ébullition en dégageant de l'oxygène et laissant des sels manganeux qui seuls sont stables. Nous ne nous étendrons pas davantage sur les oxydes du manganèse en général ; le seul qu'il soit important d'étudier particulièrement est l'*oxyde singulier* ou *bioxyde*.

Bioxyde de manganèse. — Il est très répandu dans les roches anciennes : c'est la *pyrolusite*, minéral d'un éclat gris d'acier, à poussière noire.

On peut l'obtenir artificiellement en calcinant à l'air le carbonate manganeux, CO^2MnO, ou chauffant l'azotate manganeux vers $300°$, reprenant le résidu par un acide très étendu pour redissoudre un peu de protoxyde qui se forme en même temps, et recalcinant ensuite légèrement.

La solution de carbonate manganeux dans de l'eau chargée d'acide carbonique, exposée ensuite à l'air, se transforme peu à peu en bioxyde de manganèse hydraté qui se dépose. C'est l'un des principaux mécanismes par lesquels se sont formés les minerais hydratés naturels. On a :

$$MnCO^3 + O = MnO^2 + CO^2 \text{ dissous} + 7^{Cal.},8$$

Il existe dans l'Amérique du Sud des rivières à eau noire qui déposent ainsi du manganèse.

Au rouge, le bioxyde de manganèse perd le tiers de son oxygène et se transforme en oxyde salin Mn^3O^4.

Chauffé avec l'acide sulfurique, il dégage la moitié de son oxygène et donne un sulfate manganeux. Avec l'acide chlorhydrique il fournit du chlore.

La potasse le transforme, à l'abri de l'air, en manganate et en hydrate manganique :

$$3MnO^2 + 2KHO = MnO^4K^2 + Mn^2O^4H^2$$

On a signalé quelques sels de bioxyde de manganèse ; un acétate, un sulfate. Réciproquement cet oxyde peut jouer le rôle d'un acide faible et donner des manganites de potassium, calcium, etc. Ces sels correspondent tous à l'hydrate $5MnO^2,H^2O$ ou $Mn^5O^{11}H^2$. Exemple : *manganite de potassium* $Mn^5O^{11}K^2$.

Outre ces deux importantes préparations de laboratoire, oxygène et chlore, le bioxyde de manganèse sert encore à blanchir et purifier les verres ferrugineux bruns qu'il décolore ; un excès de bioxyde les teint en violet. Mais la majeure partie de ce minerai est utilisée à fabriquer le chlore et les hypochlorites décolorants.

Bouilli avec les huiles en petite quantité, il les oxyde partiellement et les rend siccatives.

Le bioxyde est la matière première des sels de manganèse et des permanganates.

SELS DE MANGANÈSE

Les sels qui ont le protoxyde MnO pour base sont les seuls stables ainsi qu'on l'a dit. Ils sont isomorphes des sels correspondants de fer, de zinc et de magnésium. Ils sont tous colorés en rose.

Nous nous bornerons à signaler ici les principaux, aucun d'eux n'ayant encore reçu d'applications industrielles ou médicales sérieuses.

Protochlorure de manganèse $MnCl^2,H^2O$. — On l'obtient dans les laboratoires comme produit secondaire de la préparation du chlore. Il suffit de faire bouillir les résidus avec un peu de carbonate de man-nèse qui sature l'excès d'acide chlorhydrique ajouté et précipite le sesquioxyde de fer : le protochlorure cristallise par évaporation.

Ce chlorure permet de préparer les autres sels de manganèse. Le *carbonate* s'obtient en précipitant sa solution par un carbonate alcalin.

Le chlorure de manganèse sert en teinture pour obtenir des bruns. On l'imprime sur étoffe, puis on passe au bain alcalin : il se dépose dans le tissu de l'hydrate manganeux qui, lentement à l'air, plus rapidement dans un bain oxydant, se transforme en oxyde brun intimement uni à la fibre textile.

Sulfate manganeux. — Lorsque ce sel cristallise au-dessous de 6° il jouit de la composition $SO^3MnO,7H^2O$; dans des limites de température comprises entre 7 et 20°, il répond à la formule $SO^3,MnO,5H^2O$; il devient dès lors isomorphe du sulfate cuprique ([1]).

Carbonate de manganèse CO^2MnO. — C'est une poudre blanc rosé insoluble. On rencontre ce sel dans la nature associé le plus souvent aux carbonates ferreux et calcique avec lesquels il est isomorphe.

Caractères des sels manganeux. — Ils sont tous roses. L'*hydrogène sulfuré* reste sans action sur eux. Les *sulfures alcalins* en précipitent un sulfure hydraté de couleur chair soluble dans les acides. Les *alcalis* séparent de l'hydrate manganeux qui s'oxyde rapidement à l'air en se transformant en hydrate manganique brun.

Chauffés au chalumeau avec un peu de carbonate de soude, les sels de manganèse donnent du manganate soluble dans l'eau en bleu verdâtre.

Un composé du manganèse chauffé avec un peu d'acide nitrique, et d'oxyde puce de plomb donne une coloration pourpre intense.

MANGANATES ET PERMANGANATES

Manganates $MnO^4R'^2$. — L'acide manganique libre $MnO^3.H^2O$ n'a pas été isolé. On obtient le manganate de potasse MnO^3K^2 en chauffant dans une capsule d'argent un mélange de bioxyde de manganèse et de potasse très concentrée. On a :

$$3\,MnO^2 \quad + \quad 2\,KHO \quad = \quad MnO^3K^2O \quad + \quad Mn^2O^3,H^2O$$

Bioxyde de Mn.   Potasse.   Manganate de K.   Hydrate
                                                        de sesquioxyde de Mn.

On reprend par très peu d'eau, on décante, et l'on évapore dans le vide la solution vert bleuâtre foncé qui se produit ; elle dépose des aiguilles vertes de manganate de potassium. Ce sel est isomorphe du sulfate.

La solution de ce manganate est fort instable. L'eau employée en abondance dédouble les manganates en permanganate et bioxyde de manganèse hydraté :

$$3\,MnO^4K^2 \quad + \quad 2\,H^2O \quad = \quad 2\,MnO^4K \quad + \quad MnO^2 \quad + \quad 4\,KHO$$

Manganate.   Eau.   Permanganate.   Bioxyde.   Potasse.

([1]) C'est un exemple bien fait pour montrer, contrairement à une hypothèse souvent admise, que l'isomorphisme des sels formés avec un même acide n'entraîne pas l'isomorphisme des oxydes qui entrent dans ces sels. Ceci n'est à peu près exact que si les quantités d'eau de cristallisation sont les mêmes dans les deux cas.

La liqueur se trouble lorsqu'on l'étend, et la coloration passe par toutes les nuances du vert bleu au rouge violet le plus beau, qui est la couleur du permanganate; de là le nom de *caméléon minéral* qu'on donne à cette préparation.

Les acides, même les plus faibles, tels que l'acide carbonique, provoquent rapidement le passage du ton bleu du manganate au ton rouge du permanganate. Il se produit en même temps un sel manganeux :

$$5 MnO^4 K^2 + 4 SO^4 H^2 = SO^4 Mn + 3 SO^4 K^2 + 4 H^2 O + 4 MnO^4 K$$

Inversement les alcalis transforment les permanganates en manganates.

Vers 450° les manganates sont décomposés par la vapeur d'eau avec mise en liberté d'oxygène :

$$MnO^4 Na^2 + H^2 O = MnO^2 + 2 NaHO + O$$

le résidu calciné à l'air donne de nouveau du manganate. Cette réaction a été utilisée pour la préparation industrielle de l'oxygène.

Le manganate de baryum, d'une belle couleur verte, est employé dans l'impression des tissus.

Permanganates $MnO^4 R'$. — On ne connaît l'acide permanganique qu'en solution; il se produit lorsqu'on ajoute un acide fort à un permanganate. Sa couleur est rouge cramoisi par réflexion, violette par transparence; sa saveur est douceâtre, puis amère et métallique; ses vapeurs sont violettes. Il se décompose rapidement, surtout à la lumière et par la chaleur, en donnant de l'oxygène.

Nous avons vu tout à l'heure comment les permanganates dérivent des manganates. Dans ces composés, le manganèse Mn paraît jouer le rôle d'un élément monovalent analogue au chlore des perchlorates $ClO^4 R'$ avec lesquels les permanganates sont isomorphes.

Le permanganate le plus important est celui de potassium $MnO^4 K$. On l'obtient en calcinant un mélange d'une partie de bioxyde de manganèse, une partie de potasse et 1,8 p. de nitre. On dissout dans l'eau, on filtre sur l'amianthe, on décante et l'on fait cristalliser. Ou bien on fait passer un courant de chlore dans une solution de manganate de potasse :

$$MnO^4 K^2 + Cl = KCl + MnO^4 K$$

Le permanganate potassique cristallise, par évaporation, en aiguilles volumineuses d'un violet noir à reflets métalliques. Il est isomorphe du perchlorate de potassium avec lequel il peut même cristalliser en toutes proportions. Il se dissout dans 15 à 16 parties d'eau froide et fournit ainsi une solution d'un violet pourpre magnifique.

C'est un réactif oxydant très puissant. Il détone violemment avec le phosphore et le soufre, oxyde l'acide sulfureux, transforme les sels ferreux en sels ferriques, les sels de chrome en chromates; oxyde l'ammoniaque qu'il change en acide azoteux à froid et à chaud en acide azotique.

Mais son action est surtout précieuse dans l'oxydation des matières organiques. Sous son influence l'alcool est transformé en acide acétique; les acides gras supérieurs en acide succinique, la naphtaline en acide phtalique, etc.

En même temps et par le même mécanisme, il agit comme un désinfectant énergique. On l'emploie aujourd'hui beaucoup en chirurgie; les solutions au 100e et au 500e servent en lotions sur les plaies fétides, en injections dans les foyers purulents, en lavages dans les fosses nasales atteintes d'ozène par exemple, etc. Les liquides putréfiés sont immédiatement désodorisés par cet agent puissant.

Dans l'industrie on l'emploie pour le blanchiment des tissus, la décoloration des huiles, etc.

NICKEL [1]

Le nickel et le cobalt ont les plus singuliers points de ressemblance. Toutefois, le nickel ne donne pas de sesquioxyde salifiable; le cobalt forme des sels cobalteux et des sels cobaltiques, mais ces derniers sont si instables que la moindre chaleur, et la lumière elle-même, suffisent à les faire passer à l'état de sels de protoxyde. On vient de voir, d'autre part, la faible stabilité des sels de sesquioxyde de manganèse. Ce dernier métal forme donc bien le terme de passe du fer au cobalt et au nickel.

Ces deux métaux se rencontrent souvent réunis. Ils sont assez constants dans les sulfures et arséniosulfures de fer. Mais on connaît des minerais de nickel proprement dits : la *nickeline* hexagonale ou *küpfernickel* NiAs forme des masses compactes rouge cuivre; le *disomore* NiAsS est un sulfarséniure de nickel isomorphe de la *cobaltine* CoAsS et du *mispickel* FeAsS; de là les associations si multipliées de ces trois espèces. Parmi les minerais oxydés les plus importants, citons : l'hydrocarbonate de nickel $CO^2,3NiO,6H^2O$, que l'on trouve au Texas en masses mamelonnées d'un beau vert; et la *garniérite* ou *noumméite*, hydrosilicate de magnésie et de nickel répondant à peu près à la formule $(SiO^2)^8(MgO$ et $NiO)^{10},5H^2O$.

Nous ne pouvons décrire ici la métallurgie du nickel. Bornons-nous à dire que ce métal se retire du küpfernickel où il fut découvert en 1751 par Cronstedt.

Pour l'extraire de ce minerai très répandu dans les terrains primitifs

[1] *Nickel* est le vieux nom suédois d'un des génies nains et malfaisants des mines.

de la Scandinavie, des Alpes, des Pyrénées, etc., ou le retirer du *speiss*, sulfarséniure industriel qui reste comme résidu de la fabrication du *smalt* ou *bleu de cobalt*. On fond ces matières avec du soufre et du carbonate de potasse : l'arsenic s'oxyde, et l'arsénite alcalin formé est extrait par l'eau ; le sulfure de nickel, le plus souvent mélangé d'un peu de cobalt, reste comme résidu lorsqu'on reprend le produit de la calcination par l'eau acidulée. Ce sulfure bouilli avec de l'acide sulfurique donne du sulfate de nickel, d'où la potasse précipite l'hydrate mêlé d'un peu de cobalt. Pour séparer ces deux oxydes, il suffit de dissoudre dans un acide, de neutraliser et d'ajouter un petit excès de nitrite de potassium et d'acide acétique. Au bout de quelques heures l'azotite double de cobalt et de potassium se dépose, tandis que la liqueur filtrée ne contient plus que le nickel. On précipite son hydrate par la potasse caustique, et on le redissout dans de l'acide oxalique. L'oxalate de nickel étant chauffé au blanc dans un bon fourneau à vent, le nickel réduit fond en un culot métallique.

C'est un métal blanc d'acier; d'une densité de 8,5 s'il a été fondu, de 8,7 s'il est écroui. Il est moins fusible que le fer; ductile, laminable, forgeable, très tenace, encrassant fortement les limes d'acier.

Il est inaltérable à l'air, mais il brûle dans l'oxygène. Il décompose l'eau au rouge. Les acides sulfurique et chlorhydrique étendus ne le dissolvent que très difficilement. Il devient *passif* comme le fer, au contact de l'acide nitrique fumant.

On a vu (P. 381) que l'alliage peu altérable, blanc d'argent, nommé *maillechort* ou *argentan* contient 20 à 30 pour 100 de nickel, uni à 50 de cuivre et 20 de zinc.

L'inaltérabilité du nickel à l'air a permis de beaucoup étendre son usage. On en recouvre les pièces métalliques à protéger contre l'oxydation; les instruments de chirurgie et de laboratoire. On dépose le nickel à leur surface grâce à l'électrolyse d'un bain de sulfate double de nickel et d'ammonium maintenu neutre par un peu d'ammoniaque.

OXYDES DE NICKEL

Le *protoxyde* NiO est la base des sels de nickel. Il s'obtient en calcinant l'azotate ou le carbonate. Anhydre, il est gris verdâtre; précipité de ses sels par la potasse, il est hydraté et vert pomme. L'ammoniaque le dissout avec une coloration bleue. L'hydrogène le réduit au rouge.

Le *sesquioxyde* Ni^2O^3 s'obtient en calcinant modérément l'azotate. Ce sel se dédouble à chaud en protoxyde et gaz oxygène. On connaît l'hydrate $Ni^2O^3,3H^2O$, mais lorsqu'on vient à le traiter par les acides, ce sesquioxyde donne des sels de protoxyde et de l'oxygène.

On a décrit un oxyde magnétique de nickel Ni^3O^4 (*Baubigny*) et même un peroxyde de Ni^4O^7.

Tous les sels de nickel sont verts en solution; leur réaction est acide.

Chlorure. — Le métal chauffé au rouge dans le chlore donne un chlorure anhydre $NiCl^2$ en paillettes jaunes. Si l'on traite le nickel par l'eau régale, on obtient des cristaux effleurissables $NiCl^2,9H^2O$ et $6H^2O$.

Sulfate. — Il se forme en dissolvant le métal, son hydrate ou son carbonate dans l'acide sulfurique étendu. A 15 ou 20° il cristallise de ses solutions à l'état d'hydrate $NiO,SO^3,7H^2O$ isomorphe des sulfates de fer et de magnésium. Comme ces métaux, le nickel forme des sulfates doubles avec les sulfates alcalins.

Caractères des sels de nickel. — Les alcalis donnent avec ces sels un précipité vert pomme d'hydrate, soluble dans l'ammoniaque et dans le carbonate d'ammonium.

Le carbonate de baryum précipite complètement à l'ébullition l'oxyde des sels de nickel.

Le sulfure de nickel précipité par le sulfure ammonique est difficilement soluble dans l'acide chlorhydrique même bouillant.

Au chalumeau, dans la flamme oxydante, le borax donne avec ces sels une perle rouge hyacinthe à chaud, jaune à froid.

COBALT

Georges Brandt, ingénieur suédois, retira ce métal, en 1733, du *kobolt* ou *sulfoarséniure* de *cobalt* impur ([1]).

Outre ce sulfoarséniure (*cobaltine, cobalt gris*), il existe un *cobalt sulfuré*, un oxyde de cobalt et un *arséniate de cobalt* naturels.

Mais généralement le cobalt se retire des sulfarséniures comme il est dit plus haut à propos du nickel. En calcinant au blanc dans un creuset de chaux l'oxyde de cobalt avec du charbon, ou l'oxalate de cobalt, on obtient le cobalt métallique.

C'est un métal blanc d'argent, légèrement rougeâtre, très malléable; de tous les métaux le plus tenace. Sa densité est de 8,68. Il est magnétique s'il est exempt d'arsenic.

Il ne s'oxyde pas à l'air, mais au rouge il donne l'oxyde Co^4O^7. Il décompose l'eau à haute température; les acides ne l'attaquent que difficilement. Il devient passif dans l'acide nitrique.

([1]) Le nom de *Kobolt* signifie *lutin*. Les mineurs donnèrent ce nom, qui est celui d'un petit génie malicieux de la légende, à ce minerai qui, grâce à son arsenic, était pour eux la cause de difficultés pratiques de métier et de maladies diverses.

OXYDES DE COBALT

Le *protoxyde* CoO est la base des sels usuels de cobalt. Anhydre il est vert olive; hydraté il est rose. On le précipite des combinaisons cobalteuses par les alcalis.

Le *sesquioxyde* Co^2O^3 est une poudre noir brun que la calcination ramène à l'état d'oxyde intermédiaire Co^3O^4. Ce sesquioxyde Co^2O^3 est faiblement basique, il se dissout dans les acides forts; mais la lumière et la chaleur ramènent ces solutions cobaltiques à l'état de sels de protoxyde en en dégageant de l'oxygène. Avec l'acide chlorhydrique, le sesquioxyde donne du chlore à froid.

SELS DE COBALT

Les sels de protoxyde CoO,*aq* s'obtiennent en dissolvant l'hydrate correspondant dans les divers acides.

Le *sulfate de cobalt* $CoO.SO^3,7H^2O$ forme des prismes rhomboïdaux obliques de couleur rouge, isomorphes du sulfate de fer.

L'*azotate de cobalt* $AzO^5Co,6H^2O$ cristallise aussi en prismes rhomboïdaux obliques roses. Sa solution est un précieux réactif; l'azotate de cobalt se détruit à chaud et laisse de l'oxyde qui colore les verres et émaux de couleurs diverses caractéristiques. Par calcination l'on a :

Avec *le borax* . . . . . un *beau bleu*.
— *l'alumine* . . . . . un *bleu de ciel*.
— *la magnésie* . . . . un *rose*.
— *l'oxyde de zinc* . . . un *vert*.

Smalt ou bleu cobalt. — C'est un silicate double, véritable verre de potasse et de cobalt que le hasard fit découvrir au milieu du xvie siècle. On l'obtient en grillant le minerai de cobalt pour en chasser le soufre et l'arsenic. puis calcinant le résidu avec du sable blanc et de la potasse. Au fond du creuset, il se fait un dépôt d'apparence métallique de sulfarséniure de nickel impur, le *speiss* des Allemands. Il est recouvert d'un verre d'un *bleu* pur qui porte le nom de *smalt* [1]. Réduit en poudre, il constitue l'*azur* qui servait autrefois à colorer le papier ou le linge et qu'on remplace souvent aujourd'hui par l'*outremer artificiel*.

CARACTÈRES DES SELS DE COBALT.

Ces sels sont roses, fleur de pêcher, ou rouges. Leurs solutions con-

[1] Suivant M. Chevreul, la couleur de ce verre serait le seul bleu *pur* opaque connu.

centrées deviennent bleues par la chaleur. Les sels de cobalt sont bleus à l'état anhydre.

Ceux de protoxyde, les seuls stables, donnent avec la potasse un précipité bleu constitué par un *sel basique* qui devient rose à chaud ou à froid au bout de quelque temps en se changeant en *hydrate de cobalt*.

Le ferricyanure de potassium précipite ces solutions en rouge brun foncé.

Les réactions au chalumeau, ci-dessus rapportées, sont caractéristiques.

URANIUM

Ce métal qui n'a que des analogies éloignées, mais très réelles, avec ceux de la famille du fer, est trop peu important pour que nous nous étendions longuement à son sujet. L'acétate et l'azotate d'urane sont toutefois des réactifs trop précieux et trop souvent employés dans l'analyse ordinaire et biologique pour que nous n'en disions pas quelques mots.

L'uranium est rare dans la nature : la *pechblende* ou *oxyde uranoso-uranique* est son minéral le plus important. C'est de lui que Klaproth retira l'*urane* en 1789. Il prit ce composé pour un vrai métal ; mais en 1842, M. Péligot reconnut que l'*urane* de Klaproth était l'oxyde d'uranium U^2O^2 qui se comporte, il est vrai, comme un corps simple métallique et auquel il donna le nom d'*uranyle*.

L'*uranium métallique* est malléable, dur, semblable au fer ou au nickel. Sa densité est de 18.4. Il s'oxyde à l'air au rouge et se transforme en oxyde uranoso-uranique U^3O^4.

Il ne décompose pas l'eau à froid, mais il *se dissout dans les acides dilués avec dégagement d'hydrogène*. Il s'unit directement au chlore.

Il forme deux séries de composés : les *composés uraneux* verts, dans lesquels l'uranium est biatomique $U''O$; $U''Cl^2$; $U''SO^4$, etc., et les *composés uraniques* jaunes. Ceux-ci renferment tous le radical (U^2O^2), c'est-à-dire l'*urangle* de M. Péligot, lequel se comporte comme un véritable métal diatomique : Ainsi l'on a :

et

$$(U^2O^2)''Cl^2 \quad ; \quad (U^2O^2)''Fl^2 \quad ; \quad (U^2O^2)''O$$

Chlorure d'uranyle.   Fluorure d'uranyle.   Oxyde d'uranyle.

$$SO^3,(U^2O^2)O \qquad ou \qquad (Az^2O^5)(U^2O^2)O$$

Sulfate d'uranyle.   Azotate d'uranyle.

Le *phosphate uranique* $PO^4(U^2O^2)''H,4H^2O$ est le seul sel qui nous intéresse ici. On l'obtient sous forme d'une poudre cristalline jaune lorsqu'on verse de l'acétate ou de l'azotate uranique dans de l'acide phosphorique ou dans du phosphate sodique en solution légèrement acétique. Ce sel perd son eau à 110°. Il se dissout dans l'acide azotique en se décomposant lentement. C'est sous forme de phosphate uranique qu'on dose l'acide phosphorique au moyen des liqueurs titrées d'urane. Une goutte de ferrocyanure de potassium en se colorant en rouge, grâce à l'excès de sel d'urane ajouté, indique la fin de la réaction.

L'oxyde d'uranyle U^2O^5 peut aussi jouer le rôle d'acide et donner des uranates (*uranate de potassium* $(U^2O^3)^2K^2O$; *uranate de plomb* $(U^2O^3)^2PbO$. On voit encore ici les analogies de l'uranium et du fer.

QUARANTE-DEUXIÈME LEÇON

LE BISMUTH; LE CUIVRE

La VIe *famille* des métaux comprend :

Le *bismuth*, le *cuivre*, le *plomb*, le *thallium*.

On ne saurait nier que cette famille manque d'homogénéité. On a déjà dit que la limite entre les métalloïdes et les métaux reste indistincte et qu'il est des éléments, à propriétés équivoques, placés sur cette limite. Le bismuth pourrait être inscrit dans la classe des éléments tri et penta-atomique à la suite de l'azote, du phosphore et de l'antimoine si ses oxydes satifiables n'en faisaient un véritable métal. Les autres repré-sentants de ce groupe sont susceptibles de nombreux rapprochements avec les métaux de groupes voisins ou éloignés. Le plomb, dont l'oxyde donne des sels neutres et se dissout un peu dans l'eau en lui communiquant une réaction alcaline, et dont le sulfate insoluble est isomorphe avec celui de baryte, devrait être à ces divers points de vue rapproché des métaux alcalino-terreux. On pourrait de même placer le thallium, dont le protoxyde est soluble et alcalin, et le sulfate soluble est isomorphe de celui de potassium qu'il peut remplacer dans les aluns, dans la classe des métaux alcalins. D'autre part, le cuivre par sa propriété de donner un oxyde partiellement réductible par la chaleur, et deux séries de sels, sels cuivreux $(Cu^2)''$ et sels cuivriques $(Cu)''$ ré-pondant aux sels mercureux $(Hg^2)''$, et mercuriques $(Hg)''$ se rapproche notoirement du mercure.

Notre VIe *famille* pourrait donc être en réalité divisée en plusieurs autres ; ou plutôt elle comprend ces termes de passage qu'il eût été plausible de verser dans d'autres familles. Mais il est toujours dange-reux de forcer les analogies, et il nous a paru meilleur de nous en tenir pratiquement aux principes adoptés dans notre classification et de réunir

dans cette VIe *famille* les métaux qui jouissent des propriétés communes
suivantes : 1° ils ne décomposent l'eau à aucune température; 2° ils ne la
décomposent pas en présence des acides ; 3° leur sulfures sont insolubles
dans les acides et les sulfures alcalins; 4° leurs oxydes ne sont point
réduits, par la chaleur, à l'état métallique; 5° leur densité, comprise
entre celle des métaux des familles précédentes et suivantes, oscille
entre 8,5 et 11,5.

LE BISMUTH

C'est vers le commencement du XVIe siècle que l'on distingua le bismuth des autres métaux ([1]); mais ce n'est que dans la première moitié
du XVIIIe que Beccher et Pott firent connaître ces principales réactions.

Le bismuth se rencontre le plus souvent à l'état natif, dans les filons
quartzeux cobaltifères ou argentifères sous forme de lamelles ou de den-
drites d'un blanc rougeâtre. Il existe aussi, dans les mêmes terrains et
filons, de la *bismuthine* Bi²S³ en masses striées semblable à la *stibine*
avec laquelle elle est isomorphe. On connaît aussi un *carbonate de
bismuth*, la *bismuthite* (Bi²O³)²3CO²,4H²O en masses amorphes vert
serin ou jaunes dont on a trouvé récemment un gisement à Meynac
dans la Corrèze.

BISMUTH MÉTALLIQUE

On le prépare aisément grâce à sa fusibilité qui permet de le séparer

Fig. 239. — Appareil de Schneeberg pour l'extraction du bismuth.

de sa gangue, lorsqu'il y existe à l'état natif comme c'est le cas ordinaire. Il suffit (fig. 239) de chauffer le minerai dans des tuyaux de fonte
inclinés; il s'écoule par une ouverture inférieure dans des marmites
chauffées d'où on le retire pour le couler dans des moules.

([1]) Il est nommé pour la première fois *Wismuth* par Basile Valentin en 1634

S'il s'agit d'exploiter le bismuth carbonaté naturel, on le dissout dans de l'acide chlorhydrique et l'on précipite le métal de son chlorure par des lames de fer. Il ne reste plus qu'à le recueillir, laver et fondre (*A. Carnot*).

Pour le purifier du soufre et de l'arsenic qu'il contient généralement, on le fond, lentement et à deux reprises, avec le vingtième de son poids de nitre. Mais ce procédé, recommandé par le *Codex*, ne fournit pas encore du bismuth parfaitement pur. Il faut pour l'obtenir dans cet état réduire au creuset par le flux noir l'azotate basique de bismuth bien lavé.

Le bismuth est un métal dur, cassant, à structure lamelleuse, cristallisant en rhomboèdres cuboïdes (P p $= 87°,40'$) qui peuvent aisément être obtenus par fusion en géodes dont les cristaux en trémies se recouvrent d'une pellicule irisée d'oxydule, verte ou jaune s'ils sont purs, rouge, violette ou bleue dans le cas contraire. La densité de ce métal est de 9,8; elle diminue par la compression. Il fond à 268°. On peut le volatiliser au rouge blanc. Il est fortement diamagnétique.

Lorsqu'on le chauffe, il s'unit très superficiellement à l'oxygène de l'air; au rouge, il s'oxyde plus rapidement. Il ne décompose pas l'eau, si ce n'est par dissociation au rouge blanc et fort lentement. Les acides concentrés, à l'exception de l'acide nitrique, ne l'attaquent que très difficilement à la température ordinaire. A chaud l'acide sulfurique donne avec lui de l'acide sulfureux et un sulfate.

Le bismuth s'unit directement à froid au chlore $BiCl^3$, au brome $BiBr^3$ et à l'iode BiI^3.

Ce métal est utilisé pour produire des alliages fusibles, mais surtout pour préparer le sous-nitrate de bismuth des pharmacies.

COMBINAISONS DU BISMUTH. — OXYDES, CHLORURES, SULFURES

Le trichlorure de bismuth $BiCl^3$, dont la densité de vapeur expérimentale 10,96 correspond bien à la formule ci-dessus, indique que le bismuth est bien triatomique. Le chlorure $BiCl^5$ n'existe pas; au contraire on connaît $BiCl^2$. Ce sel, ainsi que le sulfure BiS et l'oxyde BiO, sembleraient indiquer que l'atome du bismuth peut, à la façon de l'azote, être di et triatomique. Mais on peut admettre que le bismuth est triatomique dans $BiCl^2$ et BiO et écrire ces composés $Cl^2Bi''' - Bi'''Cl^2$ et $O = Bi''' — Bi''' = O$. Le bismuth fournit les oxydes suivants :

L'*oxydule* difficilement salifiable. . . . . Bi^2O^2

L'*oxyde* qui donne les sels ordinaires du bismuth. . . . Bi^2O^3

L'*oxyde salin* (Bi^2O^3, Bi^2O^2) ou. . . . . Bi^2O^4

L'*anhydride bismuthique* correspondant à l'acide BiO^3H. Bi^2O^5

On voit apparaître ici les analogies du bismuth et de l'azote.

Oxyde de bismuth Bi^2O^3. — C'est l'oxyde des sels ordinaires de bismuth. On l'obtient à l'état anhydre en calcinant le carbonate ou le nitrate, et à l'état d'hydrate, par précipitation des sels de bismuth solubles que l'on verse dans un excès de liqueur alcaline. Cet oxyde, d'un jaune pâle, fond au rouge, et jouit, comme la litharge, de la propriété de passer par imbibition dans les pores des creusets. Son hydrate est blanc; traité par les divers acides, il donne les sels de bismuth correspondants.

Anhydride et acide bismuthique Bi^2O^5. — Il s'obtient en chauffant à 130° l'hydrate BiO^3H que l'on prépare lui-même en faisant passer un courant de chlore dans de l'hydrate bismutheux délayé dans la potasse bouillante : il se fait ainsi un dépôt rouge qu'on lave à l'acide azotique, puis à l'eau, pour enlever l'hydrate non transformé, et qu'on sèche ensuite entre 90° et 100°. En chauffant l'oxyde de bismuth avec un mélange de chlorate de potassium et de potasse, on obtient le bismuthate BiO^3K.

L'acide bismuthique correspond à l'acide azotique; c'est un acide très faible qui ne s'unit que difficilement aux alcalis.

SELS DE BISMUTH

Sauf les sous-nitrates, il n'en est que fort peu d'intéressants.

Les sels de bismuth, lorsqu'ils sont solubles, jouissent tous de la propriété de donner naissance à des composés basiques, ou oxysels, quand on les verse dans l'eau. Ainsi la solution du trichlorure $BiCl^3$ dans un peu d'eau acidulée donne lorsqu'on l'additionne d'un excès d'eau, de l'acide chlorhydrique et un oxychlorure insoluble :

$$BiCl^3 + H^2O = 2HCl + BiClO$$

La moindre quantité d'eau dédouble le sulfate neutre $Bi^2O^3, 3SO^3$ en sulfate basique Bi^2O^3, SO^3 et en acide sulfurique libre.

Nous citerons encore ici le phosphate de bismuth P^2O^5, Bi^2O^3 ou PO^4Bi''' remarquable par son insolubilité dans l'acide azotique étendu, propriété qui le distingue de tous les autres phosphates (les phosphates *cérosocériques* exceptés) et qui a permis à M. Chancel d'utiliser le nitrate de bismuth dans le dosage si délicat de l'acide phosphorique en présence des bases terreuses et des oxydes de fer.

Nitrates et sous-nitrates de bismuth. — Le *nitrate neutre* $(AzO^3)^3Bi'''$, $5H^2O$ et $3H^2O$ s'obtient en dissolvant le bismuth dans de l'acide nitrique étendu de son volume d'eau. Il se dépose en gros prismes rhomboïdaux droits.

Les *nitrates basiques* résultent de l'action de l'eau sur le nitrate neutre. D'après M. Ditte, l'eau renfermant par litre 5 grammes d'acide azotique dissout l'azotate neutre sans le décomposer sensiblement; si l'on chauffe, il se fait un précipité cristallin, soluble par refroidissement; avec un excès d'eau, il se produit l'azotate $Az^2O^5,2Bi^2O^3$ que l'on peut écrire $Az^2O^7(BiO)^4$ correspondant au pyrophosphate de soude $Ph^2O^7Na^4$ dans lequel Az est substitué au phosphore et où le *bismuthyle* $(\overset{..}{Bi}=\overset{.}{O})$ remplace le sodium.

La préparation du sous-nitrate de bismuth employé en médecine est la suivante: On dissout 100 parties de bismuth purifié dans 225 d'acide nitrique de densité 1,42, ou fumant, mélangé de 75 parties d'eau. On chauffe à l'ébullition tant qu'il reste du métal, puis on décante la solution que l'on réduit dans une capsule aux deux tiers de son volume ; on la verse alors peu à peu dans 50 fois son poids d'eau en agitant continuellement. Le précipité de *sous-nitrate* qui se forme est lavé par décantation tant que les liqueurs restent sensiblement acides au goût et au papier, puis on sèche à l'étuve vers 50 à 60 degrés à l'abri de la lumière.

Tel est le véritable sous-nitrate de bismuth médicinal. La liqueur où il se dépose contient un sel de bismuth acide que les fabricants précipitent généralement par addition graduelle d'ammoniaque. Il obtiennent ainsi des nitrates basiques divers et surtout de l'oxyde de bismuth, qu'ils mélangent souvent avec le sous-nitrate précédent. Cette pratique frauduleuse fort regrettable enlève au sous-nitrate normal une grande partie de son efficacité.

Le sous-azotate de bismuth est à l'état pur, blanc incolore, insapide, à reflets très légèrement nacrés, cristallin à un bon grossissement, très légèrement acide lorsqu'on le dépose humide sur un papier de tournesol bleu. D'après M. Yvon, il répondrait à la formule $5Az^2O^5,11Bi^2O^3,11H^2O$; il perd son eau à 105° et son acide à 260°.

Le sous-nitrate de bismuth est trop souvent employé, et à trop haute dose, pour que les moindres traces d'arsenic ou de plomb qu'il peut contenir soient indifférentes aux médecins.

On y décèle l'arsenic en dissolvant ce sel dans un peu d'acide sulfurique concentré et pur, chauffant jusqu'à dégagement de vapeurs nitriques et versant alors dans l'appareil de Marsh qui donne les taches caractéristiques de l'arsenic.

Pour retrouver le plomb que l'on y rencontre assez souvent, on dissout le sous-nitrate dans de l'acide chlorhydrique concentré, on évapore la liqueur à consistance sirupeuse, on ajoute quelques gouttes d'acide sulfurique et de l'alcool : le sulfate de plomb se précipite. Ou bien, on fait bouillir le sous-nitrate avec un peu de soude ou de chromate de potassium : le chromate de plomb reste dissous dans la soude ; on l'en précipite par acidulation avec l'acide acétique.

On fraude quelquefois le sous-nitrate de bismuth avec du phosphate et du carbonate de chaux. L'un et l'autre de ces sels sont solubles dans l'acide acétique, le second avec effervescence. La liqueur débarrassée d'un peu de bismuth par l'hydrogène sulfuré précipite par l'oxalate d'ammoniaque.

Caractères des sels de bismuth. — Tous les sels solubles de bismuth donnent par un excès d'eau des sels basiques peu solubles.

Ils précipitent en brun noir par l'hydrogène sulfuré et les sulfures alcalins.

Les alcalis et leurs carbonates donnent un précipité blanc d'oxyde ou de carbonate hydratés, insolubles dans un excès de réactif.

Le fer, le zinc, le cuivre précipitent le bismuth de ses solutions.

Chauffés au chalumeau avec du carbonate sodique, ces sels donnent un globule cassant de bismuth métallique.

LE CUIVRE

De tous les métaux usuels le cuivre est, après le fer, le plus généralement répandu. On le rencontre au sein des roches anciennes dans une foule de minerais, à côté du fer et du plomb. Il a été signalé dans l'eau de mer, dans beaucoup de plantes marines, dans le sang de plusieurs ascidies et céphalopodes. Il existe dans le sol et les herbages ou semences que le sol produit et desquelles sans doute il passe au sang et aux tissus des grands animaux qui le contiennent presque à l'état constant. Fort différent du fer, ce métal presque inoxydable à l'air se rencontre quelquefois à l'état natif; on l'a signalé jusque dans les météorites. Ses minerais oxydés, que fait distinguer leur couleur verte ou bleue, se réduisent à l'état métallique en présence du charbon et à faible température. On comprend donc que le cuivre ait été connu et utilisé dès une haute antiquité [1]. Il entrait dans la composition de l'*airain*, le χαλκός des Grecs, l'*æs* des Romains, allié à l'étain, au zinc, et quelquefois à l'argent et à l'or (*airain de Corinthe*). Les peuples venus de l'extrême Orient fabriquaient avec cet airain les armes, les boucliers et les socs de charrue qui leur avaient servi à subjuguer les hommes de l'*âge de pierre*. Son nom de cuivre, *cuprum*, en latin, lui vient de l'île de Chypre [2] où les Grecs et les Romains avaient leurs principales mines.

[1] Les Égyptiens possédaient le cuivre, qu'ils nommaient *chomt*. Ils le représentent sur leurs monuments en grosses plaques et en fragments bruts de couleur rouge. (N. Berthelot. *Origines de l'alchimie*, p. 225.)

[2] Ce mot voulait dire à la fois *Cypris* ou *Vénus*, et *floraison*.

MÉTALLURGIE DU CUIVRE

Les principaux minerais de cuivre sont les suivants :

Le *cuivre oxydulé* Cu^2O en amas ou cristaux cubiques, qu'on trouve en divers lieux, dans l'Amérique du Sud, dans l'Oural. Les deux hydrocarbonates : la *malachite* $(CuO)^2CO^2,H^2O$ et l'*azurite* $3CuO,2CO^2,H^2O$: le premier est une belle substance verte abondante en Sibérie et dans l'Amérique du Sud ; l'*aurichalcite*, hydrocarbonate de cuivre et de zinc exploitée par les anciens qui en faisaient un bronze couleur d'or ou *aurichalque*.

Mais de tous les minerais, le plus abondant est le *cuivre pyriteux* (fig. 240), qui comprend des espèces très pures, telles que le *chalcosine* Cu^2S et des sulfures doubles de cuivre et de fer, comme la *chalcopyrite* $CuFeS^2$, le *cuivre panaché* ou *philipsite*, etc., répondant aux formules $(Cu^2S)^3Fe^2S^3$ et $(Cu^2S)^nFeS$ dans lesquelles le cuivre varie de 56 à 70 et le fer de 15 à 7 pour 100.

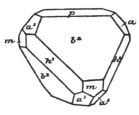

Fig. 240. — Pyrite de cuivre.

A côté de ces sulfures mentionnons les *cuivres gris* tétraédriques (le *Falherz* des Allemands), tantôt antimonial ou *panabase*, $4 CuSbS^2 + 3Cu^2S, 2 ZnS$ (fig. 241), tantôt arsenical $4 CuAsS^2, 5 Cu^2S$, minerais souvent argentifères et exploités comme tels (Voir plus loin *sulfarséniures de cuivre*).

Il faut citer aussi le *cuivre natif* qu'on rencontre dans les mines de l'Oural, au Chili et au Pérou, sur les bords du *lac Supérieur* dans l'Amérique du Nord, à l'état de masses filiformes réticulées ou en plaques.

Quelle que soit la variété des minerais de cuivre, le principe d'où dérive la métallurgie de ce métal est toujours le même : ramener le minerai à l'état d'oxyde et réduire alors celui-ci par le charbon. L'application

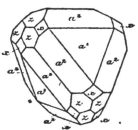

Fig. 241. — Panabase.

n'offre de difficultés que pour les *cuivres pyriteux* et les *cuivres gris*.

Pour extraire le cuivre de ces derniers minerais, on les soumet au grillage soit en tas, soit dans des fours spéciaux (fig. 242, *four Gallois*), après les avoir mêlés avec de la pyrite de fer, ou bien avec des minerais oxydés de cuivre lorsqu'on en a. Sous l'influence de l'air ou de l'oxygène apporté par les oxydes, la majeure partie du soufre, de l'arsenic et de l'antimoine brûle ; il se fait des sous-sulfates de cuivre mélangés d'oxydes de ce métal, d'un restant de sulfures de cuivre et de fer, et d'un peu de gangue rocheuse. On fond le tout dans des fours à réverbère au-dessous d'une couche de charbon et de fondant approprié ; les terres et l'oxyde de fer se vitrifient, tandis que le cuivre réduit, s'unissant aux sulfures qui restent ou qui proviennent des sulfates, donne une sorte d'oxysulfure fusible qui coule et gagne les parties déclives du four.

Cette substance, qu'on nomme *matte bronze* ou *matte blanche*, contient encore, suivant sa couleur, de 30 à 20 pour 100 de soufre, un peu d'arsenic, d'antimoine, de fer, d'étain, etc. On la soumet à plusieurs *grillages* ou *rôtissages* dans des fours spéciaux (fig. 242). Le contact de l'air chaud

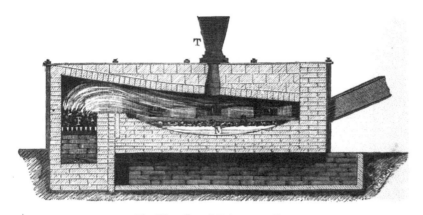

Fig. 242. — Four Gallois pour mattes.

y produit de l'oxydule qui, réagissant ensuite sur les sulfures et arsé-niures de la matte, oxyde ces corps, tandis que les acides sulfureux et arsénieux qui se dégagent brassent la masse et la rendent poreuse après son refroidissement. Un second et un troisième rôtissage, enfin une fu-sion avec du charbon et de la silice, réduisent l'oxyde et en séparent l'oxyde de fer qui passe dans les scories. Il reste une *matte régule*, ou *cuivre noir*, contenant environ 95 pour 100 de cuivre, avec un peu d'oxygène, de soufre et de fer.

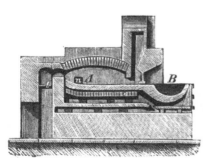

Fig. 243. — Affinage du cuivre noir au grand foyer.

Pour affiner ce cuivre, on le fond sur la sole d'un four à réverbère (fig. 243), au-dessous d'une cou-che de charbon ou de menu de houille maigre. On hâte la réduc-tion en brassant le bain avec une perche de bois vert. Lorsqu'une prise d'essai fournit un métal à texture soyeuse et à couleur rosée, l'affinage est suffisant. On coule le métal fondu dans des moules appropriés.

Quand le minerai de cuivre est argentifère, tout l'argent se trouve concentré dans le cuivre noir au cours des précédentes opérations. Pour l'en extraire, on fond ce cuivre noir avec 10 à 15 pour 100 de plomb ; et l'on refroidit brusquement l'alliage en le coulant dans des lingotières discoïdes. Ces disques soumis ensuite à une température suffisamment élevée laissent s'écouler par liquation le plomb qui entraîne tout l'argent. On en sépare ensuite ce dernier métal par la coupellation. (Voir p¹ 585.)

CUIVRE MÉTALLIQUE

Pour obtenir le cuivre chimiquement pur, on le précipite par le fer de son sulfate purifié ; ou bien on le réduit de son oxydule par l'hydrogène.

C'est un métal de couleur rouge rosé, susceptible d'un fort beau poli ; très ductile, très malléable, très tenace lorsqu'il est pur. On peut le réduire en feuilles assez minces pour qu'elles laissent passer une lumière verdâtre. Le cuivre est bon conducteur de la chaleur et de l'électricité. Sa densité, qui est de 8,85, quand il a été fondu, est de 8,94 s'il est martelé ; c'est aussi la densité du cuivre cristallisé natif. Il fond vers 1150 degrés et se volatilise à plus haute température en communiquant à la flamme une belle couleur verte à raies caractéristiques.

Le cuivre acquiert par le frottement une odeur et une saveur spéciales, désagréables, qu'il communique à la main et même aux objets qui sont restés à son contact, à l'eau par exemple.

A froid, le cuivre se conserve intact dans l'air sec, mais il s'oxyde rapidement à chaud. Dans l'air humide, il se recouvre lentement d'une couche de carbonate basique verdâtre, qui porte le nom de *vert-de-gris*. La présence dans l'air de traces d'acides, fût-ce d'acide acétique ou carbonique, accélère beaucoup son oxydation et sa salification. Le cuivre n'est pour ainsi dire pas attaqué à la température ordinaire par les acides sulfurique ou chlorhydrique étendus ou concentrés ; mais à chaud, l'acide sulfurique donne avec lui de l'acide sulfureux et un sulfate ; l'acide chlorhydrique dégage de l'hydrogène et laisse un proto-chlorure Cu^2Cl^2.

Le cuivre décompose l'acide azotique, même assez étendu ; il se produit du bioxyde d'azote et un azotate.

L'oxydation du cuivre en présence de l'air et de l'ammoniaque est des plus énergiques. Il se fait de l'oxyde de cuivre ammoniacal ; on y reviendra plus loin.

COMBINAISONS DU CUIVRE

Le cuivre forme deux séries de combinaisons. Métal diatomique, il donne comme la plupart des métaux précédents un chlorure $\overset{''}{Cu}Cl^2$, un oxyde $\overset{''}{Cu}O$, un sulfure $\overset{''}{Cu}S$, un sulfate $\overset{''}{Cu}(SO^4)$. Ces combinaisons sont dites *cupriques, cuivriques*, ou au *maximum :* ce sont les composés ordinaires du cuivre. Mais il existe un autre ordre de combinaisons, dans lesquelles un double atome de cuivre remplace l'atome unique des combinaisons précédentes. Dans ces nouveaux composés, le groupement $(\overset{''}{Cu}-\overset{''}{Cu})$ reste diatomique; il forme un chlorure Cu^2Cl^2, un oxyde Cu^2O, un sulfure Cu^2S, un sulfate $Cu^2(SO^4)$ etc. Ces combinaisons nouvelles sont dites *cuivreuses* ou au *minimum.* Dans cette série, parallèle à la précédente, les composés sont généralement peu solubles, oxydables, instables. Nous n'en décrirons que quelques termes qui présentent de l'intérêt.

OXYDES DE CUIVRE

Oxyde cuivreux ou oxydule Cu^2O. — Outre les oxydes salifiables de cuivre dont on va parler, on connaît un oxyde Cu^4O (*quadrantoxyde*) et un oxyde salin $(Cu^2O)^2CuO$.

On a déjà dit que l'*oxydule* Cu^2O existait en grandes masses dans la nature. Il forme en partie les battitures qui se détachent quand on martelle à l'air le cuivre chauffé au rouge.

On l'obtient anhydre par la calcination de son hydrate. (Voir plus bas.) On peut aussi calciner un mélange de chlorure cuivreux Cu^2Cl^2 et de carbonate de soude, puis épuiser la masse par l'eau qui enlève le sel marin produit et laisse l'oxydule sous forme d'une poudre rouge :

$$Cu^2Cl^2 + CO^3Na^2 = 2NaCl + CO^2 + Cu^2O$$

Ordinairement on prépare cet oxyde à l'état d'hydrate en faisant bouillir de l'acétate de cuivre ou du tartrate de cuivre mêlés de soude caustique avec une solution de glucose. Cet hydrate est rouge, il répond à la formule $(Cu^2O)^3,H^2O$. L'hydrate jaune qu'on obtient en versant de la potasse dans une solution chlorhydrique de chlorure cuivreux a pour formule $(Cu^2O)^4H^2O$.

Ces hydrates se dissolvent dans l'ammoniaque en donnant des *oxydes de cuprosammonium* incolores, oxydables, et bleuissant à l'air.

Oxyde cuivrique CuO. — Cet oxyde se forme lorsqu'on chauffe le cuivre à l'air. On l'obtient généralement en calcinant le nitrate ou le carbonate cupriques.

C'est un corps noir, insoluble dans l'eau, hygrométrique, cristallisable en **tétraèdres**. Au rouge vif il perd de l'oxygène et se transforme en oxyde salin $(Cu^2O)^2CuO$.

On obtient l'oxyde cuivrique sous forme d'hydrate gélatineux bleuâtre en précipitant un de ses sels par la potasse. Ce composé se déshydrate et devient noir, même au sein de l'eau avant 100°. Il est soluble dans l'ammoniaque. Il est facilement réduit, un peu avant le rouge, par le charbon ou l'hydrogène. De là son emploi en analyse organique élémentaire. (V. t. II, p. 30.)

Les oxydes de cuivre sont utilisés par l'industrie. L'oxydule communique au verre une belle couleur rouge sang ; l'oxyde cuivrique sert à les colorer en vert. Mélangé à 400 ou 500 fois son poids d'axonge ou de vaseline, ce même oxyde donne une pommade qu'on emploie contre les taches de la cornée.

SULFURES, SULFARSÉNIURES, SULFANTIMONIURES

On a déjà parlé de ces composés à propos des minerais de cuivre, mais on peut les obtenir aussi artificiellement.

Il est bon de remarquer ici que les prétendus sulfarséniures de cuivre naturels $CuAsS^2$ et sulfantimoniure $CuSbS^2$ pourraient bien n'être que des sulfarsénites Cu^2S,As^2S^3 et sulfantimonites Cu^2S,Sb^2S^3.

CHLORURES ET OXYCHLORURES DE CUIVRE

Chlorure cuivreux Cu^2Cl^2. — On l'obtient en faisant bouillir un mélange d'acide chlorhydrique, de cuivre en limaille et d'oxyde de cuivre, tant que la liqueur reste colorée, en ayant soin qu'il reste à la fin un excès de cuivre et d'acide libres. La liqueur décantée et additionnée d'eau donne un précipité blanc et dense de protochlorure Cu^2Cl^2.

C'est une poudre cristalline, soluble dans l'acide chlorhydrique concentré d'où elle recristallise en octaèdres fusibles au rouge naissant. L'hydrogène réduit au rouge le chlorure cuivreux. Il se dissout dans l'ammoniaque.

Ses solutions absorbent divers gaz non saturés : l'oxyde de carbone si elles sont acides ; l'hydrogène phosphoré, l'acétylène et autres hydrocarbures non saturés analogues si elles sont ammoniacales.

Chlorure cuivrique $CuCl^2$. — On le prépare en dissolvant l'oxyde de cuivre dans l'acide chlorhydrique ou le cuivre métallique dans l'eau régale. Il cristallise en prismes rhomboïdaux de couleur vert bleuâtre de formule $CuCl^2,H^2O$. Il est très soluble dans l'eau et l'alcool.

Il s'unit au sel ammoniac, au chlorure de potassium, etc. Il se combine à l'oxyde de cuivre et donne ainsi des oxychlorures. Les *atacamites* sont des oxychlorures naturels hydratés : $CuCl^2,3CuO + 3H^2O$ et $6H^2O$.

SULFATES DE CUIVRE

Le *sulfate cuivreux* est mal connu.

Le *sulfate de cuivre ordinaire* $\overset{\cup}{C}uSO^4,5H^2O$ est un beau sel, désigné quelquefois sous le nom de *vitriol bleu* ou *couperose bleue*, connu dès une haute antiquité. On l'obtient généralement par le grillage des minerais sulfurés de cuivre, qu'on lessive ensuite avec de l'eau chaude. Ses cristaux sont mélangés de sulfate de fer et de zinc. Le sulfate cuprique reste aussi comme résidu de l'affinage des matières d'or et d'argent.

Il cristallise en parallélépipèdes doublement obliques, transparents, d'un beau bleu, d'une saveur styptique et nauséeuse. Ses cristaux s'effleurissent légèrement à l'air sec; ils se changent à 15° en hydrate $SO^4Cu,3H^2O$. A 100° ils ont perdu 4 de leurs 5 molécules d'eau. La dernière molécule ne se dégage qu'à 230°. Au rouge, ils se décomposent en acides sulfureux, sulfurique et oxysulfure de cuivre.

Le sulfate de cuivre hydraté est soluble. 100 parties d'eau en dissolvent : à 19 degrés, 36 parties ; à 50 degrés, 88 parties ; à 104 degrés, 213 parties. Ce sel ne se dissout pas dans l'alcool.

Lorsqu'on ajoute peu à peu de la potasse à une solution de sulfate de cuivre, il se fait divers composés basiques peu solubles. La *brochantite* est un sulfate quadribasique naturel répondant à la formule $SO^4Cu,3CuO + 3H^2O$ et $4H^2O$.

On connaît aussi des sulfates doubles, tels que $SO^4Cu,SO^4K^2,6H^2O$, ou bien $SO^4Cu,SO^4Mg, 5H^2O$ et $7H^2O$, sulfates où le fer et le zinc peuvent remplacer le magnésium.

Le sulfate de cuivre dissous dans l'eau et traité par un excès d'ammoniaque donne une solution bleu céleste de sulfate de cuivre tétrammonié $SO^4,Cu,4AzH^3,H^2O$ ou $SO^4 = (AzH^3 - AzH^3 - AzH^3 - AzH^3 - \overset{\cup}{C}u)$ que l'on sépare de la liqueur en ajoutant de l'alcool concentré. Ce sel a été employé en médecine dans les maladies nerveuses.

Il existe un grand nombre d'autres sulfates et sels de cupricum et cuprosum ammoniacaux semblables au précédent.

Le sulfate de cuivre est employé, mélangé de sulfate de fer, comme base de la teinture en noir, violet ou marron, sur laine et sur soie. En agriculture on s'en sert pour *chauler* les grains, c'est-à-dire les mettre à l'abri des parasites. Il entre dans la préparation du *magistral* pour le traitement des minerais d'argent par amalgamation. (Voir plus loin.) Il sert à la préparation de *cendres bleues* ou *vert de montagne* artificiel utilisées dans la fabrication des tapisseries de papier.

En médecine, on utilise ses propriétés émétiques : on l'emploie à la dose de 25 à 30 centigrammes. Dans le cas de croups confirmés on administre aux enfants 1 à 2 centigrammes de ce sel toutes les 10 minutes jusqu'à l'expulsion des fausses membranes. On l'a préconisé à doses faibles et répétées dans les maladies nerveuses, la chorée, l'épilepsie. Mais il sert surtout, pour l'usage externe, en lotions, pommades, collyres, etc., astringents, résolutifs ou caustiques.

Le sulfate de cuivre est un désinfectant très puissant et à bon marché. Le conseil d'hygiène de Paris a conseillé, dans les cas de choléra, de laisser les linges souillés tremper dans la chambre même du malade avant tout lavage, dans une solution tiède contenant 50 grammes de sulfate de cuivre par litre.

CARBONATES — ARSÉNITES DE CUIVRE

On a donné plus haut la composition des hydrocarbonates de cuivre naturels : la *malachite* et l'*azurite*. On prépare pour les besoins des arts une malachite artificielle, appelée *vert minéral*, en ajoutant une solution de carbonate alcalin à du sulfate de cuivre ; on lave le produit à l'eau bouillante.

L'*arsénite de cuivre* ou *vert de Scheele* s'obtient en précipitant le sulfate cuprique par de l'arsénite de potasse. C'est une poudre jaune clair dont on se sert souvent, encore aujourd'hui, pour colorer les tentures et papiers, quelquefois même les sucreries. Il est fort dangereux. Les verts industriels qui portent les noms de *vert de Suède*, *vert de Suisse*, *vert perroquet*, *vert minéral*, sont des arsénites de cuivre.

HYDRURE DE CUIVRE

Ce corps fut découvert par Wurtz en 1845. Il l'obtint en chauffant légèrement le sulfate de cuivre en solution concentrée avec de l'acide hypophosphoreux. L'hydrure se précipite sous forme d'une poudre brun kermès qu'on filtre et lave à l'eau désaérée.

C'est un corps pulvérulent, brun, répondant à la formule Cu^2H^2, décomposable déjà vers 55°. Traité par l'acide chlorhydrique à froid, il dégage aussitôt l'hydrogène de cet acide en même temps que le sien :

$$Cu^2H^2 + 2HCl = Cu^2Cl^2 + 2H^2$$

C'est un exemple de l'un de ces hydrures métalliques, si nombreux, véritables alliages instables qui mériteraient une étude approfondie.

CARACTÈRES DES SELS DE CUIVRE

Sels cuivreux ou de cuprosum $(Cu^2)''$. — Ces sels incolores, généralement insolubles, sauf dans les acides, deviennent bleus en s'oxy-

dant à l'air. La potasse 'y détermine un précipité orange, l'ammoniaque un précipité jaune orange, soluble dans un excès de réactif,
bleuissant à l'air. Les sels cuivreux sont réduits au rouge par l'hydrogène.

Sels cuivriques ou de cupricum $\overset{''}{C}n$. – Ils sont bleus ou verts. La
potasse en précipite un hydrate bleuâtre gélatineux, qui devient anhydre,
noir et pulvérulent à l'ébullition. En présence de l'ammoniaque ces
sels donnent une coloration bleu céleste intense. L'hydrogène sulfuré
les précipite même en liqueur acide ; le sulfure de cuivre hydraté noir
qui se forme ne se dissout que dans les acides concentrés.

Une lame de fer bien décapée, plongée dans la solution d'un sel de
cuivre, précipite à sa surface une pellicule rouge de cuivre métallique ;
le fer se substitue au cuivre dans le sel ainsi décomposé.

LE CUIVRE DANS NOS ALIMENTS JOURNALIERS
ACCIDENTS CAUSÉS PAR LES PRÉPARATIONS CUPRIQUES [1]

Les préparations de cuivre solubles ou insolubles sont de violents
émétiques. Elles paraissent donc, à ce titre, pouvoir être justement
qualifiées de vénéneuses, et la plupart des auteurs modernes les consi-
dèrent comme telles. Mais avant de décrire les accidents causés par
l'ingestion des sels de cuivre et de nous occuper de la toxicologie de
ce métal, nous essayerons d'établir d'abord que le cuivre existe dans
un très grand nombre de matières alimentaires journalièrement con-
sommées par l'homme et par les animaux.

Le cuivre dans nos aliments usuels.

Déjà au commencement de ce siècle, Berzelius, Vauquelin, Bûcholz,
Meissner avaient entrevu ou démontré l'existence du cuivre dans quelques végétaux. Mais c'est à Sarzeau que nous devons les premiers
dosages de cuivre sérieux dans les plantes, et la généralisation de
ces remarques [2]. En 1838 Devergie établit l'existence du cuivre dans
les organes de l'homme, des animaux et des végétaux, résultats que
confirmèrent les recherches d'Orfila, Deschamps d'Avallon, Millon,
Chevalier, Lassaigne, et plus tard de MM. Béchamp, Cloez, Commaille,
Galippe, De Lucca, Duclaux, enfin de l'auteur de ce livre.

Notre alimentation habituelle nous fournit tous les jours une certaine dose de cuivre. Voici quelques nombres qui nous renseigneront
à cet égard :

[1] Pour plus amples renseignements à cet égard, consulter mon ouvrage : *Le cuivre et
le plomb dans l'alimentation et l'industrie.* Paris, 1883. J.-B. Baillière, éditeur.
[2] Voir Meissner, *Ann. de chim. et de phys.*, t. IV, p. 406, et Sarzeau, *Journ. de pharm.*,
. XVI, p. 7.

Poids en milligrammes du cuivre métallique
contenu dans 1 kilogramme de matières fraîches.

Nature de la substance.	Cuivre en milligrammes	Nature de la substance.	Cuivre en milligrammes
Froment.	5 à 10	Sang de bœuf	0,7
Farine de blé.	0,7 à 8	Cacao maragnan.	40
Pain de froment.	5,5 à 4,4	Cacao caraque.	9,0 à 13
Farine de seigle.	1,5 à 4	Pellicules de l'amande de	
Riz.	1,6 à 6	maragnan	225
Orge.	10,8	Pellicules de l'amande de	
Avoine.	8,4	caraque	200
Pomme de terre.. . . .	1,8 à 2,8	Chocolat de luxe	5,5 à 50
Fécule de pomme de terre.	0,8	Chocolat commun	125
Haricots secs	11	Café.	6 à 14
Haricots verts	2,2	Vin ordinaire à Paris. . .	2,7 à 4,5
Lentilles.	6,8	Petits pois reverdis au sul-	
Carottes..	traces.	fate de cuivre.	11 à 210
Lait.	traces.	Haricots verts reverdis au	
Chair de bœuf..	1,0	cuivre.	49 à 99

On le voit, le cuivre existe en quantité appréciable, quelquefois à doses assez notables, dans la majeure partie de nos aliments journaliers. Ce résultat ne doit pas nous surprendre si nous songeons que ce métal est diffusé dans la plupart des terrains et des roches sédimentaires d'où l'extraient les végétaux qui croissent à leur surface, et qui le passent eux-mêmes aux herbivores. Aussi a-t-on signalé le cuivre dans la chair de l'homme, du cheval, du bœuf, du chevreuil, de l'ours, du chacal, des oiseaux, des poissons, des reptiles, des insectes, etc.

Il est une autre voie par laquelle l'homme civilisé introduit le cuivre dans son économie. Les vaisseaux de cuivre mal étamés ou non étamés, les vases et ustensiles de laiton, maillechort, etc., dont nous nous servons journalièrement dans nos ménages, sont attaqués par les matières alimentaires, surtout lorsque celles-ci sont salées ou acides. Le vin, la bière, le cidre, les corrodent légèrement même à froid. De calculs divers qu'il serait trop long de rapporter ici, l'on a conclu qu'un adulte absorbait journellement en moyenne de $0^{mgr},95$ à 7 milligrammes de cuivre, mais cette dose peut quintupler, et cela, comme nous allons le voir, sans inconvénient appréciable. Aussi peut-on affirmer que le cuivre est devenu à peu près normal dans le sang et le foie de l'homme sans qu'il en résulte d'inconvénients appréciables.

Action émétique et toxique du cuivre.

Le cuivre est-il toxique à faible dose, ou même à doses faibles mais répétées? Les préparations de cuivre solubles ou insolubles prises à haute
dose sont violemment émétiques ; on peut donc justement les qualifier
de vénéneuses. Toutefois, contrairement à ce qu'on affirmait sans
preuves directes il y a peu d'années, l'empoisonnement suivi de mort par
absorption de ces composés est d'une extrême rareté. Les petites doses,
mêmes répétées, ne produisent, comme nous l'avons vu plus haut, aucun
effet sensible. A doses un peu plus élevées, la saveur fort désagréable
des sels de cuivre est très facile à reconnaître, et empêche qu'ils ne
passent inaperçus ; après quelques vomissements et quelquefois sans
vomissements, l'estomac arrive à la tolérance, même si l'on administre
des quantités croissantes de sels de cuivre. Cinq à dix centigrammes
suffisent au début pour amener les vomissements ; plus tard il faut dépasser la dose de 20 à 40 centigrammes : encore ces accidents momen-
tanés n'ont-ils aucune suite et la tolérance finit par s'établir. A doses
plus fortes ou à doses massives, la majeure partie du poison absorbé est
rejeté, grâce à ses propriétés émétiques, et le sujet se rétablit généralement. Quelquefois cependant il succombe, non pas tant à des phénomènes d'intoxication généralisée qu'aux suites d'une violente inflammation locale du tube digestif. Dans ces cas, au bout d'une ou deux
heures, se manifestent de l'anxiété, de la céphalalgie ; la bouche est le
siège d'une saveur nauséeuse, la gorge est sèche, les crachements
presque continuels ; ils s'accompagnent bientôt de vomissements verdâtres, de coliques, de crampes, d'un état chlolériforme avec refroidissement, petitesse du pouls, lipotymies et mort. Tel est le tableau de
l'empoisonnement par le cuivre. Mais ces symptômes ne s'observent pour
ainsi dire que dans les cas de suicide ou de grave inadvertance. Il serait
d'ailleurs impossible, soit à cause de la couleur des sels de cuivre, soit à
cause de leur goût nauséabond, de faire avaler à quelqu'un les doses qui
déterminent ces redoutables accidents sans que la victime s'en aperçût.

A la Salpêtrière on a donné aux épileptiques de 43 à 124 grammes
de sulfate ammoniaco-cuprique dans une période de cent vingt-deux à
trois cent soixante-cinq jours consécutifs. A cette dose moyenne et
pour ainsi dire journalière de 35 centigrammes, il n'a été constaté que
des accidents insignifiants. Une malade a pu prendre impunément
60 centigrammes de ce sel durant quarante-cinq jours consécutifs.
Chez l'une de ces épileptiques, morte d'une attaque au cours de ce
traitement, et d'ailleurs ne présentant aucune lésion du tube digestif, l'on trouva 228 milligrammes de cuivre dans le foie. Mais c'est sur-

tout M. Galippe qui, dans son importante *Étude toxicologique sur le cuivre et ses composés* (Paris, 1875), a montré qu'on pouvait faire avaler durant des mois aux animaux, aux chiens en particulier, les sels de cuivre les plus divers, solubles ou insolubles, à des doses variant de 50 centigrammes à 1 gramme et plus par jour, sans qu'il en résultât d'empoisonnements mortels. Tous ses animaux ont survécu ; plusieurs ont acquis de l'embonpoint. Comme confirmation sur l'homme, M. Galippe a montré par une expérience continuée pendant plus d'une année sur lui et sur les membres de sa famille, qu'on peut impunément consommer des aliments acides ou gras, cuits et refroidis dans des casseroles de cuivre, verdis par un commencement de dissolution des sels cupriques formés au cours de la préparation, sans qu'il s'ensuivît le moindre accident.

Toutes ces expériences, comme celles de Toussaint en 1855, de Ritter et Feltz à Nancy, de Burq et Ducom à Paris en 1869, sont convaincantes. J'ajoute que depuis les expériences de M. Galippe je me suis assuré moi-même que la préparation et la cuisson de toutes sortes d'aliments neutres ou acides dans des poêlons de cuivre rouge n'ont occasionné chez moi, depuis plusieurs années que cette expérience se poursuit, aucun accident ou inconvénient notable. A Bruxelles, M. Dumoulin vient de confirmer toutes ces observations.

D'après tout ce qui précède, l'on voit ce qu'il faut penser de la prétendue colique des ouvriers en cuivre. Cette colique n'existe point ou du moins les accidents observés paraissent, d'après leur appareil symptomatique, devoir être attribués au plomb des étamages et des alliages de cuivre maniés par les ouvriers. A plus forte raison doit-on mettre en doute les empoisonnements criminels qui auraient été occasionnés par des sels de cuivre administrés à doses petites mais répétées ; quant aux doses élevées, nous venons de voir qu'il est impossible de faire absorber des quantités de sels de cuivre rapidement dangereuses sans que la victime en soit avertie soit par le goût, soit par la vue.

Toutefois, si les sels de cuivre solubles avaient été donnés en assez fortes masses par mégarde, ou absorbés volontairement, il faudrait administrer au malade de l'eau albumineuse, du lait, du fer réduit par l'hydrogène, substances aptes à coaguler le sel cuprique ou à précipiter le métal.

La recherche du cuivre se fera par la méthode exposée p. 457 pour la recherche toxicologique des métaux. Observons seulement que, pour le cuivre en particulier, lors de la calcination du charbon organique l'on ne doit jamais dépasser le rouge sombre si l'on ne veut perdre une quantité notable du métal à doser ou simplement à caractériser.

QUARANTE-TROISIÈME LEÇON

LE PLOMB; LE THALLIUM

LE PLOMB

Le plomb est connu depuis fort longtemps. Les Égyptiens l'ont représenté dans leurs monuments : ils le nommaient *taht* (BERTHELOT, *Origines de l'alchimie*). Plus tard, il porta les noms de *molybdochalque*, c'est-à-dire *airain lourd*, chez les Grecs, et de *plumbum*, chez les Romains [1]. Ces derniers le tiraient surtout des Gaules et de l'Espagne ; ils n'ignoraient pas qu'il contient de l'argent, métal qu'ils en extrayaient par coupellation. Ils fabriquaient en même temps *la litharge, le minium* et même *la céruse.*

On a dit (p. 575) que les principaux gisements du plomb se rencontrent dans les terrains du trias et du lias. La réapparition du plomb à la surface du globe s'est ensuite faite, sur une moindre échelle, à l'époque de l'éocène, lors des dislocations qui ont élevé les Alpes et les Pyrénées. Ce métal paraît avoir été amené dans les filons par les eaux minérales et transformé postérieurement en sulfure.

Les minéraux plombiques sont fort nombreux : nous citerons particulièrement ici les plus abondants et les seuls exploitables.

Le principal minerai est la *galène* (fig. 244) ou sulfure de plomb PbS.

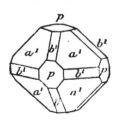

Fig. 244. — Galène.

Elle se trouve le plus souvent associée dans les filons aux sulfures métalliques de fer, de cuivre, d'antimoine, accompagnés par le quartz, la barytine, le spath fluor, la calcite, les oxydes de fer, l'argile. La galène est de couleur gris plombagine, brillante, cristalline ; sa poussière est gris noirâtre ; au chalumeau, sur le charbon, elle fond en bouillonnant. Elle cristallise en octaèdres réguliers, qui peuvent être hémitropes. On la rencontre en abondance en Espagne, Angleterre, Allemagne, Italie, Algérie, et en France, en particulier à Pontgibaud et à Vialas.

On connaît un séléniure et des antimonio-sulfure et arsénio-sulfure de plomb ; ils sont souvent argentifères comme la galène elle-même.

[1] Ce nom paraît être une onomatopée. Les Latins distinguaient le *plumbum album*, qui désigne souvent l'étain, du *plumbum nigrum*, qui est le plomb *(Hoeffer)*. Le nom de molybdochalque s'appliquait le plus souvent à des alliages riches en plomb plutôt qu'au plomb lui-même.

Parmi les minerais oxygénés du plomb, le plus important est le carbonate ou *cérusite* PbCO³, qui se rencontre quelquefois dans les filons de galène, d'autres fois en amas. Il peut être accompagné de calamine, d'oxydes de fer et de cuivre, de *plomb sulfaté* et *phosphaté*. La *cérusite* cristallise dans le système rhombique ; ses cristaux ont un éclat résineux, ils sont en masses compactes ou en stalactites. La *pyromorphite* P³O¹¹Pb³,Cl ou chlorophosphate de plomb, unie quelquefois à un *chloroarséniate* correspondant, accompagne souvent la galène aux affleurements des filons.

Les autres minerais de plomb : oxydes, vanadates, tungstates, chromates, chlorocarbonate, chlorure, oxychlorures, plomb natif. sont trop peu importants pour que nous fassions autre chose que les signaler en passant.

MÉTALLURGIE DU PLOMB

L'extraction du plomb de ses minerais oxydés est relativement facile. On les calcine avec du charbon dans des fours à manche : le plomb réduit se réunit dans le creuset. Ou bien, s'ils sont mélangés de galène, on les soumet au traitement des composés plus ou moins sulfurés dont nous allons parler.

Si l'on doit extraire le plomb d'une galène, après avoir trié, bocardé, et lavé le minerai, on le traite, suivant sa gangue et sa richesse, par des méthodes différentes. La méthode dite par *réduction* s'applique aux minerais pauvres et siliceux ; la méthode par *réaction*, aux minerais riches.

Méthode par réduction. — Elle est fondée, en principe, sur le déplacement par le fer métallique, au rouge, du plomb contenu dans la galène :

PbS + Fe = Pb + FeS.

On opère dans des fours à manche spéciaux (fig. 245) ou dans des fours à réverbère. Les galènes crues ou incomplètement grillées sont chargées dans ces fours avec

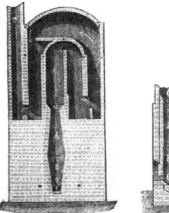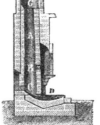

Fig. 245. — Four pour le traitement de la galène par le fer.

une certaine quantité de fer ou de fonte, ou bien, ce qui est moins coûteux, avec un mélange de silicates et scories ferugineuses ou de minerais de fer oxydés additionnés de coke. On ajoute aussi des *fondants*, de façon à obtenir une scorie basique qui facilite la réduction de l'oxyde de plomb. Les produits qui se forment sont le plomb métallique qui s'écoule dans le creuset (fig. 245) en avant et au dehors du fourneau, et une *matte plombeuse* formée de sulfures de plomb, de cuivre et de fer mêlés au plomb métallique, matte surmontée d'une scorie liquide principalement formée de silicate de fer et de chaux.

Méthode par réaction. — Elle repose sur cette observation que lorsqu'on grille incomplètement de la galène à l'air à une température inférieure au rouge sombre, elle se transforme en un mélange d'oxyde et de sulfate de plomb :

$$PbS + O^5 = PbO + SO^2; \quad \text{et encore} : PbS + O^4 = PbSO^4.$$

Au-dessous du rouge vif, ces oxydes et sulfates de plomb ainsi formés n'agissent pas sur la galène ; mais si la température s'élève, une réaction se produit entre l'oxyde ou le sulfate et le sulfure de plomb, d'où résultent du gaz sulfureux et du plomb métallique :

$$PbS + 2PbO = 3Pb + SO^2; \quad \text{et} : \quad PbS + PbSO^4 = 2Pb + 2SO^2$$

Dans la pratique, le minerai étendu en minces couches sur la sole d'un four à réverbère, est d'abord chauffé au rouge sombre durant 3 à 4 heures pendant qu'on ringarde et râble la masse. L'air arrivant par les portes latérales active l'oxydation, mais sans que les oxydes formés réagissent sur les sulfures. Lorsqu'ils sont en suffisante quantité, on ferme les vannes à air, et l'on donne un vif coup de feu. La réaction réciproque des sulfures et sulfates se produit alors et le métal résultant s'écoule au creuset. On procède généralement par grillages et coups de feu successifs, jusqu'à ce que la masse ainsi traitée ne donne plus de métal fusible.

Extraction de l'argent du plomb d'œuvre. — La plupart des galènes, et en particulier les galènes à grains fins, contiennent un peu d'argent que l'on retire généralement du *plomb d'œuvre*, c'est-à-dire du plomb brut. On y arrive par diverses méthodes.

La plus importante et la plus ancienne est celle de la *coupellation*. Dans un four à réverbère (fig. 246) dont la sole A est creusée lenticulairement, et dont le dôme est formé d'un couvercle mobile B qu'on peut soulever de l'extérieur, on introduit le plomb d'œuvre que l'on chauffe grâce à un foyer latéral. Le métal étant fondu, on laisse par des ouvertures placées sur les côtés, arriver de l'air, qui l'oxyde ; la litharge formée s'écoule peu à peu hors du four, tandis que le métal qui reste s'enrichit de plus en plus en argent. A un certain moment, facile à saisir, la presque totalité du plomb étant oxydé, l'argent reste à peu près seul et vu son inoxydabilité apparaît éclatant au sein du foyer : de là le phénomène de l'*éclair* qui marque la fin de l'opération. On laisse refroidir le culot métallique restant et on le retire du four. Quant à la litharge, on la fait passer à l'état de plomb *pauvre*, c'est-à-dire exempt d'argent, en la réduisant de nouveau par le charbon.

On peut aussi déplacer l'argent du plomb d'œuvre à l'état d'alliage triple d'argent, de plomb et de zinc, en chauffant dans

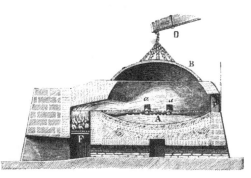

Fig. 246. — Four de coupellation.

des fours spéciaux un excès de ce dernier métal avec le plomb argentifère. Cet alliage se produit au rouge ; il vient surnager le bain à l'état d'écumes qu'on retire et distille pour en chasser le zinc ; on soumet enfin le résidu à la coupellation.

L'on peut recourir enfin au *pattinsonage*, c'est-à-dire extraire l'argent du plomb en se fondant sur ce principe que le plomb argentifère soumis après fusion à un lent refroidissement, laisse d'abord cristalliser le plomb qui s'écoule, tandis que l'argent s'accumule dans les parties qui se solidifient les dernières.

PLOMB MÉTALLIQUE

Le plomb est un métal blanc bleuâtre, très brillant sur ses coupes fraîches, mais qui se ternit rapidement à l'air. Il est mou, rayable à l'ongle, ployable avec facilité. C'est le moins tenace des métaux. Il se recouvre à l'air d'un enduit qui laisse une trace grisâtre sur le papier. Chauffé, il devient cassant vers son point de fusion et présente alors une texture grenue. Sa densité est de 11,363, d'après H. Deville. Il fond vers 330°. Dès la température du rouge sombre, il répand des fumées qui sont très abondantes au rouge vif, observation importante au point de vue des recherches d'hygiène et de toxicologie.

Le plomb se ternit à l'air en s'oxydant. A la température de fusion du métal, le sous-oxyde Pb^4O se produit assez rapidement. A une température plus élevée le plomb se transforme en *massicot* PbO de couleur jaune, et plus tard en *minium* Pb^3O^4, oxyde salin de couleur rouge orangé.

L'eau dissout un peu le plomb en présence de l'air et de l'acide carbonique, surtout lorsqu'elle est exempte de sulfates ou de chlorures. Nous reviendrons sur ce point à la fin de cette leçon.

Les acides étendus n'attaquent pas le plomb. A chaud ce métal donne des chlorure, nitrate, et même sulfate avec les acides concentrés correspondants. Il dégage du gaz hydrogène avec l'acide chlorhydrique.

C'est à cause de sa souplesse et de sa fusibilité qu'on emploie si souvent le plomb, sous forme de tuyaux de conduite pour le gaz et l'eau. Sa malléabilité permet de s'en servir comme de joint entre les pièces de bronze, de fonte ou de fer : fortement boulonnées, elles écrasent entre elles la lamelle de plomb qui sert de joint et vient obstruer les moindres fissures. Il sert en minces feuillets à couvrir les toits, à former des gouttières, à construire les chambres de plomb où l'on fabrique l'acide sulfurique, à protéger la tôle contre l'oxydation, à faire le plomb de chasse et les balles de fusil, etc.

Le plomb entre dans la composition d'un grand nombre d'alliages. La litharge, le massicot, le minium, la céruse, plusieurs matières colorantes jaunes ou oranges très vives, dérivent de ce métal.

OXYDES DE PLOMB

Le plomb forme avec l'oxygène les oxydes suivants :

Le sous-oxyde. . .	Pb^2O	que les acides dédoublent en plomb métallique et oxyde de plomb PbO.
L'oxyde basique. .	PbO	appelé à tort *protoxyde*, c'est le seul oxyde solidifiable.
L'oxyde salin. . .	Pb^2O^3	ou plombite de plomb PbO^2,PbO.
Le minium. . . .	Pb^3O^4	ou *oxyde rouge de plomb*, second oxyde salin répondant à la composition $PbO^2, 2PbO$.
L'acide plombique.	PbO^2	ou *oxyde puce* de plomb.

L'*oxyde basique*, le *minium*, et l'*acide plombique* présentent un réel intérêt.

Oxyde de plomb basique PbO (*massicot* ou *litharge*). — On a dit que le *massicot* s'obtient en calcinant le plomb au rouge sombre au contact de l'air. Dans les fabriques, après grillage, l'on sépare par lévigation le plomb non oxydé; le massicot reste sous forme de boue au fond des bassins. C'est une poudre jaune amorphe. Lorsqu'il a été assez chauffé pour fondre, il cristallise par refroidissement en paillettes couleur brique plus ou moins jaunâtres, cristallisées en tables hexagonales ou en octaèdres à base rhombe. Il constitue alors la *litharge*.

L'oxyde de plomb fondu au rouge absorbe 59 centimètres cubes d'oxygène par kilogramme; il perd ce gaz en se solidifiant, en même temps qu'il augmente un peu de volume. Il est un peu volatil dès qu'il est fondu

L'oxyde de carbone, le charbon, l'hydrogène le réduisent facilement.

Il se dissout faiblement dans l'eau pure, *qu'il alcalinise*. Ses solutions décomposent les sels alcalins et mettent une trace de leur hydrate en liberté (*Bineau*).

Au contact de l'eau et de l'air le plomb s'attaque comme l'avaient déjà remarqué les anciens, et forme un hydrate PbO,H^2O; le contact du cuivre accèlère cette réaction. L'hydrate de plomb bleuit le tournesol.

L'oxyde de plomb PbO est donc une base puissante. Elle sature les acides énergiques; les chlorure, sulfate, azotate de plomb sont neutres. Cet oxyde possède la propriété de s'accumuler dans une même molécule pour donner des sels basiques.

Il se dissout aussi dans les solutions alcalines, dans la potasse, l'eau de chaux. Sa solution calcique a été employée pour brunir les cheveux dont le soufre, sans doute, forme avec le plomb un sulfure brun rougeâtre foncé.

Bioxyde de plomb ou acide plombique PbO^2. — Ce composé, que sa couleur fait souvent désigner sous le nom d'*oxyde puce*, s'obtient généralement en traitant le minium par l'acide nitrique faible. Il se produit ainsi de l'azotate et du bioxyde de plomb :

$$Pb^3O^4 + 2 AzO^3H = (AzO^5)^2Pb + PbO^2 + H^2O$$

Le même bioxyde se forme aussi lorsque le chlore ou les hypochlorites agissent sur les oxydes ou le carbonate de plomb.

C'est une poudre brun rougeâtre, quelquefois cristalline. La chaleur en chasse peu à peu l'oxygène; il se fait du minium, puis de l'oxyde PbO.

C'est un oxydant énergique. Il enflamme le soufre à froid; se transforme, avec incandescence, en sulfate sous l'influence de l'acide sulfureux, et donne à chaud du chlore avec l'acide chlorhydrique :

$$PbO^2 + 4 HCl = PbCl^2 + Cl^2 + 2 H^2O$$

M. Fremy a montré que le bioxyde de plomb est un acide faible. Il forme directement avec la potasse un plombate cristallisé $PbO^2,K^2O;3H^2O$ que l'eau décompose.

Minium Pb^3O^4. — C'est un vrai plombite de plomb $PbO^2,2PbO$, ainsi que l'indique sa décomposition par l'acide nitrique étendu.

On l'obtient industriellement en chauffant le massicot dans des fours spéciaux vers 450 à 500°, température où cet oxyde ne fond pas encore. L'oxygène est lentement absorbé; le massicot passe au jaune vif, puis à l'orange; on répète cette opération, en ringardant de temps à autre, jusqu'à obtenir la coloration rouge minium. De là ce terme du métier de *minium à plusieurs feux*; on appelle *mine orange* l'oxyde obtenu en calcinant la céruse à l'air. La composition de ces divers oxydes varie de Pb^3O^4 à Pb^6O^7.

Le minium est une poudre brillante, d'un rouge passant un peu au violet à chaud ; sa densité est de 8,6.

Les acides le décomposent en donnant des sels de protoxyde et du bioxyde de plomb.

La principale application du minium consiste dans la fabrication du *cristal* et du *flint-glass*, qui lui doivent leur fusibilité, leur éclat et leur réfringence. Il entre dans la composition des émaux, faïences, couvertes de poteries. On l'emploie pour peindre les tôles et pièces de fer, qu'il protège contre la rouille. Il sert à colorer les papiers de tentures, la cire à cacheter, etc.

On vend dans l'industrie un minium dit *minium de fer* qui n'est qu'un mélange de minium et de sesquioxyde de fer, quelquefois mêlé de brique pilée. Ce nom fallacieux l'a fait souvent employer dans la peinture des réservoirs d'eaux potables. Il en est résulté de graves accidents saturnins.

SULFURES DE PLOMB

On connaît les sulfures Pb^4S et Pb^2S : ils constituent principalement les *mattes plombeuses* dans le traitement de la galène. Mais le principal sulfure de plomb répond à la formule PbS.

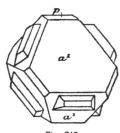

Fig. 247.
Galène avec macles.

Monosulfure de plomb PbS. — Nous avons dit plus haut où se rencontre la *galène* et quelle est sa forme cristalline (fig. 247). Elle fond au rouge, et se volatilise au blanc en perdant du soufre. On peut obtenir directement la galène en fondant ensemble le soufre et le plomb : leur combinaison a lieu avec incandescence. Son hydrate se produit lorsqu'on fait agir l'hydrogène sulfuré sur un sel de plomb soluble.

La densité de la galène est de 7,58.

Le sulfure de plomb est réduit à chaud par l'hydrogène. La vapeur d'eau le décompose au rouge suivant l'équation :

$$3\,PbS + 2\,H^2O = SO^2 + 2\,H^2S + 3\,Pb.$$

On a vu, p. 584 comment la galène s'oxyde par son grillage à l'air. L'acide azotique ordinaire la transforme en azotate, soufre et sulfate.

Sous le nom d'*alquifoux* on emploie depuis un temps immémorial la galène mélangée de bouse de vache et d'argile délayée, pour vernir les poteries communes. Aux températures peu élevées où se fait la cuisson de ces poteries, la galène fond et forme à leur surface un vernis protecteur de couleur jaune ou vert; malheureusement une partie transformée en oxyde, et soluble dans les acides faibles, reste à la surface des vases sans s'unir à la silice, ou que très faiblement, à ces températures relativement basses. Aussi a-t-on signalé souvent des empoisonnements saturnins résultant de l'usage de poteries ainsi vernissées.

CHLORURE, BROMURE ET IODURE DE PLOMB

Ces composés peu solubles s'obtiennent directement en traitant le métal par le chlore, le brome et l'iode; ou bien en saturant des acides chlorhydrique, bromhydrique, iodhydrique par de la litharge; ou bien enfin en versant dans une solution plombique ces mêmes acides ou les chlorures, bromures ou iodures alcalins.

Le *chlorure de plomb* est une poudre blanche soluble dans 135 parties d'eau à 12°,5; il se dissout mieux dans l'acide chlorhydrique concentré, mais moins bien dans l'acide étendu que dans l'eau pure. Il est inaltérable à la lumière. On connaît des chlorures doubles, cristallisés, de plomb et baryum, plomb et calcium, etc. On a décrit plusieurs oxychlorures de plomb définis. L'un d'eux se prépare en fondant un mélange de litharge et de sel marin : il porte le nom de *jaune de Cassel* et sert à la peinture des meubles, voitures, décors, etc.

L'*iodure de plomb* s'obtient d'ordinaire en précipitant un sel de plomb par l'iodure de potassium. C'est un composé d'un beau jaune-orangé vif, cristallisant de l'eau bouillante en lamelles hexagonales d'un jaune d'or, solubles dans 194 parties d'eau à 100° et dans 1235 parties d'eau froide.

A l'état humide, la lumière l'altère et en dégage un peu d'iode.

Chauffé à l'air, il se transforme en oxyiodure.

L'iodure de plomb est un médicament résolutif; il entre dans la composition de pommades fondantes diverses.

SULFATE DE PLOMB

A l'état naturel ce sel constitue l'*anglésite*, substance isomorphe de la barytine. On l'obtient industriellement comme matière secondaire dans la fabrication du *mordant d'alumine* qu'on prépare en traitant l'alun par l'acétate de plomb. Le sulfate de plomb se précipite sous forme d'une poudre blanche, insoluble.

On a vu plus haut comment il se réduit à haute température par le sulfure de plomb pour donner du plomb métallique.

Le sulfate de plomb est insoluble dans l'eau, mais sensiblement soluble dans les acides sulfurique et nitrique concentrés. C'est lui qui se précipite lorsqu'on étend d'eau l'acide sulfurique commercial.

AZOTATES DE PLOMB

On connaît un azotate neutre et des azotates basiques de plomb ; $Az^2O^7Pb^2$ (*pyro-azotate*) et $(AzO^4)^2Pb$ (*ortho-azotate*). Le premier de ces sels correspondant aux pyro-phosphates $P^2O^4R^4$.

L'*azotate neutre de plomb* AzO^5Pb s'obtient en dissolvant le protoxyde de plomb ou son carbonate dans l'acide nitrique étendu et bouillant. Il cristallise en octaèdres réguliers, blancs, anhydres, inaltérables à l'air ; solubles dans $1^p,989$ d'eau à $17,3$ et dans $0^p,7$ à $100,5$ degrés.

Il décrépite lorsqu'on le chauffe et se décompose ensuite au-dessous du rouge en donnant de l'oxygène, de la vapeur nitreuse et du protoxyde de plomb. En faisant agir la litharge sur ses solutions on le transforme en azotate basique.

L'azotate de plomb sert à imprégner les mèches des briquets et les charbons dits *allume-feux*. Il communique à ces matières une grande combustibilité, mais l'oxyde jaune qu'il laisse après la combustion est fort dangereux ; il a souvent produit des accidents.

CARBONATE DE PLOMB

Le carbonate naturel CO^3Pb ou *cérusite* est isomorphe de l'*aragonite*.

L'*hydrocarbonate de plomb* (*céruse, blanc de plomb, blanc d'argent*) n'a pas toujours la même composition. Celui qu'on obtient en faisant passer un courant d'acide carbonique à travers l'acétate basique de plomb répond à la formule $(CO^3Pb)^2,PbO,H^2O$. Les produits obtenus par la méthode dite *hollandaise* sont des mélanges de cet hydrocarbonate et de carbonate neutre.

La céruse est blanche, insoluble dans l'eau, un peu soluble dans l'eau chargée d'acide carbonique.

Soumise à l'air à la calcination ménagée, elle se transforme en une sorte de *minium* d'un ton orangé, plus pauvre en oxygène que le minium et très estimé en peinture. Il porte le nom de *mine orange*.

Quoique insoluble, la céruse noircit par l'acide sulfhydrique.

Préparation. — Elle s'obtient par deux principaux procédés : le *procédé hollandais* ou par fermentation, et le *procédé français* ou par action directe de l'acide carbonique sur l'acétate basique de plomb.

Procédé hollandais. — Il consiste à exposer des lamelles de plomb à un mélange de vapeur d'acide acétique et de gaz carbonique. Le plomb coulé en plaques, roulé en spires, etc., est placé dans des pots de grès (fig. 249) contenant un peu d'acide pyroligneux. Ces pots sont rangés côte à côte par lits horizontaux, recouverts de madriers de bois et superposés ; entre chaque lit on place une bonne couche de fumier ou de tannée. Le tout forme un échafaudage de 7 à 8 mètres de haut, enclavé dans de larges loges en maçonnerie (fig. 248 et 250). La fermentation du fumier élève bientôt la température de la masse et dégage abondamment

Fig. 248. — Fosse à céruse.
Détail des assises de pots.

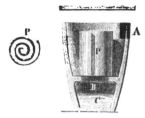

Fig. 249. — Pot à céruse avec spirale
de plomb.

de l'acide carbonique. Sous cette influence, les vapeurs d'acide acétique et l'air ambiant attaquent le plomb, il se transforme d'abord en sous-acétate, puis lentement, au bout de deux à trois mois, il se change en une matière blanche, assez dure, adhérente au reste du métal. C'est la *céruse* brute.

Les épaisses écailles de céruse ainsi formées sont détachées du métal inattaqué, soit à la main, soit mécaniquement, puis broyées sous l'eau à l'aide de meules à vapeur : la, céruse humide est ensuite mise à égoutter sur des toiles, essorée, étuvée et portée au moulin qui la transforme en fine poussière. Toutes ces opérations sont extrêmement dangereuses pour les ou-

Fig. 250. — Fabrication de la céruse
(procédé hollandais).

vriers. Mais depuis quelques années, au lieu de sécher la céruse et de la moudre dans cet état, on la mélange directement et toute humide avec les huiles grasses auxquelles on veut l'incorporer. Un broyage énergique suffit pour chasser toute l'eau. On obtient ainsi directement, sans poussière et sans danger, le *blanc de plomb* tout prêt à être employé par les peintres.

Procédé français ou de Thénard. — Ce procédé consiste à faire réagir un courant d'acide carbonique sur de l'acétate tribasique de plomb en solution dans l'eau. Ce sel se produit lui-même par l'action, de l'acide pyroligneux à une douce température sur un excès de litharge. Quant à l'acide carbonique, il provient généralement de la calcination du calcaire. Au sortir du four à chaux, le gaz carbonique est conduit dans le bain de sous-acétate, où il précipite du sous-carbonate de plomb, tandis qu'il se forme de l'acétate neutre et un peu d'acide acétique libre. La liqueur séparée du précipité est transvasée dans un bac voisin cohtenant de la litharge, et le sous-acétate ainsi reproduit est de nouveau mis en œuvre et changé en céruse grâce à l'arrivée de l'acide carbonique. En ajoutant chaque fois un peu d'acide acétique pour remplacer celui qui peut avoir été mécaniquement entraîné, on répète cette opération et l'on retransforme en céruse une nouvelle quantité de litharge. Par cette méthode on obtient un fin précipité de céruse et on évite le broyage, c'est-à-dire la partie la plus dangereuse de la fabrication.

Usages de la céruse. — On sait les usages que les peintres font de la céruse. Elle est comme l'excipient des autres couleurs avec lesquelles on la broie. L'on a dit tout à l'heure les inconvénients de sa fabrication à sec. Le broiement à la molette à main, en partant de la céruse sèche industrielle, est aussi une cause d'intoxication saturnine. J'ai signalé à propos du zinc les avantages qu'il y aurait à remplacer cette dangereuse substance par l'oxyde ou le sulfure de zinc.

La céruse est très souvent fraudée avec du sulfate de baryte dit *blanc fixe*. Les *blancs* appelés *blanc* de *Venise*, de *Hollande*, de *Hambourg*, en contiennent de la moitié aux deux tiers de leur poids. Le sulfate de baryte ajouté reste insoluble lorsqu'on dissout la céruse dans l'acide azotique.

CHROMATE DE PLOMB

Le *plomb rouge* de Sibérie, ou *crocoïse*, est un chromate de plomb naturel PbO,CrO^5, cristallisé en lames et cristaux d'un beau rouge hyacinthe appartenant au système monoclinique. La *phœnicite* est un autre chromate ayant la composition $(PbO)^5, 2CrO^5$.

Dans les laboratoires, on obtient le chromate neutre en précipitant les solutions de plomb par du chromate jaune de potassium.

Ce sel de plomb insoluble dans l'eau est soluble dans la potasse, qui le transforme, à l'ébullition, en chromate basique rouge.

Le chromate neutre est employé en peinture sous le nom de *jaune de chrome*. Il est très vénéneux.

CARACTÈRES DES SELS DE PLOMB

Les sels de plomb sont incolores lorsque leur acide n'est pas lui-même coloré. Ils sont lourds, d'une saveur astringente et douceâtre. La plupart sont insolubles ou fort peu solubles.

Fondus au chalumeau sur le charbon, avec du carbonate de sodium, ils donnent un globule de plomb métallique.

L'hydrogène sulfuré les précipite en noir de leurs solutions les plus étendues : il agit même sur les sels insolubles en suspension dans l'eau. Le sulfure de plomb est insoluble dans les acides et les sulfures alcalins.

L'acide chlorhydrique et les chlorures précipitent dans les solutions plombiques moyennement étendues, un chlorure de plomb blanc un peu soluble dans l'eau. Les iodures alcalins donnent un précipité jaune d'or, soluble dans l'eau bouillante.

La potasse précipite de l'hydrate de plomb incolore, soluble dans un excès de réactif.

L'acide sulfurique et les sulfates précipitent en blanc les solutions de plomb même étendues. Ce sulfate est insoluble dans les acides faibles, mais soluble dans quelques sels, tels que les tartrates. Le chromate de potassium donne un précipité jaune de chromate de plomb.

ACTION VÉNÉNEUSE DU PLOMB ET DE SES COMPOSÉS

Tous les composés plombiques solubles ou insolubles, sont toxiques, et d'autant plus dangereux qu'ils peuvent être assimilés à la fois par la peau et par les muqueuses buccales ou intestinales. Ils le sont le plus souvent à doses répétées, car, ainsi qu'on va le voir, les conditions où l'on absorbe le plomb sont très multipliées et très inattendues. Les effets du plomb sont d'ailleurs d'autant plus redoutables, qu'ils sont au début lents, obscurs, insidieux, faciles à confondre avec les symptômes qui se manifestent à la suite d'une foule de causes banales de débilitation. Les gastralgies, l'inappétence, les lentes digestions, les constipations opiniâtres, les coliques sèches passagères, sont les préliminaires de l'intoxication plombique confirmée. Ce n'est qu'après des mois entiers que l'empoisonnement aigu se manifeste et qu'éclatent enfin les signes graves qui permettent au médecin de diagnostiquer la cause de ces troubles restés jusque-là souvent inexplicables. Alors apparaissent la pâleur cachectique de la face; le liséré plombique bleuâtre des gencives, la fétidité et l'acidité de l'haleine; les coliques avec constipation opiniâtre, rétraction du ventre, hoquets, vomissements bilieux; l'*arthralgie* saturnine siégeant dans les membres et souvent dans les masses musculaires des lombes et du thorax; la *paralysie* qui atteint surtout et d'abord les extenseurs de l'avant-bras, mais qui peut envahir les autres muscles, ceux de la langue, du larynx, du thorax; les *troubles de la sensibilité* cutanée; enfin l'*encéphalopathie saturnine* délirante, convulsive ou comateuse, qui le plus souvent précède de peu la mort.

Tel est le tableau rapide de l'intoxication saturnine lente, celle que l'on observe le plus souvent. Quant à l'intoxication aiguë, elle débute par la constriction de la gorge, une douleur brûlante dans la bouche, l'œsophage et l'estomac, bientôt suivie de vomissements blanchâtres, jaunâtre ou sanguinolents. Ils sont accompagnés de coliques et de diarrhées. La température s'abaisse, les pulsations tombent à 60 et même à 50 par minute ; l'altération, la pâleur des traits, les crampes, les paralysies, l'anesthésie, la stupeur, et la mort, tel est le tableau lamentable des phénomènes d'intoxication qui se succèdent rapidement.

L'intoxication aiguë survenant à la suite de l'absorption d'une dose massive d'un sel de plomb soluble est relativement rare. L'intoxication chronique est au contraire très commune. Nous sommes exposés à absorber le plomb à petites doses dans une foule de circonstances. L'une des plus ordinaires est la cuisson des aliments dans des vases généralement étamés à l'étain plombifère ; l'on peut dire que l'étain fin n'est presque jamais employé à cet usage, et que même l'on se sert assez souvent pour l'étamage d'étain contenant plus de 10 pour 100 de plomb. Aussi pensons-nous que la pratique de l'étamage des vases culinaires en cuivre devrait disparaître de nos mœurs. Les aliments conservés soit dans des vases soudés à la soudure des plombiers, en boîtes ou conserves de fer-blanc, soit dans des poteries vernies au plomb ou émaillées, soit dans des papiers dits *d'étain*, nous apportent journellement aussi des traces ou des doses pondérables de plomb. Je ne cite ici que pour mémoire les vins, cidres, etc., frelatés, *adoucis* ou clarifiés à la litharge, pratique qui tend partout à disparaître. Mais il arrive fort souvent que les liquides alimentaires acides, vins, vinaigres, etc., sont laissés au contact du plomb ou de soudures métalliques, ou bien mesurés et conservés dans des gobelets d'étain plombifère, comme on le fait dans les hôpitaux civils où la tolérance est de 10 pour 100 de plomb pour les alliages d'étain dont est fabriquée la vaisselle que l'on donne aux malades.

A ces causes journalières d'intoxication il faut ajouter l'usage habituel d'eaux potables ayant séjourné ou circulé avec de l'air dans des conduites de plomb ; de celles aussi qu'on a distillées dans des appareils étamés à l'étain plombifère, comme il arrive souvent en mer, ou qu'on a recueillies dans des citernes après qu'elles ont passé sur des toits ou des terrasses où se rencontrent des pièces métalliques soudées au plomb ; ou bien, ce qui est encore plus grave, des eaux qu'on a conservées dans des réservoirs peints à la céruse ou au minium.

Signalons encore l'abus regrettable des eaux gazeuses dites de Seltz, très souvent plombifères ; les conserves de fruits enveloppées de papiers ou conservées en boîtes métalliques soudées ; enfin les sucreries et bonbons colorés encore quelquefois avec des substances plombifères.

A toutes ces causes d'intoxication lente par le plomb, il faut ajouter aussi l'usage éventuel de farines ou d'aliments plombifères : farines obtenues avec des meules dont les éveillures avaient été bouchées avec du plomb ; pains cuits dans des fours chauffés par combustion de bois préalablement peints à la céruse ; viandes ou aliments grillés sur des charbons rendus plus combustibles grâce à l'azotate de plomb, etc.

Nous ne pouvons citer ici toutes les autres circonstances de la vie moderne dans lesquelles le plomb arrive jusqu'à nous : ce sont les soies et dentelles chargées de sels plombiques ; les jouets peints à la céruse, à la mine orange, au chromate de plomb ; les cuirs tannés à l'acétate ; les toiles cirées imitant le linge damassé couvertes d'un épais enduit de céruse et d'oléate de plomb ; les cuirs de voitures vernies au plomb ; les fards et cosmétiques de toutes sortes, riches en sels plombiques très vénéneux. Toutes ces causes, pour ne point être continues et accumulées, n'en contribuent pas moins à nous faire journellement absorber une dose de plomb dont les effets se traduisent à la longue chez ceux qui s'y trouvent plus particulièrement soumis ou plus spécialement sensibles par de l'affaiblissement et de l'anémie, sinon par une intoxication saturnine confirmée.

Il nous est impossible de donner ici la nomenclature complète de toutes les industries qui exposent les ouvriers à l'intoxication par le plomb. Nous nous bornerons à citer comme étant les plus exposés, et par ordre décroissant de danger : les ouvriers fabricants de céruse, minium, chromate de plomb ; les peintres, ponceurs, mastiqueurs, broyeurs de couleurs ; les ouvriers mélangeurs des matières dans les cristalleries ; les polisseurs de caractères d'imprimerie, les fondeurs de plomb, les fabricants de potée d'étain ; les plombiers, les étameurs, les miroitiers, les doreurs, les typographes, les chaudronniers et chauffeurs, les potiers de terre, les émailleurs, les apprêteurs de poils, etc. Parmi eux, les plus frappés sont ceux que leur mode de travail expose surtout aux *poussières* plombifères sèches qu'ils absorbent par les muqueuses et les poumons ; viennent ensuite ceux qui ne reçoivent que par la peau le contact du plomb et de ses préparations ([1]).

LE THALLIUM

Sir W. Crookes, en examinant au spectroscope, en 1861, les dépôts des chambres à poussières des fabriques d'acide sulfurique où l'on brûle certaines pyrites tellurifères et sélénifères, constata l'apparition d'une belle raie verte appartenant à un élément inconnu ; peu après, il

([1]) On se renseignera plus complètement à ce sujet dans mon ouvrage sur *le cuivre et le plomb dans l'alimentation et l'industrie*, Paris, 1883, J.-B. Baillière, éditeur.

retira du soufre de Lipari un petit échantillon de ce nouveau corps et le nomma *thallium* à cause de la couleur verte de sa raie caractéristique (θαλλός, rameau vert). Il le supposait de nature métalloïdique; mais, un an après ces recherches, M. Lamy ayant retiré le thallium des boues des fabriques d'acide sulfurique de Lille où l'on brûlait des pyrites belges, reconnut que le thallium était un métal, fit connaître la plupart de ses caractères importants et étudia ses principales combinaisons. Grâce à lui le thallium est aujourd'hui l'un des métaux les mieux connus.

Les pyrites où l'on rencontre le thallium en contiennent rarement au delà de un cent-millième, mais beaucoup en donnent des traces; on l'a signalé dans le zinc et la calamine de Theux, le soufre de Lipari, certains échantillons de bioxyde de manganèse, mais surtout dans la *crookerite*, séléniure d'argent, de cuivre et de thallium qui contient de 16 à 18 pour 100 de ce dernier métal.

Pour l'extraire, les dépôts et boues des chambres de plomb, mélangées d'un excès d'acide sulfurique, sont chauffées d'abord pour convertir le chlorure thallique peu soluble en sulfate soluble; elles sont reprises ensuite par l'eau, et la liqueur est précipitée par l'acide chlorhydrique. Le chlorure thalleux peu soluble se dépose; on le recueille, et on le traite par l'acide sulfurique qui donne du sulfate thalleux soluble. Celui-ci, traité par le zinc ou bien électrolysé, fournit le métal nouveau.

Par ses propriétés physiques, le thallium se rapproche beaucoup du plomb. Il est mou, brillant, lorsqu'il est récemment coupé au couteau; il se ternit ensuite. Sa densité est de 11.86. Il fond à 290°.

Son spectre est caractérisé par une belle raie verte; $\lambda = 534,9$. Son poids atomique est égal à 204 ([1]).

Le thallium est fort oxydable et se recouvre à l'air d'une couche noire de peroxyde Tl^2O^3. Il ne décompose pas l'eau, sinon en présence des acides, mais il s'empare avec avidité de l'oxygène qu'elle tient en solution et forme ainsi un hydrate de protoxyde Tl^2O,aq, hydrate jaune, très soluble dans l'eau qu'il rend alcaline, analogue à la potasse ou à la baryte hydratées. Cet oxyde fournit les sels ordinaires du thallium; le peroxyde ne donne que des sels instables.

La plupart des sels de thallium sont isomorphes avec ceux de potassium.

Le *carbonate* $CO^2.Tl^2O$ est soluble dans 25 fois son poids d'eau à 15°. Il est d'un gris jaunâtre clair. Le *phosphate* trithalleux PO^4Tl^3 est fort

---

([1]) Si l'on prend, avec M. Lamy, pour poids atomique du thallium la quantité qui se combine à 35,5 de chlore ou à 8 d'oxygène, ce poids atomique est 204, et les oxydes deviennent Tl^2O et Tl^2O^3 (pour $O = 16$). Si l'on prend pour poids atomique de ce métal la quantité qui s'unit à $O = 16$, on a pour poids atomique $Tl = 408$ et les oxydes sont TlO et TlO^3. Nous avons pris ici $Tl = 204$ pour nous conformer à l'usage, mais, à notre avis, le poids atomique de thallium devait être pris égal à 408.

peu soluble ; le *sulfate neutre* SO^{4}Tl^2 cristallise en beaux prismes clinorhombiques, anhydres et solubles. Les *protochlorures* TlCl, le *protobromure* et le *protoiodure* sont fort peu solubles et ressemblent beaucoup à ceux du plomb. Le protosulfure Tl^{2}S est noir et tout à fait insoluble dans l'eau.

QUARANTE-QUATRIÈME LEÇON

LE MERCURE

Les métaux qui composent notre VIIe *famille : mercure, argent, palladium, rhodium,* ne s'oxydent aux dépens de l'eau ni par la chaleur, ni à l'aide des acides étendus, mais ils sont encore aptes à s'oxyder en empruntant l'oxygène aux acides qui en sont très riches. Ces deux caractères leur sont communs avec les métaux de la VIe Famille. Mais les oxydes de mercure, d'argent, etc., sont complètement réductibles au rouge, propriété qui les différencie des précédents. La légère solubilité des oxydes mercuriques et argentiques dans l'eau, à laquelle ils communiquent une faible réaction alcaline, et l'aptitude de ces oxydes à saturer les acides énergiques, rapprochent ces métaux entre eux sans les éloigner du plomb, dont l'oxyde PbO jouit des mêmes caractères.

La densité du palladium 11,5, son aptitude à s'oxyder directement lorsqu'on le chauffe à l'air pour se réduire à une température plus élevée, enfin sa propriété de se dissoudre dans l'acide nitrique à chaud pour donner un nitrate, nous font placer ce métal à côté du mercure et de l'argent.

LE MERCURE

L'éclat métallique, la faible altérabilité et la liquidité du mercure qu'on rencontre quelquefois à l'état natif, ont fait distinguer ce métal dès une haute antiquité. On n'ignorait pas ses propriétés vénéneuses. Les anciens s'en servaient pour dorer l'argent et le cuivre, pour extraire l'or des cendres des bijoutiers, etc. ; le nom d'*hydrargyre* ou *eau d'argent* lui vient des Grecs. Les médecins arabes l'employèrent d'abord dans le traitement des maladies de la peau, et c'est sous cette forme qu'il est entré dans la thérapeutique européenne grâce en particulier aux travaux de l'École de Montpellier. Paracelse fit usage des mercuriaux l'un des premiers, sinon le premier, contre les maladies vénériennes.

Le mercure se rencontre à l'état natif disséminé dans les gisements de cinabre et même dans les terrains qui ne contiennent pas ce minerai de mercure, de tous le plus important. Le cinabre ou sulfure de mercure HgS se rencontre en filons ou amas dans les schistes des terrains de transition ou dans les calcaires des terrains secondaires superposés au terrain houiller. Ses principaux gisements sont ceux d'Idria en Carniole, d'Almaden en Espagne, du Pérou, du Mexique, de San-Joé en Californie, de la Chine et du Japon. Le calomel natif Hg^2Cl^2 est beaucoup plus rare. Il existe à côté de *cuivre gris* dans quelques filons.

Extraction du mercure. — Les mines d'Almaden, les plus riches de

Fig. 251. — Appareil d'Almaden pour l'extraction du mercure.

l'Europe, fournissent du mercure depuis l'antiquité. Le procédé d'extraction est fort simple. Le minerai est chargé sur une grille au-dessous

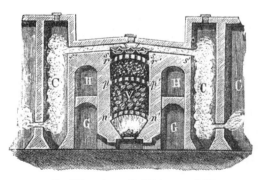

Fig. 252. — Appareil d'Idria en activité.

de laquelle brûle un feu de bois (fig. 251). Les gaz de la combustion s'échappent par une cheminée latérale. La matière s'oxyde, son soufre passe à l'état d'acide sulfureux, tandis que le mercure se dégage avec les vapeurs sulfureuses et vient se condenser dans une série f d'allonges de terre emboîtées l'une à la suite de l'autre, et qui portent le nom d'*aludels*. A Idria, le procédé d'extraction repose sur le même principe, le grillage du cinabre : mais la condensation du métal est mieux assurée. Elle a lieu dans une série de chambres H H (fig. 252) placées de chaque côté du fourneau. Quant au minerai lui-même, il est grillé dans un four vertical V à deux ou trois étages de soles superposées sur lesquelles le minerai est placé dans de petites écuelles de terre, disposition qui permet la circulation facile de la flamme et de l'air.

Dans d'autres localités enfin, on réduit le cinabre par le fer ou la chaux ; en particulier dans le duché des *Deux-Ponts*, le minerai mélangé d'une gangue calcaire est distillé dans des cornues de grès ou de fonte. La réaction suivante met le métal en liberté :

$$3\,HgS\; +\; 2\,CaO.CO^2\; =\; 2\,CO^2\; +\; SO^2\; +\; 2\,CaS\; +\; 3\,Hg$$

On purifie le mercure en le filtrant sous pression à travers de fortes toiles ou des peaux de chamois, ou bien en le distillant.

Fig. 253. — Distillation du mercure.

Dans les laboratoires cette distillation se fait généralement en chauffant dans un fourneau ordinaire E (fig. 253) le mercure contenu dans les bouteilles en fer forgé C qui servent généralement à transporter ce métal. On les munit d'un court goulot fait d'un bout de canon de fusil vissé et tordu, dont l'extrémité entourée d'un linge mouillé T trempe dans une terrine pleine d'eau où se condense le mercure.

On se contente quelquefois d'une purification insuffisante qu'on obtient en laissant, dans des flacons, séjourner plusieurs semaines ce métal au-dessous d'une couche d'acide sulfurique concentré. On peut aussi l'obtenir à peu près pur, en agitant plusieurs heures le mercure commercial avec un peu d'acide nitrique moyennement étendu. Cet acide oxyde les métaux étrangers ; il suffit ensuite de laver et sécher le métal pour qu'il soit propre à la fabrication des thermomètres, baromètres, etc.

Propriétés du mercure métallique. — Le mercure est un liquide blanc d'argent brillant; sa surface, lorsqu'il est bien pur, forme un miroir parfait difficile à ternir. Il ne mouille pas les corps, si ce n'est quelques métaux auxquels il s'allie : cuivre, or, argent, zinc, plomb, étain, métaux alcalins, etc.

La densité du mercure liquide est de 13,596 à 0°. Entre 0° et 100°, son coefficient de dilatation est sensiblement constant. C'est le moins conducteur des métaux pour la chaleur. Il se solidifie à 40°; en subissant un fort retrait; sa densité s'accroît tout à coup et devient égale à 14,391. A l'état solide il se moule et se martelle aisément. Le mercure émet des vapeurs à toute température. Sa tension en millimètres de mercure est à 0 degré, de $0^{mm},02$; à 20°, de $0^{mm},037$; à 100°, de $0^{mm},745$; à 357°,25, de 760^{mm}. C'est la température à laquelle il bout d'après V. Regnault. La densité de vapeur du mercure est de 6,976. Elle correspond à une molécule formée d'un seul atome.

M. Boussingault, et après lui M. Merget, ont montré que le mercure émet des vapeurs sensibles même aux plus basses températures. Une feuille d'or laissée au-dessus d'un bain de mercure qu'elle ne touche pas, ne tarde pas à s'amalgamer; une plante meurt sous une cloche qui contient un peu de mercure; des papiers trempés dans des solutions faibles de chlorure d'or, de platine ou de nitrate d'argent ammoniacal, exposés dans un atelier de miroitier ou d'amalgameur, ne tardent pas à brunir ou noircir grâce à l'amalgame ou dépôt métallique qui se fait à leur surface. M. Merget, à qui sont dues plusieurs de ces observations, a démontré que le mercure se diffuse à toutes températures et jusqu'à une distance de 1700 mètres dans les espaces ouverts, alors même qu'il existe combiné à l'état d'amalgame à la surface des métaux. Lors même qu'on n'a séjourné que quelques heures dans un atelier où l'on emploie ce métal, la main posée sur un papier sensibilisé à l'aide d'un sel d'iridium laisse un dessin noir dû à la réduction du métal par le mercure déposé sur la peau. M. Boussingault a démontré que les fâcheux effets du mercure diffusé dans l'atmosphère sont enrayés par la présence simultanée du soufre en poudre.

Lorsqu'il est pur, le mercure se divise en gouttelettes brillantes et arrondies; sali par des métaux, il devient légèrement oxydable et *fait la queue*, c'est-à-dire qu'il se répand en gouttes grisâtres allongées.

Chauffé à l'air vers 330°, il en absorbe lentement l'oxygène et se transforme en oxyde rouge HgO. Vers 450°, cette poudre rouge redonne du mercure et de l'oxygène. On connaît à cet égard les célèbres expérience de Priestley et de Lavoisier (*Voyez* p. 60 et 217).

Le mercure s'unit directement, à chaud ou à froid, au chlore, au brome, à l'iode, au soufre.

Il ne décompose l'eau à aucune température. L'acide sulfurique concentré ne l'attaque qu'à chaud ; l'acide chlorhydrique commence à le décomposer lentement vers 360° (*Berthelot*) ; l'hydrogène sulfuré à 100°. L'acide nitrique moyennement concentré donne avec lui, même à froid, des azotates mercureux et mercurique.

Le mercure métallique sert à beaucoup d'usages. L'extraction de l'argent et de l'or par les méthodes américaine et saxonnes d'amalgamations qui seront développées plus loin (p. 612) ; l'étamage des glaces, la construction des baromètres, thermomètres, manomètres, les cuves de laboratoire pour les manipulations sur les gaz, etc., emploient de grandes quantités de mercure. Il sert dans la *dorure à l'amalgame*, sur laquelle on reviendra.

Il est aussi très employé en médecine, même à l'état métallique : *éteint*, c'est-à-dire extrêmement divisé dans de la graisse, il constitue l'*onguent napolitain* ou *onguent gris*. Cette extinction du mercure se produit d'autant plus vite que la graisse est plus rance. Aussi l'onguent napolitain est-il souvent fort irritant pour la peau.

L'eau ordinaire qu'on agite avec du mercure constitue l'*eau mercurielle*, qui jouit de propriétés vermifuges.

Combinaisons mercurielles. — En s'unissant aux métalloïdes ou aux radicaux acides, le mercure donne deux sortes de composés : dans les uns, le groupement Hg^2 se comporte comme diatomique et passe d'une combinaison à l'autre à la façon d'un atome métallique simple ; on obtient ainsi l'oxyde $(Hg^2)''O$; le chlorure $(Hg^2)''Cl$; le nitrate $(Hg^2)''(AzO^3)^2$; le sulfate $(Hg^2)''SO^4$: ce sont les *composés mercureux*. Dans une autre série de combinaisons, l'atome unique Hg joue le rôle d'un radical métallique bivalent et donne en s'unissant aux éléments ou aux groupes radicaux négatifs des combinaisons telles que $\overset{''}{Hg}O$ l'oxyde ; $\overset{''}{Hg}Cl^2$ le chlorure ; $\overset{''}{Hg}(AzO^3)^2$ le nitrate ; $\overset{''}{Hg}.SO^4$ le sulfate : ce sont les *composés mercuriques*. Il y a donc deux séries de combinaisons mercurielles qu'il faut étudier parallèlement et successivement.

OXYDES DE MERCURE

On connaît deux oxydes de mercure, l'*oxyde mercureux* Hg^2O et l'*oxyde mercurique* HgO.

Oxyde mercureux Hg^2O. — C'est un oxyde noir, très instable, qu'on obtient en traitant l'azotate mercureux par l'eau de chaux, ou le calomel par une solution alcaline en excès. La lumière, la chaleur, le dissocient en oxyde mercurique et mercure métallique. Traité par les acides, il donne les sels mercureux correspondants.

L'*eau phagédénique noire,* autrefois employée dans le pansement des plaies de mauvaise nature, était obtenue en agitant l'eau de chaux avec du calomel.

Oxyde mercurique HgO. — Le *précipité per se* des anciennes pharmacopées était l'oxyde de mercure HgO résultant d'une calcination ménagée du mercure à l'air. On prépare plus facilement cet oxyde en chauffant l'azotate mercurique tant qu'il dégage des vapeurs rutilantes : l'oxyde HgO reste comme résidu. On peut enfin l'obtenir hydraté en versant la solution d'un sel mercurique, l'azotate en particulier, dans de la potasse caustique. C'est une poudre jaune, anhydre après dessiccation. Ces deux oxydes sont isomères : le rouge résiste à l'action de l'acide oxalique et n'est que difficilement attaqué par le chlore ; le jaune est aisément accessible à l'action de ces deux réactifs.

A la lumière solaire directe, l'oxyde de mercure noircit superficiellement. Il se décompose vers 450° et donne de l'oxygène et du mercure.

Il se dissout dans 200,000 parties d'eau et *communique à la liqueur une réaction faiblement alcaline* (*Wallace*).

C'est un oxydant énergique : avec le soufre, le phosphore, etc., il produit sous le marteau de violentes explosions.

Il décompose un grand nombre de chlorures métalliques ; il en précipite les oxydes et donne de l'*oxychlorure de mercure* $HgO,HgCl^2$. Il se dissout dans la potasse pour donner de l'oxymercurate cristallisé violet $(HgO)^2K^2O$. Par tous ces caractères, on le voit, cet oxyde se rapproche beaucoup de celui de plomb PbO.

L'oxyde de mercure a été employé en médecine sous forme d'*eau phagédénique jaune* qu'on obtenait en traitant par l'eau de chaux une solution de *sublimé corrosif.*

SULFURES DE MERCURE

Sulfure mercureux Hg^2S. — C'est un composé noir, très instable à la lumière et par la chaleur.

Sulfure mercurique HgS. — Il en existe deux, le *rouge* et le *noir.* Celui-ci se transforme en rouge lorsqu'on le sublime. Il porte alors le nom de *cinabre artificiel.* Le cinabre naturel, le minerai principal de mercure, est tantôt fibreux, tantôt cristallisé en rhomboèdres ou prismes hexagonaux basés, le plus souvent rouges et quelquefois noirs.

Le sulfure noir qu'on obtient à froid en broyant le soufre et le mercure portait autrefois le nom d'*éthiops minéral.*

Préparé par sublimation en chauffant ensemble le mercure et le soufre, le cinabre forme des masses à texture cristalline, rouges à froid, brunes vers 250°, mais redevenant rouges par leur refroidissement. La densité de ce sulfure est de 8,12. A l'abri de l'air, il se volatilise sans fondre, en une vapeur jaunâtre. Lorsqu'on le chauffe il donne à l'air de l'acide sulfureux et du mercure.

Le fer, l'étain, etc., le décomposent à chaud en mettant son mercure en liberté. Le cinabre est réduit par l'hydrogène et par le charbon.

Les acides l'attaquent difficilement.

Le *vermillon*, qui est fort employé en peinture, est du sulfure de mercure de couleur écarlate préparé par la voie humide. On l'obtient en faisant digérer à 455° l'*éthiops minéral* avec de la potasse (18 pour 100 d'eau) et broyant de temps en temps jusqu'à obtenir la nuance rouge feu. Ou bien l'on triture le mercure avec du polysulfure de potassium et on laisse digérer à 45°, avec de la lessive de potasse, la poudre qui s'est formée.

CHLORURES DE MERCURE

Il existe deux chlorures de mercure : le *chlorure mercureux* Hg^2Cl^2 et le *chlorure mercurique* $HgCl^2$. Le premier se transforme aisément dans le second en fixant du chlore; le second se change dans le premier lorsqu'on le broie avec du mercure.

Chlorure mercureux Hg^2Cl^2.

Le *calomel, mercure doux, hydrargyrum muriaticum nite* des anciennes pharmacopées, est mentionné pour la première fois par les médecins du commencement du xvii° siècle. On l'obtenait alors par la sublimation d'un excès de mercure avec un mélange de vitriol, de sel marin et d'argile.

Préparation. — On le prépare aujourd'hui par voie sèche ou par voie humide.

On broie dans un mortier de bois 4 parties de sublimé $HgCl^2$, légèrement humecté d'eau, avec 3 de mercure, jusqu'à ce que celui-ci soit *éteint*. On sèche ce mélange et on l'introduit dans des matras à fond plat chauffés au bain de sable. Il suffit d'une chaleur ménagée pour que le calomel se sublime.

On peut aussi l'obtenir en sublimant un mélange intime de sulfate mercureux avec du mercure et du sel marin. Il se fait dans ce cas la double décomposition suivante :

$$Hg^2SO^4 \ + \ 2\,NaCl \ = \ Na^2SO^4 \ + \ Hg^2Cl^2$$

Sulfate   Sel marin.   Sulfate   Calomel.
mercureux.   sodique.

Ainsi obtenu, le chlorure mercureux est en masses compactes, dures, cristallines. Dans le but de le transformer en une poudre d'une grande finesse et douée d'une réelle activité thérapeutique, on le chauffe dans des cylindres horizontaux en terre, dont l'extrémité débouche dans une chambre en briques ou en grès de 3 à 4 mètres de capacité. La vapeur se condense dans cet espace clos avant que d'arriver aux parois et tombe en une sorte de neige amorphe qu'on lave soigneusement pour enlever le bichlorure qu'elle peut contenir. On sèche ensuite à l'étuve. C'est le *calomel à la vapeur* ou calomel des pharmacies (*Soubeiran*).

Pour obtenir le calomel par voie humide, on précipite l'azotate mercureux en solution légèrement acidulée d'acide azotique, par de l'acide chlorhydrique, on lave attentivement et l'on sèche. Ce produit, qui porte le nom de *précipité blanc*, est plus actif encore que le calomel à la vapeur.

Propriétés. — Le *protochlorure de mercure* Hg^2Cl^2 cristallise en prismes quadratiques avec pointements pyramidaux. La densité de ces cristaux est égale à 7. Ce corps se sublime vers 450°. Sa densité de vapeur est de 8,21 : elle indique que la molécule Hg^2Cl^2 se dédouble à l'état de vapeur en $2HgCl$ (ou 4 volumes), peut-être en $HgCl^2 + Hg$. La lumière paraît agir dans ce dernier sens ; le calomel prend une teinte grise en se réduisant légèrement à la surface lorsqu'on l'expose à la lumière.

Il est insoluble dans 250 000 parties d'eau froide. L'eau bouillante le dissocie lentement en bichlorure et mercure métallique.

L'acide chlorhydrique faible, les chlorures alcalins, exercent sur le calomel, même à la température ordinaire, la même action que l'eau bouillante. Cette transformation est toutefois fort limitée, si ce n'est en présence du sel ammoniac et de l'oxygène de l'air. Il se produit dans ces cas des chlorures doubles et des oxychlorures mercuriques très actifs. Aussi les malades auxquels on administre le calomel doivent-ils éviter de prendre des aliments salés, du bouillon, et même des substances albuminoïdes qui jouissent de la propriété d'en séparer du mercure et de donner avec le bichlorure qui se forme des chloro-albuminates de mercure solubles et vénéneux.

Les agents oxydants, le chlore, l'acide azotique, etc., transforment le calomel en bichlorure. Les réducteurs, tels que l'acide sulfureux, le chlorure stanneux, les métaux, etc., en précipitent le mercure.

Traité par une solution d'ammoniaque, le chlorure mercureux donne une poudre grise qui constitue un chloromercurite de mercurosamine $Hg^2Cl^2,Az^2H^4Hg^2$. Cette réaction permet de distinguer le chlorure mercureux des chlorures insolubles de plomb et d'argent.

Usages. — Le calomel se prescrit comme purgatif à la dose de 2 à 5 centigrammes chez les enfants; 20 à 25 centigrammes, chez les adultes. Il détermine une véritable déplétion du système biliaire. On l'administre souvent comme vermifuge.

On se sert du *mercure doux* comme fondant, dans les affections scrofuleuses, les plaies de mauvaise nature, etc.

Ces préparations amènent rapidement la salivation mercurielle.

Chlorure mercurique HgCl².

Ce composé porte depuis longtemps le nom de *sublimé corrosif* ou
simplement *sublimé*; on l'appelle quelquefois aussi *bichlorure* ou
deutochlorure de mercure. Il est connu depuis longtemps; Geber en
décrit déjà la préparation au vmᵉ siècle de notre ère. On l'obtenait alors
en sublimant un mélange de mercure, de vitriol, d'alun, de sel commun et de salpêtre.

Préparation. — On le prépare plus simplement aujourd'hui en faisant agir la chaleur sur un mélange intime de parties égales de sulfate
mercurique et de sel marin :

$$SO^4Hg + 2NaCl = SO^4Na^2 + HgCl^2$$

L'opération se fait dans des matras à fond plat placés au bain de
sable sous une bonne hotte. On chauffe d'abord lentement, puis plus fortement ce mélange ; on casse
ensuite le matras pour recueillir le *sublimé* qui s'est
déposé sur la panse.

On peut aussi l'obtenir
par l'action directe du chlore
sur le mercure.

Propriétés. — Préparé
par voie sèche, le *sublimé*
se présente en masses cristallines blanches, formées
d'octaèdres à base rectangulaire. Sa densité est de
5,4. Il fond vers 265° et

Fig. 254. — Préparation du bichlorure de mercure.

bout à 295°. Sa densité de vapeur, égale à 9,42, correspond à 2 volumes.

100 parties d'eau en dissolvent à 10 degrés 6,57 parties ; à 100 degrés 53,96 parties. Il est plus soluble dans l'alcool. Il est très soluble
dans l'éther, qui l'enlève même à ses solutions aqueuses.

Le goût du sublimé corrosif est styptique, métallique, nauséeux. C'est
un violent poison et un antiseptique puissant.

Sa solution aqueuse possède une légère réaction acide.

Le bichlorure de mercure passe assez aisément à l'état de calomel ou
même de mercure métallique : les réducteurs, la lumière, agissent dans

ce sens; le mercure le transforme en protochlorure ; le zinc, le nickel, le fer, etc., en précipitent le métal.

Les alcalis donnent dans ses solutions un précipité jaune orangé d'oxyde mercurique, et si le bichlorure est surabondant, un précipité rouge brun d'oxychlorures. Ces mêmes oxychlorures s'obtiennent en faisant bouillir l'oxyde de mercure rouge ou jaune avec une solution de sublimé corrosif.

L'ammoniaque forme dans les solutions de sublimé un précipité blanc de *chloro-amidure de mercure* $HgCl^2.Az^2H^4Hg$.

On connaît de nombreux *chloromercurates* cristallisés résultant de l'union du bichlorure de mercure aux chlorures alcalins. De tous ces sels le plus intéressant est celui qu'on désignait autrefois sous le nom de *sel Alembroth* ou *sel de sagesse* : il répond à la formule $HgCl^2.2Az^4Cl,H^2O$. Il est très soluble et s'emploie pour bains et injections de préférence au sublimé.

Beaucoup de matières organiques réduisent le sublimé en donnant du calomel et quelquefois du mercure métallique. Les formiates produisent à froid la première réaction, à chaud la seconde ; les sucres, les gommes, les bitartrates donnent du calomel.

L'albumine forme avec le sublimé un précipité soluble dans un grand excès d'albumine et dans les chlorures alcalins, en particulier dans le sel ammoniac. Ces diverses solutions ont été employées dans la thérapeutique de la syphilis.

Usages. — Le sublimé corrosif est un puissant antiseptique. Il sert à la préparation des pièces anatomiques, qu'il durcit rapidement ; il permet de conserver les insectes, les herbiers ; on en injecte les bois ; on s'en sert contre les punaises, etc. Dans les fabriques, d'indiennes, il entre dans la composition de divers mordants ; mélangé avec du vinaigre, il est utilisé dans la gravure sur acier.

Mais ses usages thérapeutiques sont de tous les plus importants. La liqueur de *Van Swieten* est formée de 1 partie de *sublimé*, 900 d'eau et 100 d'alcool. Cette liqueur s'ordonne par petites quantités à l'intérieur, et s'emploie mélangée de 2 ou 3 fois son volume d'eau, en lavages et injections antiseptiques. Le sublimé est aussi employé en collyres, pommades, bains, etc. On l'associe souvent, pour masquer son goût et diminuer ses effets toxiques immédiats, au blanc d'œuf, au gluten, au lait, etc.

IODURES DE MERCURE

Iodure mercureux ou protoiodure de mercure Hg^2I^2. — On le prépare en broyant ensemble avec un peu d'alcool 100 parties de mer-

cure et 62 d'iode. On triture tant qu'il reste du mercure libre et que
la pâte n'a pas pris un ton vert jaunâtre. On lave ensuite à l'alcool et
l'on sèche dans l'obscurité.

Le protoiodure de mercure forme une poudre vert jaunâtre, insoluble
dans l'eau, noircissant lentement à la lumière. Lorsqu'on le sublime, il
donne du mercure et un iodure jaune vert Hg^4I^4. L'iodure de potassium,
et même les chlorures alcalino-terreux, le décomposent, le premier
rapidement, les seconds lentement, en mercure et biiodure.

Les pilules de protoiodure de mercure sont fort employées contre la
syphilis.

Biiodure de mercure ou iodure mercurique HgI^2. — On l'obtient
généralement en versant dans l'iodure de potassium une solution de
chlorure ou de nitrate mercurique jusqu'à ce que le précipité devienne
permanent et écarlate. Il cristallise alors en octaèdres aigus de couleur
rouge. Si on le chauffe, il fond à 238° et absorbe 1,5 calorie par molécule. En se refroidissant il se prend en une masse de prismes orthorhombiques jaunes qui, sous beaucoup d'influences, tendent à passer à
la modification rouge la plus stable ; par exemple, dès qu'on vient à les
toucher avec un cristal rouge ou à les frotter avec un corps dur.

L'iodure mercurique rouge se dissout dans 150 parties d'eau froide :
il se dissout aussi dans l'alcool. Il s'unit à une foule de chlorures et
d'iodures métalliques pour former des iodo-mercurates. Le plus connu
est l'iodo-mercurate soluble de potassium $HgI^2, 2KI$.

SULFATES DE MERCURE

Sulfate mercureux Hg^2SO^4. — Il n'est employé que pour la fabrication du calomel. On peut l'obtenir en éteignant 11 parties de mercure
dans 18 parties de sulfate mercurique et 6 parties d'eau : le mercure se
combine à ce sulfate avec dégagement de chaleur.

C'est un sel blanc soluble dans 500 parties d'eau froide. L'eau bouillante le décompose à la longue en sulfate mercurique et mercure. Il se
détruit au rouge obscur.

Sulfate mercurique $HgSO^4$. — On prépare le *sulfate neutre* en
chauffant 1 partie de mercure avec 1,5 parties d'acide sulfurique
jusqu'à disparition de tout métal, puis desséchant au bain-marie en
présence d'un peu d'acide azotique. Il se produit suivant l'équation :

$$Hg + 2SO^4H^2 = SO^4Hg + SO^2 + 2H^2O$$

C'est une poudre blanche, cristalline, anhydre, hygrométrique, que
l'eau décompose en un sel acide et un *sulfate trimercurique*, sel basique
d'un jaune citron qu'on employait autrefois sous le nom de *turbith*

minéral. Sublimé avec du sel marin, le sulfate mercurique donne le bichlorure de mercure. Pour servir à cette préparation, il ne doit pas contenir de sulfate mercureux. On s'en assure en le dissolvant dans un peu d'eau acidulée, puis ajoutant du chlorure de sodium qui ne doit pas donner de précipité blanc de calomel.

AZOTATES DE MERCURE

Il existe de nombreux azotates mercureux et mercuriques neutres et basiques.

Azotate mercureux neutre $(AzO^5)^2Hg^2$. — On fait bouillir le mercure en excès avec de l'acide azotique étendu de 10 volumes d'eau. On concentre au tiers et on laisse refroidir. On sépare les cristaux formés, on les évapore à sec, on y incorpore un peu de mercure métallique pour réduire l'azotate mercurique qui aurait pu se former; on reprend par de l'eau additionnée d'un peu d'acide azotique et l'on fait cristalliser. Ce sel forme des prismes clinorhombiques courts et transparents qui se déshydratent à l'air et fondent à 70°. L'eau, surtout si elle est chaude, le dédouble en azotates acide et basique.

Lorsqu'on fait digérer du mercure en excès avec de l'acide azotique ordinaire étendu de son demi-volume d'eau, il se forme d'abord des cristaux prismatiques courts du sel neutre $Hg^2(AzO^5)^2$ cristaux qui sont peu à peu remplacés par des prismes plus volumineux d'un azotate basique $(AzO^5)^4(Hg^2)^3Hg^2O,3H^2O$.

Azotate mercurique neutre $(AzO^5)^2Hg$. — Il s'obtient lorsqu'on chauffe légèrement le mercure avec un petit excès d'acide nitrique ou lorsqu'on dissout l'oxyde mercurique dans le même acide. En évaporant cette solution dans le vide sur de la chaux, on obtient le sel hydraté $2(AzO^5)^2Hg + H^2O$. Ses eaux mères contiennent un azotate neutre sirupeux incristallisable $(AzO^5)^2Hg,2H^2O$. La solution aqueuse de ses cristaux laisse bientôt déposer un azotate bimercurique $(AzO^5)^2Hg,HgO,H^2O$. Enfin un excès d'eau donne des azotates trimercurique et hexamercurique $(AzO^5)^2Hg,5HgO$.

CARACTÈRES DES SELS DE MERCURE

Tous les sels de mercure, qu'ils soient mercureux ou mercuriques, calcinés dans le fond d'un tube de verre avec des alcalis ou de la chaux en excès, donnent du mercure qui vient se condenser sur les parties froides en un anneau de gouttelettes métalliques liquides visibles à la loupe. A ce moment, si l'on jette dans le tube une parcelle d'iode, ses vapeurs s'unissent à cette buée mercurielle et viennent former de l'iodure de mercure rougeâtre facile dès lors à distinguer et à reconnaître.

Le cuivre, le zinc et le fer précipitent le mercure de ses combinaisons. Le cuivre en particulier s'amalgame au contact de ses sels et blanchit d'une façon bien visible.

Sels mercureux. — Ces sels précipitent en noir par l'hydrogène sulfuré; le sulfure mercureux est insoluble dans les acides étendus et dans les sulfures alcalins.

La potasse et l'ammoniaque forment dans ces sels un précipité noir, l'acide chlorhydrique, un précipité blanc, le *calomel*; il noircit par l'ammoniaque. L'iodure de potassium donne avec eux un précipité vert.

Sels mercuriques. — Ces sels se conduisent avec l'hydrogène sulfuré comme les sels mercureux.

La potasse y fait naître un précipité jaune d'oxyde de mercure HgO; l'ammoniaque, un précipité blanc ammonio-mercurique.

L'acide chlorhydrique et les chlorures ne troublent pas les combinaisons mercuriques solubles. L'iodure de potassium donne dans ces sels un précipité rouge soluble dans un excès d'iodure alcalin.

ACTION TOXIQUE ET RECHERCHE DU MERCURE.

Nous avons indiqué, chemin faisant, les usages thérapeutiques des sels de mercure. Il nous reste à parler de leurs effets toxiques; ils peuvent être aigus ou chroniques.

Les empoisonnements criminels consécutifs à l'absorption d'une dose notable de sels mercuriques solubles (50 et même 20 centigrammes de *sublimé corrosif* par exemple) sont fort rares, ces sels ont, en effet, une saveur horrible; mais les suicides sont assez fréquents. Dans l'intoxication aiguë ou suraiguë, les malades accusent dans la bouche un goût métallique nauséabond, la gorge se serre, la langue se tuméfie, le creux de l'estomac et le ventre deviennent douloureux; les vomissements apparaissent, d'abord muqueux, puis bilieux, enfin sanglants, suivis bientôt d'évacuations alvines également sanguinolentes. La face pâlit, devient hippocratique; le pouls est rapide, mais petit, faible, imperceptible; les urines sont supprimées ou albumineuses; la chaleur baisse, la prostration s'accentue, la voix s'éteint. La salivation abondante, la bouche tuméfiée, quelquefois aphteuse ou gangréneuse, donnent un faciès tout particulier à cet empoisonnement. Une syncope emporte enfin le malade. La mort peut arriver en quelques heures, quelquefois au bout de 3 à 4 jours.

Dans l'*empoisonnement chronique*, si commun chez les ouvriers qui manient ce métal : doreurs au mercure, étameurs de glaces, apprêteurs de peaux, chapeliers, constructeurs de baromètres ou de thermomètres, ouvriers aux mines de mercure, syphilitiques, etc., un phénomène particulier domine la scène et la caractérise ; c'est le *tremblement mercuriel*. Ce tremblement convulsif se manifeste d'abord aux bras, puis aux membres inférieurs. La parole est embarrassée, la maladresse remarquable ; au repos ou pendant la nuit, ce tremblement disparaît en grande partie.

La *stomatite* et la *salivation mercurielles* se manifestent surtout dans l'empoisonnement suraigu qui suit l'absorption par les poumons d'une certaine quantité de mercure en vapeur, ou bien lorsqu'on fait abus des frictions mercurielles, de l'administration du calomel et autres sels mercuriels, des bains au sublimé, etc.

La salive rendue par ces malades renferme du mercure ; leur bouche est tuméfiée et souvent ulcéreuse. En même temps le métal est entraîné dans les urines, la bile, la peau, le lait. On a trouvé du mercure dans la sueur et dans la sérosité des vésicules de l'eczéma mercuriel.

L'eau albumineuse, le lait, la farine, etc., coagulent les sels mercuriques et sont utilement administrés dans cet empoisonnement aigu. Le fer porphyrisé peut aussi être considéré comme un antidote. Les iodures alcalins, les purgatifs légers, et les bains sulfureux doivent être ordonnés dans l'intoxication mercurielle chronique.

La recherche du mercure dans les cas d'empoisonnement se fait en attaquant les organes suspects au moyen d'un mélange de chlorate de potasse et d'acide chlorhydrique (V. p. 309). La matière organique disparue, on chasse l'excès d'acide par la chaleur, l'on reprend par l'eau, l'on filtre, et dans la liqueur on fait passer un courant d'hydrogène sulfuré. Le mercure, qui est à l'état de bichlorure se précipite alors sous forme de sulfure que l'on recueille et lave sur un filtre sans plis. On redissout ce sulfure dans l'eau régale, on évapore cette solution, on la reprend par un peu d'eau et l'on recherche dans cette liqueur les caractères des sels mercuriques plus haut exposés.

On peut aussi, surtout lorsqu'il y a fort peu de mercure, recourir à l'électrolyse. La matière organique doit être détruite, autant que possible, grâce à l'action successive de l'acide nitrique et de l'acide sulfurique en présence d'un excès de bisulfate de potasse. Quand elle a tout à fait disparu, on étend d'eau, et sans filtrer, on plonge dans la liqueur deux lames d'or en rapport avec les pôles d'une pile formée de deux éléments Bunsen. Le mercure, s'il y en a, ne tarde pas à se déposer sur la lame négative. Il ne reste plus qu'à le volatiliser. Il suffit de sécher la lame amalgamée et de la chauffer dans un petit tube : le métal donne un anneau qui se volatilise, et qu'on peut examiner à la loupe ; on caractérise comme il a été dit plus haut.

QUARANTE-CINQUIÈME LEÇON

L'ARGENT, LE PALLADIUM ET LE RHODIUM. — APPENDICE : LA PHOTOGRAPHIE

L'ARGENT

. L'argent(¹) est connu depuis le commencement des temps historiques. Les Égyptiens, les Perses, les Hébreux, les Indiens, les Chinois en font mention dans leurs plus anciens documents. Les Égyptiens paraissent même avoir connu de temps immémorial l'art d'extraire et de purifier l'argent à l'aide du plomb et des cendres de végétaux ou *borith*. Lors de la découverte du *Nouveau-Monde*, les Mexicains et les Péruviens travaillaient déjà et possédaient en abondance l'or, l'argent et le cuivre, métaux qui existent d'ailleurs à l'état natif.

L'argent natif est cependant assez rare; on le rencontre dans les filons des terrains anciens à côté d'autres minerais argentifères, en filaments capillaires, en feuilles de fougères, et même en petites masses comme à Kongsberg en Norvège, ou dans les amygdaloïdes du lac *Supérieur* où il est associé au cuivre natif. En Amérique, on le trouve plus souvent à l'état de chlorure, ou *argent corné*, en masses compactes ou en cristaux cubo-octaédriques grisâtres, se coupant au couteau comme de la corne, quelquefois accompagné de bromure et d'iodure d'argent, ainsi que sous forme de tellurure, séléniure, antimoniure ou sulfure d'argent, constituant le *minerai noir* dont l'Amérique du Sud présente de nombreux et riches gisements. Mais en Europe on retire surtout l'argent des blendes, des cuivres gris et pyriteux, et surtout des galènes; l'argent se trouve mélangé en petite proportion dans ces minerais à l'état de sulfures ou d'arséniures.

Les mines d'argent qui furent les plus célèbres et les plus riches du monde sont celles du *Laurium* dans l'Attique; elles étaient déjà exploitées à l'époque de la fondation d'Athènes, et sous Thémistocle elles occupaient vingt mille ouvriers. C'est à ces mines que les Grecs durent leur puissance navale et leurs riches colonies. Les mines de Hongrie, Transylvanie, Silésie, Saxe, Hartz, Suède et Norvège sont fort importantes, mais l'argent y est très disséminé. Les mines du Pérou, du Chili, de la Colombie, du Mexique sont dans le même cas. Suivant Michel Chevallier, elles ont produit, depuis la découverte de l'Amérique. environ 130 millions de kilogrammes d'argent fin.

(¹) Du nom grec ἀργυρός, argent, qui vient lui-même de ἀργός, blanc éclatant. Le nom hébreu était *Khesef*, de *Khasaf*, être pâle.

MÉTALLURGIE DE L'ARGENT.

Fig. 255. — Tonne d'amalgamation (méthode saxonne).

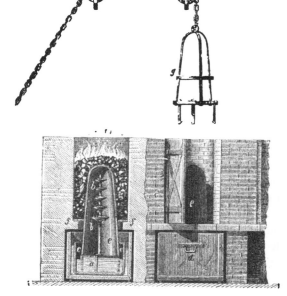

Fig. 256. — Distillation de l'amalgame d'argent
(méthode saxonne).

**Extraction des ga-
lènes et cuivres gris
ou pyriteux.** — Nous
avons indiqué déjà aux
pages 573 et 584 com-
ment on extrait l'argent
des minerais de cuivre
et de plomb argenti-
fères par la méthode de
la coupellation et du
patinsonnage. Il nous
reste à décrire les mé-
thodes dites *d'amalga-
mation, saxonne* et
américaine.

*Méthode d'amalga-
mation saxonne.* —
Cette méthode due à De
Born s'applique aux
minerais argentifères
pyriteux que l'on n'ex-
ploite pas pour leur
cuivre ou leur plomb et
qui, par conséquent,
échappent aux procédés
ci-dessus visés. La te-
neur la plus favorable
pour son application
est de 2,5 millièmes
d'argent.

On réduit le minerai
pyriteux en poussière
fine et on l'additionne,
s'il le faut, de pyrite de
fer jusqu'à ce qu'il en
contienne 35 pour 100.
On mélange de $\frac{1}{10}$ de sel
marin, et on porte le
tout au rouge sur la sole d'un four à griller. La pyrite passe à l'état de

sulfate et d'acide sulfurique qui oxyde les sulfures et arséniures d'argent, et donne des sulfates et arséniates correspondants ; mais ceux-ci sont aussitôt décomposés par le sel marin ajouté et transformés en chlorure d'argent, lequel s'unit à son tour aux chlorures en présence, et forme des chlorures doubles solubles.

Ainsi chloruré, le minerai est de nouveau moulu et soumis à l'amalgamation dans une série de tonneaux (fig. 255) qui tournent sur leur axe horizontal. Dans chacun d'eux l'on place 400 kilos du minerai chloruré ci-dessus, 300 d'eau, 30 de mercure et 40 de fer et l'on imprime à ces tonneaux une rotation continue dans le but d'amener et de renouveler les contacts. Le fer déplace alors de son chlorure l'argent qui vient aussitôt s'amalgamer grâce au mercure ajouté. On sépare l'amalgame, et on le soumet à la distillation dans une cornue de fonte verticale (fig. 256). Le mercure qui distille est recueilli dans un bassin plein d'eau tandis que l'argent reste comme résidu.

Méthode américaine. — Cette méthode suivie au Mexique, au Chili, au Pérou, depuis le milieu du xvi° siècle, est due à *Bartholomé de Médina ;* elle a ces deux grands avantages de s'appliquer aux minerais les plus pauvres, et de se passer, ou à peu près, de combustible dans ces pays qui n'en possèdent pas.

Le minerai américain est généralement formé de pyrites où sont disséminés des sulfure, chlorure, antimoniure d'argent et un peu d'argent natif ; on le bocarde, on le réduit en pâte dans des bassins arrondis en pierre dure dans lesquels, grâce à un manège conduit par des mules, de lourds boulets le pulvérisent au sein de l'eau. Les boues sont portées dans une cour dallée, ou *patio*, et mises en couches de 25 centimètres de hauteur ; on les soupoudre de 2 pour 100 de sel marin, et l'on fait piétiner le tout par des mules. Au bout de 24 heures, on ajoute 0,5 à 1,5 pour 100 de *magistral*, mélange de sulfate ferreux et cuprique provenant du grillage de pyrites cuivreuses ; on incorpore ce magistral à la masse comme on l'avait fait du sel marin, puis on procède à l'affusion d'une première dose de mercure, qui doit être d'environ 4 fois le poids de l'argent préalablement dosé dans le minerai. Au bout de quelques jours le mercure s'étant suffisamment mélangé, on en fait une seconde et une troisième addition, qu'on piétine chaque fois soigneusement jusqu'à ce qu'on ait ajouté ainsi en mercure sept à huit fois le poids de l'argent à extraire. Un lavage d'échantillon fait apprécier les progrès de l'amalgamation : de jour en jour cet essai fournit un amalgame plus riche en argent et laissant à la pression couler moins de mercure libre. On ralentit ou active à volonté la réaction en ajoutant un peu de chaux dans le premier cas, de magistral dans le second. Les transformations terminées, l'on porte la masse dans des cuves où on la traite par une quantité de mercure égale à celle employée sur le *patio;* on lave à l'eau qui entraîne les matières minérales et laisse l'amalgame ; enfin il ne reste plus qu'à le distiller pour en extraire l'argent.

La théorie de cette extraction compliquée est la suivante : les sulfates de cuivre et de fer du *magistral* forment par double décomposition avec le sel marin des chlorures correspondants ; ceux-ci agissant sur les sulfures, antimoniure, d'argent passent eux-mêmes à l'état de sulfures, etc., tandis que l'argent se chlorure et se dissout dès lors dans le sel marin. Le mercure ajouté réduit le chlorure d'argent en passant lui-même à l'état de calomel, et l'argent s'allie à l'excès de mercure pour former l'amalgame. On voit donc que dans cette méthode une partie du mercure équivalent à celle de l'argent est définitivement perdue.

Argent pur ou fin. — L'argent provenant de l'amalgamation renferme toujours du cuivre; il en est de même de l'argent monnayé. Pour obtenir avec ces alliages l'argent pur ou argent fin qui sert aux usages des arts et de la médecine on peut recourir à diverses méthodes.

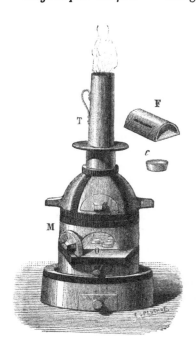

L'une, la *méthode par coupellation* dont on a déjà parlé, page 532, consiste à fondre l'argent en présence du plomb dans un four spécial dit four à coupelle. Le plomb s'oxyde en même temps que les autres métaux présents, l'argent excepté. La litharge s'écoule entraînant les métaux ordinaires ; l'argent reste comme résidu.

Dans les laboratoires cette opération se pratique dans des fourneaux dits *à coupelle* (fig. 257) dans lesquels un petit four en terre réfractaire (détail en F) peut être porté au rouge vif. L'argent à purifier, ou bien l'alliage où l'on veut doser l'argent, est chauffé dans ces fours avec trois à dix fois son poids de plomb suivant le titre ; plomb et alliage argentifère sont d'abord pesés puis placés dans une *coupelle* ou cupule *c* formée de poudre d'os calcinés. La litharge fondue qui se forme par l'oxydation du plomb imbibe la matière de la coupelle tandis que l'argent pur reste seul inaltéré et peut être pesé après qu'il sera refroidi. Le phénomène de l'*éclair* dont on a déjà parlé p. 585 indique la fin de l'opération.

Lorsqu'il s'agit d'obtenir de l'argent pur avec une pièce de monnaie, on peut la dissoudre dans de l'acide nitrique qui donne un mélange de nitrates d'argent et de cuivre, évaporer et calciner les deux azotates formés, tant que la persistance de la couleur bleue indique qu'il reste encore de l'azotate de cuivre non décomposé. Ce dernier sel, en effet, se décompose bien avant le nitrate d'argent qui reste seul comme résidu de cette calcination. Il suffit de dissoudre ce nitrate dans l'eau, de filtrer et de réduire par un métal, tel que le zinc, pour obtenir l'argent fin.

On peut encore ajouter une solution de sel marin au mélange des deux nitrates de cuivre et d'argent ; le chlorure d'argent insoluble se précipite seul. On le lave et on le chauffe au creuset de terre avec dix fois son poids de carbonate de soude : l'argent réduit coule au fond du creuset. La réaction qui lui donne naissance est la suivante :

$$2\,AgCl + CO^3Na^2 = 2\,NaCl + CO^2 + O + 2\,Ag.$$

Propriétés de l'argent métallique. — L'argent est un métal d'un blanc éclatant, susceptible de prendre un beau poli ; il peut cristalliser en cubes et en octaèdres réguliers. Sa densité est de 10,5. Il n'a ni saveur ni odeur ; sa dureté est intermédiaire entre celle de l'or et celle du cuivre le plus dur des trois ; il est très ductile et très malléable. On peut en faire des feuilles qui n'ont guère plus de $\frac{1}{500}$ de millimètre d'épaisseur. L'argent est très bon conducteur de la chaleur et de l'électricité.

Il fond vers 1000° et se volatilise un peu au-dessus en donnant des vapeurs bleu verdâtres. Fondu, il dissout l'oxygène et le perd en partie en se refroidissant ; encore l'argent solidifié contient-il de 50 à 200 centimètres cube d'oxygène par kilogramme qu'on peut lui enlever par le vide au rouge sombre (*Dumas*).

L'argent ne s'oxyde pas directement à l'air, mais il peut s'oxyder partiellement à haute température dans une flamme riche en oxygène. Il brunit en s'unissant à l'ozone humide. Il se combine directement à la plupart des métalloïdes, exception faite de l'hydrogène, de l'azote et du carbone. Il s'allie aisément à un grand nombre de métaux. On connaît les deux amalgames cristallisés AgHg et Ag²Hg³ ainsi que les alliages définis Ag²Cu² et AgCu.

L'argent ne décompose un peu l'eau au rouge blanc que par dissociation.

Les solutions d'acide nitrique, même assez étendues, sont attaquées par l'argent à froid ou à chaud. Il se fait ainsi du nitrate d'argent et des vapeurs nitreuses. L'acide sulfurique concentré est décomposé par l'argent ; il se fait du sulfate et de l'acide sulfureux. L'acide chlorhy-

drique ne réagit sur l'argent que très superficiellement à la température
ordinaire : rapidement vers 550°. Mais les chlorures, en particulier les
chlorures alcalins et le sel ammoniac, dissolvent un peu l'argent ; leurs
solutions deviennent alcalines à son contact.

L'hydrogène sulfuré attaque rapidement l'argent au rouge. Il le noircit
immédiatement à la température ordinaire.

Le nitre et les alcalis fondus sont sans action sur l'argent métallique ;
de là l'usage des creusets d'argent pour fondre la potasse, attaquer les
silicates par les alcalis, etc.

L'argent est employé à une foule d'usages bien connus que nous
n'avons pas besoin d'énumérer ici, mais la principale utilisation de ce
métal consiste dans la fabrication des pièces de monnaie et de la bijouterie d'argent. On a déjà donné (p. 381) la composition de plusieurs de
ces alliages. On sait que la vaisselle d'argent est actuellement au titre
de 950 millièmes, c'est-à-dire que sur 1000 parties, 950 sont formées
d'argent et 50 de cuivre. Les monnaies de 5 francs sont au titre de
900 millièmes ; la bijouterie au titre de 800 millièmes, avec une tolérance de 2 millièmes d'argent en plus ou en moins dans chaque cas.
La méthode de coupellation rapportée plus haut, et celle par les liqueurs
titrées de chlorure de sodium, dont nous ne pouvons donner ici que
l'indication, permettent de s'assurer rapidement de ces titres.

COMBINAISONS DE L'ARGENT

L'argent et son oxyde Ag^2O saturent complètement les acides les plus
énergiques. Le sulfate et l'azotate sont neutres au papier ; nous pouvons même ajouter que plusieurs sels d'argent sont isomorphes avec
les sels correspondants de sodium [1] ; enfin nous avons dit que l'oxyde
d'argent était peu soluble dans l'eau qu'il alcalinise légèrement. Ces
observations, rapprochées de la monoatomicité de l'atome Ag, ont quelquefois fait classer l'argent à côté des métaux alcalins.

OXYDES D'ARGENT

Il en existe trois : l'un très instable et non salifiable Ag^4O ; un second
Ag^2O qui est la seule base apte à donner des sels et un dernier Ag^2O^2
véritable *oxyde singulier*.

Oxyde argentique Ag^2O. — On l'obtient à l'état anhydre en précipitant par la potasse un sel soluble d'argent. Humide, il est brun olive ;
sec, c'est une poudre brune, amorphe, soluble dans 3000 parties d'eau :

---

[1] Les sulfates sont isomorphes ; l'azotate d'argent est orthorhombique comme le
nitrate de potasse, mais non comme celui de soude qui est rhomboédrique.

sa solution est légèrement alcaline. Exposé humide à l'air, l'oxyde d'argent en attire l'acide carbonique. A 100 degrés ou à la lumière du soleil, il perd une partie de son oxygène. Il se détruit totalement à une température un peu élevée.

L'oxyde argentique se combine à l'ammoniaque, qui le précipite d'abord de ses sels pour le redissoudre ensuite sous forme d'amidure. Lavé et mis à digérer avec l'ammoniaque, cet oxyde donne une poudre noire très explosive qui constitue l'*argent fulminant* de Berthollet.

L'oxyde d'argent a été administré, à l'intérieur, à faible dose dans le traitement de l'épilepsie, de la chorée, de la syphilis.

CHLORURE, BROMURE, IODURE D'ARGENT

Ces trois sels se rencontrent à l'état naturel.

Chlorure d'argent. — Il se produit par l'action du chlore sur l'argent, ou bien lorsqu'on chauffe un composé quelconque d'argent avec du sel marin. On l'obtient généralement par la voie humide en traitant un sel soluble d'argent par un chlorure soluble ou par l'acide chlorhydrique. Il se fait un précipité blanc, caillebotté, insoluble dans les acides, soluble dans l'ammoniaque, et en petite proportion dans les chlorures alcalins. Le chlorure d'argent fond à $260°$ en un liquide jaune brun qui se solidifie ensuite sous forme d'une masse cornée.

Exposé à la lumière, il devient violet en se transformant en sous-chlorure d'argent Ag^2Cl. C'est sur l'altérabilité de ce sel à la lumière, ou des sels haloïdes correspondants, qu'est fondée la *photographie* (V. plus loin, p. 621).

Au contact du zinc ou du fer et d'une trace d'acide, le chlorure d'argent humide est décomposé et l'argent mis en liberté. Tel est le principe de l'amalgamation par la méthode saxonne décrite plus haut.

Le chlorure d'argent sec forme avec l'ammoniaque diverses combinaisons très instables. A $0°$ il se produit un composé $3AzH^3.AgCl$; à 35 degrés il y a perte de AzH^3 et formation de $3AsH^3,2AgCl$; ces composés sont utilisés dans les cours pour liquéfier l'ammoniaque.

Le bromure d'argent $AgBr$. — Il s'obtient comme le chlorure correspondant et jouit des mêmes propriétés générales. La lumière l'altère très rapidement. Il est blanc jaunâtre et moins soluble que le chorure dans l'ammoniaque. Traité à chaud par le chlore, le bromure argentique donne du chlorure d'argent et du brome libre, propriété précieuse pour retrouver et doser le brome s'il n'existe qu'en petite quantité, dans les eaux minérales par exemple.

Iodure d'argent. — Il est insoluble dans l'eau comme les deux précédents et s'obtient comme eux. C'est un précipité jaunâtre, presque insoluble dans l'ammoniaque. L'iodure d'argent est dimorphe, cubique et hexagonal.

Le chlorure d'argent se transforme en iodure par l'acide iodhydrique. (*Berthelot*).

AZOTATE D'ARGENT

L'on a dit plus haut comment on obtenait l'argent fin en partant de l'argent commercial ou de celui des monnaies. L'argent pur traité par de l'acide nitrique donne de l'azotate d'argent :

$$2\,Az\,O^5\,H \;+\; Ag \;=\; Az\,O^5\,Ag \;+\; Az\,O^2 \;+\; H^2\,O$$

La liqueur concentrée abandonne par refroidissement des lamelles incolores, anhydres, neutres, orthorhombiques, de nitrate d'argent. Elles sont solubles dans leur poids d'eau froide et dans 1/2 fois leur poids d'eau bouillante; elles se dissolvent aussi dans 10 parties d'alcool froid et 4 parties d'alcool bouillant.

Au rouge, le nitrate argentique se décompose en nitrite, oxygène et argent; mais soumis à l'action d'une chaleur modérée, il fond en un liquide qui peut être coulé en baguettes dans une lingotière. Elles constituent la *pierre infernale* des médecins. Sous cette forme, ce sel est souvent coloré en gris par une quantité *minime* d'argent réduit, mais généralement le nitrate d'argent ou pierre infernale des médecins, est fraudé avec une certaine quantité d'un sable grisâtre et siliceux et quelquefois mélangé d'azotate de potasse ou d'un autre sel alcalin.

L'azotate d'argent à l'état cristallisé ou fondu, doit être entièrement soluble dans l'eau, sauf quelques traces d'argent réduit lorsqu'il a subi la fusion et le moulage; il doit être exempt de cuivre, et par conséquent ne pas bleuir par l'ammoniaque. Il ne doit pas contenir de sels étrangers. On les retrouve en précipitant la solution par un excès d'acide chlorhydrique, filtrant et évaporant la liqueur qui ne doit laisser aucun résidu salin.

L'azotate d'argent est lentement réduit par la lumière. Les matières organiques en séparent plus facilement encore l'argent ou un oxydule d'argent. Telle est la raison pour laquelle ce sel noircit le linge et la peau. Ces taches disparaissent, si on les lave avec une solution d'hyposulfite de sodium ou de cyanure de potassium.

L'azotate d'argent s'unit à l'ammoniaque et forme les deux composés solubles $AzO^5Ag,3AzH^5$ et $AzO^5Ag,2AzH^5$, *azotates d'argent-ammonium*.

Les applications du nitrate d'argent sont fort nombreuses. Il sert en médecine surtout sous forme de *pierre infernale* pour cautériser les plaies, les chairs fongueuses, détruire sur place les fausses membranes du croup, aviver les bourgeons charnus, déterger légèrement ou cautériscr vivement sous forme de collyres la cornée malade, etc. On le prescrit aussi à l'intérieur contre les affections nerveuses, les gastralgies, les diarrhées rebelles, etc., à la dose de 1 à 4 centigrammes par jour. A plus fortes doses ce sel est très vénéneux. La peau des malades prend, sous l'influence de l'usage de ce médicament, un ton ardoisé très persistant.

On emploie encore ce sel en solution ammoniacale pour teindre les cheveux en noir et marquer le linge. Voici la recette de l'une de ces encres : dissoudre 82 parties de nitrate d'argent dans 25 parties d'eau et 25 parties d'ammoniaque liquide ; ajouter alors 20 parties de gomme et 32 parties de carbonate sodique dissous dans 60 parties d'eau. On peut écrire à l'aide d'une plume d'oie, et passer l'écriture au fer chaud ; la marque ne tarde pas à paraître.

Une autre application de ce sel est l'argenture des glaces et celle des miroirs de télescope. La feuille de verre ou de cristal parfaitement lavée à l'eau acidulée et à l'alcool est placée sur une table d'acier ou de fonte, chauffée à 40°. On verse successivement à sa surface deux solutions, l'une d'acide tartrique, l'autre de nitrate d'argent ammoniacal. L'acide organique ne tarde pas à réduire le nitrate d'argent et à précipiter le métal en couche adhérente et brillante. On complète quelquefois l'étamage de la glace en versant sur la couche d'argent qui s'est déposée une solution de cyanure double de mercure et de potassium qui forme un amalgame d'argent très adhérent à la surface du verre.

CARACTÈRES DES SELS D'ARGENT.

Les sels d'argent sont incolores. Ils possèdent un goût métallique fort désagréable. La plupart des métaux, et l'hydrogène lui-même lentement et à 100°, en séparent l'argent métallique.

L'acide chlorhydrique précipite tous les sels d'argent solubles, l'hyposulfite excepté. Le chlorure d'argent, blanc, caillebotté, insoluble dans les acides, soluble dans l'ammoniaque, altérable à la lumière, est caractéristique.

L'hydrogène sulfuré et les sulfures alcalins précipitent dans ces sels du sulfure d'argent noir Ag^2S insoluble dans les acides et les sulfures alcalins.

La potasse et la soude font naître dans les solutions d'argent un précipité brun d'oxyde d'argent anhydre Ag^2O, soluble dans l'ammoniaque.

Le phosphate de soude donne un phosphate tribasique d'argent PhO^4Ag^3 de couleur jaune, insoluble : la liqueur devient acide.

LE PALLADIUM

Ce métal, dont nous ne dirons que quelques mots, fut découvert en 1803, par Wollaston, dans le platine brut du Choco. On l'a depuis retrouvé dans les sables platinifères de l'Oural et du Brésil.

Pour l'extraire, on dissout la mine de platine dans l'eau régale, et après avoir enlevé la majeure partie du platine à l'état de chloroplatinate par addition d'un excès de chlorure de potassium, on précipite par le fer ou le zinc les métaux restant dans la liqueur. On les redissout de nouveau dans l'eau régale, on neutralise la liqueur, et l'on y verse du cyanure de mercure : le cyanure palladeux $PdCy^2$ se précipite. Il ne reste plus qu'à le calciner pour obtenir le palladium métallique.

C'est un métal blanc brillant, d'une densité de 11,3 à 11,8 suivant qu'il a été fondu ou écroui; difficilement fusible au feu du fourneau à vent; par fusion dans une atmosphère oxydante, il roche comme le fait l'argent.

Il s'unit facilement au soufre, au phosphore, à l'arsenic, au chlore, à l'iode et même à l'oxygène qui, à chaud, communique à sa surface une teinte bleue d'acier. Il se dissout par l'acide nitrique chaud en formant un nitrate brun. Il est difficilement attaqué par l'acide sulfurique.

Le palladium déplace le mercure de son cyanure.

On le voit, tous ces caractères rapprochent singulièrement, ce métal du mercure et de l'argent.

Il s'allie facilement à l'argent, au plomb, au cuivre, au fer, à l'or, au platine; mais l'alliage le plus remarquable est celui qu'il contracte avec l'hydrogène. Le palladium forgé, mais non fondu, absorbe à la température ordinaire 376 fois son volume d'hydrogène; à 200° le métal spongieux qui résulte de la calcination du cyanure en absorbe 685 volumes. Placé au pôle négatif d'un voltamètre le palladium s'imbibe de 982 fois son volume du même gaz, d'après Graham. Il se fait ainsi un véritable alliage PdH^2, apte lui-même à condenser l'hydrogène (*Troost* et *Hautefeuille*). En même temps le métal augmente beaucoup de volume et acquiert des propriétés magnétiques.

On ne connaît qu'un oxyde palladeux PdO (pour $Pd = 106,5$) masse noire qui résulte de la calcination du nitrate et donne avec les acides divers sels palladeux.

Il existe deux chlorures de palladium : 1° le *chlorure palladeux* $PdCl^2$ sel cristallisé, brun foncé, déliquescent, d'où les carbonates précipitent de l'hydrate palladeux, et 2° le *chlorure palladique* $PdCl^4$, que l'eau décompose en chlore et chlorure palladeux, mais qui est apte à donner des chloropalladates avec les chlorures alcalins.

L'iodure palladeux PdI^2 brun noirâtre est entièrement insoluble; il s'obtient lorsqu'on verse du chlorure palladeux dans un iodure soluble. C'est un des réactifs les plus sensibles des iodures.

Lorsqu'on dissout le chlorure de palladium dans l'ammoniaque et qu'on évapore, la solution laisse déposer du chlorure de palladiammonium ammoniacal $(AzH^3-Pd-AzH^3)^2Cl^22AzH^3$.

LE RHODIUM

Ce métal a été, comme le précédent, découvert en 1803, par Wollaston, dans la mine de platine. On l'extrait, par diverses méthodes assez compliquées, des résidus de la fabrication du platine. Nous y reviendrons (p. 625).

C'est un métal cassant, s'il est impur, ductile et malléable, s'il est pur et fondu; il ressemble alors à l'aluminium. Sa densité est de 12,10. Il est un peu moins fusible que le platine; il s'oxyde superficiellement pendant cette fusion. Lorsqu'il est pur, le chlore l'attaque au rouge, mais non pas l'eau régale, ni l'acide nitrique; il se dissout lentement dans l'acide sulfurique bouillant en donnant un sulfate.

Le protoxyde RhO forme des sels instables. Le sesquioxyde Rh^2O^3, est une base salifiable, qui forme un azotate $Rh^2O^3,3Az^2O^5,2H^2O$ et un sulfate $Rh^2O^3,3SO^3,12H^2O$ rappelant singulièrement les sels correspondants d'aluminium. On connaît même le sulfate double de rhodium et de potassium.

Appendice : LA PHOTOGRAPHIE

On sait que Scheele observa que le chlorure d'argent noircit rapidement et se réduit à la lumière. Cette heureuse remarque a été le modeste point de départ de la photographie. Le physicien Charles, Humphry Davy, Wedgwood tentèrent les premiers de produire des images à l'aide du chlorure d'argent. Une plume d'oiseau, une dentelle, etc., étant posées sur un papier imprégné de ce sel, puis exposées à la lumière leur image apparaissait en blanc, le papier s'étant noirci partout où la lumière avait frappé. Telles furent les premières tentatives : on obtenait une reproduction négative, éphémère, disparaissant à la lumière du jour et qu'on tenta d'abord vainement de fixer.

De 1813 à 1838, deux français, Niepce et Daguerre, résolurent le problème de la reproduction positive des images et de leur fixation sur plaque métallique. Le procédé de Daguerre, ou *daguerréotype*, consistait à faire naître à la surface d'une plaque d'argent placée dans l'obscurité une couche d'iodure d'argent jaune d'or en exposant cette plaque aux vapeurs d'iode, puis à la soumettre plusieurs minutes à l'action de

l'image lumineuse formée au foyer d'une chambre noire, et à *révéler*
enfin l'impression de cette image en exposant la plaque à l'action des
vapeurs de mercure. Celles-ci s'attachant à l'argent réduit par la lumière,
le rendaient visible. Il ne restait plus qu'à *fixer* l'image, c'est-à-dire
à l'insensibiliser contre l'action ultérieure de la lumière, en enlevant
au moyen d'une solution concentrée de sel marin l'iodure d'argent non
altéré, ou bien, comme le conseilla John Herschell, en le dissolvant
par de l'hyposulfite de soude.

A cette belle découverte, déjà si complète, quelques perfectionnements
furent apportés. On exalta la sensibilité de la plaque d'argent en la
soumettant aux vapeurs du chlorure d'iode, puis au brome (*Claudet*,
Fizean, Foucault); on apprit à *renforcer* l'épreuve pendant le *fixage*
en déposant de l'or à la surface de l'image. Mais la reproduction indéfinie de la même image n'était point trouvée; il fallait pour chaque por-
trait une pose nouvelle.

La photographie sur collodion négatif avec reports sur papier d'images
positives et indéfiniment reproductibles est due à Fox Talbot, qui fit
connaître ses premiers essais en 1839. Cet important progrès fit disparaître définitivement la photographie sur plaques métalliques créée par
Daguerre et Niepce.

Le principe utilisé par Talbot est le suivant En agissant sur un sel
d'argent sensible, chlorure ou bromure, même durant un temps fort
court, la lumière modifie suffisamment ce sel pour que les réactions
ultérieures, et spécialement les réactions réductrices, puissent continuer cette transformation du composé argentique ainsi modifié et révéler l'image partout où la lumière à frappé. Si dans une chambre éclairée
par une bougie on précipite par un peu d'iodure de potassium une
solution de nitrate d'argent légèrement acidulé d'acide acétique, et si
l'on divise ce précipité en deux parts placées dans deux verres semblables, puis si l'on expose l'une d'elles quelques instants à la lumière
solaire, sa couleur n'en sera point altérée; mais si l'on verse alors dans
chacun des deux verres une solution d'acide gallique, le verre insolé
noircira aussitôt, et l'autre ne changera pas. L'action de la lumière est
donc révélée et continuée par le réactif réducteur.

En pratique on imprègne d'iodure d'argent, soit la surface d'un papier, comme le faisait Talbot, soit comme on le fait aujourd'hui, une
plaque de verre préalablement enduite d'albumine ou de collodion. On
expose un instant cette plaque à l'action de l'image qui se forme au
foyer de la chambre noire. La feuille ainsi impressionnée est ensuite, à
la lumière d'une bougie, plongée dans le bain révélateur formé d'acide
gallique additionné d'un peu de nitrate d'argent acidulé par l'acide
acétique. L'image *négative* apparaît lentement; on la lave, on la plonge

dans l'hyposulfite de soude qui la fixe, en enlevant l'iodure d'argent non impressionné, on lave de nouveau avec soin, et après dessication, le négatif est terminé. Il ne reste plus, pour obtenir l'image positive, qu'à appliquer ce négatif sur un papier sensibilisé qu'on expose à la lumière : les noirs s'y marquent en blanc et réciproquement. On obtient ainsi, en fixant cette nouvelle épreuve, l'image *positive* de la personne ou de l'objet.

Ces divers procédés sont aujourd'hui remplacés par celui au gélatino-bromure d'argent qui jouit d'une sensibilité exquise et permet d'obtenir des épreuves instantanées.

Voici comment on prépare les plaques qui doivent recevoir l'impression lumineuse et donner le négatif. Dans une dissolution chaude de gélatine on dissout un bromure alcalin que l'on précipite incomplètement par du nitrate d'argent ; il se fait une sorte d'émulsion qui reste saisie dans la gelée qui se forme par refroidissement. On découpe cette gelée en tranches minces qu'on lave à froid. Elles sont ensuite réchauffées jusqu'à redissolution. On étend cette liqueur sur des plaques de verre qu'on dessèche. On peut conserver ces plaques sensibles un an et plus à l'obscurité et à sec.

C'est dans cet état qu'on les expose dans la chambre noire à l'impression lumineuse instantanée ; rien de sensible n'apparaît après cette courte exposition. On développe l'image soit avec un mélange de sulfate ferreux et d'oxalate neutre de potasse, soit dans une solution d'acide pyrogallique et de sulfite de soude. L'image apparaît dans ce dernier cas aussitôt qu'on ajoute à la liqueur du carbonate de soude.

Dans cette série d'opérations, la gélatine ne sert pas seulement de support au sel sensible ; le gélatino-bromure devient plus impressionnable encore à la lumière lorsqu'on le conserve 6 à 8 jours liquide à 30°. Le produit change de consistance, verdit un peu et devient altérable même à l'action lumineuse d'une bougie.

C'est par ce procédé, et avec des poses variant de $\frac{1}{100}$ à $\frac{1}{500}$ de secondes, que l'on a pu photographier les mouvements rapides et successifs d'un animal en marche, d'un oiseau qui vole, d'un visage atteint d'une émotion subite, etc., et obtenir des images instantanées de la photosphère solaire et des éclipses.

QUARANTE-SIXIÈME LEÇON

LE PLATINE, L'IRIDIUM, L'OR

Nous avons placé dans la VIIIe famille le *platine*, l'*iridium* et *l'or ;* mais on ne saurait douter que si ces métaux présentent ces deux caractères communs de ne plus pouvoir s'oxyder directement sous l'influence directe des acides suroxygénés et de donner encore des oxydes salifiables, ils diffèrent entre eux par d'autres caractères importants. Le platine et l'iridium qu'on ne doit point éloigner à cause du type commun des chlorosels qu'ils forment avec les chlorures alcalins et alcalino-terreux, sont l'un et l'autre tétratomiques. L'or est triatomique, mais il n'en forme pas moins des chloraurates qu'on peut rapprocher à quelques égards des chloroplatinates. D'autre part, la grande densité de ces métaux, leurs poids atomique presque identique (197,2 à 198) ; leurs associations fréquentes dans les mêmes gisements ; enfin l'usage depuis longtemps suivi de les étudier ensemble, nous ont fait conserver cette famille disparate à quelques égards.

LE PLATINE

Le platine se trouve généralement en grains et pépites disséminés dans des alluvions anciens provenant du remaniement par les eaux de roches éruptives serpentineuses et dioritiques. M. Boussingault l'a trouvé en place dans les filons aurifères et quartzeux du Brésil et de la Colombie traversant une roche formée de syénite et de diorite. C'est dans les sables aurifères de Choco, en Colombie, qu'il fut découvert en 1735 : on l'appela *platina*, c'est-à-dire petit argent. Depuis, le platine a été rencontré au Brésil, dans les alluvions diamantifères et aurifères ; à Haïti, à Bornéo, en Birmanie, puis, en 1825, sur les pentes asiatiques de l'Oural et un peu après, sur son versant occidental européen à *Nischné-Tagilsk* qui est devenu le grand centre d'exploitation du platine en Russie ; enfin il a été reconnu en Australie, au Canada et en Californie.

Le platine natif n'est pas pur. Il est tantôt associé au fer, tantôt à l'or ou à l'iridium accompagnés d'un tiers de cuivre et de palladium ; quelquefois, comme c'est assez généralement le cas dans l'Oural et en Colombie, il forme des grains d'un véritable alliage contenant à la fois de l'iridium, du rhodium, du palladium, de l'osmium, de l'or, du fer, du cuivre. La mine de Choco contient 80 de platine, 7 de fer, 2 de

rhodium, 1,5 d'osmiure d'iridium etc.; celle de l'Oural contient 76 de
platine, 11,7 de fer, 4 d'iridium, 1,4 de palladium, 4 de cuivre, 0,50
d'osmiure d'iridium en petites tables hexagonales et en grains arrondis
très durs, etc.

Préparation du platine. — Il est facile de séparer par lévigation,
à cause de sa grande densité, la mine de platine des sables ambiants.
Pour extraire ensuite le platine lui-même, la mine métallique est
attaquée par une eau régale formée de 6 parties d'acide chlorhydrique
et de 1 partie d'acide azotique. Le platine et les autres métaux se dissolvent; l'osmiure d'iridium, le quartz, le zircon, le fer chromé ou
titané qui les accompagnent souvent, restent inattaqués. La solution
platinique est évaporée à siccité pour chasser l'acide osmique; le résidu
repris par l'eau est mis à bouillir, puis cette solution est traitée par du
sel ammoniac concentré qui donne un précipité cristallin de chloroplatinate et de chloroiridate d'ammonium. On le recueille, on le sèche et
on le calcine. Il reste une masse spongieuse de platine mêlé d'iridium
qu'il n'est pas nécessaire de séparer pour les besoins industriels.

Pour obtenir le platine pur, H. Deville le fond au creuset de charbon
avec 6 à 8 fois son poids du plomb; il attaque ensuite le culot par l'acide
azotique étendu. Il reste comme résidu un alliage de plomb, platine
et rhodium, soluble dans l'eau régale faible, tandis que l'iridium cristallisé reste inattaquable. La solution de platine est alors précipitée par
un peu d'acide sulfurique, qui sépare le plomb, et traitée enfin par le
sel ammoniac, qui donne du chloroplatinate d'ammoniaque. Ce sel
chauffé au rouge laisse le platine à l'état spongieux.

Pour obtenir avec ce métal le
platine forgé ordinaire, on fond
l'éponge de platine au chalumeau
oxhydrique dans un four ou creuset
en chaux (fig. 258) qui fait subir
au métal un véritable affinage en
absorbant les oxydes de fer, cuivre
et silicium, dernières impuretés
qui l'accompagnent (*H. Deville et
Debray*); ou bien on le traite par
le procédé de Wollaston, qui consiste à pulvériser finement l'éponge
de platine, à la tasser fortement à la
presse hydraulique dans un cylindre
de bronze, et à chauffer au rouge

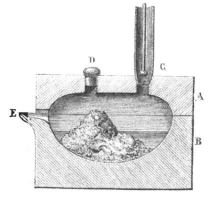

[[Fig. 258. — Four de Deville pour la fusion
du platine.

blanc le cylindre de métal déjà très cohérent. A cette température il jouit
de cette propriété qui lui est commune avec le fer, de se souder à lui-

même. Il ne reste plus qu'à le forger et à le marteler pendant qu'il est encore rouge.

Propriétés du platine. — Le platine pur est un métal brillant, d'une couleur moins blanche que celle de l'argent, très mou, très ductile, très malléable; sa ténacité est à peu près celle du fer. Sa densité, lorsqu'il a été fondu, est égale à 21.48.

Il est infusible aux feux de forge les plus violents, mais il s'y ramollit et se soude à lui-même. Au chalumeau oxhydrique il fond facilement vers 1700 à 1800 degrés, et se volatilise d'une manière sensible.

Le platine jouit à un point extrême d'une propriété que nous avons déjà signalée dans d'autres corps, en particulier dans le charbon, le palladium, etc., de condenser, d'*occlure* les gaz comme dit Graham. Que le platine ait été obtenu par la méthode de Wollaston ou par fusion, il absorbe plusieurs fois son volume des gaz et vapeurs les plus diverses, en particulier d'hydrogène.

Cette condensation est d'autant plus intense que le métal est plus divisé. L'*éponge de platine*, qu'on obtient en calcinant le chloroplatinate d'ammoniaque, et surtout le *noir de platine*, qui se précipite lorsqu'on réduit à l'ébullition une solution de chlorure platinique additionnée de potasse et de sucre, occluent une quantité de gaz énorme. Le *noir* absorbe jusqu'à sept cent quarante fois son volume d'hydrogène. On peut admettre que ce gaz y est comprimé à plus de mille atmosphères. On comprend donc que la mousse ou le noir de platine enflamment le jet d'hydrogène du briquet de Gay-Lussac (p. 57). L'oxygène de l'air d'une part et de l'autre l'hydrogène qui sort de l'appareil, se précipitant et se comprimant à la fois dans les pores du métal, s'y échauffent à la température nécessaire à leur combustion. On conçoit aussi que la mousse de platine active la combustion des vapeurs d'alcool à l'air, unisse l'iode à l'hydrogène, transforme en acide azotique et azoteux le gaz ammoniac, le protoxyde d'azote, le cyanogène, etc.

Le platine ne s'oxyde à aucune température, ni directement ni en présence des acides riches en oxygène (*acides sulfurique, nitrique*, etc.); mais il s'unit directement au soufre, au chlore, au phosphore, au silicium, au bore, à l'arsenic, à l'antimoine, aux métaux fusibles. Il ne faut jamais chauffer au contact des charbons un creuset de platine; le métal s'allierait rapidement au silicium réduit, aux dépens des cendres du foyer; il faut éviter aussi de calciner au rouge une matière organique phosphorée dans une capsule de platine : le phosphore formé la percerait rapidement.

Le platine est sans action sur les acides chlorhydrique, azotique, sulfurique. Il se dissout difficilement dans l'eau régale; il est attaqué par le perchlorure de phosphore, par les solutions même étendues de chlorure ferrique ; par la lithine tout particulierement, plus difficilement par la potasse, qui donne avec lui un platinite K^2O,PtO au contact de l'air, par l'azotate de potasse, par le cyanure de potassium, qui dégage de l'hydrogène, par les sulfures alcalins, le bisulfate de potasse au rouge vif, etc.

L'inaltérabilité relative et l'infusibilité du platine l'ont fait appliquer à une foule d'usages. On a parlé p. 198 et 163 des alambics de platine destinés à concentrer l'acide sulfurique et à préparer l'acide fluorhydrique pur. Le platine est un métal précieux pour les chimistes : les creusets, capsules, becs de chalumeau, lames de platine dont ils font usages résistent aux feux de forge les plus violents et à la plupart des réactifs.

CHLORURES DE PLATINE

Il existe deux chlorures de platine, un chlorure platineux $PtCl^2$ et un chlorure platinique $PtCl^4$.

Chlorure platineux $PtCl^2$. — On l'obtient en chauffant vers 300° le tétrachlorure de platine : il se dégage du chlore et il reste une poudre gris verdâtre, insoluble dans l'eau, soluble dans l'acide chlorhydrique avec une couleur pourpre.

Ce corps s'unit à l'oxyde de carbone en diverses proportions (*Schutzenberger*), à l'éthylène, à l'ammoniaque (*Magnus*). Il se fait dans ce dernier cas des chlorures de platosammonium dont nous donnons ici trois formules :

$$\left(\overset{''}{Pt}\!\!<^{AzH^3}_{AzH^3}\right)Cl^2 ; \qquad \left(\overset{''}{Pt}\!\!<^{AzH^2-AzH^4}_{AzH^3}\right)Cl^2 ; \qquad \left(\overset{''}{Pt}\!\!<^{AzH^2-AzH^4}_{AzH^2-AzH^4}\right)Cl^2 :$$

Chlorure de platosammonium.   Chlorure de platosammonium   Chlorure de platosodiammonium.
Sel vert de Magnus.   ammonié.   *1ʳᵉ base de Reiset.*

Mais les principales combinaisons de ce chlorure sont les chloroplatinites ou chlorures doubles qu'il forme avec les chlorures métalliques. Tels sont le chloroplatinite d'ammonium $PtCl^2,2AzH^4Cl$, celui de potassium $PtCl^2,2KCl$, composés cristallisés, rouges, solubles dans l'eau ; il faut citer encore les chloroplatinites de baryum, zinc, argent, etc.

Chlorure platinique $PtCl^4$. — Il s'obtient en attaquant le platine par l'eau régale. La présence d'un peu d'azotite de potassium favorise cette action : on évapore, puis l'on chauffe modérément jusqu'à ce qu'il ne se dégage plus de gaz acide.

C'est une masse rouge brun, cristalline, déliquescente, très soluble, acide au goût, de saveur astringente et métallique, brunissant la peau.

Le chlorure platinique paraît former divers hydrates et s'unir à l'alcool pour donner un alcoolate cristallin $PtCl^4,2C^2H^6O$.

Vers 300 degrés il perd du chlore et se transforme en chlorure platineux.

Le même effet se produit en présence des réducteurs (alcool, acide sulfureux, etc.), le mercure, l'hydrogène en précipitent le platine métallique. En présence du carbonate sodique, l'alcool, le sucre, donnent du *noir de platine*.

Le chlorure platinique s'unit à l'acide chlorhydrique pour former l'hydrate $PtCl^4,2HCl,6H^2O$ correspondant à l'acide $PtCl^4,H^2Cl^2$, dans lequel les deux atomes H sont remplaçables par les métaux les plus divers. Ainsi se produisent les *chloroplatinates d'ammonium* $PtCl^4,2AzH^4Cl$, composé jaune très peu soluble cristallisant en octaèdres réguliers ; le *chloroplatinate de potassium* $PtCl^4,2KCl$ poudre d'octaèdres réguliers qui ne se dissout que dans 111 parties d'eau ; le *chloroplatinate de sodium* $PtCl^4.NaCl,6H^2O$ qui, au contraire, est très soluble ; ceux de baryum, calcium, magnésium, zinc, fer, qui sont bien cristallisés et solubles.

Cette propriété du chlorure platinique de former avec les chlorures basiques minéraux ou organiques des sels solubles ou insolubles bien définis, le fait souvent employer par les chimistes pour rechercher et séparer les alcalis artificiels ou naturels analogues à l'ammoniaque.

Il existe un *dibromure* et un *tétrabromure*, un *diiodure* et un *tétra-iodure* de platine analogues aux chlorures précédents.

OXYDES DE PLATINE

Lorsqu'on précipite le chlorure platineux par la potasse il se forme lentement un précipité d'hydrate platineux noir apte à s'unir aux acides et aux alcalis. Les sels de cette base sont fort instables. L'acide chlorhydrique donne avec elle du platine métallique et un chlorure platinique.

L'*hydrate platinique* $PtO^2.2H^2O$ se précipite par addition d'une solution de potasse à l'azotate platinique. Les autres sels de platine donnent dans ces conditions un précipité de sel double basique. L'hydrate PtO^2,H^2O devient anhydre par une calcination ménagée. Chauffé brusquement il se réduit en eau, oxygène et platine.

Il se dissout dans les principaux acides et donne ainsi les sels platiniques ; mais il joue également le rôle d'acide par rapport aux hydrates alcalins.

SELS OXYGÉNÉS DU PLATINE

Les *sels platineux* sont bruns, rouges ou incolores, très instables. Les *sels platiniques* sont jaunes ou bruns, à réaction acide. Les uns et les autres s'unissent à l'ammoniaque pour donner les sels des *bases ammo-nioplatinés*.

L'*azotate platinique* $(AzO^5)^4Pt_4$ se prépare en traitant le chlorure platinique par l'azotate de potassium aussi longtemps qu'il se fait un précipité de chloroplatinate.

Le *sulfate platinique* $(SO^4)^2Pt_{iv}$ s'obtient en oxydant le sulfure de platine PtS^2 par l'acide azotique. C'est une masse noire, déliquescente, où les alcalis font naître des sels basiques doubles.

Les sels platiniques précipitent tous en présence d'acide chlorhydrique lorsqu'on les additionne de chlorure d'ammonium ou de potassium.

L'hydrogène sulfuré forme dans les sels platiniques un précipité brun, généralement insoluble dans les sulfures alcalins (*Riban*). Les métaux précipitent le platine de ses solutions.

L'IRIDIUM

Ce corps, découvert par Tennant, en 1803, dans la mine de platine, y est contenu, comme on l'a dit, à l'état d'osmiure cristallisé insoluble dans l'eau régale (p. 625). On grille cet osmiure pour en retirer l'osmium à l'état d'acide osmique (voir p. 363), on fond le résidu avec du nitre, et l'on reprend par l'eau bouillante, qui laisse l'iridiate de potassium insoluble. On le transforme par l'eau régale en chlorure double d'iridium et de potassium et l'on réduit enfin ce sel au rouge par l'hydrogène, qui laisse l'iridium métallique.

C'est un corps blanc grisâtre ou blanc d'acier, ressemblant au platine, mais plus infusible encore que lui. Lorsqu'il a été fondu sa densité est de 21,15, il s'aplatit sous le marteau, puis devient cassant. Les acides et même l'eau régale restent sans action sur lui.

L'iridium s'oxyde seulement par fusion avec les alcalis et les azotates alcalins. Le chlore le transforme au rouge naissant en sesquichlorure Ir^2Cl^6.

Le sesquioxyde d'iridium Ir^2O^5 se prépare en décomposant ce sesqui chlorure par la potasse. Il est noir, insoluble dans les acides, sauf dans l'acide chlorhydrique, qui en dissout un peu en se colorant en vert olive. Il se dissout aussi dans un excès d'alcali et s'oxyde à l'air en donnant un iridiate de potassium IrO^2,K^2O. On connaît l'hydrate bleu IrO^2,H^2O.

Le perchlorure d'iridium $IrCl^4$, qu'on obtient en dissolvant les oxydes dans l'eau régale, forme avec les chlorures de potassium et d'ammonium des chloroiridates $IrCl^4.2AzH^4Cl$ et $IrCl^4.2KCl$ cristallisés en octaèdres réguliers, rouge noir, peu solubles dans l'eau.

L'OR

L'or a été de tout temps connu et recherché. Il se rencontre à l'état natif, et son éclat ainsi que son inaltérabilité l'ont fait dès la plus haute antiquité distinguer et employer comme ornement et objet d'échange. Les anciens Égyptiens le comptaient au nombre de leurs matières les plus précieuses, et d'après les Vedas, les peuples aryiens en paraient leurs vêtements. Ils distinguaient même l'*or pur* de l'*or de roche* ou or natif · et de l'alliage d'or et d'argent, l'*électron* des Grecs.

L'or, comme le platine, se trouve soit dans des alluvions aurifères ou conglomérats provenant de la désagrégation de roches plus anciennes, soit en filons traversant des roches éruptives. En Australie, la venue de l'or s'est faite à deux époques : l'une fort ancienne, contemporaine du silurien supérieur, l'autre plus récente, répondant sans doute à la fin de l'ère tertiaire. Les alluvions pliocènes contiennent l'or de cette seconde origine. En Californie, l'or apparaît dans les filons de roches éruptives formés et remplis vers la fin du miocène. En Hongrie, et Transylvanie, c'est encore dans des roches andésitiques et syénitiques que l'on rencontre l'or. Le remplissage de ces filons date de la fin du miocène : c'est aussi l'époque de l'apparition de l'homme. Les gisements d'or de la Russie, de l'Asie, du Thibet, du Brésil, du Mexique se présentent dans des conditions analogues.

Ces filons, où l'or est accompagné de quartz, de pyrite, de mispickel, de galène, de sulfure d'antimoine, de minerais d'argent et quelquefois de platine ont été primitivement parcourus par des eaux minérales d'origine volcanique ou éruptive qui paraissent avoir tenu ces métaux en dissolution à l'état de chlorures doubles, grâce à la grande richesse de ces eaux en chlorures et acide chlorhydrique. Les chlorures d'or, de platine, de fer, d'argent ont été ensuite lentement transformés en sulfures ou réduits grâce à l'émision des gaz sulfhydriques dont les émanations d'origine éruptive sont toujours chargées.

La production annuelle totale de l'or est évaluée à 1500 millions de francs. L'extraction américaine représente les 53 centièmes, celle de Russie les 7 centièmes, celle d'Australie, les 27 centièmes, et les autres pays les 13 centièmes de cette production.

En France quelques rivières roulent des paillettes d'or : le Rhône, la Garonne, l'Ariège, le Salat, le Paillon. On en trouve dans les départements de l'Isère, de la Haute-Savoie, de la Haute-Vienne; mais l'or y est trop rare pour être exploitable.

Extraction de l'or. — L'extraction de l'or des alluvions aurifères ou des déblais filoniens se fait par des procédés essentiellement mécaniques fondés sur la grande densité du métal et de ses alliages. On broie ou réduit en poudre grossière les sables et déblais, et on les soumet à des lavages qui entraînent les parties les plus légères. Après avoir commencé par laver ces sables à la main, à l'aide de la *sébile* ou de la *battée*, après diverses modifications dans les méthodes d'exploitation, qu'il serait trop long d'indiquer ici, aujourd'hui l'eau des glaciers ou des hautes régions est conduite jusqu'aux *placers* ou terrains aurifères des vallées montagneuses ; on l'y fait tomber en cascades, qui sapent et désagrègent les alluvions, et dirigent leurs détritus à travers des canaux de bois appelés *sluices* dont le fond est armé de lames transversales et dans lesquels on a versé une certaine quantité de mercure. L'or en paillettes ou en pépites, arrêté, grâce à sa densité, par les sinuosités du fond du canal, s'amalgame et s'arrête dans les sluices ; il ne reste plus qu'à recueillir de temps en temps cet amalgame et à le distiller.

En Piémont et dans le Tyrol les pyrites et quartz aurifères sont broyés avec du mercure dans des moulins ou des auges circulaires ; on sépare ensuite l'amalgame formé en ajoutant du nouveau mercure, puis lavant à l'eau, qui enlève peu à peu les matières terreuses.

On peut enfin appliquer aux pyrites arsenicales aurifères, qui ne donnent point d'or par amalgamation, un traitement par voie humide qui consiste à les griller d'abord, puis à les broyer et à les soumettre à l'action du chlore. Le chlorure d'or formé se dissout ; par l'hydrogène sulfuré l'on précipite ensuite l'or de cette solution à l'état de sulfure.

Propriétés de l'or. — L'or pur peut être obtenu par divers procédés en partant du métal brut ou natif. On peut l'affiner en le fondant sous le borax dans un creuset où l'on fait passer, au moyen d'un tube de porcelaine et durant quelques minutes, un courant de chlore qui transforme l'argent et les métaux ordinaires en chlorures volatils à cette température. L'or, quelquefois mêlé d'un peu de platine, reste seul inattaqué.

L'or pur est d'une belle couleur jaune éclatante lorsqu'il est poli ; c'est le plus malléable des métaux. On peut le réduire en feuilles de un millième de millimètre d'épaisseur. Elles laissent passer par transparence une lumière vert bleuâtre.

Sa densité est de 19,37. Il fond à 1200° et se volatilise à une température plus élevée ou par l'action d'une forte batterie électrique. Ses vapeurs sont vertes par transparence et violettes par réflexion. L'or peut se souder à lui-même sans fusion préalable.

C'est un métal fort peu altérable. L'air, l'oxygène, le soufre, l'eau, les acides sulfurique, azotique, chlorhydrique, etc., ne l'attaquent pas. Les alcalis ne le dissolvent pas, si ce n'est en présence de l'air. L'arsenic, l'antimoine, le chlore, le brome, l'iode, se combinent à l'or à chaud. Il s'unit facilement au mercure à froid et donne de nombreux alliages avec les métaux. Il se dissout dans l'eau régale sous forme de chlorure $AuCl^3$.

Alliages d'or. Titrages des bijoux et monnaies. — Les alliages les plus usités en France sont : l'*alliage des monnaies d'or*, qui contient 900 d'or fin et 100 de cuivre, métal qui en augmente la dureté ; et l'*or de bijoux*, qui peut être aux titres de 920, 840 et 750 millièmes d'or fin.

Les essais ou titrages d'or se font soit au *touchau*, soit par coupellation.

La première méthode, très rapide, donne le titre à 10 millièmes près environ. Sur une pierre dure siliceuse et de couleur noire, dite *pierre de touche* on fait un trait en frottant l'alliage à essayer; à gauche et à droite de ce trait on en fait deux autres avec le *touchau* T (fig. 259), étoile à cinq branches portant à chaque extrémité des alliages d'or de titres connus; puis on passe transversalement sur ces trois traits un bouchon de verre *b* trempé dans de l'acide nitrique additionné de 5 pour 100 d'acide chlorhydrique (flacon F, fig. 259). A la façon dont se comporte avec cet acide le trait de l'alliage à titrer, par rapport aux traits d'alliages connus du touchau, on juge approximativement le titre cherché.

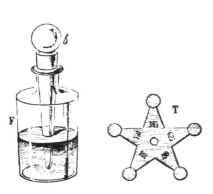

Fig. 259. — Essais de l'or au touchau.
T, touchau. — F, flacon à acide nitrique étendu
avec son bouchon de verre.

Fig. 260.
Matras d'essayeur
avec son acide et son
cornet d'or.

L'autre méthode de titrage est tout à fait précise. Elle consiste à coupeller un demi-gramme de l'alliage d'or à titrer avec 3 fois son poids d'argent et 10 fois son poids de plomb. Après que l'*éclair* s'est produit, il reste dans la coupelle un bouton d'alliage d'or et d'argent qu'on lamine, réduit en cornet C, et introduit dans un matras d'essayeur (fig. 260). On dissout l'argent par l'acide nitrique, et avec quelques précautions, après lavage et calcination, on pèse l'or métallique qui reste.

CHLORURES D'OR

Il en existe deux, le *chlorure aureux* AuCl et le *chlorure aurique* AuCl³.

Le premier s'obtient en chauffant le chlorure aurique à 200°. Chauffé plus fort, il se décompose en or et en chlore.

Traité par l'eau, le chlorure aureux donne immédiatement du chlorure aurique et de l'or métallique. Une solution froide de potasse le transforme en oxyde aureux Au^2O.

Il s'unit indirectement à quelques chlorures alcalins. On connaît le corps $AuCl,KCl$.

Le *chlorure aurique* $AuCl^5$ s'obtient en dissolvant l'or dans l'eau régale. Par évaporation à température modérée, on obtient des cristaux jaunes d'acide hydrochloraurique $AuCl^5,HCl$. La chaleur du bain-marie en chasse l'acide HCl et laisse le chlorure anhydre $AuCl^5$ sous forme d'une masse rouge brun, cristalline, déliquescente, soluble dans l'eau, l'alcool et l'éther.

La lumière, le gaz hydrogène, beaucoup de métalloïdes, le soufre et le sélénium à l'ébullition, réduisent l'or de son chlorure.

Le chlorure stanneux en solution étendue en précipite de l'or très divisé qui constitue dans cet état le *pourpre de Cassius*. Cette réaction est d'une extrême sensibilité. Une solution contenant un 135000 d'or devient encore violacée par l'addition de chlorure d'étain.

Les sels ferreux, l'acide oxalique, le tanin, un grand nombre de matières organiques, surtout en présence des carbonates alcalins, réduisent le chlorure d'or et précipitent le métal.

La laine, la soie, la peau se colorent en pourpre à son contact.

Le chlorure d'or joue le rôle d'acide vis-à-vis des chlorures alcalins et terreux : on connaît les *chloraurates* de potassium $AuCl^5,KCl$ aq. ; celui de sodium $AuCl^5,NaCl,2H^2O$; celui d'ammonium $AuCl^5,AzH^4Cl,3H^2O$. Tous ces sels sont cristallisés et solubles.

Le *chloraurate de sodium* a été préconisé, en médecine, sous le nom de *sel de Figuier* dans le traitement des maladies vénériennes et scrofuleuses (*Chrétien*). On l'emploie à la dose de quelques milligrammes.

OXYDES D'OR

Il existe deux oxydes d'or : l'*oxyde aureux* Au^2O et l'*oxyde aurique* Au^2O^3.

Le premier est une poudre violette qui se prépare généralement en traitant une solution de chlorure aurique par de l'azotate mercureux :

$$2\,AuCl^5 + 2\,(AzO^5)^2Hg + H^2O = 3\,HgCl^2 + (AzO^5)^2Hg + 2\,AzO^5H + Au^2O$$

L'oxyde aureux ne s'unit ni aux acides ni aux alcalis.

L'oxyde aurique s'obtient à l'état d'hydrate pulvérulent bleu noir en faisant digérer avec de la magnésie une solution de perchlorure d'or ; il se forme une combinaison d'aurate de magnésie insoluble qu'on décompose ensuite par l'acide nitrique étendu, qui laisse l'hydrate $AuCl^5,10H^2O$.

Les acides azotique et sulfurique concentrés le dissolvent, mais l'eau le précipite de ces solutions. Avec l'acide chlorhydrique il donne le chlorure d'or $AuCl^3$. La potasse, la soude, l'oxyde de zinc, de magnésium s'unissent à lui pour donner des aurates. Cet oxyde peut donc jouer indifféremment le rôle de base et celui d'acide faible.

L'ammoniaque et les sels ammoniacaux produisent à son contact l'*or fulminant*. C'est une poudre vert olive foncée qui paraît répondre à la formule $2(AzH^3, Au'''Az), 3H^2O$ (*Dumas*). Elle détone violemment lorsqu'on la frotte.

SELS D'OR

L'oxyde d'or Au^2O^3 ne donne naissance qu'à des sels mal définis et fort instables. Il se dissout dans l'acide nitrique concentré, mais l'azotate formé se décompose par évaporation ou addition d'eau : telle est l'allure générale de tous ces sels.

Nous distinguerons toutefois parmi eux : 1° l'hyposulfite double d'or et de sodium $(S^2O^3)^2Au'Na^3, 2H^2O$, sel soluble en aiguilles blanches, qu'on obtient lorsqu'on mélange des solutions concentrées de chlorure d'or et d'hyposulfite de sodium, et qu'on précipite par l'alcool. Ce composé a été employé pour fixer les images daguerriennes ; 2° le *cyanure aureux* AuCy, poudre cristalline d'un beau jaune, qu'on prépare en traitant le cyanure aurosopotassique par l'acide azotique étendu ; 3° le *cyanure aurosopotassique*, qui se fait en dissolvant l'oxyde d'or, ou l'or fulminant, dans le cyanure de potassium. Ce composé, qui répond à la formule $Au'Cy, CyK$, est soluble dans l'eau ; il est très employé dans la dorure galvanique.

Les caractères distinctifs des sels d'or ont été indiqués à propos des chlorures de ce métal. Nous ajouterons seulement qu'ils donnent par l'hydrogène sulfuré un précipité de sulfure d'or brun, soluble dans les sulfures alcalins.

Pourpre de Cassius. — On désigne sous ce nom un corps, de composition mal connue, depuis longtemps employé pour colorer le verre, les émaux, la porcelaine, etc., en rose, en rouge rubis ou en bleu.

Il fut découvert en 1683 par Cassius en traitant par de l'étain, les solutions d'or dans l'eau régale. On peut le préparer aussi en faisant agir sur une dissolution de chlorure d'or un mélange de protochlorure et de bichlorure d'étain. Il se présente sous forme de flocons pourpres qu'on lévige et sèche. Calciné, ce corps devient rouge brique et laisse comme résidu un mélange d'or métallique et d'oxyde stannique. M. Debray considère le *pourpre de Cassius* comme une laque d'acide stannique colorée par de l'or très divisé. Dumas et Figuier l'ont regardé comme de l'oxyde aureux uni à de l'acide stannique.

DORURE

Nous n'avons rien à dire ici de la dorure mécanique par apposition de feuilles d'or très minces à la surface des bois, mastics, tissus, etc.

On peut dorer les métaux par trois procédés fort différents : au *mercure*, au *trempé*, ou par *voie galvanique*.

Dorure au mercure. — Les métaux à dorer sont parfaitement décapés au feu, aux acides, et à l'eau, puis séchés, brossés avec une brosse en fils de laiton trempée dans de l'azotate de protoxyde de mercure pour amalgamer leur surface, et frottés enfin avec un alliage de 8 parties de mercure et de 1 partie d'or. Les objets à dorer sont ensuite placés dans des fours à fort tirage où le mercure se volatilise. L'or reste adhérent aux surfaces métalliques : il est mat, et devient brillant par brossages et brunissages.

Cette industrie est fort dangereuse pour les ouvriers, sans cesse exposés aux vapeurs mercurielles.

Dorure au trempé. — Le métal à dorer est trempé dans une solution bouillante de chlorure d'or neutre légèrement alcalinisée de bicarbonate de potasse. On peut aussi se servir d'une solution de cyanure d'or dans le cyanure de potassium. L'or se précipite sur le métal, préalablement décapé.

Dorure galvanique. — Le bain d'or doit être neutre ou alcalin. Il s'obtient en dissolvant le cyanure d'or dans 10 fois son poids de cyanure de potassium. Les pièces métalliques, *décapées* et *dérochées* dans l'acide nitrique faible, enfin lavées à l'eau pure, sont suspendues, au pôle négatif de la pile, dans la solution de cyanure d'or et de potassium. Une lame d'or placée au pôle positif trempe dans ce même bain et ferme le courant. Elle restitue successivement à la liqueur du bain galvanique l'or qui se dépose sur la pièce à dorer.

QUARANTE-SEPTIÈME LEÇON

L'ÉTAIN, LE TITANE, LE ZIRCONIUM ET LES AUTRES MÉTAUX MÉTALLOÏDIQUES

Nous avons placé dans la IXe et dernière famille de corps métalliques un certain nombre de métaux, parmi lesquels les plus importants sont l'*étain*, le *titane*, le *zirconium* et le *vanadium*, métaux que nous étudions les derniers sous le nom de *métaux métalloïdiques* parce qu'on ne saurait méconnaître leur profonde ressemblance avec les éléments de la famille du silicium et du carbone, et qu ils sont les vrais termes de passage entre les deux grandes classes de corps élémentaires.

Comme le carbone et le silicium, ces quatre métaux sont tétratomiques et l'on peut établir le parallèle suivant :

	Protoxydes.	Bioxydes.	Bichlorures.	Tétrachlorures.	Oxychlorures.
Carbone. . .	CO	CO^2	—	CCl^4	$COCl^2$
Étain. . . .	SnO	SnO^2	$SnCl^2$	$SnCl^4$	$SnOCl^2$
Titane. . . .	TiO	TiO^2	$TiCl^2$	$TiCl^4$	$TiOCl^2$
Zirconium. .	—	ZrO^2	—	$ZrCl^4$	$ZrOCl^2$
Vanadium. .	VaO	VaO^2 et Va^2O^5	$VaCl^2$	$VaCl^3$ et $VaCl^4$	$VaOCl^2$

Ce tableau montre à la fois les analogies et les dissemblances. Mais, différents de l'oxyde de carbone, les protoxydes d'étain, de titane, de vanadium donnent de véritables sels ; le protoxyde de zirconium n'existe pas. Comme l'acide carbonique, les bioxydes d'étain, de titane, de zirconium et de vanadium sont des acides assez énergiques, mais contrairement à ce qui a lieu pour cet acide, ils peuvent aussi jouer le rôle de bases. Nous avons vu déjà cette tendance à la basicité se retrouver, quoique à un moindre degré, dans la silice SiO^2, qui correspond à ces bioxydes et qui sert de terme de passage du carbone à ces métaux.

Les métaux de la IX° *famille*, à l'exception du zirconium, donnent aussi deux sulfures au moins, un protosulfure et un bisulfure, aptes à se dissoudre dans les sulfures alcalins pour former de vrais sulfosels à la façon dont se comporte le sulfure de carbone.

Enfin la *cassitérite* SnO^2, comme la zirconne ZrO^2 et le *rutile* TiO^2, cristallisent en prismes quadratiques isomorphes, nouvelle différence avec la silice SiO^2, qui cristallise dans le système hexagonal, et nouvelle ressemblance entre eux.

Quand au *niobium* et au *tantale*, ils sont encore trop peu connus et surtout trop peu importants pour que nous en parlions autrement que pour dire que le niobium donne les trois oxydes NbO, NbO^2 et Nb^2O^5. Ce dernier est un acide et forme les niobates. Le chlorure $NbCl^5$ lui correspond. Le tantale forme deux oxydes TaO^2 et Ta^2O^5 ; celui-ci est indifféremment acide ou basique ; le chlorure $TaCl^5$ répond à cet oxyde.

Enfin le *ruthenium* donne les oxydes $RuO, Ru^2O^3, RuO^2, RuO^3$ et RuO^4, les trois premiers solubles dans les acides et salifiables, les deux derniers au contraire véritables acides qui forment les ruthenates et les hyperuthénates.

L'ÉTAIN

Bien que l'étain entre dans la composition du bronze des plus anciennes époques, il n'a été connu et isolé, du moins à l'état de pureté,

qu'au temps des Grecs et des Romains. (*Origines de l'Alchimie*, p. 229).
Les iles *Cassitérites* ou Britanniques étaient déjà célèbres chez ces peuples pour leurs riches gisements d'étain, qu'ils appelèrent κασσιτεροσ, *plumbum album, stannum*. Les Romains exploitaient aussi les mines de Lusitanie et de Galice, et l'étamage des bronzes qui se faisait dans les Gaules, au pays des Arvernes et des Bituriges, était déjà fort estimé. Mais comme cela se pratique encore aujourd'hui, l'étain parait aussi avoir été dès cette époque importé en Europe de la presqu'ile de Malacca et surtout de l'ile de Banca, qui possèdent les minerais d'alluvion les plus riches riches, et qui nous fournissent encore à cette heure l'étain le plus pur. Les Cornouailles, la Saxe, la Bohême, l'Espagne, le Chili, le Mexique, les Indes ont aussi de riches gisements d'étain. On le rencontre presque toujours à l'état d'oxyde stannique SnO^2, la *cassitérite* des minéralogistes.

L'étain est apparu vers la fin de l'époque dévonienne, à travers les failles des roches granitoïdes : il est souvent accompagné du tungstène du molybdène, de l'antimoine, du cuivre et du zinc sulfurés. Sa gangue se compose de quartz, de spath fluor et quelquefois de borates.

Métallurgie de l'étain. — L'extraction de l'étain est très simple. Le minerai est trié, bocardé et lavé pour en séparer les gangues. S'il est accompagné de sulfures et d'arséniures, on le grille pour oxyder le soufre et l'arsenic, on le lave de nouveau, on le sèche, on le mélange avec du charbon de bois, et l'on ajoute un peu de quartz lorsqu'il est ferrifère, un peu de chaux, s'il contient du wolfram ou du molybdène. Ce mélange est chauffé dans des fours à manche F (fig. 261) munis d'une machine soufflante T à la partie inférieure. L'oxyde d'étain est réduit par le charbon, et la scorie ainsi que le métal s'écoulent au creuset et de là dans deux bassins successifs de réception C, M. On affine ensuite l'étain en le réchauffant avec un peu de chaux et de houille dans des

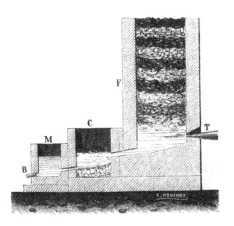

Fig. 261. — Fabrication de l'étain.

fours spéciaux où l'on agite le métal fondu avec des branches de bois vert qui, en se calcinant, ramènent toutes les crasses à la surface.

L'*étain chimiquemeut pur* se prépare en réduisant par du charbon de sucre dans un creuset brasqué l'acide stannique préalablement purifié.

Propriétés de l'étain. — C'est un métal blanc d'argent très légèrement jaunâtre ; quelquefois un peu bleuâtre s'il contient de plomb, Sa densité est de 7,28. Frotté entre les doigts il leur communique une odeur spéciale et laisse sur la langue un goût sensible rappelant légèrement le poisson.

Il fond à 228° et se solidifie à 225 en prenant une texture cristalline. Par refroidissement lent, on obtient des cristaux en tables quadrangulaires appartenant au système régulier. L'étain est un métal mou, malléable, ployable entre les doigts ; lorsqu'on le tord, il fait entendre un *cri*, sorte de bruit de cassure dû au frottement des cristaux les uns contre les autres. Il peut être réduit en lames très minces et en fils peu tenaces.

Refroidi à — 40° il perd son éclat métallique, devient gris, friable, et augmente notablement de volume ; sa densité tombe alors à 5,95.

L'étain ne s'oxyde pas à l'air, mais vers 200° il se transforme assez rapidement, surtout si l'on renouvelle les surfaces, en un mélange de protoxyde et de bioxyde. Cette oxydation est accélérée par la présence d'un peu de plomb.

L'étain ne s'altère pas sensiblement dans l'eau ; au contraire il est assez vite attaqué par l'eau salée, surtout à chaud et en présence du vinaigre. Ce sont les conditions mêmes auxquelles est soumis l'étamage de nos ustensiles culinaires. Au rouge l'étain décompose la vapeur aqueuse en donnant de l'acide stannique et de l'hydrogène.

L'acide chlorhydrique concentré dissout rapidement l'étain, qu'il transforme en chlorure stanneux $SnCl^2$. L'acide azotique ordinaire l'oxyde en le faisant passer à l'état d'acide métastannique insoluble Sn^5O^{10} : L'acide sulfurique ne l'attaque qu'à chaud et s'il est concentré.

L'étain s'unit directement aux corps haloïdes, au soufre, au phosphore, à l'arsenic, aux métaux.

Ses usages sont nombreux. Il est quelquefois employé à l'état isolé, mais le plus souvent il entre dans les alliages tels que le bronze, et le *pewter* des Anglais, qui renferme 8 pour 100 d'antimoine, 1 de bismuth, 4 de cuivre et 87 d'étain, excellent alliage à recommander pour faire les vases à boire, les brocs, des théières, etc.

Mais l'étain sert surtout à étamer la vaisselle de cuivre et de fer. Quoiqu'il n'y ait pas de danger proprement dit à employer pour les usages domestiques la vaisselle de cuivre ou de tôle non étamée, son usage présente quelques inconvénients dont le principal est le goût spécial métallique ou nauséeux que le cuivre imprime aux aliments acides, et celui d'encre que leur communique le fer. Pour étamer les objets de cuivre, on frotte à chaud les surfaces à étamer avec du sel ammoniac et l'on chauffe la pièce : l'oxyde qui peut se trouver à la surface et qui empêcherait l'adhérence de l'étain, se transformant en chlorure, le métal est mis à nu ; on promène alors à la surface de la pièce à étamer de l'étain fondu qui forme un véritable alliage superficiel. Malheureusement pour cette pratique trop répandue, on peut affirmer que fort rarement l'étain employé est exempt de plomb. Il provient généralement des rognures d'étain, soudures, résidus d'atelier, déchets presque toujours plombifères, qu'on mélange à de l'étain nouveau. Aussi peut-on dire que l'étamage remédie fort mal à l'inconvénient qu'on veut éviter, celui de se garantir du cuivre, dont l'influence fâcheuse est bien plus théorique que réelle, et qu'il lui substitue le danger de l'intoxication continue par le plomb. C'est grâce à cette pratique de l'étamage qu'un grand lycée de Paris fut le théâtre il y a quelques années d'un empoisonnement saturnin qui se généralisa sur plus de 300 personnes, et que des accidents semblables se reproduisent, à ma connaissance, de temps à autre dans quelques importants établissements de l'État. On peut juger par là de ce qui arrive dans la pratique journalière courante, en particulier à la campagne.

Aussi a-t-on proposé de remplacer l'étain presque toujours plombifère par un alliage de 4,5 d'étain, 0,28 de nickel et 0,2 de fer. On obtient ainsi un étamage plus blanc et plus résistant qu'avec les étains habituels et qui n'offre aucun inconvénient pour l'hygiène.

On doit aussi se tenir en garde contre l'usage que l'on fait des feuilles dites d'*étain* ou d'*argent* pour envelopper les conserves alimentaires, le chocolat, les fromages, le tabac, etc., elles sont très souvent riches en plomb et ont donné lieu à des empoisonnements.

Le fer-blanc est de la tôle de fer étamée. On l'obtient en décapant d'abord ces tôles dans de l'acide sulfurique étendu, les frottant de sable, les plongeant dans un bain de suif, puis dans un bain d'étain recouvert lui-même de graisse. Il se forme ainsi à la surface de la lame de fer un véritable alliage qui la protège contre l'oxydation, jusqu'au jour où une parcelle du fer sous-jacent étant mis au jour grâce à une fissure ou un accident, l'oxydation envahit la totalité de la surface avec une grande vitesse. Ces tôles étamées, qui servent à faire les boites de fer blanc où l'on conserve aujourd'hui une foule d'aliments, doivent être étamées à l'étain fin et soudées à l'extérieur c'est-à-dire de façon que la soudure plombifère ne touche pas à la matière alimentaire.

OXYDES D'ÉTAIN

L'étain est un métal tétratomique. Il donne deux oxydes salifiables principaux, le protoxyde SnO et le bioxyde SnO^2, auxquels correspondent les deux chlorures $SnCl^2$ et $SnCl^4$.

Oxyde stanneux SnO. — On connait l'oxyde stanneux, à l'état anhydre et hydraté.

L'*oxyde hydraté* SnO,H²O se prépare en précipitant le chlorure stanneux par l'ammoniaque ou les carbonates alcalins. Il se dissout dans les alcalis, avec lesquels il forme des combinaisons instables. En s'unissant aux acides il donne les sels stanneux.

L'*oxyde stanneux anhydre* s'obtient sous forme d'une poudre *noire* cristalline lorsqu'on fait bouillir l'hydrate précédent avec la de potasse. On prépare un oxyde anhydre SnO *brun olive* en chauffant l'oxyde noir à 250° ou en faisant bouillir l'hydrate stanneux avec de l'ammoniaque en excès; enfin on précipite un oxyde SnO *rouge* en traitant le chlorure stanneux par l'ammoniaque, soumettant à l'ébullition, et desséchant en présence du sel ammoniac formé. Cet oxyde prend une couleur *olive* lorsqu'on le frotte avec un corps dur.

Le protoxyde d'étain chauffé à l'air devient incandescent et se change en bioxyde.

Bioxyde d'étain. — La *cassitérite* ou bioxyde naturel est, comme on l'a dit, le principal minerai d'étain.

On peut préparer ce bioxyde en chauffant fortement le métal à l'air. Dans les arts on le fabrique sous le nom de *potée d'étain* en calcinant dans des fours de l'étain légèrement plombifère. La masse grisâtre qu'on obtient ainsi est pulvérisée et lavée par décantation. La potée d'étain est employée pour la confection des *émaux* et des *couvertes* pour faïences.

En décomposant au rouge le tétrachlorure d'étain par la vapeur d'eau on obtient un acide SnO² cristallin orthorhombique; on arrive au contraire à la forme quadratique de la cassitérite lorsqu'on calcine l'acide stannique amorphe dans un courant d'acide chlorhydrique. (*H. Deville.*)

L'acide stannique forme deux hydrates : l'*acide stannique* SnO²,H²O et l'*acide métastannique* Sn⁵O¹⁰,H²O + 4H²O.

L'*acide stannique* s'obtient en précipitant le chlorure stannique par l'ammoniaque ou par un carbonate alcalin ; il est blanc, gélatineux, et possède la composition SnO²,H²O lorsqu'on le sèche dans le vide. Il répond alors à l'hydrate silicique normal SiO²,H²O. Comme lui, l'hydrate stannique se modifie lentement et perd sa solubilité dans les acides.

L'*acide métastannique* se prépare en faisant agir l'acide azotique ordinaire sur l'étain. Desséché à l'air, il répond à la formule Sn⁵O²⁰H¹⁰, et à 100 degrés à la formule Sn⁵O¹⁵H¹⁰; mais dans ces deux hydrates deux atomes d'hydrogène seulement sont remplaçables par un métal monoatomique. Cet acide forme une poudre blanche, insoluble dans l'eau et les acides étendus, soluble dans l'acide chlorhydrique fort et dans la potasse. Précipité de sa solution potassique, il donne l'acide stannique ordinaire, qui lorsqu'on le chauffe, se transforme à son tour en acide métastannique.

SULFURES D'ÉTAIN

L'étain s'unit au soufre avec incandescence en formant le protosulfure SnS. On obtient ce même sulfure à l'état d'hydrate brun noir en faisant passer un courant d'hydrogène sulfuré dans le protochlorure. Il est insoluble dans l'eau et dans les sulfures alcalins, mais soluble dans les sulfures alcalins sulfurés, qui le dissolvent après l'avoir préalablement transformé en bisulfure.

Le bisulfure SnS² s'obtient en décomposant par l'acide chlorhydrique une solution de sulfostannate alcalin. C'est un hydrate d'un jaune sale, insoluble dans l'eau, soluble dans les sulfures alcalins et les alcalis. On connaît un sulfure d'étain anhydre remarquable qui, sous le nom d'*or mussif*, sert comme poudre d'or pour la dorure commune, et comme substance à graisser les coussins des machines électriques. On l'obtient en broyant un amalgame formé de 12 parties d'étain et 6 de mercure, avec 7 parties de soufre et 6 de sel ammoniac. On chauffe progressivement au rouge sombre dans un matras de verre tant qu'il se produit des vapeurs blanches. Au fond du matras on trouve une substance d'apparence métallique, jaune bronzé, formée d'écailles hexagonales douces au toucher ; c'est l'or mussif. Il n'est attaqué que par l'eau régale.

CHLORURES D'ÉTAIN

Il existe un chlorure stanneux SnCl² et un chlorure stannique SnCl⁴.

Chlorure stanneux SnCl². — On l'obtient, à l'état anhydre, par l'action du gaz chlorhydrique sec sur l'étain métallique ; à l'état hydraté, en dissolvant ce métal dans l'acide chlorhydrique concentré ; on active l'attaque en ajoutant quelques gouttes d'acide azotique. L'étain doit être toujours en excès ; quand la majeure partie de l'acide a disparu l'on décante et concentre les liqueurs à cristallisation : Il s'y dépose bientôt des cristaux prismatiques blancs ou blanc jaunâtre SnCl²,2H²O. Dans l'industrie on chauffe jusqu'à ce que la liqueur marque 75° Bé, et l'on abandonne à cristallisation dans des vases de grès. On obtient ainsi le produit usité sous la rubrique de *sel d'étain*.

Il est très soluble dans l'eau, mais si l'on étend sa solution, elle se trouble, en déposant un oxychlorure SnCl²,SnO, tandis qu'un chlorhydrate de chlorure reste dissous. A l'air le protochlorure se transforme en oxychlorure et tétrachlorure d'étain.

Le chlorure stanneux se combine au gaz ammoniac, aux chlorures alcalins, etc.

C'est un réducteur puissant. On l'emploie en teinture pour enlever les couleurs dérivées des sels ferriques et manganiques, qu'il réduit . Il ser à faire disparaître les tàches de rouille: additionné d'acide tartrique, il n'est plus précipité par la soude, et les liqueurs alcalines qui en résultent sont douées d'un pouvoir désoxydant énergique.

Chlorure stannique $SnCl^4$. — On sait qu'on connaît depuis longtemps le chlorure anhydre $SnCl^4$, autrefois nommé *liqueur fumante de Libavius*. On l'a préparé d'abord en distillant une partie d'étain et quatre de sublimé corrosif; on l'obtient aujourd'hui par l'action du chlore sec sur l'étain légèrement chauffé.

C'est un liquide incolore, d'une densité de 2,28, bouillant à 120°, fumant abondamment à l'air humide en se combinant à sa vapeur d'eau pour former différents hydrates. Lorsqu'on le verse dans l'eau acidulée on obtient les hydrates solubles $SnCl^4,5H^2O$ ou $4H^2O$ et $5H^2O$.

Le chlorure stannique dissout un grand nombre de corps : le soufre, l'iode, le phosphore ordinaire. Il s'unit à l'ammoniaque, aux chlorures acides et aux chlorures alcalins, avec lesquels il forme des chlorostannates.

Le chlorure d'étain hydraté est employé en teinture comme mordant sous le nom d'*oxymuriate d'étain*.

SELS D'ÉTAIN

Les *sels stanneux* dérivent de l'oxyde basique ($\overset{II}{Sn}O$), et les *sels stanniques* de l'oxyde indifférent ($\overset{IV}{Sn}O^2$). Ils s'obtiennent en dissolvant l'hydrate stanneux ou stannique dans les acides, quelquefois par double décomposition, dans quelques cas, par dissolution de l'étain dans les acides, tel est le cas du sulfite stanneux $Sn''SO^2$ et du sulfate stannique $SnO^2,2SO^3$ ou $\overset{IV}{Sn}(SO^4)^2$.

Ces sels restent sans usages.

CARACTÈRES DES SELS D'ÉTAIN.

Toutes les combinaisons de l'étain chauffées sur le charbon avec du carbonate sodique et un peu de borax donnent un globule d'étain malléable.

Les *sels stanneux* ont une saveur styptique persistante. Ils communiquent à la peau une odeur désagréable; la potasse en précipite un hydrate blanc qui devient noir lorsqu'on le fait bouillir avec un excès d'alcali.

L'hydrogène sulfuré donne un précipité brun foncé, insoluble dans les acides, soluble dans les *polysulfures alcalins*.

Ces sels réduisent les composés ferriques, précipitent du calomel dans les solutions de bichlorure de mercure, et font naître le *pourpre de Cassius* dans celles de chlorure d'or.

Le nitrate d'argent donne dans les sels stanneux un précipité rouge caractéristique.

Les *sels stanniques* précipitent par les alcalis un hydrate stannique blanc. Traités avec ménagement par l'hydrogène sulfuré, ils laissent précipiter un bisulfure jaune sale, soluble dans les sulfures alcalins et les alcalis.

L'*étain métallique est inoffensif*. Les préparations stanniques sont caustiques et irritantes à dose un peu élevée. D'après Orfila, un gramme de chlorure stanneux tuerait un chien en trois jours; 4 à 8 grammes d'oxyde stanneux seraient toxiques. Les préparations d'étain ont été prises quelquefois par mégarde : elles occasionnent des douleurs épigastriques, des coliques et de la diarrhée; la salive devient fétide et les gencives grisâtres et sanieuses.

LE TITANE, LE ZIRCONIUM, LE VANADIUM

Ces métaux n'ayant pas, ou fort peu d'applications, nous nous bornerons à dire sous quelle forme on les trouve dans la nature. Pour leurs propriétés générales, et leurs analogies avec l'étain, le silicium et le carbone, nous renvoyons au commencement de cette leçon.

TITANE

Ce métal entre dans la composition d'un grand nombre de minéraux; les plus importants sont l'*acide titanique* TiO^2 avec ses trois variétés : *rutile, anatase* et *brookite;* le *fer titané* $(Ti,Fe)^2O^3$, peut-être $TiO^2.FeO$, fréquent dans les schistes cristallins et lesroches basaltiques; le *sphène* ou silico-titanate de calcium. On trouve du titane en petite quantité dans une foule de minerais de fer.

Le titane métallique n'a été qu'entrevu. Il jouit d'une grande affinité pour l'azote à température élevée, et l'on a généralement pris pour le titane même les azotures jaune d'or, violets ou d'apparence métallique qu'il forme avec ce métalloïde. Traités par la potasse et l'eau ces combinaisons donnent de l'ammoniaque et de l'acide titanique.

ZIRCONIUM

Le zirconium se rencontre dans quelques minerais assez rares. Le principal est le *zircon, jargon* ou *hyacinthe* ZrO^2,SiO^2, que l'on trouve dans les roches granitiques et syénitiques, les calcaires et les schistes anciens. Il est rouge hyacinthe, vert, bleu, rose, etc., et constitue une pierre précieuse d'un vif éclat lorsqu'elle est transparente.

Le métal qu'on en extrait est amorphe ou cristallin. Dans ce second cas, il se présente en lamelles larges, dures, fragiles, d'une densité de 4,15, ne brûlant que dans le gaz tonnant. Amorphe, il s'oxyde vivement lorsqu'on le chauffe à l'air et donne de la zircone ZrO^2.

Le zirconium fonctionne toujours dans ses combinaisons comme élément tétratomique. Son oxyde ZrO^2 se comporte à la façon d'un acide vis-à-vis des bases et comme une base vis-à-vis des acides ; mais ses propriétés acides sont plus particulièrement accusées.

VANADIUM

Quoique toujours en minime quantité, le vanadium est répandu dans une foule de minerais de fer, dans les argiles et dans les terrains qui proviennent de leur désagrégation. Les minerais pisolithiques et argileux, les cuivres schisteux du Mansfeld, la pechblende, beaucoup de trapps et de basaltes, l'hématite, les météorites sont souvent vanadiés. Les principaux minerais de vanadium sont les *vanadates de plomb et de zinc* et les *chromovanadates*. On l'extrait aujourd'hui, pour les usages industriels, des scories d'affinage du fer et des fontes.

A l'état libre, le vanadium forme des cristaux brillants, argentins, d'une densité de 5,5. Il est inaltérable à l'air et dans l'eau bouillante. Chauffé dans l'oxygène, il brûle avec un vif éclat et se transforme en anhydride vanadique Va^2O^5.

Le bioxyde Va^2O^2, qu'on a pris longtemps pour le vanadium métallique, s'oxyde à l'air ou en présence des acides, et donne le sesquioxyde Va^2O^3, base salifiable aussi bien que le tetroxyde Va^2O^4. Celui-ci en se combinant aux acides forme les sels hypovanadiques bleus, et en s'unissant aux bases, les hypovanadates : tel est celui de potassium $(Va^2O^4)^2K^2O$ par exemple. L'acide vanadique Va^2O^5 donne lui-même avec les acides de véritables sels jaunes ou rouges : nous citerons comme exemple le sulfate $Va^2O^3,3SO^3$.

Les vanadates ont beaucoup d'analogies avec les phosphates.

L'aptitude des composés oxygénés du vanadium à passer, en présence de l'air, d'une combinaison à une autre plus oxygénée pour se réduire ensuite en portant leur oxygène sur les matières oxydables, telles que les substances organiques, les fait employer aujourd'hui comme réactifs oxydants, en particulier dans l'industrie des couleurs d'aniline.

12733. — Imp. générale A. Lahure, 9, rue de Fleurus, à Paris.